FLORE

DESCRIPTIVE ET ANALYTIQUE

DES

ENVIRONS DE PARIS.

Paris, — Imprimerie de BOURGOGNE et MARTINET, rue Jacob, 30.

FLORE

DESCRIPTIVE ET ANALYTIQUE

DES

ENVIRONS DE PARIS

OU

DESCRIPTION DES PLANTES

QUI CROISSENT SPONTANÉMENT DANS CETTE RÉGION,
ET DE CELLES QUI Y SONT GÉNÉRALEMENT CULTIVÉES,

ACCOMPAGNÉE

DE TABLEAUX ANALYTIQUES DES FAMILLES, DES GENRES ET DES ESPÈCES

ET D'UNE CARTE DES ENVIRONS DE PARIS,

OUVRAGE

FAISANT SUITE A LA PARTIE BOTANIQUE DU COURS D'HISTOIRE NATURELLE
DE MM. A. DE JUSSIEU, MILNE-EDWARDS ET BEUDANT,

PAR

E. COSSON et E. GERMAIN.

—

SECONDE PARTIE.

PARIS.

FORTIN, MASSON ET Cᴵᴱ, LIBRAIRES,

PLACE DE L'ÉCOLE-DE-MÉDECINE, 1.
Même maison, chez L. Michelsen, à Leipzig.

1845.

Classe II. GAMOPÉTALES PÉRIGYNES.

Corolle insérée sur le calice. Étamines insérées sur le calice avec la corolle ou insérées sur la corolle. Ovaire soudé avec le calice.

LXIV. VACCINIÉES.

(Vaccinieæ. D.C. théor. élém. ed. 1. 216.)

Fleurs hermaphrodites, régulières. — Calice à 4-5 sépales soudés en tube, à tube soudé avec l'ovaire, à partie libre 4-5-dentée à dents persistantes ou caduques. — Corolle insérée au sommet du tube du calice, gamopétale, campanulée, urcéolée ou rotacée, à 4-5 divisions, caduque, à préfloraison imbriquée. — *Étamines* 8-10, *insérées avec la corolle au sommet du tube du calice. Anthères* bilobées, introrses, *à lobes* indéhiscents *prolongés chacun* supérieurement *en un tube* ouvert au sommet, quelquefois munis chacun d'un appendice sétiforme dorsal. — Ovaire soudé avec le calice, à 4-5 carpelles, à 4-5 loges multi-ovulées. Ovules insérés à l'angle interne des loges, ord. pendants, réfléchis. Style filiforme. Stigmate indivis, capité. — *Fruit bacciforme*, couronné par les dents du calice ou par la cicatrice ombiliquée qui résulte de leur destruction, *à 4-5 loges polyspermes.* — Graines ord. pendantes, très petites. Embryon droit, placé dans un *périsperme charnu.* Radicule dirigée vers le hile.

Sous-arbrisseaux. Feuilles caduques ou persistantes, coriaces, alternes ou éparses, entières ou légèrement dentées, brièvement pétiolées; stipules nulles. Fleurs axillaires solitaires, en grappes terminales, ou terminant des pédoncules disposés 1-5 au sommet des tiges.

Corolle urcéolée ou campanulée, à 4-5 lobes peu profonds; tiges ascendantes ou dressées. . . . . Vaccinium. (i.)
Corolle rotacée, partagée presque jusqu'à la base en 4 divisions lancéolées réfléchies sur le calice; tiges filiformes, couchées-radicantes. . . . . Oxycoccus. (ii.)

I. VACCINIUM. (L, gen. n. 483, *part.*)

Calice 4-5-denté, à dents membraneuses courtes, plus rarement entier. *Corolle urcéolée ou campanulée*, à 4-5 lobes *peu profonds*, ord. rejetés en dehors. Étamines 8-10. Fruit bacciforme-succulent, plus ou moins largement ombiliqué au sommet, à 4-5 loges.

Sous-arbrisseaux à tiges ascendantes ou dressées. Feuilles caduques ou persistantes. Fleurs blanchâtres ou rosées, axillaires solitaires, ou disposées en grappes courtes terminales.

Pédoncules axillaires uniflores: feuilles dépourvues de points glanduleux. . . . . *V. Myrtillus.*
Fleurs disposées en grappes terminales; feuilles ponctuées en dessous de glandes noires . . . . *V. Vitis-Idæa.*

1. V. MYRTILLUS. (L. sp. 498.) — Engl. bot. t. 456. (vulg. *Airelle*, *Abrétier*.)

Tiges de 4-7 décimètr., dressées ou ascendantes, anguleuses à angles saillants, rameuses à rameaux dressés, à écorce glabre. *Feuilles caduques*, d'un vert pâle, glabres, brièvement pétiolées, ovales-aiguës, finement dentées. *Fleurs* d'un blanc verdâtre ou rougeâtre, *solitaires à l'extrémité de pédoncules axillaires* penchés. Corolle urcéolée. *Anthères munies vers le milieu de leur hauteur de deux appendices sétiformes.* Fruits noirs, couverts d'une efflorescence glauque, d'une saveur acidule. ♃. *Fl.* avril-mai. *Fr.* juin-juillet.

R. — Bruyères des bois montueux. — Forêt de Montmorency! Arthies, Sérans près Magny (*Bouteille*). Gainville près Dreux (*Brou*). Forêt de Dreux (*Daënen*). Senlis; forêt de Hallatte ; abondant aux environs de Beauvais : Blacourt, Savignies! La Poterie, St-Paul, etc. (*Graves*). Neuville-au-Bosc. Forêt de Compiègne (*Leré*). — Noyon (*Questier*). — ? Forêt de Fontainebleau.

2. V. VITIS-IDÆA. (L. sp. 500.) — Engl. bot. t. 598. (vulg. *Faux-Abrétier*.)

Tiges de 1-3 décimètr., ascendantes ou dressées, souvent réunies en touffe, cylindriques, ord. rameuses subdichotomes, à rameaux dressés, à écorce pubescente. *Feuilles* très coriaces, *persistantes*, luisantes, d'un vert foncé en dessus, *ponctuées à la face inférieure* de glandes noires, glabres, brièvement pétiolées, obovales-obtuses, quelquefois mucronulées, à bords roulés en dessous légèrement dentées au sommet. *Fleurs* blanches ou rosées, *disposées en grappes courtes* penchées, terminant la tige et les rameaux. Corolle urcéolée-campanulée. Anthères dépourvues d'appendices sétiformes. Fruits rouges. ♃. *Fl.* avril-mai. *Fr.* juin-juillet.

R.R. — Bruyères, bois montueux. — Abondant dans le bois de Savignies près Beauvais! Bois de Glatigny (Oise) (*Graves*). Boulogne-la-Grasse près Ressons (*Delacourt*). — Bains près Rollot (Somme) (*Leré*).

II. OXYCOCCUS. (Tournef. inst. t. 431.)

Calice à 4 dents membraneuses courtes. *Corolle rotacée, partagée presque jusqu'à la base en 4 divisions lancéolées*, réfléchies sur le calice. Étamines 8. Fruit bacciforme-succulent, étroitement ombiliqué au sommet, à 4 loges.

Sous-arbrisseau, à tiges filiformes, couchées-radicantes. Feuilles persistantes. Fleurs roses, solitaires et penchées à l'extrémité de pédoncules disposés 1-3 au sommet des tiges et des rameaux.

1. O. PALUSTRIS. (Pers. synops. 1. 419.) — Vaccinium Oxycoccos. L. sp. 500. — Engl. bot. t. 319.

Sous-arbrisseau à tiges filiformes, couchées-radicantes, feuillées même au niveau des racines, de longueur très variable, très rameuses. Feuilles persistantes, glabres, d'un vert foncé en dessus, d'un blanc glauque en dessous, très brièvement pétiolées, souvent réfléchies, ovales, très entières, à bords roulés en dessous. Fleurs roses, penchées sur les pédoncules ; pédoncules ascendants, dépassant très longuement les feuilles, disposés 1-3 au sommet des tiges et des rameaux. Corolle à divisions lancéolées obtuses. Fruits rouges, d'une saveur acidule. ♃. *Fl.* mai-juin. *Fr.* juillet-août.

R.R. — Marais tourbeux, croissant parmi les *Sphagnum*. — Étang du Serisaye près Rambouillet ! ? Croie près Chantilly (*Mérat, fl. Par.* .

LXV. CAMPANULACÉES.

(CAMPANULACEÆ. Juss. gen. 165, *part.*)

Fleurs hermaphrodites, *régulières*. — Calice ord. à 5 sépales soudés en tube, à tube soudé avec l'ovaire, à partie libre 5-partite persistante. — Corolle insérée au sommet du tube du calice, marcescente, à préfloraison valvaire ; à 5 pétales soudés en une corolle gamopétale campanulée ou rotacée à 5 divisions ; plus rarement à pétales libres presque jusqu'à la base, rapprochés d'abord en tube, puis irrégulièrement étalés. — *Étamines* ord. 5, *insérées avec la corolle au sommet du tube du calice*. Filets libres, souvent élargis en une base membraneuse recouvrant le sommet de l'ovaire. Anthères bilobées, introrses, libres, plus rarement soudées par leurs bases (Jasione). — *Ovaire* soudé avec le calice, *à 2-3 plus rarement* 5 *carpelles*, à 2-3 plus rarement 5 loges multi-ovulées. Ovules insérés à l'angle interne des loges, ord. horizontaux, réfléchis. Style filiforme, couvert de poils collecteurs. Stigmates 2-3, rarement 5, linéaires, enroulés en dehors ; plus rarement 2 stigmates dressés, soudés presque jusqu'au sommet. — *Fruit capsulaire*, couronné par les divisions persistantes du calice et ord. par la corolle marcescente, *à 2-3 plus rarement* 5 *loges polyspermes* ; *s'ouvrant latéralement par des fissures* ord. arrondies, en nombre égal à celui des loges, situées vers le sommet ou vers la base de la capsule ; *s'ouvrant plus rarement au sommet, à déhiscence loculicide.* — Graines horizontales, très petites. Embryon droit, placé dans un *périsperme charnu*. Radicule dirigée vers le hile.

Plantes bisannuelles ou vivaces, rarement annuelles, herbacées, à suc ord. lactescent. Feuilles alternes ou éparses, entières, crénelées ou dentées, les inférieures ord. pétiolées, les supérieures ord. sessiles ; stipules nulles. Fleurs disposées en panicules, en grappes, en ombelles simples, en épis, en capitules ou en glomérules.

1 { Corolle campanulée ou rotacée, à 5 lobes.	2.
{ Corolle partagée presque jusqu'à la base en 5 divisions linéaires d'abord cohérentes en tube et plus tard irrégulièrement étalées.	5.
2 { Corolle campanulée ; calice à tube court . . . . CAMPANULA. (i.)	
{ Corolle rotacée ; calice à tube linéaire oblong. . . . . SPECULARIA. (ii.)	
3 { Stigmates filiformes enroulés en dehors ; fleurs sessiles, en capitule ou en épi. . . . . PHYTEUMA. (iii.)	
{ Stigmates courts, dressés, souvent soudés presque jusqu'au sommet : fleurs pédicellées, disposées en ombelle globuleuse. . . . . JASIONE. (iv.)	

I. CAMPANULA. (L. gen. n. 218.)

Calice à 5 divisions. *Corolle campanulée*, 5-lobée ou 5-fide. Étamines 5, libres, à filets dilatés en membrane à la base. Style terminé par 3 plus rarement 5 stigmates filiformes. *Capsule turbinée*, à 3 plus rarement 5 loges, s'ouvrant latéralement par 3-5 trous.

Plantes vivaces herbacées, plus rarement bisannuelles. Feuilles radicales rapprochées en rosettes ou en fascicules, pétiolées cordées à la base, ou atténuées en pétiole ; les caulinaires ord. linéaires ou lancéolées, entières, plus rarement dentées, sessiles, plus rarement pétiolées. Fleurs bleues, rarement blanches, celles qui terminent la tige et les rameaux se développant les premières, disposées en grappes terminales, en cymes ou en glomérules latéraux formant par leur ensemble des épis rameux ou des panicules étroites feuillées, plus rarement solitaires au sommet des tiges.

1 { Fleurs sessiles, rapprochées en glomérules au moins les terminales. . . .   2.
{ Fleurs pédonculées, jamais réunies en glomérules . . . .   3.

2 { Calice à divisions courtes ovales-obtuses; feuilles radicales insensiblement
   atténuées en un pétiole bordé jusqu'à sa base par le limbe. . . . . .
   . . . . *C. Cervicaria.*
   { Calice à divisions linéaires-aiguës; feuilles radicales cordées ou tronquées,
   longuement pétiolées . . . . *C. glomerata.*

3 { Calice et corolle plus ou moins velus. . . . .   4.
{ Calice et corolle glabres. . . . .   5.

4 { Calice à divisions réfractées après la floraison; fleurs solitaires au sommet
   des pédoncules . . . . *C. rapunculoides.*
   { Calice à divisions dressées après la floraison; fleurs disposées 1-3 au sommet
   des pédoncules . . . . *C. Trachelium.*

5 { Calice à divisions lancéolées; fleurs disposées en grappe simple. . . . .
   . . . . *C. persicæfolia.*
   { Calice à divisions linéaires-subulées; fleurs disposées en panicule, rare-
   ment en grappe par avortement. . . . .   6.

6 { Feuilles radicales oblongues-obovales, atténuées en pétiole; pédicelles fructifères dressés. . . . . *C. Rapunculus.*
   { Feuilles des fascicules stériles orbiculaires-réniformes ou ovales-cordées,
   longuement pétiolées; pédicelles fructifères arqués-réfléchis. . . . .
   . . . . *C. rotundifolia.*

SECT. I. — *Fleurs pédonculées, jamais réunies en glomérules.*

§ 1. — *Calice fructifère dressé. Capsule s'ouvrant par des trous situés vers son sommet.*

1. C. RAPUNCULUS. (L. sp. 232.)—Engl. bot. t. 283. (vulg. *Raiponce.*)

Plante bisannuelle, à racine pivotante charnue blanche. Tige de 4-9 décimètr., dressée, ord. simple, effilée, donnant naissance latéralement aux rameaux
de l'inflorescence, pubescente-hérissée surtout à la base, plus rarement glabre. Feuilles glabres ou pubescentes; les radicales oblongues-obovales, plus
rarement oblongues-lancéolées, légèrement crénelées, atténuées en pétiole;
les caulinaires linéaires-lancéolées, sessiles. *Fleurs disposées en* une *panicule*
terminale, racémiforme, très allongée, à rameaux dressés. *Calice* glabre, *à
divisions linéaires-subulées.* ②. Juin-août.

C.C.C.—Lisière des bois, bords des chemins, fossés, prairies et pâturages. — Souvent cultivée comme alimentaire.

s.v. — *glabra.*— Plante entièrement glabre.

2. C. PERSICÆFOLIA. (L. sp. 252.) — Engl. bot. supp. t. 2773.

Souche rameuse. Tiges de 4-8 décimètr., dressées, simples, glabres. Feuilles
raides, glabres; les radicales oblongues-obovales, plus rarement oblongues-lancéolées, crénelées, atténuées en un pétiole bordé par le limbe et souvent cilié-
scabre; les caulinaires linéaires-lancéolées, sessiles. *Fleurs* très larges, solitaires sur leurs pédoncules, *disposées en une grappe* simple *pauciflore*
terminale. *Calice* glabre, *à divisions lancéolées.* ♃. Juin-août.

A.C.—Pelouses découvertes des bois, taillis, buissons.

s.v. — *pumila.* — Plante naine. Tige uniflore.

§ 2. — *Calice fructifère à pédicelle arqué-réfléchi. Capsule s'ouvrant par des trous situés vers sa base.*

3. C. ROTUNDIFOLIA. (L. sp. 232.) — Engl. bot. t. 866.

Souche cespiteuse, rameuse. Tiges de 1-5 décimètr., grêles, ascendantes ou couchées-ascendantes, simples, plus rarement rameuses, glabres ou très finement pubescentes inférieurement. *Feuilles glabres ou presque glabres;* les radicales et celles *des fascicules stériles orbiculaires-réniformes* ou ovales-cordées, crénelées ou lâchement dentées, pétiolées, *à pétiole filiforme ord. 4-5 fois plus long que le limbe;* les caulinaires linéaires-lancéolées, sessiles. Fleurs disposées en une panicule pauciflore ou multiflore, quelquefois en grappe par avortement. *Calice glabre, à divisions linéaires-subulées* environ deux fois plus courtes que la corolle. Corolle glabre. ♃. Juin-août.

C.C. — Bords des chemins et des champs, pelouses, pâturages.

4. C. RAPUNCULOIDES. (L. sp. 234.) — Engl. bot. t. 1369.

Souche très rameuse, longuement rampante, donnant naissance au niveau de ses ramifications à de longs pivots charnus, et émettant de longs rhizômes. Tiges de 6-9 décimètr., robustes, dressées, simples effilées, cylindriques ou à peine anguleuses, pubescentes-rudes. Feuilles pubescentes-rudes, ciliées-scabres; les radicales et celles des fascicules stériles ovales-lancéolées plus ou moins cordées, dentées plus ou moins profondément à dents inégales, longuement pétiolées, à pétiole offrant quelquefois des lanières herbacées; les caulinaires lancéolées ou ovales-lancéolées, brièvement pétiolées ou subsessiles. Fleurs ord. solitaires sur les pédoncules, disposées en une longue grappe spiciforme souvent presque unilatérale. *Calice pubescent-scabre, à divisions lancéolées-linéaires, réfractées après la floraison,* environ trois fois plus courtes que la corolle. Corolle à lobes hérissés-ciliés. ♃. Juin-août.

A.R. — Jardins incultes, lieux cultivés, vignes, voisinage des habitations. — Romainville! St-Cloud! Versailles (*de Boucheman*). Malesherbes! — Subspontané dans les plates-bandes du jardin du Muséum.

5. C. TRACHELIUM. (L. sp. 235.) — Engl. bot. t. 12. (vulg. *Gant-de-Notre-Dame.*)

Souche cespiteuse, épaisse, charnue ou presque ligneuse. Tiges de 6-12 décimètr., robustes, dressées, simples ou donnant latéralement naissance aux rameaux de l'inflorescence, anguleuses à angles saillants, hérissées de poils raides. Feuilles scabres, velues-ciliées; les radicales ovales-aiguës ou triangulaires, plus ou moins cordées, ord. profondément dentées à dents inégales, longuement pétiolées, à pétiole offrant quelquefois des lanières herbacées; les caulinaires ovales-lancéolées, pétiolées ou subsessiles. Fleurs 1-3 au sommet des pédoncules, disposées en une panicule racémiforme ou en grappe. *Calice plus ou moins hérissé, à divisions lancéolées, dressées même après la floraison,* environ deux fois plus courtes que la corolle. Corolle à lobes inégalement hérissés-ciliés. ♃. Juin-août.

A.C. — Lieux couverts, endroits herbeux, lisière des bois, buissons.

s.v. — *urticæfolia.* — Pédoncules uniflores. Plante plus grêle.

SECT. II. — Fleurs sessiles, rapprochées en glomérules au moins les ter-minales.

6. C. GLOMERATA. (L. sp. 235.) — Engl. bot. t. 90.

Souche courte, plus ou moins oblique. Tiges de 2-5 décimètr., dressées, simples, velues-hérissées ou pubescentes. *Feuilles* rudes, hérissées de poils courts, plus rarement pubescentes ou glabrescentes; les *radicales* et les infé-rieures ovales-oblongues ou lancéolées, cordées ou tronquées à la base, fine-ment crénelées, *longuement pétiolées*; les caulinaires supérieures ovales-aiguës, sessiles. Fleurs terminales rapprochées en un glomérule pluriflore entouré de bractées; les latérales axillaires, géminées ou rapprochées en glo-mérules, quelquefois solitaires. *Calice* plus ou moins hérissé, *à divisions li-néaires-aiguës*, le fructifère dressé. Capsule s'ouvrant par des trous situés vers sa base. 2|. Mai-septembre.

A.C. — Pâturages secs, lieux incultes herbeux, lisière des bois.

s.v. — *pumila.* — Plante naine. Glomérule terminal pauciflore. — Pelouses arides des coteaux calcaires.

7. C. CERVICARIA. (L. sp. 235.) — Gmel. Sib. III. 157. t. 51.

Plante bisannuelle, à racine épaisse souvent divisée en plusieurs pivots. Tiges de 6-9 décimètr., robustes, dressées, simples, fortement hispides à poils raides. *Feuilles* velues hispides, très rudes; les *radicales* et les inférieures lancéolées *insensiblement atténuées en un pétiole bordé jusqu'à sa base par le limbe*, légèrement crénelées ou dentées; les caulinaires supérieures lancéolées étroites, sessiles. Fleurs terminales rapprochées en un glomérule pluriflore entouré de bractées; les latérales également en glomérules pluri-flores. *Calice* très hispide, *à divisions courtes ovales-obtuses*, le fructifère dressé. Capsule s'ouvrant par des trous situés vers sa base. 2|. Juin-août.

R.—Clairières des bois sablonneux.—Forêt de Senart! (*A. de Jussieu*). St-Léger! (*Schœnefeld*). Livry près Melun (*Guillemin, Laugier*). Forêt de Sordun près Pro-vins (*Bouteiller*). — ? Forêt d'Armainvilliers.

On cultive très généralement, comme plante d'ornement, le *C. Medium* L. (vulg. *Violette-marine*) qui se trouve quelquefois subspontané dans le voisinage des jar-dins. Cette espèce se distingue à ses fleurs très amples disposées en une vaste pani-cule multiflore, à son calice offrant entre les divisions 5 lobes accessoires réfractés, à sa capsule à 5 loges et à son style terminé par 5 stigmates. — On cultive plus rare-ment le *C. pyramidalis.* L.

Le *Wahlenbergia hederacea* (Rchb. ic. pl. crit. t. 480. — C. hederacea. L.) plante assez répandue dans le centre et l'ouest de la France, a été indiquée à Verrières et à St-Léger (*Thuill. fl. Par.*). Cette plante se distingue du genre *Campanula* par sa capsule s'ouvrant au sommet en plusieurs valves qui portent les cloisons à leur partie moyenne; on la reconnaît à ses tiges filiformes couchées, à ses feuilles suborbicu-laires cordées ou tronquées à la base à 5-7 lobes anguleux, à ses pédoncules beaucoup plus longs que les feuilles, à sa capsule s'ouvrant en 5 valves.

II. SPECULARIA. (Heist. syst. pl. gen. 8.)

Calice étranglé au-dessus de la capsule, à 5 divisions rétrécies à la base. *Co-rolle rotacée*, 5-lobée. Étamines 5, libres, à filets dilatés en membrane à la base. Style terminé par 3 stigmates filiformes. *Capsule linéaire-oblongue*, prismatique, à 3 loges, s'ouvrant latéralement vers le sommet par 3 trous.

Plantes annuelles. Feuilles légèrement crénelées, ord. ondulées; les inférieures obovales, ord. atténuées en pétiole; les caulinaires oblongues, sessiles. Fleurs violettes.

plus rarement rougeâtres ou blanches, disposées en panicules terminales feuillées les fleurs qui terminent la tige et les rameaux se développant les premières.

> Corolle ouverte, égalant la longueur des divisions du calice . . . . . .
> . . . . S. Speculum.
> Corolle ord. fermée, cachée par les divisions du calice qui la dépassent longuement . . . . S. hybrida.

1. S. SPECULUM. (Alph. D.C. Camp. 346.) — Prismatocarpus Speculum. L'Her. sert. Angl. 2.— Campanula Speculum. L. sp. 238. — Curt. bot. mag. t. 102. (vulg. Miroir-de-Vénus.)

Tige de 1-4 décimètr., pubescente ou presque glabre, dressée, anguleuse, simple, donnant naissance dans sa partie supérieure aux rameaux de l'inflorescence, ou rameuse dès la base à rameaux égalant souvent la tige. Fleurs violettes, disposées en une panicule terminale à rameaux assez grêles souvent triflores plus ou moins divergents. Calice glabre ou pubescent, à divisions linéaires-subulées ou linéaires, étalées, égalant environ la longueur du tube. Corolle assez grande, égalant la longueur des divisions du calice. ①. Mai-août.

C. — Moissons, lieux cultivés, champs en friche, bords des chemins.

2. S. HYBRIDA. (Alph. D.C. Camp. 349.) — Prismatocarpus hybridus. L'Her. sert. Angl. 2. — Campanula hybrida. L. sp. 239. — Engl. bot. t. 375.

Tige de 1-3 décimètr., hérissée de poils courts, plus rarement presque glabre, raide, dressée, anguleuse, rameuse supérieurement, ou rameuse dès la base. Fleurs à corolle d'un violet rougeâtre, rapprochées au sommet de la tige, ou disposées en un corymbe irrégulier terminal à rameaux raides souvent 1-2-flores dressés ou peu divergents. Calice pubescent-scabre, plus rarement glabre, à divisions oblongues ou oblongues-lancéolées, dressées, plus courtes que la moitié de la longueur du tube. Corolle très petite, ord. fermée et presque avortée, cachée par les divisions du calice qui la dépassent longuement. ①. Mai-juillet.

A.C. — Moissons maigres des champs sablonneux ou pierreux, champs arides en friche. — Grenelle! Gentilly! Montrouge! St-Maur! Malesherbes!, etc.

Nous avons fréquemment observé dans cette espèce la soudure d'une ou deux feuilles florales avec le tube du calice sur lequel elles paraissaient alors s'insérer.

III. PHYTEUMA. (L. gen. n. 220.)

Calice à 5 divisions. Corolle partagée presque jusqu'à la base en 5 divisions linéaires élargies inférieurement, d'abord cohérentes par leur sommet dressées et rapprochées en un tube arqué, plus tard libres et irrégulièrement étalées. Étamines 5, libres, à filets élargis à la base. Style terminé par 2-3 stigmates filiformes, roulés en dehors. Capsule courte, à 2-3 loges, s'ouvrant latéralement par 2-3 trous.

Plantes vivaces. Feuilles radicales et inférieures ovales-cordées ou oblongues, crénelées, pétiolées; les supérieures lancéolées ou linéaires, pétiolées ou sessiles. Fleurs bleues ou blanches, sessiles, disposées en un épi multiflore compacte, ou en un capitule multiflore terminal.

> Feuilles radicales et inférieures cordées; épi oblong ou cylindrique . .
> . . . . P. spicatum.
> Feuilles radicales et inférieures atténuées plus rarement tronquées à la base;
> capitule globuleux . . . . P. orbiculare.

1. P. SPICATUM. (L. sp. 242.) — Curt. bot. mag. t. 2347.

Souche charnue, pivotante. Tige ord. solitaire, de 3-7 décimètr., dressée, simple, glabre. Feuilles glabres ou à peine pubescentes; les radicales et les inférieures ovales-aiguës ou ovales-lancéolées, cordées, crénelées, longuement pétiolées; les supérieures lancéolées, brièvement pétiolées ou sessiles. *Fleurs* d'un blanc jaunâtre, très rarement bleues; *épi terminal oblong*, s'allongeant beaucoup après l'épanouissement des fleurs, *muni de bractées linéaires-subulées.* ♃. Mai-juin.

A.R. — Lieux herbeux couverts, bois montueux. — Forêt de Montmorency! Versailles! Jouy! Forêt de Senart! Bois de Barbeaux près le Châtelet (*Garnier*). Côte de Champagne! Senlis (*Questier*). Anct (*Daënen*). Forêt de Vernon! Forêt de Villers-Cotterets, etc.

2. P. ORBICULARE. (L. sp. 242, *excl.* var. β. et γ.) — Engl. bot. t. 142.

Souche cespiteuse. Tiges de 2-6 décimètr., dressées, simples, glabres. Feuilles glabres; les radicales oblongues ou oblongues-lancéolées, crénelées, tronquées ou atténuées à la base, pétiolées; les caulinaires linéaires ou linéaires-lancéolées, sessiles. *Fleurs bleues; capitule terminal globuleux*, devenant ovoïde à la maturité, *muni de bractées ovales aiguës.* ♃. Juin-août.

A.R. — Pelouses arides des terrains sablonneux, pâturages des coteaux calcaires. — Pontoise (*de Boucheman*). Magny (*Bouteille*). Abondant à Mantes au coteau des Célestins! La Roche-Guyon! Port-Villez près Vernon! Les Andelys! Oulins (*Brou*). Dreux (*Daënen*). Morfontaine (*Morelle*). Forêt de Fontainebleau! Malesherbes (*Bernard*). Nemours (*Devilliers*).

IV. JASIONE. (L. gen. n. 1005.)

Calice à 5 divisions. *Corolle partagée presque jusqu'à la base en 5 divisions linéaires*, d'abord dressées rapprochées cohérentes en tube, plus tard libres et irrégulièrement étalées. *Étamines* 5; filets libres, filiformes; *anthères soudées à la base*, d'abord connivantes, puis divergentes en étoile après la fécondation. Style filiforme, terminé par 2 stigmates dressés courts souvent soudés presque jusqu'au sommet. Capsule subglobuleuse, à 5 angles, à 2 loges, s'ouvrant par une ouverture terminale.

Plante annuelle ou bisannuelle. Feuilles linéaires-lancéolées, ord. ondulées, entières ou irrégulièrement dentées, sessiles. Fleurs bleues, très rarement blanches, pédicellées, disposées en ombelles globuleuses multiflores terminant les tiges et les rameaux, l'ombelle terminale fleurissant avant les latérales.

1. J. MONTANA. (L. sp. 1317.) — Engl. bot. t. 882.

Plante annuelle ou bisannuelle, à racine pivotante. Tiges solitaires ou nombreuses, de 2-6 décimètr., hispides inférieurement, glabres dans leur partie supérieure, dressées ou ascendantes, simples, ou rameuses à rameaux florifères très allongés presque nus souvent étalés. Feuilles ord. hispides, linéaires-lancéolées, ord. ondulées. Fleurs bleues, très rarement blanches, pédicellées, disposées en ombelles globuleuses munies d'un involucre; folioles de l'involucre ovales-aiguës. ① ou ②. Juin-septembre.

C. — Lieux secs et sablonneux, champs maigres après la moisson.

s.v. — *glabra.* — Plante glabre.

LXVI. LOBÉLIACÉES.

(LOBELIACEÆ. Juss. ann. mus. XVIII. 1.)

Fleurs hermaphrodites, *irrégulières.* — Calice à 5 sépales soudés en tube, à tube soudé avec l'ovaire, à partie libre 5-partite. — *Corolle* insérée au sommet du tube du calice, gamopétale, tubuleuse, à tube fendu supérieurement suivant sa longueur, *à limbe 5-fide bilabié ou unilabié*, marcescente, à préfloraison valvaire. — *Étamines* 5, *à filets non soudés avec la corolle et s'insérant avec elle au sommet du tube du calice.* Filets et anthères soudés en un tube traversé par le style. Anthères bilobées, introrses. — *Ovaire* soudé avec le calice, *à 2-3 carpelles*, *à 2-3 loges multi-ovulées.* Ovules insérés à l'angle interne des loges, ascendants ou horizontaux, réfléchis. Style filiforme. Stigmates 2, plus rarement 3, libres au sommet ou soudés, entourés d'un anneau de poils collecteurs, exserts après la fécondation. — *Fruit capsulaire*, couronné par les divisions persistantes du calice et ord. par la corolle marcescente, *à 2-3 loges polyspermes, s'ouvrant au sommet, à déhiscence loculicide.* — Graines ascendantes ou horizontales, très petites. Embryon droit, placé dans un *périsperme charnu.* Radicule dirigée vers le hile.

Plantes vivaces, herbacées, à suc ord. lactescent âcre. Feuilles éparses, entières, crénelées ou dentées; les inférieures ord. rétrécies en pétiole, les supérieures sessiles; stipules nulles. Fleurs disposées en grappe spiciforme terminale, ou solitaires terminales ou latérales.

I. LOBELIA. (L. gen. n. 1006.)

Calice à 5 divisions. Corolle tubuleuse, à tube fendu supérieurement, à limbe 5-fide bilabié, la lèvre supérieure bifide, l'inférieure 3-fide. Étamines soudées en un tube engaînant le style et faisant saillie par la fente de la corolle. Capsule 2-3-loculaire.

Fleurs bleues.

1. L. URENS. (L. sp. 1321.) — Engl. bot. t. 953.

Souche courte, donnant naissance à un fascicule de fibres épaisses. Tiges de 2-7 décimètr., dressées ou ascendantes, anguleuses, simples effilées, plus rarement rameuses dans leur partie supérieure, glabrescentes ou glabres. Feuilles glabres, crénelées, ou lâchement dentées à dents inégales; les radicales obovales-oblongues, rétrécies en pétiole, souvent réunies en rosette; les caulinaires oblongues ou lancéolées, ord. aiguës, sessiles. Fleurs d'un bleu clair, disposées en une longue grappe terminale, brièvement pédicellées, munies de bractées linéaires atteignant le sommet des divisions du calice. Calice à tube allongé, à divisions linéaires-acuminées plus courtes de moitié que le tube de la corolle, pubérulent ainsi que la corolle et les anthères. ♃. Juillet-août.

R.R. — Bois et bruyères humides, prairies tourbeuses. — Bois des env. de Versailles (*Adolphe Richard*). Abondant aux bords des étangs de St-Hubert! Étang du Serisaye! St-Léger! — Montireau (Eure-et-Loir.)

LXVII. CUCURBITACÉES.

(CUCURBITACEÆ. Juss. gen. 393.)

Fleurs dioïques ou monoïques, plus rarement polygames, régulières. — Calice à 5 sépales soudés avec le tube de la corolle dans une étendue variable, libres supérieurement dans une assez grande longueur ou seulement au sommet, à partie libre marcescente ou caduque. — Corolle à 5 pétales soudés en une corolle gamopétale, à tube soudé avec l'ovaire dans les fleurs femelles ou hermaphrodites, à limbe campanulé ou rotacé 5-fide ou 5-partit marcescent-caduc, à préfloraison plissée-valvaire. —Étamines 5, insérées à la base du tube de la corolle, libres ou monadelphes, plus ord. quatre d'entre elles soudées deux à deux la cinquième restant libre (étamines triadelphes). Filets courts, épais, se terminant en un connectif ord. flexueux. *Anthères* extrorses, unilobées ou bilobées ; *à lobes linéaires*, ord. très allongés, *flexueux ou repliés* plusieurs fois *sur eux-mêmes*, soudés dans toute leur longueur avec le connectif, s'ouvrant longitudinalement.—*Ovaire* soudé avec le tube de la corolle et par son intermédiaire avec le calice, *à 3-5 carpelles, à 3-5 loges multi-ovulées ou pauci-ovulées ; les loges subdivisées chacune en deux loges secondaires par une fausse cloison* qui se porte de l'axe à la périphérie de l'ovaire pour s'y dédoubler en deux lames divergentes qui s'accolent aux parois de la loge et donnent insertion aux ovules par leurs bords en simulant une placentation pariétale (1). *Ovules insérés sur les parois de la loge*, horizontaux, réfléchis. Style distinct ou presque nul. Stigmates 3-5, bilobés, épais. — *Fruit* ord. volumineux, *charnu ou succulent*, plus rarement petit bacciforme, offrant au sommet la cicatrice qui résulte de la destruction du limbe du calice et de la corolle, *à 3-5 loges*, souvent d'apparence uniloculaire par la destruction des cloisons ou leur empâtement dans un tissu cellulaire abondant, à loges polyspermes plus rarement 2-spermes. — Graines horizontales, logées dans la pulpe du péricarpe ou du placenta, entourées d'une enveloppe aqueuse qui devient membraneuse par la dessiccation (arille D.C.). *Périsperme nul.* Embryon droit. Radicule dirigée vers le hile.

Plantes annuelles ou vivaces, herbacées, ord. très succulentes, velues-hérissées, ord. scabres par le soulèvement de l'épiderme à la base des poils. *Tiges* sarmenteuses, étalées sur le sol ou *grimpantes-accrochantes par des vrilles*, quelquefois presque volubiles. Feuilles alternes, pétiolées, simples, palmatipartites ou plus ou moins profondément palmatilobées ; stipules nulles. Vrilles (feuilles, stipules ou rameaux avortés) opposées aux feuilles ou latérales, simples ou rameuses. Fleurs axillaires solitaires, en fascicules, ou en corymbes axillaires.

1 { Fruit petit, bacciforme, à 6 graines ou moins. . . . . . . BRYONIA. (i.)
  { Fruit ord. volumineux, à écorce épaisse, à graines très nombreuses. . . . 2.

2 { Graines à bord mince; anthères conniventes. . . . . . CUCUMIS. (ii.)
  { Graines entourées d'un rebord épais; anthères soudées en colonne. . . .
  { . . . . CUCURBITA. (iii.)

I. BRYONIA. (L. gen. n. 1098.)

Fleurs monoïques ou dioïques. — Fleur mâle : Calice campanulé, 5-fide. Corolle 5-fide. Étamines 5, triadelphes ; filets courts; anthères unilobées,

(1) La fausse cloison qui subdivise chaque loge est formée par l'adossement des deux bords de la feuille carpellaire qui, après s'être portés de la périphérie vers l'axe de l'ovaire pour former la loge, se réfléchissent de l'axe vers la périphérie.

à lobe linéaire, courbé en S, s'ouvrant longitudinalement. Ovaire réduit à une glande trilobée. — Fleur femelle : Calice à tube subglobuleux rétréci au-dessus de l'ovaire en un col étroit, à limbe campanulé 5-fide. Corolle 5-fide. Ovaire à 3 loges ord. bi-ovulées. Style trifide, à stigmates subbifides. *Fruit bacciforme*, globuleux, *à 6 graines ou moins par avortement. Graines obovales-subglobuleuses*, légèrement comprimées, étroitement bordées.

Plante vivace. Racine pivotante, charnue, très épaisse, contenant un suc âcre vénéneux. Tiges grimpantes, accrochantes par leurs vrilles, quelquefois irrégulièrement volubiles. Feuilles cordées, palmatilobées ou palmatipartites, à 5-7 lobes. Vrilles simples. Fleurs assez petites, d'un blanc verdâtre, en corymbes axillaires pauciflores pédonculés, plus rarement solitaires.

1. B. DIOICA. (Jacq. fl. Austr. t. 199.) — Engl. bot. t. 439. (vulg. *Bryone*.)

Racine cylindrique, très épaisse, charnue-farineuse, souvent rameuse. Tiges grêles, sarmenteuses, ord. très longues, anguleuses, rudes plus ou moins velues. Feuilles pétiolées, rudes, hérissées de poils courts, à lobes anguleux sinués, le terminal plus grand, plus aigu. Fleurs dioïques ; les mâles plus grandes que les femelles, en corymbes longuement pédonculés ; les femelles en corymbes subsessiles ou brièvement pédonculés, quelquefois solitaires, à lobes du calice triangulaires longuement dépassés par la corolle. Fruit rouge à la maturité, à suc visqueux. Graines grisâtres, marbrées de noir. ♃. Juin-juillet.

C.C. — Haies, buissons, voisinage des habitations.

† II. CUCUMIS. (L. gen. n. 1092.)

Fleurs monoïques ou polygames. — Corolle 5-partite. — Fl. mâle : Étamines 5, triadelphes; *anthères conniventes.* — Fl. femelle : Ovaire à 3 loges multi-ovulées. Style 3-fide; stigmates bifides. *Fruit* succulent, à écorce épaisse, à graines nombreuses. *Graines* obovales *comprimées, à bord mince.*

Plantes annuelles. Tiges étalées sur le sol, accrochantes par leurs vrilles. Feuilles cordées, plus ou moins profondément 5-7-lobées. Vrilles simples. Fleurs jaunes, pédicellées, axillaires, les mâles souvent fasciculées, les femelles solitaires.

{ Feuilles à lobes aigus, le terminal plus grand que les latéraux. *C. sativus.*
{ Feuilles à lobes peu distincts arrondis presque égaux . . . . *C. Melo.*

† 1. C. SATIVUS. (L. sp. 1437.) — Blackw. herb. t. 4. — (vulg. *Concombre*.)

Tiges ord. très longues, assez grêles, chargées, ainsi que les pétioles, de soies piquantes. *Feuilles* lobées, *à lobes* anguleux, *aigus*, sinués, inégalement denticulés, le terminal plus grand. Fleurs de grandeur moyenne. Fruit très gros, oblong, ord. légèrement arqué, subtriquètre, lisse ou presque lisse, ord. luisant, présentant des tubercules espacés peu saillants, à loges complètes même à la maturité; à pulpe blanche aqueuse, d'une saveur fade. (1). *Fl.* mai-juillet. *Fr.* août-septembre.

Cultivé dans les jardins potagers. — Cette espèce varie à fruit plus ou moins gros, blanc ou d'un jaune plus ou moins foncé.

† 2. C. MELO. (L. sp. 1436.) — Blackw. herb. t. 329. (vulg. *Melon*.)

Tiges ord. très longues, assez grêles, hérissées de poils raides. *Feuilles* obscurément lobées, *à lobes arrondis*, sinués, inégalement denticulés. Fleurs de grandeur moyenne. Fruit très gros, verdâtre ou jaunâtre, globuleux-déprimé ou globuleux-oblong, à 9-12 côtes plus ou moins saillantes, réticulé ou verruqueux, rarement lisse ou presque lisse, à loges ord. confluentes au centre du fruit par la déchirure irrégulière des cloisons; à pulpe très succulente, jaune ou jaunâtre, rarement verdâtre ou blanche, d'une saveur sucrée aromatique. (1). *Fl.* mai-juillet. *Fr.* juillet-septembre.

Cultivé dans les jardins potagers.—Cette espèce varie : à fruit réticulé grisâtre, ord. oblong-subglobuleux, ord. à côtes peu saillantes (vulg. *Melon-brodé*, *Melon-maraîcher*); à fruit verruqueux, ord. globuleux déprimé, ord. à côtes très épaisses (vulg. *Cantaloup*): plus rarement à fruit à écorce lisse ord. mince, à pulpe colorée (vulg. *Melon-de-Malte*) ou à pulpe blanche ou verdâtre (vulg. *Melon-de-Malte-blanc*, *Melon-d'eau*.)

† III. CUCURBITA. (L. gen. n. 1091.)

Fleurs monoïques. — Corolle 5-fide. — Fl. mâle : *Anthères soudées en colonne*. — Fl. femelle : Ovaire à 3-5 loges multi-ovulées. Style 3-fide ; stigmates bifides. *Fruit charnu, à écorce épaisse, à graines nombreuses. Graines* obovales *comprimées, entourées d'un rebord épais.*

Plantes annuelles. Tiges étalées sur le sol ou grimpantes, accrochantes par leurs vrilles. Feuilles cordées, indivises-sinuées ou 5-7-lobées. Vrilles rameuses. Fleurs jaunes, pédicellées, axillaires solitaires.

† I. C. MAXIMA. (Duch. *in* Lam. dict. II. 151.) (vulg. *Potiron*, *Citrouille*.)

Tiges ord. très longues, épaisses, hérissées de poils raides. Feuilles obscurément lobées, à pétiole épais fistuleux. Fleurs à corolle très grande à lobes étalés-réfléchis ; les mâles très longuement pédicellées, à pédicelle fistuleux. Fruit atteignant souvent de très grandes dimensions, globuleux-déprimé ou globuleux-oblong, à côtes nombreuses à peine saillantes ou presque nulles, lisse ou presque lisse, à loges ord. confluentes au centre du fruit par la déchirure irrégulière des cloisons ; à pulpe ferme charnue, jaune ou jaunâtre, d'une saveur fade sucrée. Graines assez grosses.(1) *Fl.* juin-août. *Fr.* septembre-novembre.

Cultivé dans les jardins potagers et en plein champ. — Cette espèce varie à fruit d'un jaune pâle ou orangé, ou d'un vert plus ou moins foncé.

On cultive dans les jardins potagers le *C. Pepo.* L. (vulg. *Giraumon*) et le *C. Melopepo* L. (vulg. *Bonnet-d'électeur*). — On cultive également dans quelques jardins, sous le nom de *Coloquintes*, les *C. aurantia* Willd., *verrucosa* L. et *ovifera* L. ainsi que le *Lagenaria vulgaris* Sering. (*Cucurbita Lagenaria* L.) qui se distingue à sa graine entourée d'un rebord épais émarginé-subbilobé au sommet, et varie à fruit étranglé à sa partie moyenne (vulg. *Gourde*) ou très allongé en forme de massue (vulg. *Gourde-massue*.)

LXVIII. CAPRIFOLIACÉES.

(CAPRIFOLIACEÆ. A. Rich. *in* dict. class. III. 172.)

Fleurs hermaphrodites, très rarement stériles par avortement, presque régulières ou irrégulières. — Calice à 5 rarement 4 sépales soudés en tube, à tube soudé avec l'ovaire, à partie libre très courte persistante ou marcescente. — Corolle insérée au sommet du tube du calice, gamopétale, 5-fide, 4-fide, tubuleuse-bilabiée, campanulée ou rotacée, caduque, à préfloraison imbriquée. — *Étamines* 5, *rarement* 4, insérées au tube de la corolle, libres. Filets quelquefois bipartits. Anthères bilobées, ou bipartites. — *Ovaire* soudé avec le calice, *à* 3-5 *carpelles, à* 3-5 *loges* uni-ovulées, plus rarement pluri-ovulées (*Lonicera*). Ovules suspendus, réfléchis. Stigmates 3-5 sessiles ; ou 4-5 styles distincts, ou soudés en un style indivis à stigmate 3-lobé.— *Fruit bacciforme ou drupacé*, couronné par le limbe persistant du calice ou par la cicatrice ombiliquée qui résulte de sa destruction, *à* 3-5 *loges monospermes ou oligospermes*, ou uniloculaire par la destruction des cloisons. — Graines suspendues, ord. comprimées, à raphé dorsal ou ventral. Embryon souvent très petit, placé dans un *périsperme charnu ou corné*. Radicule dirigée vers le hile.

Arbrisseaux plus ou moins élevés, quelquefois sarmenteux-volubiles; plus rarement plantes herbacées. *Feuilles opposées*, entières, dentées, plus ou moins profondément lobées ou pinnatiséquées, pétiolées, plus rarement sessiles quelquefois connées, munies ou non de stipules. Fœurs disposées en corymbes rameux, en têtes ou en faux verticilles, plus rarement géminées au sommet de pédoncules axillaires.

1 { Corolle tubuleuse-infundibuliforme, à limbe bilabié; style filiforme . . .
. . . . LONICERA. (iv.)
Corolle rotacée, presque régulière; 3-5 stigmates sessiles, ou 4-5 styles distincts. . . . . 2.

2 { Styles 4-5; étamines à filet bipartit; plante grêle, herbacée. . ADOXA. (i.)
Stigmates 3-5 sessiles; étamines à filet indivis; plante robuste, ord. ligneuse. 3.

3 { Fruit à 3-5 graines; feuilles pinnatiséquées. . . . . . SAMBUCUS. (ii.)
Fruit à une seule graine; feuilles indivises ou lobées . . VIBURNUM. (iii.)

TRIBU I. SAMBUCINEÆ. — Corolle rotacée. Ovaire à loges uni-ovulées. Stigmates 3-5 sessiles, ou 3-5 styles distincts.

I. ADOXA. (L. gen. n. 501.)

Calice à partie libre brièvement 2-3-lobée, beaucoup plus courte que la corolle. Corolle rotacée, à limbe plan, 4-5-partit. *Étamines 4-5, à filet bipartit* portant sur chaque division l'un des lobes de l'anthère. *Styles 4-5, distincts.* Fruit bacciforme-herbacé, à 4-5 loges monospermes, ou moins par avortement. Graines comprimées, entourées d'un rebord membraneux.

Plante vivace, *herbacée*, grêle, succulente; à souche blanche, horizontale, donnant naissance à des bulbes écailleux qui émettent les tiges florifères et de longs rhizômes filiformes qui offrent un ou plusieurs bulbes rudimentaires. Feuilles radicales longuement pétiolées, à 3 segments pétiolulés triséqués à lobes profondément incisés; les caulinaires 2, opposées, situées vers la partie supérieure de la tige, brièvement pétiolées, à pétiole élargi à la base, tripartites ou triséquées. *Fleurs d'un vert jaunâtre*, disposées 4-6 en un capitule globuleux qui termine la tige.

1. A. MOSCHATELLINA. (L. sp. 527.) — Engl. bot. t. 453.

Tiges de 10-15 centimètr., dressées, simples, glabres, ne portant qu'une seule paire de feuilles. Feuilles glabres luisantes, glaucescentes en dessous, à lobes obtus. Fleurs d'un vert jaunâtre, à odeur légèrement musquée, à parties ord. en nombre quinaire, la terminale à parties en nombre quaternaire. Corolle dépassant longuement le calice. Fruit surmonté par les styles persistants. ♃. Mars-avril.

C. — Lieux frais des bois, buissons, taillis.

II. SAMBUCUS. (L. gen. n. 372.)

Calice à partie libre 5-lobée, à lobes très petits. Corolle rotacée, à limbe étalé, 5-fide. Étamines 5, à anthères d'apparence extrorses. *Stigmates 3-5, sessiles. Fruit* bacciforme, coloré, succulent, *à 3-5 graines*, à 3-5 loges, ou uniloculaire par la destruction des cloisons.

Plantes vivaces herbacées, arbrisseaux ou arbres. Feuilles opposées, pétiolées, pinnatiséquées, à segments dentés, plus rarement pinnatiséqués, pourvues ou non de stipules. Fleurs blanches, quelquefois rougeâtres en dehors, disposées en corymbes rameux ou en panicules.

1 { Plante herbacée; feuilles munies de stipules foliacées. . . . *S. Ebulus.*
Arbrisseaux ou arbres; feuilles dépourvues de stipules ou à stipules très petites. . . . . 2.

2 { Fleurs en corymbe plan ; fruits noirs . . . . *S. nigra.*
{ Fleurs en panicule ovoïde ; fruits d'un rouge écarlate . . . *S. racemosa.*

1. S. EBULUS. (L. sp. 385.) — Engl. bot. t. 475. (vulg. *l'èble.*)

Tiges herbacées, de 8-15 décimètr., dressées, robustes, cannelées, glabres. Feuilles glabres, composées de 5-11 segments très brièvement pétiolulés, oblongs-lancéolés, finement dentés ; *stipules* inégales, *foliacées*, ovales-aiguës, finement dentées. Corymbe plan, à rameaux plus ou moins irrégulièrement disposés. Fleurs blanches, quelquefois rougeâtres en dehors, à odeur d'amandes amères. Fruits noirs, luisants. ♃. *Fl.* juin-août. *Fr.* septembre-octobre.

C. — Bords des fossés, lieux incultes surtout des terrains argileux.

2. S. NIGRA. (L. sp. 386.) — Engl. bot. t. 476. (vulg. *Sureau.*)

Arbrisseau élevé ou arbre ; rameaux à moelle blanche très abondante, à écorce grisâtre plus ou moins verruqueuse. Feuilles glabres, composées de 3-7 segments pétiolulés ovales-aigus ou acuminés, dentés ; *stipules nulles ou très petites. Corymbe plan,* à rameaux souvent disposés par 5. Fleurs blanches ou d'un blanc jaunâtre, à odeur pénétrante. *Fruits noirs,* luisants. ♄. *Fl.* juin-juillet. *Fr.* septembre-octobre.

C. — Haies, bois, taillis, souvent planté dans les parcs.

var. β. *laciniata.* (S. laciniata. Mill.) — Feuilles à segments pinnatiséqués à lobes incisés ou dentés. — Cultivé dans les parcs et planté dans les haies.

† **3. S. RACEMOSA.** (L. sp. 386.)—Jacq. ic. rar. I. t. 59. (vulg. *Sureau-à-grappes.*)

Arbrisseau plus ou moins élevé ; rameaux à moelle jaunâtre très abondante, à écorce grisâtre plus ou moins verruqueuse. Feuilles glabres, composées de 5-7 segments pétiolulés, ovales-lancéolés acuminés, finement dentés ; *stipules nulles ou très petites.* Jeunes rameaux souvent munis à leur base des écailles persistantes du bourgeon. Fleurs blanchâtres, disposées en *panicule ovoïde compacte. Fruits d'un rouge écarlate.* ♄. *Fl.* avril-mai. *Fr.* juillet-août.

Fréquemment planté dans les parcs et quelquefois dans les bois.

III. VIBURNUM. (L. gen. n. 370.)

Calice à partie libre 5-lobée, à lobes très petits. Corolle rotacée ou campanulée-rotacée, à limbe 5-partit. Étamines 5. *Stigmates* 3, *sessiles. Fruit* bacciforme, coloré, uniloculaire et *monosperme* par avortement.

Arbrisseaux plus ou moins élevés. Feuilles opposées, pétiolées, dentées ou lobées-dentées, pourvues ou non de stipules. Fleurs blanches, disposées en corymbes rameux.

{ Feuilles indivises-dentées. . . . . *V. Lantana.*
{ Feuilles profondément lobées-incisées . . . . *V. Opulus.*

1. V. LANTANA. (L. sp. 384.) — Engl. bot. t. 331. (vulg. *Viorne.*)

Arbrisseau à rameaux flexibles, à écorce grisâtre, couverts au sommet d'une pubescence étoilée pulvérulente. *Feuilles* tomenteuses en dessous à pubescence étoilée, *ovales ou oblongues,* aiguës ou obtuses, *dentées* à dents acuminées, à nervures saillantes ; stipules nulles. Fleurs toutes fertiles, à corolle rotacée, disposées en un corymbe plan. Fruits comprimés, rouges avant la maturité, noirs à la maturité. ♄. *Fl.* mai. *Fr.* août-octobre.

C. — Haies, taillis, bois montueux.

2. V. OPULUS. (L. sp. 384.) — Engl. bot. t. 352. (vulg. *Aubier.*)

Arbrisseau souvent élevé, à rameaux cassants, glabres, à écorce d'un gris cendré. *Feuilles* glabres ou presque glabres en dessus, à face inférieure d'un vert blanchâtre plus ou moins pubescente à poils espacés ou fasciculés, ord. *à 3 lobes profonds* sinués ou lâchement dentés à dents inégales; pétiole portant surtout dans sa moitié supérieure des glandes cupuliformes plus ou moins stipitées; stipules linéaires ou incisées. Fleurs disposées en un corymbe plan, les centrales fertiles à corolle campanulée-rotacée, celles de la circonférence stériles rayonnantes à corolle rotacée très ample. Fruits globuleux, succulents, d'un rouge vif. ♄. *Fl.* mai-juin. *Fr.* septembre-octobre.

C. — Haies, taillis, endroits humides des bois.

var. *β. sterilis.* (vulg. *Boule-de-neige.*) — Fleurs toutes stériles, rotacées, disposées en un corymbe serré globuleux. Feuilles souvent entièrement glabres. — Fréquemment planté dans les jardins et les parcs.

TRIBU II. CAPRIFOLIEÆ. — Corolle tubuleuse-infundibuliforme ou campanulée, à limbe bilabié ou 5-fide. Ovaire à loges pluri-ovulées. Style indivis, à stigmate trilobé.

IV. LONICERA. (L. gen. n. 233, *part.*)

Calice à partie libre 5-lobée, à lobes très petits. *Corolle tubuleuse-infundibuliforme ou irrégulièrement campanulée*, à limbe divisé en deux lèvres, la supérieure 4-lobée, l'inférieure entière. Étamines 5. *Style filiforme*, à stigmate obscurément 3-lobé. Fruit bacciforme, coloré, succulent, à 3 loges 2-4-spermes, ou uniloculaire par la destruction des cloisons.

Arbrisseaux dressés ou sarmenteux-volubiles. Feuilles entières, opposées, brièvement pétiolées ou sessiles, les supérieures quelquefois connées; stipules nulles. Fleurs blanchâtres ou jaunâtres, striées de rouge, disposées en têtes terminales et en faux verticilles, quelquefois géminées à l'extrémité de pédoncules axillaires.

1 { Fleurs géminées à l'extrémité de pédoncules axillaires; corolle à tube très court. . . . . *L. Xylosteum.*
  { Fleurs disposées en têtes multiflores terminales ou en faux verticilles. . . 2.

2 { Feuilles, même les florales, distinctes jusqu'à la base. . *L. Periclymenum.*
  { Feuilles florales soudées en un plateau perfolié. . . . *L. Caprifolium.*

SECT. I. XYLOSTEUM. — Fleurs géminées à l'extrémité de pédoncules axillaires. — Arbrisseaux dressés.

1. L. XYLOSTEUM. (L. sp. 248.) — Engl. bot. t. 916.

Arbrisseau à tiges dressées non volubiles, à écorce d'un gris cendré, à jeunes rameaux pubescents. Feuilles mollement pubescentes surtout en dessous, à face inférieure d'un vert blanchâtre, brièvement pétiolées, ovales-aiguës ou oblongues. Fleurs glanduleuses, d'un blanc rosé mêlé de jaune. *Corolle à tube très court* irrégulièrement campanulé *gibbeux latéralement.* Pédoncules axillaires de la longueur des fleurs, portant deux fleurs sessiles. Fruits d'un beau rouge, géminés, un peu soudés à la base, ombiliqués au sommet. ♄. *Fl.* mai-juin. *Fr.* juillet-septembre.

C. — Haies, taillis, clairières des bois. — Fréquemment planté dans les parcs et les bosquets.

SECT. II. CAPRIFOLIUM. — Fleurs disposées en têtes terminales et en faux verticilles. — Arbrisseaux volubiles.

2. **L. PERICLYMENUM.** (L. sp. 247.) — Engl. bot. t. 800. (vulg. *Chèvre-feuille sauvage.*)

Arbrisseau à tige sarmenteuse volubile, de longueur très variable, à écorce grisâtre, à jeunes rameaux pubescents au sommet. *Feuilles* glabres ou légèrement pubescentes, à face inférieure d'un vert blanchâtre, oblongues ou ovales-aiguës, brièvement pétiolées ; les *florales* sessiles, *libres.* Fleurs pubescentes-glanduleuses, à odeur suave, d'un blanc jaunâtre, striées de rouge en dehors, sessiles, disposées en têtes multiflores terminales et en faux verticilles. Corolle longuement tubuleuse élargie supérieurement, arquée avant l'épanouissement, à tube cylindrique non gibbeux. Fruits rouges, couronnés par le limbe du calice. ♄. *Fl.* juin-septembre. *Fr.* août-octobre.

C. — Haies, taillis, clairières des bois.

† 3. **L. CAPRIFOLIUM.** (L. sp. 246.) — Lam. ill. t. 150. f. 1. (vulg. *Chèvre-feuille.*)

Arbrisseau à tige sarmenteuse volubile, de longueur très variable, à écorce grisâtre, à jeunes rameaux glabres souvent rougeâtres glaucescents. *Feuilles* glabres, coriaces, à face inférieure d'un vert glauque, oblongues, suborbiculaires ou ovales, pétiolées ; les supérieures plus ou moins largement connées ; les *florales soudées en un plateau perfolié. Fleurs* à odeur suave, d'un blanc jaunâtre, striées de rouge en dehors, passant au jaune, sessiles, *disposées en une tête terminale sessile au centre du plateau formé par les feuilles florales.* Corolle légèrement poilue, élargie supérieurement, arquée avant l'épanouissement, à tube cylindrique non gibbeux. Fruits rouges, couronnés par le limbe du calice. ♄. *Fl.* mai-juillet. *Fr.* juillet-septembre.

Très fréquemment planté dans les parterres et les parcs. — Quelquefois naturalisé dans les haies.

On cultive plus rarement le *L. Etrusca* Sant., plante voisine du *L. Caprifolium* et qui en diffère par ses têtes de fleurs pédonculées, par ses feuilles et ses rameaux stériles plus ou moins pubescents.

On plante souvent dans les parcs et dans les jardins le *Symphoricarpos racemosa*, dont les fruits d'un beau blanc persistent jusqu'à l'hiver.

LXIX. RUBIACÉES.

(RUBIACEÆ. Juss. gen. 196, *part.* — Stellatæ. L. ord. nat. *et auct.*)

Fleurs hermaphrodites, rarement unisexuelles par avortement, régulières. — Calice ord. à 4-6 sépales soudés en tube, à tube soudé avec l'ovaire, à partie libre courte ou presque nulle. — Corolle gamopétale, insérée au sommet du tube du calice, 4-5-fide, plus rarement 3-fide par soudure ou par avortement, rotacée, infundibuliforme ou presque campanulée, caduque, à préfloraison valvaire. — *Étamines* 4-5, insérées sur le tube de la corolle. Anthères libres, bilobées, introrses. — *Ovaire* soudé avec le calice, *à 2 carpelles* ou à un seul carpelle par avortement, à 2 loges ou à une seule loge par avortement, à loges uni-ovulées. Ovule ord. dressé, réfléchi ou plié. Styles 2, soudés presque jusqu'au sommet ou presque entièrement libres. Stigmates terminaux. — *Fruit* sec, plus rarement charnu, n'offrant aucun vestige du limbe du calice, plus rarement couronné par le limbe accru du calice, didyme *composé de deux carpelles* subglobuleux *monospermes indéhiscents qui se séparent* ord. *à la maturité*, plus rarement réduit à un seul carpelle par avortement. — Graine ord. dressée. Embryon droit ou courbé, placé dans un *périsperme corné*. Radicule dirigée vers le hile ou rapprochée du hile.

Plantes annuelles ou vivaces, herbacées; tiges annuelles, très rarement persistantes, ord. tétragones à angles souvent denticulés-accrochants, souvent fragiles au niveau des articulations. *Feuilles* sessiles, *verticillées* par 4-10 (1), quelquefois ternées ou opposées au sommet des tiges, indivises, à bords ord. denticulés-scabres souvent roulés en dessous; stipules nulles. Fleurs ord. en cymes trichotomes ou dichotomes latérales ou terminales, disposées en panicules ou en corymbes feuillés, plus rarement rapprochées en glomérules terminaux entourés d'involucres.

1 { Calice à 6 dents profondes; fruit couronné par les dents du calice. . . .
. . . . SHERARDIA. (i.)
Calice à 4 dents très courtes ou nulles; fruit ne présentant aucun vestige
des dents du calice. . . . . 2.

2 { Corolle infundibuliforme, ou campanulée à tube plus ou moins allongé. .
. . . . ASPERULA. (ii.)
Corolle rotacée. . . . . 3.

3 { Corolle à 4 divisions; fruit sec. . . . . GALIUM. (iii.)
Corolle à 4-5 divisions; fruit bacciforme . . . . RUBIA. (iv.)

I. SHERARDIA. (L. gen. n. 120.)

Calice à 6 dents profondes qui s'accroissent après la floraison. Corolle infundibuliforme, à tube allongé-cylindrique, à limbe 4-fide. Étamines 4. Fruit sec, composé de deux *carpelles surmontés* chacun de trois *des dents du calice.*

Plante annuelle; tiges scabres. Feuilles verticillées par 4-6 rarement par 8. *Fleurs* d'un rose lilas, disposées en glomérules presque *sessiles au centre d'involucres composés de feuilles* verticillées *soudées à la base.*

1. S. ARVENSIS. (L. sp. 149.) — Engl. bot. t. 891.

Tiges ord. nombreuses, de 1-4 décimètr., grêles, diffuses, ord. très rameuses, très scabres. Feuilles raides, lancéolées-aiguës souvent acuminées, à face supérieure hispide, à bords et à nervure moyenne ciliés-scabres. Fleurs d'un rose lilas, longuement dépassées par l'involucre. Fruit lisse, couvert de poils courts apprimés, oblong, couronné par les dents du calice. ⨀. Mai-octobre.

C.C. — Champs, moissons, lieux cultivés.

II. ASPERULA. (L. gen. n. 121.)

Calice à 4 dents très courtes qui disparaissent par l'accroissement de l'ovaire. *Corolle infundibuliforme ou campanulée, à tube plus ou moins allongé,* à limbe 4-fide plus rarement 3-fide. *Fruit sec,* composé de deux carpelles, *n'offrant aucun vestige du limbe du calice.*

(1) La plupart des auteurs décrivent les feuilles des *Rubiacées d'Europe* comme opposées; pour eux, quelques unes des feuilles du verticille seraient des stipules libres ou soudées deux à deux, entières ou divisées jusqu'à la base en deux ou plusieurs segments de la même forme que les feuilles. Les deux véritables feuilles seraient caractérisées par la présence d'un bourgeon à leur aisselle. Il n'est pas rare néanmoins de rencontrer dans un même verticille 3-4 feuilles munies chacune d'un bourgeon. — Nous avons plusieurs fois observé 3-4 bourgeons à l'aisselle de chacune des deux feuilles cotylédonaires du *Galium Aparine.*

Plantes vivaces, rarement annuelles; tiges lisses, rarement scabres. Feuilles verticillées par 4-8. Fleurs blanches ou rosées, rarement bleues, disposées en cymes
trichotomes plus rarement dichotomes, latérales et terminales, rarement rapprochées en glomérules entourés d'un involucre de feuilles.

1. { Fleurs bleues, entourées d'un involucre de feuilles bordées de longues
     soies; plante annuelle. . . . . *A. arvensis.*
     Fleurs blanches ou d'un blanc rosé, dépourvues d'involucre; plante vi-
     vace . . . . 2.

2. { Fruit hérissé de poils raides crochus; feuilles oblongues-lancéolées ou ob-
     longues. . . . . *A. odorata.*
     Fruit lisse ou tuberculeux, glabre; feuilles linéaires . . . . 3.

3. { Souche donnant naissance à un grand nombre de tiges étalées diffuses; fruit
     tuberculeux . . . . *A. cynanchica.*
     Souche donnant naissance à des tiges dressées; fruit liss. . . *A. tinctoria.*

1. A. ARVENSIS. (L. sp. 150.) — Lob. ic. t. 801. f. 2.

Plante annuelle. Tige simple ou rameuse, de 2-3 décimètr., dressée, légèrement scabre. Feuilles glabres, à bords et à nervure moyenne lâchement ciliés
à poils très courts; les inférieures oblongues-obovales, verticillées par 4; les
caulinaires linéaires-obtuses, verticillées par 6-8. *Fleurs bleues*, rapprochées
en glomérules à l'extrémité de la tige et des rameaux et *entourées d'un involucre composé* d'un grand nombre *de feuilles* et de bractées *bordées de longues soies* et dépassant les fleurs. Corolle longuement tubuleuse. Fruit lisse,
couvert avant la maturité de poils très courts, apprimés, caducs. ①. Mai-juillet.

A.R. — Champs sablonneux ou calcaires arides. — St-Maur! Senart! Mennecy!
Étampes! (*Maire*). Malesherbes! Nemours! Aulmont! Senlis (*Morelle*). Env. de
Magny! Dreux! Thury-en-Valois (*Questier*). Forêt de Compiègne.

2. A. TINCTORIA. (L. sp. 150.) — Sv. bot. 244.

Souche traçante, donnant naissance à des tiges espacées. *Tiges* de 3-6
décimètr., *dressées*, simples, ou rameuses supérieurement, lisses. *Feuilles
toutes linéaires-étroites*, brusquement aiguës, glabres, à bords légèrement scabres; les inférieures verticillées par 4-6; les supérieures opposées, ou
verticillées par 3-4. Fleurs d'un blanc rosé, pédicellées à pédicelles grêles,
disposées en cymes terminant la tige et les rameaux. Corolle lisse, tubuleuse
étroite. *Fruit glabre, lisse.* ♃. Juin-juillet.

R.R. — Bois montueux et sablonneux. — Abondant à plusieurs localités de la forêt
de Fontainebleau: Mail de Henri IV, rochers du Cuvier, etc.

3. A. CYNANCHICA. (L. sp. 151.) — Engl. bot. t. 33. (vulg. *Herbe-à-l'esquinancie.*)

Souche cespiteuse, à racine pivotante, donnant naissance à un grand nombre de tiges stériles et de tiges florifères rapprochées en touffe. *Tiges* de 1-4
décimètr., *lisses, étalées-ascendantes diffuses*, très rameuses dès la base.
Feuilles toutes linéaires étroites, brusquement aiguës, glabres, à bords légèrement scabres, ord. verticillées par 4, les supérieures ord. opposées. Fleurs
d'un blanc rosé, brièvement pédicellées ou subsessiles, disposées en cymes terminant la tige et les rameaux. Corolle légèrement scabre en dehors, à tube
élargi dans sa moitié supérieure. *Fruit glabre, finement tuberculeux.* ♃.
Juin-septembre.

C.C. — Pelouses sèches, bords des chemins, endroits incultes sablonneux ou
pierreux.

4. A. ODORATA. (L. sp. 150.) — Engl. bot. t. 755. (vulg. *Petit-Muguet*).

Souche traçante, rameuse subcespiteuse. Tiges de 2-4 décimètr., dressées,
ord. simples au moins dans leur partie supérieure, lisses. *Feuilles oblongues-*

lancéolées acuminées, *ou oblongues* obtuses-mucronées, assez amples, glabres, à bords ciliés-scabres ; les inférieures verticillées par 4-6 , les supérieures par 6-8. Fleurs blanches, pédicellées , disposées en cymes rapprochées en un corymbe terminal. Corolle infundibuliforme-campanulée. *Fruit hérissé de poils raides crochus.* ♃. Mai-juin.

R.—Endroits frais des bois montueux.—Forêt de Montmorency ! Claye (*Mandon*). Abondant aux env. de Magny ! (*Bouteille*). Vernon ! Luzarches (*De Lens*). Chaumont ! Env. de Beauvais ! Forêt de Compiègne ! Forêt de Villers-Cotterets (*Questier*).

III. GALIUM. (L. gen. n. 125.)

Calice à 4 dents très courtes ou presque nulles qui disparaissent par l'accroissement de l'ovaire. *Corolle rotacée-plane, à limbe 4-fide. Fruit sec*, composé de deux carpelles, n'offrant aucun vestige du limbe du calice.

Plantes annuelles ou vivaces; à souche traçante ou cespiteuse, plus ou moins rameuse; à tiges lisses, ou denticulées-scabres sur les angles , accrochantes par leurs denticules. Feuilles verticillées par 4-12. Fleurs blanches ou d'un blanc rosé, quelquefois jaunes, disposées en cymes trichotomes ou dichotomes latérales et terminales formant souvent par leur ensemble une panicule feuillée.

1 { Fleurs jaunes. . . . . 2.
  { Fleurs blanches ou blanchâtres. . . . . 3.

2 { Feuilles verticillées par 4, ovales-oblongues, dépassant les fleurs. . . .
  { . . . . *G. cruciatum.*
  { Feuilles verticillées par 6-12, linéaires-étroites, longuement dépassées par
  { les rameaux florifères. . . . . *G. verum.*

3 { Feuilles obtuses, non mucronées . . . . *G. palustre.*
  { Feuilles aiguës ou obtuses, mucronées. . . . . 4.

4 { Tiges lisses, glabres ou pubescentes . . . . 5.
  { Tiges denticulées-scabres . . . . 7.

5 { Corolle à divisions cuspidées . . . . *G. Mollugo.*
  { Corolle à divisions aiguës non cuspidées. . . . . 6.

6 { Feuilles verticillées par 6-8, à bords ord. roulés en dessous; fruit très finement tuberculeux. . . . . *G. sylvestre.*
  { Feuilles verticillées par 4-6, ord. planes ; fruit chargé de tubercules. . . .
  { . . . . *G. Harcynicum.*

7 { Pédoncules fructifères plus courts que les feuilles, portant 1-3 fruits, à pédicelles recourbés en crochet . . . . *G. tricorne.*
  { Pédoncules pluriflores ou multiflores, les fructifères plus longs que les feuilles , à pédicelles jamais recourbés en crochet. . . . . 8.

8 { Fleurs disposées en cymes pauciflores latérales; pédoncules fructifères dépassant peu les feuilles; fruit ord. hispide. . . . . . *G. Aparine.*
  { Fleurs disposées en panicules lâches latérales et terminales, à rameaux fructifères dépassant plus ou moins longuement les feuilles ; fruit tuberculeux, glabre. . . . . 9.

9 { Corolle plus large que le fruit mûr; feuilles à bords denticulés-scabres , à denticules dirigés vers la base de la feuille. . . . . *G. uliginosum.*
  { Corolle très petite , n'atteignant pas la largeur du fruit mûr ; feuilles à bords denticulés-scabres, à denticules dirigés vers le sommet de la feuille. . . .
  { . . . . *G. Anglicum.*

SECT. I. — Fleurs jaunes. Tiges lisses , glabres ou velues.

1. G. CRUCIATUM. (Scp. Carn. 1. 100.) — Engl. bot. t. 143.— Illustr. fl. Par. t. 22. A. (vulg. *Croisette.*)

Plante vivace. Tiges de 3-7 décimètr., faibles, ascendantes-diffuses, simples, couvertes de longs poils étalés. *Feuilles verticillées par 4, ovales-oblongues,* d'un vert jaunâtre, pubescentes sur les deux faces, longuement ciliées. *Fleurs jaunes*, polygames, les mâles mêlées avec les hermaphrodites. *Inflorescence en cymes axillaires*, munies de bractées herbacées, brièvement pédonculées, *longuement dépassées par les feuilles*; pédoncules fructifères réfléchis-arqués cachant les fruits sous les feuilles qui se réfléchissent également. Fruit assez gros, glabre, lisse. ♃. Avril-juin.

C.C. — Haies, buissons, endroits découverts des bois.

2. G. VERUM. (L. sp. 155.) — Engl. bot. t. 660. — Illustr. fl. Par. t. 22. B. (vulg. *Caille-lait jaune*.)

Plante vivace. Tiges de 2-7 décimètr., raides, dressées, ou ascendantes souvent diffuses, ord. simples donnant naissance latéralement à un grand nombre de rameaux stériles ou florifères, pubérulentes supérieurement. *Feuilles verti-cillées par* 6-12, *linéaires-étroites*, ord. mucronées, à bords roulés en des-sous, à face supérieure luisante rude, à face inférieure pubescente-blanchâtre. *Fleurs jaunes*, hermaphrodites, souvent stériles par avortement, *disposées en une panicule terminale* feuillée souvent très ample à rameaux multiflores étalés ou dressés, pédoncules fructifères dressés à pédicelles ord. étalés hori-zontalement. Fruit petit, glabre, lisse. ♃. Juin-septembre.

C.C. — Prairies, pelouses sèches, lisière des bois, bords des chemins.

SECT. II. — *Fleurs blanches. Tiges lisses, glabres ou pubescentes.*

3. G. MOLLUGO. (L. sp. 155.) — Engl. bot. t. 1673. — Illustr. fl. Par. t. 22. c. — G. elatum. Thuill.! fl. Par. 76. — (vulg. *Caille-lait blanc*.)

Plante vivace. *Tiges* de 5-15 décimètr., souvent robustes, diffuses, couchées, ou ascendantes se soutenant dans les buissons, très rameuses, *lisses*, glabres ou un peu pubescentes inférieurement. Feuilles verticillées ord. par 8, oblon-gues ou oblongues-obovales, plus rarement oblongues-linéaires, mucronées, à bords plus ou moins scabres, à face inférieure ord. d'un vert pâle. Fleurs blan-ches, disposées en panicules terminales et latérales à rameaux étalés plus rare-ment dressés; pédicelles fructifères divergents ou divariqués. *Corolle à di-visions cuspidées*. Fruit petit, glabre, presque lisse. ♃. Mai-août.

C.C. — Prairies, lisière des bois, haies, buissons, bords des chemins.

var. β. *lucidum*. (G. lucidum. All. Ped. I. 5. — G. erectum Huds.) — Feuilles ord. oblongues-linéaires, luisantes sur les deux faces. Panicule à rameaux plus ou moins dressés. Pédicelles fructifères ord. peu divergents.

4. G. SYLVESTRE. (Poll. Palat. 151.) — Illustr. fl. Par. t. 22. D. — G. pusillum. Engl. bot. t. 74.

Plante vivace. *Tiges* de 2-5 décimètr., assez grêles, diffuses, étalées-ascen-dantes, très rameuses, *lisses*, glabres, ou chargées surtout inférieurement d'une pubescence rude étalée. *Feuilles verticillées par* 6-8, oblongues-linéaires étroites, plus rarement oblongues-obovales, acuminées-mucronées, *à bords plus ou moins scabres* ord. *roulés en dessous*. Fleurs blanches, disposées en panicules corymbiformes terminales et latérales. *Corolle à divisions aiguës non cuspidées. Fruit* petit, glabre, *très finement tuberculeux*. ♃. Juin-juillet.

C. — Lisière des bois, bords des chemins, coteaux arides, bruyères.

var. α. *glabrum*. (G. læve. Thuill.! fl. Par. 77.) — Tiges glabres.

var. β. *hirtum*. (G. Bocconi. All. Ped. 24. — G. nitidulum. Thuill.! fl. Par. 76.) —
Tiges pubescentes-rudes surtout inférieurement. — Lieux très arides.

La variété à tige lisse du *G. palustre* pourrait, au premier aspect, être confondue
avec le *G. sylvestre;* mais elle s'en distingue facilement par ses feuilles obtuses non
mucronées, verticillées par 4-6, noircissant plus ou moins par la dessiccation.

5. G. HARCYNICUM. (Weig. obs. 25.) — Illustr. fl. Par. t. 22. e. — G. saxatile.
Smith, Brit. 175. — Engl. bot. t. 815.

Plante vivace. *Tiges* de 2-4 décimètr., assez grêles, diffuses, étalées sur la
terre et se redressant lors de la floraison, rameuses, *lisses*, glabres ou presque
glabres. *Feuilles verticillées par 4-6*, ord. *planes,* la plupart obovales, mucronées, à bords lâchement ciliés-scabres; les supérieures oblongues ou linéaires-
oblongues. Fleurs blanches, disposées en panicules corymbiformes terminales
et latérales. *Corolle à divisions aiguës non cuspidées. Fruit* assez petit,
glabre, *chargé de tubercules.* ♃. Juillet-août.

R.R. — Rochers, bois montueux, lieux tourbeux. — Malesherbes (*Gay*). Ons-en-
Bray! Marais de Bretel près St-Germer (*Graves*).

Le *G. Harcynicum* noircit plus ou moins par la dessiccation; le *G. sylvestre*
dont il est voisin conserve la couleur verte.

SECT. III. — *Fleurs blanches, blanchâtres ou rougeâtres. Tiges denticulées-
scabres sur les angles.*

6. G. PALUSTRE. (L. sp. 153.) — Engl. bot. t. 1857. — Illustr. fl. Par. t. 25. a.

Plante vivace. Tiges de 3-12 décimètr., faibles, étalées-diffuses ou se soutenant sur les plantes voisines, rameuses, *scabres*, rarement presque lisses.
Feuilles verticillées par 4-6, oblongues-obovales, plus rarement linéaires-
oblongues, *obtuses non mucronées*, à bords scabres de haut en bas. Fleurs
blanches, disposées en panicules lâches corymbiformes terminales et latérales.
Corolle égalant environ la largeur du fruit mûr. *Fruit* assez petit, glabre, *lisse*.
♃. Mai-juillet.

C. — Fossés, bords des étangs, marais herbeux.

var. β. *læve*. — Tige à peine scabre ou presque lisse. Feuilles ord. étroites, quelquefois presque aiguës. — R.

Le *G. palustre* noircit plus ou moins par la dessiccation.

7. G. ULIGINOSUM. (L. sp. 155.) — Illustr. fl. Par. t. 23. b. — Engl. bot. t. 1972.
— G. spinulosum. Mérat, fl. Par. II. 299.

Plante vivace. Tiges de 3-8 décimètr., faibles, diffuses, étalées ou se soutenant sur les plantes voisines, rameuses, accrochantes *à angles fortement
denticulés. Feuilles* verticillées par 5-7, linéaires-oblongues ou oblongues,
acuminées-mucronées, à bords et à nervure moyenne fortement denticulés-
scabres, *à denticules dirigés de haut en bas*. Fleurs blanches, disposées en
panicules corymbiformes terminales et latérales. *Corolle plus large que le
fruit mûr.* Fruit petit, glabre, chargé de tubercules fins. ♃. Juin-septembre.

A.C. — Fossés, prairies tourbeuses, bord des eaux.

8. G. ANGLICUM. (Huds. Angl. 69.) — Engl. bot. t. 384. — Illustr. fl. Par. t. 23. c.

Plante annuelle. Tiges ord. très nombreuses, souvent rougeâtres, de 1-4
décimètr., grêles, étalées-diffuses, rarement dressées, souvent disposées en
touffe, très rameuses, accrochantes *à angles fortement denticulés*. Feuilles
verticillées par 5-7, linéaires ou linéaires-oblongues, mucronées, à bords fortement denticulés-scabres, à denticules dirigés de bas en haut. *Fleurs* très pe-

tites, d'un jaune verdâtre, rougeâtres en dehors, *disposées en panicules co-rymbiformes* terminales et latérales à rameaux plus ou moins étalés. *Corolle plus étroite que le fruit mûr.* Fruit très petit, glabre, tuberculeux. ④. Juin-août.

A.C. — Moissons maigres, lieux secs pierreux ou sablonneux.

Le *G. Anglicum* noircit plus ou moins par la dessiccation.

var. *β. erectum* (G. divaricatum. Lam. dict. II. 580. — D.C. ic. Gall. rar. t. 24.) — Tige dressée, souvent solitaire, plus ou moins scabre. Rameaux florifères, pédoncules et pédicelles capillaires. Fruit plus petit. – R. — Pelouses sèches des terrains sablonneux et montueux. — Beauvais près Mennecy (*Des Étangs*). La Ferté-Aleps (*Pervillé, Weddell*). Lardy (*Maire*). Fontainebleau : mail de Henri IV ! (*Adr. de Jussieu*).

Le *G. divaricatum*, que les auteurs distinguent du *G. Anglicum* par sa tige lisse ou presque lisse et par les rameaux de l'inflorescence presque capillaires, nous a présenté, surtout dans les échantillons recueillis à Lardy par M. Maire, des transitions évidentes vers le *G. Anglicum* : les tiges, bien que dressées et simples inférieurement, sont fortement denticulées-scabres, les rameaux florifères se rapprochent de ceux du *G. Anglicum*. — Du reste tous les échantillons du *G. divaricatum*, provenant de diverses localités françaises, que nous avons eu occasion d'examiner nous ont présenté des tiges plus ou moins scabres.

9. G. APARINE. (L. sp. 157.) — Engl. bot. t. 816. — Illustr. fl. Par. t. 23. D. (vulg. *Gratteron.*)

Plante annuelle. Tiges solitaires ou nombreuses, de 5-12 décimètr., faibles, à nœuds plus ou moins renflés ord. velus, tombantes ou se soutenant dans les buissons, rameuses, ou presque simples émettant latéralement les rameaux de l'inflorescence, accrochantes, à angles fortement denticulés à denticules presque épineux. Feuilles verticillées par 6-8, oblongues-obovales ou linéaires-oblongues, fortement mucronées ou cuspidées, à bords fortement denticulés-scabres, à denticules dirigés de haut en bas. *Fleurs d'un blanc verdâtre, disposées en cymes pauciflores axillaires. Pédoncules communs fructifères dépassant peu les feuilles,* plus ou moins étalés, souvent rapprochés en panicule feuillée au sommet de la plante ; *pédicelles droits,* divariqués. Corolle beaucoup plus étroite que le fruit mûr. Fruit gros, hérissé de poils crochus, plus rarement glabre. ①. Mai-août.

C.C.C. — Haies, buissons, lisière des bois, lieux cultivés.

s.v. — *Vaillantii.* (G. Vaillantii. D.C. fl. Fr. IV. 263. Vaill. bot. Par. t. 4. f. 4.) — Fruit plus petit au moins de moitié que dans le type.

var. *β. spurium.* (G. spurium. L. sp. 154.) — Fruit glabre, ord. plus petit que dans le type.

10. G. TRICORNE. (With. Brit. ed. 2. 153.) — Engl. bot. t. 1641. — Illustr. fl. Par. t. 23. E.

Plante annuelle. Tiges solitaires ou peu nombreuses, de 1-4 décimètr., raides, dressées, ascendantes ou tombantes, simples émettant latéralement les rameaux de l'inflorescence, accrochantes à angles fortement denticulés à denticules presque épineux. Feuilles verticillées par 6-8, linéaires, mucronées ou cuspidées, à bords fortement denticulés-scabres, à denticules dirigés de haut en bas. *Fleurs blanchâtres, disposées en cymes axillaires triflores.* Corolle beaucoup plus étroite que le fruit mûr. *Pédoncules fructifères* ne portant souvent qu'un seul fruit par avortement, *plus courts que les feuilles,* dressés, à *pédicelles recourbés en crochet.* Fruit gros, fortement verruqueux. ①. Juin-août.

C. — Moissons maigres, champs en friche.

IV. RUBIA. (Tournef. inst. t. 38.)

Calice à partie libre presque nulle disparaissant par l'accroissement de l'ovaire. *Corolle rotacée-plane, à limbe 5-fide* plus rarement 4-fide. *Fruit charnu-bacciforme*, composé de deux carpelles qui ne se séparent pas à la maturité, n'offrant aucun vestige du limbe du calice.

Plantes vivaces; à tiges annuelles, ou persistantes dans leur partie inférieure; à souche traçante, à rhizômes épais contenant une matière colorante rouge; à tiges ord. fortement denticulées scabres sur les angles, accrochantes par leurs denticules. Feuilles annuelles, ou persistantes-coriaces, verticillées par 4-6. Fleurs d'un blanc jaunâtre, disposées en cymes trichotomes ou dichotomes, latérales et terminales formant ord. par leur ensemble une panicule feuillée.

Feuilles cartilagineuses, persistantes; réseau des nervures paraissant à peine à la face inférieure des feuilles. . . . . *R. peregrina.*
Feuilles membraneuses, annuelles; réseau des nervures saillant à la face inférieure des feuilles. . . . . *R. tinctorum.*

1. R. PEREGRINA. (L. sp. 158.) — Engl. bot. t. 851.

Tiges de 3-12 décimètr., glabres, très scabres accrochantes, très rarement presque lisses, tombantes-diffuses, rameuses, rapprochées en touffe, *à partie inférieure persistante. Feuilles* cartilagineuses, persistant avec la partie inférieure des tiges, oblongues-lancéolées acuminées en une pointe épineuse, plus rarement oblongues ou obovales mucronées ou apiculées, à bords fortement denticulés-épineux, *à réseau des nervures paraissant à peine à la face inférieure.* Corolle à divisions brusquement cuspidées. ♃. *Fl.* juin-juillet. *Fr.* août-septembre.

R. — Fissures des rochers, buissons, broussailles des bois montueux. — Forêt de Rougeaux! (*Des Étangs*). Lardy; côte de Champagne! (*Maire*). Malesherbes (*Bernard*). Port-Villez! Vernon! Dreux! (*Daënen*). Forêt de La Neuville-en-Hez! Beauvais (*Graves*).

2. R. TINCTORUM. (L. sp. 158.) — Sturm. fasc. III. (vulg. *Garance.*)

Tiges de 6-15 décimètr., glabres, très scabres accrochantes, tombantes-diffuses, rapprochées en touffe ou se soutenant sur les plantes voisines, rameuses, *annuelles. Feuilles* membraneuses, annuelles, oblongues-lancéolées, acuminées en une pointe épineuse, à bords fortement denticulés-épineux, *à réseau des nervures saillant à la face inférieure* (surtout sur la plante sèche). Corolle à divisions obtuses ou aiguës, plus rarement cuspidées. ♃. *Fl.* juin-juillet. *Fr.* août-septembre.

R.R. — Haies, buissons, murailles des vieux châteaux. — Château de Dreux! (*Daënen*). — Quelquefois naturalisé dans le voisinage des habitations : Berges du canal de l'Ourcq près La Villette; vieux murs entre Charenton et St-Mandé (*Kralik*). Grandchamp près St-Germain.

LXX. VALÉRIANÉES.

(VALERIANEÆ. D.C. fl. Fr. IV. 232.)

Fleurs hermaphrodites, rarement unisexuelles par avortement, presque régulières ou irrégulières. — Calice gamosépale, à tube soudé avec l'ovaire ; à limbe roulé en dedans avant et pendant la floraison, et divisé en lanières (nervures des sépales) qui s'accroissent et se déroulent en aigrette après la floraison ; ou à limbe dressé, régulier ou irrégulier, à 3-10 dents s'accroissant ord. après la floraison, plus rarement à une seule dent ou presque nul. — Corolle gamopétale, insérée sur un disque au sommet du tube du calice, tubuleuse-infundibuliforme ; à tube régulier, gibbeux ou prolongé en éperon à la base ; à limbe ord. à 5 lobes presque égaux obtus, à préfloraison imbriquée.—Étamines 1-3, insérées sur le tube de la corolle dans sa moitié inférieure. Anthères libres, bilobées, introrses. — Ovaire soudé avec le tube du calice, à 3 carpelles, à une seule loge fertile uni-ovulée, ou à 3 loges dont deux dépourvues d'ovules souvent plus petites ou presque nulles. Ovule suspendu, réfléchi. Style filiforme. Stigmate indivis ou 3-fide. — Fruit sec, monosperme, indéhiscent, uniloculaire, ou à 3 loges dont 2 stériles plus ou moins développées quelquefois filiformes, ord. surmonté par le limbe du calice ou par l'aigrette plumeuse qui le représente. — Graine suspendue. Périsperme nul. Radicule dirigée vers le hile.

Plantes annuelles, ou vivaces *herbacées* à rhizomes souvent charnus odorants. Tiges à rameaux ord. opposés, ou dichotomes. *Feuilles* radicales fasciculées, les caulinaires *opposées*, simples, entières, sinuées, pinnatifides, pinnatipartites ou pinnatiséquées, sessiles ou rétrécies en pétiole; stipules nulles. *Fleurs disposées en cymes* corymbiformes terminales et axillaires, ou solitaires dans les bifurcations de la tige, et rapprochées en glomérules ou en cymes à l'extrémité des rameaux.

1 { Étamine 1; corolle prolongée en éperon à la base . . CENTRANTHUS. (i.)
  { Étamines 3, très rarement 2; corolle non prolongée en éperon à la base. . 2.

2 { Fruit couronné par une aigrette plumeuse; plante vivace. VALERIANA. (ii.)
  { Fruit dépourvu d'aigrette plumeuse; plante annuelle. VALERIANELLA. (iii.)

† I. CENTRANTHUS. (D.C. fl. Fr. IV. 238.)

Calice à limbe roulé en dedans pendant la floraison, se déroulant en aigrette à la maturité. *Corolle* tubuleuse-infundibuliforme, à 5 lobes, *à tube prolongé en éperon à la base. Étamine* 1. Fruit monosperme, uniloculaire, couronné par une aigrette à soies plumeuses.

Plante vivace, herbacée, glabre-glauque. Feuilles entières ou à peine sinuées. Fleurs rouges, plus rarement blanches, disposées en cymes axillaires et terminales rapprochées en corymbes.

† 1. C. RUBER. (D.C. fl. Fr. IV. 259.) — Valeriana rubra. L. sp. 44. (vulg. *Valériane rouge.*)

Tiges de 4-7 décimètr., dressées, lisses, cylindriques. Feuilles épaisses, glauques, ovales ou lancéolées, entières, quelquefois un peu sinuées-dentées à la base. *Corolle à éperon une fois plus long que l'ovaire.* ♃. Juin-août.

Assez fréquemment subspontané sur les vieux murs et les décombres. — Souvent cultivé dans les jardins.

II. VALERIANA. (L. gen. n. 44.)

Calice à limbe roulé en dedans pendant la floraison, se déroulant en aigrette à la maturité. Corolle tubuleuse-infundibuliforme, à 5 lobes, *à tube légèrement bossu à la base. Étamines 3.* Fruit monosperme, uniloculaire, couronné par une aigrette à soies plumeuses.

Plantes vivaces, herbacées, glabres ou plus ou moins pubescentes. Feuilles, au moins les caulinaires, pinnatipartites ou pinnatiséquées. Fleurs blanches ou rosées, quelquefois dioïques, disposées en cymes axillaires ou terminales rapprochées en corymbes.

(Feuilles radicales pinnatiséquées; fleurs hermaphrodites. . *V. officinalis.*
(Feuilles radicales entières; plante dioïque. . . . . *V. dioica.*

1. V. OFFICINALIS. (L. sp. 45.) — Fl. Dan. t. 570. — Fuchs. 857 ic. (vulg. *Valériane.*)

Souche verticale, tronquée, à fibres épaisses, émettant ord. des rejets aériens radicants. Tige de 5-10 décimètr., dressée, fistuleuse, sillonnée. *Feuilles* pubescentes, *pinnatiséquées même celles des fascicules radicaux* ; à segments oblongs, entiers, ou inégalement dentés ou incisés, les segments terminaux confluents. *Fleurs hermaphrodites*, disposées en cymes corymbiformes axillaires et terminales. Fruit glabre. ♃. Juin-août.

C. — Endroits humides des bois, prairies marécageuses, bord des eaux.

Le *V. Phu* L., cultivé dans les jardins et quelquefois subspontané dans le voisinage des habitations, se distingue à ses feuilles radicales indivises ou simplement incisées, et à son fruit qui présente deux lignes de poils.

2. V. DIOICA. (L. sp. 44.) — Fl. Dan. t. 687.

Souche à rhizóme allongé, oblique, émettant des rejets aériens radicants. Tige de 2-4 décimètr., dressée, fistuleuse, striée. *Feuilles* glabres; les *radicales et celles des fascicules stériles* ovales ou oblongues, *entières*; les caulinaires lyrées-pinnatiséquées, à segments entiers. *Fleurs dioïques*, disposées en cymes corymbiformes compactes axillaires et terminales. Fruit glabre. ♃. Avril-juin.

C. — Bois humides, prairies marécageuses, marais tourbeux.

III. VALERIANELLA. (Tournef. inst. t. 52.)

Calice à limbe irrégulier, plus rarement presque régulier, quelquefois presque nul, *non enroulé pendant la floraison.* Corolle infundibuliforme, à tube presque régulier non prolongé en éperon. Étamines 3, très rarement 2. *Fruit* couronné par le limbe du calice qui s'accroît après la floraison ou reste presque nul, *à 3 loges dont* une fertile monosperme et *deux stériles* égales à la loge fertile ou beaucoup plus étroites souvent presque filiformes (1).

Plantes annuelles, glabres ou pubescentes, à tige dichotome. Feuilles caulinaires entières, ou sinuées-dentées; les inférieures entières, obovales-oblongues, disposées eu rosette. Fleurs blanches, d'un blanc bleuâtre ou rosé, solitaires dans les angles de bifurcation de la tige et rapprochées au sommet des rameaux en cymes ou en glomérules compactes munis de bractées.

_____

(1) Les rapports de grandeur et de position entre la loge fertile et les loges stériles doivent être étudiés sur une coupe transversale du fruit pratiquée au niveau de sa plus grande largeur.

1 { Limbe du calice presque régulier et développé en une coupe membraneuse à 6 dents terminées en arêtes crochues. . . . . . . *V. coronata.*
Limbe du calice peu distinct, ou tronqué obliquement, jamais prolongé en arêtes crochues. 2.

2 { Limbe du calice à peine distinct ou presque nul. . . . . 3.
Limbe du calice tronqué obliquement, constituant au moins une dent membraneuse très distincte. . . . . 4.

3 { Fruit plus large que long, comprimé-lenticulaire. . . . . *V. olitoria.*
Fruit oblong-subtétragone, profondément creusé en nacelle sur l'une de ses faces. . . . . *V. carinata.*

4 { Fruit ovoïde-subglobuleux, à 3 lobes séparés par des sillons inégaux ; loges stériles plus grandes chacune que la loge fertile. . . . . *V. Auricula.*
Fruit ovoïde-conique ou ovoïde, presque plan sur l'une de ses faces qui présente une fossette circonscrite par les loges stériles réduites à 2 côtes filiformes. . . . . 5.

5 { Limbe du calice beaucoup plus étroit que le fruit ; pédoncules non canaliculés en dessus . . . . *V. dentata.*
Limbe du calice un peu évasé et égalant la largeur du fruit ; pédoncules canaliculés en dessus, s'épaississant de la base au sommet. . *V. eriocarpa.*

1. V. OLITORIA. (Mœnch, meth. 493.) — Illustr. fl. Par. t. 24. A. — V. Locusta. Engl. bot. t. 811. (vulg. *Mâche, Doucette.*)

Tige de 2-5 décimètr., rameuse-dichotome souvent dès la base. Feuilles caulinaires entières, ou sinuées inférieurement. Glomérules fructifères compactes subglobuleux, à pédoncules non canaliculés en dessus. *Calice* obscurément 3-denté, *à dents* inégales *à peine visibles sur le fruit. Fruit plus large que long, comprimé-lenticulaire,* presque plan sur les 2 faces ; à faces un peu ridées transversalement, et présentant 2-3 côtes longitudinales qui partagent le fruit en deux parties inégales, à circonférence creusée d'un sillon ; *paroi de la loge fertile présentant un renflement spongieux qui* occupe le côté opposé aux loges stériles et *constitue environ la moitié du volume du fruit ;* loges stériles très développées, séparées par une cloison très mince. (1). Avril-juin.

C.C. — Lieux cultivés, champs, vignes, vieux murs. — Cultivé dans les jardins potagers ainsi que plusieurs autres de nos espèces.

var. β. *pubescens.* — Fruit légèrement pubescent. — *R.*

2. V. CARINATA. (Loisel. not. 149.) — Illustr. fl. Par. t. 24. B.

Tige de 1-4 décimètr., rameuse-dichotome souvent dès la base. Feuilles caulinaires entières, ou sinuées inférieurement. Glomérules fructifères compactes subglobuleux, à pédoncules non canaliculés en dessus. *Calice présentant une dent peu distincte* correspondant à la loge fertile. *Fruit oblong-subtétragone, creusé en nacelle sur l'une de ses faces ;* la face opposée à l'excavation convexe et présentant une nervure très fine ; les faces latérales creusées chacune d'un large sillon longitudinal, et marquées d'une côte très fine ; *loges stériles très développées,* séparées par une cloison très mince et déterminant par leur divergence l'excavation en nacelle que présente le fruit. (1). Avril-juin.

C. — Lieux cultivés, champs, vignes, vieux murs.

var. β. *pubescens.* — Fruit légèrement pubescent. — *R.*

3. V. AURICULA. (D.C. fl. Fr. V. 492.) — Illustr. fl. Par. t. 24. C. — V. dentata. D.C. prodr. IV. 627, *non* Soy. Willm.

Tige de 2-5 décimètr., rameuse-dichotome dans sa partie supérieure. Feuilles caulinaires entières, ou sinuées-dentées inférieurement. Cymes fructifères un peu lâches, à pédoncules non canaliculés en dessus. *Calice à limbe obliquement tronqué et formant une dent aiguë* ou un peu obtuse ord. denticulée *beaucoup plus étroite que le fruit*. *Fruit ovoïde-subglobuleux, à 3 lobes* qui présentent chacun une nervure filiforme saillante et sont *séparés entre eux par des sillons inégaux*; *loges stériles plus grandes chacune que la loge fertile*, séparées par une cloison mince et déterminant par leur écartement le sillon le plus profond du fruit. ①. Mai-août.

C. — Lieux cultivés, champs en friche, moissons.

var. β. *pubescens*. — Fruit pubescent ou velu. — R. — Chantilly! Compiègne (*Leré*).

4. V. DENTATA. (Soy. Willm. Val. f. 4-5., *non* D.C. prodr.) — Illustr. fl. Par. t. 24. D. — V. Morisonii. D.C. prodr. IV. 627.

Tige de 2-5 décimètr., rameuse-dichotome dans sa partie supérieure. Feuilles caulinaires entières, ou sinuées-dentées inférieurement. Cymes fructifères un peu lâches, à pédoncules non canaliculés en dessus. *Calice à limbe obliquement tronqué et formant une dent* très aiguë denticulée *beaucoup plus étroite que le fruit*. Fruit ovoïde-conique un peu comprimé, convexe sur l'une de ses faces qui présente une nervure filiforme, presque plan sur la face opposée qui présente une fossette ovale-lancéolée circonscrite par deux côtes filiformes; loge fertile constituant presque tout le volume du fruit; *loges stériles réduites à 2 canaux filiformes* distants qui circonscrivent la fossette. ④. Mai-août.

C. — Lieux cultivés, champs en friche, moissons.

var. β. *pubescens*. (V. mixta. Dufr. Val. 59. — V. pubescens. Mérat, fl. Par. ed. 2. 213.) — Fruit hérissé de poils ord. courbés au sommet. — C.C.

5. V. ERIOCARPA. (Desv. journ. bot. II. 314.) — Illustr. fl. Par. t. 24. E.

Tige de 1-2 décimètr., ord. très rameuse-dichotome dès la base, à rameaux ord. raides très divergents ou divariqués. Feuilles caulinaires entières, ou sinuées-dentées inférieurement. Cymes fructifères compactes, à *pédoncules* rapprochés ou peu divergents *canaliculés en dessus et se renflant de la base au sommet. Calice à limbe* obliquement tronqué, *un peu évasé, aussi large et presque aussi long que le fruit*. Fruit hérissé de poils disposés par lignes longitudinales, ovoïde un peu comprimé, convexe sur l'une de ses faces qui présente 1-3 nervures filiformes, presque plan sur la face opposée qui présente une fossette oblongue circonscrite par 2 côtes filiformes; loge fertile constituant la plus grande partie du volume du fruit; *loges stériles réduites à 2 canaux filiformes* distants qui circonscrivent la fossette. ①. Juin-juillet.

R.R. — Moissons des terrains maigres, champs en friche. — Lardy (*Maire*). Malesherbes! — Indiqué aux environs de Beauvais. (*Delacourt*).

var. β. *glabrescens*. — Fruit ne présentant que quelques poils ou presque glabre.

6. V. CORONATA. (D.C. fl. Fr. IV. 241.) — Illustr. fl. Par. t. 24. F.

Tige de 2-5 décimètr., rameuse-dichotome dans sa partie supérieure. Feuilles caulinaires sinuées-dentées ou presque entières. Glomérules fructifères compactes, globuleux. *Calice à limbe presque régulier, hypocratériforme, membraneux-réticulé, beaucoup plus large que le fruit, à 6 dents triangulaires terminées chacune par une arête recourbée en dehors au sommet*. Fruit hérissé, ovoïde-subtétragone, profondément excavé sur une de ses faces, à face opposée à l'excavation convexe, à faces latérales marquées d'une côte par la saillie du bord de la loge fertile; loges stériles égalant presque chacune la loge fertile et déterminant par leur écartement l'excavation que présente le fruit. ①. Juin-août.

R. — Moissons des terrains sablonneux, champs en friche. — St-Maur! (*Maire*). Champigny (*Weddell*). Étampes! (*Maire*). Nemours (*Devilliers*). Mantes! Fontenay-St-Père! Aumont près Senlis! Chantilly! (*Maire*). Sacy-le-Grand! Abondant aux environs de Compiègne (*Leré*). Pierrefond (*Weddell*).

Nous n'avons observé dans nos environs que la variété à limbe du calice glabre même en dedans (V. hamata. Bast. *in* D.C. fl. Fr. V. 494.).

LXXI. DIPSACÉES.

(DIPSACEÆ. D.C. fl. Fr. IV. 221.)

Fleurs hermaphrodites, plus ou moins irrégulières, *munies chacune d'un involucelle gamophylle* (calice extérieur), *et sessiles sur un réceptacle commun entouré d'un involucre* composé de plusieurs folioles. — Réceptacle hémisphérique, conique ou cylindrique, hérissé ou glabre, nu ou chargé de bractées (paillettes) scarieuses ou herbacées, à l'aisselle desquelles naissent les fleurs. — Involucelle caliciforme gamophylle, renfermant sans lui adhérer la partie fructifère du tube du calice, marqué de côtes ou d'angles saillants, ord. dédoublé dans sa moitié supérieure, à dédoublement intérieur embrassant la partie supérieure du tube du calice, terminé par un limbe scarieux entier ou lobé, ou à limbe presque nul. — Calice gamosépale, à tube membraneux plus ou moins adhérent à l'ovaire et rétréci au-dessus de lui en un col étroit qui entoure le style, brusquement élargi au sommet en un limbe persistant et accrescent, cupuliforme, entier, lobé ou divisé en arêtes. — Corolle insérée au sommet du tube du calice, gamopétale, 4-5-fide, à divisions plus ou moins inégales, tubuleuse-infundibuliforme, caduque, à préfloraison imbriquée, la division inférieure ord. plus grande recouvrant les supérieures. — *Étamines* 4, insérées au sommet du tube de la corolle. *Anthères libres*, bilobées, introrses. — Ovaire étroitement enveloppé par le calice auquel il adhère plus ou moins, à une seule loge uni-ovulée. *Ovule suspendu*, réfléchi. Style filiforme. Stigmate entier ou bilobé. — *Fruit sec*, surmonté par la partie libre du calice, *uniloculaire, monosperme, indéhiscent, renfermé dans l'involucelle persistant.* — Graine suspendue, à testa soudé avec le péricarpe. Embryon droit, placé dans un *périsperme charnu* peu épais. Radicule dirigée vers le hile.

Plantes bisannuelles ou vivaces, herbacées; à tiges quelquefois munies d'aiguillons. *Feuilles opposées*, entières, dentées, pinnatifides ou pinnatiséquées, atténuées en pétiole, plus rarement subsessiles ou largement connées à la base; pétioles ord. soudés en gaîne dans leur partie inférieure; stipules nulles. Glomérules multiflores en forme de capitules, solitaires à l'extrémité des rameaux et de la tige, disposés en cymes ou en corymbes lâches. Fleurs s'épanouissent ord. par anneaux du milieu de la hauteur du glomérule vers son sommet et vers sa base.

1 { Réceptacle hérissé, dépourvu de paillettes; fruit comprimé. KNAUTIA. (ii.)
  { Réceptacle hérissé ou glabre, muni de paillettes; fruit cylindrique ou tétragone. . . . . 2.

2 { Calice à limbe divisé au sommet en 5 arêtes; tiges dépourvues d'aiguillons. . . . . SCABIOSA. (i.)
  { Calice à limbe bordé de cils nombreux; tiges munies d'aiguillons. . . . . DIPSACUS. (iii.)

1. SCABIOSA. (L. gen. n. 115, *part.*)

Involucre général composé de plusieurs folioles herbacées. Réceptacle hérissé de soies ou presque glabre, chargé de paillettes scarieuses ou plus ou moins herbacées. *Involucelle* sessile, *cylindrique*, marqué de 8 côtes au moins dans sa moitié supérieure, ord. terminé par un limbe scarieux campanulé ou rotacé, plus rarement à limbe subherbacé 4-lobé. *Calice* à limbe *terminé par* 5 *arêtes* étalées, ou moins par avortement.

Plantes vivaces, herbacées. Feuilles pinnatifides ou pinnatiséquées, plus rarement entières ou crénelées, rétrécies en pétiole, les radicales ord. disposées en rosette. Fleurs bleuâtres, plus rarement blanches ou jaunâtres, en faux capitules.

1 { Fleurs de la circonférence à corolle presque régulière à 4 divisions; feuilles, même les caulinaires, entières, rarement dentées. . . . . . *S. Succisa.*
Fleurs de la circonférence rayonnantes, à corolle à 5 divisions très inégales; feuilles caulinaires pinnatiséquées. . . . . 2.

2 { Fleurs d'un blanc jaunâtre; involucelle fructifère divisé dans sa partie supérieure en 8 colonnes glabres. . . . . *S. Ucranica.*
Fleurs bleues, rarement blanches; involucelle fructifère plus ou moins pubescent, marqué dans toute sa longueur de 8 côtes saillantes . . . . . 3.

3 { Feuilles radicales et celles des fascicules stériles crénelées ou lyrées-incisées, les caulinaires à segments pinnatifides ou incisés. . . *S. Columbaria.*
Feuilles des fascicules stériles la plupart très entières, les caulinaires à segments entiers. . . . . *S. suaveolens.*

1. S. UCRANICA. (L. sp. 144.) — S. Gmelini. St Hil. bull. phil. n. 61. p. 149. t. 3.

Souche cespiteuse, terminée en un pivot très long presque ligneux. Tiges nombreuses, de 6-12 décimètr., raides, rameuses supérieurement à rameaux grêles, pubescentes-hérissées surtout inférieurement. Feuilles radicales réduites au rachis, détruites lors de la floraison; les caulinaires pubescentes-hérissées ou presque glabres, pinnatiséquées à segments linéaires-aigus entiers. *Fleurs d'un blanc jaunâtre*, quelquefois d'un jaune bleuâtre, les extérieures plus grandes rayonnantes. Réceptacle chargé de paillettes subscarieuses, linéaires-subulées. *Involucelle* fructifère *à moitié* inférieure très velue, *cylindrique*; *à moitié supérieure glabre*, *divisée en 8 colonnes* séparées par des fossettes profondes; à limbe scarieux, campanulé, denticulé au bord, longuement dépassé par les arêtes roussâtres du calice. ♃. Juillet-septembre.

R.R. — Sables arides. — Très abondant à Malesherbes! (*Aug. St-Hilaire*).

2. S. COLUMBARIA. (L. sp. 143.) — Engl. bot. t. 1311. — Rchb. pl. crit. IV. t. 334.

Souche cespiteuse, terminée en pivot. Tiges de 3-8 décimètr., pubescentes, simples, ou divisées en pédoncules très allongés ord. nus. *Feuilles radicales et celles des fascicules stériles* obovales ou oblongues-obtuses, atténuées en un long pétiole, *crénelées*, plus rarement lyrées-incisées, mollement pubescentes ou hérissées; les *caulinaires pinnatiséquées*, *à segments pinnatifides ou pinnatipartits*, plus rarement entiers linéaires-aigus. Fleurs bleuâtres, rarement blanches ou rosées, les extérieures plus grandes rayonnantes. Réceptacle chargé de paillettes subscarieuses, linéaires étroites. *Involucelle* fructifère pubescent, *marqué dans toute sa longueur de 8 côtes saillantes, terminé par un limbe scarieux* presque rotacé plus ou moins ondulé, environ quatre fois plus court que les arêtes noirâtres du calice. ♃. Juin-octobre.

C.C. — Bords des chemins, lisière des bois, coteaux arides.

32.

s.v. — *pumila*. — Plante de 5-15 centimètr. Tiges monocéphales. Feuilles ord. velues-hérissées, rapprochées en rosette compacte. — Lieux très arides.

3. S. SUAVEOLENS. (Desf. cat. hort. Par. 110.) — Rchb. ic. I. f. 156.

Souche ord. rameuse, à rhizômes obliques ou verticaux. Tiges de 2-4 décimètr., pubescentes, divisées supérieurement en pédoncules nus ou feuillés, plus rarement simples. *Feuilles des fascicules stériles* oblongues-lancéolées, insensiblement atténuées en pétiole, *très entières* ou quelques-unes lâchement incisées, à face supérieure glabre presque luisante, à bords et à pétiole ord. ciliés à poils espacés ; les radicales souvent détruites lors de la floraison ; les caulinaires pinnatiséquées, à segments linéaires étroits très entiers. Fleurs bleuâtres, les extérieures plus grandes rayonnantes. Réceptacle chargé de paillettes linéaires-subspatulées presque herbacées au sommet. *Involucelle fructifère* velu, *marqué dans toute sa longueur de 8 côtes saillantes ; à limbe scarieux*, presque rotacé, crénelé à crénelures obtuses, environ une fois plus court que les arêtes blanchâtres du calice. 2. Juillet-septembre.

R.R. — Pelouses découvertes des bois sablonneux arides. — Abondant à plusieurs localités de la forêt de Fontainebleau : Chailly !, Mt-Morillon !, etc. Nemours (*Devilliers*).

4. S. SUCCISA. (L. sp. 142.) — Engl. bot. t. 878. (vulg. *Succise, Mors-du-Diable*.)

Souche verticale, très courte, à fibres radicales épaisses. Tiges de 3-12 décimètr., divisées supérieurement en pédoncules ord. nus, plus rarement simples, glabrescentes, pubescentes ou hérissées. *Feuilles radicales et caulinaires* oblongues ou oblongues-lancéolées, pétiolées, *très entières*, plus rarement sinuées ou lâchement dentées, glabrescentes ou velues, à face supérieure presque luisante. *Fleurs* bleues, rarement blanches, *toutes égales, à corolle à 4 divisions*. Réceptacle chargé de paillettes ; paillettes dépassant longuement les fruits, presque entièrement herbacées, linéaires-oblongues, rétrécies presque filiformes dans leur tiers inférieur. *Involucelle* fructifère velu, marqué dans toute sa longueur de 8 côtes saillantes ; *à limbe court, subherbacé, dressé, irrégulièrement 4-lobé*, environ une fois plus court que les arêtes noirâtres du calice. 2. Juillet-octobre.

C.C. — Prés, pâturages, clairières des bois.

s.v. — *pumila*. — Plante de 5-15 centimètr. Tiges monocéphales. Feuilles ord. rapprochées en rosette compacte. — Pelouses rases.

II. KNAUTIA. (Coult. Disp. 28.)

Involucre général composé de plusieurs folioles herbacées. *Réceptacle* hérissé de soies, *dépourvu de paillettes*. Involucelle brièvement stipité, subtétragone-comprimé, terminé par 4 dents courtes, les dents opposées aux faces presque nulles. Calice à limbe terminé par 6-8 arêtes ou plus, dressées, inégales.

Plante vivace, herbacée. Feuilles pinnatiséquées, pinnatipartites, dentées ou entières, subsessiles ou rétrécies en pétiole. Fleurs d'un rose lilas, disposées en faux capitules.

1. K. ARVENSIS. (Coult. Disp. 29.) — Scabiosa arvensis. L. sp. 143. — Engl. bot. t. 659. (vulg. *Scabieuse des champs*.)

Souche à rhizôme plus ou moins oblique. Tiges de 3-10 décimètr., ord. rameuses, hérissées de poils raides. Feuilles radicales et inférieures rétrécies en pétiole, oblongues-lancéolées, entières, dentées ou incisées, pubescentes ; les caulinaires ord. pinnatifides ou pinnatiséquées, à lobes lancéolés ou linéaires, entiers, plus rarement dentés, le terminal plus grand. Fleurs d'un rose lilas ; les extérieures plus grandes, rayonnantes, à corolle 5-fide, à divisions inégales. Involucelle fructifère velu. Calice fructifère velu-hérissé, terminé par 6-8 arêtes très fines blanchâtres, qui égalent environ la moitié de la longueur du fruit. ♃. Juin-août.

C.C. — Prairies, champs herbeux, lisière des bois.

s.v. — *pinnatisecta.* — Feuilles pinnatiséquées, même les radicales.

var. β. *integrifolia.* — Feuilles toutes oblongues-lancéolées rétrécies en pétiole, entières ou obscurément sinuées. Tiges grêles, souvent simples. — *A.C.* — St-Léger ! Malesherbes (*Weddell*). Compiègne !, etc.

III. DIPSACUS. (L. gen. n. 114).

Involucre général composé de plusieurs folioles herbacées ord. épineuses. Réceptacle chargé de paillettes brusquement terminées par une longue pointe épineuse. *Involucelle sessile, tétragone,* à 8 côtes, terminé par 4 dents très courtes ou presque nulles. *Calice à limbe tétragone,* tronqué ou 4-lobé, cilié.

Plantes bisannuelles, à *tige chargée d'aiguillons.* Feuilles entières, dentées ou pinnatiséquées, rétrécies en pétiole, ou subsessiles souvent largement connées, à nervure moyenne munie d'aiguillons. Fleurs d'un rose lilas ou d'un blanc jaunâtre, disposées en faux capitules.

1 ⎧ Feuilles non connées, divisées en 5 segments, les latéraux en forme
⎪ d'oreillettes; folioles de l'involucre très courtes, hérissées de longs poils
⎪ sétiformes . . . . *D. pilosus.*
⎨ Feuilles connées, au moins les caulinaires inférieures, dentées ou incisées;
⎪ folioles de l'involucre dépassant ou atteignant presque la longueur du ca-
⎩ pitule, glabres ord. munies d'aiguillons. . . . . **2.**

2 ⎧ Paillettes du réceptacle droites . . . . *D. sylvestris.*
⎨ Paillettes du réceptacle courbées en dehors au sommet. . . *D. fullonum.*

1. D. SYLVESTRIS. (Mill. dict. n. 2.) — D. fullonum. var. σ. L. sp. 140. — Engl. bot. t. 1032. (vulg. *Cardère sauvage.*) (1)

Tige de 8-15 décimètr., robuste, raide, rameuse surtout supérieurement, cannelée-anguleuse, à cannelures ord. blanchâtres, hérissées d'aiguillons robustes inégaux. *Feuilles* à nervure moyenne chargée en dessous d'aiguillons robustes ; les radicales atténuées en pétiole, oblongues ou oblongues-lancéolées, crénelées ou dentées ; les *caulinaires,* au moins les *inférieures, largement connées* et formant par leur soudure un godet profond, oblongues-lancéolées, entières ou dentées, plus rarement pinnatifides. *Folioles de l'involucre* inégales, linéaires-subulées, raides-épineuses, *chargées d'aiguillons, ascendantes-arquées, plus longues que le capitule.* Fleurs d'un rose lilas, plus rarement blanches. Calice à limbe tronqué. Réceptacle chargé de *paillettes* rapprochées-imbriquées, pliées en gouttière, oblongues brusquement *terminées en une pointe* épineuse *droite* ciliée-scabre dépassant longuement les fleurs. Capitules fructifères ovoïdes-oblongs, très gros. ②. Juillet-septembre.

C.C. — Lieux incultes, bords des champs, fossés.

(1) C'est surtout dans cette espèce que l'on peut étudier avec une grande facilité le mode d'inflorescence que nous avons décrit comme appartenant à la famille des *Dipsacées.* Les premières fleurs qui se sont développées en formant un anneau vers le milieu de la hauteur du capitule ont perdu leur corolle lorsque les fleurs de la partie supérieure et de la partie inférieure commencent à s'épanouir; le capitule présente alors deux hémisphères florifères séparés par un anneau fructifère dépourvu de corolles qui tend à s'élargir indéfiniment.

s.v. — *pinnatifidus*. - Feuilles caulinaires moyennes plus ou moins profondément pinnatifides.

† **2. D. FULLONUM.** (Willd. sp. I. t. 543.) — Engl. bot. t. 2080. (vulg. *Cardère*, *Chardon-à-foulon*.)

Tige de 8-15 décimètr., robuste, raide, rameuse surtout supérieurement, cannelée-anguleuse, à cannelures ord. blanchâtres, hérissées d'aiguillons robustes inégaux. *Feuilles* coriaces, à nervure moyenne chargée en dessous d'aiguillons; les radicales atténuées en pétiole, oblongues, crénelées, incisées ou lobées; les *caulinaires*, au moins les *inférieures*, *largement connées* et formant par leur soudure un godet profond, oblongues-lancéolées, presque entières ou incisées. *Folioles de l'involucre* inégales, lancéolées ou un peu spatulées, raides, étalées-ascendantes, *un peu plus courtes que le capitule*. Fleurs d'un rose lilas ou d'un blanc rosé. Calice à limbe tronqué. Réceptacle chargé de *paillettes* rapprochées-imbriquées, pliées en gouttière, oblongues, brusquement *terminées en une pointe épineuse recourbée au sommet*. Capitules fructifères ovoïdes-oblongs, très gros. ♃. Juillet-août.

Cultivé en grand pour les manufactures de drap. — Corbeil! Mantes! Vernon! Clermont!

3. D. PILOSUS. (L. sp. 141.) — Engl. bot. t. 877. (vulg. *Verge-à-pasteur*.)

Tige de 8-15 décimètr., robuste, raide, rameuse, cannelée surtout supérieurement, à cannelures munies d'aiguillons inégaux; les aiguillons des pédoncules très nombreux sétiformes. *Feuilles* à nervure moyenne munie en dessous d'aiguillons faibles, rétrécies en pétiole, *divisées en 3 segments très inégaux*, le terminal ovale-oblong acuminé, très ample, denté, les latéraux beaucoup plus petits, en forme d'oreillettes. *Folioles de l'involucre* lancéolées-linéaires, herbacées, terminées par une pointe épineuse, *hérissées de longs poils sétiformes, étalées-réfléchies, plus courtes que le diamètre transversal du capitule*. Fleurs d'un blanc jaunâtre. Calice à limbe 4-lobé, à lobes courts arrondis. Réceptacle chargé de paillettes concaves à peine carénées, obovales, acuminées en une pointe épineuse, ciliées par de longs poils sétiformes, ne dépassant pas les fleurs. Capitules fructifères globuleux. ②. Juin-août.

A.R. — Endroits frais et ombragés, bords des ruisseaux, haies, buissons. — St-Cucufas! Palaiseau! L'Étang près St-Germain (*Weddell*). Abondant aux environs de Magny (*Bouteille*). Dreux (*Daenen*). Beaussercé près Gisors! Env. de Beauvais! St-Germer! Forêt de Compiègne! (*Questier*).

LXXII. COMPOSÉES.

(COMPOSITÆ. Adans. fam. II. 103. — Synanthereæ. L. C. Richard, *in* Marth. cat. hort. bot. (1801) 85.)

Fleurs (fleurons) hermaphrodites, unisexuelles ou neutres par avortement, régulières ou irrégulières, *sessiles sur un réceptacle commun entouré d'un involucre* et rapprochées en capitule (fleur composée L., céphalanthie Rich., calathide Mirb. Cass., anthode Ehrh.). — Involucre (calice commun L., périphorante Rich., péricline Cass.) composé de plusieurs folioles (écailles) herbacées, quelquefois épineuses, membraneuses ou scarieuses, libres ou plus rarement soudées entre elles, disposées sur un seul rang ou plus ordinairement sur deux ou plusieurs rangs, les extérieures ord. plus courtes que les intérieures quelquefois très courtes simulant un calicule, les intérieures passant quelquefois insensiblement à l'état de paillettes. — Réceptacle (phoranthe Rich., clinanthe Cass.) plan, convexe, conique ou cylindrique, plus rarement filiforme, mince ou charnu, plus ou moins profondément alvéolé au niveau de l'insertion des fleurons, glabre ou velu, nu ou hérissé de bractées ou paillettes (bractéoles Less.) à l'aisselle desquelles naissent les fleurons. Paillettes ord. membraneuses ou scarieuses, persistantes, très rarement caduques, entières ou incisées, souvent divisées presque jusqu'à la base en soies plus ou moins longues. — Calice jamais coloré en vert, gamosépale, à tube soudé avec l'ovaire, prolongé ou non en bec au-dessus de l'ovaire ; à limbe nul, ou réduit à des arêtes, ou à un rebord circulaire épais ou membraneux, entier, denté, incisé ou divisé en soies paléiformes, se développant plus ordinairement en soies capillaires (aigrette) lisses, scabres, ciliées ou plumeuses, disposées sur un ou plusieurs rangs, libres ou soudées inférieurement, persistantes ou caduques. — Corolle insérée au sommet du tube du calice, marcescente ou caduque, gamopétale : tubuleuse à limbe régulier ou irrégulier, ord. 4-5-denté ou 4-5-fide, à préfloraison valvaire ; ou fendue au côté interne de manière à constituer un limbe plan unilatéral 5-denté (ligule). Les lobes ou les dents dépourvus de nervure moyenne et ne présentant que deux nervures marginales, ces nervures au niveau de chaque sinus se réunissant deux à deux en une nervure unique.—Étamines 4-5, insérées sur le tube de la corolle, nulles ou rudimentaires dans les fleurons femelles ou neutres. Filets libres, rarement soudés entre eux, offrant supérieurement une articulation, la partie située au-dessus de l'articulation tenant lieu de connectif. *Anthères* dressées, *soudées par leurs bords en un tube qui engaîne le style* (synanthéric), linéaires, bilobées, introrses, s'ouvrant par 2 fentes longitudinales, ord. prolongées en appendice au sommet, à lobes souvent prolongés chacun à la base en un appendice plus ou moins long en forme de queue.— Ovaire soudé avec le calice, à une seule loge uni-ovulée. *Ovule dressé*, réfléchi. Style filiforme, quelquefois renflé en nœud dans sa partie supérieure, bifide supérieurement ; à branches (vulg. stigmates) planes en dedans, ord. convexes en dehors, libres ou soudées entre elles, présentant ord. en dehors ou au sommet dans les fleurons hermaphrodites des poils courts et raides (poils collecteurs). Stigmates (lignes stigmatiques, glandules stigmatiques) constituant deux lignes distinctes ou confluentes qui occupent les bords de la face supérieure de chacune des branches du style dont elles atteignent ou non le sommet. — *Fruit* (akène) *sec, uniloculaire, monosperme, indéhiscent*, à insertion basilaire ou latérale, terminé en bec par le prolongement du tube du calice ou dépourvu de bec, surmonté d'une aigrette à soies capillaires persistante ou caduque, ou surmonté d'arêtes ou d'écailles, d'une couronne ou d'un rebord, ou complètement nu. — Graine dressée, à testa ord. soudé avec le péricarpe. *Périsperme nul.* Embryon droit. Radicule dirigée vers le hile.

Plantes annuelles ou vivaces, herbacées ou sous-frutescentes, à suc quelquefois laiteux. Feuilles alternes, rarement opposées ou verticillées, pétiolées, ou sessiles souvent décurrentes, de forme très variable, entières, dentées, lobées, pinnatifides, pinnatipartites ou pinnatiséquées, à divisions entières ou incisées, quelquefois épineuses par le prolongement des nervures; stipules nulles. Capitules disposés en une cyme irrégulière (1), ou en glomérules subglobuleux et alors quelquefois uniflores, les capitules terminaux s'épanouissant les premiers (inflorescence générale définie ou centrifuge), ou solitaires au sommet de la tige, plus rarement disposés en panicule (inflorescence générale indéfinie). — Les fleurons sont tous d'une même sorte

_____

(1) Nous avons souvent, dans nos descriptions, pour plus de brièveté, donné le nom de corymbe aux cymes corymbiformes.

quant au sexe, hermaphrodites, mâles ou femelles (capitule homogame); ou de deux sortes, les extérieurs neutres ou femelles, les intérieurs hermaphrodites ou mâles (capitule hétérogame) (1). Les fleurons sont tantôt tous tubuleux (capitule discoïde ou flosculeux), et alors quelquefois les extérieurs sont plus grands (capitule couronné); tantôt ils sont tous ligulés (capitule ligulé ou semi-flosculeux); tantôt ils sont de deux sortes, ceux de la circonférence ligulés (rayons), ceux du centre tubuleux (disque) (capitule radié). Les fleurons sont tous de la même couleur (capitule homochrome ou concolore), ou de deux couleurs, ceux du centre ord. jaunes (capitule hétérochrome ou discolore).

SOUS-FAMILLE I. TUBULIFLORES. (Tubulifloræ.) — Capitules à fleurons tubuleux régulièrement 4-5-dentés, au moins ceux du centre.

DIVISION I. CYNAROCÉPHALÆ. — FLEURONS TOUS TUBULEUX, HERMAPHRODITES, PLUS RAREMENT CEUX DE LA CIRCONFÉRENCE STÉRILES, QUELQUEFOIS TOUS UNISEXUELS PAR AVORTEMENT. STYLE RENFLÉ EN NŒUD DANS SA PARTIE SUPÉRIEURE.

TRIBU I. — *Aigrette caduque se détachant d'une seule pièce*, composée de longues soies lisses, scabres ou plumeuses, soudées en anneau à la base.

TRIBU II. — *Aigrette persistante, ou à soies se détachant isolément*, rarement nulle; soies lisses ou scabres, jamais plumeuses, très rarement paléiformes, libres, très rarement soudées en une couronne laciniée.

DIVISION II. CORYMBIFERÆ. — FLEURONS DU CENTRE TUBULEUX, HERMAPHRODITES; CEUX DE LA CIRCONFÉRENCE LIGULÉS, FEMELLES, QUELQUEFOIS STÉRILES, DISPOSÉS SUR UN OU PLUSIEURS RANGS; OU FLEURONS TOUS TUBULEUX, HERMAPHRODITES, RAREMENT UNISEXUELS. STYLE NON RENFLÉ EN NŒUD, TRÈS RAREMENT UN PEU RENFLÉ SUPÉRIEUREMENT.

TRIBU I. — *Réceptacle muni de paillettes dans toute son étendue. Akènes dépourvus d'aigrette de soies capillaires*, quelquefois surmontés par 2-5 arêtes épineuses ou paléiformes. Anthères dépourvues d'appendices basilaires.

TRIBU II. — *Réceptacle dépourvu de paillettes. Akènes dépourvus d'aigrette de soies capillaires.* Anthères dépourvues, plus rarement pourvues d'appendices basilaires.

SOUS-TRIBU I. — *Anthères dépourvues d'appendices basilaires.*

SOUS-TRIBU II. — *Anthères pourvues d'appendices basilaires.*

TRIBU III. — *Réceptacle dépourvu de paillettes, ou muni de paillettes seulement à la circonférence. Akènes tous ou la plupart surmontés d'une aigrette de soies capillaires.* Anthères pourvues ou dépourvues d'appendices basilaires.

SOUS-TRIBU I. — *Anthères pourvues d'appendices basilaires.*

SOUS-TRIBU II. — *Anthères dépourvues d'appendices basilaires.*

---

(1) Lorsque les capitules renferment chacun des fleurons mâles et des fleurons femelles, on les dit monoïques; lorsqu'ils ne contiennent que des fleurons d'un seul sexe, si les capitules mâles et les capitules femelles sont portés sur un même individu, on les nomme hétérocéphales (dans ce cas c'est plutôt la plante qui devrait être dite hétérocéphale); enfin s'ils sont séparés par sexe sur des individus différents, ils sont appelés dioïques.

SOUS-FAMILLE II. LIGULIFLORES. (Ligulifloræ. — Cichc-raceæ.)— **Capitules à fleurons tous ligulés, hermaphrodites. Style non renflé en nœud.**

TRIBU 1. — *Akènes dépourvus d'aigrette de soies capillaires*, tronqués, ou surmontés d'un rebord ou d'une aigrette très courte à soies membraneuses-paléiformes.

TRIBU II. — *Akènes, au moins ceux du centre, surmontés d'une aigrette à soies capillaires*, toutes *plumeuses*, ou les soies extérieures seules dépourvues de barbes.

TRIBU III. — *Akènes tous surmontés d'une aigrette de soies capillaires non plumeuses*, lisses ou plus ou moins scabres.

1 { Capitules à fleurons tubuleux régulièrement 4-5-dentés, au moins ceux du centre (TUBULIFLORES). { Capitules à fleurons tous tubuleux . . 2.
Capitules à fleurons de deux sortes : ceux du centre tubuleux , ceux de la circonférence ligulés à limbe étalé en dehors, plus rarement dressé ou enroulé . . . . 29.

Capitules à fleurons tous ligulés (LIGULIFLORES). . . . . 46.

2 { Capitules à un seul fleuron, disposés en une tête globuleuse sur un réceptacle commun. . . . . ÉCHINOPS. (xii.)
Capitules pluriflores ou multiflores. . . . . 5.

3 { Réceptacle muni de paillettes ou de longues soies dans toute son étendue. . 4.
Réceptacle dépourvu de paillettes ou de longues soies, ou muni de paillettes seulement à la circonférence, glabre , plus rarement pubescent. . . . 15.

4 { Akènes surmontés par 2-5 arêtes subulées-épineuses. . . . . BIDENS. (xiii.)
Akènes surmontés d'une aigrette de soies, ou dépourvus d'aigrette, quelquefois terminés par un rebord plus ou moins saillant. . . . . 5.

5 { Akènes dépourvus d'aigrette. . . . . 6.
Akènes munis d'une aigrette. . . . . 7.

6 { Akènes à insertion basilaire : capitules très petits, disposés en grappes ou en épis rapprochés en panicule. . . . . ARTEMISIA. (xxi.)
Akènes à insertion latérale; capitules assez gros, terminant la tige et les rameaux. . . . . CENTAUREA. (x.)

7 { Aigrette à soies réunies par 5-5 en fascicules avant de se souder en anneau à la base; folioles intérieures de l'involucre beaucoup plus longues que les fleurons, rayonnantes, scarieuses-colorées . . . . CARLINA. (ii.)
Aigrette à soies jamais réunies en fascicules , libres ou soudées en anneau à la base; folioles intérieures de l'involucre jamais rayonnantes. . . . . 8.

8 { Aigrette à soies libres entre elles. . . . . 9.
Aigrette à soies soudées en anneau à la base . . . . 11.

9 { Folioles de l'involucre la plupart linéaires-subulées à pointe courbée en crochet. . . . . LAPPA. (viii.)
Folioles de l'involucre à pointe jamais courbée en crochet. . . . . . . 10.

10 { Fleurons égaux; aigrette à soies extérieures plus courtes que les intérieures. . . . . SERRATULA. (ix.)
Fleurons de la circonférence stériles , infundibuliformes rayonnants, beaucoup plus grands que les intérieurs ; plus rarement fleurons tous égaux ; aigrette à soies extérieures ord. plus longues que les intérieures. . . 10'.

10' { Involucre à folioles extérieures jamais foliacées , entourées d'une bordure denticulée-ciliée, ou terminées par un appendice scarieux, plus rarement par une épine pinnatipartite. . . . . CENTAUREA. (x.)
Involucre à folioles extérieures foliacées, pinnatilobées à lobes épineux. . . . . KENTROPHYLLUM. (xi.)

11 { Involucre à folioles extérieures foliacées, ou terminées par un appendice lobé à lobes épineux . . . . 12.
Involucre à folioles non foliacées, ord. atténuées en épine, jamais terminées par un appendice lobé-épineux. . . . . 13.

12 { Involucre à folioles extérieures foliacées; akènes à insertion latérale.
. . . . CARDUNCELLUS. (vii.)
Involucre à folioles extérieures terminées par un appendice étalé divisé en lobes épineux; akènes à insertion basilaire. . . . . SILYBUM. (vi.)

13 { Aigrette à soies légèrement scabres . . . . CARDUUS. (v.)
Aigrette à soies plumeuses . . . . 14.

14 { Akènes à insertion basilaire; fleurons purpurins, jaunâtres ou blancs.
. . . . CIRSIUM. (iv.)
Akènes à insertion latérale; fleurons à limbe et à style bleus. CYNARA. (iii.)

15 { Involucre à folioles terminées en épine; aigrette à soies soudées en anneau à la base . . . . ONOPORDUM. (i.)
Involucre à folioles non terminées en épine; aigrette nulle ou à soies libres. 16.

16 { Capitules portés sur des tiges chargées d'écailles paraissant avant les feuilles; feuilles toutes radicales, réniformes ou suborbiculaires-cordées. . . . 17.
Capitules portés sur des tiges feuillées . . . . 18.

17 { Capitules solitaires à l'extrémité des tiges. . . . . TUSSILAGO. (xxxix.)
Capitules disposés en une grappe ou en une panicule spiciforme terminale.
. . . . PETASITES. (xl.)

18 { Feuilles opposées, divisées en 3-5 segments lancéolés; fleurons rougeâtres.
. . . . EUPATORIUM. (xxxviii.)
Feuilles alternes ou éparses; fleurons jaunes ou jaunâtres, très rarement blanchâtres ou roses . . . . 19.

19 { Akènes dépourvus d'aigrette . . . . 20.
Akènes surmontés d'une aigrette. . . . . 23.

20 { Akènes disposés sur un seul rang, renfermés dans les folioles de l'involucre; plante tomenteuse-blanchâtre, à feuilles entières . . MICROPUS. (xxiv.)
Akènes disposés sur plusieurs rangs, libres; plante presque glabre ou pubescente, plus rarement pubescente-soyeuse, à feuilles pinnatipartites ou pinnatiséquées . . . . 21.

21 { Fleurons extérieurs semblables aux intérieurs . . . PYRETHRUM. (xviii.)
Fleurons extérieurs beaucoup plus étroits que les intérieurs, presque filiformes. . . . . 22.

22 { Akènes anguleux, terminés par un large disque; capitules disposés en corymbes terminaux très compactes. . . . . TANACETUM. (xxii.)
Akènes cylindriques, dépourvus d'angles et de côtes, terminés par un disque très étroit; capitules disposés en grappes ou en épis rapprochés en une panicule terminale . . . . ARTEMISIA. (xxi.)

23 { Involucre à folioles égales disposées sur un seul rang. . SENECIO. (xxxvii.)
Involucre à folioles disposées sur plusieurs rangs. . . . . 24.

24 { Anthères dépourvues d'appendices basilaires; fleurons tous hermaphrodites, profondément 5-fides; plante glabre. . . . . . LINOSYRIS. (xxxiv.)
Anthères pourvues d'appendices basilaires; fleurons 4-5 dentés, quelquefois un peu fendus, ceux de la circonférence femelles; plante pubescente ou tomenteuse . . . . 25.

25 { Fleurons de la circonférence femelle disposés sur un seul rang, fendus en dedans; plante pubescente-glanduleuse ou pubescente, jamais blanchâtre.
. . . . INULA. (xxx.)
Fleurons de la circonférence femelles disposés sur 2 ou plusieurs rangs, à tube presque capillaire, jamais fendu en dedans; plante pubescente-blanchâtre ou tomenteuse. . . . . 26.

26 { Plante dioïque; aigrettes des fleurons mâles à soies très épaissies dans leur partie supérieure; fleurons roses ou blanchâtres . ANTENNARIA. (xxviii.)
Plante jamais dioïque; aigrettes à soies capillaires; fleurons jaunes ou d'un blanc jaunâtre . . . . 27.

44 { Fleurons ligulés peu nombreux, ord. 5-8; anthères dépourvues d'appendices
basilaires . . . . SOLIDAGO. (xxxi.)
Fleurons ligulés ord. nombreux; anthères pourvues d'appendices basilaires. 45.

45 { Akènes surmontés d'une couronne dentée ou laciniée qui entoure la base de
l'aigrette . . . . PULICARIA. (xxix.)
Akènes ne présentant pas de couronne à la base de l'aigrette. INULA. (xxx.)

46 { Akènes dépourvus d'aigrette, ou surmontés d'une aigrette très courte à soies
membraneuses en forme de paillettes. . . . . 47.
Akènes, au moins ceux du centre, surmontés d'une aigrette à soies capillaires
souvent plumeuses. 49.

47 { Akènes surmontés d'une aigrette très courte composée de paillettes nombreuses. CICHORIUM. (xliii.)
Akènes entièrement dépourvus d'aigrette, quelquefois terminés par un rebord en forme de couronne . . . . 48.

48 { Akènes terminés par un rebord court, pentagone, en forme de couronne;
feuilles toutes radicales . . . . ARNOSERIS. (xlii.)
Akènes dépourvus de rebord terminal; tige feuillée. . . LAPSANA. (xli.)

49 { Réceptacle muni de paillettes membraneuses, linéaires, caduques, aussi longues que les akènes. . . . . HYPOCHÆRIS. (xliv.)
Réceptacle dépourvu de paillettes . . . . 50.

50 { Akènes, au moins ceux du centre, surmontés d'une aigrette à soies toutes
plumeuses ou à soies extérieures seules dépourvues de barbes. . . . 51.
Aigrette à soies lisses ou plus ou moins scabres, jamais plumeuses. . 57.

51 { Aigrette des akènes de la circonférence réduite à une couronne membraneuse dentée. . . . . THRINCIA. (xlv.)
Aigrette des akènes de la circonférence jamais réduite à une couronne
membraneuse. . . . . 52.

52 { Involucre à folioles extérieures foliacées ovales-cordées terminées en épine.
. . . . HELMINTHIA. (xlviii.)
Involucre à folioles extérieures ni foliacées ni terminées en épine . . 53.

53 { Aigrette caduque, à soies soudées en anneau à la base. . . PICRIS. (xlvii.)
Aigrette persistante, à soies jamais soudées en anneau à la base. . . 54.

54 { Soies de l'aigrette à barbes ne s'entrecroisant pas entre elles. . . . .
. . . . LEONTODON. (xlvi.)
Soies de l'aigrette à barbes s'entrecroisant entre elles . . . . 55.

55 { Akènes prolongés à leur base en un pied creux et renflé qui égale presque
leur longueur . . . . PODOSPERMUM. (li.)
Akènes ne présentant pas de prolongement basilaire . . . . 56.

56 { Involucre à folioles égales, disposées sur un seul rang et plus ou moins lon-
guement soudées à la base . . . . TRAGOPOGON. (xlix.)
Involucre à folioles nombreuses, inégales, imbriquées sur plusieurs rangs.
. . . . SCORZONERA. (l.)

57 { Akènes tous, ou au moins ceux du centre, atténués en un bec plus ou moins
allongé ord. filiforme donnant à l'aigrette l'apparence pédicellée. . . 58.
Akènes dépourvus de bec, tronqués ou à peine atténués supérieurement. 62.

58 { Capitules solitaires à l'extrémité de pédoncules radicaux nus; involucre réfléchi à la maturité sur le pédoncule; akènes disposés en une tête globuleuse. TARAXACUM. (lii.)
Capitules plus ou moins nombreux portés sur des tiges feuillées; involucre
dressé ou étalé à la maturité; akènes jamais disposés en une tête globuleuse. . . . . 59.

59 { Capitules à 5 fleurons disposés sur un seul rang; involucre ord. à 5 folioles
presque égales . . . . PHOENIXOPUS. (liv.)
Capitule pluriflore ou multiflore, à fleurons disposés sur plusieurs rangs;
involucre à folioles plus ou moins nombreuses. . . . . 60.

60 { Akènes couronnés par 5 dents squamiformes entre lesquelles s'élève le
bec . . . . CHONDRILLA. (liii.)
Akènes ne présentant pas de dents squamiformes au sommet. . . . . 61.

{ Akènes comprimés, brusquement terminés en un bec presque capillaire;
aigrette à soies disposées sur un seul rang. . . . . . LACTUCA. (lv.)
61 { Akènes presque cylindriques, atténués, au moins ceux du centre, en un bec
plus ou moins allongé; aigrette à soies disposées sur plusieurs rangs. . .
. . . . BARKHAUSIA. (lvii.)

{ Aigrette d'un blanc sale ou roussâtre à la maturité, à soies très fragiles dis-
62 { posées sur un seul rang. . . . . HIERACIUM. (lix.)
{ Aigrette d'un beau blanc, à soies fines non fragiles disposées sur plusieurs
rangs . . . . 63.

{ Akènes comprimés, tronqués; aigrette à soies très fines, soudées par fasci-
63 { cules à la base . . . . SONCHUS. (lvi.)
{ Akènes presque cylindriques, un peu atténués dans leur partie supérieure;
aigrette à soies libres. . . . . CREPIS. (lviii.)

SOUS-FAMILLE I. TUBULIFLORES. (Tubulifloræ. Endl. — Corymbiferæ. Juss. et Cynarocephalæ. D.C.) — Capitules à fleurons tubuleux régulièrement 4-5-dentés, au moins ceux du centre.

DIVISION I. CYNAROCEPHALÆ. — *Fleurons tous tubuleux*, herma-phrodites, plus rarement ceux de la circonférence stériles, quelquefois tous unisexuels par avortement. — *Style renflé en nœud dans sa partie supé-rieure*, ord. muni de poils au niveau du renflement; à branches plus ou moins longues, distinctes ou soudées, pubescentes en dehors; les lignes stigmatiques atteignant le sommet des branches où elles deviennent con-fluentes.— Aigrette à soies libres ou soudées en anneau à la base, persis-tante ou caduque, rarement nulle, très rarement réduite à des soies courtes paléiformes ou à une couronne laciniée.— Réceptacle souvent épais-charnu, muni de paillettes divisées en soies plus ou moins longues, très rarement dépourvu de paillettes et alors profondément alvéolé (Onopordum). — Plantes souvent épineuses. Feuilles alternes. Fleurons ord. profondément 5-fides, purpurins, roses, violets, bleus, plus rarement blancs, quelquefois jaunes, tous égaux, ou ceux de la circonférence stériles tubuleux-infundibu-liformes plus grands et rayonnants.

TRIBU I. — *Aigrette caduque se détachant d'une seule pièce, composée de longues soies, lisses, scabres ou plumeuses, soudées en anneau à la base.*

I. ONOPORDUM. (L. gen. n. 927, *part.*)

Involucre à folioles imbriquées, atténuées en épine. *Réceptacle dépourvu de soies, profondément alvéolé*, à parois des alvéoles membraneuses sinuées-dentées. Fleurons égaux. Akènes à insertion presque basilaire, subtétragones-comprimés, sillonnés transversalement, surmontés d'une aigrette caduque, à soies scabres, disposées sur plusieurs rangs, soudées en anneau à la base.

Plante bisannuelle, à tige largement ailée-épineuse, ord. rameuse. Feuilles sinuées-épineuses. Capitules solitaires ou rapprochés 2-3 à l'extrémité de la tige et des ra-meaux. Fleurons purpurins.

1. O. ACANTHIUM. (L. sp. 1158.) — Engl. bot. t. 977. (vulg. *Chardon-Acanthe.*)
Tige de 5-20 décimètr., robuste, raide, ord. rameuse, pubescente-ara-néeuse, largement ailée-épineuse. Feuilles pubescentes-aranéeuses, blanches-

tomenteuses en dessous, oblongues, sinuées-pinnatifides, à lobes triangulaires courts fortement épineux ; les radicales atténuées à la base ; les caulinaires décurrentes dans toute la longueur des entre-nœuds, à décurrence foliacée. Capitules globuleux. Involucre à folioles lancéolées-subulées, terminées par une épine robuste, les extérieures étalées-réfléchies. ②. Juin-septembre.

C.C. — Lieux incultes, bords des chemins, villages.

s.v. — *simplex.* — Tige simple, 1-3-céphale.

II. CARLINA. (Tournef. inst. t. 285.)

Involucre à folioles imbriquées ; les extérieures foliacées-épineuses ; les *intérieures scarieuses-colorées, rayonnantes, beaucoup plus longues que les fleurons.* Réceptacle hérissé de soies. Fleurons égaux. Akènes à insertion presque basilaire, un peu comprimés, couverts de poils bifurqués appriimés, surmontés d'une *aigrette* caduque, *à soies* longues plumeuses, disposées sur un seul rang, *se soudant inférieurement par* 3-5 avant de se réunir en anneau à la base.

Plante bisannuelle, à tige non ailée, ord. rameuse. Feuilles sinuées-épineuses. Capitules solitaires au sommet de la tige et des rameaux. Fleurons jaunâtres.

1. C. VULGARIS. (L. sp. 1161.) —.Fl. Dan. t 1174. (vulg. *Carline.*)

Tige de 3-8 décimètr., ord. rameuse au sommet, pubescente-aranéeuse. Feuilles pubescentes-aranéeuses, blanches-tomenteuses en dessous, oblongues-lancéolées, sinuées-pinnatifides, ciliées-épineuses ; les caulinaires amplexicaules, non décurrentes. Capitules subglobuleux. Involucre à folioles extérieures, foliacées, pinnatifides-épineuses, dressées ; les intérieures ciliées jusqu'à la moitié de leur hauteur, terminées par un long appendice scarieux luisant d'un jaune pâle, simulant des fleurons ligulés. ②. Juillet-septembre.

C.C. — Coteaux secs et sablonneux, bords des chemins, champs en friche.

† III. CYNARA. (Vaill. act. acad. Par. (1718) 155.)

Involucre à folioles imbriquées, *atténuées en épine, ou obtuses émarginées-mucronées.* Réceptacle hérissé de soies. Fleurons égaux, à gorge fusiforme-urcéolée, à divisions inégales dressées-conniventes. *Anthères terminées supérieurement en un appendice très obtus.* Akènes à insertion large presque latérale, un peu comprimés, lisses, surmontés d'une *aigrette* caduque un peu latérale, *à soies* longues, *plumeuses*, disposées sur plusieurs rangs, soudées en anneau à la base.

Plantes vivaces, à tige non ailée, rameuse. Feuilles très amples, pinnatipartites, à rachis canaliculé ailé-foliacé, à segments pinnatipartits ou pinnatifides, à lobes épineux ou non épineux ; les supérieures quelquefois indivises. Capitules très volumineux, terminant la tige et les rameaux. Fleurons à divisions et à style bleus.

Feuilles supérieures pinnatifides ou indivises ; involucre à folioles ord. échancrées au sommet. . . . . *C. Scolymus.*
Feuilles, même les supérieures, pinnatipartites ; involucre à folioles atténuées en épine . . . . *C. Cardunculus.*

† **1. C. SCOLYMUS.** (L. sp. 1159.) — Clus. hist. II. 153. f. 3. (vulg. *Artichaut.*)

Tiges de 8-15 décimètr., robustes, anguleuses-cannelées. Feuilles blanchâtres en dessous, pinnatipartites, à lobes épineux ou non épineux ; les supérieures pinnatifides, sinuées ou indivises. Involucre à folioles extérieures ovales, ord. émarginées-mucronées, charnues à la base. ♃. Août-septembre.

Cultivé en grand en plein champ et dans les jardins potagers.

† 2. C. CARDUNCULUS. (L. sp. 1159.) — Tab. ic. 696. (vulg. *Cardon.*)

Tiges de 8-15 décimètr., robustes, anguleuses-cannelées. Feuilles blanchâtres en dessous, toutes pinnatipartites, à lobes épineux ou non épineux. Involucre à folioles extérieures ovales-lancéolées, atténuées en épine, coriaces ou à peine charnues à la base. ♃. Août-septembre.

Cultivé dans les jardins potagers.

IV. CIRSIUM. (Tournef. inst. t. 255.)

Involucre à folioles imbriquées, *ord. atténuées supérieurement,* à pointe ord. épineuse. Réceptacle hérissé de soies. Fleurons égaux. *Anthères* à lobes dépourvus d'appendices basilaires, *terminées en un appendice linéaire-subulé.* Akènes à insertion basilaire, un peu comprimés, lisses, surmontés d'une *aigrette* caduque, *à soies* longues *plumeuses,* disposées sur plusieurs rangs, soudées en anneau à la base.

Plantes bisannuelles ou vivaces, à tige ailée-épineuse ou non ailée, ord. rameuse, rarement subacaules. Feuilles pinnatipartites, pinnatifides ou sinuées, dentées-épineuses ou ciliées-épineuses. Capitules solitaires, ou groupés au sommet de la tige et des rameaux. Fleurons purpurins ou jaunâtres, rarement blancs.

1. { Tige ailée-épineuse dans toute la longueur des entre-nœuds par la décurrence des feuilles . . . . 2.
{ Tige non ailée, quelquefois presque nulle; feuilles non décurrentes ou à peine décurrentes . . . . 3.

2. { Capitules assez petits; involucre à folioles dressées, ovales-lancéolées, à peine épineuses au sommet . . . . *C. palustre.*
{ Capitules gros; involucre à folioles étalées, lancéolées-subulées, terminées par une forte épine. . . . . *C. lanceolatum.*

3. { Feuilles à face supérieure couverte d'épines très petites, couchées; involucre à folioles élargies en spatule au-dessous de l'épine terminale. . . . . *C. eriophorum.*
{ Feuilles à face supérieure glabre ou velue; involucre à folioles non élargies en spatule au sommet, à peine épineuses . . . . 4.

4. { Capitules à fleurons purpurins ou roses, très rarement blancs. . . . . . 5.
{ Capitules à fleurons jaunes ou jaunâtres. . . . . 7.

5. { Tige très rameuse supérieurement. . . . . *C. arvense.*
{ Tige simple, ou divisée en deux ou trois pédoncules monocéphales nus très longs, quelquefois presque nulle . . . . 6.

6. { Tige presque nulle, ou très courte feuillée dans toute sa longueur; feuilles jamais blanches en dessous . . . . *C. acaule.*
{ Tige de 5-7 décimètr., nue dans sa moitié supérieure; feuilles tomenteuses-aranéeuses à la face inférieure. . . . . *C. Anglicum.*

7. { Capitules munis à leur base de bractées étroites, herbacées. *C. hybridum.*
{ Capitules entourés de bractées larges, ovales, décolorées. . *C. oleraceum.*

1. C. LANCEOLATUM. (Scop. Carn. II. 130.) — Carduus lanceolatus. L. sp. 1149. — Engl. bot. t. 107.

Plante bisannuelle. *Tige* de 5-15 décimètr., robuste, anguleuse, *ailée-épineuse,* pubescente-aranéeuse supérieurement, plus ou moins rameuse. Feuilles caulinaires longuement décurrentes, à décurrence lobée-épineuse, pinnatipartites à segment terminal lancéolé, à face supérieure couverte de très petites épines couchées, à face inférieure ord. pubescente-aranéeuse; les radicales plus ou moins rétrécies en pétiole, à segments terminaux confluents, les latéraux plus ou moins profondément divisés en deux lobes, le lobe inférieur lancéolé entier, le lobe supérieur trifide à divisions toutes terminées par une forte épine. *Capitules subsolitaires ou rapprochés 2-3 au sommet des rameaux, gros, ovoïdes-coniques. Involucre* légèrement pubescent-aranéeux, *à folioles étalées* dans leur partie supérieure, *lancéolées-subulées*, insensiblement atténuées en épine. Fleurons purpurins. ②. Juin-septembre.

C.C. — Bords des chemins, villages, décombres, lieux incultes.

s.v. — *ferox*. — Feuilles supérieures à segments et à lobes très étroits terminés par de longues épines.

2. C. ERIOPHORUM. (Scop. Carn. II. 130.) — Carduus eriophorus. L. sp. 1153. — Jacq. Austr. t. 171.

Plante bisannuelle. Tige de 5-15 décimètr., robuste, anguleuse, non ailée, laineuse-aranéeuse, plus ou moins rameuse, très rarement presque simple. *Feuilles à face supérieure couverte d'épines très petites couchées*, à face inférieure blanche-tomenteuse ; les caulinaires *non décurrentes*, auriculées à la base, à oreillettes amplexicaules, épineuses, pinnatipartites à segment terminal lancéolé ; les radicales plus ou moins rétrécies en pétiole, à segments distincts même les terminaux, tous divisés presque jusqu'à la base en deux lobes divariqués lancéolés entiers, le lobe supérieur pourvu outre l'épine terminale de deux fortes épines à la base. Capitules subsolitaires au sommet des rameaux, très gros, subglobuleux. *Involucre* laineux-aranéeux, *à folioles* étalées dans leur partie supérieure, *subulées dilatées en spatule* au sommet, *brusquement terminées en épine*. Fleurons purpurins. ②. Juin-septembre.

A.R. — Bords des routes sèches et poudreuses, coteaux pierreux, champs incultes surtout des terrains calcaires. — La Celle (*Maire*). St-Cucufas. Versailles ! Corbeil ! Mennecy ! Brie-Comte-Robert (*Kralik*). Ferrières ; Lagny (*Thuret*). Melun ! Malesherbes ! Pithiviers ! Chaumont ! Gisors ! Beauvais ! Compiègne !

3. C. PALUSTRE. (Scop. Carn. II. 128.) — Carduus palustris. L. sp. 1151. — Engl. bot. 974.

Plante bisannuelle. *Tige* de 10-15 décimètr., flexible, anguleuse, *ailée-épineuse*, très velue, presque tomenteuse supérieurement, rameuse dans sa partie supérieure ou presque simple. Feuilles poilues surtout à la face inférieure, pinnatipartites ; les caulinaires longuement décurrentes, à décurrence lobée-épineuse, bordées de longues épines ; les radicales plus ou moins rétrécies en pétiole, à lobes triangulaires sinués ou inégalement trifides, fortement ciliées-épineuses. *Capitules assez petits, ovoïdes, agglomérés au sommet de la tige et des rameaux*, souvent disposés en un corymbe compacte. *Involucre* pubescent-cotonneux, *à folioles dressées, ovales-lancéolées*, terminées par un mucron épineux. Fleurons purpurins. ②. Juin-août.

C.C. — Bois marécageux, prairies humides, bords des fossés aquatiques.

4. C. ACAULE. (All. Ped. I. 153.) — Carduus acaulis. L. sp. 1156. — Engl. bot. t. 161.

Souche subcespiteuse, verticale ou oblique, tronquée. *Tige* presque *nulle, plus rarement de 5-20 centimètr., non ailée*, presque glabre ou légèrement tomenteuse, *simple ord. monocéphale, feuillée dans toute sa longueur. Feuilles* à face supérieure presque glabre, *à face inférieure plus ou moins poilue*, pinnatipartites ; les radicales plus ou moins rétrécies en pétiole, à lobes triangulaires sinués ou inégalement trifides, bordées de fortes épines ; *les caulinaires rétrécies en pétiole*, non amplexicaules. Capitules terminaux, solitaires, rarement 2-3, assez gros, ovoïdes. Involucre glabre, à folioles dressées, lancéolées, les extérieures mucronées à peine épineuses, les intérieures aiguës non mucronées. Fleurons purpurins. ♃. Juillet-septembre.

C.C. — Pelouses, bords des chemins, collines sèches.

var. β. *caulescens*. — Tige de 1-2 décimètr. — Lieux herbeux, buissons.

5. C. ANGLICUM. (Lam. dict. I. 705.) Carduus tuberosus. var. α. L. sp. 1154. — Carduus pratensis. Huds. Angl. 333. — Engl. bot. t. 177.

Souche oblique, tronquée, à fibres radicales épaisses souvent renflées. *Tige* de 3-7 décimètr., assez grêle, *non ailée*, blanche-tomenteuse, *presque nue dans sa moitié supérieure, simple, ou divisée en deux longs pédoncules presque nus* munis de quelques bractées très étroites. *Feuilles* à face supérieure verte, *à face inférieure laineuse-aranéeuse blanchâtre;* les radicales longuement rétrécies en pétiole, oblongues-lancéolées, sinuées un peu pinnatifides, à lobes triangulaires ou obscurément bi-trifides, bordées de cils épineux; les caulinaires peu nombreuses, un peu rétrécies en pétiole, amplexicaules, non décurrentes. Capitules solitaires, rarement 2-3, terminant la tige ou les pédoncules, assez gros, ovoïdes. Involucre légèrement tomenteux-aranéeux, à folioles dressées, lancéolées-aiguës, à peine mucronées. Fleurons purpurins. ♃. Mai-juillet.

C. — Lieux marécageux des bois, prairies spongieuses, tourbières.

s.v. — *polycephalum.* — Tige moins élevée, 2-3-céphale. — A.C.

Le *C. bulbosum* (D.C. fl. Fr. IV. 118.) indiqué dans nos environs, n'y a pas été rencontré à notre connaissance; il se distingue du *C. Anglicum* par ses feuilles pinnatipartites, à segments bi-quadrifides à divisions lancéolées.

6. C. ARVENSE. (Lam. fl. Fr. II. 26.) — Serratula arvensis. L. sp. 1149. — Engl. bot. t. 975.

Plante bisannuelle ou vivace. *Tige* de 5-10 décimètr., anguleuse, *non ailée*, légèrement pubescente-tomenteuse au sommet, *très rameuse supérieurement.* Feuilles à face supérieure presque glabre ou parsemée de poils très courts, à face inférieure glabrescente ou tomenteuse, pinnatipartites, pinnatifides ou sinuées; les radicales légèrement rétrécies en pétiole, à lobes courts subquadrangulaires fortement anguleux, ciliés-épineux; les caulinaires sessiles, souvent auriculées-amplexicaules, à lobes bordés de longues épines. Capitules assez petits, ovoïdes, subsolitaires ou groupés au sommet des rameaux, disposés en une panicule corymbiforme feuillée. Involucre glabre ou pubescent, à folioles dressées, les extérieures ovales-aiguës terminées par un mucron à peine épineux étalé, les intérieures linéaires à peine mucronées ou non mucronées. *Fleurons d'un rose cendré*, odorants. ② ou ♃. Juin-septembre.

C.C.C. — Bords des chemins, champs en friche, décombres, etc.

7. C. HYBRIDUM. (Koch, *ap.* D.C. fl. Fr. V. 463.)—C. Erisithales. cat. rais. *non* Scop.

Plante vivace. Tiges de 8-12 décimètr., robustes, sillonnées-anguleuses, non ailées, pubescentes, simples, ou plus ou moins rameuses supérieurement. Feuilles à face supérieure ord. parsemée de poils très courts, à face inférieure pubescente, pinnatipartites ou profondément pinnatifides; les radicales longuement rétrécies en un pétiole ailé, à lobes lancéolés ou oblongs, sinués, ciliés-épineux; les caulinaires amplexicaules, ord. auriculées à la base, non décurrentes ou un peu décurrentes, à lobes bordés de cils épineux assez faibles. *Capitules* assez gros, ovoïdes-allongés, *munis à leur base de bractées étroites*, plus ou moins nombreux, rapprochés ou groupés au sommet des rameaux. Involucre presque glabre, un peu pubescent-aranéeux à la base, à folioles dressées ou légèrement étalées au sommet, lancéolées, terminées par une épine très faible. *Fleurons jaunâtres*, quelquefois légèrement rosés. ♃. Juillet-août.

R.R. — Prairies tourbeuses. — Morfontaine! (*Decaisne*). Neuf-Moulin! Luzarches (*De Lens*). Marais de Sacy-le-Grand!

8. **C. OLERACEUM**. (All. Ped. n. 544.) — Cnicus oleraceus. L. sp. 1156. — Fl. Dan. t. 860.

Plante vivace. Tiges de 8-12 décimètr., robustes, cannelées, non ailées, presque glabres, simples ou plus ou moins rameuses supérieurement. Feuilles glabres ou légèrement pubescentes, pinnatipartites, pinnatifides ou sinuées; les radicales longuement rétrécies en un pétiole un peu ailé, ovales-lancéolées sinuées-dentées, ou pinnatifides à lobes très amples ovales-aigus ou lancéolés dentés ciliés-épineux; les caulinaires cordées-amplexicaules, non décurrentes, bordées de cils épineux assez faibles. *Capitules* assez gros, ovoïdes-allongés, *entourés de bractées* larges *ovales décolorées*, peu nombreux, groupés au sommet de la tige ou des rameaux. Involucre pubescent, à folioles dressées, légèrement étalées au sommet, lancéolées-linéaires, terminées par une épine assez faible. *Fleurons jaunâtres.* ♃. Juillet-août.

C. — Prairies tourbeuses, bois marécageux, bord des eaux.

V. CARDUUS. (L. gen. n. 925, *part.*)

Involucre à folioles imbriquées, *atténuées en épine*. Réceptacle hérissé de soies. Fleurons égaux. Anthères à lobes dépourvus d'appendice basilaire, terminées en un appendice linéaire-subulé. Akènes à insertion presque basilaire, un peu comprimés, lisses, surmontés d'une *aigrette* caduque, *à soies* longues *plus ou moins scabres*, disposées sur plusieurs rangs, soudées en anneau à la base.

Plantes annuelles ou bisannuelles, à tige ailée-épineuse, ord. rameuse. Feuilles pinnatipartites, pinnatifides ou sinuées, dentées-épineuses ou ciliées-épineuses. Capitules solitaires, ou groupés au sommet de la tige et des rameaux. Fleurons purpurins, rarement blancs.

1 ⎰ Capitules allongés-cylindriques, sessiles au sommet des rameaux . . . .
  ⎱ . . . . *C. tenuiflorus.*
  ⎰ Capitules subglobuleux ou ovoïdes, plus ou moins pédonculés . . . . . 2.

2 ⎰ Involucre à folioles toutes dressées; pédoncules pubescents, chargés de décurrences épineuses, rarement nus au sommet. . . . . *C. crispus.*
  ⎱ Involucre à folioles extérieures réfractées à leur partie moyenne, rarement dressées; pédoncules tomenteux, ord. presque nus . . . . *C. nutans.*

1. **C. TENUIFLORUS**. (Smith, Brit. 849.) — Engl. bot. t. 412. — C. acanthoides. Thuill. fl. Par. 417, *non* L.

Tiges de 3-10 décimètr., largement ailée-épineuse, simple ou rameuse. Feuilles d'un vert pâle, quelquefois veinées de blanc, parsemées en dessus de poils courts, velues-aranéeuses souvent blanchâtres en dessous, sinuées ou pinnatifides, à lobes courts irrégulièrement anguleux dentés-épineux, décurrentes dans toute la longueur des entre-nœuds, à décurrence foliacée sinuée-épineuse. *Capitules cylindriques-allongés*, assez petits, *sessiles*, agglomérés au sommet des rameaux, très rarement subsolitaires. Involucre ord. pubescent-aranéeux, à folioles lâchement imbriquées, arquées en dehors, terminées par une épine assez faible. Fleurons purpurins. ① ou ②. Juin-août.

C.C. — Bords des chemins, décombres, pied des murs, villages.

Le *C. pycnocephalus* D.C. se distingue du *C. tenuiflorus* par sa tige à ailes étroites très interrompues, par ses pédoncules allongés nus, par ses capitules plus gros solitaires ou rapprochés par 2-3 à l'extrémité des pédoncules. Cette plante, que nous avons observée à Rouen, où elle est assez abondante, se rencontrera peut-être dans nos environs.

2. C. CRISPUS. (L. sp. 1150.) — Fl. Dan. t. 621.

Tige de 6-12 décimètr., ailée-épineuse, ord. très rameuse. Feuilles d'un vert foncé, glabrescentes ou parsemées en dessus de poils courts, légèrement pubescentes-aranéeuses en dessous, pinnatifides, à lobes assez courts trifides ou quinquefides dentés-épineux, décurrentes dans toute la longueur des entre-nœuds, à décurrence foliacée pineuse lobée-interrompue. *Pédoncules pubescents, chargés de décurrences épineuses,* quelquefois nus au sommet. Capitules subglobuleux, assez petits, dressés, ord. rapprochés au sommet des rameaux. *Involucre* à peine pubescent-aranéeux, *à folioles dressées, droites,* terminées par une épine très faible. Fleurons purpurins. ②. Juillet-août.

C. — Bords des chemins, lieux incultes, lisière des bois.

s.v. — *mollis.* — Feuilles ord. plus larges. — Involucre velu presque laineux.

3. C. NUTANS. (L. sp. 1150.) — Fl. Dan. t. 675. — Engl. bot. t. 1112. (vulg. *Chardon.*)

Tige de 5-10 décimètr., ailée-épineuse, ord. plus ou moins rameuse. Feuilles glabrescentes ou légèrement pubescentes en dessus, les inférieures pubescentes-aranéeuses au moins en dessous, pinnatifides à lobes assez courts trifides ou quinquefides dentés-épineux, décurrentes dans toute la longueur des entre-nœuds, à décurrence foliacée épineuse lobée-interrompue. *Pédoncules ord. tomenteux, ne présentant pas de décurrences épineuses* ou n'en présentant qu'une seule très étroite, rarement ailés-épineux. Capitules ord. gros, subglobuleux, penchés, plus rarement presque dressés, subsolitaires au sommet des pédoncules, plus rarement rapprochés par 2-3. *Involucre* légèrement pubescent-aranéeux, *à folioles extérieures réfractées à leur partie moyenne,* plus rarement dressées, terminées par une épine plus ou moins forte. Fleurons purpurins, odorants. ②. Juin-septembre.

C.C.C.—Bords des chemins, lieux incultes et pierreux, champs en friche.

var. α. *vulgaris.* — Tige rameuse, polycéphale. Feuilles à lobes amples, ovales-anguleux. Pédoncules tomenteux, ne présentant ord. pas de décurrences épineuses ou n'en présentant qu'une seule très étroite. Capitules gros, penchés ou presque dressés, subsolitaires à l'extrémité des pédoncules. *Involucre à folioles extérieures dressées droites, ou étalées, terminées par une épine* très forte. — C.C.C.

var. β. *simplex.* — *Tige souvent simple,* submonocéphale. Feuilles à lobes ord. triangulaires étroits. Pédoncules tomenteux, ne présentant ord. pas de décurrences épineuses. Capitules assez gros, penchés ou presque dressés, subsolitaires à l'extrémité des pédoncules. *Involucre à folioles extérieures dressées droites, ou étalées, terminées par une épine assez faible.* — A.C.

var. γ. *acanthoides* (C. acanthoides, L. sp. 1150.) — *Tige rameuse, polycéphale.* Feuilles à lobes ovales-anguleux, assez amples, ou triangulaires étroits. Pédoncules pubescents, plus rarement tomenteux, chargés de décurrences épineuses, plus rarement nus au sommet. Capitules de grosseur variable, presque dressés ou à peine penchés, subsolitaires ou rapprochés au sommet des rameaux. *Involucre à folioles extérieures dressées droites ou à peine étalées, terminées par une épine assez faible.* — A.R. — Bois de Boulogne! Vincennes! St-Maur!, etc.

s.v. — *macrocephalus.* — Capitules subsolitaires, assez gros. Folioles extérieures de l'involucre étalées.

s.v. — *microcephalus.* — Capitules souvent rapprochés, assez petits. Folioles extérieures de l'involucre dressées.

Le C. acanthoides. L., décrit comme espèce distincte par la plupart des auteurs, nous paraît être un hybride du C. nutans et du C. crispus; les nombreux échantillons que nous avons observés, dans les localités où les deux espèces mères étaient également abondantes, nous ont présenté toutes les nuances intermédiaires.

VI. SILYBUM. (Vaill. act. acad. Par. (1718, 172.)

Involucre à folioles imbriquées, celles *des rangs extérieurs terminées par un appendice lobé à lobes épineux.* Réceptacle hérissé de soies. Fleurons égaux. *Étamines à filets pubescents-papilleux* soudés en tube. Akènes à insertion large basilaire, un peu comprimés, lisses, surmontés d'une aigrette caduque, à soies longues, fortement scabres, disposées sur plusieurs rangs, soudées en anneau à la base.

Plante annuelle ou bisannuelle, à tige non ailée, ord. rameuse. Feuilles pinnatifides ou sinuées, dentées-épineuses ou ciliées-épineuses. Capitules solitaires à l'extrémité de la tige et des rameaux. Fleurons purpurins.

1. S. MARIANUM. (Gaertn. fruct. II. 577. t. 162. f. 2.) — Carduus Marianus. L. sp. 1153. — Engl. bot. t. 976. (vulg. *Chardon-Marie.*)

Tige de 3-15 décimètr., robuste, rameuse, rarement simple, légèrement pubescente-aranéeuse. Feuilles presque glabres ou légèrement pubescentes en dessous, marbrées de blanc dans la direction des nervures, pinnatifides ou sinuées, à lobes courts anguleux, ciliés-épineux; les radicales rétrécies en pétiole; les caulinaires auriculées-amplexicaules, à peine décurrentes. Capitules subglobuleux, très gros. Involucre à folioles extérieures terminées par un appendice étalé-réfracté lobé-épineux à épine terminale très longue robuste. ① ou ②. Juin-août.

R. — Bords des chemins, villages, lieux incultes, voisinage des vieux châteaux. — Châteaufort (*Mandon*). Château de Chevreuse! Deuil près Montmorency (*Vigineix*). Malesherbes! (*Bernard*). Chaumont! (*Friom*). Montagny près Nanteuil-le-Haudouin; Senlis; Liancourt; Betz; Boury; Beauvais (*Graves*). Les Audelys! Dreux (*Daënen*).

s.v. — *simplex.* — Plante naine. Tige simple, monocéphale par avortement.

VII. CARDUNCELLUS. (D.C. mem. Comp. 20.)

Involucre à folioles imbriquées, les *extérieures foliacées* quelquefois pinnatifides, les intérieures oblongues apprimées terminées par un appendice scarieux lacéré. Réceptacle hérissé de soies. Étamines à filets pubescents-papilleux, cohérents par l'intermédiaire des poils. Akènes à insertion basilaire, un peu comprimés, lisses, surmontés d'une aigrette caduque, à soies longues fortement scabres, disposées sur plusieurs rangs, soudées en anneau à la base.

Plante vivace, subacaule, ou caulescente à tige simple non ailée. Feuilles toutes ou la plupart radicales, sinuées ou pinnatipartites, plus rarement indivises, non épineuses. Capitule solitaire terminal. Fleurons bleus.

1. C. MITISSIMUS. (D.C. fl. Fr. IV. 75.) — Carthamus mitissimus. L. sp. 1164.

Souche subcespiteuse, rameuse. Tiges presque nulles, atteignant plus rarement 5-20 centimètr., simples, monocéphales, glabres ou pubescentes, non ailées, feuillées. Feuilles coriaces, glabres, plus ou moins rétrécies en pétiole, pinnatifides ou profondément pinnatipartites, à lobes ovales ou linéaires, égaux ou le terminal plus grand, entiers, dentés ou pinnatifides; les radicales quelquefois indivises oblongues-obovales dentées. Capitules oblongs-coniques, assez gros; involucre à folioles non épineuses. ♃. Juin-septembre.

R. — Pelouses sèches, coteaux pierreux des terrains calcaires. — Mennecy (*Des Étangs*). Lardy; La Ferté-Aleps (*de Boucheman*). Etrechy! Étampes (*Woods*). Bouron (Cte *Jaubert*). Malesherbes! (*Maire*). Nemours (*Devilliers*).

TRIBU II. — *Aigrette persistante, ou à soies se détachant isolément, rarement nulle; soies lisses ou scabres, jamais plumeuses, très rarement paléiformes, libres, très rarement soudées en une couronne laciniée.*

VIII. LAPPA. (Tournef. inst. t. 256.)

Involucre à folioles imbriquées, celles *des rangs extérieurs* linéaires-subulées *à pointe recourbée en crochet*, les intérieures lancéolées droites ou à peine recourbées. Réceptacle hérissé de soies. Fleurons égaux. Anthères à lobes prolongés inférieurement en appendices subulés. *Akènes à insertion presque basilaire*, comprimés, ridés transversalement, surmontés d'une aigrette à soies courtes, scabres, disposées sur plusieurs rangs, libres jusqu'à la base, caduques isolément.

Plante bisannuelle, à tige non ailée, très rameuse. Feuilles toutes pétiolées, entières ou sinuées, légèrement ondulées, terminées en mucron par le prolongement de la nervure, non épineuses. Capitules terminaux et latéraux, solitaires ou agglomérés, disposés en une panicule irrégulière feuillée. Fleurons purpurins.

1. L. COMMUNIS. — (vulg. *Bardane*.)
Tige de 6-12 décimètr., robuste, sillonnée ou anguleuse, très rameuse, pubescente à poils courts. Feuilles parsemées en dessus de poils courts, blanchâtres pubescentes ou tomenteuses en dessous; les radicales cordées à la base, ovales, entières ou irrégulièrement sinuées; les supérieures ovales-lancéolées, atténuées à la base. Capitules subglobuleux, à involucre glabre ou chargé d'une pubescence aranéeuse. ②. Juin-septembre.

Bords des chemins, villages, lieux incultes, haies, buissons.

var. α. *minor.* (L. minor. D.C. fl. Fr. IV. 77. — Engl. bot. t. 1228.) — Capitules assez petits, à involucre glabre, à folioles au moins les intérieures colorées en violet purpurin. — C.C.

var. β. *major.* (L. major. D.C. fl. Fr. IV. 77. — Arctium Lappa. Willd. sp. III. 1631. — Hayn. arzng. II. t. 55.) — Capitules assez gros, à involucre glabre, à folioles vertes même les intérieures. — A.C.

var. γ. *tomentosa.* (L. tomentosa. Lam. dict. 1. 377. — Arctium tomentosum. Schkuhr, handb. III. t. 227.) — Capitules assez gros, à involucre chargé d'une pubescence aranéeuse, à folioles intérieures ord. colorées en violet purpurin. — A.C.

IX. SERRATULA. (L. gen. n. 924, *part.*)

Involucre à folioles imbriquées, les *extérieures aiguës* non épineuses, les intérieures plus ou moins membraneuses-scarieuses au sommet. Réceptacle hérissé de soies. *Fleurons égaux.* Akènes à insertion latérale, un peu comprimés, presque lisses, surmontés d'une *aigrette à soies* scabres, disposées sur plusieurs rangs, libres jusqu'à la base, caduques isolément, inégales, les *extérieures plus courtes.*

Plante vivace, à tige non ailée, rameuse. Feuilles pétiolées ou subsessiles, finement dentées, lyrées-pinnatifides ou pinnatipartites, non épineuses. Capitules disposés en un corymbe terminal. Fleurons purpurins, rarement blancs.

1. S. TINCTORIA. (L. sp. 1144.) — Fl. Dan. t. 281. — Engl. bot. t. 38.
Souche couronnée par les nervures persistantes des feuilles détruites. Tige de 5-10 décimètr., rameuse au sommet à rameaux dressés, cannelée-anguleuse, très glabre. Feuilles glabres, ou légèrement rudes en dessous, ovales indivises finement dentées à dents raides mucronées, ou pinnatipartites à lobe

terminal plus grand ; les inférieures pétiolées ; les supérieures sessiles. Capitules oblongs, rapprochés au sommet des rameaux. Involucre à folioles lancéolées aiguës. Akènes surmontés d'une aigrette d'un blanc sale ou roussâtre. ♃. Juillet-octobre.

C. — Bois, taillis, pâturages.

X. CENTAUREA. (L. gen. n. 984, part.)

Involucre à folioles imbriquées, *entourées d'une bordure denticulée-ciliée, ou terminées par un appendice scarieux* lacinié ou denticulé-cilié, *plus rarement par une épine pinnatipartite* à la base. Réceptacle hérissé de soies. *Fleurons de la circonférence stériles, infundibuliformes, rayonnants*, plus grands que ceux du centre, très rarement hermaphrodites semblables à ceux du centre. Akènes à insertion obliquement latérale, comprimés, glabres ou pubescents, dépourvus d'aigrette, plus ord. surmontés d'une *aigrette courte* persistante *composée de soies inégales* scabres ord. disposées sur plusieurs rangs, les soies *les plus intérieures plus courtes* conniventes.

Plantes annuelles, bisannuelles ou vivaces, à tige rameuse, rarement ailée. Feuilles indivises sinuées, pinnatifides, pinnatipartites ou pinnatiséquées, non épineuses. Capitules subsolitaires au sommet de la tige et des rameaux, ou disposés en corymbe irrégulier. Fleurons purpurins, bleus ou jaunes, rarement blancs.

1 { Folioles de l'involucre épineuses. . . . . 2.
{ Folioles de l'involucre non épineuses, entourées d'une bordure ciliée ou terminées par un appendice scarieux lacinié ou cilié. . . . . 3.

2 { Fleurons purpurins, rarement blancs ; feuilles caulinaires non décurrentes.
{ . . . . *C. Calcitrapa.*
{ Fleurons jaunes ; feuilles caulinaires décurrentes dans toute la longueur des entre-nœuds . . . . *C. solstitialis.*

3 { Feuilles caulinaires linéaires-allongées ; fleurons ord. bleus. . *C. Cyanus.*
{ Feuilles caulinaires lancéolées, indivises, pinnatifides ou pinnatiséquées ; fleurons jamais bleus . . . . 4.

4 { Feuilles toutes pinnatipartites ; folioles de l'involucre entourées dans leur partie supérieure d'une bordure ciliée . . . . *C. Scabiosa.*
{ Feuilles inférieures indivises ou sinuées, plus rarement pinnatifides ; folioles de l'involucre brusquement terminées par un appendice scarieux lacéré ou cilié. . . . . *C. Jacea.*

SECT. I. CALCITRAPA. — Folioles de l'involucre épineuses. Fleurons jaunes ou purpurins, plus rarement blancs.

1. C. CALCITRAPA. (L. sp. 1297.) — Engl. bot. t. 125. (vulg. *Chardon-étoile*, *Chausse-trappe*.)

Tige de 4-8 décimètr., anguleuse, très rameuse-diffuse, pubescente ou poilue, non ailée. Feuilles pubescentes en dessus, poilues en dessous, pinnatipartites, à lobes linéaires entiers ou dentés ; les radicales rétrécies en pétiole, à lobe terminal souvent plus grand, étalées en rosette, la rosette de la première année présentant au centre un capitule réduit à l'involucre ; les caulinaires sessiles, presque amplexicaules, non décurrentes ; les supérieures souvent entières. Capitules ovoïdes-oblongs, subsessiles, ord. espacés le long des rameaux et unilatéraux, disposés en une cyme corymbiforme feuillée. *Involucre* glabre ; *à folioles extérieures* ovales-suborbiculaires, *terminées par une épine* étalée, *robuste*, canaliculée, pinnatipartite à la base dépassant ord. les fleurons ; les intérieures spatulées, scarieuses, entières. *Fleurons purpurins*, rarement blancs accidentellement, égaux. Akènes blancs, comprimés, dépourvus d'aigrette. ②. Juillet-septembre.

C.C.C. — Bords des chemins, lieux secs ou pierreux.

var. β. *myacantha.* (C. myacantha. D.C. fl. Fr. IV. 101.)—Folioles extérieures de l'involucre à épines rudimentaires, la division terminale de l'épine à peine plus longue que les divisions latérales. Tige ord. presque glabre. — *R.R.* — Champ-de-Mars (*Gogot*). Oulins (*Brou*). —? Vincennes; Versailles (*Duby*, bot. Gall.)

2. C. SOLSTITIALIS. (L. sp. 1297.) — Engl. bot. t. 243.

Tige de 3-7 décimètr., ord. très rameuse dès la base, tomenteuse-blanchâtre, *ailée* par la décurrence des feuilles, *à ailes foliacées* ondulées. Feuilles pubescentes-aranéeuses, blanchâtres; les supérieures lancéolées-linéaires, entières ou un peu sinuées, brièvement mucronées-épineuses au sommet, décurrentes dans toute la longueur des entre-nœuds; les inférieures lyrées-pinnatifides ou pinnatipartites. Capitules ovoïdes-subglobuleux, pédonculés, solitaires, disposés en un corymbe feuillé. *Involucre* laineux, *à folioles extérieures* ovales-oblongues, *terminées par une épine* jaunâtre, *robuste, étalée,* cylindrique, pinnatipartite à la base, dépassant longuement les fleurons; les intérieures oblongues-lancéolées, terminées par un appendice membraneux entier. *Fleurons* égaux, *d'un jaune-citron.* Akènes blancs, comprimés; ceux du centre surmontés d'une aigrette blanche, sétacée, plus longue que l'akène; les marginaux dépourvus d'aigrette. ① ou ②. Juillet-septembre.

A.R. — Champs arides, bords des chemins, prairies artificielles. — Grenelle. Bois de Boulogne (*Schœnefeld*). Gentilly! Le Châtelet (*Garnier*). Mézières près Magny (*Bouteille*). Senlis (*Morelle*). Crépy; Cuvergnon (*Questier*). Compiègne (*Leré*). Dreux. Les Andelys (*Bouteille*).

Le *C. Melitensis* L. (C. Apula. Lam.) a été trouvé en 1843 sur les talus des fortifications du bois de Boulogne (*Bourgeau*), et à Gentilly (*Mandon*). Cette espèce, propre à l'Europe méridionale, a été introduite accidentellement dans nos environs; elle se distingue du *C. solstitialis* par ses capitules sessiles ord. groupés 2-3 au sommet des rameaux, par les folioles intérieures de l'involucre insensiblement atténuées en une pointe épineuse et dépourvues d'appendice membraneux terminal, etc.

SECT. II. CYANUS. — *Folioles de l'involucre non épineuses, entourées d'une bordure ciliée, ou terminées par un appendice scarieux cilié ou plus ou moins lacinié, rarement entier. Fleurons purpurins ou bleus, rarement blancs.*

3. C. CYANUS. (L. sp. 1289.) — Engl. bot. t. 277. — Curt. Lond. VI. t. 62.—(vulg. Bleuet.)

Tige de 4-7 décimètr., plus ou moins rameuse supérieurement, ord. rude, légèrement floconneuse-blanchâtre. *Feuilles* soyeuses-blanchâtres en dessous; les inférieures pinnatipartites à lobe terminal oblong-lancéolé très allongé, à lobes latéraux linéaires très petits; les moyennes indivises, dentées à la base; les *supérieures linéaires, entières,* sessiles. Capitules ovoïdes, solitaires à l'extrémité de longs pédoncules. *Involucre* glabre, *à folioles entourées dans leur partie supérieure d'une bordure scarieuse* colorée incisée-ciliée brunâtre ou noirâtre. Fleurons bleus, plus rarement violets, roses, ou blancs accidentellement, ceux de la circonférence très développés rayonnants. *Akènes* blanchâtres, très finement pubescents, *surmontés d'une aigrette* roussâtre *qui égale environ la longueur de l'akène.* ① ou ②. Mai-juillet.

C.C.C. — Champs, moissons, prairies artificielles. — Fréquemment cultivé dans les parterres.

Le *C. montana* L. est assez fréquemment cultivé dans les parterres d'où il s'échappe quelquefois; il a été trouvé subspontané dans les bois de Versailles! et à Thury-en-Valois (*Questier*). Cette espèce se distingue aux caractères suivants : plante vivace; feuilles oblongues-lancéolées, entières ou denticulées, longuement décurrentes; fleurons de la circonférence rayonnants bleus, ceux du centre violets.

4. C. SCABIOSA. (L. sp. 1291.) — Engl. bot. t. 56.

Plante vivace. Tige de 4-8 décimètr., rameuse supérieurement, légèrement scabre, presque glabre. *Feuilles* glabrescentes, ou plus ou moins poilues surtout à la face inférieure, à bords scabres, rétrécies en pétiole, non décurrentes, *pinnatipartites*, à lobes pinnatifides ou sinués, plus rarement entiers, terminés par un mucron obtus calleux. Capitules subglobuleux, peu nombreux, solitaires à l'extrémité de longs pédoncules. *Involucre* glabre ou pubescent, *à folioles entourées dans leur partie supérieure d'une bordure* noirâtre *inciséeciliée;* la partie scarieuse de chaque foliole laissant à découvert la partie herbacée des folioles plus intérieures. Fleurons purpurins, ceux de la circonférence plus grands rayonnants. *Akènes* blanchâtres ou grisâtres, pubescents, *surmontés d'une aigrette* brunâtre *qui égale environ leur longueur.* ♃. Juin-août.

C. — Bords des champs, pâturages, coteaux calcaires.

5. C. JACEA. — C. Jacea *et* nigra L. sp. — Engl. bot. t. 1678. — C. vulgaris. Godron, fl. Lorr. II. 53, *excl.* var. ε. et ζ. (vulg. *Barbeau, Jacée.*)

Plante vivace. Tiges de 3-8 décimètr., plus ou moins nombreuses ou solitaires, un peu anguleuses, simples ou rameuses supérieurement, un peu rudes, ord. pubescentes-araneéuses. Feuilles rudes surtout sur les bords, oblongues-lancéolées, entières, dentées ou sinuées, très rarement pinnatipartites, terminées par un mucron obtus; les inférieures atténuées en un long pétiole; les supérieures sessiles. Capitules subglobuleux, plus ou moins nombreux, solitaires à l'extrémité des rameaux. *Involucre à folioles* glabres, *brusquement terminées par un appendice scarieux* coloré, suborbiculaire, ovale ou lancéolé, incisé ou pectiné-cilié, plus rarement presque entier; l'appendice de chaque foliole recouvrant la partie herbacée des folioles plus intérieures. Fleurons purpurins, tous égaux hermaphrodites, ou ceux de la circonférence stériles plus grands et rayonnants. *Akènes* blanchâtres, finement pubescents, *dépourvus d'aigrette, ou surmontés d'une aigrette* brunâtre *trois fois plus courte qu'eux.* ♃. Juin-septembre.

C.C. — Prairies, pâturages, lisière des bois, coteaux arides ou herbeux.

var. α. *vulgaris*. (C. Jacea. L. sp. 1293.) — Folioles de l'involucre à appendice brunâtre ou à peine coloré, suborbiculaire ou ovale, irrégulièrement incisé ou presque entier. Fleurons de la circonférence stériles, plus grands et rayonnants.

s.v.—*serotina*. (C. amara. Thuill. ! fl. Par. 445.)—Plante ord. rabougrie. Feuilles étroites, entières, sinuées ou pinnatifides, blanchâtres presque tomenteuses. Folioles de l'involucre à appendice blanchâtre luisant, à peine incisé ou entier. — Lieux très arides.

var. β. *intermedia*. — Folioles les plus extérieures de l'involucre à appendice brunâtre pectiné-cilié, les moyennes et les intérieures à appendice suborbiculaire ou ovale irrégulièrement incisé. Fleurons de la circonférence stériles plus grands et rayonnants, rarement hermaphrodites ne dépassant pas ceux du centre.

var. γ. *nigra*. (C. nigra. L. sp. 1288.) — Folioles de l'involucre la plupart à appendice brunâtre ou noirâtre, ovale ou lancéolé, pectiné-cilié; cils ord. une fois plus longs que la largeur de l'appendice. Fleurons tous égaux, hermaphrodites, rarement ceux de la circonférence stériles rayonnants.

s.v. — *radiata*. (C. nigrescens. Mérat, fl. Par. 355, *non* Willd. sp. III. 2288.) — Fleurons de la circonférence stériles rayonnants.

XI. KENTROPHYLLUM. (Neck. elem. n. 155.)

Involucre à folioles imbriquées, les *extérieures foliacées, pinnatilobées à lobes épineux*, les intérieures lancéolées atténuées en une pointe épineuse. Réceptacle hérissé de soies. Fleurons tous égaux hermaphrodites, ou ceux de la circonférence plus grands neutres (Duby). *Akènes* à insertion latérale, obovales-subtétragones, un peu ridés, *à sommet présentant un rebord irrégulièrement denté*; ceux de la circonférence dépourvus d'aigrette, ou à aigrette réduite à quelques soies; ceux du centre surmontés d'une aigrette courte, persistante, composée de soies paléiformes ciliées, libres, disposées sur plusieurs rangs, les soies les plus intérieures très courtes conniventes.

Plante annuelle, à tige rameuse, non ailée. Feuilles pinnatifides ou pinnatipartites à lobes épineux. Capitules solitaires à l'extrémité de la tige et des rameaux. Fleurons jaunes.

1. K. LANATUM. (D.C. *in* Duby, bot. Gall. I. 295.) — Centaurea lanata. D.C. fl. Fr. IV. 102. — Carthamus lanatus. L. sp. 1163. — Lob. ic. II. t. 13. f. 1.

Tige de 3-7 décimètr., presque simple ou rameuse supérieurement, pubescente ou laineuse, non ailée. Feuilles glabrescentes en dessus, pubescentes-aranéeuses en dessous, à nervures très saillantes à la face inférieure, pinnatifides ou pinnatipartites, à lobes lancéolés entiers ou dentés-épineux, atténués en épine; les supérieures amplexicaules, non décurrentes; les inférieures rétrécies en pétiole. Capitules ovoïdes-subglobuleux, assez gros, terminaux, pédonculés, subsolitaires ou disposés en un corymbe irrégulier. Involucre pubescent-aranéeux, à folioles extérieures bractéiformes, pinnatifides, à lobes épineux; à folioles intérieures membraneuses, lancéolées, entières, atténuées en une pointe épineuse. Fleurons d'un beau jaune. Akènes jaunâtres. ①. Juillet-septembre.

C. — Lieux pierreux, bords des chemins, coteaux arides.

Le genre *Cnicus* Vaill. se distingue aux caractères suivants : involucre entouré de bractées foliacées dentées-épineuses, à folioles extérieures terminées par une longue épine pinnatipartite à la base; fleurons de la circonférence stériles, étroits; akènes à insertion obliquement latérale très large, cannelés longitudinalement, terminés par un rebord à 10 crénelures et surmontés d'une aigrette composée de 20 soies, dont 10 extérieures assez longues paléiformes, et 10 intérieures très courtes. — Le *C. benedictus* L. (Centaurea benedicta L. sp. ed. 2. — vulg. *Chardon-bénit*) se reconnaît aux caractères suivants : plante annuelle, rameuse, pubescente un peu laineuse; feuilles pinnatifides, amplexicaules, un peu décurrentes; capitules assez gros, à fleurons d'un jaune safrané. Cette espèce est quelquefois cultivée en grand, et se rencontre subspontanée çà et là dans les champs (Boudy).

Le genre *Xeranthemum* est caractérisé par l'involucre à folioles scarieuses, les intérieures plus longues colorées simulant des fleurons ligulés; par le réceptacle chargé de paillettes scarieuses tripartites; et par les akènes du centre surmontés d'une aigrette composée de 5-10 écailles paléiformes.—On cultive dans les parterres le *X. annuum* L. (vulg. *Immortelle*) caractérisé par un involucre hémisphérique à folioles intérieures roses ou blanches très grandes.

† XII. ECHINOPS. (L. gen. n. 999.)

Capitules uniflores, disposés, sur un réceptacle commun subglobuleux, *en une tête globuleuse* nue ou munie à sa base de folioles étroites réfractées. — Involucre cylindrique-linéaire, à folioles imbriquées, les intérieures linéaires-aiguës, les extérieures plus courtes sétiformes. Akènes subcylindriques, velus, surmontés d'une couronne membraneuse laciniée.

Plante vivace, à tige non ailée, simple ou rameuse. Feuilles pinnatifides ou sinuées à lobes épineux. Capitules disposés en glomérules sphériques volumineux qui terminent la tige et les rameaux. Involucre à folioles d'un blanc bleuâtre. Fleurons blanchâtres.

÷ 1. E. SPHÆROCEPHALUS. (L. sp. 1314.) — Fuchs. hist. pl. 883 ic. — E. paniculatus. bot. reg. t. 356.

Tige de 8-10 décimètr., simple ou rameuse supérieurement, pubescente-glanduleuse; pédoncules tomenteux et glanduleux. Feuilles pubescentes, légèrement visqueuses à la face supérieure, blanches-tomenteuses en dessous, amplexicaules, oblongues, pinnatifides ou sinuées, dentées à dents épineuses. Involucre à folioles extérieures sétiformes, dépassant la moitié de la longueur des folioles intérieures. Fleurons blanchâtres, à anthères bleuâtres. ♃. Juillet-août.

R.R. subspontané. — Lieux arides et pierreux. — Paris : auprès de la barrière du Trône (*Vigineix*). Versailles! Oulins (*Brou*). Beauvais (*Delacourt*). Malesherbes : aux environs du château !

DIVISION II. CORYMBIFERÆ (1). — *Fleurons du centre tubuleux*, hermaphrodites, *ceux de la circonférence ligulés*, femelles, quelquefois stériles, disposés sur un ou plusieurs rangs ; *ou fleurons tous tubuleux*, hermaphrodites, rarement unisexuels. — *Style non renflé en nœud*, très rarement un peu renflé supérieurement (Calendula); à branches plus ou moins longues, pubescentes ou dépourvues de poils, atténuées ou renflées supérieurement, quelquefois tronquées ou terminées en pinceau au sommet et se prolongeant souvent en un appendice au-delà de la partie tronquée ; les lignes stigmatiques distinctes, plus rarement confluentes, n'atteignant pas ou dépassant la moitié de la longueur des branches ou en atteignant le sommet.— Aigrette persistante ou caduque à soies libres rarement soudées, souvent réduite à une couronne membraneuse ou à un rebord, ou nulle. — Réceptacle muni de paillettes membraneuses, ou dépourvu de paillettes, quelquefois profondément alvéolé.

Plantes très rarement épineuses. Feuilles alternes, très rarement opposées. Fleurons tous tubuleux ord. jaunes; ou ceux de la circonférence ligulés, rayonnants, plus rarement dressés ou enroulés en dehors, blancs, bleus, violets, purpurins ou rosés, ou de la même couleur que ceux du centre qui sont ordinairement jaunes.

TRIBU I. — *Réceptacle muni de paillettes dans toute son étendue. Akènes dépourvus d'aigrette de soies capillaires, quelquefois surmontés par 2-5 arêtes épineuses ou paléiformes. Anthères dépourvues d'appendices basilaires.*

XIII. BIDENS. (L. gen. n. 932.)

Involucre à folioles disposées sur 2-3 rangs ; les extérieures foliacées, inégales, étalées, ord. plus longues que le capitule ; les intérieures membraneuses égales, dressées. Réceptacle un peu convexe, muni de paillettes. Fleurons tous tubuleux, hermaphrodites, plus rarement ceux de la circonférence ligulés neutres. *Akènes* oblongs, comprimés, présentant sur chaque face une côte

---

(1) Nous n'avons pas cru, dans un ouvrage élémentaire, devoir établir les tribus de la division des *Corymbifères* d'après les caractères fournis par la forme des branches du style et celle des anthères. Cependant, afin de satisfaire à toutes les exigences, nous avons donné un tableau des tribus fondées sur ces caractères, en faisant suivre chacune d'elles de la liste des genres de notre Flore qui s'y rattachent. (Voir ce tableau qui est placé à la fin de la division des *Corymbifères*.)

plus ou moins saillante, à bords scabres-épineux, *surmontés par 2-5 arêtes subulées épineuses, ciliées-scabres* à cils dirigés de haut en bas.

Plantes annuelles. Feuilles opposées, les supérieures quelquefois alternes, indivises-dentées ou profondément tripartites. Capitules terminant la tige et les rameaux. *Fleurons tous jaunes.*

{ Akènes à 2-3 arêtes; feuilles ord. tripartites ou triséquées. . *B. tripartita.*
{ Akènes à 4-5 arêtes; feuilles jamais tripartites ou triséquées. . *B. cernua.*

1. B. TRIPARTITA. (L. sp. 1165.) — Engl. bot. t. 1113. (vulg. *Chanvre-d'eau.*)

Tige de 2-6 décimètr., dressée, subtétragone, ord. rameuse dès la base, à rameaux la plupart opposés, glabre, quelquefois rugueuse parsemée d'aiguillons sétiformes courts. *Feuilles* glabres, à bords scabres, pétiolées, *tripartites ou triséquées*, à segments lancéolés ou ovales-lancéolés dentés, les segments latéraux plus petits que le terminal quelquefois réduits à de simples oreillettes; rarement feuilles indivises, ovales-lancéolées, dentées. Capitules dressés, à fleurons tous tubuleux. Involucre à folioles intérieures brunes, étroitement scarieuses au bord. *Akènes* bruns, *terminés par 2-3 plus rarement 4 arêtes.* ①. Juillet-octobre.

C.C. — Bords des eaux, étangs, endroits marécageux.

s.v. — *minor.* — Plante de 1-2 décimètr., à feuilles ord. indivises dentées.

var. β. *rugosa.* — Tiges et rameaux rugueux-scabres, parsemés d'aiguillons sétiformes courts. Feuilles ord. rudes scabres. — *A.C.*

2. B. CERNUA. (L. sp. 1165.) — Engl. bot. t. 1114.

Tige de 2-8 décimètr., dressée, ou ascendante-radicante à la base, subtétragone ou presque cylindrique, presque simple ou rameuse, à rameaux la plupart opposés, glabre, quelquefois rugueuse parsemée d'aiguillons sétiformes courts. *Feuilles* glabres à bords scabres, *longuement lancéolées, profondément dentées;* les inférieures atténuées en pétiole; les supérieures subsessiles, légèrement connées à la base. Capitules ord. penchés, à fleurons tous tubuleux ou plus rarement à fleurons de la circonférence ligulés. Involucre à folioles intérieures brunes veinées de noir, à bords jaunes scarieux. *Akènes* bruns, *terminés par 4-5 plus rarement 3 arêtes.* ①. Août-octobre.

A.C. — Bords des eaux, étangs, endroits marécageux. — Pont d'Austerlitz! Charenton! Marly! St-Germain! Dampierre! Le Châtelet! (*Garnier*). Fontainebleau! Provins (*Bouteiller*). Morfontaine! Feigneux près Crépy (*Leré*). St-Germer!

s.v. — *minor.* — Plante de 5-20 centimètr. Capitules ord. très petits, à peine penchés.

var. β. *radiata.* (Coreopsis Bidens. L. sp. 1281.) — Capitules à fleurons de la circonférence ligulés. — *R.*

var. γ. *rugosa.* — Tiges et rameaux rugueux-scabres parsemés d'aiguillons sétiformes courts. — *A.R.*

Le genre *Coreopsis*, qui se distingue du genre *Bidens* surtout par la présence constante de fleurons ligulés et par les akènes à arêtes lisses ou ciliées-scabres à cils dirigés de bas en haut, fournit à nos jardins plusieurs espèces, entre autres le *C. tinctoria* Nutt. à feuilles pinnatipartites à lobes étroits, à fleurons ligulés jaunes tachés de brun à la base.

Le genre *Zinnia* se distingue aux caractères suivants: involucre à folioles ovales-arrondies, bordées de noir; réceptacle conique ou cylindrique à paillettes embrassant les fleurons du centre; fleurons de la circonférence ligulés, persistants; akènes du centre présentant au sommet 1-2 arêtes. — On cultive plusieurs espèces de ce genre, entre autres le *Z. multiflora* L. à feuilles opposées ovales-lancéolées, à capitules longuement pédonculés, à pédoncules renflés au sommet, à fleurons ligulés rouges ou jaunes.

34.

Le genre *Dahlia* est caractérisé par l'involucre à folioles disposées sur 2-3 rangs, les extérieures plus courtes étalées ou réfléchies, les intérieures membraneuses supérieurement, épaissies et soudées entre elles dans leur partie inférieure, et par les akènes surmontés par deux pointes courtes.— Le *D. variabilis* Desf. (vulg. *Dahlia*), cultivé pour la beauté de ses fleurs qui présentent les nuances de couleur les plus variées, se distingue à sa souche à fibres renflées-fusiformes, à ses tiges glabres, à ses feuilles pinnatiséquées ou bipinnatiséquées à segments ovales-aigus dentés, et à ses capitules volumineux à fleurons souvent tous ligulés ou tous développés en larges tubes.

† XIV. HELIANTHUS. (L. gen. n. 979, *part.*)

Involucre à folioles imbriquées, les extérieures foliacées. Réceptacle plan, à paillettes semi-embrassantes. Fleurons de la circonférence ligulés, femelles; ceux du centre tubuleux, hermaphrodites. *Akènes* subtétragones, un peu comprimés, *surmontés par 2-4 écailles caduques.*

Plantes annuelles ou vivaces. Feuilles opposées ou les supérieures alternes, dentées. Capitules terminant la tige et les rameaux. Fleurons tous jaunes, ceux de la circonférence rayonnants.

> Plante annuelle, à tige solitaire; capitules très volumineux, penchés; folioles de l'involucre ovales-acuminées. . . . . . . *H. annuus.*
> Plante vivace à tiges nombreuses, à souche portant des tubercules volumineux; capitules de taille moyenne, dressés; folioles de l'involucre lancéolées-linéaires. . . . . *H. tuberosus.*

1. H. ANNUUS. (L. sp. 1276.) (vulg. *Soleil.*)

Plante annuelle. Tige solitaire de 1-2 mètres, très rude, droite, dressée, très robuste, simple donnant naissance supérieurement aux rameaux de l'inflorescence. Feuilles ovales-cordées, fortement dentées. Capitules penchés, d'un très grand diamètre, à fleurons d'un beau jaune. Involucre à folioles ovales brusquement acuminées. Réceptacle très épais, charnu-spongieux. ①. Juillet-septembre.

Fréquemment cultivé dans les jardins et les vignes et autour des habitations. — Originaire du Pérou.

2. H. TUBEROSUS. (L. sp. 1277.) (vulg. *Topinambour.*)

Souche donnant naissance à des tubercules charnus, volumineux, oblongs. Tiges de 1-2 mètres, très rudes, droites, dressées, robustes, donnant naissance supérieurement aux rameaux de l'inflorescence. Feuilles ovales-cordées, dentées, les supérieures oblongues-lancéolées. Capitules dressés, de taille moyenne. Involucre à folioles lancéolées-linéaires. 2′. Se reproduit chaque année par le développement de nouveaux tubercules. — Septembre-octobre.

Quelquefois cultivé en grand, et dans les jardins potagers. — Originaire du Brésil.

On cultive, comme plante d'ornement, l'*H. multiflorus* L. (vulg. *Soleil vivace.*)

Le *Madia viscosa* Willd., originaire du Chili, est quelquefois cultivé en grand, depuis peu d'années, pour ses graines oléagineuses, et se rencontre subspontané çà et là; cette plante se distingue aux caractères suivants: involucre subglobuleux, à folioles enveloppant les akènes de la circonférence; réceptacle ne présentant qu'un ou deux rangs de paillettes; akènes dépourvus d'aigrette; plante annuelle, glanduleuse surtout supérieurement; feuilles semi-amplexicaules, oblongues, entières; fleurons jaunes.

XV. ACHILLEA. (L. gen. n. 971.)

Involucre à folioles imbriquées. Réceptacle presque plan, muni de paillettes. *Fleurons* de la circonférence *ligulés, à limbe suborbiculaire,* femelles, fertiles; fleurons du centre tubuleux, hermaphrodites. *Akènes* comprimés, oblongs-obovales, entourés d'une bordure filiforme, *dépourvus de côtes sur les deux faces,* dépourvus de rebord au sommet.

Plantes vivaces, à souche traçante. Feuilles bipinnatiséquées ou indivises-dentées.

Capitules disposés en corymbes rameux terminaux. *Fleurons ligulés et fleurons tubuleux de même couleur, blancs ou roses.*

{ Feuilles bipinnatiséquées, à segments linéaires . . . . . *A. Millefolium.*
{ Feuilles indivises très finement dentées. . . . . *A. Ptarmica.*

1. A. MILLEFOLIUM. (L. sp. 1267.) — Engl. bot. t. 758. — Bull. herb. t. 165. (vulg. *Millefeuille, Herbe-au-charpentier.*)

Tiges de 2-6 décimètr., dressées, raides, ord. simples, pubescentes ou velues, donnant naissance supérieurement aux rameaux de l'inflorescence. *Feuilles* molles, pubescentes ou velues, à circonscription oblongue-linéaire, *bipinnatiséquées* à segments très nombreux linéaires courts mucronés. Capitules très petits, très nombreux, en corymbes terminaux compactes. Involucre ovoïde-oblong à folioles entourées d'un rebord scarieux brunâtre. *Fleurons ligulés* 4-5, blancs ou d'un rose lilas, *à limbe plus court de moitié que l'involucre.* ♃. Juin-octobre.

C.C. — Lieux incultes, pelouses sèches, bords des chemins. — Quelquefois cultivé dans les jardins.

2. A. PTARMICA. (L. sp. 1266.) — Engl. bot. t. 757.

Tiges de 4-8 décimètr., dressées, raides, ord. simples, pubescentes seulement dans leur partie supérieure, donnant naissance supérieurement aux rameaux de l'inflorescence. *Feuilles* raides, glabres ou presque glabres, sessiles, linéaires-lancéolées aiguës, *très finement dentées* en scie, à dents presque cartilagineuses très nombreuses égales rapprochées. Capitules de taille moyenne, disposés en corymbes terminaux lâches plus ou moins irréguliers. Involucre hémisphérique, à folioles entourées d'un rebord scarieux brunâtre. *Fleurons ligulés au nombre de 8-12,* blancs, *à limbe égalant au moins la longueur de l'involucre.* ♃. Juillet-septembre.

A.C. — Prairies humides, endroits marécageux. — On cultive quelquefois sous le nom de *Bouton - d'argent* une variété de cette espèce à fleurons tous ligulés.

On cultive dans les jardins l'*A. filipendulina* Lam. à tiges élevées, à feuilles bipinnatiséquées, à capitules nombreux rapprochés en un corymbe assez ample, à fleurons jaunes tous tubuleux ou à peine ligulés.

XVI. ORMENIS. (Gay, ined.) — Cass. dict. XXXVI. 355, *part.*

Involucre à folioles imbriquées sur deux ou plusieurs rangs. Réceptacle cylindrique ou oblong-conique, muni de paillettes qui se soudent quelquefois à leurs bords pour renfermer les akènes. Fleurons de la circonférence ligulés, à limbe oblong, femelles, fertiles ou stériles ; *fleurons du centre* tubuleux, hermaphrodites, *à tube prolongé au-dessous du sommet de l'akène en une couronne complète ou en une coiffe unilatérale.* Akènes presque cylindriques, dépourvus de rebord au sommet, couverts supérieurement par le prolongement du tube de la corolle avant sa chute, quelquefois complètement renfermés dans les paillettes qui se détachent avec eux du réceptacle.

Plantes vivaces ou annuelles. Feuilles pinnatiséquées à segments divisés ou entiers. Capitules solitaires à l'extrémité des rameaux. *Fleurons ligulés blancs,* quelquefois jaunes à la base, réfractés à la fin de la floraison ; *fleurons tubuleux jaunes.*

{ Fleurons ligulés blancs, fertiles ; souche vivace, traçante. . . . *O. nobilis.*
{ Fleurons ligulés blancs, marqués de jaune à la base, stériles ; racine annuelle, pivotante . . . . *O. mixta.*

1. O. MIXTA. (D.C. prodr. VI. 18.)— O. bicolor. Cass. *loc. cit.* — Anthemis mixta. L. sp. 1260. — Mich. gen. 32. t. 30. f. 1.

Plante annuelle, à *racine pivotante.* Tiges nombreuses, plus rarement solitaires, de 2-5 décimètr., étalées ou ascendantes, plus rarement dressées, rameuses, pubescentes-velues. Feuilles pubescentes ou velues, à nervure moyenne élargie presque foliacée, pinnatiséquées à segments entiers ou incisés en lobes linéaires courts, les segments inférieurs ord. très petits. Involucre à folioles scarieuses supérieurement, disposées sur 2 plus rarement 3 rangs. Paillettes poilues au sommet, épaisses presque ligneuses à la maturité, rhomboïdales-lancéolées aiguës, pliées longitudinalement et renfermant complètement les akènes en se soudant par leurs bords, très rarement à bords non soudés. Réceptacle fructifère induré presque ligneux, cylindrique. *Fleurons ligulés, stériles*, blancs, *jaunes à la base. Fleurons tubuleux à tube prolongé sur l'akène en une coiffe unilatérale.* Akènes blanchâtres, présentant 3 côtes très fines à la face interne, les autres côtes nulles ou peu distinctes. ①. Juillet-octobre.

R.R. — Champs sablonneux ou pierreux, bords des rivières. — Bords de la Seine : Bercy! Passy (*De Lens*).

2. O. NOBILIS. (Gay, ined.) — Anthemis nobilis. L. sp. 1260. — Engl. bot. t. 980.

Plante vivace, à *souche un peu traçante.* Tiges nombreuses, plus rarement solitaires, de 1-3 décimètr., étalées ou ascendantes, plus rarement dressées, simples ou rameuses, pubescentes ou velues. Feuilles fortement aromatiques, pubescentes ou velues, à nervure moyenne élargie, pinnatiséquées, à segments incisés en lobes linéaires assez courts. Involucre à folioles largement scarieuses surtout supérieurement, disposées sur plusieurs rangs. *Paillettes* glabres, minces membraneuses-scarieuses *oblongues-linéaires,obtuses* souvent lacérées au sommet, pliées longitudinalement, ne retenant pas les akènes. Réceptacle fructifère spongieux au centre, oblong-conique. *Fleurons ligulés fertiles, blancs. Fleurons tubuleux, à tube prolongé sur l'akène en une couronne complète.* Akènes d'un jaune brunâtre, présentant 3 côtes filiformes blanches à la face interne, les autres côtes nulles. ♃. Juillet-septembre.

C. — Pelouses, pâturages, bords des chemins.

On cultive fréquemment sous le nom de *Camomille romaine* une variété de l'*O. nobilis*, à fleurons tous blancs ligulés.

XVII. ANTHEMIS. (L. gen. n. 970, *part.*)

Involucre à folioles imbriquées. Réceptacle oblong, conique ou très convexe, muni de paillettes. *Fleurons* de la circonférence *ligulés, à limbe oblong*, femelles fertiles, plus rarement neutres ; *fleurons du centre* tubuleux, hermaphrodites, *à tube non prolongé sur l'akène.* Akènes presque cylindriques, rarement tétragones, présentant des côtes dans toute leur circonférence, pourvus ou non de rebord au sommet.

Plantes annuelles. Feuilles bipinnatiséquées. Capitules solitaires à l'extrémité des rameaux. *Fleurons ligulés blancs*, réfractés à la fin de la floraison ; *fleurons tubuleux jaunes.*

{ Paillettes oblongues-linéaires, brusquement cuspidées. . . . *A. arvensis.*
{ Paillettes linéaires étroites, subulées dès la base. . . . . . *A. Cotula.*

1. A. ARVENSIS. (L. sp. 1261.) — Engl. bot. t. 602.

Tiges subsolitaires ou nombreuses, de 2-5 décimètr., dressées ou ascendantes, plus rarement étalées, simples ou rameuses, pubescentes. Feuilles pubescentes, quelquefois velues-blanchâtres, bipinnatiséquées, à segments rapprochés, linéaires-lancéolés, courts. Pédoncules fructifères souvent renflés
supérieurement. Involucre à folioles largement scarieuses surtout au sommet.
Paillettes scarieuses, *oblongues-linéaires, brusquement cuspidées* à pointe
raide, légèrement carénées. Réceptacle conique. *Fleurons ligulés fertiles.*
Akènes blanchâtres ou brunâtres, très inégaux, *à 10 côtes lisses*, terminés
par un rebord épais ondulé plus ou moins saillant ou par un rebord mince
tranchant. ①. Juin-septembre.

C. — Moissons, champs en friche, terrains sablonneux.

**2. A. COTULA. (L. sp. 1261.)—Engl. bot. t. 1772.—Maruta fœtida. Cass. dict. XXIX.
174.** (vulg. *Maroute*, *Camomille puante*.)

Tige de 2-5 décimètr., dressée, plus rarement ascendante, rameuse supérieurement ou rameuse dès la base, pubescente ou presque glabre. Feuilles
à odeur pénétrante désagréable, pubescentes ou presque glabres, bipinnatiséquées, à segments étalés linéaires-allongés entiers ou brièvement 2-3-fides.
Pédoncules fructifères grêles. Involucre à folioles largement scarieuses. *Paillettes* scarieuses, *subulées* dès la base. Réceptacle conique. *Fleurons ligulés
stériles. Akènes* grisâtres ou brunâtres, souvent inégaux, *à 10 côtes décom-
posées en tubercules saillants*, dépourvus de rebord au sommet. ①. Juin-
septembre.

C. — Moissons, champs en friche, lieux cultivés, bords des chemins.

TRIBU II. — *Réceptacle dépourvu de paillettes. Akènes dépourvus d'aigrette de soies capillaires. Anthères dépourvues plus rarement pourvues d'appendices basilaires.*

SOUS-TRIBU I. — *Anthères dépourvues d'appendices basilaires.*

XVIII. PYRETHRUM. (Gærtn. fruct. II. 430, *part. et addit. plur. sp.*)

Involucre à folioles imbriquées. Réceptacle conique, hémisphérique, ou plus
ou moins convexe, dépourvu de paillettes. *Fleurons de la circonférence ligulés*, femelles fertiles, rarement neutres; fleurons du centre tubuleux, hermaphrodites. *Akènes tous de même forme, subtétragones ou subcylindriques*,
jamais munis d'ailes latérales, surmontés d'un rebord ou d'une couronne
membraneuse, ou complètement dépourvus de rebord.

Plantes annuelles ou vivaces. Feuilles pinnatiséquées ou bi-tripinnatiséquées, plus
rarement indivises crénelées ou dentées. Capitules solitaires à l'extrémité des tiges
et des rameaux, quelquefois disposés en corymbe. *Fleurons ligulés blancs*, ord.
réfractés à la fin de la floraison; fleurons tubuleux jaunes.

1 { Réceptacle ovoïde-conique ou conique-hémisphérique; feuilles divisées en
    segments linéaires-allongés . . . . 2.
    Réceptacle convexe ou presque hémisphérique; feuilles jamais divisées en
    segments linéaires-allongés . . . . 3.

2 { Réceptacle creux, ovoïde-conique aigu; capitules très odorants. . . . .
    . . . . *P. Chamomilla.*
    Réceptacle plein, conique-hémisphérique; capitules presque inodores. . .
    . . . . *P. inodorum.*

3 { Feuilles obovales ou oblongues, crénelées, dentées ou incisées. . . . .
. . . . *P. Leucanthemum.*
Feuilles pinnatiséquées, à segments incisés ou pinnatipartits. . . . . . **4.**

4 { Feuilles à 3-7 paires de segments obtus, toutes pétiolées. *P. Parthenium.*
Feuilles à 8-15 paires de segments aigus, les supérieures sessiles . . . .
. . . . *P. corymbosum.*

SECT. I. MATRICARIA. — *Réceptacle ovoïde-conique ou conique-hémisphérique. Akènes présentant 3-5 côtes sur leur moitié interne, dépourvus de côtes en dehors. — Plantes annuelles. Feuilles bi-tripinnatiséquées, à segments linéaires-allongés.*

1. P. CHAMOMILLA. — Matricaria Chamomilla. L. sp. 1256. — Curt. fl. Lond. V. t. 63. — Engl. bot. t. 1232.

Tige de 2-6 décimètr., dressée, ascendante ou diffuse, très rameuse supérieurement, ou rameuse dès la base, glabre. Feuilles glabres, bi-tripinnatiséquées, à segments étalés, linéaires-allongés. *Capitules odorants-aromatiques*, nombreux, solitaires au sommet des rameaux. Involucre à folioles oblongues, largement scarieuses blanchâtres. *Réceptacle creux, ovoïde-conique aigu.* *Akènes* très petits, d'un blanc jaunâtre, cylindriques-subtrigones, légèrement arqués, *marqués de 5 côtes* filiformes *sur leur moitié interne*, ne présentant pas de points glanduleux au-dessous du sommet, *à disque épigyne très oblique presque latéral*, terminés par un rebord obtus ou tranchant, plus rarement par une couronne membraneuse. ①. Mai-juillet.

C. — Moissons, lieux pierreux, bords des chemins, berges des rivières.

var. β. *coronatum.* (Matricaria coronata. Gay.) — Akènes terminés par une couronne membraneuse dentée.

On cultive quelquefois le *P. Chamomilla*, que l'on confond sous le nom de *Camomille* avec l'*Ormenis nobilis.*

2. P. INODORUM. (Smith, Brit. II. 900.) — Engl. bot. t. 676. — Chrysanthemum inodorum. L. sp. 1253.

Tige de 2-6 décimètr., dressée, ascendante ou diffuse, rameuse supérieurement, souvent rameuse dès la base, glabre. Feuilles glabres, bi-tripinnatiséquées, à segments étalés linéaires-allongés. *Capitules presque inodores*, plus ou moins nombreux, solitaires au sommet des rameaux. Involucre à folioles extérieures lancéolées, les intérieures oblongues ou oblongues-obovales, largement scarieuses surtout au sommet, à partie scarieuse souvent brunâtre au bord. *Réceptacle plein, obtus, hémisphérique-conique.* Akènes d'un brun noirâtre, finement chagrinés, subtétragones-comprimés *présentant à leur moitié interne 3 côtes* blanchâtres saillantes, *offrant en dehors au-dessous du sommet deux glandes* jaunâtres qui disparaissent souvent à la maturité et laissent à leur place deux points noirs enfoncés; *disque épigyne terminal*, entouré d'un rebord tranchant. ①. Juillet-octobre.

C.C. — Moissons, champs en friche, lieux pierreux, bords des chemins.

SECT. II. LEUCANTHEMUM. — *Réceptacle convexe ou presque hémisphérique. Akènes présentant des côtes dans toute leur circonférence. — Plantes vivaces. Feuilles pinnatiséquées à segments oblongs pinnatifides ou pinnatipartits, ou indivises crénelées ou incisées.*

3. P. LEUCANTHEMUM. — Chrysanthemum Leucanthemum. L. sp. 1251. — Engl.
bot. t. 601. — Matricaria Leucanthemum. Desv. *ap*. Lam. dict. III. 731. — Leucanthemum vulgare. Lam. fl. Fr. II. 137. (vulg. *Grande-Marguerite*.)

Tiges solitaires ou plus ou moins nombreuses, de 1-8 décimètr., dressées
ou ascendantes, simples ou divisées supérieurement en 2-5 rameaux allongés,
glabres, pubescentes, ou velues surtout inférieurement. *Feuilles* glabres ou
pubescentes, *crénelées, dentées ou incisées* ; les radicales et les inférieures
oblongues-obovales ou spatulées, atténuées en un long pétiole ; les supérieures
oblongues ou oblongues-obovales, sessiles à base élargie semi-amplexicaule
ord. profondément dentée ou presque pinnatifide. Capitules d'un assez grand
diamètre, presque inodores, solitaires au sommet de la tige et des rameaux.
Involucre à folioles entourées d'une bordure étroite, scarieuse, brunâtre ou
noirâtre. Réceptacle convexe ou presque hémisphérique. Akènes presque cylindriques, noirs, à 8-10 côtes blanches filiformes, dépourvus de rebord au
sommet. ♃. Mai-août.

C.C.C. — Prairies, pâturages, lieux herbeux.

4. P. PARTHENIUM. (Smith, Brit. II. 900.) Matricaria Parthenium. L. sp. 1255. —
Bull. herb. t. 205. — Fuchs. hist. 45 ic. (1).

Tiges plus ou moins nombreuses ou solitaires, de 3-8 décimètr., dressées,
rameuses surtout supérieurement, pubescentes ou presque glabres. *Feuilles
toutes pétiolées*, molles, pubescentes ou presque glabres, *pinnatiséquées* à
3-7 paires de segments, *à segments* oblongs *obtus* inégalement incisés-dentés,
les inférieurs distants, les supérieurs largement confluents. Capitules à odeur
forte pénétrante, ord. nombreux, disposés en un corymbe terminal. Involucre
à folioles étroitement scarieuses-blanchâtres aux bords. Réceptacle convexe.
Akènes blanchâtres ou brunâtres, terminés par un rebord membraneux court
denté. ♃. Juin-août.

A.C. — Villages, voisinage des habitations, décombres.

var. β. *flosculosum.* — Capitules dépourvus de fleurons ligulés.

On cultive très fréquemment une variété de cette espèce à fleurons tous ligulés
blancs sous le nom de *Matricaire* ou de *Camomille*.

† 5. P. CORYMBOSUM. (Willd. sp. III. 2155.) — Chrysanthemum corymbosum.
L. syst. nat. II. 562. — Jacq. fl. Austr. t. 379.

Tiges nombreuses ou solitaires, de 3-8 décimètr., dressées, simples, donnant
naissance supérieurement aux rameaux de l'inflorescence, pubescentes à poils épars
étalés. *Feuilles* ord. pubescentes-soyeuses en dessous, *pinnatiséquées*, à 8-15
paires de segments, *à segments* oblongs *pinnatipartits à lobes aigus incisés*; les
radicales et les inférieures longuement pétiolées; les *supérieures sessiles*. Capitules
peu odorants ou presque inodores, plus ou moins nombreux, disposés en un corymbe
terminal nu ou presque nu. Involucre à folioles entourées d'une bordure scarieuse
brunâtre ou noirâtre. Réceptacle convexe. Akènes jaunâtres ou brunâtres, subcylindriques, à 5 côtes, surmontés d'une couronne membraneuse qui égale le tiers ou
la moitié de leur longueur. ♃. Juin-août.

R. subspontané ? — Bois montueux. — Vincennes! St-Cloud! Meudon! —
Nous n'avons jamais, dans nos environs, rencontré cette plante ailleurs que dans le
voisinage des parcs; et aux diverses localités où nous l'avons observée, elle était accompagnée de plantes évidemment naturalisées.

Le *P. Sinense* D.C. à tiges sous-frutescentes, à feuilles pinnatifides-incisées, à

(1) Dans la variété de cette espèce à fleurons tous ligulés, le réceptacle est ordinairement muni de paillettes; le même fait s'observe dans le *P. Sinense* D.C.—M. Lloyd
dans sa *Flore de la Loire inférieure* signale une variété du *P. inodorum* dont le réceptacle présente également des paillettes.

fleurons présentant les couleurs les plus variées, fait l'ornement des jardins vers la fin de l'automne; il varie à fleurons tous ligulés ou développés en longs tubes. — On cultive quelquefois pour son odeur aromatique le *P. Tanacetum* D.C. (Balsamita suaveolens. Pers.), à capitules disposés en corymbe, à fleurons tous tubuleux, à feuilles oblongues dentées, les supérieures auriculées à la base.

XIX. CHRYSANTHEMUM. (D.C. prodr. VI. 63.)

Involucre à folioles imbriquées. Réceptacle un peu convexe, dépourvu de paillettes. *Fleurons de la circonférence ligulés*, femelles, fertiles; fleurons du centre tubuleux, hermaphrodites. *Akènes de deux formes : ceux de la circonférence pourvus de deux ailes latérales, ou triquêtres-ailés;* ceux du centre subcylindriques, à 10 côtes égales, ou pourvus en dedans d'une aile étroite, dépourvus de rebord au sommet.

Plante annuelle. Feuilles lâchement et profondément dentées, ord. trifides au sommet, plus rarement pinnatipartites. Capitules solitaires à l'extrémité de la tige et des rameaux. *Fleurons ligulés et fleurons tubuleux jaunes.*

1. **C. SEGETUM.** (L. sp. 1254.) — Curt. fl. Lond. VI. t. 60. (vulg. *Marguerite dorée.*)

Tige de 3-6 décimètr., dressée, simple, rameuse supérieurement ou rameuse dès la base, glabre. Feuilles glabres-glaucescentes, un peu charnues, oblongues, lâchement et inégalement dentées, ord. élargies trifides au sommet; les supérieures amplexicaules. Capitules d'un assez grand diamètre, solitaires à l'extrémité de la tige et des rameaux, à pédoncules souvent renflés supérieurement. Involucre à folioles intérieures scarieuses dans leur moitié supérieure. *Fleurons jaunes.* Akènes jaunâtres, presque cylindriques; ceux de la circonférence munis de 2 ailes latérales épaisses, à 7-8 côtes; ceux du centre à 10 côtes égales. ④. Juin-août.

A.C. — Moissons, champs, terrains en friche. — Clamart! Versailles! Marcoussis! St-Léger! Corbeil! Beauvais! St-Germer!, etc.

Le *C. coronarium.* L. cultivé dans les parterres, dont il s'échappe quelquefois, se distingue à ses feuilles bipinnatifides, à ses fleurons d'un jaune pâle, et aux akènes de la circonférence ailés, surmontés de 3 dents aiguës.

XX. BELLIS. (L. gen. n. 962.)

Involucre à folioles égales, disposées sur 2 rangs. Réceptacle conique allongé, dépourvu de paillettes. *Fleurons de la circonférence ligulés*, femelles, fertiles; fleurons du centre tubuleux, hermaphrodites. *Akènes obovales-comprimés, entourés d'une bordure saillante obtuse*, dépourvus de couronne membraneuse.

Plante vivace, subacaule. Feuilles crénelées, disposées en rosettes presque radicales à l'extrémité de tiges très courtes. Capitules solitaires à l'extrémité de pédoncules nus axillaires presque radicaux. *Fleurons ligulés blancs ou rosés;* fleurons tubuleux jaunes.

1. **B. PERENNIS.** (L. sp. 1248.) — Engl. bot. t. 424. (vulg. *Petite-Marguerite*, *Pâquerette.*)

Plante subacaule, de 5-20 centimètr., pubescente, plus rarement presque glabre. Souche ord. rameuse cespiteuse, émettant des tiges courtes souterraines, ou aériennes ord. couchées-ascendantes. Feuilles toutes d'apparence radicales, disposées en rosettes, un peu épaisses, obovales-spatulées, crénelées, atténuées en pétiole. Pédoncules presque radicaux, dépassant longuement les feuilles. Involucre à folioles herbacées. Fleurons ligulés blancs, quelquefois rosés à la pointe et en dehors. Akènes un peu velus. ♃. Mars-novembre.

C.C.C. — Pelouses, prairies, pâturages, bords des chemins.

s.v. — *exigua*. — Plante naine, de 3-4 centimètr., ord. très velue. Capitules très petits. — Lieux très arides.

On cultive fréquemment dans les jardins une variété prolifère dans laquelle les folioles de l'involucre donnent naissance à leur aisselle à de petits capitules pédicellés. — On plante également en bordures une autre variété dont les fleurons sont tous tubuleux allongés et colorés en pourpre foncé.

XXI. ARTEMISIA. (L. gen. n. 945.)

Involucre ovoïde ou subglobuleux, à folioles imbriquées. Réceptacle convexe ou presque plan, dépourvu de paillettes, glabre, plus rarement hérissé. *Fleurons tous tubuleux* : ceux de la circonférence presque filiformes, ord. femelles ; ceux du centre hermaphrodites, quelquefois stériles. *Akènes cylindriques* obovales, *dépourvus d'angles et de côtes, terminés par un disque très étroit* non entouré d'un rebord membraneux.

Plantes vivaces, amères-aromatiques. *Feuilles pinnatipartites ou pinnatiséquées*. Capitules ord. très petits, très nombreux, disposés en grappes ou en épis réunis en panicules terminales. *Fleurons jaunes*.

1 { Involucre glabre-luisant; feuilles divisées en segments linéaires très étroits. . . . . *A. campestris*.
{ Involucre tomenteux; feuilles à segments jamais linéaires très étroits. . . **2**.

2 { Feuilles adultes glabres en dessus; réceptacle glabre . . . *A. vulgaris*.
{ Feuilles adultes soyeuses sur les deux faces; réceptacle hérissé de poils . .
. . . . *A. Absinthium*.

1. A. VULGARIS. (L. sp. 1188.) — Engl. bot. t. 978. — Fuchs. hist. 44 ic. (vulg. *Armoise*.)

Tiges de 6-12 décimètr., dressées, rameuses supérieurement, pubescentes ou presque glabres. *Feuilles* glabres et d'un vert sombre en dessus, *blanches-tomenteuses en dessous*, pinnatipartites ou bipinnatipartites, à segments oblongs-lancéolés aigus, ord. incisés; les caulinaires auriculées à la base. Capitules subsessiles, ovoïdes-oblongs. Involucre tomenteux. *Réceptacle glabre*. ♃. Juillet-octobre.

C. — Bords des chemins, haies, buissons, cimetières, lieux incultes.

2. A. CAMPESTRIS. (L. sp. 1185.) — Engl. bot. t. 338.

Tiges de 4-9 décimètr., presque ligneuses au moins inférieurement, couchées-ascendantes, souvent rameuses presque dès la base, glabres. *Feuilles* souvent soyeuses sur les deux faces dans leur jeunesse, glabres à l'état adulte, bi-tripinnatiséquées, à segments un peu charnus, linéaires très étroits; les caulinaires semi-amplexicaules ord. auriculées, divisées souvent jusqu'à la base en 3-7 segments linéaires. Capitules pédicellés, ovoïdes-subglobuleux. *Involucre glabre-luisant. Réceptacle glabre*. ♃. Juillet-octobre.

A.C. — Lieux secs et pierreux, coteaux arides, terrains sablonneux.

† 3. A. ABSINTHIUM. (L. sp. 1188.) — Engl. bot. t. 1230. (vulg. *Absinthe*.)

Plante très odorante. Tiges de 5-9 décimètr., dressées, rameuses supérieurement, pubescentes-soyeuses blanchâtres. *Feuilles soyeuses sur les deux faces*, blanches-argentées en dessous, bi-tripinnatiséquées à segments lancéolés ord. obtus; les caulinaires pétiolées, non auriculées. Capitules pédonculés, subglobuleux. *Involucre tomenteux. Réceptacle hérissé* de longs poils. ♃. Juillet-septembre.

35

Cultivé dans les jardins. — Quelquefois subspontané dans le voisinage des habitations. — Meudon ! Mantes ! Dreux ! Malesherbes !, etc.

On cultive dans les jardins potagers l'*A. Dracunculus* L. (vulg. *Estragon*) qui se distingue à ses feuilles lancéolées entières glabres.— On cultive moins communément l'*A. Abrotanum* L. (vulg. *Aurone* , *Citronnelle*) plante sous-frutescente à odeur de citron très pénétrante , à feuilles bi- tripinnatiséquées à segments presque capillaires.

XXII. TANACETUM. (L. gen. n. 944 , *part.*)

Involucre hémisphérique , à folioles imbriquées. Réceptacle convexe , dépourvu de paillettes, glabre. *Fleurons tous tubuleux :* ceux de la circonférence presque filiformes, ord. femelles ; ceux du centre hermaphrodites, souvent stériles. *Akènes anguleux* , obconiques, *terminés par un disque qui égale presque la largeur de leur sommet*, ord. surmontés d'un rebord membraneux, court.

Plante vivace , amère-aromatique. *Feuilles pinnatiséquées , à rachis ord. ailé-lobé.* Capitules très nombreux , disposés en corymbes terminaux. Fleurons jaunes.

1. T. VULGARE. (L. sp. 1148.) — Engl. bot. t. 1229. — Fuchs. hist. 46 ic. (vulg. *Tanaisie.*)

Tiges de 8-12 décimètr., glabres, robustes, dressées, simples donnant naissance supérieurement aux rameaux de l'inflorescence. Feuilles presque glabres, pinnatiséquées, à segments oblongs-allongés, pinnatipartits, à lobes aigus-acuminés entiers ou dentés à leur bord externe, à rachis ord. ailé à aile lobée-incisée. Capitules disposés en corymbes très rameux compactes. Involucre à folioles glabres, scarieuses au sommet. Akènes couronnés d'un rebord membraneux obscurément denté. ♃. Juillet-septembre.

C. — Berges des rivières , bords des routes , lieux pierreux. — Assez fréquemment cultivé dans les jardins et les vignes.

Le genre *Tagetes* est caractérisé par l'involucre à folioles disposées sur un seul rang et soudées entre elles, par le réceptacle nu , et par les akènes surmontés d'écailles libres ou soudées.— On cultive communément dans les jardins le *T. patula* L. (vulg. *OEillet-d'Inde*) plante annuelle , à odeur forte, à feuilles pinnatiséquées , à segments lancéolés ciliés-dentés , à pédoncules peu renflés , à fleurons d'un jaune safrané. — On cultive également le *T. erecta* L. (vulg. *Rose-d'Inde*) qui diffère de l'espèce précédente par ses pédoncules très renflés au sommet, par ses capitules beaucoup plus gros à involucre anguleux et à fleurons jaunes.

SOUS-TRIBU II. — *Anthères pourvues d'appendices basilaires.*

XXIII. CALENDULA. (L. gen. n. 990, *part.*)

Involucre à folioles égales, disposées sur deux rangs. Réceptacle presque plan, dépourvu de paillettes. *Fleurons de la circonférence ligulés*, femelles, fertiles ; fleurons du centre tubuleux , hermaphrodites , la plupart stériles. *Style des fleurs hermaphrodites un peu renflé en nœud supérieurement. Akènes très irréguliers*, à dos chargé de pointes épineuses, falciformes linéaires, *ou courbés en anneau* et concaves en nacelle par la dilatation membraneuse de leurs bords.

Plantes annuelles , odorantes. Feuilles entières ou sinuées-dentées ; les supérieures sessiles presque embrassantes ; les inférieures atténuées ou rétrécies en pétiole. Capitules solitaires à l'extrémité des tiges et des rameaux. *Fleurons jaunes* ou d'un jaune safrané.

1. C. ARVENSIS. (L. sp. 1303.) — Bull. herb. Fr. t. 239. (vulg. *Souci-de-vigne*.)

Tige de 1-4 décimètr., pubescente, dressée, rameuse à rameaux divergents, quelquefois rameuse-diffuse dès la base. Feuilles pubescentes, entières ou lâchement sinuées-dentées ; les inférieures oblongues-spatulées ; les supérieures oblongues-lancéolées, à base arrondie semi-amplexicaule. Capitules à fleurons jaunes, les fleurons ligulés barbus à la base. Akènes chargés sur le dos de pointes épineuses ou de tubercules : les extérieurs au nombre de 3-5, linéaires, une fois plus longs que l'involucre, courbés en faucille, se terminant par un long appendice droit, présentant 3 éperons à leur base par la prolongation des angles latéraux et interne ; les intérieurs beaucoup plus courts que les extérieurs, brièvement apiculés, courbés en anneau et concaves en nacelle à leur face interne par la dilatation membraneuse de leurs bords. (1). Fleurit pendant presque toute l'année.

C.C. — Vignes, lieux cultivés, terrains remués. — Manque dans quelques régions.

Le *C. officinalis* L. (vulg. *Souci*), cultivé dans presque tous les jardins, se rencontre quelquefois dans le voisinage des habitations. Cette espèce se distingue de la précédente par les caractères suivants : feuilles inférieures longuement rétrécies en pétiole ; capitules beaucoup plus amples ; fleurons ligulés d'un jaune safrané, ord. disposés sur un grand nombre de rangs; akènes ord. tous brièvement apiculés courbés en anneau et concaves en nacelle. — Cette espèce varie fréquemment à fleurons tous ligulés.

XXIV. MICROPUS. (L. gen. n. 996.)

Involucre tomenteux, à folioles disposées sur 2 rangs, les folioles du rang intérieur enveloppant les fleurons fertiles. Réceptacle filiforme, court, à sommet aplani, dépourvu de paillettes. *Fleurons tous tubuleux :* ceux du rang le plus extérieur au nombre de 5-7, femelles, fertiles, à tube capillaire embrassant étroitement le style, enveloppés par les folioles intérieures de l'involucre ; les fleurons placés au centre du réceptacle au nombre de 5-7, stériles, mâles. *Akènes* comprimés, dépourvus de côtes, *renfermés dans les folioles de l'involucre* et caducs avec elles, ne présentant pas de rebord au sommet.

Plante annuelle, *tomenteuse-blanchâtre. Feuilles* sessiles, *entières.* Capitules disposés en glomérules latéraux et terminaux. Fleurons peu apparents, d'un blanc jaunâtre.

1. M. ERECTUS. (L. sp. 1513.) — Lam. illustr. t. 694. f. 2.

Tiges de 1-3 décimètr., ord. nombreuses, étalées ou ascendantes, plus rarement dressées, presque simples ou plus ou moins rameuses, quelquefois irrégulièrement dichotomes. Feuilles tomenteuses-laineuses blanchâtres, lancéolées ou oblongues-obovales. Glomérules latéraux et terminaux, occupant souvent les bifurcations des rameaux. Capitules subglobuleux déprimés, à 5-7 angles très prononcés résultant de la convexité du dos des folioles intérieures de l'involucre. Involucre laineux-tomenteux ; à folioles extérieures très petites, linéaires, presque planes ; à folioles intérieures comprimées latéralement, pliées en casque, dépourvues de pointes épineuses, soudées vers leurs bords à leur face interne pour renfermer les akènes. (1). Juin-août.

A.R. — Coteaux arides, champs maigres et pierreux. — Beauvais près Mennecy (*Des Étangs*). Étampes ! (*Maire*, *Woods*). Étrechy! Pithiviers! Malesherbes! (*Maire*). Nemours! (*Devilliers*).

TRIBU III. — *Réceptacle dépourvu de paillettes, ou muni de paillettes seulement à la circonférence. Akènes tous ou la plupart surmontés d'une aigrette de soies capillaires. Anthères pourvues ou dépourvues d'appendices basilaires.*

SOUS-TRIBU 1. — *Anthères pourvues d'appendices basilaires.*

XXV. **FILAGO.** (Tournef. inst. t. 259.)— Coss. et Germ. ann. sc. nat. XX. sér. 2. 283.

Involucre plus ou moins tomenteux, à folioles connivents, disposées sur trois ou plusieurs rangs alternes ou opposés, celles des rangs intérieurs passant à l'état de paillettes. *Réceptacle* presque filiforme à peine renflé supérieurement, ou peu saillant à sommet aplani, *muni de paillettes à sa circonférence,* nu au centre. *Fleurons tous tubuleux: les extérieurs femelles, disposés sur deux ou plusieurs rangs, à tube capillaire* embrassant étroitement le style, *placés à l'aisselle des folioles de l'involucre;* les fleurons du centre peu nombreux, hermaphrodites, fertiles, ou stériles par avortement. *Akènes tous libres,* presque cylindriques, dépourvus de côtes, parsemés de papilles transparentes, surmontés d'une aigrette à soies disposées sur plusieurs rangs, les extérieurs dépourvus d'aigrette ou à soies disposées sur un seul rang.

Plantes annuelles, plus ou moins *tomenteuses-blanchâtres.* Feuilles sessiles, entières. Capitules très petits, disposés par 1-7 en fascicules, ou 8-25 en glomérules compactes subglobuleux, latéraux et terminaux. *Fleurons* peu apparents, *tous d'un blanc jaunâtre.*

1 { Capitules sessiles, disposés par 8-25 en glomérules compactes subglobuleux; folioles de l'involucre cuspidées. . . . . **2.**
{ Capitules subsessiles ou brièvement pédonculés, disposés par 5-7 en fascicules, plus rarement subsolitaires; folioles de l'involucre non cuspidées. **3.**

2 { Glomérules munis d'un involucre de 3-4 feuilles qui dépasse les capitules; capitules à 5 angles aigus très saillants séparés par des sinus profonds. . . . . *F. Jussiœi.*
{ Glomérules dépourvus d'involucre foliacé, ou munis d'un involucre de 1-2 feuilles très courtes; capitules à 5 angles à peine marqués. . . . . *F. Germanica.*

3 { Capitules à 5 angles saillants obtus; involucre couvert d'un tomentum soyeux, à partie supérieure glabre scarieuse jaunâtre. . . *F. montana.*
{ Capitules à 8 côtes peu prononcées; involucre mollement laineux-tomenteux presque jusqu'au sommet. . . . . *F. arvensis.*

SECT. I. GIFOLA. (GIFOLA. Cass. bull. soc. phil. (1819) 143.) — *Involucre à folioles cuspidées, disposées sur 5 rangs de 5 folioles, à rangs opposés, toutes munies d'un fleuron à leur aisselle, restant presque dressées ou s'étalant à peine à la maturité. Fleurons femelles disposés sur 5 rangs. Réceptacle long presque filiforme, à peine renflé supérieurement.— Capitules sessiles, disposés par 8-25 en glomérules compactes subglobuleux.*

1. F. JUSSIÆI. (Coss. et Germ. ann. sc. nat. *loc. cit.* 284. t. 15. c. 1-5.) (1) — Illustr. fl. Par. t. 26. A. (vulg. *Herbe-à-coton.*)

Tige de 1-3 décimètr., rameuse presque dès la base, plus rarement simple inférieurement, plus ou moins irrégulièrement bi-trichotome, à rameaux

_____

(1) Nous avons dédié cette espèce à M. le professeur Adr. de Jussieu, avec qui nous l'avions recueillie à St-Maur, il y a déjà plusieurs années, et qui avait remarqué avec nous qu'elle semblait différer du *F. Germanica.*

ord. étalés ou divariqués. Feuilles couvertes d'un tomentum soyeux, blan-châtres, très rarement d'un blanc jaunâtre, légèrement espacées, plus ou moins étalées, oblongues-obovales ou subspatulées, presque planes ou à bords un peu roulés en dessous. *Glomérules* subhémisphériques, composés de 8-15 plus rarement 20 capitules, *munis à la base d'un involucre de 3-4 feuilles qui dépassent les capitules* (1). *Capitules* ovoïdes-coniques, *non plongés dans un tomentum épais*, distincts presque jusqu'à la base. *Involucre à* 5 *angles aigus très saillants* séparés par des sinus profonds; *à folioles* pliées longitudinalement, profondément concaves surtout supérieurement, *longue-ment cuspidées* à pointe subulée scarieuse glabre jaunâtre, les intérieures ord. obtuses ou à peine mucronées. ④. Juillet-novembre.

C.C. — Champs, lieux cultivés, vignes, bords des chemins.

s.v. — *purpurascens*. — Folioles de l'involucre rougeâtres au sommet.

2. F. GERMANICA. (L. sp. 1311.) — Coss. et Germ. *loc. cit.* t. 13. D. 1-3. — Illustr. fl. Par. t. 26. B. — Gnaphalium Germanicum. Willd. sp. III. 1894.

Tige de 1-3 décimètr., simple inférieurement, plus rarement rameuse dès la base, plus ou moins irrégulièrement dichotome dans sa partie supérieure, à rameaux dressés, rarement étalés. Feuilles couvertes d'un tomentum blanc, grisâtre ou jaunâtre, rapprochées, dressées, ord. presque imbriquées, lancéolées ou oblongues-lancéolées, aiguës, plus rarement obtuses, ondulées, plus rarement presque planes à bords un peu roulés en dessous. *Glomérules* subglobuleux, composés de 20-25 capitules, *dépourvus d'involucre foliacé* ou munis d'un involucre très court et alors ord. réduit à 1-2 feuilles. *Capi-tules* coniques-cylindriques, *plongés dans un tomentum épais presque jusqu'au milieu de leur hauteur. Involucre à* 5 *angles à peine marqués*, séparés par des intervalles presque plans; *à folioles* pliées-canaliculées lon-gitudinalement, laineuses-tomenteuses à la base, scarieuses glabres jaunâtres dans leur moitié supérieure, *longuement cuspidées* à pointe subulée, les in-térieures ord. obtuses ou à peine mucronées. ④. Juin-septembre.

A.C. — Champs, lieux cultivés, vignes, bords des chemins.

var. β. *spathulata:* (F. spathulata. Presl. delic. Prag. 99. — F. pyramidata. auct.) — Tige ord. rameuse dès la base. Feuilles oblongues-subobovales ou presque spatu-lées, obtuses, ord. planes à bords un peu roulés en dessous.

α. β. s.v. *purpurascens*. — Folioles de l'involucre rougeâtres au sommet.

SECT. II. OGLIFA. (OGLIFA. Cass. bull. soc. phil. (1819) 143.) — *Involucre à folioles non cuspidées, disposées sur* 3 *plus rarement* 4 *rangs; le rang extérieur à* 2-3 *folioles ord. stériles, très petites; folioles toutes alternes entre elles, ou les intérieures seules alternes, s'étalant à la maturité en une étoile presque plane à* 7-10 *rayons rarement plus. Fleurons femelles disposés sur* 2-3 *rangs. Récep-tacle court, à sommet aplani. — Capitules subsessiles ou brièvement pédon-culés, disposés par* 3-7 *en fascicules ou en glomérules, plus rarement subsoli-taires.*

---

(1) L'involucre général des glomérules du *F. Jussiæi* est formé par les feuilles des rameaux raccourcis qui constituent le glomérule lui-même. Ces feuilles se dévelop-pent normalement dans cette espèce, et dépassent le glomérule. Dans le *F. Germa-nica*, au contraire, toutes restent rudimentaires, ou une seule se développe. Il ne faut pas confondre les feuilles de cet involucre avec celles qui se trouvent à la base des rameaux, et qui peuvent également dépasser le glomérule.

3. F. MONTANA. (L. sp. 1311.) — Illustr. fl. Par. t. 26. c. — F. minima. Fries, nov.
Suec. ed. 2. 268. — Gnaphalium montanum. Willd. sp. II². 1896. — Fl. Dan.
t. 1296. — Engl. bot. t. 1157.

Tige de 1-3 décimètr., simple inférieurement, plus rarement rameuse dès
la base, rameuse obscurément dichotome dans sa partie supérieure, à rameaux
ord. dressés. Feuilles couvertes d'un tomentum soyeux, rapprochées, dressées appliquées sur la tige, linéaires-lancéolées. Glomérules dépassant les
feuilles, les uns occupant les bifurcations des rameaux, les autres latéraux et
terminaux. *Capitules* ovoïdes-coniques, *à 5 angles saillants obtus* séparés
par des sinus profonds. *Involucre* couvert d'un tomentum soyeux, à partie
supérieure glabre scarieuse jaunâtre, *à folioles non cuspidées; les folioles
extérieures 2-5 très courtes, ovales,* dépourvues d'akène à leur aisselle; le rang
intérieur de folioles alternant seul avec les rangs extérieurs. ①. Juin-septembre.

C. — Lieux arides, champs en friche, coteaux sablonneux ou pierreux.

4. F. ARVENSIS. (L. sp. 1312.) — Illustr. fl. Par. t. 26. D. — Gnaphalium arvense.
Willd. sp. III. 1897. — Fl. Dan. t. 1275. — Sturm. Germ. fasc. XXXVIII.

Tige de 2-4 décimètr., simple inférieurement, rameuse supérieurement, à
rameaux dressés. Feuilles blanches-tomenteuses, rapprochées, linéaires-lancéolées ou lancéolées. Glomérules ord. non dépassés par les feuilles, latéraux
et terminaux occupant rarement les bifurcations des rameaux. *Capitules*
ovoïdes-coniques, *à 8 côtes peu prononcées. Involucre* mollement laineux-
tomenteux, glabre-scarieux seulement au sommet, *à folioles non cuspidées,*
ord. *toutes alternes; les extérieures 3-5, linéaires très étroites,* dépourvues
d'akène à leur aisselle ou quelques unes d'entre elles fertiles. ①. Juillet-
septembre.

A.C. — Champs sablonneux, lieux arides.

XXVI. LOGFIA. (Cass. bull. soc. phil. (1819) 143, *part.*)— Coss. et Germ.
ann. sc. nat. sér. 2. XX. 290. t. 13. A.

Involucre tomenteux-soyeux, à folioles conniventes, disposées sur 3 rangs
opposés, celles du rang intérieur passant à l'état de paillettes. *Réceptacle* court, à
sommet aplani, *muni de paillettes à sa circonférence,* nu au centre. *Fleurons tous tubuleux: les extérieurs femelles disposés sur 2 rangs,* à tube capillaire embrassant étroitement le style, *les fleurons du rang le plus extérieur
enveloppés par les folioles* moyennes *de l'involucre,* les fleurons du second
rang placés à l'aisselle des folioles intérieures; les fleurons placés au centre
du réceptacle peu nombreux, hermaphrodites, ou mâles par avortement. *Akènes* presque cylindriques, dépourvus de côtes; ceux *du rang le plus extérieur
renfermés dans les folioles de l'involucre* et ne se détachant qu'avec
elles (1), dépourvus de papilles, à aigrette nulle; les akènes libres parsemés de
papilles transparentes, surmontés d'une aigrette caduque à soies scabres disposées sur plusieurs rangs.

Plante annuelle, tomenteuse-blanchâtre. Feuilles sessiles, entières. Capitules très
petits, disposés par 3-7 en glomérules latéraux et terminaux. *Fleurons* peu apparents,
tous d'un blanc jaunâtre.

---

(1) Les folioles du rang moyen de l'involucre sont épaissies presque ligneuses à leur
base, et renferment les akènes en se soudant vers leurs bords à leur face interne, les
bords scarieux restant libres. La loge qui renferme l'akène reste percée à son sommet d'une ouverture très étroite par laquelle passait le tube du fleuron.

1. **L. GALLICA.** (Coss. et Germ. ann. sc. nat. *loc. cit.* t. 15, A. 1-11.) — Illustr. fl. Par. t. 26. E. — L. subulata. Cass. dict. XXVII. 117. — Filago Gallica. L. sp. 1312.

Tige de 1-4 décimètr., simple inférieurement ou rameuse dès la base, rameuse irrégulièrement bi-trichotome dans sa partie supérieure, à rameaux plus ou moins divergents. Feuilles couvertes d'un tomentum soyeux, lâchement dressées, linéaires-subulées. *Glomérules longuement dépassés par les feuilles*, les uns occupant les bifurcations des rameaux, les autres latéraux et terminaux. *Capitules* ovoïdes-coniques, à 5 *angles très saillants* obtus séparés par des sinus profonds. *Involucre* couvert d'un tomentum soyeux, à partie supérieure glabre scarieuse jaunâtre, *à folioles non cuspidées*, disposées par 5 sur 3 rangs opposés, s'étalant à la maturité en une étoile à 5 rayons, les folioles extérieures ovales très courtes. ①. Juillet-octobre.

A.C. — Champs après la moisson, vignes, bords des chemins, coteaux arides pierreux.

XXVII. GNAPHALIUM. (L. gen. n. 946, *part.*)

Involucre à folioles imbriquées, *scarieuses*-colorées glabres. Réceptacle convexe ou presque plan, dépourvu de paillettes. *Fleurons tous tubuleux : les extérieurs femelles, disposés sur plusieurs rangs, à tube capillaire* embrassant étroitement le style, *jamais entremêlés aux folioles de l'involucre ;* les fleurons du centre, hermaphrodites fertiles. Akènes presque cylindriques, dépourvus de côtes, ord. parsemés de papilles transparentes, tous surmontés d'une aigrette à soies capillaires.

Plantes annuelles ou vivaces, *tomenteuses-blanchâtres.* Feuilles entières. Capitules disposés en panicules, en corymbes ou en glomérules. *Fleurons* peu apparents, *tous jaunes.*

1 { Capitules disposés en une panicule spiciforme effilée ; plante vivace . . . . *G. sylvaticum.*
{ Capitules disposés en glomérules la plupart terminaux ; plante annuelle. . 2.

2 { Glomérules entourés et entremélés de feuilles qui les dépassent. . . . . *G. uliginosum.*
{ Glomérules non feuillés. . . . . *G. luteo-album.*

1. **G. SYLVATICUM.** (L. sp. 1200.) — G. rectum. Smith, Brit. II. 870. — Engl. bot. t. 124.

Plante vivace, à souche oblique émettant des fascicules de feuilles en même temps que la tige florifère. Tige de 2-6 décimètr., dressée ou ascendante, raide, ord. simple, feuillée jusqu'au sommet. Feuilles inférieures lancéolées-linéaires, les caulinaires plus étroites. *Capitules* en épis axillaires, plus rarement solitaires à l'aisselle des feuilles, *disposés en une panicule spiciforme effilée.* Involucre à folioles brunâtres au sommet, les extérieures beaucoup plus courtes que les intérieures. Akènes surmontés d'une aigrette d'un blanc sale à 20-25 soies. ♃. Juillet-septembre.

A.C. — Bois montueux, bruyères.

2. **G. ULIGINOSUM.** (L. sp. 1200.) — Engl. bot. t. 1194.

Plante annuelle, à racine pivotante simple ou rameuse. Tiges ord. nombreuses, de 1-3 décimètr., ascendantes-étalées ou la centrale dressée, molles, simples ou rameuses, feuillées jusqu'au sommet. Feuilles linéaires-lancéolées ou linéaires. *Capitules rapprochés en glomérules* très compactes *la plupart terminaux agglomérés entourés et entremélés de feuilles qui les dépassent plus ou moins longuement.* Involucre à folioles brunâtres ou d'un jaune brunâtre. Akènes surmontés d'une aigrette blanche à 8-12 soies. ④. Juillet-octobre.

C.C. — Lieux inondés l'hiver, champs humides, fossés.

3. G. LUTEO-ALBUM. (L. sp. 1196.) — Engl. bot. t. 1002.

Plante annuelle, à racine pivotante simple ou rameuse. Tiges nombreuses, plus rarement subsolitaires, de 2-5 décimètr., ascendantes, rarement dressées, molles, simples donnant naissance supérieurement aux rameaux de l'inflorescence ; souvent dépourvues de feuilles au sommet. Feuilles oblongues-spatulées ; les caulinaires semi-amplexicaules, oblongues étroites. *Capitules disposés en glomérules* compactes *rapprochés* au sommet des tiges *en corymbes non feuillés*. Involucre à folioles luisantes d'un jaune pâle. Akènes surmontés d'une aigrette blanche à 8-12 soies. ④. Juillet-août.

A.C. — Champs sablonneux humides, fossés, bords des étangs.

Le genre *Helychrysum*, qui se distingue du genre *Gnaphalium* par les fleurons tous hermaphrodites ou ceux de la circonférence femelles disposés sur un seul rang, fournit aux jardins les espèces suivantes : *H. orientale* Tournef. (vulg. *Immortelle jaune*), plante vivace sous-frutescente, à capitules nombreux, assez petits, d'un jaune citron, disposés en corymbe rameux, à pédoncules allongés ; *H. bracteatum* Willd. à tiges herbacées, à capitules assez gros, terminaux, souvent munis à leur base de 1-3 bractées foliacées, à involucre d'un jaune d'or, plus rarement blanc, à folioles intérieures rayonnantes.

XXVIII. ANTENNARIA. (R. Brown, linn. trans. XII. 122.)

Plante dioïque. Involucre à folioles imbriquées, tomenteuses à la base, *scarieuses* colorées. Réceptacle presque plan, dépourvu de paillettes. *Fleurons tous tubuleux. Capitule mâle : fleurons tous tubuleux* ; anthères dépassant le tube ; style rudimentaire souvent indivis ; *aigrette à soies très épaissies dans leur partie supérieure*. — *Capitule femelle : fleurons tous tubuleux à tube capillaire* embrassant étroitement le style ; anthères nulles ; style bifide dépassant le tube ; akènes presque cylindriques, dépourvus de côtes, surmontés d'une aigrette à soies capillaires.

Plante vivace, *tomenteuse-blanchâtre*. Feuilles entières. Capitules disposés en corymbe au sommet des tiges. Fleurons peu apparents, blanchâtres ou roses.

1. A. DIOICA. (Gaertn. fruct. II. 410. t. 167. f. 5. ' — Gnaphalium dioicum. L. sp. 1199. — Bull. herb. t. 325. — Engl. bot. t. 267. — (vulg. *Pied-de-chat*.)

Souche émettant des rejets couchés-radicants terminés par des fascicules de feuilles. Tiges de 1-3 décimètr., dressées, simples, laineuses. Feuilles blanches-tomenteuses au moins à la face inférieure ; celles des fascicules radicaux spatulées ou obovales-spatulées, étalées en rosette ; les caulinaires lancéolées ou linéaires, dressées presque appliquées sur la tige. Capitules 3-9, disposés en un corymbe terminal compacte ombelliforme. Involucre des capitules mâles, blanc, plus rarement rosé, dépassant ord. les aigrettes, à folioles oblongues-suborbiculaires dans leur partie supérieure ; involucre des capitules femelles ord. d'un beau rose, longuement dépassé par les aigrettes, à folioles lancéolées ou oblongues dans leur partie supérieure. ♃. Mai-juin.

R. — Pelouses montueuses arides, bruyères. — Cormeil (*Durando*). Jouy (Mlle E*** C***). St-Léger (*Decaisne*). Côte de l'Otty (*de Boucheman*). Sérans! , Mondétour près Maguy (*Bouteille*). Oulins (*Bron*). Dreux (*Daënen*). Env. de Beauvais! Neuville-au-Bosc (*Graves*). Entre Thiers et Morfontaine (*Morelle*). Boulard près Crépy (*Questier*). Forêt de Compiègne (*Leré*). La Ferté-sous-Jouarre (*A. de Jussieu*). Forêt de Fontainebleau (*Faucheux*). Nemours (*Devilliers*).

L'*A. margaritacea* R. Brown (Gnaphalium margaritaceum. L. — vulg. *Immortelle blanche*) est fréquemment cultivé dans les jardins; cette plante a été observée, par M. Weddell, dans la forêt de Compiègne, où elle s'est presque naturalisée. — On la reconnaît à ses tiges simples, dressées, robustes, élevées; à ses feuilles lancéolées-allongées; à ses capitules très nombreux, disposés en corymbes rameux terminaux; à son involucre à folioles nombreuses, pétaloïdes, d'un beau blanc, dépassant longuement les aigrettes dans les capitules mâles.

XXIX. PULICARIA. (Gaertn. fruct. II. 461.)

Involucre à folioles imbriquées. Réceptacle presque plan, dépourvu de paillettes. *Fleurons de la circonférence* femelles *ligulés*, disposés sur un seul rang, à limbe dépassant longuement ou dépassant peu les fleurons du centre; fleurons du centre hermaphrodites, tubuleux. Akènes presque cylindriques un peu comprimés, pubérulents, striés, surmontés d'une aigrette; *aigrette à* soies disposées sur deux rangs, les *soies extérieures* très courtes *soudées en une couronne dentée ou laciniée*, les intérieures un peu scabres capillaires au nombre de 5-20.

Plantes annuelles ou vivaces. Feuilles entières ou denticulées. Capitules solitaires à l'extrémité des rameaux et des pédoncules, ord. disposés en corymbes feuillés. *Fleurons tous jaunes.*

Fleurons de la circonférence à limbe dressé, dépassant à peine les fleurons du centre . . . . *P. vulgaris.*
Fleurons de la circonférence rayonnants, dépassant longuement les fleurons du centre. . . . . *P. dysenterica.*

1. **P. VULGARIS.** (Gaertn. fruct. II. 461.) — Inula Pulicaria. L. sp. 1238. — Engl. bot. t. 1196. (vulg. *Pulicaire.*)

Plante annuelle, pubescente-blanchâtre. Tige de 1-5 décimètr., ord. très rameuse dès la base, à rameaux ascendants ou dressés, rapprochés en panicules ou en corymbes. Feuilles oblongues-lancéolées, ondulées, sessiles, les supérieures semi-amplexicaules. Capitules subglobuleux, ord. très nombreux, latéraux et terminaux. Involucre pubescent-tomenteux, à folioles linéaires très étroites. *Fleurons de la circonférence* à limbe dressé, *dépassant peu les fleurons du centre. Aigrette à couronne laciniée.* (1). Juillet-septembre.

C.C. — Bords des chemins humides, fossés, lieux inondés l'hiver, berges des rivières.

s.v. — *pusilla.* — Plante naine. Tige souvent simple monocéphale.

2. **P. DYSENTERICA.** (Gaertn. fruct. II. 461.) — Inula dysenterica. L. sp. 1237. — Engl. bot. t. 1115. (vulg. *Herbe-de-St-Roch.*)

Plante vivace. Tiges de 4-8 décimètr., pubescentes-tomenteuses au moins supérieurement, dressées ou ascendantes, rameuses dans leur partie supérieure, à rameaux dressés ou divergents rapprochés en corymbe. *Feuilles* tomenteuses-blanchâtres en dessous, oblongues-lancéolées ou ovales-lancéolées, lâchement denticulées, *à base élargie profondément cordée-amplexicaule* quelquefois presque sagittée. Capitules hémisphériques, terminaux. Involucre pubescent-tomenteux, à folioles linéaires-subulées. *Fleurons de la circonférence rayonnants, dépassant longuement les fleurons du centre. Aigrette à couronne crénelée.* 4. Juillet-septembre.

C.C. — Fossés, bord des eaux, lieux marécageux.

XXX. INULA. (L. gen. n. 956, *part.*)

Involucre à folioles imbriquées. Réceptacle presque plan, dépourvu de paillettes. *Fleurons de la circonférence* femelles, quelquefois stériles par avortement, *ligulés*, *disposés sur un seul rang*, à limbe dépassant longuement les fleurons du centre, ou tubuleux à peine ligulés ne dépassant pas les fleurons du centre; fleurons du centre tubuleux, hermaphrodites. *Akènes presque cylindriques ou subtétragones*, *à 4-10 côtes*, surmontés d'une *aigrette à soies capillaires* un peu scabres, *dépourvus de couronne extérieure*.

Plantes vivaces, plus rarement annuelles ou bisannuelles. Feuilles indivises, entières ou dentées. Capitules solitaires à l'extrémité de la tige et des rameaux, plus rarement disposés en panicules ou en corymbes. *Fleurons tous jaunes ou jaunâtres*.

1 { Fleurons de la circonférence tubuleux à peine fendus, ne dépassant pas les fleurons du centre. . . . . 2.
{ Fleurons de la circonférence ligulés, à limbe dépassant très longuement les fleurons du centre . . . . 3.

2 { Capitules disposés en un corymbe terminal; tige presque simple, pubescente presque tomenteuse. . . . . *I. Conyza*.
{ Capitules disposés en une vaste panicule pyramidale; tige rameuse et florifère presque dès la base, très visqueuse couverte de poils glanduleux. . . . . *I. graveolens*.

3 { Involucre à folioles extérieures largement ovales, tomenteuses; plante atteignant 1-2 mètres. *I. Helenium*.
{ Involucre à folioles extérieures lancéolées ou linéaires, glabres ou velues; plante de 2-8 décimètr. . . . . 4.

4 { Feuilles molles, velues-soyeuses surtout en dessous; involucre à folioles linéaires, velues-soyeuses . . . . *I. Britannica*.
{ Feuilles coriaces, glabres ou hérissées; involucre à folioles lancéolées-linéaires ou lancéolées, ciliées-scabres ou hispides. . . . . 5.

5 { Involucre à folioles longuement hispides; feuilles sessiles à base arrondie. . . . . *I. hirta*.
{ Involucre à folioles brièvement ciliées-scabres; feuilles semi-amplexicaules. . . . . *I. salicina*.

SECT. I. CORVISARTIA. (Corvisartia. Mérat, fl. Par. ed. 2. II. 261.)—*Folioles intérieures de l'involucre oblongues obtuses. Fleurons de la circonférence longuement ligulés. Akènes subtétragones. — Plante vivace.*

1. I. HELENIUM. (L. sp. 1236.) — Fl. Dan. t. 728. — Corvisartia Helenium. Mérat, loc. cit. — Fuchs. hist. 212 ic. (vulg. *Aunée*, *Enula Campana*.)

Souche épaisse charnue, amère-aromatique. Tige de 1-2 mètres, dressée, robuste, rameuse supérieurement, velue ou pubescente. Feuilles très amples, dentées, tomenteuses-blanchâtres en dessous; les radicales oblongues, atténuées aux deux extrémités, longuement pétiolées; les caulinaires ovales-aiguës, semi-amplexicaules à limbe un peu décurrent. Capitules très gros, peu nombreux, disposés en un corymbe terminal irrégulier. *Involucre à folioles extérieures largement ovales*, foliacées, *tomenteuses*. Fleurons d'un beau jaune. Akènes glabres, à aigrette d'un blanc roussâtre. ♃. Juillet-septembre.

R. — Prairies humides, haies, fossés, vergers. — Montmorency! Luzarches (*De Lens*). Banthélu; Sérans; Maguy! (*Bouteille*). Pouilly (*Delacourt*). Liancourt; Tric-le-Château; forêt de La Neuville-en-Hez; St-Sauveur (*Graves*). Ivors près Crépy; Morienval près Compiègne (*Questier*). Perreuse près la Ferté-sous-Jouarre (*A. de Jussieu*). Forêt de Senart (*Maire*). Machault près Melun (*Garnier*). Fontainebleau (*Devilliers*). Manchecourt près Pithiviers (*Bernard*).

SECT. II. ENULA. — Folioles intérieures de l'involucre lancéolées ou linéaires aiguës. Fleurons de la circonférence longuement ligulés. Akènes presque cylindriques. — Plantes vivaces.

2. I. BRITANNICA. (L. sp. 1257.) — Fl. Dan. t. 415.

Tiges de 3-8 décimètr., dressées, simples, donnant naissance supérieurement aux rameaux de l'inflorescence, velues ou presque laineuses. *Feuilles molles*, finement dentées ou presque entières, *velues-soyeuses surtout à la face inférieure :* les radicales oblongues, atténuées en pétiole; les caulinaires longuement lancéolées, semi-amplexicaules à limbe un peu décurrent. Capitules en nombre variable, disposés en un corymbe terminal irrégulier. *Involucre à folioles linéaires, velues-soyeuses,* molles, les extérieures égalant ou dépassant les intérieures. Fleurons d'un beau jaune. *Akènes velus*, à aigrette blanchâtre. ♃. Juillet-septembre.

A.C. — Prairies humides, bords des eaux, fossés.

3. I. HIRTA. (L. sp. 1259.) — Jacq. fl. Austr. t. 558.

Tiges de 2-4 décimètr., dressées; simples, velues-hérissées. *Feuilles coriaces,* finement dentées ou presque entières, *rudes-hérissées* surtout à la face inférieure, oblongues-lancéolées, souvent pliées longitudinalement, fortement nervées; les caulinaires *sessiles, à base arrondie;* les inférieures rétrécies à la base. Capitules ord. solitaires au sommet des tiges. *Involucre à folioles* lancéolées-linéaires, *longuement hispides,* raides presque épineuses, les extérieures égalant ou dépassant les intérieures. Fleurons d'un beau jaune. *Akènes glabres,* à aigrette d'un blanc sale. ♃. Mai-juillet.

R. — Coteaux secs, pelouses élevées, endroits découverts des bois sablonneux. — Abondant dans plusieurs localités de la forêt de Fontainebleau! Malesherbes! (*Requien*). Nemours (*Devilliers*).

4. I. SALICINA. (L. sp. 1258.) — Fl. Dan. t. 786.

Tige de 4-7 décimètr., dressée, simple ou rameuse supérieurement, glabre ou presque glabre. *Feuilles coriaces*, finement denticulées ou presque entières, *glabres-luisantes*, à bords et à nervures rudes-scabres, oblongues-lancéolées, souvent pliées longitudinalement; les supérieures *semi-amplexicaules;* les inférieures rétrécies à la base. Capitules 2-5, disposés au sommet de la tige en un corymbe irrégulier, plus rarement solitaires. *Involucre à folioles* lancéolées ou ovales-lancéolées, *glabres à bords ciliés-scabres,* raides, les extérieures la plupart plus courtes de moitié que les intérieures. Fleurons d'un beau jaune. *Akènes glabres,* à aigrette d'un blanc sale. ♃. Juin-août.

A.C. — Bois secs, pâturages montueux, prés humides. ·

SECT. III. PSEUDO-CONYZA. — *Folioles intérieures de l'involucre lancéolées ou linéaires aiguës. Fleurons de la circonférence tubuleux à peine ligulés. Akènes presque cylindriques. — Plantes annuelles ou bisannuelles.*

5. I. CONYZA. (D.C. prodr. V. 464.) — Conyza squarrosa. L. sp. 1205. — Engl. bot. t. 1195.

Plante d'une odeur désagréable. Tige de 5-10 décimètr., dressée, simple donnant naissance supérieurement aux rameaux de l'inflorescence, pubescente presque tomenteuse. *Feuilles oblongues, assez amples,* denticulées, à peine pubescentes en dessus, *pubescentes presque tomenteuses en dessous;* les radicales et les inférieures atténuées en pétiole; les caulinaires sessiles. Capitules nombreux, disposés en corymbes terminaux. Involucre à folioles extérieures très courtes ovales-aiguës ou lancéolées, plus ou moins herbacées, recourbées au sommet; les intérieures linéaires-aiguës, scarieuses rougeâtres au sommet, dressées, dépassant très longuement les extérieures. *Fleurons d'un* jaune pâle, ceux *de la circonférence* à peine fendus en ligule *ne dépassant pas ceux du centre. Akènes velus*, à aigrette blanche. ②. Juillet-septembre.

C. — Lisière des bois, coteaux arides, bord des chemins.

6. I. GRAVEOLENS. (Desf. cat. hort. Par. ed. 2. 121.) — Erigeron graveolens. L. sp. 1210. — Solidago graveolens. Lam. fl. Fr. II. 145. — Barr. ic. t. 370.

Plante d'une odeur pénétrante désagréable, annuelle, à racine pivotante. *Tige* de 3-6 décimètr., dressée, rameuse et *florifère presque dès la base*, visqueuse, couverte de poils glanduleux. *Feuilles* denticulées-sinuées ou entières, *pubescentes-glanduleuses*; les inférieures oblongues, rétrécies à la base; *les supérieures linéaires*, sessiles. Capitules très nombreux, en grappes axillaires dressées disposées en une vaste panicule pyramidale. Involucre à folioles extérieures la plupart plus courtes que les intérieures, lancéolées, herbacées, glanduleuses; les intérieures linéaires-aiguës, scarieuses à nervure herbacée. *Fleurons* jaunes, ceux *de la circonférence* à peine fendus en ligule *ne dépassant pas ceux du centre. Akènes velus*, à aigrette roussâtre. ①. Septembre-octobre.

R.R. — Lieux pierreux arides, champs humides. — La Taffarette près Ferrières (*Thuret*). — ? Jouy; Vincennes; Verrières; Versailles; Rambouillet; St-Léger; Chaville (*Mérat, fl. Par.*)

SOUS-TRIBU II. — *Anthères dépourvues d'appendices basilaires.*

XXXI. SOLIDAGO. (L. gen. n. 955, *part.*)

Involucre à folioles imbriquées. Réceptacle presque plan, dépourvu de paillettes. *Fleurons de la circonférence* femelles, *ligulés*, 5-10, *disposés sur un seul rang*; fleurons du centre hermaphrodites, tubuleux. Akènes cylindriques, striés, surmontés d'une *aigrette à soies* capillaires, à peine scabres, *disposées sur un seul rang*.

Plantes vivaces. Feuilles dentées ou presque entières. Capitules en grappes souvent unilatérales, disposées en une panicule terminale. *Fleurons tous jaunes.*

1. S. VIRGA-AUREA. (L. sp. 1235.) — Engl. bot. t. 301. (vulg. *Verge-d'or.*)

Tige de 3-10 décimètr., dressée, raide, un peu anguleuse, simple donnant naissance supérieurement aux rameaux de l'inflorescence, glabre ou légèrement pubescente. Feuilles inférieures oblongues ou ovales-oblongues, ord. dentées, atténuées en pétiole, souvent rapprochées en rosette; les caulinaires oblongues-lancéolées, atténuées aux deux extrémités. Capitules en grappes pauciflores ou pluriflores dressées, rapprochées en une panicule terminale oblongue compacte. Fleurons d'un beau jaune, ceux de la circonférence étalés rayonnants. ♃. Juillet-septembre.

C.C. — Lisières et clairières des bois, pâturages, buissons.

On cultive fréquemment dans les jardins le *S. Canadensis* L. (vulg. *Gerbe-d'or*), qui se distingue à ses feuilles lancéolées-acuminées souvent presque entières, à ses capitules très petits disposés en grappes unilatérales étalées-arquées, rameuses effilées, rapprochées en une vaste panicule feuillée. Cette plante se naturalise souvent dans le voisinage des habitations.

XXXII. ERIGERON. (L. gen. n. 951, *part.*)

Involucre à folioles linéaires, *imbriquées* sur plusieurs rangs. Réceptacle presque plan, dépourvu de paillettes, un peu alvéolé. *Fleurons de la circon-*

férence femelles, *disposés sur plusieurs rangs, ligulés* à limbe linéaire très étroit, ou les plus intérieurs filiformes; fleurons du centre hermaphrodites, tubuleux. *Akènes* oblongs, *comprimés*, surmontés d'une *aigrette à soies* capillaires un peu scabres, *disposées sur un seul rang.*

Plantes annuelles ou vivaces. Feuilles entières ou obscurément dentées. Capitules terminaux ou latéraux, disposés en corymbe ou en panicule feuillée. *Fleurons de la circonférence* dressés, *d'un rose violet ou d'un blanc jaunâtre, ceux du centre jaunâtres.*

Capitules solitaires plus rarement 2-3 à l'extrémité des rameaux; fleurons de la circonférence d'un rose violet . . . . *E. acre.*
Capitules en grappes latérales ord. rameuses; fleurons de la circonférence d'un blanc jaunâtre. . . . . *E. Canadense.*

1. E. ACRE. (L. sp. 1211.) — Engl. bot. t. 1158.

Souche subcespiteuse, ord. terminée en racine pivotante. Tiges de 1-4 décimètr., dressées ou ascendantes, rameuses, ord. rougeâtres, pubescentes-hispides. Feuilles pubescentes-hérissées, oblongues-lancéolées ou linéaires, entières ou obscurément sinuées-dentées; les inférieures oblongues-obtuses, longuement atténuées en pétiole, disposées en rosettes ou en fascicules radicaux; les caulinaires espacées, sessiles, ord. aiguës. *Capitules* peu nombreux, *solitaires, plus rarement 2-3 à l'extrémité des rameaux*, disposés en un corymbe terminal. Involucre pubescent ou velu. *Fleurons de la circonférence d'un rose violet*, égalant ou dépassant à peine les fleurons du centre; les fleurons femelles les plus intérieurs filiformes, nombreux. Aigrette d'un blanc sale ou roussâtre. ♃. Juin-septembre.

C. — Pelouses sèches, bois sablonneux, coteaux arides.

2. E. CANADENSE. (L. sp. 1209.) — Engl. bot. t. 2019.

Plante annuelle. Tige de 3-8 décimètr., dressée, simple inférieurement, donnant naissance latéralement aux rameaux de l'inflorescence, pubescente-hérissée. Feuilles pubescentes-rudes, bordées de cils raides, lancéolées ou linéaires, entières ou les inférieures lâchement dentées. *Capitules* très nombreux, très petits, disposés *en grappes latérales ord. rameuses, polycéphales*, dressées, *rapprochées en une vaste panicule pyramidale.* Involucre presque glabre. *Fleurons de la circonférence d'un blanc jaunâtre*, égalant ou dépassant à peine les fleurons du centre. Aigrette d'un blanc sale. ⚊. Juillet-octobre.

C.C.C. — Décombres, bords des chemins, villages, champs en friche.

XXXIII. ASTER. (L. gen. n. 954.)

Involucre à folioles lâchement *imbriquées* sur plusieurs rangs. Réceptacle presque plan, dépourvu de paillettes, alvéolé, à bords des alvéoles dentés. *Fleurons de la circonférence* femelles, *ligulés, disposés sur un seul rang;* ceux du centre hermaphrodites, tubuleux. *Akènes* oblongs ou obovales *comprimés*, surmontés d'une *aigrette à soies capillaires* scabres, *disposées sur plusieurs rangs.*

Plantes vivaces. Feuilles entières ou dentées. Capitules disposés en corymbes ou en panicules, plus rarement solitaires terminaux. *Fleurons de la circonférence bleus*, lilas, purpurins ou blancs; *ceux du centre jaunes.*

1. A. AMELLUS. (L. sp. 1226.) — Spenn. *in* Nees jun. Gen. pl. Germ. fasc. XXII. t. 12.

Souche presque ligneuse, subcespiteuse ou à rhizómes un peu traçants.

Tiges herbacées, de 2-7 décimètr., dressées, simples donnant naissance supérieurement aux rameaux de l'inflorescence, pubescentes-rudes. Feuilles pubescentes-rudes, entières ou sinuées-dentées, oblongues-lancéolées, les inférieures oblongues atténuées en pétiole. Capitules disposés en un corymbe simple, très rarement en un corymbe un peu rameux, quelquefois solitaires à l'extrémité de la tige par avortement. Capitules assez amples. Involucre à folioles raides, oblongues-obtuses, les extérieures herbacées, les intérieures membraneuses colorées au sommet. Fleurons de la circonférence rayonnants, d'un bleu lilas, dépassant longuement les fleurons du centre. Akènes pubescents. ♃. Juillet-septembre.

R.R. — Clairières des bois sablonneux ou pierreux. — Bois de Villiers près Nemours! (Devilliers).

L'A. Novi Belgii L., fréquemment cultivé, se rencontre quelquefois subspontané dans le voisinage des parcs et des jardins ; il se distingue à sa tige rameuse à rameaux disposés en panicule, à ses feuilles embrassantes, lancéolées, à ses capitules très nombreux, à folioles de l'involucre linéaires aigues, à fleurons de la circonférence d'un bleu clair. — On cultive aussi dans les jardins d'où ils s'échappent quelquefois plusieurs autres *Aster*, également originaires de l'Amérique septentrionale, entre autres les *A. rubricaulis* Lam., *spectabilis* Ait, *miser* Ait. et *dumosus* L. — L'*A. alpinus* L., voisin de l'*A. Amellus* dont il se distingue par ses tiges uniflores, etc., est quelquefois planté en bordures. — L'*A. Chinensis* L. (vulg. *Reine-Marguerite*) est cultivé dans tous les parterres ; il se distingue aux caractères suivants : plante annuelle ; tige hispide, à rameaux monocéphales ; feuilles ovales, pétiolées, profondément dentées à dents inégales, les caulinaires sessiles lancéolées-acuminées entières ; capitules très amples à folioles de l'involucre foliacées ciliées ; à fleurons de couleurs très variées, discolores ceux de la circonférence ligulés dépassant longuement ceux du centre, ou concolores tous tubuleux très développés.

XXXIV. LINOSYRIS. (D.C. prodr. V. 351.)

Involucre à folioles imbriquées peu nombreuses. Réceptacle un peu convexe, dépourvu de paillettes, profondément alvéolé, à bords des alvéoles charnus dentés. *Fleurons tous hermaphrodites, tubuleux, profondément 5-fides.* *Akènes* oblongs-*comprimés*, pubescents-soyeux, surmontés d'une *aigrette à soies* capillaires scabres, *disposées sur 2 rangs.*

Plante vivace. Feuilles linéaires-étroites, entières, très rapprochées. Capitules disposés en un corymbe terminal feuillé, plus rarement solitaires terminaux. *Fleurons tous jaunes.*

1. L. VULGARIS. (D.C. *loc. cit.*) — L. foliosa. Cass. — Chrysocoma Linosyris. L. sp. 1178. — Lobel. ic. 409. f. 1.

Souche grêle, presque ligneuse, subcespiteuse, ou à rhizômes un peu traçants. Tiges herbacées, de 3-6 décimètr., dressées, grêles, raides, simples donnant naissance au sommet aux rameaux de l'inflorescence. Feuilles nombreuses rapprochées, linéaires-étroites, un peu coriaces, glabres. Capitules rapprochés en un corymbe terminal, quelquefois solitaires par avortement. Involucre à folioles lâchement imbriquées, longuement dépassé par les fleurons. Fleurons d'un beau jaune. ♃. Septembre-octobre.

R. — Coteaux pierreux, pâturages montueux. — Mantes! Abondant à La Roche-Guyon! Vernon! Les Andelys! Coteaux de Gouvieux près Chantilly (*Ch. Martins*). Forêt de Fontainebleau (*Brice*). Bois de Nanteau près Nemours! (*Devilliers*).

XXXV. DORONICUM. (L. gen. n. 959.)

Involucre à folioles linéaires-acuminées, *presque égales, disposées sur 2 rangs.* Réceptacle un peu convexe, dépourvu de paillettes. *Fleurons de la circonférence* femelles, *ligulés*, *disposés sur un seul rang*, dépourvus d'aigrette; les fleurons du centre hermaphrodites, tubuleux. Akènes oblongs-cylindriques, sillonnés, ord. pubescents, ceux des fleurons tubuleux surmontés d'une *aigrette à soies capillaires* assez courtes, ord. étalées, *disposées sur plusieurs rangs, l'aigrette des fleurons de la circonférence nulle ou réduite à 1-3 soies.*

Plantes vivaces, à souche charnue, traçante, à rhizômes renflés à leur extrémité en un bulbe qui donne naissance à la tige et à des bulbes secondaires. Feuilles entières sinuées, ou obscurément dentées. Capitules assez amples, terminaux, solitaires à l'extrémité de la tige, ou disposés en un corymbe pauciflore. *Fleurons tous jaunes*, ceux de la circonférence rayonnants.

{ Feuilles radicales non cordées. . . . . *D. plantagineum.*
{ Feuilles radicales profondément cordées . . . . . *D. Pardalianches.*

1. D. PLANTAGINEUM. (L. sp. 1247.) — Lobel. ic. t. 648. (vulg. *Doronic.*)

Souche traçante, à rhizômes terminés en bulbe charnu, à fibres radicales épaisses. *Tige* de 4-8 décimètr., dressée, *simple, monocéphale, nue dans sa partie supérieure*, pubescente un peu glanduleuse au sommet. *Feuilles* pubescentes ou presque glabres, entières, sinuées ou obscurément dentées; les *radicales ovales*, longuement pétiolées, à limbe non décurrent sur le pétiole, à pétiole présentant à son aisselle une bourre laineuse; les caulinaires oblongues-lancéolées, atténuées en un pétiole ailé, ou sessiles amplexicaules. ♃. Avril-mai.

A.R. — Bois sablonneux, taillis. — Bois de Vincennes! Forêt de Bondy! (*Le Maoult*). Forêt de Montmorency! Forêt de St-Germain! Luzarches (*De Lens*). Hodent près Magny (*Bouteille*). Ranconval près La Roche-Guyon! Aulmont près Senlis (*Morelle*). Dreux (*Daënen*). Pierrefond (*Leré*). Malesherbes (*Adr. de Jussieu*).

2. D. PARDALIANCHES. (L. sp. 1247.) — Engl. bot. t. 630.

Souche traçante, à rhizômes terminés en bulbe charnu, à fibres radicales épaisses. *Tige* de 6-10 décimètr., pubescente, dressée, *rameuse supérieurement 3-8-céphale*, très rarement simple monocéphale, *feuillée dans toute sa longueur*, à pédoncules munis de bractées. *Feuilles* pubescentes à pétiole poilu, sinuées ou obscurément denticulées; les *radicales* ord. très amples, *ovales profondément cordées*, très longuement pétiolées; les caulinaires moyennes ord. rétrécies vers le milieu de leur longueur, à base large amplexicaule; les supérieures ovales-lancéolées, amplexicaules. ♃. Mai-juillet.

R.R. — Bois montueux. — Bois de Malesherbes! (*Adr. de Jussieu.*)

Le *D. Caucasicum* Bieb. est fréquemment cultivé dans les jardins; il se distingue du *D. Pardalianches* surtout par ses feuilles profondément dentées. — Le *D. Austriacum* Jacq., qui est caractérisé par ses feuilles inférieures beaucoup plus petites que les supérieures et par ses feuilles caulinaires nombreuses rapprochées, a été semé au bois de Boulogne où on le rencontre quelquefois.

XXXVI. CINERARIA. (L. gen. n. 957, part.)

Involucre à folioles égales *disposées sur un seul rang, dépourvu à sa base d'écailles accessoires.* Réceptacle un peu convexe, dépourvu de paillettes. *Fleurons de la circonférence* femelles, *ligulés, disposés sur un seul rang*, munis d'aigrette; les fleurons du centre hermaphrodites, tubuleux. Akènes presque cylindriques, striés, surmontés d'une *aigrette à soies capillaires très fines, disposées sur plusieurs rangs.*

Plantes vivaces ou annuelles. Feuilles entières, dentées, sinuées ou pinnatifides. Capitules disposés en un corymbe terminal simple ombelliforme, ou plus ou moins irrégulier. *Fleurons tous jaunes*, ceux de la circonférence rayonnants.

/Feuilles caulinaires non embrassantes, les radicales superficiellement cré-
\ nelées . . . . *C. campestris.*
{ Feuilles caulinaires à base large amplexicaule, les radicales et les infé-
\ rieures plus ou moins profondément pinnatifides ou sinuées-dentées. . .
\ . . . . *C. palustris.*

1. C. CAMPESTRIS. (Retz, obs. I. 50.) — C. integrifolia. Jacq. fl. Austr. t. 179.

Souche tronquée, donnant naissance à un grand nombre de fibres radicales. Tige de 5-10 décimètr., dressée, simple, un peu fistuleuse, feuillée dans toute sa longueur, pubescente-aranéeuse. *Feuilles blanches-tomenteuses en des-sous*, vertes en dessus; *les radicales superficiellement et inégalement cré-nelées*, spatulées, ou oblongues atténuées en un pétiole plus ou moins long; *les caulinaires* sessiles *non embrassantes*, ou atténuées en un pétiole ailé, oblongues-lancéolées, lancéolées ou linéaires. Capitules disposés en un corymbe ombelliforme muni d'un involucre de bractées à sa base, à pédoncules sim-ples égaux, plus rarement un peu rameux inégaux. Involucre à folioles linéai-res, pubescentes un peu tomenteuses. Akènes velus. ♃. Mai-juin.

R. — Prairies spongieuses, coteaux tourbeux, taillis des terrains sablonneux. — Forêt de Montmorency! Forêt de Senart (*Maire*). Bois de la Haie près le Châtelet Garnier). Les Andelys (*de Brébisson*, *fl. Norm.*).

÷ 2. C. PALUSTRIS. (L. sp. 1243.) — Engl. bot. t. 151.

Plante annuelle ou bisannuelle, un peu glanduleuse. Tige de 5-10 décimètr., épaisse, molle, dressée, donnant naissance supérieurement aux pédoncules, poilue, laineuse au sommet ainsi que les pédoncules. *Feuilles* un peu poilues; les *inférieures* rétrécies en pétiole, oblongues, *plus ou moins profondément pinnatifides ou si-nuées-dentées*; les *supérieures* oblongues-lancéolées, *à base large amplexicaule*, entières, sinuées ou dentées. Capitules disposés en un corymbe plus ou moins irré-gulier. Involucre velu. Akènes glabres, marqués de 10 côtes, dont 5 alternes plus saillantes. ① ou ②. Juin-juillet.

Observé, il y a plusieurs années, dans le marais de St-Pierre-ès-Champs près St-Germer (*Graves*). — Nous avons, ainsi que plusieurs autres botanistes, vainement cherché cette plante à la localité citée, d'où il est à craindre qu'elle n'ait disparu sous l'influence du desséchement du marais, actuellement exploité comme tourbière.

XXXVII. SENECIO. (L. gen. n. 953.)

Involucre à folioles disposées sur un seul rang, souvent noirâtres au sommet, *muni à sa base d'écailles accessoires courtes*. Réceptacle un peu convexe ou presque plan, dépourvu de paillettes. *Fleurons de la circonfé-rence* femelles, *ligulés, disposés sur un seul rang*, quelquefois nuls; les fleu-rons du centre hermaphrodites, tubuleux. Akènes presque cylindriques, sil-lonnés, surmontés d'une *aigrette à soies* capillaires très fines, *disposées sur plusieurs rangs*.

Plantes annuelles, bisannuelles ou vivaces. Feuilles entières, dentées, pinnatifides ou pinnatipartites. Capitules disposés en un corymbe terminal plus ou moins irrégu-lier. *Fleurons tous jaunes.*

1 { Capitules à fleurons ligulés nuls ou courts enroulés en dehors. . . . . . 2.
  { Capitules à fleurons ligulés étalés-rayonnants. . . . . 4.
2 { Fleurons ligulés nuls. . . . . *S. vulgaris.*
  { Fleurons ligulés enroulés en dehors. . . . . 3.
3 { Feuilles pubescentes-glanduleuses; akènes glabres. . . . . . *S. viscosus.*
  { Feuilles non glanduleuses; akènes pubescents. . . . . . . *S. sylvaticus.*

4 { Feuilles indivises-dentées, longuement lancéolées. . . . . *S. paludosus.*
{ Feuilles pinnatifides, pinnatipartites ou pinnatiséquées. . . . . . . 5.

5 (Feuilles bi-tripinnatiséquées, à segments linéaires-filiformes. . . . . .
{ . . . . *S. adonidifolius.*
{ Feuilles pinnatifides, pinnatipartites ou lyrées, à lobes jamais linéaires-fili-
(formes. . . . . 6.

6 (Souche traçante; akènes tous pubescents-scabres; écailles accessoires de
{ l'involucre égalant environ la moitié de sa longueur. . . *S. erucæfolius.·*
{ Souche courte tronquée; akènes glabres, au moins ceux de la circonférence;
(écailles accessoires de l'involucre très courtes. . . . . 7.

7 (Feuilles caulinaires pinnatipartites, à lobes tous oblongs ou linéaires incisés-
{ dentés; involucre à folioles oblongues-lancéolées. . . . . *S. Jacobæa.*
{ Feuilles la plupart lyrées-pinnatipartites, à lobe terminal très ample, à lobes
{ latéraux presque entiers ou sinués-dentés; involucre à folioles acuminées.
(. . . . *S. aquaticus.*

SECT. I.— Capitules à fleurons tous tubuleux, ou à fleurons de la circonférence ligulés courts et enroulés en dehors. Plantes annuelles.

1. S. VULGARIS. (L sp. 1216.) — Engl. bot. t. 747. (vulg. *Seneçon.*)

Plante annuelle, à racine pivotante courte donnant naissance à un grand nombre de fibres radicales. Tige de 1-5 décimètr., dressée ou ascendante, rameuse souvent dès la base, un peu fistuleuse, glabre, ou un peu pubescente-aranéeuse surtout au sommet. Feuilles un peu épaisses, glabres ou légèrement pubescentes-aranéeuses, pinnatifides, à lobes espacés, étalés, oblongs, inégalement sinués-dentés à dents aiguës; les radicales et les inférieures atténuées en pétiole; les caulinaires auriculées-amplexicaules. Capitules petits, peu nombreux, rapprochés en corymbes compactes à l'extrémité des rameaux. Involucre cylindrique, glabre ou presque glabre, à écailles accessoires au nombre de 8-10, apprimées, beaucoup plus courtes que l'involucre, à pointe aiguë noirâtre. *Fleurons ligulés nuls.* Akènes pubescents. ①. Fleurit pendant presque toute l'année.

C.C.C. — Lieux cultivés, jardins, décombres, champs en friche, villages.

2. S. SYLVATICUS. (L. sp. 1217.) — Engl. bot. t. 748.

Plante annuelle, à racine pivotante courte donnant naissance à un grand nombre de fibres radicales. Tige de 4-8 décimètr., dressée, ord. simple donnant naissance supérieurement aux rameaux de l'inflorescence, pubescente, un peu glanduleuse surtout au sommet. Feuilles pubescentes un peu aranéeuses en dessous, pinnatifides, à lobes espacés ord. très inégaux un peu dressés, ord. oblongs-linéaires, presque pinnatifides ou sinués-dentés à dents aiguës; les radicales et les inférieures atténuées en pétiole; les caulinaires sessiles auriculées-amplexicaules, ou atténuées en un pétiole auriculé-embrassant. Capitules petits, ord. nombreux, disposés en un corymbe terminal assez ample. Involucre cylindrique, pubescent, à écailles accessoires apprimées, très courtes, à pointe ord. non colorée. *Fleurons* de la circonférence *ligulés, courts, enroulés en dehors. Akènes pubescents.* ①. Juin-septembre.

A.C. — Bois sablonneux, pâturages secs, bords des chemins.

3. S. VISCOSUS. (L. sp. 1217.) — Engl. bot. t. 32.

Plante· annuelle, pubescente-visqueuse, odorante, à racine pivotante émettant quelquefois un grand nombre de fibres radicales. Tige de 3-8 décimètr., dressée ou ascendante, rameuse dès la base, plus rarement rameuse seulement dans sa partie supérieure. *Feuilles* molles, d'un vert pâle, *pubes-centes-glanduleuses*, pinnatifides, à lobes assez rapprochés, oblongs, presque pinnatifides ou sinués-dentés, les inférieurs beaucoup plus petits; les radicales et les inférieures atténuées en pétiole; les caulinaires atténuées en un pétiole souvent auriculé un peu embrassant. Capitules assez gros, plus ou moins nombreux, disposés en un corymbe terminal très lâche. Involucre hémisphérique-cylindrique, pubescent-glanduleux; à écailles accessoires un peu lâches, non colorées à la pointe, dépassant ord. le tiers de la longueur de l'involucre. *Fleurons* de la circonférence *ligulés, courts, enroulés en dehors. Akènes glabres.* ①. Juin-août.

A.C. — Berges des chemins de fer, vieux murs, terrains remués, décombres, bois sablonneux.

SECT. II. — *Capitules à fleurons de la circonférence ligulés, étalés rayonnants. Plantes vivaces.*

4. S. ADONIDIFOLIUS. (Loisel. fl. Gall. t. 19.) — S. artemisiæfolius. Pers. ench. II. 435. — S. abrotanifolius, Thuill. fl. Par. 452, *non* L.

Plante vivace, glabre, à souche subcespiteuse un peu traçante. Tige de 4-8 décimètr., dressée ou presque dressée, raide, simple ou peu rameuse, donnant naissance supérieurement aux rameaux de l'inflorescence. *Feuilles* d'un beau vert, *bi-tripinnatiséquées, à segments linéaires* aigus *étroits* entiers ou incisés; les radicales pétiolées, ord. disposées en fascicules; les supérieures sessiles. Capitules assez petits, nombreux, disposés en un corymbe terminal compacte. Involucre ovoïde, glabre ou presque glabre, à folioles épaissies en côtes à la maturité. Akènes glabres. ♃. Juillet-septembre.

R.R. — Coteaux arides, pelouses montueuses. — Abondant aux environs de Marcoussis! Montlhéry. — ? Forêt de Fontainebleau (*Thuill. fl. Par.*)? Nolay au-delà de Palaiseau (*Mérat, fl. Par.*).

5. S. ERUCÆFOLIUS. (L. sp. 1218.) — S. tenuifolius. Jacq. fl. Austr. t. 278.

Plante vivace, à *souche traçante.* Tige de 5-12 décimètr., dressée, raide, rameuse surtout dans sa partie supérieure, plus rarement presque simple, ord. pubescente-aranéeuse. Feuilles d'un vert sombre, tomenteuses-aranéeuses en dessous, rarement presque glabres, pinnatipartites ou pinnatifides, quelquefois lyrées, à lobes oblongs ou linéaires incisés-dentés, les inférieurs plus petits rapprochés de la tige en forme d'oreillettes; les feuilles inférieures pétiolées. Capitules assez gros, ord. nombreux, disposés en un corymbe terminal ord. assez ample. *Involucre* subhémisphérique, pubescent, *à folioles oblongues-acuminées, à* plusieurs *écailles accessoires* très lâches *égalant environ la moitié de la longueur de l'involucre. Akènes tous pubescents-scabres;* aigrette à soies disposées sur plusieurs rangs. ♃. Juillet-septembre.

C. — Haies, lisière des bois, pâturages montueux.

s.v. — *quercifolius.* — Feuilles toutes lyrées, ord. très tomenteuses. — *A.C.*

6. S. JACOBÆA. (L. sp. 1219.) — Engl. bot. t. 1130. (vulg. *Jacobée.*)

Plante vivace, à *souche courte, tronquée,* verticale ou oblique. Tige de 5-10 décimètr., dressée, raide, rameuse surtout dans sa partie supérieure, ou presque simple, glabre ou légèrement pubescente-aranéeuse. *Feuilles* quelquefois rougeâtres en dessous, glabres ou légèrement pubescentes-aranéeuses; les *caulinaires pinnatipartites, à lobes tous oblongs ou linéaires, incisés-dentés*, les inférieurs rapprochés de la tige en forme d'oreillettes; les radicales pétiolées, oblongues-dentées ou lyrées, souvent disposées en rosette. Capitules assez gros, ord. assez nombreux, disposés en un corymbe terminal à rameaux dressés. *Involucre* subhémisphérique, glabre ou presque glabre, *à folioles oblongues-lancéolées, à 2-5 écailles accessoires très courtes* un peu apprimées. *Akènes* du centre pubescents-scabres ; ceux *de la circonférence glabres* ou presque glabres ; aigrette à soies peu nombreuses. ♃. Juin-septembre.

C.C. — Fossés, bords des chemins, haies, prairies, lisière des bois.

7. S. AQUATICUS. (Huds. Ang. 366.) — Engl. bot. t. 1131.

Plante vivace, à *souche courte tronquée*, verticale ou à peine oblique. Tige de 5-10 décimètr., dressée, raide, rameuse dans sa partie supérieure, ou presque simple, glabre ou légèrement pubescente-aranéeuse, souvent rougeâtre. *Feuilles* quelquefois rougeâtres en dessous, ord. glabres, *lyrées-pinnatipartites, à lobe terminal très ample* ovale ou oblong crénelé ou incisé, denté, à lobes latéraux étalés ou dressés linéaires oblongs ou obovales-oblongs presque entiers sinués ou dentés, les inférieurs souvent rapprochés de la tige en forme d'oreillettes ; les feuilles radicales et les inférieures pétiolées, souvent réduites au lobe terminal. Capitules assez gros, plus ou moins nombreux, disposés en un corymbe terminal assez lâche. *Involucre* hémisphérique, glabre ou presque glabre, *à folioles* obovales-*acuminées* ou oblongues-acuminées, *à 2-5 écailles accessoires très courtes* apprimées. *Akènes* du centre très finement pubescents ou glabres ; ceux *de la circonférence glabres*, à aigrette à soies peu nombreuses. ♃. Juin-août.

A.R. — Lieux marécageux, prairies, bois humides. — Gentilly (*Vigineix*). Versailles ! St-Léger ! Dreux ! St-Germer près Gournay ! Forêt de Compiègne (*Leré*). Bois-Louis près Melun ! Forêt de Villefermoy (*Garnier*). Forêt d'Armainvilliers (*G. Thuret*). Nemours !

var. α. *vulgaris.* (S. aquaticus. Koch, synops. fl. Germ. ed. 1, 388.) — Tige solitaire, simple dans sa partie inférieure. Feuilles inférieures non disposées en rosette, réduites au lobe terminal, ou à lobes latéraux très petits ; les caulinaires supérieures à lobes latéraux oblongs ou linéaires, presque entiers ou sinués.

var. β. *erraticus.* (S. erraticus. Bert. amœn. It. 92.) — Tiges solitaires ou plus ou moins nombreuses, s uvent rameuses dès la base. Feuilles la plupart lyrées-pinnatipartites à lobes latéraux ord. très étalés oblongs-obovales, sinués ou dentés, les radicales ord. disposées en rosette.

8. S. PALUDOSUS. (L. sp. 1220.) — Engl. bot. t. 650.

Plante vivace, à souche un peu traçante. Tige de 8-15 décimètr., pubescente-aranéeuse, dressée, robuste, fistuleuse, sillonnée, simple donnant naissance supérieurement aux rameaux de l'inflorescence. *Feuilles* pubescentes-aranéeuses et d'un vert pâle en dessous, devenant ensuite presque glabres, *sessiles, longuement lancéolées, finement dentées* à dents aiguës. Capitules assez gros, plus ou moins nombreux, disposés en un corymbe ou une panicule terminale assez ample. Involucre hémisphérique, légèrement pubescent, à folioles linéaires, à 6-12 écailles accessoires égalant environ le tiers de la longueur de l'involucre. Fleurons ligulés au nombre de 10-15. Akènes pubérulents. ♃. Juin-juillet.

A.C. — Bords des rivières, lieux marécageux. — Abondant aux bords de la Seine et de la Marne, etc.

On cultive dans les parterres le *S. elegans* L. à feuilles pinnatifides-incisées, à fleurons extérieurs rayonnants, d'un rouge pourpre, plus rarement rosés ou blancs.

XXXVIII. EUPATORIUM. (Tournef. inst. t. 259.)

Involucre à folioles imbriquées. Réceptacle presque plan , dépourvu de paillettes. *Fleurons peu nombreux, tous tubuleux* 5-fides, hermaphrodites. Akènes presque cylindriques , à 4-5 côtes, surmontés d'une *aigrette à soies* capillaires scabres, *disposées sur un seul rang.*

Plante vivace. *Feuilles opposées*, divisées en 3-5 segments lancéolés-dentés. Capitules cylindriques-oblongs, très nombreux, disposés en un corymbe terminal rameux compacte. *Fleurons tous rougeâtres*, longuement dépassés par le style.

1. E. CANNABINUM (L. sp. 1173.) — Engl. bot. t. 428. (vulg. *Eupatoire.*)
Tiges de 8-12 décimètr., dressées , simples ou rameuses, pubescentes, souvent rougeâtres. Feuilles opposées, pétiolées, à 3-5 segments pétiolulés , le terminal ord. plus grand. Capitules à 5-6 fleurons. ♃. Juillet-septembre.

C. — Bord des eaux , fossés, lieux marécageux.

XXXIX. TUSSILAGO. (L. gen. n. 952, *part.*)

Involucre à folioles disposées sur 1-2 *rangs*, muni à sa base d'écailles plus petites. Réceptacle presque plan , dépourvu de paillettes. *Fleurons* très nombreux : ceux *de la circonférence étroitement ligulés*, femelles, *disposés sur plusieurs rangs*; ceux du centre en petit nombre, tubuleux, mâles. Akènes oblongs-cylindriques, un peu striés, surmontés d'une aigrette à soies capillaires très longues et très fines ; aigrette des fleurons de la circonférence à soies disposées sur plusieurs rangs, celle des fleurons du centre à soies disposées sur un seul rang.

Plante vivace. *Tiges monocéphales, chargées d'écailles* presque de la même forme que les folioles de l'involucre , *paraissant avant les feuilles. Feuilles toutes radicales* , très amples, *suborbiculaires-cordées*, sinuées-anguleuses , à lobes denticulés , tomenteuses-blanchâtres en dessous. *Capitules solitaires à l'extrémité des tiges.* Fleurons jaunes.

1. T. FARFARA. (L. sp. 1214.) — Engl. bot. t. 429. vulg. *Pas-d'Ane.*)
Souche épaisse, à rhizômes charnus traçants. Tiges florifères de 1-2 décimètr. , s'allongeant beaucoup après la floraison , cotonneuses, à écailles rougeâtres apprimées glabres en dehors. Feuilles ne paraissant qu'après la floraison, disposées en rosettes ou en fascicules radicaux , longuement pétiolées, atteignant souvent avec l'âge de grandes dimensions. ♃. Mars-avril.

C.C. — Endroits humides ou inondés l'hiver, terrains argileux , bords des chemins, vignes , lieux incultes.

XL. PETASITES. (Tournef. inst. t. 258.)

Involucre à folioles disposées sur 1-2 *rangs*, souvent muni à sa base d'écailles plus petites. Réceptacle presque plan, dépourvu de paillettes. *Fleurons* nombreux, *tubuleux*, les femelles presque filiformes ; *tous femelles à l'exception de quelques fleurons mâles* placés au centre du capitule, *ou tous mâles à l'exception de quelques fleurons femelles* placés à la circonférence du capitule. Akènes cylindriques, un peu striés, surmontés d'une aigrette ; aigrette à soies scabres nombreuses chez les fleurons femelles, à soies peu nombreuses chez les fleurons mâles.

Plante incomplètement dioïque , vivace. *Tiges* simples, polycéphales, *chargées d'écailles membraneuses-herbacées* lancéolées-linéaires, paraissant avant les feuilles. *Feuilles toutes radicales*, très amples. *réniformes ou suborbiculaires-*

cordées , sinuées-denticulées, pubescentes en dessous. *Capitules disposés en une grappe ou en une panicule spiciforme terminale compacte.* Fleurons rougeâtres.

1. P. VULGARIS. (Desf. fl. Atl. II. 270.)—P. officinalis. Mœnch , meth. 568. — Tussilago Petasites. Hop. tasch. 55. — L. sp. 1215, planta submascula. — Engl. bot. t. 431.

Souche épaisse, charnue, à rhizômes traçants. Tiges de 2-5 décimètr., épaisses, pubescentes-cotonneuses, à écailles un peu lâches lancéolées-linéaires très longues pubescentes-aranéeuses. Feuilles ne paraissant qu'après la floraison, disposées en rosettes ou en fascicules radicaux, longuement pétiolées, atteignant avec l'âge de très grandes dimensions. Capitules disposés en une grappe ovoïde-oblongue ou oblongue. Stigmates des fleurs stériles courts obtus. ♃. Mars-avril.

R. — Bord des eaux, lieux marécageux, lieux humides ombragés. — Parc de Trianon! (*Weddell*). Moulin d'Hérivaux près Luzarches (Mme *Lina M****). Oulins (*Brou*). Cocherelle près Dreux! (*Daënen*). Pouilly (*Delacourt*). Liancourt-sous-Clermont! Morfontaine ; Fleurines (*Morelle*). Taille-Fontaine près Pierrefond (*Leré*). Provins (*Bouteiller*).

Le genre *Nardosmia* Cass. se distingue du genre *Petasites* par les fleurons femelles ligulés.— Le *N. fragrans* Rehb. (Tussilago fragrans. Vill.—vulg. *Héliotrope-d'hiver*) est fréquemment cultivé dans les jardins pour l'odeur suave de ses fleurs qui s'épanouissent au commencement de l'hiver ; il se distingue à ses feuilles réniformes-suborbiculaires denticulées, développées avant l'apparition de la tige florifère.

Tableau des tribus et des sous-tribus de la division des Corymbifères, basées essentiellement sur la forme des styles et sur celle des anthères.

A. Branches du style allongées, un peu en massue, pubescentes-papilleuses en dehors dans leur partie supérieure. Lignes stigmatiques peu saillantes, cessant ord. au-dessous de la partie moyenne des branches. Anthères dépourvues d'appendices basilaires. . . TRIBU. EUPATORIACEÆ.

   a. Capitules à fleurons tous hermaphrodites. Tige feuillée; feuilles ord. opposées. . . . . SOUS-TRIBU. EUPATORIEÆ.
   (Eupatorium.)

   b. Capitules renfermant des fleurons mâles et des fleurons femelles, ou presque dioïques. Tiges chargées d'écailles, paraissant souvent avant les feuilles. . . . . SOUS-TRIBU. TUSSILAGINEÆ.
   (Tussilago , Petasites.)

B. Branches du style linéaires, un peu planes en dehors, plus ou moins pubescentes dans leur partie supérieure. Lignes stigmatiques saillantes, atteignant ou dépassant peu la partie moyenne des branches. Anthères pourvues ou non d'appendices basilaires. . . TRIBU. ASTEROIDEÆ.

   a. Anthères dépourvues d'appendices basilaires. . SOUS-TRIBU. ASTERINÆ.
   (Akènes surmontés d'une aigrette de soies capillaires : Aster , Erigeron , Solidago, Linosyris. — Akènes dépourvus d'aigrette : Bellis.)

b. Anthères à lobes prolongés en appendice à la base.

    ✝ Fleurons de la circonférence ligulés femelles , ceux du centre tubuleux hermaphrodites fertiles. Akènes libres. . . . Sous-tribu. INULEÆ.

    (Inula , Pulicaria.)

    ✝✝ Fleurons de la circonférence tubuleux-filiformes, femelles; ceux du centre tubuleux, stériles. Akènes disposés sur un seul rang , renfermés dans les folioles de l'involucre. . . . . Sous-tribu. MICROPEÆ.

    (Micropus.)

C. Branches du style tronquées ou terminées en pinceau au sommet , et se prolongeant souvent en appendice ou en cône au-delà de la partie tronquée ou du pinceau. Lignes stigmatiques assez larges et saillantes , se prolongeant jusqu'au sommet de la branche ou jusqu'à la base de l'appendice. Anthères munies ou non d'appendices basilaires. . . . . TRIBU. SENECIONIDEÆ.

a. Réceptacle dépourvu de paillettes, ou muni de paillettes seulement à la circonférence. Fleurons tous tubuleux. Anthères à lobes prolongés en appendice à la base. Akènes surmontés d'une aigrette de soies capillaires, rarement dépourvus d'aigrette. . . . . . . Sous-tribu. GNAPHALIEÆ.

    (Gnaphalium , Antennaria , Filago , Logfia.)

b. Réceptacle dépourvu de paillettes. Fleurons de la circonférence ord. ligulés, femelles. Anthères dépourvues d'appendices basilaires. Akènes surmontés d'une aigrette de soies capillaires , ceux du rang extérieur quelquefois dépourvus d'aigrette. . . . . Sous-tribu. SENECIONEÆ.

    (Doronicum , Cineraria , Senecio.)

c. Réceptacle muni ou non de paillettes. Fleurons de la circonférence ligulés , femelles ou stériles. Anthères dépourvues d'appendices basilaires. Akènes dépourvus d'aigrette de soies capillaires , tronqués ou surmontés d'un rebord ou d'une couronne membraneuse. . . . . Sous-tribu. ANTHEMIDEÆ.

    (Réceptacle dépourvu de paillettes : Pyrethrum , Chrysanthemum , Artemisia , Tanacetum. — Réceptacle muni de paillettes : Anthemis , Ormenis, Achillea.)

d. Réceptacle muni de paillettes. Fleurons tous tubuleux ou ceux de la circonférence ligulés. Anthères dépourvues d'appendices basilaires. Akènes dépourvus d'aigrette de soies capillaires , surmontés de 2-5 arêtes subulées-épineuses ou paléiformes. Feuilles souvent opposées. Sous-tribu. HELIANTHEÆ.

    (Helianthus , Bidens.)

Le genre *Calendula* ne figure pas dans ce tableau , bien que , dans les coupes admises dans l'ouvrage, nous l'ayons , pour faciliter la détermination des genres , rangé parmi les *Corymbifères* , en raison de ses fleurons extérieurs ligulés. — Par le style un peu renflé en nœud, il appartiendrait plutôt, d'après quelques auteurs, à la division des *Cynarocéphales.*

SOUS-FAMILLE II. LIGULIFLORES. (Ligulifloræ. Endl. — Cichoraceæ. Juss.) — Capitules à fleurons tous ligulés hermaphrodites.

Style non renflé en nœud ; à branches filiformes, ord. enroulées en dehors, presque obtuses , pubescentes ; les lignes stigmatiques restant distinctes et n'atteignant pas la moitié de la longueur des branches.—Aigrette persistante, très rarement caduque, à soies libres, très rarement soudées à la base ; rarement nulle, ou réduite à un rebord, ou à une couronne membraneuse, ou à des soies courtes membraneuses paléiformes. — Réceptacle dépourvu de paillettes, très rarement pourvu de paillettes membraneuses caduques.

Plantes très rarement épineuses, à suc souvent laiteux. Feuilles alternes. Fleurons tous rayonnants, jaunes ou d'un jaune rougeâtre, très rarement bleus.

TRIBU 1. — *Akènes dépourvus d'aigrette de soies capillaires, tronqués ou surmontés d'un rebord ou d'une aigrette très courte à soies membraneuses-paléiformes.*

XLI. LAPSANA. (L. gen. n. 919, *part.*)

Involucre à 8-10 folioles égales disposées sur un seul rang, muni d'écailles courtes à sa base, dressé à la maturité. Réceptacle nu. *Akènes* un peu comprimés, striés, *dépourvus d'aigrette et de rebord terminal.*

Plante annuelle, rameuse, presque glabre, ou pubescente inférieurement. Feuilles inférieures lyrées, les supérieures dentées. Capitules disposés en une panicule lâche. Fleurons jaunes.

1. L. COMMUNIS. (L. sp. 1141.) — Engl. bot. t. 844. — Fl. Dan. t. 500. (vulg. *Lampsane.*)

Tige de 2-8 décimètr., dressée, plus ou moins rameuse, presque glabre, ou pubescente inférieurement. Feuilles inférieures lyrées, à lobe terminal très grand, denté-anguleux, souvent tronqué ou cordé à la base. Pédoncules nus, filiformes. Involucre fructifère anguleux, glabre. ④. Juin-août.

C.C.C. — Lieux cultivés, terrains remués.

XLII. ARNOSERIS. (Gærtn. fruct. II. 355.)

Involucre à folioles nombreuses, égales, disposées sur un seul rang, muni d'écailles courtes à sa base, connivent-subglobuleux à la maturité. Réceptacle nu. *Akènes* subpentagones, sillonnés-anguleux, *terminés par un rebord court pentagone en forme de couronne.*

Plante annuelle, à tiges non feuillées. Feuilles disposées en une rosette radicale, oblongues ou obovales, dentées, velues-ciliées aux bords. Capitules 1-3, solitaires au sommet des tiges et des rameaux. Fleurons jaunes.

1. A. MINIMA. (Gaertn. *loc. cit.*) — Hyoseris minima. L. sp. 1158. — Engl. bot. t. 95. — Fl. Dan. t. 201. — Lapsana minima. Lam.

Tiges de 1-3 décimètr., nombreuses, dressées, glabres, rougeâtres à la base, nues, 1-3-céphales. Feuilles oblongues ou obovales, atténuées à la base, irrégulièrement sinuées ou dentées. Pédoncules fistuleux, se renflant insensiblement en massue de la base au sommet. Involucre fructifère subglobuleux. ④. Juin-août.

A.R. — Champs sablonneux arides. — Châteaufort; Haute-Bruyère; Vaux-Cernay; Pontchartrain (*de Boucheman*). Rambouillet! St-Léger! Marcoussis (*Figineix*). La Ferté-Alops (*Delavaux*). Étampes! Malesherbes (*Bernard*). Nemours (*Devilliers*). Sérans près Magny (*Bouteille*). St-Germer (*Mandon*). Choisy près Compiègne (*Leré*). Yvors près Villers-Cotterets (*Questier*).

XLIII. CICHORIUM. (L. gen. n. 921.)

Involucre à folioles nombreuses, inégales, disposées sur deux rangs; les extérieures courtes, dressées; les intérieures soudées à la base, étalées-réfléchies à la maturité. Réceptacle dépourvu de paillettes, glabre ou velu. *Akènes comprimés-tétragones, surmontés d'une aigrette très courte, composée de soies membraneuses-paléiformes obtuses* nombreuses disposées sur deux rangs.

Plantes bisannuelles ou vivaces, rameuses, pubescentes ou glabrescentes. Feuilles irrégulièrement denticulées ou roncinées. Capitules disposés en fascicules axillaires. Fleurons bleus, rarement blancs.

1. C. INTYBUS. (L. sp. 1142.) — Engl. bot. t. 539. — Fl. Dan. t. 907. (vulg. *Chicorée sauvage.*)

Tige de 6-12 décimètr., dressée, robuste, anguleuse, pubescente-rude, à rameaux étalés. Feuilles inférieures roncinées, à lobes dentés anguleux; les supérieures lancéolées, sessiles. Capitules inférieurs des fascicules ord. longuement pédonculés à pédoncule renflé. Folioles extérieures de l'involucre ovales ou lancéolées, ciliées, **offrant à la base un épaississement induré-blanchâtre.** ♃. Juillet-août.

C.C. — Pâturages secs, bords des chemins, coteaux arides. — Cette plante, étiolée par la culture, est connue vulgairement sous le nom de *Barbe-de-Capucin.*

On cultive deux variétés du *C. Endivia* L. (vulg. *Escarolle*, *Chicorée frisée*). Cette plante se reconnaît à ses feuilles florales ovales à base largement cordée-amplexicaule.

TRIBU II. — *Akènes, au moins ceux du centre, surmontés d'une aigrette à soies capillaires, toutes plumeuses, ou les soies extérieures seules dépourvues de barbes.*

XLIV. HYPOCHÆRIS. (L. gen. n. 918.)

Involucre à folioles nombreuses, inégales, imbriquées sur plusieurs rangs. *Réceptacle muni de paillettes membraneuses, linéaires-acuminées, caduques.* Akènes striés, plus ou moins scabres, tous longuement atténués en un bec presque capillaire, ou ceux de la circonférence dépourvus de bec, très rarement tous dépourvus de bec; aigrette persistante, à soies toutes semblables plumeuses à barbes non entrecroisées, ou à soies extérieures non plumeuses seulement denticulées.

Plantes annuelles, bisannuelles ou vivaces, glabres ou velues; à tige rameuse polycéphale, ou simple monocéphale par avortement. Feuilles toutes ou la plupart radicales, roncinées, sinuées-dentées ou presque entières. Capitules solitaires à l'extrémité de la tige et des rameaux. Fleurons jaunes.

1 { Tige velue-hérissée, portant une ou deux feuilles; aigrette à soies toutes plumeuses, disposées sur un seul rang. . . . . *H. maculata.*
Tige glabre ou presque glabre, ne portant que quelques bractées courtes ou squamiformes; aigrette à soies disposées sur 2 rangs, celles du rang extérieur non plumeuses . . . . 2.

2 { Involucre égalant environ les fleurons; feuilles glabres ou ne présentant que quelques poils sur les bords. . . . . *H. glabra.*
Involucre plus court que les fleurons; feuilles ord. très hispides . . . . *H. radicata.*

SECT. I. *HYPOCHÆRIS.* — *Aigrette à soies disposées sur deux rangs, celles du rang intérieur plumeuses, celles du rang extérieur seulement denticulées.*

1. H. GLABRA. (L. sp. 1140.) — Engl. bot. t. 575.

Racine pivotante, simple, grêle. Tige de 2-6 décimètr., dressée ou ascendante, ord. rameuse, glabre, munie de bractées courtes squamiformes.

Feuilles toutes radicales, disposées en rosette, oblongues atténuées à la base, roncinées ou sinuées, glabres ou présentant sur les bords quelques poils épars. Pédoncules un peu renflés dans leur partie supérieure. *Involucre glabre, à folioles intérieures égalant environ les fleurons. Akènes de deux sortes, ceux de la circonférence dépourvus de bec, ceux du centre longuement atténués en bec*; plus rarement akènes tous semblables, dépourvus de bec, ou longuement atténués en bec. ①. Juin-août.

Champs maigres après la moisson, coteaux arides, lieux sablonneux.

var. α. *vulgaris*. — Akènes de deux sortes, ceux de la circonférence dépourvus de bec, ceux du centre longuement atténués en bec. — *A.C.* — Bois de Boulogne! St-Léger! Ermenonville! Mennecy! Étrechy! Étampes! Forêt de Fontainebleau! Moret! Nemours!, etc.

var. β. *erostris*. (H. arachnoidea. Poir. dict. V. 572.) — Akènes tous dépourvus de bec. — *R.* — St-Maur (*Spach*). Achères (*De Lens*).

var. γ. *rostrata*. (H. Balbisii. Loisel. not. 124.) — Akènes tous longuement atténués en bec. — *R.R.* — Étampes!

M. Lloyd, ayant semé cette variété l'a vue revenir dès la première année à la variété *vulgaris* (voir *Fl. Loire-inf.* 151.)

2. H. RADICATA. (L. sp. 1140.) — Engl. bot. t. 831.

Racine pivotante, rameuse, plus rarement simple, ord. épaisse. Tige de 3-8 décimètr., dressée, ord. rameuse, glabre-glaucescente, quelquefois un peu hérissée à la base, munie de bractées courtes herbacées ou squamiformes. Feuilles toutes radicales, disposées en rosette, oblongues atténuées à la base, roncinées ou sinuées, ord. très hispides. Pédoncules un peu renflés dans leur partie supérieure. *Involucre à folioles membraneuses aux bords, glabres ou hérissées sur la nervure, les folioles intérieures plus courtes que les fleurons. Akènes tous longuement atténués en bec.* ② ou ♃. Mai-septembre.

C.C. — Bords des chemins, prés, pâturages, lisière des bois.

SECT. II. — ACHYROPHORUS.—Aigrette à soies toutes plumeuses, disposées sur un seul rang.

3. H. MACULATA. (L. sp. 1140.) — Engl. bot. t. 225.

Souche épaisse, souvent couronnée par les bases des feuilles détruites. *Tige* de 3-8 décimètr., dressée, divisée en 2-3 pédoncules, plus rarement simple, rude, *velue-hérissée, portant une ou deux feuilles*. Feuilles radicales disposées en rosette, oblongues, sinuées-dentées, très amples, hispides, présentant ord. des taches brunâtres ou noirâtres. Pédoncules un peu renflés dans leur partie supérieure. Involucre plus court que les fleurons, hérissé de poils noirâtres, à folioles intérieures tomenteuses sur les bords. Akènes tous longuement atténués en bec. ♃. Juin-août.

R.—Pelouses élevées des bois sablonneux, bruyères.—St-Léger! Dreux (*Daënen*). La Ferté-Aleps (*Maire*). Forêt de Fontainebleau! — ? Sérans près Magny.

XLV. THRINCIA. (Roth, cat. bot. I. 97.)

Involucre à folioles nombreuses, inégales, imbriquées sur plusieurs rangs. Réceptacle nu. *Akènes* légèrement arqués, striés-scabres, plus ou moins atténués vers le sommet; les *extérieurs* persistants, *surmontés d'une couronne membraneuse, dentée, très courte; les intérieurs terminés par une aigrette à soies plumeuses.*

Plante annuelle ou vivace, acaule, plus ou moins hispide, à poils simples ou bi-trifurqués. Feuilles toutes radicales, roncinées ou pinnatifides, plus rarement indivises. Capitules solitaires terminaux. Fleurons jaunes.

1. T. HIRTA. (Roth, cat. bot. I. 98.)— Leontodon hirtum. L. 1123.

Souche courte, tronquée, à fibres nombreuses naissant la plupart vers le collet, ou terminée en racine pivotante simple ou rameuse et donnant naissance aux fibres radicales dans toute sa longueur. Pédoncules radicaux de 5-40 centimètr., ascendants ou dressés, hispides surtout à la base. Feuilles sinuées-pinnatifides ou roncinées, plus rarement indivises, plus ou moins hispides. Capitules de grosseur variable. Involucre glabre ou hérissé. ② ou ♃. Juillet-août.

Champs arides pierreux, pelouses sèches ou humides, bords des chemins, terrains en friche.

var. α. *vulgaris*. (Leontodon hirtum. Mérat, fl. Par. 323. — L. saxatile. Thuill. fl. Par. 404.—Mérat, fl. Par. 324.) — Souche courte, tronquée, à fibres nombreuses naissant la plupart vers le collet. Pédoncules radicaux de 5-20 centimètr., ascendants. Involucre légèrement hérissé ou glabre. — C.C.

var. β. *hispida*. (T. hispida. auct. — Roth? *loc. cit.*— Leontodon major. Mérat, fl. Par. ed. 3. II. 251.) — Souche terminée en racine pivotante simple ou rameuse, donnant naissance aux fibres radicales dans toute sa longueur. Pédoncules radicaux de 2-4 décimètr. dressés ou ascendants. Capitules ord. plus gros que dans la variété précédente. Involucre hérissé, rarement glabre. — A.R. — Terrains remués, lieux sablonneux. — Romainville! Charenton! St-Maur! Montmorency! Marcoussis! Palaiseau!

XLVI. LEONTODON. (L. gen. n. 912.)

Involucre à folioles nombreuses, inégales, imbriquées sur plusieurs rangs. Réceptacle nu. Akènes striés, légèrement scabres, atténués vers le sommet; *aigrette persistante, à soies* toutes semblables *plumeuses à barbes non entrecroisées*, ou à soies extérieures non plumeuses seulement denticulées.

Plantes vivaces, acaules, ou caulescentes-rameuses, velues-hispides à poils bi-trifurqués, ou glabres. Feuilles toutes radicales ou la plupart radicales, dentées, roncinées, pinnatifides ou pinnatipartites. Capitules solitaires à l'extrémité des pédoncules radicaux ou à l'extrémité des rameaux. Fleurons jaunes.

Pédoncules radicaux monocéphales; aigrette à soies disposées sur deux rangs, les soies extérieures seulement denticulées. . . . . . *L. hispidum.*
Tige rameuse polycéphale; aigrette à soies toutes plumeuses, disposées sur un seul rang . . . . *L. autumnale.*

1. L. HISPIDUM. (L. sp. 1124.) — Fl. Dan. t. 862. — L. hastilis. Koch, synops. fl. Germ. ed. 1. 419. — L. proteiforme. Vill. dauph. III. 87.

Souche oblique, ord. tronquée. *Pédoncules radicaux* de 2-5 décimètr., ascendants ou dressés, *monocéphales*, ord. dépourvus de bractées squamiformes, pubescents-hérissés, plus rarement glabres. Feuilles toutes radicales, sinuées-pinnatifides ou roncinées, plus ou moins velues, rarement glabres. Involucre très hérissé, rarement glabre. *Aigrette à soies disposées sur deux rangs, les extérieures plus courtes seulement denticulées.* ♃. Juin-septembre.

Pelouses sèches ou humides, pâturages, lieux incultes, coteaux calcaires, bords des chemins.

var. α. *vulgare.* — Feuilles et pédoncules plus ou moins hérissés de poils grisâtres bi-trifurqués. — *C.C.*

s.v. *a. crispum.* — Feuilles ord. assez petites, pinnatifides-ondulées, hérissées-blanchâtres. — *A.C.*

s.v. *b. elatius.* — Pédoncules de 4-6 décimètr. Feuilles très amples, souvent presque entières ou à peine sinuées, vertes, pubescentes. — *C. C.* — Lieux ombragés.

var. β. *glabrum.* (L. hastile. L. sp. 1123. — Jacq. fl. Austr. t. 164.) — Feuilles et pédoncules glabres ou ne présentant que quelques poils épars. — *R.* — Étampes! Vernon! Les Andelys!

2. L. AUTUMNALE. (L. sp. 1123.) — Oporina autumnalis. Don. *in* Edimb. phil. journ. — Hedypnois autumnalis. Huds. Angl. 341. — Engl. bot. t. 830.

Souche plus ou moins oblique, tronquée. *Tiges* de 2-7 décimètr., dressées, presque nues, *rameuses polycéphales*, très rarement simples et monocéphales par avortement, glabres. Feuilles la plupart radicales, pinnatifides ou pinnatipartites, à lobes distants linéaires, plus rarement entières ou sinuées, très glabres ou légèrement ciliées; les caulinaires linéaires ord. entières. Pédoncules munis de bractées linéaires squamiformes. Involucre légèrement velu. *Aigrette à soies disposées sur un seul rang*, égales, *toutes plumeuses.* ♃. Juillet-octobre.

C.C. — Fossés, bord des eaux, prairies, champs incultes.

var. β. *monocephalum.* — Tige de 1-2 décimètr., monocéphale, offrant les rudiments d'un ou plusieurs capitules avortés. — *A.C.*

XLVII. PICRIS. (Juss. gen. 170.)

Involucre à folioles nombreuses, inégales, imbriquées sur plusieurs rangs. Réceptacle nu. Akènes ridés transversalement, légèrement atténués supérieurement; *aigrette caduque à soies soudées en anneau à la base*, toutes plumeuses, ou les extérieures seulement denticulées.

Plante bisannuelle, caulescente, rameuse, velue-hispide, à poils ord. bifurqués. Feuilles caulinaires et radicales, sinuées-pinnatifides ou presque entières. Capitules peu nombreux terminaux, plus rarement subsolitaires. Fleurons jaunes.

1. P. HIERACIOIDES. (L. sp. 1115.) — Engl. bot. t. 196.

Tige de 3-10 décimètr., dressée, irrégulièrement rameuse, rude-hérissée. Feuilles oblongues ou lancéolées; les inférieures atténuées à la base; les supérieures sessiles ou amplexicaules. Involucre plus ou moins velu-hérissé, dépassé longuement par les fleurons. ②. Juillet-août.

C. — Champs incultes des terrains calcaires ou argileux, bords des chemins, pâturages.

XLVIII. HELMINTHIA. (Juss. gen. 170.)

Involucre à folioles nombreuses, disposées sur deux rangs; les *extérieures* au nombre de 3-5, *foliacées, ovales-cordées, acuminées*, terminées en épine; les intérieures plus petites, conniventes, lancéolées, longuement aristées. Réceptacle nu. Akènes ridés transversalement, surmontés d'un bec filiforme très fragile qui égale environ leur longueur; aigrette à soies toutes plumeuses.

Plante annuelle, caulescente, rameuse, hérissée de poils spinescents, simples ou bifurqués. Feuilles sinuées-dentées. Capitules peu nombreux, terminaux, plus rarement subsolitaires. Fleurons jaunes.

1. H. ECHIOIDES. (Gaertn. fr. II. t. 159. f. 2.) — Engl. bot. t. 972. — Picris echioides. L. sp. 1114.

Tige de 5-10 décimètr., dressée, robuste, rameuse-subdichotome surtout dans sa partie supérieure, hérissée de poils presque spinescents. Feuilles oblongues, très hérissées de poils bifurqués, chargées aux bords et sur la nervure moyenne de poils spinescents simples; les inférieures atténuées à la base; les supérieures largement cordées-amplexicaules. Folioles extérieures de l'involucre foliacées, hérissées de poils bifurqués, bordées par des poils spinescents simples; les intérieures membraneuses aux bords, terminées par le prolongement de la nervure en une arête pectinée qui dépasse ord. les fleurons. ①. Juillet-septembre.

A.R. — Bords des fossés, champs, endroits incultes. — St-Maur! (*Maire*). Montrouge (*Rhodde*). Romainville (*Brice*). Pantin; Bondy (*Bastard*). La Barre près St-Denis (*Maire*). Deuil. Soisy. Montmorency. Avron (*Mandon*). Ris (*Maire*). Athis! Mennecy (*Maire*). Beaubourg-en-Brie (*Thuret*). Fontaine-le-Port près le Châtelet (*Garnier*). Luzarches (*De Lens*). Magny (*Bouteille*). Oulins (*Bron*). Dreux (*Daënen*). Env. de Beauvais (*Questier*).

XLIX. TRAGOPOGON. (L. gen. n. 905.)

Involucre à 8-12 folioles égales disposées sur un seul rang, plus ou moins longuement soudées à la base, réfléchies à la maturité. Réceptacle nu. Akènes marqués de côtes longitudinales scabres ou dentées-épineuses, longuement atténués en un bec grêle; *aigrette à soies* plumeuses, *à barbes entrecroisées.*

Plantes bisannuelles, caulescentes, simples ou rameuses, glabres ou chargées d'un duvet floconneux plus ou moins abondant. Feuilles linéaires-lancéolées, très entières. Capitules solitaires, terminaux. Fleurons jaunes, rarement violets.

{ Pédoncules à peine renflés au-dessous du capitule. . . . . *T. pratense.*
{ Pédoncules fortement renflés en massue . . . . *T. majus.*

1. T. PRATENSE. (L. sp. 1109.)—Engl. bot. t. 434. (vulg. *Salsifis des prés, Barbe-de-Bouc.*)

Tige de 4-12 décimètr., dressée, simple ou rameuse. Feuilles canaliculées embrassantes à la base, lancéolées-linéaires, très allongées. *Pédoncules à peine renflés au-dessous du capitule.* Involucre à 6-8 folioles lancéolées, égalant ou dépassant un peu les fleurons. Akènes extérieurs souvent plus longs que leur bec. Fleurons jaunes. ②. Mai-septembre.

C.C. — Bords des bois, pâturages, prairies humides.

s.v. —*undulatum.* (T. undulatum. Thuill. fl. Par. 396.) — Feuilles ondulées-acuminées en une longue pointe tortillée.

2. T. MAJUS. (Jacq. Austr. t. 29.)

Tige de 3-6 décimètr., dressée, simple ou rameuse. Feuilles presque planes, embrassantes élargies à la base, lancéolées-acuminées, plus rarement lancéolées-linéaires. *Pédoncules fortement renflés en massue dans leur partie supérieure.* Involucre à 8-12 folioles lancéolées, dépassant les fleurons. Akènes extérieurs plus courts que leur bec. Fleurons jaunes. ②. Juin-juillet.

A.R. — Coteaux pierreux, prés secs, bords des chemins. — St-Maur! Mont-Valérien! St-Cloud! Étrechy! Étampes! Malesherbes! Nemours! Dreux!, etc.

Le *T. porrifolium* L. (vulg. *Salsifis-blanc*), communément cultivé pour sa racine alimentaire, se rencontre quelquefois subspontané dans le voisinage des habitations. Cette espèce se reconnaît à ses fleurons violacés, longuement dépassés par les folioles de l'involucre, et à ses pédoncules renflés en massue.

L. SCORZONERA. (L. gen. n. 906, *part.*)

Involucre à folioles nombreuses, inégales, imbriquées sur plusieurs rangs. Réceptacle nu. *Akènes* marqués de côtes longitudinales lisses ou tuberculeuses-épineuses, *légèrement atténués supérieurement, dépourvus de bec; aigrette à rayons* plumeux, *à barbes entrecroisées.*

Plantes vivaces, à tige simple, plus rarement rameuse, glabre ou chargée d'un duvet floconneux plus ou moins abondant. Feuilles la plupart radicales, lancéolées ou linéaires-lancéolées, très entières. Capitules solitaires terminaux. Fleurons jaunes.

{ Souche surmontée des nervures persistantes des feuilles détruites. . . . .
. . . . *S. Austriaca.*
{ Souche nue supérieurement ou surmontée d'écailles entières.   *S. humilis.*

1. S. AUSTRIACA. (Willd. sp. 1499.) — S. humilis. Jacq. Austr. t. 56, *non* L.

Souche épaisse, entourée supérieurement par les nervures persistantes des feuilles détruites. Tige de 2-3 décimètr., dressée, simple, monocéphale, glabre. Feuilles radicales lancéolées ou linéaires, plus rarement oblongues, longuement atténuées en pétiole à la base; les caulinaires 3-4, rudimentaires squamiformes. Involucre à folioles obtuses; les extérieures ovales. Akènes, au moins les extérieurs, à côtes tuberculeuses-épineuses. Fleurons jaunes. ♃. Mai-juin.

R.R. — Pelouses sèches des terrains sablonneux. — Forêt de Fontainebleau : champ de manœuvre! ! Mont-Morillon! Plaine du Chêne-Brûlé!, etc.

2. S. HUMILIS. (L. sp. 1112.) — Fl. Dan. t. 816.

Souche épaisse, nue supérieurement ou surmontée d'écailles entières. Tige de 2-6 décimètr., dressée, simple monocéphale, rarement rameuse polycéphale, glabre ou légèrement pubescente, quelquefois floconneuse. Feuilles radicales oblongues ou lancéolées, atténuées à la base; les caulinaires 2-4, linéaires plus ou moins allongées. Involucre à folioles obtuses; les extérieures ovales-lancéolées. Akènes à côtes lisses ou rugueuses transversalement. Fleurons jaunes. ♃. Mai-juillet.

C. — Endroits tourbeux des bois découverts, prairies humides.

s.v. — *angustifolia.* — Feuilles radicales linéaires très étroites.

Le *S. Hispanica* L. (vulg. *Salsifis-noir*, *Scorzonère-d'Espagne*) est fréquemment cultivé en grand pour sa souche alimentaire; il se distingue du *S. humilis* par sa tige plus feuillée portant ord. plusieurs capitules, par les folioles de l'involucre presque aiguës et par les akènes de la circonférence à côtes un peu tuberculeuses-épineuses.

LI. PODOSPERMUM. (D.C. fl. Fr. IV. 61.)

Involucre à folioles nombreuses, inégales, imbriquées sur plusieurs rangs, réfléchies à la maturité. Réceptacle dépourvu de paillettes. *Akènes* marqués de côtes longitudinales, lisses, *dépourvus de bec et ne s'atténuant pas au sommet, prolongés à la base en un pied renflé* creux *qui égale presque leur longueur;* surmontés d'une *aigrette à soies plumeuses, à barbes entrecroisées.*

Plante bisannuelle, caulescente, simple ou rameuse, glabrescente ou pubescente, quelquefois rude-tuberculeuse. Feuilles la plupart radicales, ord. pinnatipartites à lobes linéaires, plus rarement linéaires-indivises. Capitules plus ou moins nombreux, terminant la tige et les rameaux. Fleurons jaunes.

1. P. LACINIATUM. (D.C. fl. Fr. IV. 62.) — Scorzonera laciniata. L. sp. 1114. — Schkuhr, handb. III. t. 215.

Plante bisannuelle, à racine pivotante ord. simple. Tiges de 1-6 décimètr., glabrescentes ou pubescentes, plus rarement rudes-tuberculeuses, simples, ou rameuses à rameaux cylindriques. Feuilles la plupart radicales, profondément pinnatipartites, à lobes linéaires-acuminés, le lobe terminal plus grand linéaire-lancéolé, plus rarement presque indivises linéaires. Fleurons de la circonférence dépassant à peine l'involucre. ②. Juin-août.

C. — Lieux incultes et pierreux, décombres, bords des chemins.

var. β. scabrum. (P. muricatum. D.C. syn. fl. Gall. n. 2982.) — Tiges rudes-tuberculeuses. Feuilles ord. rudes sur les bords, ord. pinnatipartites.— A.C.

var. γ. graminifolium. — Feuilles toutes ou la plupart linéaires-entières. — R.

α. β. γ. s.v. — monocephalum. — Tige simple et monocéphale par avortement.

TRIBU III. — Akènes tous surmontés d'une aigrette à soies capillaires non plumeuses lisses ou plus ou moins scabres.

LII. TARAXACUM. (Juss. gen. 169.)

Involucre à folioles nombreuses, inégales, imbriquées sur plusieurs rangs, les extérieures souvent étalées ou réfléchies, toutes réfléchies à la maturité. Réceptacle nu. Akènes marqués de côtes longitudinales striées transversalement ou tuberculeuses-écailleuses au sommet, atténués brusquement en un bec filiforme ; aigrette à soies disposées sur plusieurs rangs.

Plante vivace, acaule, glabre ou glabrescente. Feuilles roncinées, rarement entières. Capitules terminaux solitaires à l'extrémité de pédoncules radicaux nus fistuleux ord. très glabres. Fleurons jaunes.

1. T. DENS-LEONIS. (Desf. fl. Atl. II. 228.)—Leontodon Taraxacum. L. sp. 1122.— Engl. bot. t. 510. (vulg. Pissenlit.)

Souche épaisse, terminée en racine pivotante. Pédoncules radicaux de 1-4 décimètr., dressés ou couchés-ascendants. Feuilles toutes radicales, disposées en rosette, oblongues, atténuées en pétiole à la base, roncinées à lobes inégaux, triangulaires aigus, dentés-incisés ou presque entiers ; rarement feuilles entières ou sinuées. Involucre à folioles extérieures étalées ou réfléchies rarement dressées pendant la floraison, toutes réfractées à la maturité. Aigrettes s'étalant à la maturité et formant par leur réunion une tête globuleuse. Akènes marqués de côtes longitudinales striées, tuberculeuses-épineuses supérieurement. Fleurons jaunes ou d'un jaune orangé. ♃. Avril-octobre.

var. α. officinale. — Plante de 2-4 décimètr., ord. très glabre. Feuilles roncinées, à lobes ord. très amples, presque entiers, triangulaires. Folioles extérieures de l'involucre ord. réfléchies. Akènes verdâtres, jaunâtres ou brunâtres. — C.C.C. — Pelouses, prairies, bords des chemins, voisinage des habitations.

var. β. lævigatum. (Leontodon lævigatum. Willd. sp. III. 1546.) — Plante de 1-2 décimètr., glabre ou pubescente-aranéeuse. Feuilles profondément roncinées, à lobes étroits, entiers, incisés ou pinnatifides-incisés, triangulaires ou lancéolés. Folioles de l'involucre souvent glaucescentes, les extérieures ord. étalées non réfléchies. Akènes ord. d'un rouge de brique. — C. — Endroits secs ou montueux surtout des terrains sablonneux, lieux pierreux, bords des chemins.

var. *γ. palustre*. (T. palustre. D.C. fl. Fr. IV. 48.) — Plante de 1-2 décimètr., glabre. Feuilles presque linéaires entières, ou oblongues atténuées inférieurement sinuées-dentées. Folioles extérieures de l'involucre dressées, rarement étalées. Akènes ord. jaunâtres ou brunâtres. — *A.R.* — Prairies humides, fossés, bords des mares herbeuses. — Ville-d'Avray (*Maire*). Senart! Montmorency (*Thuret*). Luzarches (*De Lens*).

LIII. CHONDRILLA. (L. gen. n. 910.)

Involucre à 7-10 folioles presque égales, disposées sur un ou deux rangs, muni d'écailles à la base. Réceptacle nu. *Akènes* marqués de côtes longitudinales tuberculeuses-épineuses supérieurement, *couronnés par* 5 *dents squamiformes* entre lesquelles s'élève le bec ; *bec très allongé filiforme ;* aigrettes à soies disposées sur plusieurs rangs.

Plante bisannuelle, caulescente, rameuse, presque glabre. Feuilles radicales et inférieures roncinées ; les caulinaires supérieures entières, linéaires-lancéolées, ou linéaires. Capitules ne renfermant que 7-12 fleurons, nombreux, disposés en fascicules latéraux et terminaux. Fleurons jaunes.

1. C. JUNCEA. (L. sp. 1120.) — Jacq. Austr. t. 427.

Tige de 6-12 décimètr., dressée, très rameuse supérieurement à rameaux allongés étalés presque nus, hérissée dans sa partie inférieure de poils spinescents recourbés. Feuilles glabres ; les radicales étalées en rosette, roncinées à lobes inégaux ; les caulinaires supérieures entières, linéaires-lancéolées ou linéaires. Capitules disposés par 2-3, plus rarement solitaires, très brièvement pédonculés. Involucre légèrement farineux, cylindrique, à folioles dressées. Bec plus long de moitié que l'akène. ②. Juin-août.

A.C. — Lieux pierreux, champs arides, bords des chemins, clairières des bois sablonneux.

LIV. PHOENIXOPUS. (Koch, synops. fl. Germ. ed. 1. 430.)

Involucre ord. à 5 *folioles* presque égales, disposées sur un seul rang, muni d'écailles courtes à la base. Réceptacle nu. *Akènes* marqués de côtes longitudinales, *brusquement atténués en un bec filiforme.* Aigrette à soies disposées sur plusieurs rangs.

Plante annuelle, caulescente, rameuse supérieurement, glabre. Feuilles lyrées-pinnatipartites. Capitules nombreux, disposés en une panicule lâche terminale. Fleurons jaunes.

1. P. MURALIS. (Koch, synops. fl. Germ. 430.) — Prenanthes muralis. L. sp. 1121. — Engl. bot. t. 457.

Tige de 5-9 décimètr., dressée, rameuse au sommet, glabre, lisse. Feuilles d'un vert-glauque à la face inférieure, lyrées-pinnatipartites, à lobes anguleux-dentés, le lobe terminal très ample ; les radicales atténuées en pétiole ; les caulinaires rétrécies en un pétiole ailé auriculé-embrassant ; les florales linéaires entières. Involucre glabre, cylindrique. Akène brunâtre, à bec blanc égalant environ la moitié de sa longueur. ④. Juin-septembre.

C. — Vieux murs, bois frais, lieux ombragés.

s.v. — *coloratus.* — Feuilles inférieures et partie inférieure de la tige fortement colorées en rouge-violacé.

LV. LACTUCA. (L. gen. n. 909.)

Involucre oblong-cylindrique, à folioles nombreuses, disposées sur plusieurs rangs, inégales, les extérieures très petites. Réceptacle nu. *Akènes* comprimés, marqués de côtes longitudinales, *brusquement atténués en un bec allongé-capillaire. Aigrette à soies* capillaires lisses ou légèrement scabres, *disposées sur un seul rang.*

Plantes annuelles, bisannuelles, ou vivaces, caulescentes rameuses, glabres ou munies de poils spinescents. Feuilles inférieures roncinées-pinnatipartites ou roncinées-pinnatifides, plus rarement sinuées; les supérieures souvent entières, sagittées à la base, ord. chargées d'aiguillons sur les bords et la nervure moyenne. *Capitules pauciflores ou pluriflores,* nombreux, solitaires ou fasciculés, disposés en un corymbe irrégulier ou en une panicule terminale. Fleurons jaunes, plus rarement violacés.

1 { Fleurons violacés. . . . . *L. perennis.*
{ Fleurons jaunes. . . . . 2.

2 { Feuilles caulinaires linéaires-acuminées très entières . . . *L. saligna.*
{ Feuilles caulinaires oblongues ou ovales-oblongues, roncinées ou sinuées,
{ plus rarement entières. . . . . 3.

3 { Feuilles à nervure moyenne chargée d'aiguillons; capitules disposés en une
{ panicule plus ou moins lâche, ord. étalée . . . . . *L. Scariola.*
{ Feuilles dépourvues d'aiguillons sur la nervure moyenne; capitules disposés
{ en une panicule ord. compacte, dressée. . . . . *L. sativa.*

SECT. I. CYANOSERIS. — Fleurons violacés. Plante vivace.

1. L. PERENNIS. (L. sp. 1120.) — Bot. mag. t. 2150.

Souche ord. épaisse, cespiteuse. Tiges de 2-6 décimètr., dressées, presque nues, rameuses supérieurement, glabres-glaucescentes. Feuilles glabres-lisses, la plupart radicales disposées en rosette, profondément pinnatipartites, à lobes linéaires-lancéolés, entiers ou irrégulièrement dentés; les supérieures très petites, pinnatipartites ou indivises, amplexicaules. Capitules disposés en un corymbe lâche terminal. *Fleurons d'un bleu-violet ou lilas.* Akènes oblongs-lancéolés, égalant environ la longueur de leur bec, à bords épaissis, à côtes moyennes très saillantes. ♃. Mai-juillet.

A.R. — Coteaux pierreux, champs calcaires en friche, berges des rivières, talus des chemins de fer, carrières. — Cachan. Croix de Berny (*Mandon*). Ablon! Senart. Etrechy! Forêt de Fontainebleau : plaine du Chêne-Brûlé (*Woods*). Malesherbes! Pithiviers! La Ferté-sous-Jouarre (*Adr. de Jussieu*). Bussy-St-Martin (*Thuret*). Beauvais! Pierrefond (*Weddell*).

SECT. II. SCARIOLA. — Fleurons jaunes. Plantes annuelles ou bisannuelles.

2. L. SALIGNA. (L. sp. 1119.) — Jacq. Austr. t. 250.

Tige de 5-10 décimètr., ord. dressée, feuillée, ord. rameuse à rameaux grêles-effilés, très glabre, lisse. *Feuilles* glabres, lisses ou légèrement hérissées-épineuses sur la nervure moyenne, *la plupart linéaires-acuminées très entières,* sagittées-amplexicaules; les inférieures souvent roncinées à lobes aigus. Capitules presque sessiles le long des rameaux, disposés en épis lâches effilés dressés rapprochés en une panicule terminale. Fleurons jaunes. Akènes oblongs-obovales, égalant environ la moitié de la longueur de leur bec, présentant sur chaque face 5 stries égales glabres. ②. Juin-août.

C. — Bords des champs, lieux arides pierreux.

3. L. SCARIOLA. (L. sp. 1119.) — Engl. bot. t. 268.

Tige de 8-10 décimètr., dressée, plus ou moins fistuleuse, feuillée, ord. très rameuse supérieurement, à rameaux grêles, étalés, très glabre, lisse ou munie de quelques aiguillons inférieurement. *Feuilles* glabres, *chargées d'aiguillons sur la nervure moyenne*, à bords ciliés-épineux, *oblongues ou obovales-oblongues*, aiguës ou obtuses, amplexicaules-sagittées à la base, roncinées-pinnatifides ou pinnatipartites à lobes denticulés-mucronés, rarement entières. Capitules pédonculés ou sessiles le long des rameaux, disposés en une panicule terminale ord. étalée. Fleurons jaunes. Akènes oblongs-obovales, environ de la longueur de leur bec ou plus courts que lui, présentant sur chaque face 5 stries égales ord. hérissées au sommet de poils blanchâtres. ② . Juin-août.

C. — Lieux incultes pierreux, terrains remués, bords des chemins.

var. β. *integrifolia*. (L. virosa. L.? sp. 1119.) — Feuilles entières ou à peine sinuées, souvent étalées. Akènes d'un brun ord. plus foncé, à stries presque glabres, présentant ord. une bordure distincte.

† **4. L. SATIVA.** (L. sp. 1118.)

Tige de 6-12 décimètr., dressée, presque pleine, feuillée, ord. très rameuse supérieurement, à rameaux grêles ascendants ou dressés, très glabre, lisse, dépourvue d'aiguillons. *Feuilles* succulentes; les inférieures ord. disposées en rosette, glabres, *lisses, dépourvues d'aiguillons* sur la nervure moyenne, à bords non ciliés, *oblongues-obovales ou suborbiculaires*, *obtuses*, entières, sinuées ou irrégulièrement dentées, plus ou moins ondulées; les supérieures cordées-amplexicaules. Capitules pédicellés ou sessiles le long des rameaux, disposés en une panicule corymbiforme terminale ord. compacte. Fleurons jaunes. Akènes égalant environ la longueur de leur bec, présentant sur chaque face 5 stries égales glabres. ② . Juin-septembre.

Cultivé dans les jardins potagers. — Quelquefois subspontané dans le voisinage des habitations.

var. α. *romana*. (vulg. *Laitue romaine*.) — Feuilles imbriquées avant la floraison, oblongues, carénées concaves, peu ondulées.

var. β. *capitata*. (vulg. *Laitue pommée*.) — Feuilles imbriquées avant la floraison, suborbiculaires, très concaves, plus ou moins ondulées.

var. γ. *crispa*. (vulg. *Laitue frisée*.) — Feuilles ord. étalées en rosette avant la floraison, profondément pinnatipartites-sinuées, fortement ondulées-crispées.

LVI. SONCHUS. (L. gen. n. 908.)

Involucre à folioles nombreuses, inégales, disposées sur plusieurs rangs. Réceptacle nu. *Akènes comprimés*, marqués de côtes longitudinales, *tronqués, dépourvus de bec*. *Aigrette à soies très fines*, lisses ou légèrement scabres, disposées sur plusieurs rangs et soudées par fascicules à la base.

Plantes annuelles, bisannuelles ou vivaces, caulescentes, à tiges très fistuleuses, glabres, ou hérissées supérieurement de poils glanduleux, contenant un suc laiteux abondant. Feuilles inférieures roncinées-pinnatipartites ou pinnatifides à lobe terminal plus grand, plus rarement indivises, les supérieures souvent entières, auriculées ou sagittées-amplexicaules, à bords dentés-épineux ou ciliés-épineux. Capitules plus ou moins nombreux, disposés en un corymbe terminal plus ou moins irrégulier, plus rarement solitaires terminaux par avortement.

1 { Involucre très glabre ou présentant seulement quelques poils glanduleux. . **2**.
{ Involucre couvert de poils glanduleux . . . . **3**.

2 { Akènes à côtes striées transversalement. . . . . *S. oleraceus*.
{ Akènes à côtes lisses. . . . . *S. asper*.

3 { Feuilles amplexicaules à oreillettes courtes obtuses; les caulinaires moyennes roncinées. . . . . *S. arvensis*.
{ Feuilles sagittées à oreillettes lancéolées-aiguës; les caulinaires moyennes entières ou présentant 1-3 lobes au-dessus de leur base. . *S. palustris*.

1. S. OLERACEUS. (L. sp. 1116.) (vulg. *Laitron.*)

Plante annuelle. Tige de 2-8 décimètr., ord. dressée, rameuse au sommet, glabre ou présentant quelques poils glanduleux dans sa partie supérieure. Feuilles roncinées-pinnatipartites, ou roncinées-pinnatifides à division terminale ord. plus ample quelquefois subtriangulaire, à bords inégalement dentés-épineux; les inférieures rétrécies en pétiole; les caulinaires à base élargie, amplexicaule-auriculée, à oreillettes acuminées, droites libres étalées, plus rarement décurrentes. Capitules fructifères déprimés brusquement terminés en une pointe conique, disposés en un corymbe plus ou moins irrégulier. *Involucre glabre* ou présentant quelques poils glanduleux, à folioles extérieures épaissies-succulentes à la base. *Akènes à côtes striées transversalement.* (1). Juin-octobre.

C.C.C. — Lieux cultivés, jardins, bords des chemins, vieux murs.

var. α. *runcinatus.* — Feuilles roncinées-pinnatipartites, à division terminale très ample triangulaire.

s.v. — *triangularis.* — Feuilles réduites à la division terminale très ample triangulaire, les latérales nulles ou presque nulles.

var. β. *lacerus.* — Feuilles profondément roncinées-pinnatipartites, à division terminale peu développée ord. plus ou moins lobée.

α. β. s.v. *glandulosus.* — Pédoncules ou involucres présentant quelques poils glanduleux.

2. S. ASPER. (Vill. Dauph. III. 158.)

Plante annuelle. Tige de 2-8 décimètr., ord. dressée, rameuse au sommet, glabre ou présentant quelques poils glanduleux dans sa partie supérieure, souvent rougeâtre. Feuilles oblongues ou obovales-oblongues, indivises, sinuées-dentées ou roncinées-pinnatifides à lobe terminal souvent plus ample sinué, à bords inégalement dentés-épineux; les inférieures rétrécies en pétiole; les caulinaires à base élargie amplexicaule-auriculée, à oreillettes arrondies ord. plus ou moins contournées en dessous. Capitules fructifères déprimés brusquement terminés en une pointe conique, disposés en un corymbe plus ou moins irrégulier. *Involucre glabre* ou offrant quelques poils glanduleux, à folioles extérieures épaissies-succulentes à la base. *Akènes à côtes lisses.* (1). Juin-octobre.

C.C.C. — Lieux cultivés, jardins, décombres, vieux murs.

var. α. *vulgaris.* — Feuilles plus ou moins profondément sinuées-dentées ou pinnatifides, ondulées, à bords très épineux, à oreillettes fortement contournées.

var. β. *mollis.* — Feuilles ord. entières ou à peine dentées, planes, à bords peu épineux, à oreillettes plus ou moins contournées.

var. γ. *elatior.* — Plante ord. très développée. Feuilles profondément roncinées-pinnatifides, planes ou légèrement ondulées, à bords ord. très épineux, à oreillettes ord. à peine contournées.

α. β. γ. s.v. *glandulosus.* — Pédoncules ou involucres présentant quelques poils glanduleux.

3. S. ARVENSIS. (L. sp. 1116.) — Engl. bot. t. 674.

Plante vivace. Tige de 5-10 décimètr., dressée, simple, très glabre inférieurement, hérissée de poils glanduleux dans sa partie supérieure. *Feuilles* roncinées-pinnatipartites ou pinnatifides à lobe terminal allongé oblong, à bords inégalement dentés-épineux; les inférieures rétrécies en pétiole, quelquefois à peine sinuées; les caulinaires moyennes *à base* élargie *amplexicaule-auriculée à oreillettes courtes arrondies.* Capitules disposés en un corymbe irrégulier terminal. *Involucre couvert ainsi que le pédoncule de poils glanduleux-visqueux.* Akènes à côtes striées transversalement. 2f. Juillet-septembre.

C. — Lieux cultivés, bords des champs, vignes, endroits pierreux.

s.v. — *integrifolius.* — Feuilles, même les caulinaires, entières ou légèrement sinuées. Capitules subsolitaires. — Lieux secs.

s.v. — *elatior.* — Tige de 1-2 mètres. Feuilles ord. très amples, à oreillettes très élargies. Capitules ord. nombreux. — Lieux humides, marécageux.

4. S. PALUSTRIS. (L. sp. 1116.) — Engl. bot. t. 935. — Fl. dan. t. 1109.

Plante vivace. Tige de 2-3 mètres, dressée, simple, très glabre inférieurement, hérissée de poils glanduleux dans sa partie supérieure. *Feuilles* à bords régulièrement dentés-épineux, à dents épaisses courtes ord. réfléchies en dessous; les inférieures roncinées-pinnatipartites, à lobe terminal lancéolé très allongé; les caulinaires moyennes lancéolées, entières ou présentant 1-2 lobes lancéolés au-dessus de leur base, *à base sagittée-amplexicaule à oreillettes lancéolées aiguës.* Capitules ord. très nombreux, disposés en un corymbe terminal ord. très ample. *Involucre couvert ainsi que le pédoncule de poils glanduleux-visqueux.* Akènes à côtes un peu striées transversalement. 2f. Juillet-août.

R. — Endroits ombragés et bords des fossés des prairies tourbeuses. — Bois Jacques et bords de l'étang de St-Gratien près Enghien! Le Bouchet près Mennecy! Monchy-Humières (*Leré*). La Croix-St-Ouen près Compiègne (*Pillot*). — ? Versailles; Luzarches.

LVII. BARKHAUSIA. (Mœnch. meth. 537.)

Involucre à folioles nombreuses, disposées sur deux ou plusieurs rangs; les intérieures égales dressées, les extérieures inégales courtes lâchement imbriquées. Réceptacle dépourvu de paillettes, velu ou glabre. *Akènes* presque cylindriques, marqués de stries longitudinales rugueuses ou denticulées-hispides, *atténués insensiblement, au moins ceux du centre, en un bec plus ou moins allongé;* surmontés d'une *aigrette à soies* fines, lisses ou légèrement scabres, *disposées sur plusieurs rangs.*

Plantes annuelles ou bisannuelles, caulescentes, ord. rameuses, pubescentes ou velues-hispides. Feuilles la plupart roncinées-pinnatifides ou roncinées-pinnatipartites, plus rarement entières, les supérieures sessiles ou amplexicaules. *Capitules multiflores*, plus ou moins nombreux, disposés en une panicule ou en un corymbe plus ou moins irrégulier. Fleurons jaunes.

1 { Involucre hérissé de poils jaunâtres raides sétiformes . . . . . *B. setosa.*
{ Involucre pubescent ou subtomenteux, ne présentant jamais de poils sétiformes jaunâtres. . . . . 2.

2 { Akènes de la circonférence à peine atténués en bec; capitules penchés avant l'épanouissement. . . . . *B. fœtida.*
{ Akènes de la circonférence et du centre terminés en un bec allongé; capitules jamais penchés . . . . *B. taraxacifolia.*

1. B. FOETIDA. (D.C. fl. Fr. IV. 42.). — Crepis fœtida. L. sp. 1133. — Engl. bot. t. 406.

Plante très odorante dans toutes ses parties. Tige de 2-5 décimètr., dressée ou diffuse, ord. rameuse surtout au niveau du collet et dans sa partie inférieure, à rameaux très allongés, hérissée de poils courts surtout inférieurement. Feuilles velues-hérissées, la plupart radicales disposées en rosette, rétrécies en pétiole, roncinées-pinnatipartites ou pinnatifides, à divisions très inégales anguleuses-dentées, la division terminale plus ample ; les supérieures sessiles, souvent lancéolées, profondément incisées à la base. *Pédoncules* très allongés, légèrement renflés supérieurement, *penchés avant l'épanouissement des capitules*. Involucre cannelé par la saillie des folioles, pubescent-blanchâtre. *Akènes de la circonférence* à peine *atténués en bec*, plus courts que l'involucre ; *ceux du centre terminés par un bec très allongé, dépassant l'involucre*. ④. Juin-août.

C. — Lieux pierreux arides, bords des chemins, champs en friche.

On cultive dans les jardins le *B. rubra* Mœnch, à fleurons d'un rose tendre, à akènes de la circonférence atténués en un bec court.

2. B. TARAXACIFOLIA. (D.C. fl. Fr. IV. 45.) — Crepis taraxacifolia. Thuill. fl. Par. 409.

Tige de 4-8 décimètr., dressée, simple inférieurement, rameuse dans sa partie supérieure, plus ou moins colorée en rouge à la base, à peine pubescente. Feuilles velues-hispides, la plupart radicales disposées en rosette, rétrécies en pétiole, roncinées-dentées, ou pinnatipartites à divisions inégales entières ou dentées, la division terminale plus ample ; les supérieures sessiles, souvent lancéolées, pinnatipartites ou profondément incisées à la base. *Pédoncules* disposés en un corymbe irrégulier, non renflés dans leur partie supérieure, *dressés avant l'épanouissement. Involucre recouvrant la moitié inférieure de l'aigrette* ; folioles intérieures tomenteuses hérissées de poils glanduleux noirâtres, les extérieures brunâtres glabrescentes presque scarieuses. *Akènes de la circonférence et du centre terminés par un bec allongé, plus courts que l'involucre.* Fleurons de la circonférence ord. rougeâtres en dehors. ②. Mai-juillet.

C. — Prairies, pâturages, bords des chemins, terres remuées, talus des chemins de fer.

3. B. SETOSA. (D.C. fl. Fr. IV. 44.) — D.C. ic. rar. 1. t. 19. — Crepis hispida. Waldst. et Kit. rar. Hung. 1. t. 43.

Tiges de 3-6 décimètr., dressées, rameuses surtout dans leur partie supérieure, souvent rougeâtres inférieurement, plus ou moins hérissées de poils raides sétiformes. Feuilles pubescentes ou légèrement hérissées ; les radicales disposées en rosette, rétrécies en pétiole, roncinées-dentées ou pinnatipartites, à divisions inégales, la terminale très ample ; les supérieures sessiles subsagittées-amplexicaules, entières, plus rarement incisées à la base. Pédoncules assez grêles, disposés en un corymbe irrégulier, dressés avant l'épanouissement, hérissés ainsi que les bractées de poils jaunâtres raides sétiformes. *Involucre atteignant presque le sommet des aigrettes, à folioles* pubérulentes *chargées de poils sétiformes plus ou moins étalés.* Akènes de la circonférence et ceux du centre terminés par un bec assez allongé. Fleurons de la circonférence quelquefois d'un jaune orangé en dehors. ① ou ②. Juin-août.

R.R. — Champs arides, prairies artificielles. — Cachan ! (*Maire*). Plaine des Loges près Versailles ! Champolran-en-Brie (*J. Parseval*). Reutilly près Lagny (*G. Thuret*). Malesherbes (Me *Lina M.****).

LVIII. CREPIS. (L. gen. n. 914, *part.*)

Involucre à folioles nombreuses, disposées sur deux ou plusieurs rangs ; les intérieures égales dressées ; les extérieures inégales, courtes, appliquées ou lâchement imbriquées. Réceptacle dépourvu de paillettes, glabre ou velu. *Akènes presque cylindriques*, marqués de stries longitudinales lisses ou denticulées-hispides, *dépourvus de bec, légèrement atténués supérieurement ; aigrette à soies* fines, *blanches*, lisses ou légèrement scabres, *disposées sur plusieurs rangs.*

Plantes annuelles ou bisannuelles, caulescentes, plus ou moins rameuses, glabrescentes ou plus ou moins velues, quelquefois glanduleuses. Feuilles la plupart roncinées-pinnatifides ou roncinées-pinnatipartites, plus rarement sinuées ou entières; les supérieures sessiles ou amplexicaules, glabrescentes ou velues. Capitules plus ou moins nombreux, disposés en une panicule ou en un corymbe terminal plus ou moins irrégulier. Fleurons jaunes.

1 { Involucre très glabre, à folioles extérieures ovales-aiguës très courtes; tige et feuilles visqueuses . . . . *C. pulchra.*
Involucre velu ou pubescent au moins à la base, à folioles extérieures lancéolées, linéaires ou subulées; tige et feuilles jamais visqueuses. . . . 2.

2 { Feuilles caulinaires à bords roulés en dessous; akènes denticulés-scabres supérieurement. . . . . *C. tectorum.*
Feuilles caulinaires planes; akènes à stries lisses. . . . . 3.

3 { Involucre à folioles glabres à la face interne, les extérieures apprimées; tige lisse supérieurement. . . . . *C. virens.*
Involucre à folioles pubescentes à la face interne, les extérieures étalées; tige scabre sur les angles dans sa partie supérieure. . . . *C. biennis.*

1. C. PULCHRA. (L. sp. 1154.) — Engl. bot. t. 2325 — Prenanthes hieracifolia. Willd. sp. III. 1531.

Tige de 3-8 décimètr., dressée, rameuse supérieurement à rameaux disposés en un corymbe plus ou moins ample, couverte dans sa partie inférieure de poils glanduleux, glabre lisse dans sa partie supérieure. *Feuilles couvertes de poils glanduleux;* les radicales et les inférieures disposées en rosette, oblongues rétrécies en pétiole, roncinées-pinnatifides; les caulinaires amplexicaules, oblongues-lancéolées, plus ou moins dentées. *Involucre très glabre, à folioles* presque régulièrement disposées sur deux rangs, les *extérieures très courtes ovales-aiguës* apprimées. Akènes presque linéaires, à stries peu marquées; ceux du centre à stries lisses, ceux de la circonférence à stries denticulées-hispides. ⨀. Juin-juillet.

A.R. — Bords des chemins, coteaux, vignes, endroits pierreux. — St-Germain (*Weddell*). Ris! Rougeaux! Berges du chemin de fer entre Mantes et Vernon! La Roche-Guyon! Abondant aux Andelys et à Dreux!

2. C. TECTORUM. (L. sp. 1155.) — Flor. Dan. t. 501. — C. Dioscoridis. Poll. Pal. II. 399.

Tige de 3-5 décimètr., dressée, rameuse supérieurement, à rameaux disposés en un corymbe dressé, pubescente quelquefois rude. *Feuilles* glabrescentes ou un peu pubescentes; les radicales disposées en rosette, souvent détruites lors de la floraison, oblongues étroites, rétrécies en pétiole, roncinées-pinnatifides ou sinuées-dentées; les *caulinaires* sessiles, subsagittées, linéaires-étroites, ord. entières, *à bords roulés en dessous.* Involucre pubescent-blanchâtre, parsemé de poils raides noirs; à folioles imbriquées irrégulièrement, légèrement pubescentes à la face interne, les extérieures étalées linéaires presque subulées. *Akènes* atténués supérieurement, *à stries* très marquées *denticulées-scabres* supérieurement. ⨀. Mai-juillet, refleurit en automne.

A.R. — Vieux murs, bords des chemins pierreux. — Bondy! Buc! Châteaufort! Versailles! St-Germain! Arpajon! Milly! Valvins!, etc.

3. C. VIRENS. (Vill. Dauph. III. 142.) — L. sp. 1134? — C. polymorpha. Wallr. sched. crit. 426. — C. tectorum. Engl. bot. t. 1111.

Tige de 2-8 décimètr., dressée, simple inférieurement, ou rameuse diffuse dès la base, rameuse supérieurement à rameaux disposés en un corymbe dressé ou un peu étalé, glabre ou pubescente - hispide surtout inférieurement. Feuilles glabres ou presque glabres à nervure moyenne souvent hérissée, rarement presque hispides; les radicales disposées en rosette, quelquefois détruites lors de la floraison, rétrécies en pétiole, oblongues, roncinées-pinnatipartites, roncinées-pinnatifides, dentées, sinuées ou entières; les caulinaires sessiles, plus ou moins sagittées à la base, pinnatifides, lobées ou entières, planes. *Involucre* plus ou moins pubescent - blanchâtre surtout à la base, souvent parsemé de poils raides noirs, *à folioles glabres à la face interne*, imbriquées irrégulièrement, *les folioles extérieures apprimées linéaires presque subulées.* Akènes oblongs-linéaires à peine atténués supérieurement, *à stries très marquées lisses.* ①. Juin-octobre.

C.C. — Prairies, pelouses, champs, bords des chemins, lisière des bois.

var. α. *vulgaris.* — Tige simple ou presque simple inférieurement, dressée. Feuilles caulinaires roncinées-pinnatipartites ou pinnatifides, plus rarement entières. Pédoncules assez courts.

s.v. — *subnuda.* — Feuilles caulinaires 1-2, peu développées, ord. entières, très étroites ou presque nulles.

s.v. — *elatior.* — Tige robuste, atteignant souvent 6-8 décimètr. Feuilles caulinaires très développées, nombreuses, ord. pinnatipartites. Capitules assez gros.

s.v. — *integrifolia.* — Feuilles inférieures et caulinaires plus ou moins grandes, entières ou sinuées-dentées; les radicales souvent détruites lors de la floraison.

s.v. — *hispida.* — Tige velue-hérissée dans sa partie inférieure. Capitules quelquefois hérissés.

var. β. *diffusa.* (C. diffusa. D.C. cat. hort. Monsp. 98.) — Tige rameuse diffuse dès la base, à rameaux grêles ord. nombreux, ord. rapprochés en touffe. Feuilles caulinaires souvent entières ou sinuées-dentées. Pédoncules ord. très allongés, presque filiformes. Capitules ord. très petits. — C.C., surtout en automne.

4. C. BIENNIS. (L. sp. 1156.) — Engl. bot. t. 149.

Tige de 6-12 décimètr., dressée, rameuse supérieurement, à rameaux disposés en un corymbe dressé, hispide, scabre sur les angles surtout supérieurement, plus rarement presque glabre à peine scabre. Feuilles velues-hérissées, surtout en dessous, très rarement presque glabres; les radicales irrégulièrement disposées en rosette, ord. détruites lors de la floraison, rétrécies en pétiole, oblongues, roncinées-pinnatipartites ou roncinées-pinnatifides; les caulinaires moyennes et supérieures sessiles, un peu amplexicaules-auriculées, la plupart roncinées-pinnatipartites ou pinnatifides, planes. *Involucre* pubescent-blanchâtre, parsemé de poils raides noirs, *à folioles pubescentes à la face interne* imbriquées irrégulièrement, *les folioles extérieures étalées lancéolées-linéaires.* Akènes presque linéaires, à peine atténués supérieurement, à stries très marquées lisses. ②. Juin-juillet.

A.C. — Prairies humides, marécages, marais. — Bondy! Versailles! St-Germain! St-Maur! Mennecy! Rentilly (*Thuret*). Malesherbes! Nemours! Chaumont! Ammenucourt près La Roche-Guyon! Dreux!, etc.

LIX. HIERACIUM. (Tournef. inst. t. 267.)

Involucre à folioles nombreuses, disposées sur deux ou plusieurs rangs, plus ou moins étroitement imbriquées. Réceptacle dépourvu de paillettes, glabre ou velu. *Akènes presque cylindriques*, marqués de stries longitudinales, *tronqués terminés par un rebord* annulaire *peu saillant* qui entoure la base de l'aigrette ; *aigrette à soies très fragiles d'un blanc sale ou roussâtre à la maturité*, scabres, *disposées sur un seul rang*.

Plantes vivaces, acaules ou caulescentes, glabres, pubescentes ou velues. Feuilles entières, sinuées, dentées ou pinnatifides. Capitules plus ou moins nombreux, disposés en panicule ou en corymbe, plus rarement solitaires à l'extrémité de la tige ou des pédoncules radicaux. Fleurons jaunes.

1 { Pédoncules radicaux ou tiges scapiformes ; plante ord. stolonifère. . . . **2.**
{ Tige feuillée ; plante non stolonifère. . . . . **4.**

2 { Pédoncules radicaux monocéphales ; feuilles tomenteuses à la face inférieure . . . . *H. Pilosella.*
{ Tiges scapiformes, nues ou portant 1-3 feuilles à la base, portant 2-60 capitules ; feuilles glauques poilues, jamais tomenteuses à la face inférieure. **3.**

3 { Tige portant 2-5 capitules, rarement monocéphale par avortement. . . .
{ . . . . *H. Auricula.*
{ Tige portant 20-60 capitules. . . . . *H. præaltum.*

4 { Feuilles radicales très développées persistant lors de la floraison . . . .
{ . . . . : . . . . . . *H. vulgatum.*
{ Feuilles radicales détruites lors de la floraison. . . . . **5.**

5 { Folioles extérieures de l'involucre recourbées en dehors au sommet ; feuilles oblongues-lancéolées ou linéaires . . . . *H. umbellatum.*
{ Folioles de l'involucre toutes dressées ; feuilles ovales-lancéolées ou oblongues-lancéolées . . . . **6.**

6 { Feuilles supérieures subsessiles, atténuées à la base. . . *H. lævigatum.*
{ Feuilles supérieures sessiles, à base plus ou moins cordée-amplexicaule. .
{ . . . . *H. Sabaudum.*

SECT. I. PILOSELLOIDEA. — Pédoncules radicaux ou tiges scapiformes. Plante ord. stolonifère.

1. H. PILOSELLA. (L. sp. 1125.) — Engl. bot. 1093. (vulg. *Piloselle*, *Oreille-de-rat.*)

Pédoncules radicaux nus, de 1-2 décimètr., pubescents presque tomenteux, souvent hérissés. Stolons feuillés plus ou moins allongés, ord. couchés-radicants, quelquefois ascendants, stériles, rarement florifères. *Feuilles obovales-oblongues, entières, tomenteuses en dessous*, hérissées de longs poils sur les deux faces. *Capitules* assez gros, *solitaires à l'extrémité des pédoncules radicaux.* Involucre pubescent-subtomenteux, chargé de poils raides noirs, plus rarement couvert de poils soyeux. Fleurons de la circonférence souvent d'un jaune rougeâtre en dessous. ♃. Mai-septembre.

C.C.C. — Pelouses, bords des chemins, lieux arides, bois.

var. β. *incanum.* — Involucre couvert de poils soyeux assez courts. Feuilles blanches-tomenteuses à la face inférieure. — Coteaux secs.

var. γ. *Peleterianum.* (H. Peleterianum. Mérat, fl. Par. ed. 1. 305.) — Involucre couvert de longs poils soyeux. Capitules environ une fois plus gros que dans le type. Feuilles très blanches à la face inférieure. — *R.R.* — Lieux pierreux, terrains sablonneux arides. — Étampes !

2. H. AURICULA. (L. sp. 1126.) — Fl. Dan. t. 1111. — H. dubium. Smith, Brit. Il. 828. — Engl. bot. t. 2332.

Tige scapiforme de 1-4 décimètr., *nue ou portant une seule feuille inférieurement*, presque glabre à sa partie moyenne, un peu tomenteuse supérieurement, souvent hérissée à la base. Stolons feuillés, plus ou moins allongés, couchés, ord. radicants, stériles, très rarement florifères. *Feuilles obovales-*

oblongues, entières, *vertes-glaucescentes* parsemées de longs poils *sur les deux faces. Capitules réunis 2-5 en corymbe terminal*, plus rarement solitaires par avortement. Involucre hérissé de poils raides noirs. Fleurons jaunes. ♃. Mai-septembre.

A.C. — Pelouses humides , bords des mares et des fossés. — Senart! St-Léger! St-Hubert! Rougeaux près Corbeil! Parc de Reuilly; forêt d'Armainvilliers (*G. Thuret*). Melun! Fontainebleau! Champagne! Provins (*Bouteiller*). Luzarches (*De Lens*). Morfontaine! Dreux, etc.

var. β. *monocephalum.* — Tige monocéphale par avortement.

3. H. PRÆALTUM. (Vill. voy. 62. t. 2. f. 1.)

Tige scapiforme de 3-6 décimètr., présentant une seule feuille ou un très petit nombre de feuilles à sa base, *portant 20-60 capitules*, glabre, ou présentant quelques poils raides épars à base noirâtre, en même temps que d'autres poils apprimés étoilés ; stolons très courts ou nuls, plus rarement allongés, couchés stériles, ou ascendants florifères. Feuilles lancéolées ou oblongues-lancéolées atténuées à la base, entières, glauques, parsemées de poils raides au moins sur les bords et sur la nervure moyenne. Capitules assez petits, disposés en un corymbe terminal lâche. Involucre velu-glanduleux, à folioles linéaires-acuminées. Fleurons jaunes. ♃. Juin-juillet.

R.R. — Vieux murs, bois montueux.—Observé en 1838 et en 1842 sur le mur d'enclos de l'ancienne Chartreuse de Bourg-Fontaine, et dans la forêt de Villers-Cotterets dans le voisinage de la ville (*Questier*).

On cultive dans les jardins le *H. aurantiacum* L., à tige 5-20-céphale, à fleurons d'un jaune safrané.

SECT. II. *PULMONARIOIDEA.* — *Tige feuillée. Plante non stolonifère.*

4 .H. VULGATUM. (Fries, nov. fl. Succ. ed. 2. 258.) (*vulg. Pulmonaire-des-Français.*)

Tige de 3-10 décimètr., plus ou moins feuillée, simple, ou rameuse supérieurement, à pédoncules disposés en corymbe, plus ou moins hispide surtout inférieurement, couverte dans sa partie supérieure ainsi que les pédoncules et les involucres d'une pubescence étoilée mêlée de poils raides noirs glanduleux. *Feuilles radicales* très développées, *persistant lors de la floraison*, vertes ou légèrement glaucescentes, quelquefois maculées de brun à la face supérieure, souvent colorées en rouge violet à la face inférieure, ovales, ovales-lancéolées ou oblongues, tronquées un peu cordées à la base, ou rétrécies en pétiole, entières, ou plus ordinairement sinuées ou dentées à dents espacées ; les caulinaires au nombre de 1-8, oblongues-lancéolées , entières ou dentées , subsessiles ou brièvement pétiolées. Involucre à folioles apprimées. ♃. Mai-août.

var. α. *sylvaticum.* (H. sylvaticum. Lam. dict. II. 366. — Fl. Dan. t. 1113.) Feuilles radicales vertes, ovales-lancéolées ou oblongues, rétrécies en pétiole , les caulinaires 5-8, brièvement pétiolées ou subsessiles. — *C.* — Bois , lieux incultes.

var. β. *intermedium.* — Feuilles radicales un peu glaucescentes , ovales-lancéolées ou oblongues , retrécies en pétiole , ord. très velues-hispides ; les caulinaires 1-3 subsessiles. — *A.C.* — Vieux murs , rochers, lieux pierreux arides.

var. γ. *murorum.* (H. murorum. Vill. Dauph. III. 124. — Engl. bot. t. 2082.) — Feuilles radicales ord. vertes, ovales , ovales-lancéolées , plus rarement suborbiculaires, tronquées ou presque cordées à la base. Tige ne portant ord. qu'une seule feuille sessile ou très brièvement pétiolée. — *A.C.* — Bois secs , lieux pierreux arides, rochers , vieux murs.

α. β. γ. s.v. *maculatum*. — Feuilles marquées de taches brunes à la face supérieure.

α. β. γ. s.v. *coloratum*. — Feuilles colorées en rouge violacé à la face inférieure.

5. H. SABAUDUM. (L. sp. 1131.) — Engl. bot. t. 349. — All. Ped. t. 27. f. 2.

Tige de 5-10 décimètr., feuillée, simple ou rameuse supérieurement, à pédoncules disposés en un corymbe allongé, plus ou moins hispide surtout inférieurement, couverte dans sa partie supérieure ainsi que les pédoncules d'une pubescence étoilée. *Feuilles radicales* peu développées, *détruites lors de la floraison*; les caulinaires nombreuses, diminuant brusquement de grandeur vers le milieu de la hauteur de la tige; les caulinaires inférieures ovales-oblongues ou oblongues, atténuées à la base, dentées à dents espacées, brièvement pétiolées ou subsessiles; *les supérieures* ovales-aiguës, sessiles, *à base plus ou moins cordée-amplexicaule. Involucre à folioles apprimées*, noircissant ord. par la dessiccation. ♃. Juillet-septembre.

A.C. — Bois, bruyères, buissons des coteaux arides.

s.v. — *coloratum*. — Feuilles colorées en rouge violacé à la face inférieure.

6. H. LÆVIGATUM. (Willd. sp. III. 1590.) — H. affine. Tausch, bot. zeit. II. 70. — H. boreale. Fries, nov. fl. Suec. ed. 2. 161.

Tige de 5-10 décimètr., feuillée, simple ou rameuse supérieurement, à pédoncules disposés en un corymbe allongé, plus ou moins hispide surtout inférieurement, couverte dans sa partie supérieure ainsi que les pédoncules d'une pubescence étoilée. *Feuilles radicales* peu développées, *détruites lors de la floraison*; les caulinaires nombreuses, diminuant brusquement de grandeur vers le milieu de la hauteur de la tige; les inférieures oblongues atténuées à la base, dentées à dents espacées, brièvement pétiolées; *les supérieures* oblongues-lancéolées, subsessiles, *atténuées à la base. Involucre à folioles* ord. *apprimées*, noircissant ou ne noircissant pas par la dessiccation. ♃. Juillet-septembre.

A.C. — Bois, lisière des bois, endroits ombragés.

s.v. — *glandulosum*. — Pédoncules et involucres parsemés de points noirs glanduleux.

s.v. — *coloratum*. — Feuilles colorées en rouge-violacé à la face inférieure.

7. H. UMBELLATUM. (L. sp. 1131.) — Engl. bot. t. 1771. (vulg. *Épervière*.)

Tige de 5-10 décimètr., feuillée, simple ou rameuse supérieurement, à pédoncules ord. disposés en un corymbe ombelliforme, plus ou moins hispide surtout inférieurement, couverte dans sa partie supérieure ainsi que les pédoncules d'une pubescence étoilée. *Feuilles radicales* peu développées, *détruites lors de la floraison; les caulinaires* nombreuses, diminuant insensiblement de grandeur de la partie inférieure de la plante au sommet, oblongues-lancéolées ou linéaires, dentées à dents espacées, ou presque entières, *atténuées à la base*; les inférieures brièvement pétiolées; les supérieures subsessiles. *Involucres*, surtout ceux des capitules jeunes, *à folioles extérieures recourbées en dehors au sommet*, noircissant par la dessiccation. ♃. Juillet-septembre.

C.C.C. — Lisières et clairières des bois, pâturages, buissons, bruyères, coteaux arides.

s.v. — *serotinum*. — Plante rabougrie ou broutée, à feuilles presque entières, à tige ord. rameuse dès la base, à rameaux monocéphales. — Se rencontre surtout en automne.

LXXIII. AMBROSIACÉES.

(AMBROSIACEÆ. Link, handb. z. erkenn. gew. I. 816.)

Fleurs (fleurons) unisexuelles, quelquefois dépourvues de corolle, les mâles *sessiles sur un réceptacle commun et entourées d'un involucre*, les femelles renfermées 1-2 dans un involucre gamophylle. — Capitule mâle : Involucre multiflore, à folioles disposées sur un seul rang, libres, plus rarement soudées. Réceptacle muni de paillettes, plus rarement nu. Calice indistinct. Corolle gamopétale, tubuleuse ou tubuleuse-claviforme, brièvement 5-lobée. Étamines 5 ; filets soudés avec la corolle seulement à la base, libres ou soudés entre eux ; *anthères libres*, bilobées, introrses, à lobes non prolongés en appendices basilaires. Ovaire rudimentaire ; style indivis. — Capitule femelle : *Involucre à folioles* imbriquées, *soudées en une enveloppe capsulaire 1-2-flore, 1-2-loculaire, hérissée d'épines* (extrémité libre des folioles extérieures), munie à la base de quelques folioles libres, terminée par 2 becs presque égaux ou très inégaux creusés en tube pour donner passage à chacun des styles, plus rarement à un seul bec. Calice gamosépale, membraneux, soudé avec l'ovaire au-dessus duquel il est ord. prolongé en un bec qui embrasse la base du style. Corolle insérée au sommet du calice, tubuleuse-filiforme, ou nulle. Étamines nulles. Ovaire soudé avec le calice, à une seule loge uni-ovulée ; *ovule dressé*, réfléchi ; style filiforme, bifide, à branches linéaires, divergentes, stigmatifères à la face interne.—*Fruit* (akène) *sec, uniloculaire, monosperme*, *indéhiscent*, renfermé dans l'involucre devenu ligneux.— Graine dressée, à testa non soudé avec le péricarpe.*Périsperme nul.* Embryon droit. Radicule dirigée vers le hile.

Plantes annuelles, quelquefois munies d'épines. Feuilles ord. alternes, pétiolées, lobées; stipules nulles. Capitules rapprochés en épis, les capitules supérieurs mâles caducs après la floraison, les inférieurs femelles.

1. XANTHIUM. (Tournef. inst. t. 252.)

Capitules ne contenant des fleurons que d'un même sexe. — Capitule mâle : Involucre subglobuleux, multiflore, à folioles libres disposées sur un seul rang. Réceptacle cylindrique, muni de paillettes. Corolle tubuleuse-claviforme. — Capitule femelle : Involucre ovoïde, à folioles imbriquées et soudées en une enveloppe capsulaire biflore, hérissée d'épines terminée par 2 becs égaux ou très inégaux, ligneuse à la maturité et à 2 loges contenant chacune un akène. Corolle tubuleuse-filiforme, embrassant le style. Akène comprimé.

Capitules rapprochés en épis courts axillaires, les supérieurs mâles, les inférieurs femelles.

(Tige dépourvue d'épines. . . . . *X. Strumarium*.
† Tige portant de longues épines tripartites. . . . . . . *X. spinosum*.

1. X. STRUMARIUM. (L. sp. 1400.) — Engl. bot. t. 2544. (vulg. *Lampourde*, *Glouteron*.)

Tige de 4-8 décimètr., dressée, robuste, anguleuse, rameuse, *dépourvue d'épines*. Feuilles scabres, blanchâtres en dessous, pétiolées; les inférieures trilobées à lobes dentés, un peu cordées à la base. Involucre femelle fructifère ovoïde assez gros, chargé d'épines assez robustes courbées en hameçon au sommet, à becs égaux coniques presque droits ou un peu connivents donnant passage au style peu au-dessous de leur sommet. ①. Juillet-septembre.

R. — Bords des chemins, fossés, lieux inondés l'hiver, berges des rivières. — Paris : bords de la Seine vers le Pont-Neuf! St-Maur! La Ferté-sous-Jouarre (*Adr. de Jussieu*). — ? St-Germain; Longjumeau; Antony, etc. (*Mérat, fl. Par.*).

Le *X. macrocarpum* D.C. a été semé dans quelques localités; cette espèce, voisine du *X. Strumarium*, s'en distingue surtout par ses feuilles atténuées-cunéiformes à la base, et par son involucre femelle fructifère beaucoup plus gros à becs fortement arqués-connivents.

† 2. X. SPINOSUM. (L. sp. 1400.) — Lam. illustr. t. 765. f. 4.

Tige de 3-6 décimètr., ord. rameuse dès la base. *Feuilles* atténuées inférieurement, 3-lobées à lobe moyen lancéolé très long, blanches-tomenteuses en dessous, *présentant vers leur insertion deux longues épines tripartites d'un jaune d'or.* Involucre femelle fructifère à épines grêles subulées fortement courbées en hameçon au sommet, à becs droits très inégaux donnant passage au style vers leur base, le bec le plus long épineux d'un jaune d'or ainsi que les autres épines.

Quelquefois subspontané sur les décombres.—Champs-Élysées. Env. du Muséum ! —? Juvisy; Versailles, *Mérat, fl. Par.*)

Division III. APÉTALES.

Enveloppes florales réduites au calice ou nulles. Ovules contenus dans un ovaire fermé, recevant l'influence du pollen par l'intermédiaire d'un stigmate.

Classe I. APÉTALES NON AMENTACÉS.

Fleurs pourvues d'un calice, très rarement dépourvues de calice, hermaphrodites, ou unisexuelles les mâles n'étant jamais disposées en chatons. — Plantes herbacées, plus rarement arbres ou arbrisseaux.

LXXIV. AMARANTHACÉES.

(AMARANTHI. Juss. gen. 87, *part.*)

Fleurs monoïques ou polygames-monoïques, plus rarement hermaphrodites; munies de 3 bractées, l'inférieure plus grande quelquefois nulle. — *Calice* persistant, non soudé avec l'ovaire, *à 3-5 sépales* libres, ou un peu soudés à la base, *plus ou moins scarieux*, presque égaux. — *Étamines hypogynes*, opposées aux sépales, ord. 3-5, *libres* entre elles *ou à filets soudés en cupule à la base*. Anthères bilobées, plus rarement unilobées, introrses. — *Ovaire non soudé avec le calice*, ovoïde-comprimé, uniloculaire, uni-ovulé, très rarement pluri-ovulé. Ovule porté par un funicule allongé qui part du fond de la loge, courbé, à micropyle regardant ord. la base de l'ovaire. Styles 2-3 libres ou soudés à la base, ord. stigmatifères à la face interne. — *Fruit à péricarpe* mince *membraneux* non adhérent à la graine, *uniloculaire, monosperme*, très rarement polysperme, *indéhiscent* (utricule), *ou s'ouvrant circulairement par un opercule* (pyxide). — Graine portée verticalement sur le funicule, lenticulaire-réniforme, à testa crustacé noir ou brun luisant. Périsperme farineux central. *Embryon annulaire entourant le périsperme. Radicule rapprochée du hile.*

Plantes herbacées, annuelles, plus rarement vivaces. Feuilles alternes, très rarement opposées, entières ou superficiellement sinuées, pétiolées, plus rarement sessiles: *stipules nulles.* Fleurs petites, verdâtres ou colorées, en glomérules, ou rapprochées en panicules spiciformes.

1 { Étamines à filets soudés en cupule à la base; feuilles linéaires-subulées sessiles. . . . . POLYCNEMUM. (iii.)
{ Étamines à filets libres; feuilles ovales ou rhomboïdales, pétiolées. . . . 2.

2 { Fruit à péricarpe se coupant circulairement vers le milieu de sa hauteur. . . . . AMARANTHUS. (i.)
{ Fruit à péricarpe indéhiscent se déchirant irrégulièrement. ALBERSIA. (ii.)

I. AMARANTHUS. (L. gen. n. 1060.)

Fleurs monoïques ou polygames-monoïques, *munies de 3 bractées.* Sépales 3-5, libres. *Étamines* 3-5, rarement 2-4, *libres* ; filets filiformes-subulés ; anthères bilobées. Styles 2-3, un peu soudés à la base. *Fruit* monosperme, *à péricarpe* membraneux *se coupant circulairement* vers le milieu de sa hauteur. Graine lenticulaire-réniforme.

Plantes annuelles. Feuilles pétiolées, ovales ou rhomboïdales, entières ou superficiellement sinuées, souvent émarginées au sommet. Fleurs petites, verdâtres ou colorées, disposées en glomérules espacés ou rapprochés en panicules spiciformes.

{ Bractées raides, piquantes, deux fois aussi longues que le calice ; étamines 5.
. . . . *A. retroflexus.*
{ Bractées environ de la longueur du calice ; étamines 5. . . *A. sylvestris.*

1. A. RETROFLEXUS. (L. sp. 1407.) — Rchb. ic. V. f. 668.

Tige de 2-8 décimètr., dressée, souvent flexueuse, ord. robuste, sillonnée-anguleuse, simple ou un peu rameuse, pubescente-rude. Feuilles d'un vert pâle surtout en dessous, fortement nerviées, longuement pétiolées, ovales prolongées en une pointe obtuse ou un peu émarginée, mucronulées. *Fleurs verdâtres, en glomérules spiciformes rapprochés en une panicule composée terminale. Bractées* linéaires-subulées, *raides, piquantes, deux fois aussi longues que le calice.* Sépales 5, oblongs-lancéolés, obtus ou tronqués, mucronulés. *Étamines* 5. ①. Juillet-septembre.

C.C. — Décombres, villages, berges des rivières, champs en friche.

s.v. — *pusillus.* — Plante n'atteignant pas 4-5 centimètr.

On cultive dans les jardins, pour la belle couleur rouge de leurs panicules, sous le nom d'*Amaranthes*, les *A. sanguineus* L. et *caudatus* L., qui se naturalisent souvent dans le voisinage des habitations ; le premier se distingue à ses feuilles ord. d'un rouge foncé et à ses panicules dressées et rapprochées en une panicule composée ; le second se reconnaît à ses panicules spiciformes très longues pendantes.

L'*A. albus* L., plante du midi de la France, que nous avons rencontrée à Paris ! et à Versailles ! dans le voisinage des jardins de botanique, se distingue à sa tige très rameuse, à ses fleurs verdâtres en glomérules tripartits géminés tous axillaires, et à ses bractées subulées piquantes plus longues que le calice.

2. A. SYLVESTRIS. (Desf. cat. hort. Par. 44.) — Rchb. pl. crit. V. 667.

Tige de 2-6 décimètr., souvent rameuse dès la base, ord. dressée, les rameaux inférieurs étalés ou ascendants, sillonnée un peu anguleuse, glabre. Feuilles longuement pétiolées, ovales-rhomboïdales atténuées à la base, la plupart non émarginées au sommet. *Fleurs verdâtres, en glomérules axillaires espacés, ou les terminaux rapprochés en un épi feuillé. Bractées* lancéolées-linéaires non piquantes, *environ de la longueur du calice.* Sépales 3, linéaires-mucronulés. *Étamines* 3. ①. Juillet-septembre.

C.C. — Pied des murs, villages, lieux cultivés, décombres.

II. ALBERSIA. (Kunth, fl. Berol. II. 144.)

Fleurs monoïques ou polygames-monoïques, *munies de 3 bractées.* Sépales 3, très rarement 5, libres. *Étamines* 3, rarement 2, *libres* ; filets filiformes-subulés ; anthères bilobées. Styles 3, un peu soudés à la base. *Fruit* monosperme, *à péricarpe* membraneux *indéhiscent.* Graine lenticulaire-réniforme.

Plantes annuelles, plus rarement vivaces. Feuilles pétiolées, ovales ou rhomboïdales, entières ou superficiellement sinuées, souvent émarginées au sommet. Fleurs
petites, verdâtres, disposées en glomérules espacés ou les supérieurs rapprochés en
panicules spiciformes terminales.

Plante annuelle; tige glabre. . . . . *A. Blitum.*
Plante vivace, à souche rameuse; tige pubescente dans sa partie supérieure.
. . . . *A. prostrata.*

1. A. BLITUM. (Kunth, fl. Berol. II. 144.) — Amaranthus Blitum. L. sp. 1405. —
Engl. bot. t. 2212.

Plante annuelle. Tige de 2-8 décimètr., rameuse dès la base, à rameaux
couchés ou ascendants diffus, anguleuse, *glabre.* Feuilles longuement pétiolées,
ovales-rhomboïdales atténuées à la base, la plupart très obtuses émarginées au
sommet, présentant souvent en dessus une large tache blanchâtre. Fleurs
verdâtres; glomérules inférieurs axillaires espacés, les supérieurs rapprochés
en panicules spiciformes non feuillées. Bractées plus courtes que le calice.
Sépales 3, lancéolés. Étamines 3. (1). Juillet-septembre.

C.C.C. — Lieux cultivés, décombres, villages, pied des murs.

s.v. — *maculatus.* — Feuilles présentant en dessus une large tache blanchâtre.

† 2. A. PROSTRATA. (Kunth, *loc. cit.*) — Amaranthus prostratus. Balb. misc. 44.
t. 10. — Rchb. crit. V. ic. 666.

Plante vivace, à souche rameuse. Tiges nombreuses, de 3-8 décimètr., couchées ou ascendantes-diffuses, rameuses, anguleuses, *pubescentes dans leur partie
supérieure.* Feuilles longuement pétiolées, ovales un peu rhomboïdales, prolongées
en une pointe aiguë obtuse ou émarginée. Fleurs verdâtres; glomérules inférieurs
espacés, les supérieurs rapprochés en panicules spiciformes non feuillées. Bractées
environ de la longueur du calice. Sépales 3, lancéolés-linéaires. Étamines 3. ♃.
Juillet-septembre.

R.R.R. spontané? — Rues peu fréquentées, pied des murs. — Paris : aux environs du Louvre! (*Brice*).

III. POLYCNEMUM. (L. gen. n. 53.)

Fleurs hermaphrodites, munies de 2 bractées. Sépales 5, libres. *Étamines* 1-5, ord. 3 ; *à filets* filiformes-subulés, *soudés en cupule à la base;*
anthères bilobées. Styles 2 courts, un peu soudés à la base. Fruit monosperme, à péricarpe membraneux indéhiscent. Graine lenticulaire-réniforme.

Plante annuelle. *Feuilles sessiles, linéaires-subulées,* coriaces. Fleurs petites,
axillaires, subsolitaires, sessiles.

1. P. ARVENSE. (L. sp. 50.) — Nees jun. gen. pl. VII. t. 19.

Tiges de 1-3 décimètr., étalées-diffuses ou couchées, raides. Feuilles raides,
dressées, linéaires-subulées, mucronées, presque piquantes, canaliculées-triquètres, scarieuses aux bords. Fleurs verdâtres, très petites, très nombreuses,
ord. solitaires à l'aisselle des feuilles. Bractées sétacées, scarieuses-blanchâtres.
(1). Juin-septembre.

A.R. — Champs arides sablonneux ou pierreux. — Asnières (*de Boucheman*).
St-Maur! (*Schanefeld*). Château-Frayé. Ris! Senart! Malesherbes! Nemours! Les
Andelys ! St-Léger ! St-Rémy-des-Landes (*Weddell*).

On cultive dans les jardins le *Celosia cristata* L. (vulg. *Amaranthe-Crête-de-
Coq*), plante annuelle, à feuilles lancéolées ou ovales-oblongues, à fleurs d'un beau
rouge ou jaunes disposées au sommet de la tige en panicules réunies par soudure
en une crête ondulée; le genre *Celosia* est caractérisé par les étamines soudées en
cupule à la base et l'ovaire pluri-ovulé. — On cultive également le *Gomphrena
globosa* L. (vulg. *Amaranthe immortelle*) à feuilles et à rameaux opposés, à fleurs

'un rouge vif disposées en têtes globuleuses terminales; le genre *Gomphrena* est
caractérisé par les étamines soudées en cupule à la base, par les anthères unilobées
t par l'ovaire uni-ovulé.

LXXV. CHÉNOPODÉES. (1)

(CHENOPODEÆ. Moq. Tand. monogr. Chenop. — Vent. tab. 11. 253, *part.* —
Atriplices. Juss. gen. 83, *part.*)

Fleurs hermaphrodites, polygames, monoïques ou dioïques, pourvues ou
ion de bractées. — Calice persistant, non soudé avec l'ovaire, plus rarement
oudé avec l'ovaire; *sépales* 3-5 rarement plus, ou 2 dans certaines fleurs
emelles, libres ou soudés à la base, ord. presque égaux, *herbacés, souvent
harnus ou indurés après la floraison,* présentant quelquefois un appendice
lorsal ou une épine par leur soudure avec le sépale extérieur qui leur est op-
)osé. — *Étamines 1-5, hypogynes ou insérées sur le calice par l'intermé-
liaire d'un disque,* opposées aux sépales. Filets filiformes ou subulés, *libres.*
Anthères bilobées, introrses. — Ovaire libre, plus rarement soudé avec le
:alice, comprimé ou déprimé, uniloculaire, uni-ovulé. Ovule porté par un fu-
iicule qui part du fond de la loge, courbé. Styles 2, plus rarement 3-5,
oudés à la base, stigmatifères à la face interne. — *Fruit uniloculaire, mo-
iosperme, indéhiscent,* renfermé dans le calice qui devient souvent charnu
iu presque ligneux; *péricarpe mince membraneux* (utricule), *plus rarement
oriace,* non adhérent à la graine, très rarement adhérent à la graine, quelquefois soudé avec le calice dans toute son étendue ou seulement à la base. —
Graine horizontale ou verticale, ord. lenticulaire ou réniforme, à testa crus-
acé noir ou brun, plus rarement à testa mince membraneux. *Périsperme
'arineux, ord. épais central,* plus rarement peu épais ou nul. *Embryon an-
tulaire-périphérique plus rarement semi-annulaire* (Cyclolobeæ), *ou en
pirale* (Spirolobeæ). *Radicule rapprochée du hile,* regardant la base, le
ommet ou la circonférence du péricarpe.

Plantes annuelles ou vivaces, herbacées ou sous-frutescentes; à tiges feuillées, ra-
ement articulées dépourvues de feuilles. Feuilles alternes, rarement opposées, en-
ières, sinuées, dentées, incisées ou pinnatifides, quelquefois cylindriques ou semi-
ylindriques succulentes, pétiolées ou sessiles, souvent glauques-argentées ou cou-
'ertes d'une poussière farineuse blanche plus rarement rosée; *stipules nulles.* Fleurs
ietites, verdâtres ou rougeâtres, axillaires solitaires; plus ord. en glomérules soli-
aires axillaires, ou disposés en épis, en grappes ou en panicules.

1 {
Fleurs polygames ou monoïques; calice de la fleur femelle comprimé, à 2
sépales qui s'accroissent en forme de valves et sont appliqués sur le fruit.
. . . . ATRIPLEX. (iii.)
Fleurs hermaphrodites, rarement dioïques ou polygames; calice à 3-6 sépales libres ou soudés inférieurement, plus rarement soudés en une enveloppe capsulaire qui renferme le fruit. . . . . 2.
}

2 {
Fleurs dioïques; calice à sépales soudés en une enveloppe capsulaire, sou-
vent épineuse, renfermant le fruit avec lequel elle se soude intimement.
. . . . SPINACIA. (v.)
Fleurs hermaphrodites, très rarement polygames; calice fructifère herbacé,
charnu-succulent ou induré, à 3-8 divisions distinctes . . . . 3.
}

---

(1) Nous avons emprunté à l'excellente monographie de M. Moquin-Tandon la
lélimitation des genres et des espèces de cette famille; nous avons en outre soumis
à M. Moquin-Tandon les échantillons des espèces de cette famille qui ont servi de
ypes à nos descriptions.

5 { Calice fructifère à tube ligneux-drupacé; péricarpe induré, soudé inférieurement avec le calice; graine à testa membraneux . . . . . BETA. (iv.)
Calice fructifère herbacé ou charnu-succulent, jamais soudé avec le péricarpe; graine à testa crustacé. . . . . 4.

4 { Graines toutes ou la plupart horizontales-déprimées; calice fructifère herbacé. . . . . CHENOPODIUM. (i.)
Graines toutes ou la plupart verticales comprimées; calice fructifère herbacé ou charnu-succulent. . . . . BLITUM. (ii.)

I. CHENOPODIUM. (L. gen. n. 309, *part.*) — Moq. Tand. Chenop.
monogr. 20.

Fleurs hermaphrodites, dépourvues de bractées. *Sépales* 5, rarement 3-4,
soudés à la base, *herbacés*, souvent carénés à la maturité par le développement de la nervure dorsale. Étamines 5, rarement moins. Styles 2, rarement 3, filiformes, très courts, quelquefois soudés à la base. Fruit déprimé,
ord. enveloppé par le calice à sépales connivents; à péricarpe membraneux
très mince, appliqué sur la graine. *Graine horizontale*, déprimée-lenticu-
laire, *à testa crustacé*. Embryon annulaire, périphérique.

Plantes annuelles, souvent couvertes d'une poussière farineuse, jamais pubescentes ni glanduleuses. Tiges souvent striées de vert ou de rouge. Feuilles alternes, très
rarement opposées, pétiolées, presque triangulaires ou presque rhomboïdales, plus
rarement ovales ou hastées, entières, sinuées ou dentées. Fleurs verdâtres, plus rarement rougeâtres, réunies en glomérules ord. disposés en grappes ou en panicules
spiciformes latérales ou terminales.

1 { Calice fructifère à sépales presque étalés, laissant voir toute la face supérieure du fruit. . . . . C. polyspermum.
Calice fructifère à sépales connivents appliqués étroitement sur le fruit. . 2.

2 { Feuilles ovales-rhomboïdales, entières; plante très fétide dans toutes ses
parties. . . . . C. Vulvaria.
Feuilles rarement entières; plante jamais fétide. . . . . 3.

3 { Feuilles plus ou moins cordées à la base, présentant de chaque côté 3-4
dents larges aiguës ou acuminées, terminées par une longue pointe acuminée entière. C. hybridum.
Feuilles atténuées à la base, plus rarement tronquées, sinuées ou dentées,
plus rarement entières, aiguës ou obtuses . . . . 4.

4 { Feuilles toutes oblongues, obtuses, lâchement dentées ou sinuées-anguleuses, d'un blanc glauque en dessous. . . . . C. glaucum.
Feuilles triangulaires, rhomboïdales, ovales ou lancéolées, dentées, sinuées
ou entières, vertes sur les deux faces ou pulvérulentes-blanchâtres en
dessous. . . . . 5.

5 { Graines non luisantes, à bord tranchant; glomérules en grappes disposées
en un corymbe lâche au sommet de chaque rameau. . . . C. murale.
Graines luisantes, à bord non tranchant; glomérules en grappes rapprochées
en une panicule terminale spiciforme, plus rarement disposées en cyme
irrégulière. . . . . 6.

6 { Calice fructifère à sépales non carénés; glomérules en grappes serrées contre la tige; feuilles triangulaires aiguës ou acuminées . . . C. urbicum.
Calice fructifère à sépales carénés; glomérules en grappes dressées ou étalées, non serrées contre la tige; feuilles rhomboïdales ou ovales-rhomboïdales, les inférieures ord. obtuses . . . . 7.

7 { Feuilles supérieures oblongues ou lancéolées entières, ord. aiguës. . . . .
. . . . C. album.
Feuilles, même les supérieures, rhomboïdales ou ovales-rhomboïdales sub-
trilobées, à lobe moyen ord. tronqué ou obtus. . . . . . C. viride.

1. **C. POLYSPERMUM.** (L. sp. 521.) — Engl. bot. t. 1480.

Tige de 1-8 décimètr., rameuse-diffuse tombante, ou dressée. *Feuilles pé-tiolées, ovales ou ovales-oblongues, très entières*, d'un vert gai sur les deux faces, quelquefois rougeâtres, *non pulvérulentes.* Glomérules en grappes grêles axillaires et terminales; les grappes axillaires non feuillées. *Calice fructifère à sépales non carénés, presque étalés*, laissant voir toute la face supérieure du fruit. Graines luisantes, très finement ponctuées, à bords obtus. ①. Juillet-septembre.

C.C. — Vignes, lieux cultivés, voisinage des habitations, bords des étangs.

s.v. — *acutifolium.* — Feuilles ovales-oblongues aiguës.

var. β. *cymosum.* (C. cymosum. Chevall. fl. Par. p. 385.) — Grappes la plupart ramifiées-dichotomes.

2. **C. VULVARIA.** (L. sp. 521.) — Engl. bot. t. 1054. (vulg. *Vulvaire.*)

Tige de 2-5 décimètr., rameuse-diffuse, couchée. *Feuilles* pétiolées, les su-périeures quelquefois opposées, *ovales-rhomboïdales, très entières, d'un blanc cendré et très farineuses sur les deux faces.* Glomérules en grappes axillaires et terminales, dressées, ord. rapprochées en une panicule compacte au sommet de chaque rameau. Calice fructifère à sépales non carénés, conni-vents, enveloppant le fruit. Graines luisantes, très finement ponctuées, à bord presque obtus. *Plante fétide dans toutes ses parties*, exhalant par le froisse-ment une odeur de poisson putréfié. ①. Juillet-octobre.

C.C.C. — Pied des murs, lieux cultivés, villages.

3. **C. ALBUM.** (L. sp. 319.) — Engl. bot. t. 1723.

Tige de 2-10 décimètr., ord. dressée, anguleuse, blanchâtre striée de vert ou de rouge, rameuse, plus rarement simple. *Feuilles* pétiolées, *ovales-rhom-boïdales ou lancéolées, inégalement dentées ou sinuées*, plus rarement en-tières, aiguës ou obtuses, d'un vert pâle, pulvérulentes blanchâtres en dessous, plus rarement vertes sur les deux faces, quelquefois bordées de rouge; *les supérieures oblongues ou lancéolées, entières, ord. aiguës. Glomérules* ord. très farineux, *en grappes* axillaires et terminales, dressées *rapprochées en une panicule spiciforme terminale, ou divergentes en cyme irrégulière. Calice fructifère à sépales carénés*, connivents, enveloppant le fruit. *Graines luisantes, presque lisses, à bord presque aigu.* ①. Juillet-sep-tembre.

C.C.C. — Lieux cultivés, villages, berges des rivières, décombres, fumiers.

var. β. *viridescens.* (C. viride. Thuill. fl. Par. 125, *non* L.) — Feuilles vertes sur les deux faces. — C.

var. γ. *lanceolatum.* (C. lanceolatum. Willd. enum. I. 291. — C. concatenatum. Thuill. fl. Par. 125.) — Feuilles ovales ou lancéolées, toutes entiè.es. Grappes ord. allongées, à glomérules espacés. C.

s.v. — *microphyllum.* — Plante souvent rabougrie, à rameaux grêles, couchée, plus rarement dressée. [Feuilles très petites, oblongues ou lancéolées. — A.C. — Lieux pierreux ou sablonneux, sables des bords de la Seine.

4. **C. VIRIDE.** (L. sp. 319, *non* Curt.) — Moq. Tand. *loc. cit.* 28. — C. opulifolium. Schrad. *ap.* D.C. fl. Fr. V. 372. — C. Opuli folio. Vaill. bot. Par. t. 7. f. 1.

Tige de 4-8 décimètr., ord. dressée, anguleuse, blanchâtre, striée de vert, ord. rameuse. *Feuilles* pétiolées, *rhomboïdales ou ovales-rhomboïdales, sub-trilobées, à lobe moyen ord. tronqué ou obtus*, inégalement dentées, d'un vert foncé, farineuses-blanchâtres en dessous; *les supérieures* ord. *de la*

39

même forme que les inférieures. Glomérules très farineux, *en grappes* axillaires et terminales ord. *rapprochées en une panicule terminale. Calice fructifère à sépales carénés,* connivents, enveloppant le fruit. *Graines luisantes, presque lisses, à bord presque obtus.* ①. Juillet-septembre.

R. — Décombres, pied des murs, berges des rivières. — Bords de la Seine : pont d'Austerlitz! pont d'Iéna (*J. Decaisne*). Env. du Muséum! St-Maur (*Weddell*). Choisy-le-Roy! Arcueil (*Gay*). St-Cyr (*Brice*). — Orléans (*Dubouché*).

s.v. — *microphyllum.* — Feuilles très petites.

Le *C. serotinum* L. (C. ficifolium Smith) s'est naturalisé dans le voisinage des jardins de botanique à Paris! et à Versailles!; cette espèce diffère du *C. album* par ses feuilles lancéolées subtrilobées à lobe moyen allongé étroit ord. obtus, et par ses graines ponctuées un peu rugueuses à bord obtus.

5. C. MURALE. (L. sp. 318.) — Engl. bot. t. 1722.

Tige de 3-8 décimètr., dressée ou un peu étalée, rameuse souvent dès la base. *Feuilles* pétiolées, ovales-rhomboïdales, aiguës ou acuminées, inégalement dentées *à dents assez nombreuses* aiguës, d'un beau vert, luisantes; les supérieures dentées comme les inférieures. *Glomérules en grappes* ramifiées axillaires et terminales, *disposées au sommet de chaque rameau en un corymbe lâche.* Calice fructifère à sépales un peu carénés, connivents, enveloppant le fruit. *Graines non luisantes, finement ponctuées-rugueuses, à bord tranchant.* ①. Juillet-septembre.

C.C.C. — Décombres, pied des murs, villages, basses-cours, bords des chemins.

s.v. — *microphyllum.* — Feuilles beaucoup plus petites que dans le type.

6. C. URBICUM. (L. sp. 318.) — Engl. bot. t. 717.

Tige de 3-8 décimètr., ord. dressée, souvent rameuse dès la base. *Feuilles* pétiolées, *triangulaires* souvent atténuées à la base, *aiguës ou acuminées,* profondément dentées à dents aiguës ou acuminées, plus rarement entières ou sinuées, d'un beau vert en dessus, blanchâtres en dessous, plus rarement vertes sur les deux faces; les supérieures plus étroites que les inférieures. *Glomérules en grappes* effilées, simples ou rameuses, axillaires et terminales, non feuillées, *serrées contre la tige,* les supérieures rapprochées en panicule. *Calice fructifère à sépales non carénés,* connivents, enveloppant le fruit. *Graines luisantes,* très finement ponctuées, *à bord obtus.* ①. Juillet-septembre.

Pied des murs, villages, fumiers, berges des rivières.

var. β. *intermedium.* (C. intermedium. Mert. et Koch, Deustchl. fl. II. 297.) — Feuilles atténuées à la base, profondément dentées, blanchâtres en dessous. — R.R. — Les Carrières près Charenton! (*Weddell*). — Env. de Soissons (*Maire*). Assez commun dans la plupart des départements du centre de la France.

La forme, type de cette espèce, à feuilles triangulaires entières ou superficiellement sinuées et vertes sur les deux faces, n'a pas été trouvée spontanée dans nos environs, elle se naturalise quelquefois dans le voisinage des jardins de botanique.

7. C. HYBRIDUM. (L. sp. 319.) — Engl. bot. 1919.

Tige de 5-10 décimètr., dressée, anguleuse, simple donnant naissance aux rameaux de l'inflorescence, plus rarement rameuse. *Feuilles* pétiolées, *larges, ovales-triangulaires, plus ou moins cordées à la base, présentant de chaque côté 3-4 dents larges aiguës ou acuminées,* terminées par une large pointe acuminée entière, vertes sur les deux faces. *Glomérules en grappes rameuses* dépourvues de feuilles, *étalées, disposées en une panicule lâche.*

Calice fructifère à sépales carénés, connivents, enveloppant le fruit. *Graines ponctuées-rugueuses*, à bord presque aigu. ①. Juillet-septembre.

C. — Lieux cultivés, jardins incultes, voisinage des habitations.

8. C. GLAUCUM. (L. sp. 520.) — Engl. bot. t. 1454. — Blitum glaucum. Koch, synops. fl. Germ. ed. 1. 608.

Tige de 1-4 décimètr., rameuse ord. dès la base, couchée ou ascendante-diffuse. *Feuilles* épaisses, *oblongues, obtuses, lâchement dentées ou sinuées-anguleuses*, atténuées en pétiole, vertes en dessus, *d'un blanc glauque et très farineuses en dessous.* Glomérules en grappes simples axillaires et terminales, ord. très compactes plus courtes que les feuilles, dressées. Calice fructifère à sépales non carénés, connivents, enveloppant le fruit. *Graines les unes verticales* (1), *les autres horizontales, lisses, à bord aigu.* ①. Juillet-septembre.

C. — Décombres, voisinage des habitations, berges des rivières.

s.v. — *microphyllum.* — Plante rabougrie, à feuilles très petites.

II. BLITUM. (Tournef. inst. t. 288, *addit. pl. sp.*) — Moq. Tand. loc. cit. 43.

Fleurs hermaphrodites, plus rarement polygames par l'avortement des étamines, dépourvues de bractées. *Sépales* 3-5, libres ou soudés à la base, *herbacés*, souvent carénés à la maturité par le développement de la nervure dorsale, *ou devenant charnus-succulents.* Étamines 1-5. Styles 2, filiformes courts, ou subulés très longs, un peu soudés à la base. Fruit comprimé, enveloppé complètement ou incomplètement par le calice ; à péricarpe membraneux très mince. *Graine verticale*, lenticulaire-comprimée, *à testa* presque *crustacé.* Embryon annulaire, périphérique.

Plantes annuelles, plus rarement vivaces, quelquefois pulvérulentes, glabres ou à peine pubérulentes, jamais glanduleuses. Feuilles alternes, pétiolées, triangulaires ou hastées, sinuées, dentées ou entières, rarement ovales ou spatulées. Fleurs verdâtres ou rougeâtres, réunies en glomérules disposés en grappes ou en têtes latérales ou terminales.

1 ⎰ Plante vivace ; styles subulés très longs ; feuilles un peu pulvérulentes. . . .
  ⎱ . . . . *B. Bonus-Henricus.*
  ⎰ Plante annuelle ; styles courts ; feuilles luisantes. . . . . **2.**

2 ⎰ Calice herbacé ou à peine charnu à la maturité ; graines à bord obtus non
  ⎱ canaliculé. . . . . *B. polymorphum.*
  ⎱ Calice charnu-succulent à la maturité ; graines à bord canaliculé . . . .
  . . . . *B. virgatum.*

1. B. POLYMORPHUM. (C. A. Meyer *in* Ledeb. fl. Alt. 13.) Moq. Tand. loc. cit. 45. — Chenopodium rubrum L. sp. 318.

Plante annuelle. Tige de 1-8 décimètr., dressée ou couchée, simple inférieurement, ou rameuse dès la base. *Feuilles* charnues, *luisantes*, souvent bordées de rouge, pétiolées ou atténuées en pétiole, *triangulaires ou rhomboïdales*, plus rarement lancéolées, aiguës ou obtuses, *profondément sinuées ou dentées*, très rarement oblongues-spatulées ; les supérieures plus étroites que les inférieures. *Glomérules en grappes* simples ou rameuses, *la plupart feuillées*, axillaires et terminales, dressées, les supérieures rapprochées en

---

(1) Par ses graines verticales cette espèce se rapproche beaucoup du genre *Blitum* auquel elle a été rapportée par quelques auteurs ; d'autre part le *Blitum polymorphum* présente souvent quelques graines horizontales.

panicule; plus rarement en têtes axillaires. *Calice* fructifère à sépales connivents, enveloppant le fruit, verdâtre ou rouge, *herbacé ou à peine charnu.*
Styles très courts. Graines très petites, très finement ponctuées, à bord
obtus. ④. Juillet-septembre.

C. — Villages, berges des rivières, pied des murs, décombres, bords des étangs.

var. α. *spicatum.* — Tige de 4-8 décimètr., robuste, dressée. Feuilles triangulaires ou rhomboïdales, profondément sinuées ou dentées; les supérieures lancéolées. Glomérules rapprochés en grappes spiciformes. Calice fructifère herbacé.

var. β. *crassifolium.* (Chenopodium patulum. Mérat, fl. Par. ed. I. 91.) —
Tige de 1-3 décimètr., ord. rameuse dès la base, couchée ou ascendante. Feuilles
triangulaires ou rhomboïdales, sinuées ou dentées; les supérieures lancéolées, ou
spatulées entières. Glomérules en grappes spiciformes interrompues ou en têtes.
Calice fructifère un peu charnu, ord. rouge.

var. γ. *spathulatum.* (Chenopodium blitoides. Lej. fl. Sp. 126.) — Tige de 1-3 décimètr., ord. rameuse dès la base, dressée, ascendante ou couchée. Feuilles toutes
ou la plupart oblongues-spatulées, entières, assez petites. Glomérules tous ou la
plupart en têtes axillaires. — R. — Bords de la Seine! Grenelle!, etc.

La variété *spicatum* du *B. polymorphum* ressemble beaucoup par la forme des
feuilles au *Chenopodium urbicum;* mais la direction verticale et la petitesse des
graines du *B. polymorphum* rend toute confusion impossible.

† **2. B. VIRGATUM.** (L. sp. 7.) — Poit. et Turp. fl. Par. t. 3.
Plante annuelle. Tige de 3-6 décimètr., rameuse, dressée ou étalée, à rameaux
simples effilés. Feuilles charnues, luisantes, pétiolées, triangulaires un
pe t hastées, profondément dentées, diminuant sensiblement de grandeur de la base
de la plante au sommet. *Glomérules en têtes axillaires disposées en un long épi
feuillé. Calice fructifère* à sépales connivents, enveloppant le fruit, *charnu-succulent* d'un beau rouge, très rarement herbacé. *Styles courts. Graines* petites,
lisses, *à bord canaliculé.* ①. Juillet-septembre.

R. s. ontané? — Villages, pied des murs, décombres, haies des jardins. — Étampes!
Pithiviers! (*Woods*). — Orléans (*Dubouché*). — ? La Gare; Vincennes! Mont-
martre (*Mérat, fl.*).

Le *B. capitatum* L. (vulg. *Arroche-Fraise*), cultivé quelquefois dans les jardins,
se rencontre çà et là subspontané dans le voisinage des habitations: cette plante
se distingue du *B. virgatum* par ses glomérules plus gros, les supérieurs non axillaires, et par ses graines à bord tranchant.

3. **B. BONUS-HENRICUS.** (C. A. Meyer *in* Ledeb. fl. Atl. 11.) — Chenopodium
Bonus-Henricus. L. sp. 318. — Engl. bot. t. 1035. (vulg. *Bon Henri, Épinard-
sauvage.*)
Plante vivace, à souche épaisse. Tiges de 4-8 décimètr., dressées ou ascendantes, anguleuses, presque simples. *Feuilles* membraneuses, *un peu pulvérulentes,* pétiolées, larges, *triangulaires-hastées, entières ou entières-
sinuées,* aiguës ou obtuses. *Glomérules en grappes* simples, *dépourvues de
feuilles,* axillaires et terminales, les supérieures rapprochées en épi ou en une
panicule spiciforme terminale non feuillée. Calice fructifère à sépales connivents, enveloppant incomplètement le fruit, herbacé. *Styles subulés très
longs.* Graines assez grosses, finement ponctuées, à bord obtus. ♃. Juillet-
septembre.

C. — Voisinage des bergeries, basses-cours, villages, pied des murs.

Le genre *Ambrina* se distingue des genres *Chenopodium* et *Blitum* par l'embryon
incomplètement annulaire n'entourant que les deux tiers ou les trois quarts du périsperme et par la pubescence glanduleuse ou l'odeur aromatique de toutes les parties de la plante. — L'*A. Botrys* Moq. Tand. (Chenopodium Botrys. L.) est cultivé dans les jardins et se naturalise quelquefois dans leur voisinage; on le distingue à ses feuilles oblongues pinnatipartites ou pinnatifides, à ses fleurs disposées
en grappes rameuses ou en cymes axillaires, à ses graines horizontales, et à son odeur

désagréable et très pénétrante. — L'*A. ambrosioides* Spach. (Chenopodium ambrosioides L. — vulg. *Thé-du-Mexique*), qui a été observé à Paris! et à Versailles! dans le voisinage des jardins de botanique, se reconnaît à ses feuilles oblongues ou lancéolées entières ou sinuées atténuées en pétiole, à ses fleurs en glomérules globuleux disposés en épis feuillés interrompus, à ses graines verticales et à son odeur aromatique très pénétrante.

III. ATRIPLEX. (Tournef. inst. t. 286.)

Fleurs polygames, ou monoïques, dépourvues de bractées. — Fleur mâle ou hermaphrodite : Calice à 3-5 sépales soudés à la base. Étamines 3-5. Fruit nul, ou déprimé à graine horizontale. — *Fleur femelle : Calice* (1) *comprimé, à 2 sépales* libres ou plus ou moins soudés entre eux. Styles 2, filiformes. *Fruit* ovoïde, comprimé, *renfermé dans le calice dont les sépales se sont développés en forme de valves* et sont souvent chargés en dehors d'appendices qui résultent de leur soudure avec des fleurs stériles ; péricarpe membraneux très mince. Graine verticale, comprimée-lenticulaire, à testa crustacé. Embryon annulaire, périphérique.

Plantes annuelles, souvent couvertes d'une poussière farineuse. Feuilles alternes, plus rarement opposées, pétiolées, triangulaires, hastées, lancéolées ou linéaires, sinuées, dentées ou entières. Fleurs verdâtres, réunies en glomérules disposés en grappes ou en panicules spiciformes latérales et terminales.

Graines toutes verticales; calices fructifères à valves herbacées soudées inférieurement. . . . . *A. polymorpha.*
Graines les unes horizontales, les autres verticales; calices fructifères femelles à valves membraneuses-réticulées non soudées . . *A. hortensis.*

† 1. A. HORTENSIS. (L. sp. 1493.) — Schkuhr, hand. t. 349. (vulg. *Arroche, Bonne-Dame.*)
Tige herbacée, de 3-10 décimètr., dressée, rameuse. Feuilles alternes, un peu glauques sur les deux faces, triangulaires-hastées ou triangulaires-oblongues, entières ou sinuées-dentées dans leur partie inférieure; les supérieures ovales ou lancéolées-mucronulées. *Fleurs polygames. Calice de la fleur femelle à sépales libres; le fructifère à valves* ovales ou ovales-suborbiculaires, mucronulées, entières, *membraneuses-réticulées*, dépourvues d'appendices. ①. Juillet-septembre.

Fréquemment subspontané sur les décombres et dans le voisinage des jardins. — Cultivé dans les jardins potagers.

s.v. — *rubra.* — Plante d'un rouge de sang dans toutes ses parties.

var. β. *microsperma.* — Plante assez grêle. Valves du calice fructifère plus petites de moitié que dans le type.

L'*A. Hermanni* Willm. (A. nitens Rebent.) observé à Paris! et à Versailles! dans le voisinage des jardins de botanique se distingue de l'*A. hortensis* par ses feuilles vertes luisantes en dessus et d'un blanc argenté en dessous.

2. A. POLYMORPHA. (Coss. Germ. et Wedd. cat. rais. fl. Par. 108.)
Tige herbacée, de 2-8 décimètr., dressée, ascendante-diffuse ou étalée, souvent rameuse dès la base, à rameaux divergents ou dressés. Feuilles alternes, plus rarement opposées, vertes sur les deux faces, triangulaires, ovales-rhomboïdales, lancéolées ou linéaires, hastées ou non hastées, entières ou sinuées-

(1) M. Moquin-Tandon décrit les fleurs femelles dans le genre *Atriplex* comme dépourvues de calice; il considère leur enveloppe florale comme constituée par deux bractées; et à l'appui de cette manière de voir, il cite l'observation de M. Fenzl qui a rencontré, dans des fleurs femelles développées anormalement, un calice à plusieurs sépales situé en dedans des deux bractées; M. Moquin-Tandon fait remarquer en outre que cette dernière organisation se rencontre normalement dans le genre *Exomis* voisin du genre *Atriplex.*

dentées. *Fleurs monoïques. Calice de la fleur femelle à sépales soudés dans leur partie inférieure; le fructifère à valves* triangulaires, rhomboïdales, rhomboïdales-hastées, ovales ou ovales-cordées, dentées inférieurement ou entières , *herbacées*, appendiculées ou non appendiculées. ④. Juillet-octobre.

C.C.C. — Villages, voisinage des habitations, fossés, bords des chemins, lieux incultes, champs après la moisson.

var. α. *latifolia*. (A. patula. L. sp. 1494. — A. latifolia. Wahlenberg, fl. Succ. II. 660.) — Feuilles la plupart triangulaires ou rhomboïdales, ord. hastées , entières ou plus ou moins profondément sinuées-dentées.

var. β. *mixta*. — Feuilles la plupart lancéolées ou lancéolées-linéaires, entières ; les inférieures seules triangulaires ou rhomboïdales , hastées ou sinuées-dentées.

var. γ. *angustifolia*. (A. littoralis. Moq. Tand. *loc. cit.* 59.)—Feuilles lancéolées-linéaires ou linéaires, les inférieures quelquefois hastées , entières ou sinuées-dentées.

s.v. — *microphylla*. — Plante rabougrie. Feuilles très petites.

α. β. γ. s.v. *oppositifolia*. — Feuilles opposées au moins les inférieures.

α. β. γ. s.v. *microsperma*. — Calices fructifères à valves très petites.

α. β. γ. s.v. *appendiculata*. — Valves des calices fructifères chargées d'appendices sur leur face externe.

α. β. γ. s.v. *inappendiculata*. — Valves des calices fructifères dépourvues d'appendices.

† IV. BETA. (Tournef. inst. t. 286.)

Fleurs hermaphrodites, dépourvues de bractées. Sépales 5, soudés en un *calice 5-fide*, urcéolé, *adhérent à la base de l'ovaire*, à tube s'épaississant et devenant anguleux, les divisions restant membraneuses ou devenant un peu charnues. Étamines 5, insérées sur l'anneau charnu par l'intermédiaire duquel le calice est soudé avec la base de l'ovaire. Styles ord. 2, courts , soudés à la base. *Fruit* subglobuleux déprimé, *renfermé dans le tube du calice qui est devenu ligneux-drupacé ; à péricarpe induré*, soudé inférieurement avec le tube du calice. *Graine* horizontale , déprimée, *à testa membraneux*. Embryon annulaire, périphérique.

Plantes annuelles ou bisannuelles. Feuilles alternes , pétiolées , ovales-oblongues, entières ou sinuées, souvent ondulées. Fleurs verdâtres , solitaires ou en glomérules subglobuleux axillaires ou latéraux disposés en épis terminaux. Calices fructifères ord. soudés entre eux dans chaque glomérule.

† 1. B. VULGARIS. (L. sp. 322.) — Engl. bot. t. 285.
Tige de 8-15 décimètr., dressée, robuste , anguleuse , rameuse à rameaux dressés. Feuilles d'un vert gai ou rougeâtre , luisantes; les radicales très amples, ovales-obtuses, longuement pétiolées, ord. très ondulées; les caulinaires plus petites. Fleurs solitaires ou en glomérules 2-3-flores , disposées en longs épis effilés. Calices verdâtres ou rougeâtres. ① ou ②. Juillet-septembre.

var. β. *Cicla*. (B. Cicla auct. — vulg. *Poirée* , *Bette-Carde*.) — Racine cylindrique, dure. Feuilles à nervure moyenne charnue très épaisse, ord. blanche. — Fréquemment cultivé dans les jardins potagers.

var. γ. *rapacea*. (vulg. *Betterave*.)—Racine fusiforme ou napiforme , très grosse, charnue , rouge ou jaunâtre. — Cultivé en plein champ et dans les jardins potagers,

Le type spontané de l'espèce (B. maritima L.) à racine grêle et à nervures des feuilles non charnues , est commun sur les côtes de l'Océan et de la Méditerranée.

† V. SPINACIA. (Tournef. inst. t. 308.)

Fleurs dioïques, très rarement hermaphrodites , dépourvues de bractées.— Fleur mâle : Calice à 4-5 sépales presque libres. Étamines 4-5, insérées sur le réceptacle.— Fleur femelle : Calice à 4-6 *sépales* plus ou moins longuement soudés en un tube ventru; 2 intérieurs *se soudant en une enveloppe capsulaire qui renferme l'ovaire*;

2-4 extérieurs se soudant avec les intérieurs dans presque toute leur longueur ou restant libres dans leur partie supérieure et se développant en épine. *Styles* 4, capillaires, soudés inférieurement. *Fruit* comprimé, renfermé dans le calice induré ligneux ; *à péricarpe soudé avec le calice dans toute son étendue. Graine verticale*, comprimée, *à testa membraneux*. Embryon annulaire, périphérique.

Plantes annuelles. Feuilles alternes, pétiolées, triangulaires-hastées ou ovales-oblongues, sinuées ou dentées-anguleuses. Fleurs verdâtres, en glomérules axillaires.

{ Calices fructifères dépourvus d'épines . . . . *S. inermis.*
{ Calices fructifères présentant 2-4 épines robustes, canaliculées, divergentes.
. . . . *S. spinosa.*

✝ 1. S. INERMIS. (Mœnch, meth. 318.) — Moris. s. V. t. 30. f. 2. (vulg. *Epinard-de-Hollande.*)

Tige de 3-8 décimètr., dressée, rameuse. *Feuilles ovales-oblongues. Calices fructifères* subgloubeux comprimés, *dépourvus d'épines* ou ne présentant que des tubercules peu saillants. (♀). Juin-septembre.

Cultivé dans les jardins potagers. — Quelquefois subspontané dans le voisinage des habitations.

✝ 2. S. SPINOSA. (Mœnch, meth. 318.) — Moris. s. V. t. 30. f. 1. (vulg. *Épinard-d'hiver.*)

Tige de 4-8 décimètr., dressée, rameuse. *Feuilles triangulaires, hastées ou présentant de chaque côté* 1-2 *dents. Calices fructifères* comprimés ou anguleux, *présentant* 2-4 *épines robustes canaliculées divergentes.* (♀). Juin-septembre.

Cultivé dans les jardins potagers. — Quelquefois subspontané dans le voisinage des habitations.

Le genre *Suæda* se distingue aux caractères suivants : fleurs hermaphrodites, munies de 2 bractées scarieuses très petites ; calice 5-partit, urcéolé, à divisions épaisses charnues non appendiculées ; graine horizontale ou verticale, à testa crustacé, dépourvue de périsperme ; embryon en spirale plane ; feuilles presque cylindriques, charnues-succulentes. — Le *S. fruticosa* Forsk. (Cenopodium fruticosum. L.), plante maritime, a été observée au bord de la Seine ! dans le voisinage du Louvre, où les graines ont probablement été apportées accidentellement avec des marchandises ; cette espèce est caractérisée par ses tiges presque ligneuses, par ses feuilles glabres convexes sur les deux faces, par ses fleurs axillaires sessiles subsolitaires ou réunies par 2-3, et par ses graines verticales.

Le genre *Salsola* présente les caractères suivants : fleurs hermaphrodites, munies de 2 bractées ; calice à 5 sépales munis extérieurement d'un appendice scarieux horizontal ; graine horizontale, subglobuleuse, à testa membraneux très mince, dépourvue de périsperme ; embryon en hélice ; feuilles presque cylindriques, rarement planes linéaires, charnues-succulentes. — Le *S. Kali* L., plante maritime, a été observé à Paris ! et à Versailles ! dans le voisinage des jardins de botanique ; cette espèce se reconnaît à ses feuilles subulées-épineuses étalées, à ses fleurs axillaires solitaires, à son calice fructifère cartilagineux entouré d'appendices scarieux aussi longs que les sépales et étalés en étoile.

LXXVI. POLYGONÉES.

(POLYGONEÆ. Juss. gen. 82.)

Fleurs hermaphrodites, plus rarement unisexuelles. — Calice persistant, accrescent ou marcescent, non soudé avec l'ovaire, à 3-6 sépales disposés sur un seul rang ou sur deux rangs, libres ou soudés dans une étendue variable, presque égaux, ou les intérieurs plus grands s'accroissant en forme de valves, herbacés ou colorés, à préfloraison imbriquée. — *Étamines* 4-10, *insérées à la base du calice, plus rarement insérées sur un anneau glanduleux hypogyne*, opposées aux sépales ou une partie d'entre elles alternant avec eux. Filets filiformes ou subulés, libres ou soudés à la base, alternant souvent avec des glandes. Anthères bilobées, celles des étamines extérieures introrses, celles des étamines intérieures extrorses. — *Ovaire libre, plus rarement soudé à la base avec le calice*, uniloculaire, uni-ovulé. *Ovule dressé ou porté par un funicule qui part du fond de la loge*, droit. Styles en nombre égal à celui des angles de l'ovaire, 2-3, rarement 4, libres ou soudés dans leur partie inférieure, quelquefois très courts ou presque nuls. Stigmates capités, ou multifides à divisions disposées en pinceau. — *Fruit* (akène, caryopse) *uniloculaire, monosperme, indéhiscent, à péricarpe* brunâtre ou noir *crustacé* soudé ou non avec la graine, comprimé-lenticulaire ou trigone, rarement tétragone, ord. recouvert par le calice persistant ou marcescent ou par les 3 sépales intérieurs développés en forme de valves.—Graine dressée, de même forme que le fruit, à testa membraneux. Périsperme épais, farineux ou corné. Embryon droit ou plus ou moins arqué, placé sur l'un des côtés du périsperme, ou dans son épaisseur. Cotylédons linéaires ou ovales, plus rarement larges foliacés plissés-contournés. *Radicule dirigée vers le point diamétralement opposé au hile.*

Plantes annuelles ou vivaces, herbacées, très rarement sous-frutescentes; tiges souvent renflées au niveau des articulations. Feuilles alternes, entières ou entières-sinuées, crénelées, quelquefois ondulées, souvent hastées ou sagittées, à bords enroulés en dessous pendant la préfoliaison; *stipules soudées d'une part avec le pétiole* et d'autre part soudées entre elles du côté opposé dans toute leur longueur ou seulement dans leur partie inférieure, *de manière à constituer autour de la tige une gaîne* (ochrea) ord. *membraneuse* complète ou fendue, souvent terminée par des cils. Fleurs petites, verdâtres ou colorées, subsessiles ou pédicellées, naissant à l'aisselle de bractées membraneuses plus rarement à l'aisselle des feuilles, disposées en fascicules, en faux verticilles, en épis ou en grappes.

1 { Stigmates multifides, à divisions disposées en pinceau; sépales intérieurs plus grands que les extérieurs, s'accroissant en forme de valves. . . . . RUMEX. (i.)
Stigmates capités, quelquefois très petits; sépales presque égaux . . . 2.

2 { Cotylédons étroits, jamais plissés-contournés. . . . . POLYGONUM. (ii.)
Cotylédons larges, foliacés, plissés-contournés. . . . FAGOPYRUM. (iii.)

1. RUMEX. (L. gen. n. 451, *part.*)

Fleurs hermaphrodites, polygames ou dioïques. Calice à 6 sépales; 3 extérieurs un peu soudés à la base; 3 intérieurs plus grands, connivents, s'accroissant après la floraison, munis ou non sur le dos d'un granule charnu. Étamines 6, opposées par paires aux sépales extérieurs. Styles 3, filiformes, réfléchis, libres ou soudés avec les angles de l'ovaire ; *stigmates multifides, à divisions disposées en pinceau.* Fruit trigone, caché par les *sépales intérieurs accrus en forme de valves* et appliqués sur lui. Embryon placé latéralement par rapport au périsperme, un peu arqué.

Plantes bisannuelles ou vivaces, à suc acide ou non acide. Fleurs petites, verdâtres ou rougeâtres, pédicellées, en faux verticilles disposés en épis, à pédicelles articulés réfléchis à la maturité.

1 ⎰ Styles soudés avec les angles de l'ovaire ; feuilles hastées ou sagittées, à saveur acide. . . . . **2.**
⎱ Styles libres; feuilles atténuées, arrondies, tronquées ou cordées à la base, jamais hastées ni sagittées, à saveur non acide. . . . . **4.**

2 ⎰ Fleurs polygames; feuilles toutes pétiolées, glauques sur les deux faces, ovales-triangulaires ou ovales-suborbiculaires, environ aussi larges que longues. . . . . *R. scutatus.*
⎱ Fleurs dioïques; feuilles pétiolées, ou les supérieures sessiles-amplexicaules, vertes sur les deux faces, ou glaucescentes seulement en dessous, beaucoup plus longues que larges. . . . . **3.**

3 ⎰ Feuilles à oreillettes parallèles ou un peu convergentes; calice fructifère à valves débordant très largement le fruit dans tous les sens, à sépales extérieurs réfractés sur le pédicelle . . . . *R. Acetosa.*
⎱ Feuilles à oreillettes divergentes ou étalées horizontalement; calice fructifère à valves ne dépassant pas le fruit, à sépales extérieurs appliqués sur les valves. . . . . *R. Acetosella.*

4 ⎰ Calice fructifère à valves entières ou denticulées à la base. . . . . . . **5.**
⎱ Calice fructifère à valves présentant de chaque côté deux ou plusieurs dents sétacées subulées plus rarement triangulaires acuminées . . . . . **10.**

5 ⎰ Valves suborbiculaires, plus rarement ovales-suborbiculaires. . . . . . **6.**
⎱ Valves oblongues-lancéolées, ovales-triangulaires ou oblongues-triangulaires . . . . **7.**

6 ⎰ Feuilles ondulées-crépues . . . . *R. crispus.*
⎱ Feuilles planes, ord. très amples. . . . . *R. Patientia.*

7 ⎰ Valves ovales-triangulaires ou oblongues-triangulaires; feuilles radicales et inférieures très amples, longues de 4-8 décimètr. . . . . **8.**
⎱ Valves lancéolées-oblongues ; feuilles n'atteignant jamais 4 décimètres . . **9.**

8 ⎰ Feuilles atténuées aux deux extrémités. . . . . *R. Hydrolapathum.*
⎱ Feuilles arrondies, tronquées ou cordées à la base . . . . *R. maximus.*

9 ⎰ Valves munies chacune d'un granule ovoïde; faux verticilles munis tous ou la plupart d'une feuille bractéale. . . . . . *R. conglomeratus.*
⎱ Les deux valves intérieures dépourvues de granule ou à granule rudimentaire; faux verticilles tous ou la plupart dépourvus de feuilles bractéales. . . . . *R. nemorosus.*

10 ⎰ Feuilles lancéolées étroites, atténuées à la base ; valves ne présentant que deux dents de chaque côté . . . . **11.**
⎱ Feuilles ovales, oblongues ou suborbiculaires, quelquefois en forme de violon, arrondies ou cordées à la base; valves présentant plus de deux dents de chaque côté . . . . **12.**

11 ⎰ Dents des valves égalant ou dépassant en longueur le diamètre longitudinal de la valve; faux verticilles rapprochés ou confluents à la maturité. . . . . *R. maritimus.*
⎱ Dents des valves plus courtes que le diamètre longitudinal de la valve; faux verticilles un peu espacés à la maturité. . . . . *R. palustris.*

12 ⎰ Tige ord. arquée, à rameaux divergents ou divariqués; faux verticilles espacés, tous ou la plupart munis d'une feuille bractéale très petite . . . . *R. pulcher.*
⎱ Tige droite, à rameaux ord. dressés; faux verticilles ord. rapprochés, tous ou la plupart dépourvus de feuilles bractéales . . . *R. obtusifolius.*

SECT. I. LAPATHUM. (LAPATHUM. Tournef.) — *Fleurs hermaphrodites
ou polygames. Styles libres. — Feuilles atténuées, arrondies, tronquées ou
cordées à la base, jamais hastées ni sagittées, à saveur jamais acide.*

1. R. MARITIMUS. (L. sp. 478.) — Engl. bot. t. 725.

Tige de 2-6 décimètr., dressée, ou un peu couchée radicante à la base, anguleuse, presque simple ou très rameuse, à rameaux dressés, plus rarement
étalés. *Feuilles atténuées en pétiole*, lancéolées ou lancéolées-linéaires, entières ou entières-sinuées. *Faux verticilles* très multiflores, *munis chacun
d'une feuille bractéale, rapprochés ou confluents à la maturité en épis
feuillés compactes.* Calice fructifère à *valves* toutes munies d'un granule
oblong, ovales-subrhomboïdales, *terminées en une pointe étroite, présentant
de chaque côté 2 dents sétacées très fines aussi longues ou plus longues
que le diamètre longitudinal de la valve; sépales extérieurs beaucoup
plus courts que les dents des valves.* ① ou ②. Juillet-septembre.

C. — Bords des étangs, fossés, mares, lieux marécageux.

2. R. PALUSTRIS. (Smith, fl. Brit. I. 594.) — Engl. bot. t. 1932. — R. limosus. Thuill.
fl. Par. 182.

Tige de 2-6 décimètr., dressée, ou un peu couchée radicante à la base, anguleuse, rameuse à rameaux grêles effilés souvent flexueux ord. dressés. *Feuilles
atténuées en pétiole*, lancéolées ou lancéolées-linéaires, entières ou entières
sinuées. *Faux verticilles* multiflores ou pluriflores, *munis chacun d'une
feuille bractéale, disposés à la maturité en épis feuillés un peu lâches.*
Calice fructifère à *valves* toutes munies d'un granule oblong, ovales-oblongues *acuminées, présentant de chaque côté 2 dents subulées plus courtes
que le diamètre longitudinal de la valve; sépales extérieurs égalant environ la longueur des dents des valves.* ②. Juillet-septembre.

R.R. — Bords des étangs et des rivières, lieux marécageux. — Bords de la Seine à
Charenton (*Thuillier*, *Weddell*). Etang du Trou-Salé (*Maire*).

Cette espèce, que l'on rencontre ord. mêlée avec la précédente, s'en distingue facilement par ses épis effilés plus lâches, par ses fruits beaucoup plus gros, et surtout
par les dents des valves plus courtes.

3. R. PULCHER. (L. sp. 477.) — Engl. bot. t. 1576. — R. divaricatus. L. sp. 477.

Tige de 3-8 décimètr., dressée, *ord. arquée*, anguleuse, très rameuse, à
rameaux raides, effilés, ord. flexueux, *divergents ou divariqués. Feuilles*
radicales disposées en rosette, longuement pétiolées, oblongues *cordées à la
base*, ord. très obtuses, *souvent en forme de violon* par le rétrécissement
qu'elles présentent au-dessus de leur base, entières ou entières-sinuées; les
supérieures plus petites, lancéolées ou oblongues-lancéolées. *Faux verticilles*
pluriflores compactes, *tous munis d'une feuille bractéale très petite* ou les
supérieurs nus, *espacés* et disposés à la maturité en épis lâches effilés. Calice
fructifère à *valves fortement réticulées-rugueuses*, toutes munies d'un granule oblong rugueux, ovales-oblongues, *présentant de chaque côté plusieurs
dents subulées raides presque épineuses.* ② ou ♃. Juin-août.

A.C. — Bords des routes, pied des murs, lieux incultes et pierreux.

4. R. OBTUSIFOLIUS. (L. sp. 478.) — Engl. bot. t. 1999.

Tige de 5-10 décimètr., dressée, sillonnée, rameuse dans sa partie supérieure, à *rameaux* ord. *dressés* disposés en une panicule terminale. *Feuilles*
inférieures longuement pétiolées, assez amples, ovales, oblongues ou suborbiculaires, *cordées à la base*, obtuses, plus rarement aiguës, entières; les

supérieures ovales-oblongues ou lancéolées, pétiolées, atténuées à la base. *Faux verticilles* multiflores, la plupart *dépourvus de feuilles bractéales, peu espacés ou confluents* et disposés à la maturité en épis allongés. Calice fructifère à *valves réticulées*, ovales-oblongues ou ovales-triangulaires, aiguës ou obtuses, quelquefois un peu cordées à la base, *présentant de chaque côté plusieurs dents triangulaires-acuminées ou subulées*, la valve extérieure seule munie d'un granule ovoïde les 2 autres à granule rudimentaire, plus rarement toutes munies de granules également développés. ♃. Juin-septembre.

C. — Bords des chemins, pied des murs, basses-cours, lieux frais et ombragés.

var. β. *acutifolius*. (R. pratensis. Mert. et Koch, Deutschl. fl. II. 609.) — Feuilles aiguës, même les inférieures.

5. R. CRISPUS. (L. sp. 476.) — Engl. bot. t. 1998.

Tige de 5-10 décimètr., dressée, sillonnée, rameuse dans sa partie supérieure, à rameaux dressés ord. courts disposés en une panicule terminale allongée. *Feuilles* pétiolées, lancéolées, aiguës, atténuées ou tronquées à la base, *ondulées-crépues* aux bords, très rarement presque planes; les supérieures plus étroites. *Faux verticilles* multiflores ou pluriflores, tous ou la plupart *dépourvus de feuilles bractéales, rapprochés* et disposés à la maturité en épis assez compacts. Calice fructifère à *valves suborbiculaires ou ovales-suborbiculaires*, un peu cordées à la base, *entières*, plus rarement denticulées à la base, la valve extérieure munie d'un granule ovoïde, les deux autres à granule plus petit ou rudimentaire, rarement toutes munies de granules également développés. ♃. Juillet-septembre.

C.C. — Bords des chemins, prairies, pâturages, pied des murs, villages.

† 6. R. PATIENTIA. (L. sp. 476.) — Fuchs. hist. 162 ic. (vulg. *Patience*.)

Tige de 8-16 décimètr., dressée, très robuste, cannelée, rameuse dans sa partie supérieure à rameaux ord. courts, dressés, disposés en une panicule terminale étroite racémiforme. *Feuilles* pétiolées, très amples, assez minces, ovales ou oblongues, ord. acuminées, cordées ou atténuées à la base, entières ou superficiellement sinuées, *planes*; les supérieures plus étroites; pétioles canaliculés. *Faux verticilles* multiflores, tous ou la plupart *dépourvus de feuilles bractéales, rapprochés* et disposés à la maturité en épis très compactes. Calice fructifère à *valves très amples suborbiculaires*, cordées à la base, *entières*, plus rarement denticulées, la valve extérieure seule munie d'un granule très petit ou rudimentaire, les deux autres dépourvues de granule. ♃. Juin-août.

Cultivé dans les jardins de campagne. — Quelquefois subspontané dans le voisinage des habitations.

7. R. HYDROLAPATHUM. (Huds. Angl. 154.) — Engl. bot. t. 2104. — R. aquaticus. Duby, bot. Gall. I. 401, *non* L. (vulg. *Patience aquatique*.)

Tige de 1-2 mètres, dressée, robuste, cannelée, rameuse dans sa partie supérieure, à rameaux courts ou allongés-effilés, dressés, disposés en une panicule terminale. *Feuilles radicales et inférieures* très amples, *longues de 6-8 décimètr.*, longuement pétiolées, *oblongues-lancéolées, atténuées aux deux extrémités* et décurrentes sur le pétiole, entières ou très finement crénelées, planes ou à bords un peu ondulés; *pétioles plans en dessus*; feuilles supérieures plus petites. *Faux verticilles* multiflores, tous ou la plupart *dépourvus de feuilles bractéales*, un peu espacés ou rapprochés à la maturité. Calice fructifère à *valves ovales-triangulaires*, aiguës, *entières ou denticulées* à la base, *toutes munies d'un granule* oblong. ♃. Juillet-août.

C. — Bords des rivières et des canaux, étangs, fossés aquatiques.

8. R. MAXIMUS. (Schreb. *in* Schweigg. et Koert. fl. Erlang. I. 152.)

Tige de 1-2 mètres, dressée, robuste, cannelée, rameuse dans sa partie supérieure, à rameaux courts ou allongés-effilés, dressés, disposés en une panicule terminale. *Feuilles radicales et inférieures* très amples, *longues de 4-6 décimètr.*, longuement pétiolées, *oblongues-aiguës ou oblongues-lancéolées, arrondies, tronquées ou cordées à la base*, non décurrentes sur le pétiole, entières ou très finement crénelées, planes ou à bords un peu ondulés; pétioles canaliculés-plans; feuilles supérieures plus petites souvent atténuées en pétiole. *Faux verticilles* multiflores, tous ou la plupart *dépourvus de feuilles bractéales*, un peu espacés ou rapprochés à la maturité. Calice fructifère à *valves ovales-triangulaires* ou *oblongues-triangulaires*, cordées à la base, ord. *denticulées* dans leur partie inférieure, *toutes munies d'un granule* oblong. ♃. Juillet-août.

R.R.R. — Bords des eaux, ruisseaux, fossés aquatiques. — Bords de l'Epte à Beausserré près Gisors! Dreux! (*Weddell*).

9. R. CONGLOMERATUS. (Murr. prodr. fl. Goett. 52.) — R. Nemolapathum. Ehrh. beitr. I. 181. — R. acutus. Smith, Brit. 391. — Engl. bot. t. 724.

Tige de 5-10 décimètr., dressée, anguleuse, souvent rougeâtre, très rameuse, à rameaux grêles étalés ou ascendants-dressés. *Feuilles* brièvement pétiolées, oblongues-lancéolées, obtuses ou aiguës, *arrondies ou cordées à la base*, entières ou finement crénelées; les supérieures plus étroites, à limbe décurrent sur le pétiole. *Faux verticilles* multiflores compactes, *tous munis d'une feuille bractéale* ou les supérieurs nus, espacés et disposés à la maturité en épis feuillés lâches effilés. Calice fructifère à *valves toutes munies d'un granule ovoïde, lancéolées-oblongues, obtuses, entières.* ♃. Juillet-septembre.

C. — Bords des eaux, fossés, bois humides.

10. R. NEMOROSUS. (Schrad. *ex* Willd. enum. I. 397.)—R. Nemolapathum. Spreng. syst. II. 158. — Rchb. plant. crit. IV. 551.

Tige de 5-10 décimètr., dressée, anguleuse, verte ou rougeâtre, plus ou moins rameuse, à rameaux ord. dressés. *Feuilles* plus ou moins longuement pétiolées, assez minces, oblongues ou oblongues-lancéolées, obtuses ou aiguës, *arrondies ou cordées à la base*, entières ou finement crénelées ord. un peu ondulées; les supérieures plus étroites, brièvement pétiolées. *Faux verticilles* multiflores ou pluriflores peu fournis, *la plupart dépourvus de feuilles bractéales, espacés* et disposés à la maturité en épis lâches effilés. *Calice* fructifère *à valves lancéolées-oblongues, obtuses, entières, l'extérieure munie d'un granule subglobuleux, les 2 autres dépourvues de granule* ou à granule rudimentaire. ♃. Juin-août.

C. — Bois, forêts, lieux humides et ombragés.

var. β. *sanguineus.* (R. sanguineus L. sp. 476. — *vulg. Sang-de-dragon.*) — Tige et nervures des feuilles d'un rouge de sang. — Cultivé.— Quelquefois subspontané dans les villages et les basses-cours.

SECT. II. ACETOSA. (Acetosa. Tournef.) — *Fleurs dioïques ou polygames. Styles soudés avec les angles de l'ovaire. —Feuilles hastées ou sagittées, à saveur acide.*

11. R. SCUTATUS. (L. sp. 480.) — R. glaucus. Jacq. ic. rar. I. t. 67.

Tiges de 2-6 décimètr., couchées et presque ligneuses à la base, puis ascendantes, meuses, à rameaux supérieurs disposés en panicule. *Feuilles glau-*

ques, épaisses, *toutes pétiolées, hastées, ovales-triangulaires ou ovales-suborbiculaires,* ord. en forme de violon par le rétrécissement qu'elles présentent au-dessus de leur base, *à oreillettes divergentes ou divariquées. Fleurs polygames.* Faux verticilles pauciflores, unilatéraux, dépourvus de feuilles bractéales, un peu espacés à la maturité. Calice fructifère à *valves débordant très largement le fruit dans tous les sens,* membraneuses, suborbiculaires, entières, cordées à la base, *dépourvues de granule ; les sépales extérieurs appliqués sur les valves.* ♃. Mai-août.

R.R.R. — Vieilles murailles, coteaux pierreux. — Septeuil près Mantes (*Brou*). Morienval près Compiègne (*Leré*). Orrouy près Compiègne (*Questier*).

12. R. ACETOSA. (L. sp. 481.) — Engl. bot. t. 127. (vulg. *Oseille.*)

Tige de 6-10 décimètr., dressée, sillonnée, rameuse dans sa partie supérieure, à rameaux dressés, naissant souvent deux à deux, disposés en une panicule terminale. *Feuilles* un peu glauques en dessous ; les inférieures longuement pétiolées, *oblongues ou ovales, sagittées,* ord. obtuses, *à oreillettes parallèles ou un peu convergentes ; les supérieures* plus étroites, *sessiles amplexicaules,* souvent aiguës. *Fleurs dioïques,* fleurs femelles souvent stériles en partie. Faux verticilles pluriflores ou pauciflores, dépourvus de feuilles bractéales, un peu espacés ou rapprochés à la maturité. Calice fructifère à *valves débordant très largement le fruit dans tous les sens,* membraneuses, suborbiculaires très obtuses, entières cordées, *toutes munies* à la base *d'un granule squamiforme* très petit qui déborde l'échancrure ; les *sépales extérieurs réfractés sur le pédicelle.* ♃. Mai-juin, refleurit en automne.

C. — Prairies, pâturages, lisières et clairières des bois. — Cultivé dans les jardins potagers.

13. R. ACETOSELLA. (L. sp. 481.) — Engl. bot. t. 1674. (vulg. *Petite-Oseille, Oseille-de-brebis.*)

Tiges de 1-4 décimètr., dressées ou ascendantes-diffuses, grêles, rameuses, à rameaux supérieurs disposés en une panicule lâche ou compacte. *Feuilles* pétiolées, *ovales, oblongues-lancéolées ou linéaires, hastées à oreillettes* ord. très longues *divergentes ou étalées horizontalement. Fleurs dioïques,* ord. rougeâtres, fleurs femelles quelquefois stériles en partie. Faux verticilles pluriflores ou pauciflores, dépourvus de feuilles bractéales, un peu espacés ou rapprochés à la maturité. Calice fructifère à *valves* membraneuses, suborbiculaires un peu aiguës, cordées à la base, entières, dépourvues de granule, *ne dépassant pas le fruit ; les sépales extérieurs appliqués sur les valves.* ♃. Mai-juin, refleurit en automne.

C.C.C. — Bords des chemins, pâturages, clairières des bois, pelouses montueuses, champs sablonneux.

var. α. *vulgaris.* — Feuilles ovales, oblongues ou lancéolées.

s.v. — *fissus.* — Feuilles à oreillettes bi-trilobées.

var. β. *angustifolius.* — Feuilles linéaires-lancéolées ou linéaires, à oreillettes linéaires très étroites, ne présentant quelquefois qu'une seule oreillette, ou dépourvues d'oreillettes.

II. POLYGONUM. (L. gen. n. 495, *part.*)

Fleurs hermaphrodites. Calice ord. coloré, à 5 rarement 3-4 *sépales* soudés dans leur partie inférieure, *presque égaux,* s'accroissant souvent après la floraison. Étamines 5-8, très rarement 4-9, opposées une à une aux sépales ou opposées par paires aux sépales intérieurs (Endlicher), (5 alternes avec les sépales, les autres leur étant opposées (Nees). Glandes hypogynes ou périgynes, alternant avec les étamines, quelquefois nulles. Styles 2-3, soudés inférieurement ou dans toute leur longueur, quelquefois très courts; *stigmates capités*. Fruit trigone ou comprimé-lenticulaire, entouré par le calice persistant. *Embryon placé latéralement par rapport au périsperme*, arqué; *cotylédons ord. linéaires, jamais plissés-contournés*.

Plantes annuelles ou vivaces, quelquefois volubiles. Fleurs petites, rouges, roses, blanches ou d'un blanc verdâtre, en épis ou en grappes axillaires ou terminales, plus rarement en fascicules axillaires ou solitaires axillaires.

1 { Feuilles cordées-sagittées; tiges presque filiformes ord. volubiles. . . . . 2.
{ Feuilles jamais cordées-sagittées; tiges non volubiles. . . . . 3.

2 (Calice fructifère à angles jamais ailés; tiges anguleuses-striées . . . . . .
. . . . *P. Convolvulus.*
(Calice fructifère à angles ailés-membraneux; tiges cylindriques . . . .
. . . . *P. dumetorum.*

3 (Fleurs solitaires axillaires ou fasciculées par 2-4 à l'aisselle des feuilles; les
{ supérieures seules quelquefois dépourvues de feuilles; stigmates 3, sub-
{ sessiles. . . . . 4.
(Fleurs en grappes ou en épis pluriflores ou multiflores; styles 2-3 soudés
(inférieurement . . . . 5.

4 (Rameaux feuillés jusqu'au sommet; fruits non luisants, à faces finement
{ striées. . . . . *P. aviculare.*
(Rameaux dépourvus de feuilles dans leur partie supérieure; fruits un peu
(luisants, à faces presque lisses. . . . . *P. Bellardi.*

5 (Plante vivace à souche traçante, ou épaisse contournée sur elle-même; éta-
{ mines longuement saillantes hors du calice. . . . . 6.
(Plante annuelle, à racine pivotante, étamines incluses. . . . . 7.

6 (Feuilles à limbe décurrent sur le pétiole; fruits trigones, à angles tran-
{ chants. *P. Bistorta.*
(Feuilles à limbe non décurrent sur le pétiole; fruits ovoïdes-comprimés. .
. . . . *P. amphibium.*

7 { Épis oblongs-cylindriques compactes. . . . . 8.
{ Épis grêles presque filiformes lâches interrompus . . . . 9.

8 (Gaines finement et brièvement ciliées, quelquefois dépourvues de cils;
{ fruits suborbiculaires-comprimés, concaves sur les deux faces. . . .
. . . . *P. lapathifolium.*
(Gaines longuement ciliées; fruits les uns suborbiculaires-comprimés à faces
(convexes ou presque planes, les autres trigones . . . *P. Persicaria.*

9 (Calice chargé de points glanduleux; plante à saveur âcre poivrée. . . . .
. . . . *P. Hydropiper.*
(Calice ne présentant pas de points glanduleux; plante à saveur non poi-
(vrée. . . . . *P. mite.*

SECT. I. PERSICARIA. — *Styles 2-3, soudés dans leur partie inférieure ou seulement à la base. Étamines alternant ord. avec des glandes.* — *Plantes non volubiles. Feuilles ovales, oblongues, lancéolées ou linéaires. Fleurs en grappes ou en épis terminaux et latéraux.*

§ 1. — *Étamines longuement saillantes hors du calice. Plantes vivaces.*

1. P. BISTORTA. (L. sp. 516.) — Engl. bot. t. 509. (vulg. *Bistorte.*)

Souche très épaisse, rampante, *presque ligneuse*, *contournée sur elle-même. Tiges* de 5-8 décimètr., dressées, *simples*. Gaines glabres, à partie herbacée très longue, à partie membraneuse allongée, dépourvue de cils, ord. obliquement tronquée et se fendant longitudinalement. *Feuilles* ovales, ovales-oblongues ou oblongues-aiguës, cordées ou atténuées à la base, *à limbe décurrent sur le pétiole*, glauques en dessous, vertes en dessus ; les radicales longuement pétiolées ; les supérieures sessiles. Fleurs roses, disposées en un épi compacte terminal solitaire ovoïde ou oblong-cylindrique. Styles 3, soudés seulement à la base. Stigmates très petits. *Fruits* saillants hors du calice, lisses, luisants, *trigones, acuminés, à angles tranchants*, à faces concaves. ♃. Mai-juillet.

R.R. — Prairies humides, coteaux tourbeux. — Tournan ! (*Hennecart*). Ons-en-Bray ; St-Germer (*Graves*). — ? Villers-Cotterets ; Soissons (*Mérat, fl. Par.*).

2. P. AMPHIBIUM. (L. sp. 517.) — Engl. bot. t. 435.

Souche longuement traçante, rameuse. Tiges de longueur très variable, submergées-nageantes ou terrestres, très rameuses, plus rarement simples, ord. radicantes au moins dans leur partie inférieure. Gaines pubescentes ou glabrescentes, de longueur variable, à partie membraneuse assez courte tronquée souvent fendue longitudinalement. *Feuilles* pétiolées, oblongues ou lancéolées, aiguës ou obtuses, arrondies à la base ou un peu cordées, *à limbe non décurrent sur le pétiole*, glabres, ou un peu pubescentes, d'un vert blanchâtre en dessous. Fleurs roses, disposées en épis compactes oblongs-cylindriques solitaires à l'extrémité de la tige et des rameaux. Styles 2. *Fruits* lisses luisants, *ovoïdes-comprimés*, à bords non tranchants. ♃. Juin-septembre.

C.C. — Fossés, mares, étangs, rivières, lieux marécageux.

var. α. *natans*. — Tiges submergées-nageantes. Feuilles nageantes, longuement pétiolées, oblongues-obtuses, glabres. Les épis de fleurs s'élevant au-dessus de l'eau.

var. β. *terrestre*. — Plante non submergée, à tiges souvent dressées et simples. Feuilles brièvement pétiolées, oblongues-lancéolées ou lancéolées, pubescentes-rudes, d'un vert blanchâtre en dessous, quelquefois ondulées.

On rencontre souvent sur un même individu les deux formes de feuilles caractéristiques de l'une et l'autre variété, alors que la plante, à diverses époques de sa croissance, s'est trouvée dans l'eau ou hors de l'eau.

§ 2. — *Etamines incluses. Plantes annuelles.*

3. P. LAPATHIFOLIUM. (L. sp. 517.) — Engl. bot. 1382.

Tige de 3-9 décimètr., dressée ou étalée-ascendante, rameuse souvent dès la base. Feuilles ovales-lancéolées ou lancéolées, atténuées à la base, pétiolées, glabres ou presque glabres, quelquefois pubescentes ou blanches-tomenteuses en dessous. Gaines glabres ou pubescentes, *finement et brièvement ciliées*, quelquefois dépourvues de cils. Fleurs assez grosses, d'un blanc verdâtre ou roses, disposées en *épis oblongs-cylindriques compactes* droits, dressés. Calice présentant quelques points glanduleux ou dépourvu de glandes. Styles 2. *Fruits* lisses, luisants, *suborbiculaires-comprimés, concaves sur les deux faces.* ①. Juin-septembre.

C. — Lieux humides, fossés, bords des étangs et des rivières, lieux inondés l'hiver.

var. β. *incanum*. — Feuilles pubescentes, blanches-tomenteuses en dessous.

var. γ. *nodosum*. — Tige à nœuds très renflés.

α. β. γ. s.v. *maculatum*. — Feuilles présentant une tache noirâtre à la face supérieure.

Le *P. orientale* L. (vulg. *Persicaire d'Orient, Grande-Renouée*) est fréquemment cultivé dans les jardins, d'où il s'échappe quelquefois ; cette espèce se distingue aux caractères suivants : tige atteignant 1-2 mètres, velue, rameuse supérieurement ; feuilles pétiolées, très amples, ovales-acuminées, pubescentes ; fleurs d'un beau rouge, en épis allongés compactes pendants; fruits lisses, suborbiculaires-comprimés.

4. P. PERSICARIA. (L. sp. 518. var. α.) — Engl. bot. t. 756. (vulg. *Persicaire.*)

Tige de 3-9 décimètr., dressée ou étalée-ascendante, rameuse souvent dès la base. Feuilles oblongues-lancéolées ou lancéolées, atténuées à la base, brièvement pétiolées, glabres ou presque glabres, quelquefois pubescentes ou blanches-tomenteuses en dessous. *Gaînes* glabres ou pubescentes, *longuement ciliées.* Fleurs ord. assez grosses, roses, plus rarement d'un blanc verdâtre, disposées en *épis oblongs-cylindriques* ord. *compactes* droits dressés. Calice ne présentant pas de points glanduleux. Styles 2-3. *Fruits* lisses, luisants : *les uns suborbiculaires-comprimés, à faces l'une convexe ou plane l'autre convexe-gibbeuse; les autres trigones* à faces concaves. (1). Juillet-septembre.

C. — Champs humides, fossés, bord des eaux, berges des rivières.

var. β. *incanum.* — Feuilles pubescentes, blanches-tomenteuses en dessous.

α. β. s.v. *maculatum.* — Feuilles présentant une tache noirâtre sur la face supérieure.

5. P. MITE. (Schrank. baier. fl. 1. 668.) — Engl. bot. t. 1043. — P. laxiflorum. Weih. bot. zeit. (1826) 746.

Tige de 1-9 décimètr., dressée ou étalée-ascendante, rameuse souvent dès la base. Feuilles oblongues-lancéolées, lancéolées ou lancéolées-linéaires, plus ou moins atténuées à la base, brièvement pétiolées ou subsessiles, glabres ou presque glabres. Gaînes glabres ou pubescentes, longuement ciliées. Fleurs roses, rarement d'un blanc verdâtre, disposées en *épis grêles presque filiformes lâches-interrompus,* arqués-pendants ou étalés, plus rarement dressés. *Calice ne présentant pas de points glanduleux.* Styles 2-3. *Fruits lisses, luisants; les uns suborbiculaires-comprimés, à faces convexes; les autres trigones, à faces un peu concaves ou l'une d'elles presque plane. Plante à saveur non poivrée.* (1). Juillet-septembre.

A.C. — Fossés, bord des eaux, lieux inondés l'hiver.

var. β. *minus.* (P. minus. Huds. Angl. I. 148.) — Tige de 1-4 décimètr., grêle, souvent presque filiforme. Feuilles ord. très étroites. Épis ord. dressés. Fleurs et fruits ord. plus petits de moitié que dans le type. — R. — St-Léger! (*Mandon*). Rambouillet; environs de Triel (*de Boucheman* . Mares de la Belle-Croix dans la forêt de Fontainebleau !

6. P. HYDROPIPER. (L. sp. 517.) — Engl. bot. t. 989. (vulg. *Poivre-d'eau.*)

Tige de 3-9 décimètr., dressée ou étalée-ascendante, rameuse souvent dès la base. Feuilles oblongues-lancéolées ou lancéolées, atténuées à la base, brièvement pétiolées ou subsessiles, glabres ou presque glabres. Gaînes glabres ou presque glabres, brièvement ou longuement ciliées. Fleurs d'un blanc rosé ou d'un blanc verdâtre, disposées en *épis grêles presque filiformes lâches-interrompus,* arqués pendants ou étalés, rarement dressés. *Calice chargé de points glanduleux.* Styles 2-3. *Fruits non luisants,* très finement rugueux ; *les uns suborbiculaires-comprimés, à faces présentant chacune une saillie longitudinale; les autres trigones,* à faces un peu concaves ou l'une d'elles presque plane. *Plante à saveur âcre poivrée.* (1). Juillet-octobre.

C. — Fossés, lieux humides, marécages, bord des eaux.

SECT. II. AVICULARIA.—*Stigmates* 3, *subsessiles, globuleux.*—*Plantes non volubiles. Feuilles oblongues-lancéolées ou oblongues-linéaires. Fleurs axillaires, solitaires ou en fascicules pauciflores, le sommet des rameaux étant quelquefois dépourvu de feuilles.*

7. **P. AVICULARE.** (L. sp. 519.) — Engl. t. 1252. (vulg. *Traînasse.*)

Tiges plus ou moins nombreuses, rarement solitaires, de 1-6 décimètr., grêles, étalées ou appliquées sur la terre, plus rarement ascendantes ou dressées, simples ou rameuses à *rameaux feuillés jusqu'au sommet.* Feuilles oblongues, lancéolées, ou oblongues-linéaires, aiguës ou obtuses, planes, subsessiles ou brièvement pétiolées, un peu épaisses, glabres, ord. glaucescentes. Gaînes scarieuses, laciniées. Fleurs presque sessiles, solitaires ou disposées par 2-4 à l'aisselle des feuilles. *Fruits non luisants,* trigones, *à faces* planes ou un peu concaves, *finement striées* à stries longitudinales. ①. Juin-octobre.

C.C.C. — Bords des chemins, rues peu fréquentées, basses-cours, villages, jardins, lieux incultes.

s.v. — *latifolium.* — Feuilles oblongues ou obovales-oblongues, beaucoup plus grandes que dans le type.

var. β. *erectum.* — Tiges presque solitaires, ascendantes ou dressées.

8. **P. BELLARDI.** (All. fl. Ped. t. 90. f. 2.)

Tige solitaire, de 3-5 décimètr., grêle, raide, dressée, souvent rameuse dès la base, à *rameaux* dressés *dépourvus de feuilles dans leur partie supérieure.* Feuilles oblongues-lancéolées ou oblongues-linéaires, planes, subsessiles, un peu épaisses, glabres. Gaînes scarieuses, laciniées. Fleurs presque sessiles ou pédicellées, solitaires ou disposées par 2-4, les inférieures axillaires, les supérieures en épi effilé interrompu. *Fruits un peu luisants,* trigones, *à faces* planes ou un peu concaves, *presque lisses.* ①. Juin-juillet.

R.R.R. — Champs arides. — Nemours (*Devilliers*).

SECT. III. TINIARIA.—*Stigmates* 3, *subsessiles, soudés entre eux.*—*Plantes volubiles. Feuilles cordées-sagittées. Fleurs pédicellées, en fascicules axillaires pauciflores ou pluriflores, ou en grappes axillaires.*

9. **P. CONVOLVULUS.** (L. sp. 522.) — Engl. bot. t. 941. (vulg. *Vrillée-bâtarde, Faux-Liseron.*)

Tiges de 2-10 décimètr., presque filiformes, *anguleuses-striées,* ord. un peu rudes, couchées sur la terre ou s'enroulant autour des plantes voisines. Feuilles pétiolées, ovales-acuminées, cordées-sagittées, glabres ou presque glabres. Gaînes très courtes, tronquées. Fleurs blanchâtres, en fascicules pauciflores, ou en grappes lâches axillaires et terminales. *Calice fructifère* pubérulent, enveloppant étroitement le fruit, *à sépales extérieurs carénés à carène non membraneuse. Fruits non luisants,* très finement striés, trigones à faces un peu concaves. ①. Juin-septembre.

C.C. — Champs, jardins incultes, lieux cultivés.

10. **P. DUMETORUM.** (L. sp. 522.) — Fl. Dan. t. 756. (vulg. *Grande-Vrillée-bâtarde.*)

Tiges atteignant souvent 1-2 mètres, presque filiformes, *cylindriques,* ord. lisses, s'enroulant autour des plantes voisines. Feuilles pétiolées, ovales-acuminées, cordées-sagittées, glabres ou presque glabres. Gaînes très courtes, tronquées. Fleurs blanchâtres, en grappes lâches axillaires et terminales, plus rarement en fascicules axillaires. *Calice fructifère* glabre, enveloppant étroitement le fruit, *à sépales extérieurs carénés à carène ailée-membraneuse. Fruits lisses, luisants,* trigones à faces concaves. (1). Juin-septembre.

A.C. — Haies, buissons, lisière des bois.

† III. FAGOPYRUM. (Tournef. inst. t. 290, *part.*)

Fleurs hermaphrodites. Calice ord. coloré, à 5 sépales soudés à la base, presque égaux, marcescents. Étamines 8, opposées par paires aux 2 sépales extérieurs, opposées une à une aux sépales intérieurs (Endlich.), la huitième alterne avec deux des sépales intérieurs. Glandes hypogynes 8, alternes avec les étamines. Styles 3, filiformes, ord. assez longs; *stigmates capités.* Fruit trigone, entouré par le calice marcescent. Périsperme farineux. *Embryon placé dans le périsperme; cotylédons larges foliacés, plissés-contournés,* partageant le périsperme en deux parties qu'ils entourent incomplètement.

Plantes annuelles. Fleurs petites, verdâtres, blanches ou rosées, en grappes axillaires et terminales.

{ Fruits à angles entiers. . . . . *F. vulgare.*
{ Fruits à angles sinués-dentés . . . . *F. Tataricum.*

† 1. F. VULGARE. (Nees jun. gen. pl. fasc. VIII. t. 8.) — F. esculentum. Mœnch, meth. 290. — Polygonum Fagopyrum. L. sp. 522. — Engl. bot. t. 1044. (vulg. *Blé-noir, Sarrasin.*)

Tige de 3-8 décimètr., dressée, rameuse. Feuilles longuement pétiolées, ovales ou triangulaires, acuminées, cordées-sagittées. Fleurs blanches ou rosées, en grappes courtes longuement pédonculées, les grappes terminales disposées en corymbe. *Fruits* lisses, trigones, *à angles* aigus *entiers.* (1). Juin-août.

Cultivé en grand dans les terrains maigres. — Quelquefois subspontané çà et là dans les champs et aux bords des chemins.

† 2. F. TATARICUM. (Gaertn. fruct. II. 182. t. 119.)—F. dentatum. Mœnch, meth. 290. — Polygonum Tataricum. L. sp. 521. (vulg. *Sarrasin de Tartarie.*)

Tige de 3-8 décimètr., dressée, rameuse. Feuilles longuement pétiolées, ovales ou triangulaires, acuminées, cordées-sagittées. Fleurs d'un blanc verdâtre, plus petites que dans l'espèce précédente; en grappes axillaires longuement pédonculées, interrompues, les terminales rapprochées. *Fruits* trigones, à faces concaves un peu rugueuses, *à angles sinués-dentés.* (1). Juin-août.

Cultivé en grand dans les terrains maigres, souvent mêlé avec l'espèce précédente. — Quelquefois subspontané çà et là dans les champs et aux bords des chemins.

LXXVII. MORÉES.

(MOREÆ. Endlich. Prodr. fl. Norf. 40.)

Fleurs unisexuelles, ord. monoïques, quelquefois renfermées dans un réceptacle commun charnu creux. — Fleur mâle : Calice 3-4 sépales, presque égaux, soudés à la base ou dans une étendue variable; à préfloraison imbriquée. *Étamines* 3-4, opposées aux sépales, *insérées au fond du calice;* filets filiformes ou subulés, quelquefois rugueux transversalement, d'abord repliés en dedans, puis étalés, un peu plus longs que les sépales; anthères bilobées, à lobes s'ouvrant longitudinalement.— Fleur femelle : Calice marcescent, ou persistant et devenant charnu, à 4-5 sépales soudés à la base ou dans une étendue variable. *Ovaire non soudé avec le calice,* uni-ovulé, uniloculaire, ou biloculaire à loges inégales, la plus petite stérile; *ovule suspendu* au-dessous du sommet de la loge, plié; styles 2, filiformes; presque libres jusqu'à la base ou soudés dans une grande partie de leur longueur, stigmatifères à la face interne. — *Fruit* (akène, utricule, drupe) petit, entouré par le calice marcescent, ou *renfermé dans le calice charnu-succulent* qui se soude avec lui, *uniloculaire, monosperme, indéhiscent, à péricarpe membraneux ou charnu.* — Graine remplissant la cavité du péricarpe, suspendue, à testa ord. crustacé. *Périsperme charnu. Embryon plié*, placé dans le périsperme. *Radicule rapprochée du hile.*

Arbres ou arbrisseaux, à suc lactescent ou laiteux. Feuilles alternes, indivises ou lobées, souvent dentées ou sinuées; *stipules libres, caduques*. Fleurs petites, verdâtres ou blanchâtres, en épis unisexuels, ou renfermées dans un réceptacle creux presque fermé ord. pyriforme.

Fleurs en épis unisexuels; styles 2, distincts presque jusqu'à la base. . . . . MORUS. (i.)
Fleurs mâles et fleurs femelles renfermées dans un réceptacle creux pyriforme charnu; style filiforme, bifide au sommet . . . . FICUS. (ii.)

† I. MORUS. (Tournef. inst. t. 362.)

Fleurs monoïques, *en épis unisexuels*. — Fleur mâle : Calice à 4 sépales soudés à la base, ovales, concaves, étalés lors de la floraison. Étamines 4; filets filiformes, rugueux transversalement.—Fleur femelle : Calice à 4 sépales ovales, concaves, libres, dressés, opposés par paires, les extérieurs plus grands, devenant charnu-succulent à la maturité et renfermant le fruit. Ovaire biloculaire, à loges inégales. *Styles* 2, *filiformes* allongés, stigmatifères à leur face interne. Fruit (akène, drupe, utricule charnu) uniloculaire, monosperme par l'avortement de l'ovule de la plus petite loge, à péricarpe membraneux ou un peu charnu, renfermé dans le calice qui se soude avec lui.

Arbres à suc lactescent. Feuilles alternes, pétiolées, indivises ou irrégulièrement lobées, dentées; stipules caduques. Fleurs verdâtres, en épis axillaires pédonculés; les mâles en épis allongés; les femelles en épis ovoïdes ou subglobuleux caducs, à calices charnus-succulents soudés entre eux et ord. colorés à la maturité.

Épis femelles environ de la longueur du pédoncule, les fructifères blancs ou d'un blanc rosé. . . . . *M. alba.*
Épis femelles beaucoup plus longs que le pédoncule, les fructifères d'un pourpre noirâtre. . . . . *M. nigra.*

† † 1. M. ALBA. (L. sp. 1398.)— Gaertn. fruct. II. t. 126. f. 6. (vulg. *Mûrier blanc.*)

Feuilles minces, ovales ou ovales-suborbiculaires, dentées, quelquefois lobées, tronquées ou obliquement cordées à la base, presque glabres ou un peu scabres. *Épis femelles* assez petits, *environ de la longueur du pédoncule*. Calice à *sépales glabres aux bords*. Stigmates glabres, à papilles courtes. Épi femelle fructifère à calices charnus-succulents, soudés, blancs ou d'un blanc rosé, à suc incolore d'une saveur fade ou un peu sucrée. ♄. *Fl.* mai. *Fr.* juillet-août.

Cultivé en grand et dans les parcs. — Originaire de l'Orient.

† † 2. M. NIGRA. (L. sp. 1398.)— Duham. arb. fruit. II. t. t. (vulg. *Mûrier noir.*)

Feuilles un peu épaisses, ovales-acuminées, dentées, quelquefois lobées, profondément cordées à la base, pubescentes-scabres. *Épis femelles* assez gros, *beaucoup plus longs que le pédoncule, ou subsessiles*. Calice à *sépales hérissés aux bords*. Stigmates hérissés. Épi femelle fructifère à calices charnus-succulents, soudés, d'un pourpre noirâtre, à suc d'un rouge foncé d'une saveur sucrée acidule. ♄. *Fl.* mai. *Fr.* juillet-août.

Cultivé çà et là dans les vergers et dans les parcs. — Originaire de l'Asie.

Le *Broussonetia papyrifera* Duham. (vulg. *Mûrier-à-papier*) est quelquefois planté dans les avenues et dans les parcs ; cet arbre se reconnaît à ses feuilles ovales-suborbiculaires indivises ou irrégulièrement bi- trilobées, à ses fleurs dioïques, les femelles à calice urcéolé rapprochées en tête sur un réceptacle globuleux, et à ses fruits longuement stipités charnus-gélatineux.

† II. FICUS. (Tournef. inst. t. 420.)

Fleurs monoïques, *renfermées* en grand nombre *dans un réceptacle* globuleux ou pyriforme, *creux, charnu, presque complètement fermé* et ombiliqué au sommet, les supérieures mâles, les autres femelles.— Fleur mâle : Calice à 3 sépales lancéolés membraneux, soudés dans leur partie inférieure. Étamines 3 ; filets capillaires. — Fleur femelle : Calice à 3 sépales lancéolés, soudés en un tube décurrent sur le pédicelle. Ovaire obliquement stipité, uniloculaire ; *style* un peu latéral, *filiforme, bifide au sommet*, à lobes stigmatifères. — Fruits très petits, très nombreux, monospermes, indéhiscents, à péricarpe membraneux, entourés des calices marcescents et renfermés dans le réceptacle accru et devenu pulpeux-succulent.

Arbre ou arbrisseau, à suc âcre laiteux. Feuilles alternes, pétiolées, palmatilobées; stipules assez grandes, enroulées, enveloppant les bourgeons, caduques. Fleurs très petites, blanchâtres, pédicellées. Réceptacles des fleurs axillaires, solitaires ou groupés, très brièvement pédonculés, caducs à la maturité, munis à la base de bractées membraneuses courtes.

† 1. F. CARICA. (L. sp. 1513.) (vulg. *Figuier.*)

Arbre ou arbrisseau à bois tendre, à rameaux verdâtres ou grisâtres contenant une moelle abondante. Feuilles très amples, pubescentes-scabres, épaisses, fermes, palmatilobées à 3-7 lobes obtus sinués ou irrégulièrement lobés. Réceptacle fructifère (figue) assez gros, pyriforme, glabre, verdâtre ou violacé, à pulpe sucrée. ♄. Juillet-août.

Cultivé dans les jardins potagers et dans les vergers à l'abri des murs.

LXXVIII. CANNABINÉES.

(CANNABINEÆ. Endlich. gen. pl. 286.)

Fleurs dioïques. — Fleur mâle : Calice à 5 sépales presque égaux, libres, à préfloraison imbriquée. *Étamines* 5, opposées aux sépales, *insérées au fond du calice*; filets filiformes très courts ; anthères bilobées, à lobes oblongs, s'ouvrant longitudinalement. — Fleur femelle : Calice persistant plus ou moins accrescent, réduit à un seul sépale qui entoure ou embrasse l'ovaire. *Ovaire non soudé avec le calice*, uniloculaire, uni-ovulé ; *ovule suspendu*, plié; style très court ou nul; stigmates 2, filiformes allongés. — *Fruit* (akène) petit, renfermé dans le calice ou embrassé par le calice, sec, *uniloculaire, monosperme; à péricarpe crustacé*, glanduleux-résineux *indéhiscent*, ou lisse s'ouvrant en 2 valves par la pression. — Graine suspendue, à testa mince membraneux, soudé ou non avec le péricarpe. *Périsperme nul. Embryon plié ou enroulé en spirale. Radicule rapprochée du hile.*

Plantes herbacées, annuelles à tige dressée, ou vivaces, à tiges volubiles. Feuilles opposées ou les supérieures alternes, palmatilobées ou palmatiséquées à lobes dentés, plus rarement indivises-dentées; *stipules persistantes ou caduques, libres ou soudées deux à deux.* Fleurs petites, verdâtres ; les mâles en grappes ou en panicules; les femelles en glomérules feuillés pauciflores, ou en épis compactes ovoïdes en forme de cône par le développement des bractées et des sépales qui deviennent membraneux-foliacés.

{ Embryon plié; plante annuelle, à tige dressée. . . . . . CANNABIS. (i.)
{ Embryon enroulé en spirale; plante vivace, à tiges volubiles. HUMULUS. (ii.)

† I. CANNABIS. (Tournef. inst. t. 309.)

Fleurs dioïques. — Fleurs mâles : Calice à 5 sépales presque égaux. Étamines 5 ; filets courts ; anthères longues, pendantes. — *Fleurs femelles munies chacune d'une petite bractée :* Calice réduit à un seul sépale enroulé autour de l'ovaire et renflé à la base. Ovaire à style court ; stigmates 2, filiformes très longs. Akène subglobuleux un peu comprimé, à péricarpe se partageant en deux valves par la pression. *Embryon plié*, à radicule répondant au dos de l'un des cotylédons (o||).

Plante annuelle. Feuilles inférieures opposées, les supérieures alternes, palmatiséquées, à segments dentés ; stipules libres. Fleurs mâles en grappes axillaires et terminales souvent géminées ou groupées ; les femelles en glomérules axillaires feuillés pauciflores.

† 1. C. SATIVA. (L. sp. 1457.) — Lob. ic. t. 526. f. 1-2. — Nees jun. gen. pl. fasc. III. t. 9. (vulg. *Chanvre.*)

Tige atteignant souvent 1-2 mètres, dressée, raide, effilée, simple ou un peu rameuse supérieurement, pubescente très rude, à liber constitué par des fibres textiles très résistantes. Feuilles pétiolées, palmatiséquées, à 5-7 segments lancéolés-acuminés ou linéaires-lancéolés fortement dentés, pubescentes-rudes, d'un vert pâle en dessous ; les supérieures souvent réduites à 3 segments ou au segment terminal. Akène lisse, d'un gris brunâtre, renfermé dans le calice. Plante exhalant une odeur forte. (1). Juin-septembre.

Cultivé en grand. — Subspontané çà et là au bord des chemins. — Originaire de l'Inde.

II. HUMULUS. (L. gen. n. 1116.)

Fleurs dioïques. — Fleur mâle : Calice à 5 sépales presque égaux. Étamines 5 ; filets très courts ; anthères longues, dressées, apiculées par le prolongement du connectif. — *Fleurs femelles disposées par paires à l'aisselle de bractées membraneuses-foliacées :* Calice réduit à un seul sépale squamiforme qui embrasse l'ovaire et devient membraneux-foliacé à la maturité. Ovaire à 2 stigmates filiformes très longs. Akène ovoïde un peu comprimé. *Embryon à cotylédons linéaires enroulés en spirale ;* à radicule répondant au dos de l'un des cotylédons (o || || ||).

Plante vivace, à *tiges volubiles.* Feuilles la plupart opposées, palmatilobées, cordées, à lobes dentés ; stipules soudées deux à deux. Fleurs mâles en grappes rameuses opposées ou en panicules, axillaires et terminales ; fleurs femelles en *épis* compactes ovoïdes ou subglobuleux, pédonculés, axillaires et terminaux, solitaires ou réunis en panicule, les *fructifères* plus gros, *en forme de cône* par le développement des sépales et des bractées.

1. H. LUPULUS. (L. sp. 1457.) — Engl. bot. t. 427. — (vulg. *Houblon.*)

Tiges atteignant souvent plusieurs mètres, sarmenteuses, volubiles, grêles, un peu anguleuses, rudes, couvertes de poils courts robustes crochus. Feuilles pétiolées, scabres en dessus, munies en dessous de glandes résineuses, cordées à la base, palmatilobées à 3-5 lobes ovales-acuminés dentés, plus rarement indivises profondément dentées. Épis femelles fructifères à bractées et à sépales ovales membraneux-réticulés. Akène à péricarpe jaunâtre, chargé de glandes résineuses jaunes odorantes et de saveur amère. ♃. Juillet-août.

C. — Haies, buissons, lieux frais et ombragés. — Quelquefois cultivé.

LXXIX. ULMACÉES.

(ULMACEÆ. Mirbel, élem. 905.)

Fleurs hermaphrodites. — Calice marcescent, gamosépale, campanulé ou turbiné, à limbe dressé, à 5 plus rarement 4-8 lobes égaux, à préfloraison imbriquée. — *Étamines* 5, plus rarement 4-8, *insérées à la base du calice et opposées à ses lobes*. Filets filiformes, libres. Anthères bilobées, à lobes s'ouvrant longitudinalement. — *Ovaire non soudé avec le calice*, comprimé, *biloculaire, à loges uni-ovulées*, l'une des loges stériles par avortement. *Ovule suspendu*, réfléchi. Styles 2, larges, divergents, stigmatifères à leur face interne dans toute leur longueur. — *Fruit* (samare) *sec, comprimé, largement membraneux dans toute sa circonférence, uniloculaire et monosperme par avortement, indéhiscent.* — Graine suspendue, à testa membraneux, à raphé saillant. *Périsperme nul. Embryon droit*, à cotylédons larges plans. *Radicule* courte, *dirigée vers le hile.*

Arbres. Feuilles alternes; *stipules libres, caduques.* Fleurs assez petites, en fascicules latéraux sessiles, paraissant avant les feuilles.

I. ULMUS. (L. gen. n. 316.)

Fleurs hermaphrodites. Calice membraneux, campanulé ou turbiné, à 5 plus rarement 4-8 lobes. Étamines 5, plus rarement 4-8. Ovaire ovoïde, comprimé, à 2 loges uni-ovulées. Styles 2, divergents, stigmatifères à la face interne. Fruit sec, comprimé, largement membraneux dans toute sa circonférence, uniloculaire et monosperme par avortement, indéhiscent.

Arbre élevé. Feuilles pétiolées, alternes, dentées. Fleurs rougeâtres, paraissant avant les feuilles, en fascicules latéraux sessiles.

{ Fruits subsessiles, glabres . . . . *U. campestris.*
{ Fruits longuement pédicellés, velus-ciliés aux bords. . . . . *U. effusa.*

1. U. CAMPESTRIS. (L. sp. 327.) — Engl. bot. t. 1887. (vulg. *Orme commun.*)
Feuilles ord. pubescentes-rudes, ovales-lancéolées ou ovales-acuminées, quelquefois suborbiculaires, ord. inégalement obliques à la base, souvent cordées, doublement dentées. Fleurs brièvement pédicellées ou subsessiles. *Fruits subsessiles, glabres*, suborbiculaires ou obovales, larges, membraneux-blanchâtres. ♃ . Mars-mai.

Bois montueux. Très fréquemment planté aux bords des routes et dans les promenades publiques.

s.v. — *microcarpa.* — Fruit plus petit de moitié que dans le type.

s.v. — *corylifolia.* — Feuilles ord. assez amples, incisées-dentées, subtrilobées au sommet à lobes acuminés.

var. β. *suberosa.* (U. suberosa. Ehrh. VI. 87.) — Arbre peu élevé. Écorce des rameaux plus ou moins subéreuse boursouflée en forme d'ailes longitudinales.

† **2. U. EFFUSA.** (Willd. prodr. fl. Berol. n. 296.) — U. octandra, Schk. handb. t. 57.
Feuilles mollement pubescentes en dessous, ovales ou ovales-suborbiculaires, acuminées, ord. inégalement obliques à la base, souvent cordées, doublement dentées ou incisées-dentées. Fleurs pédicellées, pendantes. *Fruits longuement pédicellés, velus-ciliés aux bords*, ovales, oblongs ou suborbiculaires, beaucoup plus petits que dans l'espèce précédente, membraneux, souvent un peu rougeâtres. ♃. Mars-mai.

Planté çà et là aux bords des routes et dans les bois, mêlé avec l'espèce précédente. — Neuilly (*Vigineix*). St-Cloud! Versailles (*Decaisne*). Parc de la Malmaison (*Vigineix*). Assez abondant dans la forêt de Compiègne : Beaux-Monts, St-Corneille, etc. (*Leré*).

Le genre *Celtis*, type de la famille des *Celtidées*, présente les caractères suivants : fleurs hermaphrodites ou quelques unes mâles par avortement ; calice à 5 sépales égaux, concaves ; étamines 5, à filets recourbés au sommet avant l'épanouissement, à anthères cordées-acuminées ; ovaire uniloculaire, uni-ovulé ; stigmates 2, allongés-acuminés, pubescents-glanduleux, étalés ou recourbés ; fruit drupacé, charnu, à un seul noyau monosperme ; graine suspendue ; embryon courbé, entourant un périsperme presque gélatineux, à cotylédons condupliqués émarginés au sommet, à radicule épaisse et courbée. — Le *C. australis* L. (vulg. *Micocoulier*) qui a été planté dans quelques bois (bois de Malesherbes!, Beaux-Monts près Compiègne) se reconnaît aux caractères suivants : arbre peu élevé ou arbrisseau ; feuilles alternes, pétiolées, ovales ou oblongues, acuminées, dentées, scabres en dessus, très pubescentes en dessous, à nervures très saillantes à la face inférieure ; fleurs blanchâtres axillaires, solitaires, pédicellées ; fruit noir, de la grosseur d'une merise, très longuement pédicellé.

LXXX. URTICÉES.

(URTICEÆ. D.C. fl. Fr. III. 517, *part.* — Gaudichaud *ad* Freyc.)

Fleurs polygames, monoïques ou dioïques. — Fleur hermaphrodite et fleur mâle : Calice à 4 sépales presque égaux, concaves, libres ou soudés, s'accroissant en tube après la floraison dans la fleur hermaphrodite, à préfloraison imbriquée. *Étamines* 4, opposées aux sépales, *insérées au centre de la fleur ou hypogynes* ; filets filiformes ord. plissés rugueux, repliés en dedans avant l'épanouissement, puis s'étalant avec élasticité, plus ou moins irritables ; anthères bilobées, introrses, à lobes souvent un peu séparés au sommet et à la base. Ovaire développé dans la fleur hermaphrodite, nul ou rudimentaire dans la fleur mâle. — Fleur femelle : Calice persistant, à 4 sépales libres très inégaux les 2 extérieurs très petits quelquefois avortés, ou gamosépale tubuleux 4-denté. *Ovaire non soudé avec le calice*, uniloculaire, uni-ovulé ; *ovule dressé*, droit ; style très court ou nul ; stigmate ord. en pinceau. — *Fruit* (akène) petit, renfermé dans le calice, sec, *uniloculaire, monosperme, indéhiscent à péricarpe* ord. *crustacé*. — Graine dressée, à testa membraneux ord. soudé avec le péricarpe. *Périsperme charnu*, plus ou moins épais. *Embryon droit*, placé dans le périsperme, à cotylédons plans ovales ou suborbiculaires. *Radicule dirigée vers le point diamétralement opposé au hile.*

Plantes annuelles ou vivaces, *herbacées*, à suc aqueux. Feuilles opposées ou alternes, dentées ou entières ; *stipules* petites, *libres*. Fleurs petites, verdâtres, en glomérules axillaires, ou en grappes simples ou rameuses.

{ Calice de la fleur femelle à 4 sépales libres, très inégaux, les extérieurs très petits quelquefois nuls ; feuilles dentées ; plante hérissée de poils raides piquants . . . . URTICA. (i.)
Calice de la fleur femelle tubuleux-renflé, 4-denté ; feuilles entières ou entières-sinuées ; plante pubescente à poils non piquants. PARIETARIA. (ii.)

I. URTICA. (Tournef. inst. t. 308.)

Fleurs monoïques ou dioïques. — Fleur mâle : Calice à 4 sépales presque égaux, soudés à la base, étalés après la floraison. Étamines 4. — *Fleur fe-*

melle : *Calice à 4 sépales* dressés, opposés en croix, les *extérieurs très petits quelquefois avortés*, les intérieurs renfermant l'akène et s'accroissant quelquefois après la floraison. Ovaire à stigmate sessile, en pinceau. Akène oblong, comprimé, ord. lisse luisant.

Plantes annuelles ou vivaces, *hérissées de poils raides qui sécrètent un liquide caustique très irritant.* Tiges tétragones. *Feuilles* opposées, pétiolées, *dentées.* Fleurs petites, verdâtres, en grappes simples ou rameuses géminées ou groupées à l'aisselle des feuilles, plus rarement en têtes globuleuses.

1 { Fleurs femelles en têtes globuleuses pédonculées . . . . . *U. pilulifera.*
{ Fleurs en grappes simples ou rameuses. . . . . 2.

2 { Plante vivace; fleurs mâles et fleurs femelles portées sur des individus différents; grappes longues pendantes . . . . *U. dioica.*
{ Plante annuelle; fleurs mâles et fleurs femelles réunies dans une même grappe; grappes courtes. . . . . *U. urens.*

1. U. DIOICA. (L. sp. 1396.) — Engl. bot. t. 1750. (vulg. *Grande-Ortie.*)

Plante vivace, à souche traçante. Tiges de 6-12 décimètr., raides, dressées, rameuses. *Feuilles* ovales-acuminées ou ovales-lancéolées, *cordées à la base*, fortement dentées, à dents aiguës ou obtuses. *Fleurs dioïques, les mâles et les femelles en grappes grêles* axillaires sessiles plus longues que le pétiole; les grappes mâles dressées; les grappes femelles fructifères pendantes. ♃. Juin-octobre.

C.C.C. — Pied des murs, villages, décombres, lieux cultivés et incultes.

2. U. PILULIFERA. (L. sp. 1395.) — Engl. bot. t. 148. (vulg. *Ortie romaine.*)

Plante bisannuelle ou vivace. Tiges de 6-10 décimètr., raides, dressées, ord. rameuses. Feuilles ovales-acuminées, profondément dentées, presque incisées, à dents un peu obtuses. *Fleurs monoïques;* les mâles en grappes grêles axillaires dressées; *les femelles en têtes globuleuses* hérissées pédonculées étalées ou pendantes. ② ou ♃. Juin-octobre.

R.R. — Décombres, pied des murs, villages. — Charenton! Assez abondant à Savigny-sur-Orge! (*Maire*). — Subspontané dans le voisinage du Muséum.

3. U. URENS. (L. sp. 1396.) — Engl. bot. t. 1236. (vulg. *Ortie-Grièche. Petite-Ortie.*)

Plante annuelle. Tige de 2-5 décimètr., dressée, ascendante ou étalée, rameuse ord. dès la base. Feuilles ovales ou oblongues, arrondies ou un peu atténuées à la base, profondément dentées presque incisées, à dents étroites ord. aiguës. *Fleurs monoïques, les mâles et les femelles réunies dans une même grappe*, les femelles plus nombreuses; grappes axillaires sessiles, ord. plus courtes que le pétiole, dressées ou étalées. ①. Mai-octobre.

C.C.C. — Décombres, lieux cultivés, pied des murs.

II. PARIETARIA. (Tournef. inst. t. 289.)

Fleurs polygames, entourées d'un involucre à plusieurs folioles libres ou soudées inférieurement. — Fleur hermaphrodite et fleur mâle : Calice à 4 sépales presque égaux soudés à la base, s'accroissant en un tube 4-fide dans la fleur hermaphrodite après la floraison et ne se détachant qu'avec l'akène. Étamines 4. Ovaire développé, ou rudimentaire un peu stipité. — *Fleur femelle:* Calice *tubuleux-renflé*, marqué de côtes longitudinales, 4-denté, persistant renfermant l'akène. Ovaire à style très court ou nul; stigmate en pinceau. Akène oblong, comprimé, ord. lisse luisant.

Plante vivace, pubescente. *Feuilles* alternes, pétiolées, *entières* ou *entières-sinuées*. Fleurs verdâtres, en glomérules axillaires sessiles, les mâles et les femelles réunies dans un même glomérule.

1. P. OFFICINALIS. (L. sp. 1492, *addit.* P. Judaica.) — Engl. bot. t. 879. (vulg. *Pariétaire.*)

Tiges nombreuses, plus rarement solitaires, de 2-8 décimètr., étalées, ascendantes ou dressées, simples ou rameuses. Feuilles ponctuées, pubescentes-rudes, ovales, oblongues ou lancéolées, acuminées, rétrécies inférieurement. Glomérules axillaires, dichotomes, subglobuleux, plus courts que le pétiole. Involucre plus court que les fleurs. ② ou ♃. Juin-octobre.

C.C.C. — Fissures des vieilles murailles, pied des murs, décombres.

var. *β. longifolia.* — Tiges dressées, souvent simples ou presque simples. Feuilles oblongues ou lancéolées, longuement acuminées. — *A.C.* — Lieux ombragés ou humides.

LXXXI. SANGUISORBÉES.

(ROSACEARUM trib. Sanguisorbæ. Juss. gen. 336.)

Fleurs hermaphrodites, polygames ou monoïques. — Calice ord. à 4 rarement 5 sépales soudés en tube dans leur partie inférieure, à tube non soudé avec l'ovaire, à préfloraison valvaire; sépales quelquefois munis de stipules soudées deux à deux et adhérentes inférieurement au tube du calice de manière à former par leur réunion un calicule dont les divisions alternent avec celles du calice (Alchemilla). — *Étamines* 4, ou moins par avortement, ou en nombre indéfini, *insérées sur un disque annulaire qui rétrécit la gorge du calice* et opposées aux sépales, libres. Anthères introrses, bilobées, plus rarement unilobées s'ouvrant par une fente transversale. — *Ovaire non soudé avec le calice*, constitué par 1-2 très rarement 3-4 carpelles distincts uniovulés. Ovule suspendu, plus rarement dressé, réfléchi, plus rarement droit. Styles en nombre égal à celui des loges, terminaux, plus rarement basilaires. Stigmate capité, ou en pinceau. — *Fruit constitué par 1-2 plus rarement 3-4 carpelles, distincts monospermes indéhiscents* renfermés dans le tube induré du calice. — Graine suspendue, plus rarement dressée. Périsperme nul. Embryon droit. Radicule dirigée vers le hile, plus rarement dirigée vers le point diamétralement opposé au hile, dirigée vers le sommet du carpelle.

Plantes herbacées, vivaces, plus rarement annuelles. Feuilles alternes ou éparses, simples palmatilobées, ou imparipinnées à folioles pétiolulées; *stipules soudées au pétiole* dans une étendue variable, ord. foliacées. Fleurs très petites, disposées en cymes corymbiformes terminales, en fascicules latéraux, ou en épis ovoïdes ou oblongs très compacts terminaux.

1 { Calice à 8-10 divisions; fleurs pédicellées, disposées en cymes corymbiformes ou en fascicules opposés aux feuilles . . . . . ALCHEMILLA. (i.)
{ Calice à 4 divisions; fleurs sessiles, disposées en épis compactes. . . . . 2.

2 { Étamines 4; fleurs hermaphrodites . . . . SANGUISORBA. (ii.)
{ Étamines 20-30; fleurs monoïques ou polygames dans un même épi . . . .
{ . . . . POTERIUM. (iii.)

I. ALCHEMILLA. (Tournef. inst. t. 289.)

Fleurs hermaphrodites. *Calice à 8 rarement 10 divisions disposées sur deux rangs*, celles du rang extérieur beaucoup plus petites (extrémités libres des divisions d'un calicule soudé avec le tube du calice). Étamines 1-4 ; anthères unilobées, s'ouvrant par une fente transversale. Ovule droit. Style partant de la base du carpelle ; stigmate capité. Akènes 1 rarement 2, renfermés dans le tube du calice cylindrique. Graine dressée. Embryon à radicule regardant le point diamétralement opposé au hile.

Plantes annuelles ou vivaces. *Feuilles palmatilobées ou palmatipartites. Fleurs* verdâtres, *disposées en cymes corymbiformes* terminales et latérales ou *rapprochées en fascicules opposés aux feuilles.*

Fleurs disposées en fascicules sessiles opposés aux feuilles et étroitement embrassés par les stipules. . . . . *A. arvensis.*
Fleurs disposées en cymes corymbiformes terminales et latérales . . . . *A. vulgaris.*

SECT. I. ALCHEMILLA. — *Plante vivace. Fleurs disposées en cymes corymbiformes terminales et latérales. Étamines 1-4.*

1. A. VULGARIS. (L. sp. 178.) — Engl. bot. t. 597.

Souche épaisse, presque ligneuse. Tiges de 1-3 décimètr., grêles, ascendantes ou dressées, donnant naissance surtout supérieurement aux rameaux de l'inflorescence, pubescentes ou velues, à poils étalés. *Feuilles* plus ou moins pubescentes, quelquefois velues, *réniformes*, plissées de la base à la circonférence, *palmatilobées* à 5-9 lobes peu profonds semi-orbiculaires dentés dans toute leur circonférence, à dents ovales-mucronées ; les radicales longuement pétiolées, à stipules oblongues entières scarieuses ; les caulinaires brièvement pétiolées, à stipules foliacées incisées ou dentées conniventes soudées en un tube court évasé. Calice pubescent. ♃. Mai-juillet.

R.R.R. — Département de l'Oise : Halincourt près Parnes (*Graves*). Bois de Caumont près Songeons (*Graves*). — Env. de Noyon (*Morelle*).

SECT. II. APHANES. — *Plante annuelle. Fleurs disposées en fascicules opposés aux feuilles. Étamines 1-2.*

2. A. ARVENSIS. (Scop. Carn. 1. 115.) — Engl. bot. 1011. — Aphanes arvensis L. sp. 179.

Plante annuelle. Tiges de 5-30 centimètr., ascendantes disposées en touffe, ou étalées, simples plus rarement rameuses, donnant naissance latéralement presque dans toute leur longueur aux fascicules de fleurs, pubescentes ou velues. *Feuilles* pubescentes, planes, *cunéiformes-semi-orbiculaires, palmatipartites* à 3 lobes profonds cunéiformes 3-5-fides ; les radicales détruites lors de la floraison, les caulinaires presque égales entre elles, atténuées en pétiole, à stipules foliacées incisées conniventes soudées en un tube évasé qui embrasse étroitement le fascicule de fleurs. Calice pubescent. ① Mai-août.

C.C. — Champs maigres, bords des chemins, pelouses arides.

II. SANGUISORBA. (L. gen. n. 146.)

Fleurs hermaphrodites. *Calice à 4 divisions. Étamines* 4 ; anthères bilobées s'ouvrant par deux fentes longitudinales. Ovule réfléchi. Style 1, terminal ;

stigmate dilaté, hérissé de papilles ou brièvement pectiné. Akène 1, renfermé
dans le tube du calice tétragone induré-subéreux. Graine suspendue. Embryon
à radicule dirigée vers le hile.

Plante vivace. Feuilles imparipinnées, à folioles pétiolulées. *Fleurs* à limbe du
calice d'un pourpre foncé, sessiles, munies de bractées squamiformes, disposées *en*
épis terminaux subglobuleux ou oblongs très compactes.

1. S. OFFICINALIS. (L. sp. 169.) — Engl. bot. t. 1312.

Souche épaisse, presque ligneuse. Tiges de 5-12 décimètr., raides, dressées,
rameuses supérieurement, glabres. Feuilles glabres; à 9-15 folioles coriaces,
luisantes en dessus, d'un vert glauque en dessous, oblongues cordées à la base,
dentées, quelquefois munies de stipelles; stipules foliacées, falciformes, dentées.
Étamines égalant environ les divisions du calice. Calice à limbe caduc, le fructifère à 4 angles ailés. ♃. Juillet-septembre.

R.R. — Prairies spongieuses, marais tourbeux. — Abondant aux environs de
Moret! et de Nemours! dans la vallée du Loing (*Devilliers*).

III. POTERIUM. (L. gen. n. 1069.)

Fleurs monoïques ou polygames. Calice à 4 divisions. *Étamines* 20-30;
anthères bilobées, s'ouvrant par deux fentes longitudinales. Ovule réfléchi.
Styles 2, rarement 3, terminaux; stigmates en pinceau. Akènes 2, rarement 3,
renfermés dans le tube du calice tétragone induré-subéreux. Graine suspendue.
Embryon à radicule dirigée vers le hile.

Plante vivace. Feuilles imparipinnées, à folioles pétiolulées. *Fleurs* à limbe du
calice verdâtre mêlé de pourpre, sessiles, munies de bractées squamiformes, disposées *en épis terminaux* subglobuleux ou oblongs très compactes; les fleurs femelles
occupant la partie supérieure, les fleurs hermaphrodites et mâles la partie inférieure
de l'épi.

1. P. SANGUISORBA. (L. sp. 1411.) — Engl. bot. t. 860. (vulg. *Pimprenelle*.)

Souche presque ligneuse. Tiges de 4-9 décimètr., dressées, sillonnées-anguleuses, rameuses supérieurement, glabres, plus rarement pubescentes. Feuilles
odorantes-aromatiques, ord. glabres; à 11-17 folioles, d'un vert foncé en
dessus, d'un vert glauque en dessous, quelquefois munies de stipelles, suborbiculaires ou oblongues, légèrement cordées ou tronquées à la base, fortement
dentées à dents peu nombreuses, la dent terminale ord. beaucoup plus petite
que les latérales; stipules foliacées, falciformes, dentées. Étamines à filets dépassant très longuement le calice, pendantes après la fécondation. Calice à limbe
caduc, le fructifère réticulé-rugueux, à 4 angles saillants. ♃. Mai-septembre.

C.C. — Prairies, pâturages montueux. — Fréquemment cultivé dans les jardins
potagers.

LXXXII. DAPHNOIDÉES.

(DAPHNOIDEÆ. Vent. tab. II. 255. — Thymeleæ. Juss. gen. 76.)

Fleurs hermaphrodites, rarement dioïques par avortement. — Calice libre,
caduc ou persistant-marcescent, gamosépale, tubuleux ou infundibuliforme, à
limbe 4-5-fide, à lobes presque égaux, à préfloraison imbriquée. — *Éta-*
mines 8-10, *insérées à la gorge du calice* et opposées à ses lobes. Filets

courts. Anthères bilobées, introrses. — *Ovaire non soudé avec le calice,* uniloculaire, uni-ovulé. Ovule suspendu, réfléchi. Style filiforme, court, souvent un peu latéral. Stigmate capité. — *Fruit sec indéhiscent, ou drupacé, uniloculaire, monosperme,* à endocarpe crustacé, nu ou enveloppé par le calice.—Graine suspendue, remplissant la cavité de la loge, à testa membraneux mince. *Périsperme nul ou presque nul. Embryon droit,* à cotylédons larges plans-convexes. Radicule dirigée vers le hile.

Sous-arbrisseaux ou plantes herbacées. Feuilles alternes ou éparses, plus rarement opposées, sessiles ou atténuées en pétiole, entières; *stipules nulles.* Fleurs verdâtres ou colorées, axillaires, latérales ou terminales, solitaires, en fascicules, en grappes, en glomérules ou en épis.

{ Fruit sec, renfermé dans le calice. . . . . PASSERINA. (i.)
{ Fruit charnu-pulpeux; calice marcescent, puis caduc. . . DAPHNE. (ii.)

I. PASSERINA. (L. gen. n. 489. *emendat.* Wickstroem. act. Holm. (1820) 320.)

Fleurs hermaphrodites, très rarement dioïques par avortement. Calice persistant, infundibuliforme, à tube urcéolé ou cylindrique, à limbe 4-fide. Étamines 8, incluses. Style terminal ou un peu latéral, filiforme court; stigmate capité. *Fruit renfermé dans le calice, sec,* monosperme, indéhiscent, à épicarpe et à mésocarpe réduits à une membrane mince, à endocarpe crustacé fragile.

Plantes annuelles. Feuilles petites, sessiles, lancéolées-linéaires. Fleurs verdâtres, axillaires, solitaires ou fasciculées par 2-5.

1. P. STELLERA.—P. annua. Wickstrœm. *loc. cit.*—Stellera Passerina. L. sp. 512. —Jacq. ic. rar. t. 68.

Racine grêle, pivotante. Tige de 2-5 décimètr., glabre, dressée, raide, rameuse dans sa partie supérieure, à rameaux grêles effilés dressés. Feuilles éparses, lancéolées-linéaires, aiguës, planes, subglaucescentes. Fleurs hermaphrodites, très petites, sessiles, axillaires, solitaires ou fasciculées par 2-5, formant par leur ensemble de longs épis feuillés. Calice pubescent, à lobes connivents après la floraison. Style terminal. ①. Juillet-septembre.

A.R. — Champs maigres, terrains en friche. — Villeneuve-St-Georges! Env. de Melun! Lardy (*Mandon*). Étampes! Pithiviers! Malesherbes! Moret! Nemours! Magny (*Bouteille*). Chantilly! Compiègne; Thury-en-Valois; Sillery-la-Poterie près la Ferté-Milon (*Questier*), etc.

DAPHNE. (L. gen. n. 485.)

Fleurs hermaphrodites. *Calice marcescent, puis caduc,* infundibuliforme, à limbe 4-fide. Étamines 8, incluses. Style terminal, filiforme court; stigmate capité. *Fruit* monosperme, indéhiscent, à mésocarpe *charnu-pulpeux,* à endocarpe crustacé fragile.

Sous-arbrisseaux, à écorce se ridant par la dessiccation. Feuilles lancéolées ou oblongues-lancéolées, assez grandes. Fleurs verdâtres ou roses, plus rarement blanches, disposées en grappes courtes ou en fascicules.

{ Fleurs en grappes naissant à l'aisselle des feuilles; fruit noir. *D. Laureola.*
{ Fleurs rapprochées en fascicules 2-5-flores le long des rameaux; fruit rouge.
{ . . . . *D. Mezereum,*

1. **D. LAUREOLA.** (L. sp. 510.) — Jacq. Austr. t. 185. (vulg. *Lauréole.*)

Sous-arbrisseau de 5-8 décimètr., à tige robuste, flexible, rameuse au sommet. *Feuilles* alternes, rapprochées en rosette au sommet des rameaux, lancéolées ou oblongues-aiguës, atténuées à la base, entières, glabres, luisantes, d'un vert foncé, coriaces, *persistantes. Fleurs* odorantes, disposées en petites *grappes axillaires* penchées 3-7-flores. *Calice* d'un jaune verdâtre, glabre. *Fruit noir.* ♄. *Fl.* mars-avril. *Fr.* juin.

A.R. — Bois montueux. — Forêt de St-Germain! Balancourt près Mennecy! (*Decaisne*). Parc de Reutilly ; bois de Croissy-en-Brie (*Thuret*). Tournan (*Hennecart*). Malesherbes! (*Bernard*). Halaincourt!, Arthieul!, Hodent près Magny (*Bouteille*). Boissy-le-Sec (*Daënen*). Beauvais (*Delacourt*). Compiègne.

2. **D. MEZEREUM.** (L. sp. 509.) — Engl. bot. t. 1381. (vulg. *Bois-gentil, Garou, Merllion.*)

Sous-arbrisseau de 5-10 décimètr., rameux. *Feuilles* alternes, lancéolées ou oblongues-aiguës, atténuées en un court pétiole, entières, minces, un peu glauques en dessous, glabres, ou ciliées sur les bords dans la jeunesse, *non persistantes et ne se développant qu'après les fleurs. Fleurs* odorantes, sessiles, *rapprochées en fascicules 2-3-flores le long des rameaux* au-dessous du bouquet terminal des jeunes feuilles. *Calice* rose, rarement blanc, *à tube très pubescent. Fruit rouge.* ♃. *Fl.* février-mars. *Fr.* juin.

R. — Bois montueux. — Bois de Marne (*Maire*). Houdan (*Brou*). Parc du Mesnil près Mantes! Buhy, Nucourt près Magny (*Bouteille*). Beauvais (*Delacourt*). Elincourt : bois du couvent; assez abondant dans le bois de Mareuil (*Leré*). — Fréquemment planté dans les jardins et les bosquets.

La famille des *Eléagnées* se distingue surtout de la famille des *Daphnoidées* par le fruit sec renfermé dans le calice charnu et par la graine pourvue d'un périsperme. — On plante dans les parcs et les jardins l'*Eleagnus angustifolia* L. (vulg. *Olivier-de-Bohème*) arbre à feuilles lancéolées entières squameuses-argentées luisantes, à fleurs hermaphrodites. — On plante également dans les bosquets l'*Hippophae rhamnoides* L., arbrisseau indigène à rameaux épineux, à feuilles oblongues-lancéolées ou linéaires squameuses-argentées en dessous, à fleurs dioïques, les femelles axillaires, les mâles en épis.

La famille des *Laurinées* est caractérisée surtout par les anthères qui s'ouvrent par des valvules. — Le *Laurus nobilis* L. (vulg. *Laurier-sauce*) arbrisseau à feuilles persistantes aromatiques, fleurit rarement dans les jardins où on le plante quelquefois.

LXXXIII. HIPPURIDÉES.

(HIPPURIDEÆ. Link, en. hort. Berol. I. 5.)

Fleurs hermaphrodites. — Calice gamosépale, tubuleux, à tube soudé avec l'ovaire, à partie libre entière presque nulle. — *Étamine* 1, *insérée au sommet du tube du calice* du côté extérieur. Filet filiforme, épais. Anthère bilobée, introrse. — *Ovaire soudé avec le tube du calice*, uniloculaire, uniovulé. Ovule suspendu, réfléchi. Style subulé, stigmatifère à la face interne. — *Fruit* couronné par le rebord du calice, *uniloculaire, monosperme, indéhiscent*, un peu charnu, à noyau osseux. —Graine suspendue, à testa membraneux, remplissant la cavité de la loge. Périsperme réduit à une couche très mince peu distincte du tégument interne. Embryon droit, cylindrique, à cotylédons très courts, quelquefois à 3 cotylédons (Kunth). Radicule dirigée vers le hile.

Plante vivace, herbacée, *aquatique. Feuilles verticillées*, sessiles, linéaires, entières. Fleurs très petites, axillaires.

I. HIPPURIS. (L. gen. n. 11.)

Calice à tube soudé avec l'ovaire, à partie libre presque nulle entière. Étamine 1 ; anthère pliée-canaliculée, embrassant le style avant sa déhiscence. Style subulé. Fruit uniloculaire, monosperme, indéhiscent, un peu charnu, à noyau osseux.

Plante vivace, aquatique, glabre, à rhizôme traçant rameux submergé, à tiges aériennes simples. Fleurs sessiles, solitaires à l'aisselle des feuilles, verticillées.

1. H. VULGARIS. (L. sp. 6.) — Engl. bot. t. 763. — Limnopeuce. Vaill. act. acad. Par. (1719) t. 1. f. 3. (vulg. *Pesse-d'eau.*)

Rhizôme horizontal, spongieux. Tiges de 2-6 décimètr., dressées, simples, effilées. Feuilles disposées par 8-12 en verticilles rapprochés ; les inférieures ord. réfractées ; les moyennes et les supérieures étalées ou dressées. Fruit petit, ovoïde-oblong, surmonté de la base du style. ♃. Juin-août.

A.R. — Fossés aquatiques, rivières et ruisseaux à courant peu rapide, flaques d'eau des marais tourbeux. — Bords de la Seine à St-Cloud ! Mennecy ! Lardy (*Tourangin*). Malesherbes ! (*Bernard*). Abondant aux marais de Sceaux ! Luzarches (*De Lens*). Chantilly ! (*Mandon*). Senlis (*Morelle*). Compiègne (*Leré*).

s.v. — *fluviatilis*. — Plante submergée, stérile. Feuilles molles, très allongées. — Eaux courantes.

M. Adr. de Jussieu a observé à Mennecy une déformation de cette espèce dans laquelle les feuilles étaient disposées en une spirale continue de la base à l'extrémité de la tige.

LXXXIV. SANTALACÉES.

(Santalaceæ. R. Brown, prodr. Nov. Holl. 350.)

Fleurs hermaphrodites, plus rarement dioïques. — Calice persistant, gamosépale, tubuleux, à tube soudé avec l'ovaire, à limbe 4-5-fide, plus rarement 3-fide, à lobes égaux, à préfloraison valvaire. — *Étamines* 4-5, plus rarement 3, *insérées à la base des lobes du calice* auxquels elles sont opposées, ou insérées sur un disque épais. Filets courts, subulés, glabres ou munis d'un faisceau de poils à la base. Anthères bilobées, introrses. — *Ovaire soudé avec le tube du calice*, uniloculaire, 2-4-ovulé. *Ovules suspendus à l'extrémité d'un placenta filiforme libre qui part du fond de la loge.* Style filiforme. Stigmate capité, indivis ou 2-3-lobé. — *Fruit* sec ou drupacé, *uniloculaire, monosperme* par avortement, *indéhiscent*, surmonté du limbe du calice. — Graine suspendue, remplissant la cavité de la loge, à testa membraneux soudé avec le péricarpe. Périsperme charnu, épais. *Embryon droit*, *placé* verticalement ou obliquement *dans le périsperme*, à cotylédons presque cylindriques. Radicule dirigée vers le hile.

Plantes vivaces, herbacées ou sous-frutescentes. *Feuilles alternes*, sessiles, lancéolées ou linéaires, entières, épaisses ou coriaces, planes ou trigones ; stipules nulles. Fleurs petites, verdâtres, en épis, en grappes ou en panicules, plus rarement subsolitaires axillaires.

I. THESIUM. (L. gen. n. 292.)

Fleurs hermaphrodites. — Calice à 4-5 lobes, hypocratériforme ou infundibuliforme, à lobes connivents et s'enroulant en dedans après la floraison. Étamines 4-5, à filets présentant en dehors à leur base un fascicule de poils. Style filiforme. Stigmate capité, indivis. Fruit sec, à surface herbacée, à endocarpe crustacé, monosperme, indéhiscent, surmonté du limbe du calice qui s'est enroulé en dedans seulement au sommet ou presque jusqu'à sa base de manière à constituer un bec ou un tubercule.

Plante vivace, glabre. Feuilles linéaires. Fleurs pédonculées, munies de bractées, disposées en grappes terminales.

1. T. HUMIFUSUM. (D.C. fl. Fr. supp. 366.) — Schultz, exsicc. cent. II. 51.

Souche grêle, pivotante, dure, donnant naissance ord. à un grand nombre de tiges. Tiges de 2-3 décimètr., étalées ou ascendantes-diffuses, grêles, souvent flexueuses, rameuses. Feuilles linéaires très étroites, aiguës, d'un vert pâle ou d'un vert jaunâtre, ord. uninerviées. Pédoncules munis au sommet de 3 bractées inégales, les fructifères assez longs étalés à la maturité. Calice à limbe hypocratériforme d'un blanc verdâtre ou jaunâtre. Fruit ovoïde ou subglobuleux, strié longitudinalement, surmonté du limbe du calice qui s'est enroulé en un tubercule trois fois plus court que lui. ♃. Juin-septembre.

A.C. — Pelouses sèches, coteaux incultes, clairières des bois.

LXXXV. ARISTOLOCHIÉES.

(ARISTOLOCHIEÆ. Juss. gen. 72, *part.*)

Fleurs hermaphrodites. — Calice gamosépale, coloré, à tube soudé avec l'ovaire ; régulier, à limbe 3-fide persistant, à préfloraison valvaire ; ou irrégulier, à tube longuement prolongé au-dessus de l'ovaire, à limbe évasé obliquement prolongé en languette, se coupant circulairement au-dessus de l'ovaire après la floraison. — *Étamines* 12 ou 6, *insérées sur le disque qui revêt le sommet de l'ovaire.* Filets courts ou nuls. Anthères bilobées, extrorses, quelquefois surmontées par un prolongement subulé du connectif, libres, ou soudées au style par leur dos. — *Ovaire soudé avec le tube du calice,* à 6 loges multi-ovulées. Ovules insérés à l'angle interne des loges sur un ou deux rangs, presque horizontaux, réfléchis. Style indivis, court, épais. Stigmates 6, disposés en étoile. — *Fruit* coriace, capsulaire, *à 6 loges polyspermes,* irrégulièrement *déhiscent,* ou à déhiscence septicide s'ouvrant en 6 valves, couronné par le limbe persistant du calice ou présentant au sommet une cicatrice ombiliquée qui résulte de la chute de la partie supérieure du tube.—Graines presque horizontales, anguleuses, à testa membraneux, à dos convexe, à ventre excavé pour recevoir le raphé qui se développe en forme d'arille fongueuse. Périsperme charnu ou presque corné, constituant presque toute la masse de la graine. Embryon très petit, placé dans le périsperme vers le hile. Radicule dirigée vers le hile.

Plantes vivaces, ord. herbacées, quelquefois presque acaules. Feuilles opposées ou alternes, entières ou entières-sinuées, cordées à la base ; stipules nulles. Fleurs solitaires terminales, ou axillaires solitaires ou fasciculées.

{ Calice à limbe trifide; étamines 12, à anthères libres . . . ASARUM. (i.)
{ Calice à tube s'épanouissant au sommet en une languette unilatérale; éta-
{ mines 6, à anthères soudées au style par leur dos. . ARISTOLOCHIA. (ii.)

I. ASARUM. (Tournef. inst. t. 286.)

Calice campanulé-urcéolé, *à limbe trifide, à lobes égaux*, persistant, à préfloraison valvaire. *Étamines* 12, insérées sur le disque qui revêt le sommet de l'ovaire ; filets courts, libres ; *anthères libres*, surmontées par un prolongement subulé du connectif. Style court en forme de colonne ; stigmate à 6 lobes disposés en étoile. *Capsule* coriace, *surmontée du limbe persistant du calice*, à 6 loges polyspermes, irrégulièrement déhiscente, à graines insérées sur deux rangs dans chaque loge.

Plante vivace, à rhizôme traçant. Tiges très courtes, munies d'écailles membraneuses, portant 1-2 paires de feuilles. Feuilles opposées, d'apparence radicales, longuement pétiolées, réniformes. Fleurs d'un pourpre noirâtre, solitaires, brièvement pédicellées, terminant les tiges.

1. A. EUROPÆUM. (L. sp. 633.) — Engl. bot. t. 1083. (vulg. *Cabaret.*)

Rhizôme longuement traçant, à fibres radicales blanchâtres. Feuilles assez amples, veinées, coriaces, brièvement pubescentes, vertes et luisantes en dessus, d'un vert pâle en dessous ; pétioles très pubescents ou poilus. Calice assez grand, très pubescent ou velu en dehors. Graines rugueuses transversalement. Plante exhalant, de toutes ses parties et surtout du rhizôme, une odeur de poivre très pénétrante. ♃. Avril-mai.

R.R. — Lieux pierreux ombragés, bois montueux humides. — Bois des Camaldules ! St-Gervais, parc d'Halaincourt! près Magny (*Bouteille*). Sauville (*Gogot*). Pithiviers (herb. *Lloyd*).

II. ARISTOLOCHIA. (Tournef. inst. t. 71.)

Calice tubuleux, *à tube* soudé avec l'ovaire dans sa partie inférieure, présentant un renflement subglobuleux au-dessus de l'ovaire, puis *s'épanouissant au sommet en une languette unilatérale*, se coupant circulairement au-dessus de l'ovaire après la floraison. *Étamines* 6 ; *anthères* subsessiles, *soudées au style par leur dos*. Style court ; stigmate à 6 lobes disposés en étoile au-dessus des anthères. *Capsule* coriace, *ombiliquée*, à 6 loges polyspermes, à déhiscence septicide, à 6 valves, à graines insérées sur un seul rang dans chaque loge.

Plante vivace, herbacée. Feuilles alternes, pétiolées, ovales ou ovales-triangulaires, cordées à la base. Fleurs jaunâtres, pédicellées, en fascicules axillaires sessiles.

1. A. CLEMATITIS. (L. sp. 1364.) — Engl. bot. t. 398. (vulg. *Aristoloche-Clématite.*)

Souche profondément traçante. Tiges de 4-8 décimètr., dressées, anguleuses ; simples. Feuilles glabres, assez amples, coriaces, veinées-réticulées, ovales ou ovales-triangulaires, cordées à la base, superficiellement sinuées, à bords scabres. Fleurs jaunâtres, en fascicules axillaires. Calice à tube presque droit. Capsule grosse, pyriforme, pendante. ♃. Mai-septembre.

C. — Vignes, haies, buissons, lisière des bois, lieux incultes.

L'*A. Sipho* L'Hérit., fréquemment planté dans les jardins pour couvrir les berceaux et les tonnelles, se reconnaît à ses tiges ligneuses sarmenteuses volubiles, à ses feuilles très amples, à son calice recourbé en forme de pipe et 3-lobé au sommet.

LXXXVI. EUPHORBIACÉES.

(EUPHORBIACEÆ. Juss. gen. 384. — Adr. Juss. Euph. gen.)

Fleurs unisexuelles, monoïques ou dioïques ; quelquefois dépourvues d'enveloppe florale, et alors réunies dans un involucre commun de manière à simuler une fleur hermaphrodite, une seule fleur femelle étant entourée de plusieurs fleurs mâles réduites chacune à une seule étamine. — *Calice* caduc ou marcescent, *non soudé avec l'ovaire*, à 3-5 sépales, rarement plus ou moins, libres ou soudés inférieurement, à préfloraison valvaire ou imbriquée, *ou nul.* — Fleur mâle : *Étamines en nombre indéfini ou défini*, insérées au centre de la fleur ou sous le rudiment de l'ovaire ; filets libres ou soudés ; anthères bilobées, à lobes ord. distincts, quelquefois divariqués, s'ouvrant chacun par une fente longitudinale. — Fleur femelle : Ovaire libre, à 3 plus rarement 2 loges uni-ovulées ou bi-ovulées ; ovules suspendus à l'angle interne des loges un peu au-dessous du sommet de la loge, réfléchis ; *styles 3, plus rarement 2*, libres ou soudés, *entiers ou bifides.*— *Fruit* capsulaire, *à 3, plus rarement 2 loges monospermes* ou bispermes, les loges (coques) *se détachant* ord. *d'un axe central persistant* et s'ouvrant avec élasticité selon la nervure moyenne, plus rarement à loges indéhiscentes ou soudées en une capsule à déhiscence loculicide. — *Graines* suspendues, à testa crustacé, *munies au niveau du hile d'une arille charnue. Périsperme charnu*, plus ou moins épais. *Embryon droit* ou presque droit, placé dans le périsperme, à cotylédons plans, linéaires ou suborbiculaires. Radicule dirigée vers le hile.

Plantes annuelles ou vivaces, *à suc souvent laiteux* âcre, plus rarement arbres ou arbrisseaux. Feuilles alternes, éparses ou opposées, entières ou dentées, plus rarement lobées, quelquefois persistantes ; stipules nulles ou très petites. Fleurs peu apparentes, solitaires, en glomérules, en épis ou en panicules, les mâles et les femelles quelquefois réunies dans un involucre caliciforme et simulant une fleur hermaphrodite à ovaire pédicellé.

1 ⟨ Involucre caliciforme renfermant plusieurs fleurs mâles qui sont réduites chacune à une seule étamine et entourent une fleur femelle centrale réduite à un ovaire pédicellé ; plante herbacée, à suc laiteux. EUPHORBIA. (i.)
Fleurs mâles et fleurs femelles pourvues de calice et jamais renfermées dans un involucre caliciforme ; plante herbacée à suc non laiteux, ou arbrisseau. . . . . 2.

2 ⟨ Fleurs dioïques ; étamines 8-12 ; capsule à loges monospermes ; plante herbacée. . . . . MERCURIALIS. (ii.)
Fleurs monoïques ; étamines 4 ; capsule à loges bispermes ; arbrisseau à feuilles persistantes. . . . . BUXUS. (iii.)

I. EUPHORBIA. (L. gen. n. 609.)

Fleurs monoïques : plusieurs mâles et une seule femelle renfermées dans un involucre. Involucre caliciforme gamophylle, campanulé ou turbiné, à limbe à 8-10 lobes dont 4-5 membraneux entiers ou ciliés-dentés dressés ou incurvés (lobes proprement dits), les autres alternant avec les précédents, rejetés en dehors, épais, glanduleux dans toute l'étendue de leur face supérieure ou seulement dans une partie de cette face, rétrécis à la base, entiers, échancrés ou en croissant (lobes glanduleux, glandes).— *Fleurs mâles 10-20 ou plus, constituées chacune par une seule étamine*, insérées vers la base de l'involucre, accompagnées d'écailles très petites laciniées ou ciliées; étamines inégales, à filet articulé sur un pédicelle dont il se sépare après la floraison; anthères bilobées, à lobes globuleux. — Fleur femelle longuement pédicellée, solitaire au centre de l'involucre et entourée par les fleurs mâles, réduite à un ovaire triloculaire à loges uni-ovulées; *styles* 3, libres ou soudés à la base, *bifides ou émarginés*; pédicelle ord. un peu élargi au-dessous de l'ovaire à élargissement entier ou lobé (calice?), s'allongeant beaucoup après la floraison et dépassant l'involucre. *Capsule* penchée sur le pédicelle et saillante hors de l'involucre, lisse ou verruqueuse, glabre ou poilue, subglobuleuse-trilobée, *à 3 coques monospermes qui* à la maturité *se séparent d'un axe persistant* en s'ouvrant avec élasticité selon la nervure dorsale. Graines lisses, rugueuses ou ponctuées-réticulées.

Plantes annuelles ou vivaces, *à suc* âcre *laiteux*, herbacées, rarement sous-frutescentes. Feuilles entières, denticulées ou dentées, dépourvues de stipules (dans nos espèces), très rarement munies de stipules, ord. éparses; les florales et les bractées ord. verticillées ou opposées. Involucres caliciformes (fleurs) verdâtres ou rougeâtres, à glandes jaunes ou rougeâtres, disposés en cymes dichotomes pédonculées ord. rapprochées toutes ou la plupart en une ombelle terminale munie à la base d'un verticille de feuilles florales (involucre général, involucre); les pédoncules des cymes (rayons) munis au niveau des fleurs de bractées opposées ou verticillées (involucelles); les involucres caliciformes plus rarement latéraux ou d'apparence axillaires, en raison de l'avortement d'une partie des branches des dichotomies.

1 { Graines ponctuées, réticulées ou rugueuses. . . . . **2.**
  { Graines lisses. . . . . **5.**

2 { Feuilles opposées, les paires alternant en croix. . . . . *E. Lathyris.*
  { Feuilles éparses. . . . . **3.**

3 { Capsule à lobes présentant chacun sur le dos deux carènes minces; feuilles
  {   pétiolées . . . . *E. Peplus.*
  { Capsule à lobes non carénés; feuilles sessiles. . . . . **4.**

4 { Glandes non échancrées en croissant; feuilles obovales-cunéiformes, finement dentées dans leur moitié supérieure . . . . *E. Helioscopia.*
  { Glandes en croissant; feuilles linéaires, entières. . . . . . *E. exigua.*

5 { Bractées soudées deux à deux en plateaux suborbiculaires perfoliés . . .
  {   . . . . *E. sylvatica.*
  { Bractées libres. . . . . **6.**

6 { Capsule lisse ou très finement chagrinée. . . . . **7.**
  { Capsule présentant des tubercules saillants hémisphériques ou cylindriques. **9.**

7 { Glandes entières ou à peine émarginées, jamais échancrées en croissant. .
  {   . . . . *E. Gerardiana.*
  { Glandes en croissant. **8.**

8 { Feuilles linéaires; celles des rameaux stériles très étroites, presque sétacées, rapprochées en pinceau. . . . . *E. Cyparissias.*
  { Feuilles oblongues, lancéolées ou linéaires-lancéolées; celles des rameaux stériles jamais étroites sétacées. . . . . *E. Esula.*

9 { Plante annuelle ou bisannuelle, à racine pivotante; feuilles sessiles, à base presque cordée. . . . . **10.**
  { Plante vivace, à souche ord. rameuse ou traçante; feuilles atténuées à la base. . . . . **11.**

10 { Capsule petite, chargée de tubercules cylindriques allongés; graines d'un rouge brunâtre. *E. stricta.*
   { Capsule assez grosse, couverte de tubercules hémisphériques peu saillants; graines d'un gris brunâtre à reflet métallique. . . . *E. platyphyllos.*

11 { Bractées ovales-triangulaires, tronquées ou un peu cordées à la base; rhizome traçant, composé de pièces articulées entre elles. . . *E. dulcis.*
   { Bractées ovales, oblongues ou obovales, atténuées à la base. . . . **12.**

12 { Tiges assez grêles, de 4-6 décimètr., étalées ou ascendantes-diffuses; ombelle régulière, ord. à 4-5 rayons. . . . . *E. verrucosa.*
   { Tige robuste, dressée, de 6-12 décimètr.; ombelle irrégulière, ord. dépassée par des rameaux stériles. . . . . *E. palustris.*

SECT. I. — Glandes suborbiculaires ou oblongues transversalement, entières ou émarginées, jamais échancrées en croissant. Embryon à cotylédons suborbiculaires.

§ 1. — *Graines ponctuées - réticulées.*

1. E. HELIOSCOPIA. (L. sp. 658.) — Engl. bot. t. 883. (vulg. *Réveil - matin.*)

Plante annuelle. Tige de 2-5 décimètr., dressée, simple, plus rarement rameuse. Feuilles éparses, obovales-cunéiformes, obtuses ou émarginées, finement dentées dans leur moitié supérieure, glabres ou offrant quelques poils épars. Ombelle ord. à 5 rayons; rayons trifurqués, à rameaux bifurqués. Feuilles de l'involucre plus grandes que les caulinaires; bractées inégales. Capsule lisse. Graines brunâtres. (1). Juin-octobre.

C.C.C. — Lieux cultivés, jardins.

§ 2. — *Graines lisses.*

† *Capsule lisse ou très finement chagrinée.*

2. E. GERARDIANA. (Jacq. fl. Austr. V. t. 436.) — E. Esula. Thuill. fl. Par. 258, *non* L.

Souche presque ligneuse, terminée en racine pivotante, émettant ord. un grand nombre de tiges. Tiges de 2-5 décimètr., raides, dressées ou ascendantes, simples ou offrant quelques rameaux florifères au-dessous de l'ombelle, rarement rameuses. Feuilles éparses, nombreuses, rapprochées, dressées, linéaires-lancéolées ou oblongues-linéaires, acuminées-mucronées, plus rarement obtuses, entières, glabres, glaucescentes, un peu coriaces. Ombelle à rayons nombreux; rayons 1-3 fois bi-trifurqués, rarement simples. Feuilles de l'involucre ovales-oblongues, oblongues ou linéaires-oblongues, mucronées; bractées plus larges que longues, triangulaires-ovales, cordées ou tronquées à la base, brusquement mucronées, souvent colorées en jaune. Capsule lisse ou très finement chagrinée. Graines blanchâtres. ♃. Juin-août.

A.C. — Lieux secs, pelouses arides, clairières des bois sablonneux. — St-Maur! St-Germain! Forêt de Fontainebleau! Nemours! Senlis! Chantilly! Verderonne! Clermont!

† *Capsule présentant des tubercules saillants hémisphériques ou cylindriques.*

3. E. STRICTA. (L. syst. nat. 1049, *ex* Koch.) — Engl. bot. t. 333.— E. micrantha. M. Bieb. Taur. Cauc. 1. 377. — E. serrulata. Thuill. fl. Par. 257.

Plante annuelle ou bisannuelle, à racine pivotante. Tiges solitaires ou plus ou moins nombreuses, de 3-10 décimètr., dressées ou ascendantes, donnant naissance au-dessous de l'ombelle terminale à des rameaux florifères. *Feuilles éparses, sessiles à base presque cordée,* oblongues-lancéolées, finement denticulées au moins dans leur moitié supérieure, glabres, minces; les inférieures oblongues-obovales, atténuées en pétiole. Ombelle à 3 rarement 4-5 rayons, souvent irrégulière; rayons 1-4 fois bi-trifurqués. Feuilles de l'involucre oblongues-lancéolées; *bractées ovales-triangulaires, ou suborbiculaires tronquées à la base,* mucronées. *Capsule petite, chargée de tubercules cylindriques allongés. Graines* luisantes, *d'un rouge brunâtre.* (1) ou (2). Juin-septembre.

C. — Bords des chemins, haies, fossés, lieux cultivés.

4. E. PLATYPHYLLOS. (L. sp. 660.) — Jacq. Austr. t. 376.

Plante annuelle, à racine pivotante. Tige de 5-12 décimètr., dressée, donnant ord. naissance au-dessous de l'ombelle terminale à des rameaux florifères. *Feuilles* éparses, *sessiles, à base presque cordée,* oblongues-lancéolées, finement denticulées au moins dans leur moitié supérieure, glabres, plus rarement poilues, assez fermes; les inférieures oblongues-obovales, atténuées en pétiole. Ombelle régulière, à 5 rarement 3-4 rayons; rayons 1-4 fois bi-trifurqués, rarement simples. Feuilles de l'involucre oblongues-lancéolées ou ovales-oblongues; *bractées ovales-triangulaires, ou suborbiculaires tronquées à la base,* mucronées. *Capsule deux fois aussi grosse que dans l'espèce précédente, couverte de tubercules hémisphériques peu saillants. Graines* luisantes, deux fois aussi grosses que dans l'espèce précédente, *d'un gris brunâtre à reflet métallique.* ④. Juin-septembre.

R. — Champs humides en friche, bords des chemins, haies, fossés. — Bois de Vincennes (*Maire*). Mennecy (Cte *Jaubert*). Machault près Melun (*Garnier*). Beaubourg près Lagny; Lognes (*Thuret*). Valvins! (*Weddell*). Côte de Champagne! Moret! Pierrefonds (*Graves*).

var. β. *lanuginosa.* (E. lanuginosa. Thuill. fl. Par. 238. — E. verrucosa. var β. Mérat, fl. Par. 176.) — Feuilles à face inférieure et à bords poilus ou tomenteux. — R.R. — Lieux secs. — Essonne (*Kralik*). Malesherbes (*Bernard*).

5. E. DULCIS. (L. sp. 656.) — Jacq. Austr. t. 213. — E. solisequa. Rchb. fl. excurs. 756. — E. purpurata. Thuill. fl. Par. 235.

Rhizôme traçant, un peu charnu, jaunâtre, *constitué par les bases persistantes des anciennes tiges obliquement articulées entre elles.* Tige de 3-6 décimètr., ascendante-dressée, donnant ord. naissance au-dessous de l'ombelle terminale à un ou plusieurs rameaux florifères. *Feuilles* éparses, *un peu pétiolées,* oblongues, *atténuées à la base,* obtuses, entières ou très finement denticulées, poilues en dessous et aux bords surtout dans leur jeunesse. Ombelle régulière à 5 rayons; rayons grêles, 1-2 fois bifurqués. Feuilles de l'involucre oblongues étroites; *bractées ovales-triangulaires tronquées ou un peu cordées à la base.* Glandes d'un pourpre foncé, plus rarement jaunes. *Capsule parsemée de tubercules* inégaux, *obtus,* quelquefois poilue. Graines luisantes, brunâtres. ♃. Avril-juin.

A.R. — Bois montueux. — Meudon! Bellevue! St-Germain! Forêt de Senart; Beauvais (*Morelle*). Bois Yon et forêt de Dreux (*Daënen*). Forêt de Sordun près Provins (*Des Étangs*).

s.v. — *pallida.* — Glandes d'un jaune verdâtre. — R. — Forêt de Senart!

6. E. VERRUCOSA. (L. sp. 658.) — E. dulcis. Smith, fl. Græc. t. 464, *non* L.

Souche ligneuse, rameuse-cespiteuse. Tiges ord. nombreuses, de 4-6 décimètr., *étalées ou ascendantes-diffuses,* ord. rapprochées en touffe, simples ou rameuses. *Feuilles* éparses, ovales-oblongues ou oblongues, finement denticulées au moins dans leur partie supérieure, *atténuées à la base,* glabres, ou pubescentes en dessous dans leur jeunesse. *Ombelle régulière,* ord. à 4-5 *rayons;* rayons souvent plus courts que les feuilles de l'involucre, simples ou 1-2 fois bi-trifurqués. Feuilles de l'involucre ovales ou oblongues-obovales; *bractées oblongues-obovales, ou oblongues atténuées inférieurement,* obtuses, colorées en jaune lors de la floraison, devenant vertes à la maturité. Capsule chargée de tubercules cylindriques. Graines luisantes, brunâtres à reflet métallique. ♃. Mai-juin, refleurit en automne.

R.R. — Pâturages humides, fossés, haies, buissons. — Assez abondant aux environs de Nemours! (*Devilliers*).

7. E. PALUSTRIS. (L. sp. 662.) — Rchb. pl. crit. II. ic. 272-273.

Souche très épaisse. Tige de 6-12 décimètr., *robuste, épaisse, dressée, donnant naissance à un grand nombre de rameaux la plupart stériles. Feuilles* éparses, oblongues ou oblongues-lancéolées, souvent très longues, entières ou très finement denticulées, *atténuées à la base,* glabres. *Ombelle irrégulière, à rayons nombreux,* ou peu nombreux par avortement, *souvent dépassée par les rameaux stériles;* rayons ord. 1-2 fois bi-trifurqués. Feuilles de l'involucre en verticille très irrégulier, ovales ou oblongues-obovales un peu atténuées à la base; *bractées ovales, ou oblongues atténuées inférieurement,* obtuses, colorées en jaune lors de la floraison. *Capsule* trois fois aussi *grosse* que dans l'espèce précédente, *profondément 3-lobée,* chargée de tubercules hémisphériques ou cylindriques. Graines luisantes, brunâtres. ♃. Mai-juillet.

A.R. — Lieux marécageux, bord des eaux, prairies spongieuses ou tourbeuses. — Bondy! Forêt de Senart! Mennecy (*Mandon*). Neuilly-sur-Marne (*Kralik*). Machault près Melun (*Garnier*). Lamirault; Malenoue; Gournay-en-Brie (*Thuret*). Moret! Senlis (*Morelle*). Luzarches (*De Lens*); Bonnières (*Daënen*).

SECT. II. — Glandes échancrées ou en forme de croissant. Cotylédons linéaires.

§ 1. — *Graines ponctuées, réticulées ou rugueuses. (Plantes annuelles).*

8. E. PEPLUS. (L. sp. 654.) — Engl. Bot. t. 959.

Tige de 1-4 décimètr., dressée, ord. rameuse. *Feuilles* éparses, *péliolées,* oblongues-obovales ou obovales, entières, glabres, minces. Ombelle à 3 rarement 4-5 rayons; rayons 2-4 fois bifurqués. Feuilles de l'involucre de la même forme que les feuilles caulinaires; bractées ovales. Glandes en croissant, à cornes allongées. *Capsule* petite, lisse, glabre, *à lobes présentant chacun sur le dos deux carènes minces. Graines* non luisantes, d'un blanc cendré devenant brunâtre, *ovoïdes-subhexagonales, présentant de chaque côté du raphé une fossette oblongue, et marquées dans le reste de leur surface de points enfoncés noirâtres disposés par lignes longitudinales de trois ou quatre.* ①. Juin-octobre.

C.C.C. — Jardins, lieux cultivés, villages.

9. E. EXIGUA. (L. sp. 654.) — Engl. bot. t. 1336.

Tige de 1-2 décimètr., dressée, ascendante ou couchée, simple, ou rameuse souvent dès la base à rameaux souvent disposés en touffe. *Feuilles éparses, sessiles, linéaires,* aiguës, obtuses-mucronées ou tronquées, entières, glabres, un peu fermes. Ombelle à 3 plus rarement 2-5 rayons; rayons 2-4 fois bifurqués. Feuilles de l'involucre de la même forme que les caulinaires; *bractées linéaires-lancéolées à base élargie cordée,* mucronées. Glandes en croissant, à cornes allongées. Capsule petite, lisse ou très finement chagrinée. *Graines* non luisantes, d'un blanc cendré devenant noirâtre, *ovoïdes-subtétragones, rugueuses-ridées transversalement.* ①. Mai-septembre.

C. — Champs, lieux cultivés, terrains en friche.

L'*E. falcata* L., qui est indiqué dans les champs de la Beauce et dans plusieurs localités du département du Loiret (*Boreau, fl. centr.*), se distingue de l'*E. exigua* aux caractères suivants: feuilles lancéolées, atténuées à la base, aiguës ou acuminées, les inférieures spatulées obtuses ou émarginées-mucronées; bractées ovales ou triangulaires, tronquées ou cordées à la base, mucronées; glandes en croissant, à cornes courtes.

10. E. LATHYRIS. (L. sp. 655.) — Engl. bot. t. 2255. (vulg. *Epurge.*)

Tige de 6-12 décimètr., glauque , raide , robuste , dressée , rameuse supérieurement. *Feuilles opposées*, les paires alternant *en croix*, sessiles, oblongues-linéaires ou oblongues-lancéolées, presque aiguës ou obtuses-mucronées, entières, glabres, fermes, un peu épaisses, vertes luisantes en dessus, glauques en dessous, étalées ou les inférieures réfléchies. Ombelle très ample, à 4 rarement 2-5 rayons ; rayons dichotomes, ord. terminés en grappes unilatérales. Feuilles de l'involucre de la même forme que les caulinaires ; bractées supérieures ovales-oblongues ou ovales, aiguës , cordées à la base. Glandes échancrées , à cornes courtes. *Capsule très grosse*, lisse , *à péricarpe charnu-subéreux* se ridant par la dessiccation. *Graines grosses , ovoïdes tronquées à la base*, d'un brun mat. *réticulées-rugueuses.* ②. Juin-juillet.

A.R. spontané ? — Villages , haies des jardins , voisinage des anciens châteaux , lieux ombragés. — Forêt de Marly ! (*Weddell*). St-Germain ! Forêt de Rougeaux ! Valvins ! Parc d'Halaincourt près Magny ! (*Bouteille*). — Fréquemment cultivé dans les jardins de campagne , dans le voisinage desquels on le rencontre çà et là.

§ 2. — *Graines lisses. (Plantes vivaces.)*

11. E. CYPARISSIAS. (L. sp. 661.) — Engl. bot. t. 840. (vulg. *Tithymale.*)

Souche presque ligneuse , rameuse , traçante ou presque cespiteuse. *Tiges* de 2-5 décimètr., dressées, *donnant naissance au-dessous de l'ombelle à des rameaux la plupart stériles*, rapprochées en touffe. *Feuilles* éparses , très nombreuses , rapprochées , sessiles , *linéaires*, quelquefois un peu atténuées à la base, entières, glabres, souvent glaucescentes ; *celles des rameaux stériles très étroites presque sétacées, rapprochées en pinceau.* Ombelle à rayons nombreux ; rayons grêles, 1-2 fois bifurqués ou simples. Feuilles de l'involucre de la même forme que les caulinaires ; bractées libres , ovales-rhomboïdales ou ovales-triangulaires , plus larges que longues , un peu acuminées , souvent colorées en jaune ou en rouge. Glandes échancrées, à cornes courtes. Capsule à lobes finement chagrinés sur le dos. Graines blanchâtres ou brunâtres. ♃. Juin-septembre.

C.C.C. — Bords des chemins , lieux stériles sablonneux, pâturages secs, coteaux arides.

Cette plante s'étiole souvent lorsqu'elle est attaquée par l'*Æcidium Euphorbiæ* qui couvre ses tiges et ses feuilles sous la forme d'une poussière rougeâtre ; les tiges sont alors ord. simples et effilées et restent stériles ; les feuilles sont plus courtes et à bords enroulés en dessous.

12. E. ESULA. (L. sp. 660.) — Engl. bot. t. 1399.

Souche presque ligneuse, rameuse, traçante. *Tiges* de 3-8 décimètr., dressées ou ascendantes, *donnant souvent naissance au-dessous de l'ombelle à des rameaux la plupart florifères. Feuilles* éparses, sessiles ; *oblongues , lancéolées ou linéaires-lancéolées*, aiguës ou obtuses, souvent mucronulées, atténuées à la base , entières ou très finement denticulées , glabres , un peu fermes, glaucescentes. Ombelle à rayons ord. nombreux ; rayons 1-2 fois bifurqués , plus rarement simples. Feuilles de l'involucre oblongues , ou ovales-oblongues; *bractées libres*, ovales-triangulaires plus larges que longues, obtuses-mucronées ou brièvement acuminées , souvent jaunes lors de la floraison. Glandes échancrées, à cornes courtes. Capsule à lobes finement chagrinés sur le dos. Graines d'un blanc cendré. ♃. Mai-septembre.

R. — Coteaux pierreux , bois sablonneux , bords des chemins. — Forêt de Fontainebleau! (*A. de Jussieu*). Valvins (*Woods*). La Roche-Guyon! Les Andelys! Dreux ! (*Daënen*).

13. E. SYLVATICA. (L. sp. 663.) — Jacq. fl. Austr. IV. t. 375. — E. amygdaloides. L. sp. 663.

Souche presque ligneuse; Tiges de 4-8 décimètr., dressées ou ascendantes, presque ligneuses et souvent rougeâtres dans leur partie inférieure, pubescentes ou velues dans leur partie supérieure, donnant naissance au-dessous de l'ombelle à un grand nombre de rameaux florifères. *Feuilles* éparses, obovales-oblongues ou oblongues, obtuses ou mucronulées, entières, pubescentes surtout en dessous et aux bords; *la plupart rapprochées en rosette à l'extrémité des tiges stériles ou vers le milieu de la hauteur des tiges florifères*, rétrécies en pétiole, un peu fermes, souvent rougeâtres; celles de la partie florifère de la tige espacées, plus petites, un peu molles, non rétrécies en pétiole. Ombelle ord. à 5-8 rayons; rayons 1-2 fois bifurqués, plus rarement simples. Feuilles de l'involucre obovales-oblongues ou obovales; *bractées suborbiculaires-réniformes soudées par deux à leur base dans la plus grande partie de leur largeur en plateaux suborbiculaires perfoliés*, ord. d'un vert pâle ou jaunâtres. Glandes en croissant, à cornes assez longues, jaunes, plus rarement pourpres. Capsule lisse, ou à lobes finement chagrinés sur le dos. Graines brunâtres ou noirâtres. ⚥. Mai-juin.

C.C.C. — Bois, taillis, haies, buissons.

s.v. — *purpurata.* — Glandes d'un pourpre plus ou moins foncé. — R. — Forêt de Marly (*Weddell*). Forêt de Fontainebleau !, etc.

L'E. *Chamæsyce* L., plante des provinces méridionales de la France, s'est naturalisé dans les plates-bandes du jardin du Muséum ; cette espèce se distingue à ses tiges presque filiformes, rameuses, appliquées sur la terre, à ses feuilles opposées membraneuses suborbiculaires un peu cordées à la base et munies de stipules.

II. MERCURIALIS. (Tournef. inst. t. 308.)

Fleurs dioïques. — Fleur mâle : Calice à 3 plus rarement 4 sépales soudés à la base, à préfloraison valvaire. *Étamines* 8-12, quelquefois plus, filets libres, assez longs; anthères à lobes subglobuleux. — Fleur femelle : Calice semblable à celui de la fleur mâle. Étamines 2-3, réduites à des filets stériles appliqués sur l'ovaire. Ovaire à 2 plus rarement 3 styles courts, épais, stigmatifères à leur face interne. *Capsule* hispide ou tomenteuse, *à* 2 plus rarement 3 *coques* subglobuleuses *monospermes qui à la maturité se séparent d'un axe persistant* en s'ouvrant avec élasticité selon la nervure dorsale. Graines souvent réticulées ou rugueuses.

Plantes annuelles ou vivaces, herbacées, à suc aqueux, bleuissant plus ou moins par la dessication. Feuilles opposées, dentées; stipules très petites. *Fleurs* verdâtres; les *mâles* en glomérules espacés disposés *en épis* nus axillaires grêles longuement pédonculés; les femelles solitaires ou fasciculées.

Plante annuelle, à racine pivotante ; fleurs femelles presque sessiles. . . . . *M. annua.*
Plante vivace, à rhizôme longuement traçant; fleurs femelles longuement pédonculées . . . . *M. perennis.*

1. M. ANNUA. (L. sp. 1465.) — Engl. bot. t. 559. (vulg. *Mercuriale, Foirolle.*)

Plante annuelle, à racine pivotante. *Tige* de 2-6 décimètr., dressée, anguleuse, *rameuse* souvent dès la base, à rameaux opposés dressés. Feuilles pétiolées, ovales ou ovales-lancéolées, lâchement dentées, un peu ciliées.

Fleurs femelles presque sessiles. Capsule hispide. Graines subglobuleuses, rugueuses. ①. Juin-octobre.

C.C.C. — Jardins, lieux cultivés, villages.

2. **M. PERENNIS.** (L. sp. 1465.) — Engl. bot. t. 1872. (vulg. *Mercuriale vivace.*)

Plante vivace, à rhizôme longuement traçant, à fibres radicales très longues verticillées ou fasciculées à la base des tiges et au niveau des nœuds laissés par les tiges détruites. *Tiges* de 2-4 décimètr., dressées, *simples.* Feuilles pétiolées, ovales-oblongues ou oblongues, acuminées, finement et régulièrement crénelées, pubescentes sur les deux faces. *Fleurs femelles longuement pédonculées.* Capsule plus grosse que dans l'espèce précédente, très pubescente. Graines subglobuleuses, ponctuées-réticulées. ♃. Mars-mai.

C. — Bois, taillis, lieux ombragés.

III. BUXUS. (Tournef. inst. t. 345.)

Fleurs monoïques. — Fleur mâle : Calice à 4 sépales inégaux dont 2 intérieurs et deux extérieurs opposés par paires, muni à la base d'une bractée apprimée, de la même forme que les sépales. *Étamines* 4 ; filets libres, robustes ; anthères à connectif épais, à lobes oblongs. — Fleur femelle : Calice semblable à celui de la fleur mâle, mais muni de 3 bractées. Étamines nulles. Ovaire à 3 styles courts, épais, persistants, stigmatifères et canaliculés à la face interne, se fendant à la maturité avec la loge correspondante. *Capsule* coriace, oblongue-subglobuleuse, glabre, lisse, présentant 3 bosses entre les styles, triloculaire, *à loges bispermes, à déhiscence loculicide, s'ouvrant en 3 valves, chaque valve étant terminée par 2 cornes* dont chacune correspond à une moitié de style. Graines lisses, luisantes.

Arbrisseau. Feuilles opposées, *persistantes*, entières, constituées par deux lames unies seulement par le bord, la lame supérieure coriace veinée, l'inférieure membraneuse; stipules très petites. Fleurs très petites, d'un jaune verdâtre. Glomérules axillaires entourés de bractées imbriquées, composés de plusieurs fleurs mâles qui entourent une seule fleur femelle, ou quelques uns composés seulement de fleurs mâles.

1. **B. SEMPERVIRENS.** (L. sp. 1394.) — Engl. bot. t. 1341. (vulg. *Buis.*)

Arbrisseau souvent tortueux, à bois dur jaunâtre, à écorce d'un blanc cendré, très rameux, à jeunes rameaux tétragones par la décurrence des pétioles. Feuilles brièvement pétiolées, ovales-oblongues, odorantes par le froissement, coriaces, entières, luisantes, d'un vert olivâtre en dessus, d'un vert pâle en dessous, concaves et rapprochées en têtes globuleuses pendant la préfoliaison. Fleurs sessiles, en glomérules subglobuleux très compactes. Capsule assez grosse, luisante, jaunâtre. Graines oblongues-trigones, noires, luisantes. ♄. *Fl.* mars-avril. *Fr.* juillet-août.

A.R. — Coteaux pierreux exposés au vent du nord, rochers, forêts montueuses, clairières des bois. — Forêt de Marly! Forêt de Senart! Arthieul près Magny (*Boutigille*). Garenne de Canneville près Chantilly! (*Weddell*). Nemours! Provins (*Des Étangs*). — Fréquemment cultivé dans les parcs, où il se naturalise aisément. — Cultivé en bordures dans les jardins, où il reste nain sous l'influence des tailles successives qu'on lui fait subir.

Le genre *Ricinus* présente les caractères suivants : fleurs monoïques ; calice à 4-5 sépales soudés à la base ; étamines très nombreuses, à filets soudés en fascicules très rameux, à anthères très petites à lobes subglobuleux; stigmates 5, profondément bipartits, à lobes filiformes velus-plumeux colorés; capsule subglobuleuse, hérissée d'épines, à 3 coques monospermes; fleurs disposées en une panicule terminale, les fleurs mâles placées au-dessous du groupe des fleurs femelles. — Le *R. communis*

L. (vulg. *Ricin*, *Palma-Christi*), originaire de l'Afrique et de l'Orient, est fréquemment cultivé dans les jardins; cette espèce se distingue à sa tige robuste glauque, à ses feuilles très amples peltées palmées à lobes lancéolés dentés, à ses stigmates d'un beau rouge, et à sa capsule et ses graines assez grosses.

LXXXVII. CALLITRICHINÉES.

·(CALLITRICHINEÆ. Léveillé *in* ann. soc. linn. Par. (1824) 229.)

Fleurs hermaphrodites, ou unisexuelles polygames par avortement. — *Involucre composé de deux bractées opposées*, latérales par rapport à la feuille, falciformes, membraneuses-charnues, transparentes, persistantes ou caduques. — Calice nul.—*Étamines 1-2, hypogynes, alternes avec les bractées.* Filets filiformes, dépassant longuement les bractées. Anthères réniformes, unilobées, s'ouvrant par une fente semi-circulaire.— *Ovaire libre*, à 4 loges uni-ovulées. Ovules suspendus un peu au-dessous de leur sommet, réfléchis. *Styles* 2, *subulés*, stigmatifères dans leur partie supérieure. — *Fruit* capsulaire, membraneux un peu charnu, *composé de 4 coques qui se séparent à la maturité*, *monospermes*, *indéhiscentes*, à dos caréné ou ailé. — Graines suspendues, à testa mince membraneux. Périsperme charnu, épais. Embryon placé dans le périsperme, cylindrique, à cotylédons courts. Radicule dirigée vers le hile.

Plantes ord. *submergées ou nageantes.* Feuilles opposées, entières, plus rarement émarginées, souvent rétrécies en pétiole, les supérieures souvent rapprochées en rosette; stipules nulles. Fleurs axillaires solitaires, sessiles, plus rarement pédicellées.

I. CALLITRICHE. (L. gen. n. 13.) — Nees jun. gen. pl. fasc. VIII. t. 14.

Involucre composé de deux bractées très petites. Étamines 1, plus rarement 2, à anthère unilobée portée sur un long filet. Styles 2. Fruit composé de quatre coques monospermes, indéhiscentes, à dos caréné ou ailé.

Plantes aquatiques, annuelles (D.C.) ou vivaces (Koch); à tiges grêles filiformes, rameuses. Feuilles opposées, les inférieures souvent linéaires, les supérieures souvent obovales ou oblongues ord. trinerviées. Fleurs très petites, peu visibles.

1 C. AQUATICA. (Huds. Angl. 159.)

Tiges de longueur variable, grêles, filiformes, rameuses, glabres, radicantes, submergées, plus rarement aériennes. Feuilles glabres, toutes obovales ou oblongues atténuées inférieurement; ou de deux formes, les supérieures obovales ou oblongues-obovales, les inférieures lancéolées ou linéaires; plus rarement toutes linéaires, entières ou émarginées au sommet. Bractées falciformes, connivantes ou non connivantes, à sommet droit ou courbé, longuement dépassées par les étamines et les styles. Fruit à coques carénées, à carène saillante quelquefois ailée-membraneuse. ⊙ ou ♃. Juin-septembre.

C. — Eaux vives, fontaines, ruisseaux, fossés aquatiques.

var. *α. obovata.* (C. stagnalis. Scop. Carn. II. 251.) — Feuilles toutes obovales, ou oblongues atténuées inférieurement; les supérieures rapprochées en une rosette nageante.

var. *β. heterophylla.* — (C. verna. L. sp. 6.) — Feuilles de deux formes : les supérieures obovales ou oblongues atténuées inférieurement, la plupart rapprochées en une rosette nageante; les inférieures lancéolées ou linéaires.

12.

s. v. *a.* — (C. platycarpa. Kütz.) — Styles persistants, réfléchis sur le fruit. Fruit à carènes ailées-membraneuses.

Le *C. hamulata* Kütz., que nous n'avons pas encore observé dans nos environs, diffère du *C. platycarpa* par ses bractées courbées en crosse.

s. v. *b.* — (C. vernalis. Kutz.)—Styles dressés, se détruisant ord. avant la maturité du fruit. Fruit à carènes tranchantes.

var. *γ. angustifolia.* (C. autumnalis. L. sp. 6.) — Feuilles toutes lancéolées-étroites ou linéaires, atténuées et ord. échancrées au sommet, toutes submergées ; les supérieures non disposées en rosette.

α. β. s.v. *terrestris.* — Plante ord. plus petite, croissant dans les endroits d'où l'eau s'est retirée.

α. β. γ. s.v. *pedunculata.* — Fleurs plus ou moins longuement pédicellées.

LXXXVIII. CÉRATOPHYLLÉES.

(CERATOPHYLLEÆ. Gray, arr. II. 554. — D.C. prodr. III. 73.)

Fleurs monoïques, dépourvues de calice. — *Involucre multipartit*, à 10-12 divisions égales, disposées sur un seul rang, linéaires, incisées ou entières (verticille de bractées soudées à la base). — *Fleur mâle : Étamines rapprochées* au nombre de 10-25 *dans un involucre commun ; anthères sessiles*, tricuspidées au sommet, à connectif épais charnu, bilobées, à lobes s'ouvrant au sommet par une ouverture commune. — *Fleur femelle : Ovaire solitaire dans un involucre*, uniloculaire, uni-ovulé ; ovule suspendu, droit (Endlich.) réfléchi (D.C., Nees jun.) ; style terminal, subulé, à partie supérieure arquée stigmatifère. — *Fruit* coriace-induré, *uniloculaire, monosperme, indéhiscent*, surmonté du style persistant plus ou moins accru après la floraison, quelquefois pourvu à la base de deux épines latérales. — Graine suspendue, à testa mince membraneux. Périsperme nul. *Embryon* oblong, *à 4 cotylédons verticillés* inégaux par paires, *à plumule polyphylle* de la longueur des cotylédons. Radicule très courte.

Plantes submergées, vivaces, herbacées. *Feuilles verticillées* par 6-10, sessiles, découpées bi-tri-chotomes, à segments sétacés ou linéaires-filiformes, raides, cassants ; stipules nulles. Fleurs mâles et femelles disposées sans ordre, solitaires, sessiles à l'aisselle des feuilles.

I. CERATOPHYLLUM. (L. gen. n. 1065.) — Nees jun. gen. pl. fasc. VIII. t. 11.

Fleurs monoïques : Involucre multipartit. — Fleur mâle : Étamines 10-25, rapprochées dans un involucre commun. — Fleur femelle : Ovaire solitaire dans un involucre. Fruit coriace-induré, monosperme, indéhiscent, surmonté par le style persistant.

Plantes submergées, vivaces ; à tiges grêles, presque filiformes, très rameuses. Feuilles à segments plus ou moins denticulés.

Fruit muni de deux épines au-dessus de la base, terminé par le style plus long que lui ; feuilles à segments linéaires-filiformes, fortement denticulés. . . . . *C. demersum.*
Fruit dépourvu d'épines au-dessus de la base, terminé par le style beaucoup plus court que lui ; feuilles à segments sétacés, très légèrement denticulés. . . . . *C. submersum.*

1. C. DEMERSUM. (L. sp. 1409.) — Engl. bot. t. 947. — Nees jun. *loc. cit.* fig. 14-15. (vulg. *Cornifle.*)

Tiges submergées-nageantes , de longueur très variable. *Feuilles* deux fois dichotomes, plus rarement une à deux fois trichotomes , quelquefois simplement bifurquées , *à segments linéaires-filiformes , fortement denticulés.* *Fruit* noirâtre, ovoïde, *muni au-dessus de la base de deux épines arquées-réfractées,* terminé en épine par le *style* accru qui *égale ou dépasse sa longueur.* ♃. Juillet-septembre.

C.C. — Rivières , étangs , marais, fossés , bassins.

2. C. SUBMERSUM. (L. sp. 1409.)—Engl. t. 679.—Nees jun. *loc. cit.* fig. 10 et 21.

Tiges submergées-nageantes , de longueur très variable. *Feuilles* trois fois dichotomes, rarement deux fois dichotomes , *à segments sétacés, très légèrement denticulés. Fruit* noirâtre , ovoïde , *dépourvu d'épines au-dessus de la base ,* terminé en mucron par le *style beaucoup plus court que lui.* ♃. Juin-août.

A.C. — Étangs, marais tourbeux, flaques d'eau du bord des rivières.

Cette espèce, ainsi que la précédente, fructifie assez rarement.

Classe II. APÉTALES AMENTACÉS.

Fleurs unisexuelles diclines ; les mâles dépourvues de calice, munies d'involucres ou d'écailles, disposées en épis qui tombent en se désarticulant après la floraison (chatons); les femelles pourvues ou non de calice, disposées ou non en chatons. — Arbres ou arbrisseaux.

† LXXXIX. JUGLANDÉES (1).

(JUGLANDEÆ. D.C. théor. élem. 215.)

Fleurs monoïques : les mâles en chatons cylindriques ; les femelles solitaires dans un involucre, les involucres étant solitaires ou groupés en petit nombre. — Fleur mâle : Involucre pédicellé, pinnatilobé, à 5-6 lobes membraneux, inégaux, concaves, imbriqués pendant la préfloraison, renfermant les étamines et muni en dehors et près de son sommet d'une écaille bractéale. Étamines nombreuses 14-36, insérées à diverses hauteurs à la partie moyenne de l'involucre ; filets très courts ; anthères bilobées, acuminées, par un prolongement du connectif, à lobes s'ouvrant longitudinalement. — Fleur femelle : Involucre uniflore, à tube soudé avec le calice, à partie libre courte irrégulièrement 4-fide ou 4-dentée. Calice à tube soudé d'une part avec l'ovaire et d'autre part avec l'involucre, à limbe 4-fide (corolle auct.). Ovaire soudé avec le tube du calice, uni-ovulé, 4-loculaire au sommet et à la base, incomplètement biloculaire dans le reste de son étendue ; ovule inséré au point de réunion des 4 cloisons, dressé, droit ; stigmates 2, subsessiles, allongés, courbés en dehors. — Involucre fructifère et calice intimement soudés, très accrus, charnus-fibreux, renfermant complètement le fruit, se déchirant en fragments irréguliers. — Fruit (noix) à deux valves ligneuses qui ne se séparent que lors de la germination, monosperme, 4-loculaire au sommet et à la base, incomplètement biloculaire dans le reste de son étendue, les loges communiquant par la partie moyenne de la cloison. — Graine dressée, bosselée-toruleuse, 4 lobes au sommet et à la base, à lobes reçus dans chacune des loges, à testa membraneux mince. Périsperme nul. Cotylédons charnus-huileux, opposés aux valves, bilobés, à lobes présentant des circonvolutions et des anfractuosités. Plumule à 2 feuilles multifides. Radicule très courte, dirigée vers le point diamétralement opposé au hile.

Arbres à écorce et à feuilles contenant un suc astringent. Feuilles aromatiques surtout par le froissement, caduques, alternes, composées-imparipinnées ; stipules nulles. Fleurs paraissant avant les feuilles. Chatons mâles latéraux ou terminaux, pendants, naissant de bourgeons à écailles imbriquées. Involucres femelles solitaires ou réunis 2-4 à l'extrémité des ramuscules.

† I. JUGLANS. (L. gen. n. 1071, part.)

Mêmes caractères que ceux de la famille.

---

(1) Nous avons cru devoir restreindre la description de cette famille à celle du genre Juglans, qui la représente en Europe par une espèce cultivée en grand. — Nous considérons la fleur femelle comme dépourvue de corolle dans le genre Juglans, ainsi que dans les autres genres de la famille, les 4 appendices herbacés décrits comme pétales par les auteurs, n'étant pour nous que le limbe du calice dont le tube est soudé avec un involucre extérieur (calice auct.); l'exactitude de ce mode de description est prouvée par l'organisation de la fleur femelle dans le genre Pterocarya que les auteurs décrivent comme apétale, en admettant comme nous que l'enveloppe extérieure est un involucre et l'enveloppe intérieure un calice.

✝ 1. J. REGIA (L. sp. 1415.) — Schk. handb. t. 302. (vulg. *Noyer*.)

Arbre atteignant de grandes dimensions, à branches formant une tête arrondie, à écorce blanchâtre. Feuilles glabres, coriaces, à 7-9 folioles ovales-aiguës superficiellement sinuées, d'un vert sombre, noircissant par la dessiccation. Involucre fructifère vert, lisse, luisant, oblong-subglobuleux, noircissant et presque déliquescent après la maturité. Fruit gros, irrégulièrement sillonné à sillons anastomosés. ♃. *Fl.* avril-mai. *Fr.* août-octobre.

Cultivé partout au bord des routes et dans le voisinage des habitations.

XC. CUPULIFÈRES.

(CUPULIFERÆ. A. Rich. élem. bot. éd. 6. 621.)

Fleurs monoïques : les mâles en chatons cylindriques plus rarement subglobuleux ; les femelles solitaires, ou réunies 2-3 rarement plus dans un involucre, les involucres étant solitaires ou groupés, quelquefois disposés en grappes ou renfermés dans un bourgeon écailleux. — Fleur mâle : Écaille donnant insertion aux étamines, ou involucre caliciforme à 4-6 lobes à préfloraison valvaire renfermant les étamines. Étamines 4-20, insérées à diverses hauteurs sur l'écaille, ou insérées au fond de l'involucre et unisériées ; filets courts ou allongés, inégaux ; anthères bilobées ou unilobées, à lobes quelquefois barbus au sommet s'ouvrant par une fente longitudinale. — *Fleur femelle : Calice à tube soudé avec l'ovaire*, à limbe court denticulé disparaissant souvent sur le fruit. Étamines ordinairement nulles. *Ovaire* soudé avec le tube du calice, *à* 2-3 *plus rarement* 4-6 *loges uni-ovulées ou bi-ovulées ; ovules suspendus* à l'angle interne des loges au sommet ou un peu au-dessous du sommet, *réfléchis*; styles 2-3, plus rarement 4-6, libres ou soudés inférieurement, filiformes, ou courts et épais, stigmatifères dans toute leur surface ou stigmatifères latéralement. —*Involucre fructifère* (cupule) *très accru*, foliacé, coriace ou ligneux, quelquefois hérissé d'épines, *renfermant complètement le fruit et s'ouvrant en 4 valves, ou le renfermant incomplètement et alors ne l'entourant quelquefois qu'à la base.* — *Fruit indéhiscent, uniloculaire* par avortement, *ord. monosperme*, à péricarpe coriace ou ligneux, surmonté du limbe du calice ou présentant au sommet une cicatrice qui le représente. — Graine suspendue, à testa membraneux ord. mince. Périsperme nul. Embryon droit, à cotylédons épais charnus-farineux, plans d'un côté convexes de l'autre, ou irrégulièrement plissés étroitement cohérents, restant souterrains ou devenant aériens après la germination. *Radicule* courte, conique, *dirigée vers le hile*, souvent débordée par les cotylédons.

Arbres ou arbrisseaux. Feuilles caduques ou marcescentes, plus rarement persistantes, alternes ou éparses, sinuées, dentées, lobées ou incisées, à nervures secondaires parallèles simples. Stipules libres, caduques. Chatons paraissant en même temps que les feuilles ou avant les feuilles, terminaux ou latéraux, solitaires ou groupés, dressés ou pendants.

1 {
 Involucre fructifère épais-charnu ou ligneux, chargé d'épines, renfermant complètement les fruits, s'ouvrant en plusieurs valves. . . . . . 2.
 Involucre fructifère ligneux ou foliacé, jamais chargé d'épines, ne renfermant jamais complètement le fruit. . . . . 3.
}

2 {
Fleurs mâles en chatons globuleux, longuement pédonculés, pendants; fruit à deux angles tranchants. . . . . FAGUS. (i.)

Fleurs mâles en chatons filiformes interrompus, dressés; fruit plan sur une face convexe sur l'autre, ou irrégulièrement anguleux à angles non tranchants. CASTANEA. (ii.)

5 {
Étamines insérées au fond d'un involucre à 6-8 divisions ciliées; involucre fructifère induré ligneux, entourant seulement la base du fruit. . . . . QUERCUS. (iii.)

Étamines insérées à la base de l'écaille bractéale ou insérées à diverses hauteurs à la partie moyenne d'une écaille bilobée soudée avec l'écaille bractéale; involucre fructifère foliacé. . . . . 4.

4 {
Fleurs femelles renfermées dans un bourgeon écailleux; involucre fructifère campanulé irrégulièrement lacinié-denté au sommet. CORYLUS. (iv.)

Fleurs femelles en grappes munies de bractées; involucre fructifère unilatéral, trilobé à lobe moyen beaucoup plus grand que les latéraux. . . . . CARPINUS. (v.)

I. FAGUS. (Tournef. inst. t. 351.)

Fleurs mâles en chatons globuleux, à écailles très petites caduques. *Involucre gamophylle, campanulé, à 5-6 divisions. Étamines 8-12, insérées au fond de l'involucre* sur un disque glanduleux, longuement saillantes hors de l'involucre; anthères bilobées. — Fleurs femelles renfermées 1-3 dans un involucre. Involucre accrescent, urcéolé, 4-lobé, soudé en dehors avec un grand nombre de bractées linéaires inégales. Calice à tube soudé avec l'ovaire, à limbe allongé lacinié. Ovaire trigone, à 3 loges uni-ovulées ou bi-ovulées; styles 3, filiformes, stigmatifères latéralement. — *Involucre fructifère, ligneux, chargé d'épines non vulnérantes* (extrémités libres des bractées extérieures) *renfermant complètement 1-3 fruits, s'ouvrant en 4 valves. Fruit* (faîne) *trigone*, surmonté par les divisions piliformes du calice, uniloculaire et monosperme par avortement, plus rarement bisperme; péricarpe coriace, velu à la face interne. Cotylédons irrégulièrement plissés en dedans et étroitement cohérents.

Arbre élevé. Feuilles lâchement dentées ou sinuées-ondulées. Fleurs paraissant en même temps que les feuilles. *Chatons mâles longuement pédonculés, pendants;* chatons femelles à pédoncule robuste dressé.

1. F. SYLVATICA. (L. sp. 1416.) — Engl. bot. t. 1846. (vulg. *Hêtre*, *Foyard*, *Fouteau*.)

Arbre à écorce lisse blanchâtre ou grisâtre. Feuilles pétiolées, ovales ou ovales-oblongues, ord. aiguës ou acuminées, lâchement dentées ou sinuées-ondulées, coriaces, d'un beau vert, à nervures saillantes, ciliées-soyeuses aux bords, à nervures d'abord pubescentes-soyeuses puis glabres. Pétioles et pédoncules pubescents-soyeux. Fruit brun, luisant, à 3 angles tranchants. Bourgeons glabres luisants, lancéolés. Feuilles cotylédonaires membraneuses, vertes en dessus, d'un blanc nacré en dessous, réniformes très amples. ♃. *Fl.* avril. *Fr.* juillet-août.

C.C.C. — Bois, forêts.

s.v. *purpurea.* — Feuilles d'un pourpre vineux.

II. CASTANEA. (Tournef. inst. t. 352.)

Fleurs mâles en glomérules disposés *en chatons filiformes interrompus;* les glomérules entourés d'écailles. Involucre profondément 5-6-partit. Étamines 8-15, insérées au fond de l'involucre sur un disque glanduleux, longuement saillantes hors de l'involucre; anthères bilobées. — Fleurs femelles

renfermées 1-5 dans un involucre, quelquefois incomplètement hermaphrodites. Involucre accrescent, urcéolé, subquadrilobé, soudé en dehors avec un
grand nombre de bractées linéaires inégales. Calice à tube soudé avec l'ovaire,
à limbe allongé en un col étroit 5-8-lobé. Ovaire à 3-8 loges uni-ovulées ou bi-
ovulées; styles 3-8 à surface stigmatifère. — *Involucre fructifère épais
coriace, chargé en dehors d'épines* (extrémités libres des bractées extérieures)
subulées vulnérantes disposées par fascicules et divergentes en étoile,
soyeux à la face interne, *renfermant complètement 1-3 fruits, s'ouvrant en
4 valves*. Fruit (châtaigne) plan sur une face convexe sur l'autre, ou
irrégulièrement anguleux par la compression exercée par les fruits voisins, surmonté par les divisions marcescentes du calice et les styles, uniloculaire et monosperme par avortement, plus rarement bisperme; péricarpe coriace, fibreux-
tomenteux à la face interne. Graine à testa membraneux s'insinuant dans les
fissures des cotylédons. Cotylédons volumineux, farineux, souvent inégaux,
plissés, présentant des fissures plus ou moins profondes, étroitement cohérents,
débordant la radicule.

Arbre élevé. Feuilles fortement dentées. Fleurs paraissant en même temps que les
feuilles. *Chatons mâles* sessiles, *raides, dressés*; involucres des fleurs femelles
subsolitaires, sessiles, naissant à l'aisselle des feuilles ou à la base des chatons mâles.

1. C. VULGARIS. (Lam. dict. I. 708.) — Engl. bot. t. 886. — Fagus Castanea. L. sp.
1416. (vulg. *Châtaignier.*)

Arbre atteignant souvent de très grandes dimensions, à branches étalées, à
écorce grisâtre fendillée. Feuilles pétiolées, oblongues-lancéolées, aiguës ou
acuminées, très grandes, fortement dentées à dents cuspidées, coriaces, glabres, luisantes, à nervures secondaires parallèles très saillantes. Chatons mâles
très longs, interrompus, presque moniliformes avant l'épanouissement. Fruit
assez gros, brun, luisant, à base large terne blanchâtre. Bourgeons ovoïdes.
♃. *Fl.* mai-juin. *Fr.* septembre-octobre.

C.C. — Bois montueux, forêts, terrains sablonneux, rochers. — Fréquemment
planté autour des champs.

On connaît surtout sous le nom de *Marron*, une variété, due à la culture, à fruit
plus gros globuleux plus large que long, ord. solitaire dans l'involucre, à fissures
des cotylédons ord. moins profondes.

III. QUERCUS. (Tournef. inst. t. 349.)

Fleurs mâles en chatons filiformes, grêles, interrompus, dépourvus d'é-
cailles bractéales. *Involucre à 6-8 divisions*, étroites, inégales, *ciliées*, quelquefois bifides. Étamines 6-10, insérées au fond de l'involucre sur un disque
glanduleux, exsertes; anthères bilobées. — Fleurs femelles solitaires au centre
d'un involucre accrescent subglobuleux composé de bractées squamiformes
imbriquées sur plusieurs rangs qui se soudent entre elles en une cupule appliquée sur la fleur. Calice à tube soudé avec l'ovaire, à limbe atténué en col, à
6 dents ou presque entier. Ovaire à 3-4 loges bi-ovulées; style court, épais;
stigmates 3-4, courts, obtus, ord. étalés. — *Involucre fructifère* (cupule)
induré-ligneux, entourant seulement la partie inférieure du fruit, à
bractées presque entièrement soudées et apprimées, ou libres et étalées dans
leur partie supérieure, jamais vulnérantes. Fruit (gland) ovoïde ou oblong,
ombiliqué au sommet et mucroné par le limbe du calice et le style, uniloculaire et monosperme par avortement; péricarpe coriace luisant, d'abord vert,
puis jaunâtre. Cotylédons convexes en dehors, plans en dedans, charnus-
farineux, cachant la radicule.

Arbres souvent élevés, à écorce et à feuilles contenant un suc astringent. Feuilles coriaces, persistant pendant l'hiver, ord. marcescentes-desséchées, pinnatilobées ou sinuées, à lobes inégaux, souvent ondulées. Fleurs paraissant en même temps que les feuilles. Chatons mâles étalés ou pendants; fleurs femelles en chatons axillaires ou terminaux pauciflores à pédoncule robuste dressé, plus rarement solitaires ou subsolitaires.

1 {
Écailles de la cupule apprimées; feuilles à lobes obtus mutiques . . . . 2.
Écailles de la cupule linéaires-subulées, libres recourbées en dehors et contournées dans leur moitié supérieure. . . . . *Q. Cerris.*
}

2 {
Pédoncules fructifères très longs; feuilles brièvement pétiolées ou subsessiles. . . . . *Q. pedunculata.*
Pédoncules fructifères plus courts que les pétioles; feuilles pétiolées. . . . . *Q. sessiliflora.*
}

1. Q. SESSILIFLORA. (Smith, fl. Brit. III. 1826.) — Engl. bot. t. 1845. (vulg. *Chêne-à-fruits-sessiles, Chêne-Rouvre.*)

Arbre plus ou moins élevé, à branches souvent tortueuses. *Feuilles pétiolées*, glabres ou pubescentes, quelquefois tomenteuses dans la jeunesse, oblongues-obovales, tronquées ou atténuées à la base, sinuées ou pinnatilobées, à lobes inégaux obtus mutiques. *Pédoncules fructifères plus courts que les pétioles* ou égalant environ leur longueur. *Écailles de la cupule courtes apprimées.* Gland ord. ovoïde. ♃. *Fl.* avril-mai. *Fr.* août-septembre.

C.C.C. — Bois, forêts, taillis.

var. β. *pubescens.* (Q. pubescens. Willd. sp. IV. 450.) — Feuilles tomenteuses au moins dans leur jeunesse.

α. β. s.v. *laciniata.* — Feuilles plus petites, profondément pinnatifides. Arbre ord. rabougri. Glands plus petits.

2. Q. PEDUNCULATA. (Ehrh. arb. n. 77.) — Q. Robur. Smith, Brit. 1026. — Engl. bot. t. 1342. — Q. Robur. var. α. L. Suec. ed. 2. 340. (vulg. *Chêne pédonculé.*)

Arbre ord. très élevé. *Feuilles brièvement pétiolées* ou subsessiles, glabres, d'un vert pâle en dessous, oblongues-obovales, tronquées ou atténuées à la base, souvent très amples, sinuées ou pinnatilobées, à lobes inégaux obtus mutiques. *Pédoncules fructifères très longs. Écailles de la cupule courtes, apprimées.* Gland ord. oblong. ♃. *Fl.* avril-mai. *Fr.* août-septembre.

C.C. — Bois, forêts, taillis.

✝ 3. Q. CERRIS. (L. sp. 1415.)

Arbre assez élevé. *Feuilles* ord. brièvement pétiolées, glabres, pubescentes ou tomenteuses-blanchâtres en dessous, oblongues-obovales ou oblongues, tronquées ou atténuées à la base, ord. étroites, sinuées ou pinnatilobées, *à lobes inégaux mucronés. Pédoncules fructifères courts. Écailles de la cupule linéaires-subulées, libres recourbées en dehors et contournées dans leur moitié supérieure.* Gland ovoïde-oblong. ♃. *Fl.* avril-mai. *Fr.* août-septembre.

R.R. planté? — Forêts. — Forêt de Marly (*Weddell*). Forêt de Fontainebleau (*Lepeletier, in herb. Jaubert*). Env. de Beauvais (*Graves, in Duby bot. Gall.*)

IV. CORYLUS. (Tournef. inst. t. 347.)

Fleurs mâles en chatons cylindriques compactes, à écailles bractéales imbriquées. Étamines 6-8, insérées à diverses hauteurs à la partie moyenne d'une écaille bilobée qui est soudée en dehors avec l'écaille bractéale correspondante; filets très courts; anthères unilobées, barbues au sommet, s'ouvrant par une seule fente longitudinale. — Fleurs femelles renfermées dans un bourgeon écailleux à écailles entières, les écailles inférieures du bourgeon stériles, les supérieures fertiles donnant chacune nais-

sance à un ou deux involucres à leur aisselle. Involucre uniflore ou biflore, accrescent, velu, campanulé, irrégul..rement bi-trilobé, à lobes laciniés. Calice à tube soudé avec l'ovaire, à limbe très petit denticulé. Ovaire à 2 loges uni-ovulées ; styles 2, filiformes, à surface stigmatifère. — *Involucre fructifère (cupule) foliacé* un peu charnu à la base, *campanulé* dans sa partie inférieure, *ouvert et irrégulièrement lacinié-denté* au sommet, contenant un seul fruit. Fruit (noisette) ovoïde ou oblong, uniloculaire et monosperme par avortement ; péricarpe ligneux lisse, à endocarpe fibreux. Graine à testa membraneux mince, présentant d'un côté les fibres rameuses du raphé et de la chalaze. Cotylédons plans d'un côté, convexes de l'autre, débordant la radicule.

Arbrisseau ord. élevé. Feuilles doublement dentées, quelquefois superficiellement lobées. Chatons commençant à paraître à la fin de l'automne avant la chute des feuilles, se développant au printemps suivant avant les nouvelles feuilles. Chatons mâles pendants, disposés 1-3 à l'extrémité des rameaux ou sur des ramuscules latéraux courts. Bourgeons des fleurs femelles solitaires, latéraux et terminaux.

1. C. AVELLANA. (L. sp. 1417.) — Engl. bot. t. 723. (vulg. *Noisetier, Coudrier.*)

Arbrisseau à rameaux grisâtres, dressés, effilés, flexibles, à jeunes pousses pubescentes un peu glanduleuses. Feuilles pétiolées, ovales-suborbiculaires brusquement acuminées, ord. cordées à la base, doublement dentées, quelquefois superficiellement lobées ou subtrilobées au sommet, pubescentes, d'un vert pâle en dessous, à pétiole velu-glanduleux ; stipules oblongues, obtuses, ou oblongues-lancéolées. Écailles des chatons mâles obovales-cunéiformes. Styles rouges. Involucre fructifère très ample, dépassant ord. le fruit, ouvert au sommet. ♃. *Fl.* février-mars. *Fr.* août-septembre.

C.C. — Bois, taillis, buissons.

V. CARPINUS. (L. gen. n. 1073, *part.*)

Fleurs mâles en chatons cylindriques, à écailles bractéales imbriquées. *Étamines* 6-15 *ou plus, insérées à la base de l'écaille bractéale ;* filets très courts ; *anthères unilobées, barbues au sommet,* s'ouvrant par une seule fente longitudinale. — *Fleurs femelles en grappes* munies de bractées petites caduques qui donnent chacune naissance, à leur aisselle, à deux involucres pédicellés. Involucre uniflore, foliacé, accrescent, trilobé. Calice à tube soudé avec l'ovaire, à limbe denticulé. Ovaire à 2 loges uni-ovulées ; styles 2, filiformes, à surface stigmatifère, soudés à la base. — *Involucre fructifère* (cupule foliacée) membraneux-*foliacé* veiné-réticulé, 3-*lobé, à lobe moyen beaucoup plus grand que les latéraux, embrassant le fruit qu'il cache en dehors.* Fruit ovoïde-comprimé, marqué de côtes longitudinales, surmonté du limbe du calice, uniloculaire et monosperme par avortement ; péricarpe ligneux. Cotylédons plans d'un côté, convexes de l'autre, débordant la radicule.

Arbre plus ou moins élevé. Feuilles doublement dentées, plissées dans le bourgeon. Chatons paraissant en même temps que les feuilles ou un peu avant les feuilles. Chatons mâles pendants, latéraux, ord. solitaires, portés sur les ramuscules de l'année précédente. Grappes femelles solitaires, terminant les ramuscules de l'année précédente, un peu lâches et pendantes à la maturité.

1. C. BETULUS. (L. sp. 1416.) — Engl. bot. t. 2032. (vulg. *Charme.*)

Arbre plus ou moins élevé, à branches étalées. Feuilles pétiolées, ovales ou oblongues, aiguës ou acuminées, arrondies ou un peu cordées à la base, doublement dentées, d'un vert pâle en dessous et pubescentes sur les nervures, à nervures secondaires parallèles saillantes. Écailles des chatons mâles ovales-acuminées, ciliées, à pointe rougeâtre. Involucre fructifère très ample, dépassant très longuement le fruit, unilatéral, 3-lobé, à lobes lancéolés, le moyen beaucoup plus grand souvent denticulé. ♃. *Fl.* avril-mai. *Fr.* juillet-août.

C.C. — Forêts, bois, taillis. — Taillé en berceaux ou en haies sous le nom de *Charmille.*

XCI. SALICINÉES.

(SALICINEÆ. Ach. Rich. élem. bot. éd. 6. 626.)

Fleurs dioïques, les mâles et les femelles solitaires à l'aisselle de bractées squamiformes (écailles) *disposées en chatons cylindriques* plus rarement oblongs. — Écailles entières, incisées ou laciniées. — *Disque* persistant, *réduit à* 1 ou 2 glandes nectarifères *occupant la base des organes sexuels* (Salix) *ou en forme de cupule* entourant l'ovaire ou donnant insertion aux étamines (Populus). — Fleur mâle : Étamines 2-12 ou plus ; filets filiformes, libres ou soudés dans une étendue variable ; rarement 2 étamines soudées dans toute leur longueur ; anthères bilobées, à lobes parallèles s'ouvrant longitudinalement. — *Fleur femelle : Calice nul.* Ovaire sessile ou pédicellé, non soudé avec le disque, uniloculaire ou incomplètement biloculaire ; placentas pariétaux, linéaires, courts ; ovules nombreux, ascendants, réfléchis ; style indivis, quelquefois presque nul ; stigmates 2, émarginés, bifides ou bipartits, plus rarement entiers. — *Fruit* petit, *capsulaire*, ovoïde-conique ou fusiforme, *polysperme, à déhiscence loculicide, s'ouvrant* du sommet à la base *en 2 valves* qui s'enroulent en dehors et portent les graines à leur base. — *Graines* très petites, ascendantes, à testa membraneux, *entourées de longs poils soyeux* ascendants qui naissent au niveau du hile. Périsperme nul. Embryon droit, à cotylédons oblongs, plans d'un côté, convexes de l'autre. Radicule dirigée vers le hile.

Arbres ou arbrisseaux. Feuilles caduques, alternes ou éparses, entières ou dentées, plus rarement lobées, pétiolées ou atténuées en pétiole ; stipules libres, foliacées ou membraneuses, persistantes ou caduques, souvent nulles. Chatons paraissant en même temps que les feuilles ou avant les feuilles, naissant de bourgeons particuliers, solitaires, sessiles ou terminant des ramuscules latéraux.

> Disque réduit à 1-2 glandes ; étamines 2-5, très rarement 5 ; écailles des chatons entières. . . . . SALIX. (i.)
> Disque en forme de cupule ; étamines 8-12 ou plus ; écailles des chatons incisées ou laciniées. . . . . POPULUS. (ii.)

1. SALIX. (Tournef. inst. t. 364.) (1).

Écailles des chatons entières, velues-ciliées. Fleurs mâles et fleurs femelles à *disque réduit à une ou deux glandes* placées à la base des étamines ou

---

(1) Nous nous sommes servis, pour la description des espèces de ce genre, de l'excellente monographie de M. Koch (de Salicibus Europæis commentatio). — Nous devons à M. Weddell les premières recherches et les premières études faites sur ce genre aux environs de Paris à l'occasion de la Flore.

Pour déterminer la plupart des espèces de ce genre, il est nécessaire de se procurer des échantillons en fleurs et en feuilles adultes recueillis sur les mêmes individus.

de l'ovaire qu'elles n'entourent jamais complètement. — Fleur mâle : *Étamines* 2-3 ou 5 à filets libres ou soudés à la base, plus rarement 2 à filets soudés dans toute leur longueur (étamine solitaire à anthère quadrilobée *auct.*). — Fleur femelle : Ovaire sessile ou pédicellé ; style plus ou moins allongé ou presque nul ; stigmates 2, échancrés ou bifides, plus rarement entiers. Graines munies d'une aigrette.

Arbres ou arbrisseaux. Feuilles entières ou dentées ; stipules persistantes ou caduques, souvent nulles. Bourgeons recouverts par une seule écaille, à feuilles imbriquées non enroulées. Chatons sessiles ou pédonculés, paraissant avant les feuilles (chatons précoces) ou en même temps que les feuilles (chatons contemporains).

1 { Écailles des chatons d'un jaune verdâtre dans toute leur étendue, plus rarement rosées. . . . . 2.
{ Écailles des chatons brunes ou noires au moins dans leur moitié supérieure. 7.

2 { Rameaux pendants. . . . . *S. Babylonica.*
{ Rameaux dressés . . . . 3.

3 { Étamines 3 ; écailles glabres dans leur partie supérieure . . . *S. triandra.*
{ Étamines 2 ; écailles barbues même au sommet. . . . . 4.

4 { Écailles d'un jaune verdâtre, caduques avant la maturité des capsules ; arbre ord. élevé. . . . . 5.
{ Écailles d'un jaune verdâtre ou rosées, persistantes ; arbrisseau plus ou moins élevé . . . . 6.

5 { Feuilles blanchâtres-soyeuses surtout à la face inférieure ; capsule à pédicelle égalant à peine la longueur de la glande. . . . . *S. alba.*
{ Feuilles adultes glabres ; capsule à pédicelle deux ou trois fois aussi long que la glande. . . . . *S. fragilis.*

6 { Écailles d'un jaune verdâtre ou un peu rosées ; capsule à pédicelle environ deux fois aussi long que la glande . . . . *S. undulata.*
{ Écailles rosées ; capsule à pédicelle environ de la longueur de la glande. . . . . *S. hippophaefolia.*

7 { Sous-arbrisseau de 2-6 décimètr., à tige souterraine traçante. . *S. repens.*
{ Arbre ou arbrisseau élevé . . . . 8.

8 { Anthères pourpres, noires ou brunes après l'émission du pollen ; capsule sessile ; feuilles adultes glabres en dessous . . . . 9.
{ Anthères jaunes même après l'émission du pollen ; capsule sessile ; feuilles adultes soyeuses-argentées en dessous. . . . . *S. viminalis.*
{ Anthères jaunes même après l'émission du pollen ; capsule à pédicelle deux à cinq fois plus long que la glande ; feuilles à face inférieure ord. tomenteuse, glauque, ou d'un blanc cendré. . . . . 10.

9 { Étamines soudées dans toute leur longueur en une étamine unique à anthère quadrilobée ; style plus court que les stigmates ou presque nul ; feuilles élargies supérieurement, glauques en dessous . . . . . *S. purpurea.*
{ Étamines soudées seulement dans leur moitié inférieure ; style ord. plus long que les stigmates ; feuilles lancéolées ou lancéolées-allongées, d'un vert gai. . . . . *S. rubra.*

10 { Feuilles oblongues-lancéolées ; capsule à pédicelle une fois plus long que la glande ; style assez long . . . . *S. Seringeana.*
{ Feuilles suborbiculaires, obovales, ou oblongues-obovales ; capsule à pédicelle trois à cinq fois plus long que la glande ; style très court ou presque nul. 11.

11 { Feuilles oblongues-obovales ou lancéolées-obovales, obtuses, ou brièvеment acuminées à pointe droite ; bourgeons pubescents-blanchâtres. . . . . *S. cinerea.*
{ Feuilles oblongues-obovales, obovales ou suborbiculaires, ord. brusquement acuminées à pointe recourbée . . . . 12.

12 { Feuilles obovales ou oblongues-obovales, rugueuses ; chatons assez petits. . . . . *S. aurita.*
{ Feuilles ovales ou oblongues-suborbiculaires, non rugueuses ; chatons assez gros. . . . . *S. caprea.*

SECT. I. FRAGILES. — Écailles des chatons d'un jaune verdâtre dans toute leur étendue , caduques avant la maturité des capsules. Étamines 2 (dans nos espèces); anthères jaunes. — Arbres ord. élevés.

1. S. ALBA. (L. sp. 1449.) — Engl. bot. t. 2430. (vulg. *Saule blanc.*)

Arbre à rameaux dressés, flexibles. *Feuilles* lancéolées ord. acuminées, denticulées, *blanchâtres-soyeuses surtout à la face inférieure*, les jeunes soyeuses-argentées sur les deux faces; stipules lancéolées, ord. caduques. Chatons paraissant ord. en même temps que les feuilles, pédonculés, à pédoncule feuillé. Étamines 2. *Capsule* glabre , subsessile , ou pédicellée *à pédicelle égalant* à peine *la longueur de la glande*. Style court; stigmates courts, bilobés. ♃ . Avril-mai.

C.C.C. — Bords des rivières et des ruisseaux , prairies. — Souvent planté aux bords des chemins.

var. β. *vitellina*. (S. vitellina L. sp. 1442.) — Écorce des rameaux d'un jaune luisant , ou rougeâtre. — Souvent planté dans les oseraies et cultivé dans les vignes.

2. S. FRAGILIS. (L. sp. 1443.) — Engl. bot. t. 1807.

Arbre à rameaux dressés, fragiles à leur point d'insertion. *Feuilles* lancéolées-acuminées, finement *dentées*, *glabres*, luisantes en dessus , souvent glauques-blanchâtres en dessous, les jeunes un peu pubescentes-soyeuses ; stipules ovales-falciformes , ord. caduques. Chatons paraissant ord. en même temps que les feuilles, pédonculés, à pédoncule feuillé. Étamines 2. *Capsule* glabre, pédicellée , *à pédicelle deux ou trois fois aussi long que la glande*. Style égalant environ la longueur des stigmates ; stigmates courts, bifides. ♃ . Avril-mai.

A.C. — Bords des rivières et des ruisseaux. — Souvent planté aux bords des prairies.

Les arbres de cette espèce et de la précédente sont souvent cultivés en têtards , et alors les rameaux deviennent longs et flexibles et sont recueillis comme osier.

† 3. S. BABYLONICA. (L. sp. 1443.) (vulg. *Saule-pleureur.*)

Arbre à rameaux très longs , flexibles , *pendants. Feuilles* lancéolées-étroites ou lancéolées-linéaires, longuement acuminées, finement dentées , *glabres*; stipules lancéolées-falciformes , ord. caduques. Chatons femelles paraissant ord. en même temps que les feuilles, petits , compacts , arqués , pédonculés à pédoncules feuillés, *les feuilles du pédoncule égalant ou dépassant la longueur du chaton*. Capsule glabre , sessile; *la glande dépassant la base de la capsule*. Style court; stigmates épais , émarginés. ♃. Avril-mai.

Fréquemment planté dans les parcs au bord des eaux. — Originaire de l'Orient.

On ne rencontre en Europe que l'individu femelle de cette espèce.

SECT. II. AMYGDALINEÆ. — Écailles des chatons d'un jaune verdâtre ou rosées , persistantes. Étamines 3 (S. triandra); anthères jaunes. — Arbrisseaux plus ou moins élevés.

4. S. TRIANDRA. (L. sp. 1442.) — Engl. bot. t. 1435. (vulg. *Osier brun.*)

Arbrisseau plus ou moins élevé, à rameaux olivâtres ou d'un brun rougeâtre. Feuilles oblongues-lancéolées ou oblongues, acuminées, dentées, glabres, d'un vert foncé luisantes en dessus , souvent glauques en dessous ; stipules assez grandes, semi-cordiformes ord. obtuses, ou réniformes. *Chatons* paraissant en même temps que les feuilles, pédonculés à pédoncule feuillé ; *à écailles* d'un jaune verdâtre, *glabres dans leur partie supérieure.* Étamines 3. Capsule glabre, pédicellée, à pédicelle deux ou trois fois plus long que la glande. Style très court; stigmates émarginés ou bilobés. ♄. Avril-mai.

C.C. — Bords des rivières et des ruisseaux. — Quelquefois planté dans les vignes et les oseraies.

s.v. — *discolor.* (S. amygdalina. L. sp. 1443.) — Feuilles glauques en dessous.

5. S. UNDULATA. (Ehrh. beitr. VI. 101.) — S. lanceolata. Smith, Engl. bot. t. 1436.

Arbrisseau plus ou moins élevé, à rameaux olivâtres. Feuilles lancéolées ou oblongues-acuminées, denticulées, d'abord pubescentes, puis glabres, d'un vert pâle, luisantes en dessus, quelquefois un peu ondulées aux bords; stipules étroites, lancéolées-falciformes. *Chatons* paraissant en même temps que les feuilles, pédonculés à pédoncule feuillé; *à écailles d'un jaune verdâtre* ou à peine rosées, *barbues même au sommet.* Étamines 2!. *Capsule* pubescente ou glabre, pédicellée, *à pédicelle environ deux fois aussi long que la glande.* Style assez long; stigmates bifides. ♄. Avril-mai.

A.R. — Bords des rivières. — Bords de la Marne à St-Maur! (*Maire*). Bords de la Seine: Charenton! Longchamp! (*Weddell*). St-Germain!

Nous avons observé aux bords de la Seine, à St-Germain, en 1845, des individus femelles de cette espèce qui, par anomalie, présentaient un certain nombre de chatons mâles. — L'individu mâle n'a pas encore été rencontré en Europe à notre connaissance.

6. S. HIPPOPHAEFOLIA. (Thuill. fl. Par. 514.) — S. rubra. Seringe! saul. dessech. n. 50. (1808), 75 (1814), *non* Huds.

Arbrisseau à rameaux olivâtres ou jaunâtres. Feuilles lancéolées étroites, aiguës ou acuminées, denticulées, glabres ou pubescentes en dessous, luisantes en dessus, quelquefois un peu ondulées aux bords; stipules semi-cordiformes ou lancéolées-falciformes. *Chatons* paraissant en même temps que les feuilles, pédonculés à pédoncule feuillé; *à écailles rosées, barbues même au sommet.* Étamines 2 (Koch). *Capsule* pubescente-tomenteuse ou glabre, pédicellée, *à pédicelle environ de la longueur de la glande.* Style assez long; stigmates bifides. ♄. Avril-mai.

C. — Bords des rivières. — Bords de la Seine et de la Marne.

s.v. — *sericea.* — Feuilles pubescentes-soyeuses en dessous.

L'individu mâle de cette espèce n'a pas encore été signalé en France.

SECT. III. PURPUREÆ. — *Écailles des chatons brunes ou noires au moins dans leur moitié supérieure, persistantes. Étamines 2, à filets soudés dans la moitié de leur longueur ou dans toute leur longueur; anthères pourpres, noires ou brunes après l'émission du pollen. Ovaire sessile, ou brièvement pédicellé à pédicelle plus court que la glande. — Arbrisseaux. Feuilles adultes, glabres ou un peu pubescentes-soyeuses en dessous.*

7. S. PURPUREA. (L. sp. 1442.) — Engl. bot. t. 1388. — S. monandra. Hoffm. Salic. I. fasc. 1. t. 1. (vulg. *Verdiau, Osier rouge.*)

Arbrisseau à rameaux grisâtres, olivâtres ou d'un pourpre foncé. *Feuilles oblongues-obovales, ou lancéolées élargies supérieurement, acuminées,* denticulées, planes, épaisses-coriaces, glabres, vertes et luisantes en dessus, *glauques en dessous;* stipules ord. nulles. Chatons subsessiles, munis de jeunes feuilles à leur base, les mâles très grêles paraissant ord. avant les feuilles, les femelles paraissant en même temps que les feuilles; écailles d'un brun noir dans leur partie supérieure. *Étamines 2, à filets et à anthères soudés dans toute leur longueur de manière à simuler une seule étamine à anthère quadrilobée.* Capsule tomenteuse, sessile; la glande dépassant la base de la capsule. *Style plus court que les stigmates ou presque nul; stigmates oblongs*, entiers ou un peu émarginés. ♃. Mars-avril.

A.C. — Bords des rivières, oseraies. — Bords de la Seine et de la Marne. — Souvent planté dans les vignes.

var. β. *macrostachya.* (S. Lambertiana. Smith, Brit. 1041.) — Chatons femelles plus gros de moitié que dans le type.

var. γ. *Helix.* (S. Helix L. sp. 1444.) — Rameaux grêles et effilés, ord. d'un pourpre foncé ou d'un rouge de corail. Feuilles très allongées, beaucoup plus étroites que dans le type. — *A.R.*

8. **S. RUBRA.** (Huds. fl. Angl. 423.) — S. fissa. Ehrh. arb. n. 29. — S. olivacea *et* S. membranacea. Thuill. fl. Par! 515.

Arbrisseau à rameaux olivâtres ou d'un vert jaunâtre. *Feuilles lancéolées ou lancéolées-allongées*, souvent acuminées, lâchement denticulées, à bords un peu roulés en dessous, d'abord pubescentes-soyeuses surtout à la face inférieure puis glabres ou presque glabres et *d'un vert gai*; stipules petites, linéaires, souvent nulles. Chatons subsessiles, munis de feuilles à la base, paraissant en même temps que les feuilles; écailles d'un noir rougeâtre dans leur partie supérieure. *Étamines 2, à filets soudés dans leur moitié inférieure de manière à simuler une étamine fourchue.* Capsule tomenteuse, sessile; la glande dépassant la base de la capsule. *Style ord. plus long que les stigmates*; stigmates linéaires assez courts, ord. entiers. ♃. Mars-avril.

A.R. — Bords des rivières, oseraies, terrains marécageux, — Bords de la Marne à St-Maur auprès du parc! Grenelle; Plessis-Piquet (*Maire*). Sceaux! Asnières! Abondant à St Germain! Bords de la Seine près Melun! Etrechy! Pithiviers! Bennecourt! Bonnières! — Quelquefois planté dans les vignes.

Nous avons rencontré, pour la première fois, en 1845, aux bords de la Seine, à St-Germain, l'individu mâle de cette espèce qui n'avait pas encore été observé aux environs de Paris.

SECT. IV. VIMINALES. — *Écailles des chatons brunes ou noires au moins dans leur moitié supérieure, persistantes. Étamines 2, à filets libres plus rarement soudés à la base; anthères jaunes même après l'émission du pollen. Ovaire sessile, ou brièvement pédicellé à pédicelle plus court que la glande. — Arbrisseaux. Feuilles soyeuses-argentées en dessous même à l'état adulte.*

9. **S. VIMINALIS.** (L. sp. 1448.) — Engl. bot. t. 1898. (vulg. *Osier-blanc.*)

Arbrisseau à rameaux souples, grisâtres ou verdâtres, plus rarement jaunes. *Feuilles lancéolées très allongées* ou lancéolées-linéaires, acuminées, entières, sinuées un peu ondulées, à bords un peu roulés en dessous, vertes en dessus, *soyeuses-argentées en dessous*; stipules petites, lancéolées-linéaires. Chatons sessiles, munis à la base de jeunes feuilles ou de très petites bractées, les mâles paraissant avant les feuilles, les femelles en même temps que les feuilles; écailles brunes, plus rarement noires. Étamines 2. Capsule tomenteuse, sessile; la glande dépassant la base de la capsule. *Style assez long; stigmates linéaires-filiformes*, entiers, plus rarement bifides (S. mollissima. Ehrh.). ♃. Mars-avril.

C.C.C. — Bords des rivières. — Très fréquemment planté dans les oseraies et dans les vignes.

var. β. *angustissima.* — Feuilles linéaires étroites. — *A.R.* — Champagne! Nemours!, etc.

SECT. V. CAPREÆ. — *Écailles des chatons brunes ou noires au moins dans leur moitié supérieure, persistantes. Étamines 2, à filets libres, plus rarement soudés à la base; anthères jaunes même après l'émission du pollen. Ovaire pédicellé, à pédicelle 2-6 fois plus long que la glande. — Arbrisseaux ou arbres. Feuilles tomenteuses en dessous, plus rarement soyeuses-argentées ou glabres.*

10. S. SERINGEANA. (Gaud. fl. Helv. VI. 251.) — S. lanceolata. Seringe, monogr. Saul. Suiss. 37. t. 1. — S. phylicifolia. Thuill.! fl. Par. 512, *non* auct.

Arbrisseau, ou arbre rameux dès la base. *Feuilles* pétiolées, *oblongues-lancéolées*, quelquefois acuminées, superficiellement crénelées ou lâchement sinuées-dentées, blanches-tomenteuses en dessous à nervures saillantes; stipules semi-cordiformes, ou ovales-acuminées falciformes, ord. assez grandes. Chatons un peu arqués, subsessiles ou brièvement pédonculés, munis de feuilles ou de bractées à la base, paraissant en même temps que les feuilles ou peu avant elles. *Capsule* tomenteuse, *à pédicelle une fois plus long que la glande. Style assez long;* stigmates bifides. ♃. Mars-avril.

A.R. — Bord des eaux, haies, lisière des bois. — Gentilly! Cachan! Sceaux! St-Germain! Les Loges près Versailles! Marcoussis; Forêt de Senart! (*Weddell*). Maguy! Gisors! Rochy-Condé près Beauvais! — Assez fréquemment planté, comme osier, dans les vignes.

Nous ne connaissons aux environs de Paris que l'individu mâle de cette espèce.

11. S. CINEREA. (L. sp. 1449.) — Engl. bot. t. 1897.

Arbrisseau souvent élevé, à bois présentant sous l'écorce des lignes saillantes qui interceptent des losanges allongés (Des Étangs). *Feuilles* pétiolées, *oblongues-obovales ou lancéolées-obovales,* obtuses ou brièvement acuminées, entières ou denticulées, un peu ondulées aux bords, glabres ou pubescentes en dessus, tomenteuses et d'un blanc cendré en dessous, à nervures roussâtres très saillantes et anastomosées en réseau; stipules réniformes ou semi-cordiformes. *Bourgeons pubescents-blanchâtres.* Chatons sessiles, munis à la base de bractées courtes, paraissant avant les feuilles. *Capsule* tomenteuse, *à pédicelle environ quatre fois plus long que la glande.* Style très court; stigmates oblongs, bilobés ou bifides. ♃. Mars-avril.

C. — Lieux humides des bois, bord des eaux.

12. S. AURITA. (L. sp. 1446.) — Engl. bot. t. 1487.

Arbrisseau souvent élevé, à bois présentant sous l'écorce des lignes saillantes qui interceptent des losanges allongés (Des Étangs). *Feuilles* pétiolées, *obovales ou oblongues-obovales, brusquement acuminées à pointe recourbée,* denticulées ou inégalement sinuées-dentées, ondulées aux bords, ord. rugueuses, glabrescentes ou pubescentes en dessus, à face inférieure glauque ord. tomenteuse à nervures saillantes anastomosées en réseau; stipules réniformes ou semi-cordiformes, ord. foliacées assez grandes. *Bourgeons glabres.* Chatons sessiles ou brièvement pédonculés, munis à la base de bractées courtes, paraissant avant les feuilles. *Capsule* tomenteuse, *à pédicelle trois à quatre fois plus long que la glande.* Style très court, ou presque nul; stigmates oblongs, émarginés ou échancrés. ♃. Mars-avril.

C. — Lieux humides des bois, taillis, bord des eaux.

Cette espèce se distingue des S. *cinerea* et *caprea* par ses chatons mâles et femelles de moitié plus petits.

13. S. CAPREA. (L. sp. 1448.) — Engl. bot. t. 1488. (vulg. *Marceau.*)

Arbrisseau ou arbre ord. rameux dès la base. *Feuilles* pétiolées, ord. *très amples, ovales ou oblongues-suborbiculaires*, obtuses ou *brusquement acuminées à pointe recourbée*, obscurément crénelées-ondulées, glabres ou glabrescentes en dessus, à face inférieure blanche-tomenteuse à nervures anastomosées en réseau; stipules réniformes ou semi-cordiformes. *Bourgeons glabres.* Chatons sessiles, munis à la base de bractées courtes, paraissant avant les feuilles. *Capsule* étalée, tomenteuse, *à pédicelle quatre à cinq fois plus long que la glande.* Style très court ou presque nul; stigmates oblongs, bilobés ou bifides. ♃ . Mars-avril.

C.C. — Bois, taillis, bord des eaux.

14. S. REPENS. (L. sp. 1447.) — Engl. bot. t. 183.

Sous-arbrisseau de 2-6 décimètr., à tige souterraine traçante, à rameaux dressés ou ascendants presque simples ou très rameux. Feuilles très brièvement pétiolées, petites, oblongues, oblongues-obovales ou lancéolées, aiguës ou obtuses, quelquefois brusquement acuminées à pointe recourbée, entières ou denticulées; à face supérieure verte, glabre ou pubescente; à face inférieure soyeuse-argentée, plus rarement glabre ou pubescente glauque; stipules lancéolées aiguës. Chatons petits, sessiles ou brièvement pédonculés, munis à la base de jeunes feuilles ou de bractées, paraissant avant les feuilles. *Capsule* tomenteuse ou glabrescente, *à pédicelle deux à trois fois plus long que la glande.* Style court; stigmates oblongs, ord. bifides. ♃ . Avril-mai.

R. — Prairies tourbeuses, bruyères, sables humides. — St-Léger ! Morfontaine ! Sacy-le-Grand (*Graves*). Marais de St-Germer près Gournay ! (*Mandon*). Maleslherbes ! Nemours !

var. β. *argentea* (S. lanata. Thuill. fl. Par. 516.) — Feuilles oblongues-obovales ou oblongues-suborbiculaires, soyeuses-argentées en dessous, souvent pubescentes en dessus.

var. γ. *angustifolia.* — Feuilles lancéolées, ord. glabres, glauques en dessous.

α. β. s.v. *microphylla.* — Feuilles très petites.

II. POPULUS. (Tournef. inst. t. 365.)

Écailles des chatons incisées ou laciniées, rétrécies à la base, velues-ciliées ou glabres. *Disque en forme de cupule.* — Fleur mâle : *Étamines* 8-12, *ou plus*, à filets libres, insérées sur le disque qui est tronqué obliquement. — Fleur femelle : Ovaire sessile ou pédicellé, entouré à la base par le disque; style très court ou presque nul; stigmates 2, allongés, bipartits. — Graines munies d'une aigrette.

Arbres ord. très élevés. Feuilles sinuées-anguleuses ou dentées; stipules squamiformes, caduques. Bourgeons recouverts par plusieurs écailles imbriquées, à feuilles enroulées par leurs bords. Chatons sessiles ou pédonculés, paraissant avant les feuilles

1 { Écailles des chatons velues-ciliées; jeunes pousses ord. pubescentes ou tomenteuses. . . . . 2.
{ Écailles des chatons glabres; jeunes pousses glabres, souvent luisantes . . 5.

2 { Feuilles blanches-tomenteuses en dessous au moins dans leur jeunesse; jeunes pousses blanches tomenteuses. . . . . *P. alba.*
{ Feuilles glabres sur les deux faces ou un peu pubescentes en dessous, celles des pousses d'automne velues laineuses en dessous jamais blanches. . . . . *P. Tremula.*

$$\begin{cases} \text{Branches dressées formant par leur ensemble une pyramide étroite.} \dots \\ \dots \dots \dots \dots \dots \dots \dots \dots \dots \dots \dots \dots \dots \text{P. fastigiata.} \\ \text{Branches étalées} \dots \dots \dots \dots \dots \dots \dots \dots \dots \dots \dots \dots \text{4.} \end{cases}$$

3

$$4\begin{cases} \text{Feuilles plus longues que larges} \dots \dots \dots \dots \dots \dots \text{P. nigra.} \\ \text{Feuilles plus larges que longues} \dots \dots \dots \dots \dots \text{P. Virginiana.} \end{cases}$$

SECT. I. LEUCE. — *Écailles des chatons velues-ciliées. Étamines 8.* — *Jeunes pousses ord. pubescentes, laineuses ou tomenteuses. Bourgeons souvent pubescents ou tomenteux.*

1. P. ALBA. (L. sp. 1463.)— Engl. bot. t. 1618. — P. canescens. Smith, Brit. 1080. (vulg. *Peuplier blanc, Grisaille, Peuplier-de-Hollande.*)

Arbre assez élevé, *à écorce crevassée*, à branches étalées, les *jeunes pousses et les rejets blancs-tomenteux. Feuilles* longuement pétiolées, suborbiculaires ou ovales-suborbiculaires, sinuées-anguleuses ou subquinquelobées, *blanches-tomenteuses en dessous,* devenant quelquefois presque glabres par la chute du tomentum. ♃. Mars-avril.

C.C. — Bois, terrains humides. — Souvent planté en avenues et aux bords des routes.

2. P. TREMULA. (L. sp. 1464.) — Engl. bot. t. 1909. (vulg. *Tremble.*)

Arbre ord. peu élevé, *à écorce lisse,* à branches étalées, les *jeunes pousses* du printemps *pubescentes plus rarement glabres, celles de l'automne laineuses. Feuilles* longuement pétiolées, très mobiles, à pétiole comprimé, suborbiculaires, grossement et inégalement dentées ou lâchement sinuées, *glabres sur les deux faces ou un peu pubescentes en dessous; celles des pousses d'automne* ou des rejets brièvement pétiolées, ord. plus amples, ovales-aiguës ou suborbiculaires-acuminées, finement dentées, *velues-laineuses en dessous jamais blanches.* ♃. Mars-avril.

C.C. — Bois, terrains humides.

SECT. II. AIGEROS. — *Écailles des chatons glabres. Étamines 12, ou plus.* — *Jeunes pousses glabres, souvent luisantes. Bourgeons glabres, glutineux.*

† 3. P. FASTIGIATA. (Poir. dict. V. 235.) — P. pyramidalis. Rozier *in* Lam. dict. V. 235. (vulg. *Peuplier pyramidal, Peuplier-d'Italie.*)

Arbre très élevé, à écorce crevassée, *à branches dressées* naissant presque dès la base du tronc et *formant par leur ensemble une pyramide étroite.* Feuilles longuement pétiolées, mobiles, à pétiole comprimé, plus larges que longues, triangulaires-acuminées, dentées, glabres, glutineuses dans leur jeunesse. Bourgeons ovoïdes-lancéolés, glutineux. Anthères purpurines. ♃. Mars.

Fréquemment planté en avenues au bord des eaux et dans les terrains humides.

Nous ne connaissons que l'individu mâle de cette espèce.

† 4. P. VIRGINIANA. (Desf. cat. 242.) (vulg. *Peuplier-suisse.*)

Arbre très élevé, *à branches étalées. Feuilles* longuement pétiolées, *plus larges que longues,* triangulaires, aiguës ou acuminées, dentées, glabres, glutineuses dans leur jeunesse. Bourgeons glutineux. Chatons femelles lâches, très longs. ♃. Mars-avril.

Fréquemment planté en avenues et au bord des champs.

Le *P. Canadensis* Mich., que l'on plante souvent en avenues, se distingue du *P. Virginiana* surtout à ses feuilles plus allongées munies de deux glandes jaunâtres à l'insertion du pétiole. — Le *P. Græca* Duham. est planté dans quelques parcs et au bois de Boulogne.

5. P. NIGRA. (L. sp. 1464.)— Engl. bot. t. 1910. (vulg. *Peuplier noir*, *Bouillard*.)
   Arbre élevé, à *branches étalées*. *Feuilles* longuement pétiolées, *plus longues que larges*, triangulaires acuminées, dentées, glabres, glutineuses dans leur jeunesse. Bourgeons glutineux. Anthères purpurines. ♃ . Mars-avril.

   C. — Terrains humides, bord des eaux, planté en avenues et dans les promenades publiques.

XCII. BÉTULINÉES.

(BÉTULINEÆ. A. Rich. élem. bot. éd. 6. 626.)

Fleurs monoïques, les mâles et les femelles disposées 2-3 à la base de bractées squamiformes (écailles), disposées en chatons cylindriques ou ovoïdes. — *Fleurs mâles : Écaille peltée, munie de 2-5 écailles plus petites et recouvrant 3 fleurs*. Involucre caliciforme à 3-4 divisions, ou réduit à une bractée. Étamines 3-4, insérées à la base des divisions de l'involucre auxquelles elles sont opposées, ou insérées à la base de la bractée ; filets courts, libres ou soudés par paires dans leur partie inférieure ; anthères bilobées, ou unilobées (étamines fendues), à lobes s'ouvrant longitudinalement. — *Fleurs femelles* : Écaille entière ou trilobée, munie ou non d'écailles accessoires plus petites, accrescente, membraneuse caduque, ou ligneuse persistante et se soudant avec les écailles accessoires, donnant naissance à son aisselle à 2-3 fleurs (1). *Calice nul. Ovaire sessile, à 2 loges uni-ovulées* ; ovules suspendus un peu au-dessous du sommet de la cloison, réfléchis ; stigmates 2, filiformes, entiers. — *Fruit* petit, sec, *indéhiscent, uniloculaire et monosperme par avortement, plus rarement biloculaire et bisperme*, comprimé, souvent muni de chaque côté d'une aile membraneuse, quelquefois anguleux, surmonté des styles persistants. — Graine suspendue, à testa membraneux très mince. Périsperme nul. Embryon droit, à cotylédons plans, devenant aériens et foliacés après la germination. Radicule dirigée vers le hile.

Arbres ou arbrisseaux. Feuilles caduques, alternes ou éparses, dentées ou lobées-dentées, plus rarement incisées ou presque pinnatifides, à nervures de second ordre parallèles ; stipules libres, caduques. Chatons commençant à paraître à l'automne, se développant au printemps avant les feuilles. Chatons mâles cylindriques allongés, pendants, disposés au sommet des ramuscules par 1-5 ou en grappes irrégulières. Chatons femelles cylindriques ou ovoïdes, dressés ou pendants, solitaires terminaux, ou en grappes corymbiformes terminales, en forme de cône à la maturité.

⎰ Chatons femelles cylindriques, pendants, solitaires, à écailles membraneu-
⎮   ses-scarieuses caduques à la maturité. . . . . BETULA. (i.)
⎱ Chatons femelles ovoïdes, dressés, disposés en grappes rameuses corymbiformes, à écailles ligneuses et persistantes. . . . . . . ALNUS. (ii.)

1. BETULA. (Tournef. inst. t. 360.)

Chatons mâles composés d'écailles pédicellées peltées qui sont munies chacune en dessous de deux autres écailles plus petites suborbiculaires et recouvrent trois fleurs. *Fleurs* insérées sur le pédicelle de l'écaille *constituées* cha-

---

(1) Dans cette famille les auteurs décrivent les ovaires comme placés au-dessous des écailles ; il est facile de s'assurer qu'ils naissent au contraire à l'aisselle des écailles ainsi que dans les autres familles du groupe des *Amentacés*.

cune *par une bractée* ovale-oblongue concave *qui donne insertion aux éta-mines à sa base; étamines* 4 , *à filets* courts *soudés par paires* jusqu'au milieu de leur longueur ou au-delà ; *anthères unilobées*, s'ouvrant par une fente longitudinale. — Chatons femelles composés d'écailles trilobées qui présentent chacune 3 fleurs à leur aisselle. Fleurs dépourvues d'involucre et de calice, constituées chacune par un ovaire sessile à la base de l'écaille. Ovaire à 2 stigmates filiformes, persistants. — *Chatons fructifères à écailles mem-braneuses scarieuses, caduques.* Fruit biloculaire bisperme, ou uniloculaire et monosperme par avortement, comprimé-lenticulaire, présentant de chaque côté une aile membraneuse.

Arbre plus ou moins élevé. Feuilles dentées. Bourgeons sessiles, entourés d'écailles imbriquées, à jeunes feuilles plissées équitantes. Chatons mâles cylindriques allongés, pendants, disposés 1-3 au sommet des ramuscules, nus, commençant à paraître dès l'automne, se développant un peu avant les feuilles. *Chatons femelles cylin-driques*, terminaux *solitaires*, *pendants*, naissant de bourgeons latéraux et pa-raissant en même temps que les feuilles ; les fructifères longuement pédonculés, compactes strobiliformes, cylindriques, à axe filiforme persistant après la chute des écailles et des fruits.

1. B. ALBA. (L. sp. 1393.) — Engl. bot. t. 2198. (vulg. *Bouleau.*)

Arbre droit ; à épiderme lisse, d'un blanc satiné, se détachant par lames cir-culaires ; jeunes rameaux pendants, rougeâtres, flexibles, glabres, pubescents ou velus. Feuilles pétiolées, ovales-triangulaires acuminées, dentées ou don-blement dentées, vertes et luisantes en dessus, à face inférieure d'un vert pâle glabre ou pubescente ; jeunes feuilles souvent un peu glutineuses. Écailles des chatons femelles ciliées, à base cunéiforme, à lobe moyen triangulaire, les la-téraux obtus étalés ou recourbés en croissant. Styles rougeâtres. Fruit égalant environ la largeur ou la moitié de la largeur de l'aile membraneuse.

C.C. — Forêts, bois montueux, taillis, rochers, coteaux sablonneux.

var. β. *pubescens.* (Ehrh. beitr. VI. 98.) — Jeunes rameaux pubescents ou velus. Feuilles pubescentes en dessous au moins à l'angle de séparation des nervures. — *A.C.* — Bois humides. — Bois de Satory près Versailles (*P. et Ch. Sagot*). Sérans près Magny ! Vallée de Bray ; Beauvais (*Graves*).

II. ALNUS. (Tournef. inst. t. 359.)

Chatons mâles composés d'écailles pédicellées peltées qui sont munies chacune vers leur bord de 4-5 autres écailles très petites et recouvrent 3 fleurs. *Fleurs* insérées sur le pédicelle de l'écaille, *constituées chacune par un in-volucre régulier à* 3-4 *lobes qui donne insertion aux étamines; étamines* 3-4, insérées à la base des lobes de l'involucre auxquels elles sont opposées, *à filets courts libres; anthères bilobées*, à lobes s'ouvrant chacun par une fente longitudinale. — Chatons femelles composés d'écailles ovales-suborbicu-laires obtuses, charnues, qui sont munies chacune à leur aisselle de 4 écailles plus petites obovales-cunéiformes, et de 2 fleurs sessiles. Fleurs dépourvues de calice, constituées chacune par un ovaire. Ovaire très petit, à 2 loges uni-ovulées ; stigmates 2, filiformes, persistants.— *Chatons fructifères à écailles* accrues *persistantes ligneuses*, chaque écaille étant soudée avec les 4 écailles axillaires. Fruit ord. uniloculaire et monosperme par avortement, comprimé anguleux, non ailé, très rarement ailé.

Arbres peu élevés. Feuilles dentées ou incisées-dentées. Bourgeons pédonculés, entourés d'une seule écaille, à jeunes feuilles conduplicées-plissées. Chatons mâles cylindriques allongés, pendants, nus, disposés en grappes, commençant à paraître dès l'automne, se développant avant les feuilles. *Chatons femelles ovoïdes dressés, disposés en grappes rameuses corymbiformes*, commençant à paraître dès l'automne; grappe des chatons mâles et grappe des chatons femelles naissant au sommet d'un même rameau, le pédoncule de la grappe femelle continuant la direction du rameau.

Feuilles suborbiculaires obtuses, souvent tronquées ou émarginées au sommet, pubescentes en dessous seulement à l'angle de séparation des nervures . . . . *A. glutinosa.*
Feuilles ovales-aiguës ou brièvement acuminées, couvertes en dessous d'une pubescence blanchâtre ou roussâtre. . . . . *A. incana.*

1. A. GLUTINOSA. (Gaertn. fruct. II. t. 90. f. 2.) — Engl. bot. t. 1508. — Betula Alnus. α. glutinosa. L. sp. 1394. (vulg. *Aulne.*)

Jeunes rameaux glabres. *Feuilles pétiolées, suborbiculaires très obtuses, souvent tronquées ou émarginées au sommet*, cunéiformes ou arrondies à la base, dentées ou lobées-dentées, quelquefois incisées, coriaces, glabres et d'un vert sombre en dessus, d'un vert pâle et *pubescentes en dessous seulement à l'angle de séparation des nervures*, glutineuses dans leur jeunesse. Chatons femelles à écailles étroitement imbriquées et agglutinées avant la maturité. Fruit non ailé. ♄. *Fl.* février-mars. *Fr.* août-septembre.

C.C. — Bord des eaux, lieux marécageux des bois.

† **2. A. INCANA.** (D.C. fl. Fr. III. 304.)

Jeunes rameaux pubescents. *Feuilles pétiolées, ovales-aiguës ou brièvement acuminées*, cunéiformes ou arrondies à la base, dentées en scie ou lobées-dentées, coriaces, glabres et d'un vert sombre en dessus, *couvertes en dessous d'une pubescence blanchâtre ou roussâtre.* Chatons femelles à écailles étroitement imbriquées et agglutinées avant la maturité. Fruit non ailé. ♄. *Fl.* février-mars. *Fr.* août-septembre.

Planté dans la forêt de Fontainebleau aux environs de la mare aux Evées! (*Weddell*). — ? St-Léger.(*Mérat, fl. Par.*).

XCIII. MYRICÉES.

(MYRICEÆ. A. Rich. élem. bot. éd. 6. 625.)

Fleurs ord. dioïques, solitaires à la base de bractées squamiformes persistantes (écailles), disposées en chatons cylindriques ou ovoïdes. — *Fleur mâle: Écaille* canaliculée *donnant insertion aux étamines à sa base.* Étamines 4, rarement plus ou moins; filets courts, souvent inégaux, libres ou soudés à la base; anthères bilobées, subdidymes, s'ouvrant par deux fentes longitudinales latérales. — *Fleur femelle: Écaille* munie à la base et en dedans *de deux petites écailles* (squamules), rarement plus, *adhérentes à la base de l'ovaire et accrescentes. Calice* nul. Ovaire sessile, *uniloculaire, uni-ovulé; ovule dressé*, droit. *Styles* 2, filiformes, entiers, soudés à la base, à surface stigmatifère. — Fruit petit, subglobuleux-comprimé, sec, indéhiscent, uniloculaire et monosperme, soudé avec les squamules accrues et un peu charnues. — Graine dressée, à testa membraneux très mince. Périsperme nul. Embryon droit, à cotylédons charnus, ovales, plans d'un côté, convexes de l'autre. Radicule dirigée vers le point diamétralement opposé au hile.

Sous-arbrisseau contenant un suc résineux aromatique. Feuilles caduques, alternes ou éparses, dentées ou presque entières, parsemées de points résineux; stipules ord. nulles. Chatons paraissant avant les feuilles, latéraux et terminaux, les mâles cylindriques dressés ou étalés, les femelles ovoïdes dressés. Écailles et fruits parsemés de points résineux.

I. MYRICA. (L. gen. n. 1107.)

Mêmes caractères que ceux de la famille.

1. M. GALE. (L. sp. 1453.) — Engl. bot. t. 562. (vulg. *Galé.*)
Sous-arbrisseau de 6-10 décimètr., très rameux. Feuilles oblongues rétrécies à la base, atténuées en pétiole, aiguës ou obtuses, lâchement dentées dans leur moitié supérieure, ou presque entières, glabres, ou un peu pubescentes surtout en dessous, d'un vert pâle à la face inférieure. Écailles des chatons mâles brunâtres, entourées d'une bordure blanchâtre. Fruits chargés de points résineux, jaunes, brillants. ♄. *Fl.* avril-mai. *Fr.* juillet-août.
R. — Marais sablonneux-tourbeux, bruyères humides. — St-Léger! Rambouillet! Vallée de Vaux près Triel (*Mandon*). — Planté au Mont-d'Arcy près Pierrefond (*Leré*).

---

† XCIV. PLATANÉES.

(PLATANEÆ. Lestib. *ex* Martius hort. Monac. 46.)

Fleurs monoïques, les mâles et les femelles sur des rameaux différents, *disposées en chatons* très compacts à axe épais *globuleux.* — Chatons mâles : Involucres et calices nuls. Étamines très nombreuses en nombre indéfini, très rapprochées, entremêlées d'écailles subclaviformes ; filets très courts ; anthères bilobées, à lobes oblongs réunis par un connectif subclaviforme tronqué et presque pelté au sommet. — *Chatons femelles :* Involucres et calices nuls. *Ovaires* très nombreux en nombre indéfini, rapprochés par paires, entremêlés d'écailles courtes subclaviformes, *uniloculaires, uni-ovulés ou bi-ovulés*, poilus à la base ; *ovules suspendus*, droits ; *style simple*, subulé allongé, stigmatifère latéralement dans sa partie supérieure. — Fruit petit, subclaviforme, coriace, couvert inférieurement de poils articulés, uniloculaire, monosperme, indéhiscent. — Graine suspendue, oblongue-cylindrique, à testa mince membraneux. Périsperme charnu, mince, ou presque nul. Embryon droit, à cotylédons plans. Radicule dirigée vers le point diamétralement opposé au hile.

Arbres élevés, à épiderme se détachant par plaques. Feuilles caduques, alternes, palmatinerviées, palmatilobées, pétiolées, à pétiole dilaté et creusé à la base pour recevoir le bourgeon ; stipules caduques, membraneuses ou foliacées, libres ou soudées. Chatons paraissant avec les feuilles, espacés et sessiles sur de longs pédoncules pendants.

† I. PLATANUS. (L. gen. n. 1075.)

Mêmes caractères que ceux de la famille.

1. P. ORIENTALIS. (L. sp. 1417.) (vulg. *Platane.*)
Feuilles longuement pétiolées, très grandes, fermes, glabres, pubescentes-tomenteuses dans leur jeunesse, à 3-5 lobes profonds lancéolés sinués ou dentés. ♄. *Fl.* avril-mai. *Fr.* août.
Planté en avenues et dans les promenades publiques. — Originaire d'Orient.

Le *P. occidentalis* L. se distingue du *P. orientalis* par ses feuilles cunéiformes à la base, à lobes peu prononcés et pubescentes en dessous. — Cet arbre est plus rarement cultivé que le précédent.

44

Division IV. GYMNOSPERMES.

Enveloppes florales nulles. Ovules non contenus dans un ovaire fermé, recevant directement l'influence du pollen.

Classe. — CONIFÈRES. (1)

(Coniferæ. Juss. gen. 411.)

Fleurs monoïques, plus rarement dioïques, disposées en chatons, plus rarement les fleurs femelles solitaires ou disposées par 2-3. — Chatons mâles constitués par des étamines ord. nombreuses rapprochées, insérées autour de l'axe et n'étant pas séparées par des bractées. *Étamines constituées* chacune *par un connectif élargi en une écaille* peltée ou non peltée *qui porte en dessous l'anthère* qu'elle déborde ; *anthère à 2-8 lobes ou plus* juxtaposés ou espacés, oblongs ou subglobuleux, s'ouvrant par une fissure longitudinale, plus rarement par une déchirure transversale. — Fleurs femelles constituées chacune par une écaille (feuille carpellaire étalée (2)) portant à sa base interne deux ou plusieurs ovules rarement un seul ovule ; chaque écaille étant souvent munie en dehors d'une bractée membraneuse qui d'abord la dépasse et qui ensuite est ord. dépassée par elle ou disparaît complètement. *Ovules dressés* ou suspendus, droits, *perforés au sommet* (micropyle), souvent atténués supérieurement en un col droit ou courbé. — *Chaton fructifère composé d'écailles* nombreuses, ligneuses, minces ou épaisses, *imbriquées en spirale autour de l'axe*, persistantes, rarement caduques, munies chacune en dehors d'une bractée membraneuse-coriace (*cône, strobile*); ou composé d'écailles peu nombreuses, persistantes, dépourvues de bractées, ligneuses, libres à la maturité (*galbule*); plus rarement à écailles charnues et soudées en une fausse baie, ou composé d'une écaille développée en une cupule charnue. — Graines dressées ou suspendues, 2 ou plusieurs, rarement solitaires à la base interne des écailles qui sont excavées pour les recevoir et s'écartent ord. pour les laisser échapper ; testa coriace ou ligneux, perforé au point qui correspond au micropyle, souvent prolongé en aile membraneuse, plus ou moins soudé avec l'amande. Périsperme charnu. Embryon droit, placé dans le périsperme. Cotylédons 2 opposés, ou plusieurs cotylédons verticillés, oblongs ou linéaires. Radicule soudée au sommet avec le périsperme, dirigée vers le point diamétralement opposé au hile.

Arbres ou arbrisseaux, à bois constitué par des cellules ponctuées allongées et ne présentant que quelques trachées distribuées dans l'étui médullaire, contenant un suc résineux renfermé surtout dans de grandes lacunes régulièrement dispo-

---

(1) Nous n'avons pas compris dans la description de cette classe le genre *Ephedra* de la famille des *Gnétacées* qui n'est pas représentée aux environs de Paris. — La classe des *Cycadoïdées* ne renferme pas d'espèces européennes.

(2) L. C. Richard et plusieurs autres auteurs considèrent au contraire les écailles comme un système de bractées et chaque ovule comme un ovaire complet.

sées dans l'écorce *Feuilles persistant pendant l'hiver*, ord. coriaces, entières, étroites, *souvent aciculées*, éparses ou fasciculées, plus rarement opposées ou verticillées, quelquefois très petites squamiformes imbriquées sur plusieurs rangs. Chatons terminaux ou latéraux, quelquefois axillaires, sessiles ou pédonculés; les chatons femelles n'arrivant ord. à la maturité qu'en deux ou trois années.

† XCV. ABIÉTINÉES.

(ABIETINEÆ. L. C. Rich. Conif. 145.)

Connectifs (écailles des chatons mâles) *portant chacun* 2 *lobes d'anthère* qui s'ouvrent par une fissure longitudinale plus rarement par une déchirure transversale.—Ecailles des chatons femelles munies d'une bractée en dehors, portant chacune à leur base 2 *ovules suspendus*. — Cône ord. allongé, ovoïde, conique ou oblong-cylindrique, composé d'écailles ligneuses minces ou épaisses.—Graines à testa prolongé supérieurement en une aile membraneuse persistante ou caduque. Embryon à plusieurs cotylédons verticillés.

Arbres souvent très élevés, à branches ord. verticillées. Feuilles linéaires, raides, souvent subulées piquantes, éparses ou fasciculées.

1 { Cône à écailles terminées par un épaississement rhomboïdal mucroné ou ombiliqué au centre; feuilles fasciculées ord. par 2-3 . . . PINUS. (i.)
Cône à écailles minces, non épaissies au sommet; feuilles éparses ou disposées en grand nombre par fascicules . . . . 2.

2 { Feuilles la plupart disposées en grand nombre par fascicules. . LARIX. (ii.)
Feuilles toutes éparses, quelquefois distiques-pectinées. . . . . . 3.

3 { Cône à écailles persistantes, atténuées au sommet; feuilles éparses. . . . . ABIES. (iii.)
Cône à écailles caduques, larges obtuses; feuilles distiques-pectinées . . . . PICEA. (iv.)

† I. PINUS. (L. gen. n. 1077, *part.*)

Fleurs monoïques. — *Chatons mâles*, ovoïdes-oblongs, *imbriqués en épis à la base des jeunes pousses de l'année*, composés d'écailles (connectifs) imbriquées autour de l'axe et portant chacune en dessous 2 lobes d'anthère qui s'ouvrent longitudinalement et n'atteignent pas le sommet de l'écaille.—Chatons femelles terminaux, solitaires ou fasciculés par 2-3, ovoïdes, composés d'écailles imbriquées accrescentes, munies chacune en dehors d'une bractée membraneuse qui disparaît bientôt, portant chacune à leur base deux ovules suspendus à col oblique ouvert et denticulé au sommet regardant en dehors. *Cône* ovoïde-conique ou oblong-conique, *à écailles* ligneuses, épaisses, concaves, portant chacune à la base deux graines *terminées par un épaississement rhomboïdal* mucroné ou ombiliqué au centre, d'abord étroitement imbriquées, puis s'écartant les unes des autres, *persistantes*. Graines à testa coriace, prolongé supérieurement en une aile membraneuse caduque. Plusieurs cotylédons linéaires verticillés.

Arbres. *Feuilles* persistantes, linéaires-aciculées, raides, piquantes, *fasciculées ord. par* 2-3; fascicules entourés à la base d'écailles scarieuses imbriquées. Bourgeons à écailles scarieuses imbriquées, à feuilles droites.

{ Feuilles ne dépassant pas un décimètre, plus courtes ou à peine aussi longues que l'épi des chatons mâles; cônes pédonculés, penchés. . *P. sylvestris.*
Feuilles longues de 1-2 décimètres, beaucoup plus longues que l'épi des chatons mâles; cônes sessiles, étalés à angle droit. . . . . *P. maritima.*

† 1. P. SYLVESTRIS. (L. sp. 1418.) — Rich. *loc. cit.* t. 11. (vulg. *Pin sylvestre.*)
Arbre ord. élevé, à branches verticillées. *Feuilles* ord. géminées à gaîne membraneuse courte, raides, un peu glauques, canaliculées en dessus, convexes en dessous, les supérieures *dépassant peu ou ne dépassant pas l'épi des chatons mâles.*

Chatons femelles géminés, d'abord dressés, puis *penchés après la floraison sur un pédoncule recourbé*, à écailles ne s'écartant, pour disséminer les graines, que la troisième année. *Cônes ovoïdes - coniques, pédonculés, à pédoncule recourbé.* Aile environ trois fois plus longue que la graine. ♃. *Fl.* avril - mai.

Fréquemment planté en bois. — Cultivé dans les parcs. — Spontané et constituant des forêts dans les montagnes et dans le nord de l'Europe.

var. β. *rubra.* (P. rubra. Mill. — vulg. *Pin-d'Écosse.*) — Cônes beaucoup plus petits que dans le type, plus courts que les feuilles.

† 2. P. MARITIMA. (Lam. fl. Fr. II. 201.) — P. Pinaster. Lamb. Pin. t. 4-5. (vulg. *Pin maritime, Pin-des-Landes.*)

Cette espèce se distingue du *P. sylvestris* surtout par ses *feuilles* longues d'un à deux décimètres *dépassant très longuement l'épi des chatons mâles*, par ses *chatons femelles dressés* avant et *après la floraison*, et par ses *cônes sessiles étalés à angle droit* oblongs-coniques obtus dépassés par les feuilles. ♃. *Fl.* mai.

Planté çà et là dans les bois et dans les parcs.

† II. LARIX. (Tournef. inst. t. 357.)

Fleurs monoïques. — Chatons mâles en forme de bourgeons, solitaires et latéraux, entourés à la base d'écailles soudées entre elles, composés d'écailles (connectifs) imbriquées autour de l'axe et portant en dessous 2 lobes d'anthère qui s'ouvrent longitudinalement et n'atteignent pas le sommet de l'écaille. — Chatons femelles latéraux, ovoïdes, composés d'écailles imbriquées accrescentes obtuses, munies chacune en dehors d'une bractée membraneuse colorée apiculée qui reste libre et distincte, portant chacune à leur base deux ovules suspendus à col oblique ouvert et denticulé au sommet regardant en dehors. *Cône* ovoïde, *à écailles* ligneuses, *minces, obtuses, non épaissies au sommet*, concaves, portant chacune à leur base deux graines, *persistantes*, d'abord étroitement imbriquées, puis s'écartant les unes des autres. Graines à testa coriace, prolongé supérieurement en une aile membraneuse ord. persistante. Plusieurs cotylédons linéaires, verticillés.

Arbre. *Feuilles* linéaires étroites, persistant pendant l'hiver, mais *se renouvelant chaque année, d'abord disposées en grand nombre par fascicules* latéraux qui sortent de bourgeons écailleux subglobuleux, puis plus tard solitaires éparses par l'allongement du bourgeon qui s'est développé en rameau.

† 1. L. EUROPÆA. (D.C. fl. Fr. III. 277.) — Rich. *loc. cit.* t. 13. (vulg. *Mélèze.*)

Arbre élevé, à bois rouge compacte. Feuilles d'un vert gai, obtuses, presque planes, molles, se détachant après la dessiccation. Cônes presque sessiles, ovoïdes, assez petits, dressés. ♃. *Fl.* mai.

Planté çà et là dans les bois et dans les parcs. — Spontané dans les Alpes.

† III. ABIES. (D.Don. *in* Lamb. Pin.) — Picea. Link, Handb. II. 476. — Nees jun. gen. pl. fasc. I. t. 2.

Fleurs monoïques. — Chatons mâles, oblongs, solitaires, terminaux, ou latéraux épars vers le sommet des rameaux, un peu pédonculés, entourés d'écailles à la base, composés d'écailles (connectifs) imbriquées autour de l'axe et portant en dessous 2 lobes d'anthère qui s'ouvrent longitudinalement et n'atteignent pas le sommet de l'écaille. — Chatons femelles terminaux ord. solitaires, sessiles, oblongs, composés d'écailles imbriquées, accrescentes, atténuées au sommet, munies chacune en dehors d'une bractée membraneuse qui disparaît bientôt par l'accroissement des écailles, portant chacune à leur base deux ovules suspendus à col oblique ouvert et denticulé au sommet, regardant en dehors. *Cône* oblong-cylindrique, *à écailles* ligneuses, *minces, atténuées et non épaissies au sommet*, un peu concaves, portant chacune à leur base deux graines, *persistantes*, d'abord étroitement imbriquées, puis s'écartant pour laisser échapper les graines. Graines à testa coriace-ligneux, prolongé supérieurement en une aile membraneuse persistante. Plusieurs cotylédons verticillés.

Arbre élevé. *Feuilles éparses*, aciculées, raides, persistantes, subtétragones-comprimées, courbées dans le bourgeon.

† 1. **A. VULGARIS.** — A. excelsa. D.C. fl. Fr. III. 275. — Rich. *loc. cit.* t. 14. — Pinus Abies. L. sp. 1421. — P. excelsa. Lam. fl. Fr. II. 202. (vulg. *Epicea.*)

Arbre pyramidal, à branches verticillées, étalées ou presque pendantes. *Feuilles* rapprochées, vertes, *aciculées*, mucronées, *subtétragones-comprimées* assez courtes. *Cônes pendants*, dépassant longuement les feuilles, oblongs-cylindriques souvent un peu arqués, à bractées et à écailles denticulées ou un peu incisées dans leur partie supérieure. ♄. *Fl.* avril-mai.

Planté çà et là dans les bois et les parcs. — Spontané dans les hautes montagnes de la France.

† IV. **PICEA.** (D. Don. *in* Lamb. Pin.) — Abies. Nees jun. gen. pl. fasc. I. t. 3.

Fleurs monoïques. — Chatons mâles oblongs-cylindriques, solitaires, rapprochés au sommet des rameaux, subsessiles, entourés d'écailles à la base, composés d'écailles (connectifs) imbriquées autour de l'axe et portant en dessous 2 lobes d'anthère qui se déchirent transversalement et n'atteignent pas le sommet de l'écaille. — Chatons femelles latéraux épars, rarement terminaux, subsessiles, oblongs, composés d'écailles imbriquées, accrescentes, très obtuses, munies chacune en dehors d'une bractée membraneuse apiculée qui s'accroît en même temps que l'écaille et reste visible à la maturité, portant chacune à leur base deux ovules suspendus à col oblique ouvert et denticulé au sommet regardant en dehors. *Cône oblong-cylindrique, à écailles* ligneuses, *minces, larges, obtuses et non épaissies au sommet*, presque planes, portant chacune à leur base deux graines, étroitement imbriquées, *se détachant avec les graines* de l'axe qui persiste. Graines à testa coriace-ligneux, prolongé supérieurement en une aile membraneuse persistante. Plusieurs cotylédons verticillés.

Arbre très élevé. *Feuilles éparses*, distiques, planes, linéaires étroites.

† 1 **P. VULGARIS.** (Nobis, *non* Nees. jun.) — P. pectinata. Loud. arb. et frut. Brit. 2329. — Pinus Picea. L. sp. 1420. — P. pectinata. Lam. fl. Fr. II. 202.—Abies pectinata D.C. fl. Fr. III. 275. — Rich. *loc. cit.* t. 16. (vulg. *Sapin.*)

Arbre très élevé, pyramidal, à branches verticillées, étalées ou presque pendantes. *Feuilles éparses distiques, linéaires étroites*, émarginées, glauques à la face inférieure. *Cônes dressés*, dépassant longuement les feuilles, oblongs-cylindriques allongés; bractées dépassant les écailles, subspatulées, denticulées, terminées par un mucron linéaire aigu. ♄. *Fl.* avril-mai.

Planté çà et là dans les bois et les parcs. — Spontané dans les hautes montagnes de la France.

On cultive dans les parcs le *P. Cedrus*, (Abies Cedrus Rich.—Pinus Cedrus Willd. vulg. *Cèdre-du-Liban.*)

XCVI. CUPRESSINÉES.

(CUPRESSINEÆ. L. C. Rich. Conif. 157, *addit.* Taxineæ.)

Connectifs (écailles des chatons mâles) peltés *portant chacun en dessous 3-8 lobes d'anthère* qui s'ouvrent chacun par une fissure longitudinale. — Écailles des chatons femelles dépourvues de bractées en dehors, portant chacune à leur base 1-2 ou plusieurs *ovules dressés*.—*Cône* court, ord. *subglo-*

buleux, *ligneux ou charnu*, à écailles distinctes ou soudées. — Graines à testa non ailé, plus rarement ailé. Embryon à 2 cotylédons, rarement plus.

Arbrisseaux, ou arbres plus ou moins élevés. Feuilles linéaires, ou linéaires-subulées, souvent piquantes, éparses ou ternées, quelquefois très petites squamiformes imbriquées sur plusieurs rangs.

> Cône (fausse baie) composé de trois écailles charnues soudées, renfermant complètement 3 plus rarement 1-2 graines trigones; feuilles verticillées. . . . . JUNIPERUS. (i.)
>
> Graine ovoïde-oblongue, solitaire dans une écaille cupuliforme charnue-succulente ouverte au sommet; feuilles éparses. . . . . . TAXUS. (ii.)

I. JUNIPERUS. (L. gen. n. 1134.)

Fleurs dioïques, rarement monoïques. — *Chatons mâles* petits, ovoïdes, solitaires, axillaires ou terminaux, *composés d'écailles peltées* (connectifs) *qui portent 3-6 lobes d'anthère à leur bord inférieur* et sont imbriquées autour de l'axe.—*Chatons femelles*, axillaires, solitaires, ovoïdes, à pédicelles munis d'écailles imbriquées marcescentes; composés de 3 *écailles* concaves, accrescentes, soudées dans leur partie inférieure, et *portant ord. chacune* à leur base *un ovule* dressé atténué en un col ouvert au sommet. *Cône* subglobuleux *bacciforme* coloré, écailles soudées et devenues charnues. *Graines subtrigones* non ailées, présentant de chaque côté une fossette oblongue remplie de résine, à testa osseux. Cotylédons 2, oblongs.

Arbrisseau plus ou moins élevé. Feuilles verticillées par 3, linéaires-subulées piquantes.

1. J. COMMUNIS. (L. sp. 1470.) — Rich. *loc. cit.* t. 5. (vulg. *Genévrier.*)

Arbrisseau ord. très rameux dès la base à rameaux diffus, rarement arborescent. *Feuilles* glaucescentes, *étalées*, *linéaires-subulées*, très *raides*, *piquantes-vulnérantes*, canaliculées en dessus, obtusément carénées en dessous. *Cônes* longuement dépassés par les feuilles, persistants pendant l'hiver, subglobuleux, *noirs*, *couverts d'une efflorescence glauque*. ♃. Fl. avril-mai. *Fr.* août-octobre.

C. — Coteaux incultes, bruyères, clairières des bois sablonneux.

On cultive fréquemment dans les parcs le *J. Sabina* L. (vulg. *Sabine*) à feuilles très petites décurrentes et étroitement imbriquées et à cônes bleuâtres à pédoncule recourbé. — On a planté au bois de Boulogne le *J. Virginiana* L. (vulg. *Cèdrerouge.*)

Les genres *Thuya* et *Cupressus* se distinguent du genre *Juniperus* surtout par les cônes à écailles plus ou moins nombreuses ligneuses épaisses et se séparant entre elles à la maturité, et par les graines munies de chaque côté d'une aile étroite, les ramuscules sont aplanis, les feuilles petites squamiformes sont imbriquées sur plusieurs rangs. — Le genre *Thuya* est caractérisé par les écailles du cône mucronées au-dessous du sommet et se présentant chacune à la base que 2 graines. Les *T. occidentalis* L. et *orientalis* L. sont cultivés sous le nom de *Thuya* dans les jardins et les cimetières. — Le genre *Cupressus* est caractérisé par les écailles du cône peltées mucronées à leur partie moyenne et présentant chacune plusieurs graines à leur base. Le *C. sempervirens* L. (vulg. *Cyprès*) est très fréquemment planté dans les jardins et les cimetières où on le dispose souvent en palissades.

† II. TAXUS. (Tournef. inst. t. 362.)

Fleurs dioïques, en chatons axillaires solitaires ou géminés.—*Chatons mâles* assez petits, ovoïdes subglobuleux, enveloppés inférieurement d'écailles imbriquées, *composés d'écailles peltées lobées* (connectifs) *qui portent à leur face inférieure* 5-8 *lobes d'anthère disposes circulairement.* — Chatons femelles petits, en forme de bourgeons, à pédicelles munis d'écailles imbriquées, composés d'une écaille cupuliforme très courte accrescente entourant un seul ovule ovoïde dressé ouvert au sommet. Cône subglobuleux, drupacé, composé de *l'écaille cupuliforme* ouverte au sommet, accrue, *charnue-succulente*, colorée, *qui renferme la graine* sans lui adhérer. *Graine ovoïde-oblongue*, à testa crustacé-osseux non ailé. Cotylédons 2, très courts.

Arbre peu élevé. *Feuilles éparses*, linéaires.

† 1. T. BACCATA. (L. sp. 1472.) — Rich. *loc. cit.* t. 2. (vulg. *If.*)

Arbre très rameux, ord. dès la base, à branches très rapprochées. Feuilles brièvement pétiolées, rapprochées, presque distiques, linéaires-aiguës, à bords souvent un peu roulés en dessous. *Écaille cupuliforme* du cône *d'un beau rouge à la maturité*, très succulente, à suc mucilagineux sucré. Graine brunâtre, luisante. ђ. *Fl.* mars-avril. *Fr.* août-septembre.

Fréquemment cultivé dans les parcs et les jardins publics, où il est souvent déformé par les tailles bizarres qu'on lui fait subir. — Spontané dans les montagnes sous-alpines.

Embranchement II. VÉGÉTAUX MONOCOTYLÉDONÉS.

Plantes à organes reproducteurs distincts, constitués par des étamines et des ovules. — Graines composées d'enveloppes qui renferment l'embryon. — *Embryon à parties distinctes, à un seul cotylédon.* — Enveloppes de la fleur (périanthe) à parties ord. en nombre ternaire, colorées, herbacées ou scarieuses, ord. disposées sur deux rangs. souvent remplacées par des soies ou des bractées, ou nulles.—Tige herbacée, très rarement ligneuse, non séparable en deux zones distinctes de bois et d'écorce, composée de faisceaux qui sont constitués par des fibres ligneuses et des vaisseaux et sont épars dans la masse du tissu cellulaire, ne formant jamais par leur réunion un cylindre creux; la tige ne s'accroissant pas chez les végétaux ligneux par des couches concentriques, et sa solidité diminuant de la circonférence vers le centre. — Feuilles pourvues de stomates (dépourvues de stomates dans les plantes submergées), alternes ou éparses, rarement opposées ou verticillées, quelquefois réduites à des écailles ou nulles, souvent engaînantes à la base, entières, rarement divisées, jamais composées de plusieurs folioles; à nervures parallèles simples, rarement divergentes ramifiées.

Division I.

Périanthe pétaloïde, ou à divisions extérieures seules herbacées.

Classe I.

Ovaire non soudé avec le périanthe.

XCVII. ALISMACÉES.

(Alismaceæ. Juss. dict. sc. nat. I. 474, *part.*)

Fleurs hermaphrodites ou monoïques, régulières. — *Périanthe à 6 divisions* ord. libres jusqu'à la base ; *les 3 extérieures herbacées*, persistantes ;

les 3 *intérieures pétaloïdes*, plus grandes, à préfloraison imbriquée ou enroulée, ord. caduques très fugaces. — Étamines 6-12 ou en nombre indéfini, hypogynes, ou insérées à la base des divisions intérieures du périanthe. Anthères bilobées, s'ouvrant plus ou moins latéralement. — *Ovaire non soudé avec le périanthe*, composé de carpelles en nombre indéfini ou défini, libres, plus rarement soudés par la suture ventrale, uni-ovulés, plus rarement biovulés, disposés en cercle ou tête. Ovules pliés, solitaires dressés, ou 2 l'un dressé l'autre horizontal. Styles courts, continus avec la suture ventrale des carpelles, persistants. Stigmates indivis. — *Fruit composé de carpelles en nombre indéfini, plus rarement défini* 6-12, secs, *monospermes, plus rarement bispermes, libres*, plus rarement soudés par la suture ventrale, indéhiscents ou s'ouvrant par la suture ventrale. — Graines à testa membraneux. *Périsperme nul. Embryon* presque cylindrique, *plié.* Radicule rapprochée du hile.

Plantes vivaces, herbacées, aquatiques ou croissant dans les lieux marécageux, glabres; à tiges dépourvues de feuilles, très rarement feuillées. Feuilles ord. disposées en rosette ou en fascicule radical, à pétioles dilatés-engaînants inférieurement, constituant quelquefois un renflement bulbeux à la base de la tige, à limbe entier, à nervures arquées convergentes au sommet réunies par des nervures secondaires transversales; le limbe avortant quelquefois et alors le pétiole s'allongeant et s'aplanissant en forme de feuille linéaire (phyllode). Fleurs pédicellées, verticillées; verticilles terminaux ou superposés, quelquefois disposés en panicule rameuse; les pédicelles naissant à l'aisselle de bractées membraneuses.

1 {
Fleurs monoïques; étamines en nombre indéfini; feuilles sagittées. . . . . SAGITTARIA. (iii.)
Fleurs hermaphrodites; étamines 6; feuilles jamais sagittées. . . . . . 2.
}

2 {
Carpelles ord. nombreux, libres, verticillés ou disposés en tête. ALISMA. (i.)
Carpelles 6-8, soudés par leur suture ventrale, divergents en étoile, à dos prolongé en épine . . . . DAMASONIUM. (ii.)
}

I. ALISMA. (L. gen. n. 460.)

Fleurs hermaphrodites. Étamines 6 (dans nos espèces), opposées deux à deux aux divisions intérieures du périanthe. *Fruit composé de carpelles*, ord. nombreux, *monospermes, libres, verticillés ou disposés en tête.*

Plantes vivaces. Feuilles pétiolées, atténuées, arrondies ou cordées à la base, ord. linéaires par l'avortement du limbe lorsqu'elles se développent sous l'eau.

1 {
Fleur n'ayant pas 6 millimètres de diamètre; carpelles arrondis au sommet, disposés en une tête subtrigone . . . . *A. Plantago.*
Fleur ayant plus de 6 millimètres de diamètre; carpelles prolongés en bec, disposés en une tête globuleuse ou en cercle . . . . 2.
}

2 {
Carpelles à 5 angles. disposés en une tête globuleuse; feuilles toutes radicales. . . . . *A. ranunculoides.*
Carpelles striés, disposés en cercle; tiges portant des feuilles. . *A. natans.*
}

1. A. PLANTAGO. (L. sp. 486.) — Engl. bot. t. 837. (vulg. *Fluteau, Plantain-d'eau.*)

Tige de 2-10 décimètr., dépourvue de feuilles, dressée, donnant naissance dans sa partie supérieure à plusieurs verticilles de rameaux disposés en panicule rameuse. Feuilles disposées en rosette ou en fascicule radical, à 5-7 nervures, ovales, oblongues ou lancéolées, atténuées ou un peu cordées à la base. Fleurs assez petites, d'un blanc rosé ou presque blanches, verticillées. *Carpelles* nombreux, comprimés latéralement, *arrondis au sommet*, présentant sur le dos 1-2 sillons, disposés sur un seul rang *en une tête déprimée subtrigone.* ♃. Juin-septembre.

C.C. — Fossés, bord des eaux, lieux marécageux.

var. *α. latifolium.* — Feuilles ovales ou oblongues, ord. acuminées, arrondies ou un peu cordées à la base.

var. *β. angustifolium.* — Feuilles lancéolées étroites, atténuées à la base.

var. *γ. graminifolium.* — Feuilles linéaires par l'avortement du limbe, souvent très longues, ord. submergées.

2. A. NATANS. (L. sp. 487.) — Engl. bot. t. 775.

Tige submergée-nageante, ou radicante, de longueur très variable, presque filiforme, *feuillée.* Feuilles inférieures et radicales submergées, linéaires très étroites souvent très allongées ; les supérieures trinerviées, ord. longuement pétiolées, nageantes, ovales ou oblongues arrondies aux deux extrémités. Fleurs assez grandes, blanches, ord. longuement pédicellées, disposées par 1-5 au niveau des nœuds de la tige. *Carpelles* 6-15, oblongs, un peu comprimés latéralement, *brusquement terminés en bec au sommet, fortement striés, disposés en cercle.* ♃. Juin-septembre.

R. — Mares et étangs des terrains sablonneux ou tourbeux. — Montfort-l'Amaury (*de Boucheman*). St-Léger ! Chérisy près Dreux (*Daënen*). Forêt de Villefermoy vers les Écrennes (*Garnier*). Mares de la forêt de Fontainebleau !

5. A. RANUNCULOIDES. (L. sp. 487.) — Engl. bot. t. 326.

Tige de 1-5 décimètr., dépourvue de feuilles, dressée, plus rarement étalée ou couchée-radicante. Feuilles disposées en fascicule radical, trinerviées, lancéolées ou linéaires, atténuées aux deux extrémités. Fleurs assez grandes, d'un blanc rosé, longuement pédicellées, à pédicelles disposés en une ombelle terminale, ou en deux verticilles superposés. *Carpelles* nombreux, oblongs, *à 5 angles saillants, terminés en bec au sommet, disposés en une tête globuleuse.* ♃. Juin-septembre.

A.R. — Fossés tourbeux, mares des bois, bords des étangs. — St-Gratien ! Mares de la forêt de Senart ! Mennecy ! Rentilly (*Thuret*). Env. de Melun ! (*Garnier*). St-Léger ! Clairfontaine (*Weddell*). Pont-St-Maxence ! Marais de Sacy-le-Grand ! Compiègne (*Leré*, , etc.

II. DAMASONIUM. (Juss. gen. 46.)

Fleurs hermaphrodites. Étamines 6, opposées deux à deux aux divisions intérieures du périanthe. Fruit composé de 6-8 *carpelles bispermes* ou monospermes par avortement, *soudés par leur suture ventrale, divergents en étoile,* à dos prolongé en épine.

Plante vivace. Feuilles pétiolées, un peu cordées ou tronquées à la base, quelquefois linéaires par l'avortement du limbe lorsqu'elles se développent sous l'eau.

1. D. VULGARE. — D. stellatum Dalechampii. Ray. syn. 372. — Alisma Damasonium. L. sp. 486. — Engl. bot. t. 1615.

Tiges solitaires ou plus ou moins nombreuses, étalées ou ascendantes, plus rarement dressées. Feuilles toutes radicales, trinerviées, oblongues, un peu cordées ou tronquées à la base. Fleurs petites, blanches ou rosées, à pédicelles robustes disposés en une ombelle terminale, ou en deux ou plusieurs verticilles superposés. Carpelles lancéolés à pointe piquante, comprimés latéralement, à bord supérieur tranchant. ♃. Juin-septembre.

A.R. — Bords des étangs, fossés, lieux sablonneux inondés l'hiver. — Meudon ! Bondy ! Étang du Trou-Salé ! et étangs de Saclé ! près Versailles. St-Hubert ! St-Léger ! Mennecy ! , etc.

III. SAGITTARIA. (L. gen. n. 1067.)

Fleurs monoïques. — Fleur mâle à *étamines en nombre indéfini.* Fruit composé de carpelles en nombre indéfini, monospermes, libres, disposés en tête globuleuse sur un réceptacle épais-charnu.

Plante vivace. *Feuilles* pétiolées, *sagittées,* linéaires ou spatulées par l'avortement du limbe lorsqu'elles se développent sous l'eau.

1. S. SAGITTÆFOLIA. (L. sp. 1410.) — Engl. bot. t. 84. (*vulg.* Sagittaire.)

Souche à fibres nombreuses, donnant naissance à plusieurs rhizômes qui portent une ou plusieurs écailles espacées et se renflent au sommet en un bulbe charnu. Tige dressée ou ascendante, dépourvue de feuilles, ord. simple. Feuilles longuement pétiolées, profondément sagittées, à lobes lancéolés. Fleurs assez grandes, blanches rosées à la base, disposées en une grappe interrompue, à pédicelles opposés ou verticillés par 3, les inférieures femelles à pédicelles plus courts que ceux des fleurs mâles. Carpelles disposés en têtes assez grosses, comprimés presque membraneux, oblongs-obovales à côtés inégaux, le côté interne presque droit apiculé par le style. ♃. Juin-août.

C.C. — Bords des eaux, fossés, lieux marécageux.

var. β. *vallisnerifolia.* — Feuilles toutes submergées, linéaires ou spatulées, ord. très allongées. Plante ord. stérile. — *C.*

XCVIII. BUTOMÉES.

(Butomeæ. Rich. mem. mus. II. 365.)

Fleurs hermaphrodites, régulières. — *Périanthe à 6 divisions; les 3 extérieures herbacées ou un peu colorées,* persistantes; *les 3 intérieures pétaloïdes,* plus grandes, caduques, à préfloraison imbriquée.—Étamines 9, hypogynes. Anthères bilobées, introrses. — *Ovaire non soudé avec le périanthe,* composé de 6 carpelles plus ou moins soudés entre eux à la base par la suture ventrale, verticillés, multi-ovulés. Ovules réfléchis, *insérés sur des placentas pariétaux qui tapissent la face intérieure de chaque carpelle.* Styles courts, libres, terminés par un stigmate latéral, persistants. — *Fruit composé de 6 carpelles presque libres ou plus ou moins soudés entre eux à la base par la suture ventrale,* capsulaires, *très polyspermes,* s'ouvrant par l'angle interne. — Graines très petites, à testa membraneux. Périsperme nul. *Embryon* presque cylindrique, *droit.* Radicule dirigée vers le hile.

Plante vivace, herbacée, croissant au bord des eaux ou dans les lieux marécageux; à tiges dépourvues de feuilles. Feuilles naissant dans toute la longueur d'un rhizôme horizontal, linéaires, à base dilatée canaliculée. Fleurs pédicellées, disposées en une ombelle simple terminale munie à la base de 3 bractées membraneuses.

I. BUTOMUS. (L. gen. n. 507.)

Mêmes caractères que ceux de la famille.

1. B. UMBELLATUS. (L. sp. 532.) — Engl. bot. t. 651. (*vulg. Butome, Jonc-fleuri.*)

Rhizôme charnu, horizontal, donnant naissance par sa face supérieure aux feuilles, et par sa face inférieure aux fibres radicales qui naissent dans toute sa

longueur. Feuilles très longues, linéaires, acuminées. Tiges de 6-8 décimètr.,
dressées, cylindriques, naissant à l'aisselle des feuilles qu'elles dépassent plus
ou moins. Fleurs assez grandes, rosées, en ombelle terminale, se développant
successivement. ♃. Juin-août.

C. — Bords des étangs et des rivières, lieux marécageux.

XCIX. COLCHICACÉES.

(Colchicaceæ. D.C. fl. Fr. III, 192.)

Fleurs hermaphrodites, plus rarement unisexuelles par avortement, régulières. — *Périanthe pétaloïde*, à 6 divisions presque semblables, disposées
sur deux rangs, soudées en un tube allongé étroit, ou libres jusqu'à la base ou
presque jusqu'à la base, à préfloraison valvaire-induplicative ou imbriquée.
— *Étamines 6*, insérées à la gorge du tube du périanthe ou à la base de ses
divisions. *Anthères* bilobées, ord. *extrorses* pendant la préfloraison et ensuite introrses par leur renversement sur le filet. — *Ovaire non soudé avec
le périanthe*, composé de 3 carpelles soudés par la suture ventrale dans une
étendue variable. Ovules nombreux, insérés à l'angle interne des carpelles,
ord. horizontaux, réfléchis ou semi-réfléchis. *Styles* 3, *libres*, plus rarement
soudés en un seul dans leur partie inférieure. — *Fruit* capsulaire, *composé
de 3 carpelles soudés entre eux par la suture ventrale* dans une étendue
variable *et s'ouvrant* chacun *par cette même suture*. — *Graines* ord. *nombreuses dans chaque carpelle*; à testa membraneux. *Périsperme charnu*
ou cartilagineux, très épais. Embryon presque cylindrique, placé dans le périsperme. Radicule dirigée vers le hile ou plus ou moins éloignée du hile.

Plantes vivaces, ord. à suc vénéneux, herbacées, terrestres, à souche bulbeuse,
ou non renflée en bulbe et alors à fibres radicales ord. épaisses charnues. Feuilles sessiles-amplexicaules, à nervures parallèles. Fleurs naissant directement du bulbe, ou
portées sur une tige simple ou rameuse feuillée ou presque nue.

I. COLCHICUM. (Tournef. inst. t. 181.)

Périanthe infundibuliforme, à tube très long grêle anguleux naissant directement du bulbe. Étamines 6, insérées à la gorge du périanthe; filets filiformes, subulés; anthères versatiles. Ovules semi-réfléchis, insérés dans
chaque carpelle sur 2 rangs ou irrégulièrement sur 4 rangs. Styles 3, filiformes,
allongés, épaissis et un peu recourbés dans leur partie supérieure, stigmatifères à leur face interne dans cette même partie. Carpelles complètement soudés entre eux dans leur partie inférieure, soudés seulement par la suture ventrale dans leur partie moyenne, libres au sommet, se séparant à la maturité et
s'ouvrant chacun au sommet par la suture ventrale. Graines subglobuleuses,
à testa un peu épais, rugueux, à raphé court renflé-spongieux.

Bulbe solide, entouré d'une tunique membraneuse, produisant en automne des
fleurs qui naissent vers la base de sa face aplanie sur un bourgeon qui s'allonge
au printemps suivant en une tige simple qui porte les feuilles et les capsules.
Fleurs grandes, d'un lilas tendre, ord. au nombre de 2-3, entourées de gaînes membraneuses à la base de leurs tubes. Feuilles lancéolées presque planes, sessiles-amplexicaules, éparses et rapprochées sur la tige.

45

1. C. AUTUMNALE. (L. sp. 485.) — Engl. bot. t. 133. (vulg. *Colchique.*)

Bulbe à tunique membraneuse noirâtre. Fleurs longues d'environ un décimètre, à tube 5-6 fois plus long que le limbe, à divisions oblongues-lancéolées,
les intérieures plus courtes. Feuilles larges, lancéolées atténuées au sommet,
dressées autour des capsules. Ovules insérés irrégulièrement sur 4 rangs dans
chaque carpelle. Capsules assez grosses. ♃. *Fl.* août-octobre. *Fr.* mai-juin.

C.C.C. — Prairies , pâturages humides.

C. LILIACÉES.

(LILIACEÆ. D.C. théor. élem. ed. 1. 249.)

Fleurs hermaphrodites , régulières. — *Périanthe pétaloïde*, caduc, marcescent ou persistant, à 6 divisions ord. presque semblables, disposées sur
deux rangs, libres, ou soudées en tube dans une étendue variable, présentant
quelquefois chacune en dedans une fossette ou un sillon nectarifère, à préfloraison ord. imbriquée.—Étamines 6, hypogynes ou insérées sur le périanthe.
Anthères bilobées , *introrses* , insérées sur le filet par la base ou par le dos.
— *Ovaire non soudé avec le périanthe*, à 3 carpelles, à 3 loges multi-ovulées
ou pauci-ovulées. *Ovules insérés à l'angle interne des loges*, ascendants ou
horizontaux, ord. réfléchis ou semi-réfléchis. *Style indivis*, filiforme ou presque nul. Stigmates 3, plus ou moins soudés. — *Fruit capsulaire*, à 3 loges
polyspermes ou oligospermes , *à déhiscence loculicide*, à 3 valves. — Graines
à testa tantôt noir crustacé et fragile, tantôt brunâtre roussâtre ou jaunâtre et
alors membraneux ou spongieux. *Périsperme charnu ou un peu cartilagineux.* Embryon droit ou arqué, placé dans le périsperme. Radicule dirigée
vers le hile, ou plus ou moins éloignée du hile.

Plantes terrestres , vivaces, ord. herbacées, ord. glabres , à souche bulbeuse, ou à
souche non renflée en bulbe à fibres radicales épaisses-charnues. Tige simple, plus
rarement rameuse, feuillée ou dépourvue de feuilles. Feuilles éparses ou presque
verticillées, quelquefois en fascicules radicaux, ord. lancéolées ou linéaires à nervures parallèles, planes ou pliées en gouttière, quelquefois fistuleuses cylindriques
ou demi-cylindriques; à partie pétiolaire quelquefois longuement tubuleuse engaînante. Fleurs souvent assez grandes, en épis , en grappes, en panicules , en ombelles
simples ou en têtes , plus rarement solitaires terminales , ord. munies de bractées
scarieuses ou de spathes.

TRIBU I. TULIPEÆ. — Divisions du périanthe libres ou soudées seulement à
la base , souvent munies chacune d'une fossette ou d'un sillon nectarifère.
Étamines hypogynes, ou insérées à la base des divisions du périanthe.
Graines ord. comprimées presque planes , *à testa membraneux ou spongieux*, brunâtre, roussâtre ou jaunâtre.—Souche bulbeuse.

TRIBU II. ASPHODELEÆ. — Périanthe à divisions soudées en tube ou libres ,
ne présentant pas de fossettes nectarifères. Étamines insérées sur le tube
du périanthe ou hypogynes. *Graines* globuleuses ou anguleuses, *à
testa ord. noir crustacé fragile*. — Souche non renflée en bulbe, à fibres
épaisses-charnues, ou bulbeuse.

SOUS-TRIBU 1. HYACINTHEÆ. — *Souche bulbeuse*, plus rarement constituée par un
rhizôme traçant qui donne naissance à plusieurs bulbes.

SOUS-TRIBU II. PHALANGIEÆ. — *Souche non renflée en bulbe* , à fibres épaisses-
charnues.

1 { Périanthe urcéolé à 6 dents courtes . . . . Muscari. (vii.)
{ Périanthe à 6 divisions libres ou soudées seulement à la base. . . . . . 2.

2 { Stigmates sessiles; capsule à loges polyspermes; tige uniflore. Tulipa. (i.)
{ Style filiforme plus ou moins long; capsule à loges oligospermes ou ne contenant qu'une ou deux graines . . . . 3.

3 { Fleurs en ombelle simple terminale renfermées avant l'épanouissement
{ dans une spathe composée d'une à trois pièces. . . . . Allium. (vi.)
{ Fleurs non renfermées dans une spathe avant l'épanouissement . . . . 4.

4 { Périanthe rétréci en une base filiforme en forme de pédicelle articulé avec
{ le véritable pédicelle; souche fibreuse. . . . . Phalangium. (viii.)
{ Périanthe non rétréci à la base en forme de pédicelle; souche bulbeuse. . 5.

5 { Anthères insérées sur le filet par leur base; fleurs jaunes. . Gagea. (iii.)
{ Anthères insérées sur le filet par leur dos; fleurs bleues, blanches ou d'un
{ blanc jaunâtre . . . . 6.

6 { Filets des étamines aplanis; fleurs blanches ou d'un blanc jaunâtre . . .
{ . . . . Ornithogalum. (ii.)
{ Filets des étamines filiformes; fleurs bleues. . . . . 7.

7 { Divisions du périanthe étalées; étamines insérées à la base des divisions du
{ périanthe. . . . . Scilla. (iv.)
{ Divisions connivventes en cloche; étamines insérées vers la moitié de la hauteur des divisions du périanthe. . . . . Agraphis. (v.)

TRIBU I. TULIPEÆ. — **Divisions du périanthe libres ou soudées seulement à la base, souvent munies chacune d'une fossette ou d'un sillon nectarifère. Étamines hypogynes, ou insérées à la base des divisions du périanthe. Graines ord. comprimées presque planes, à testa membraneux ou spongieux, brunâtre, roussâtre ou jaunâtre.— Souche bulbeuse.**

L. TULIPA. (L. gen. n. 415.)

Périanthe campanulé, à 6 divisions libres, caduques, dépourvues de fossettes nectarifères. *Stigmates* 3, *sessiles, constitués chacun par une lame bilobée* presque plane, *à lobes semi-orbiculaires* stigmatifères au bord de leur face interne, chacun des lobes étant appliqué pendant la floraison sur le lobe correspondant du stigmate voisin de manière à simuler par sa réunion avec lui un seul stigmate composé de deux lamelles; chacun des 3 stigmates s'étalant plus ou moins après la floraison en s'isolant des autres stigmates. *Capsule* oblongue, trigone, *à 3 loges polyspermes. Graines* horizontales, *comprimées-planes.* Embryon droit, de moitié plus court que le périsperme.

Bulbe composé de tuniques. Feuilles oblongues ou lancéolées. Tige feuillée, uniflore. Fleur très grande, dressée ou un peu penchée.

1. T. SYLVESTRIS. (L. sp. 438.) — Engl. bot. t. 63. (vulg. *Tulipe sauvage.*)

Bulbe ovoïde, à tuniques extérieures minces brunâtres. Tige de 3-6 décimètr., cylindrique, dressée quelquefois un peu flexueuse, nue au sommet. Feuilles lancéolées-allongées, pliées longitudinalement, d'un vert glauque. Fleur d'un beau jaune, à divisions extérieures verdâtres à la base. Périanthe à divisions acuminées, pubescentes-ciliées au sommet et à la base. Étamines à filets velus à la base. ♃. Avril.

R. — Vignes, endroits herbeux des parcs, taillis. — Parc aux Thernes près la barrière du Roule! (*Parseval*). Parc de St-Cloud! où il fleurit rarement. Abondant à

St-Cloud dans les parcs qui environnent le château (*Thuret*). Parc de Grignon (*Mandon*). Parc à Vitry-sur-Seine (*Martins*). Forêt de Bondy auprès de Livry (*de Forestier*). Savigny-sur-Orge (*A. Jamain*). Abondant dans les vignes à Charly (*Crépin*).

s.v. — *pluriflora*. — Tige divisée en 2-3 pédoncules uniflores.

On cultive dans les jardins de nombreuses variétés du *T. Gesneriana* L. (vulg. *Tulipe cultivée*) qui diffère du *T. sylvestris* par ses fleurs de couleurs variées souvent panachées, et par les divisions du périanthe obtuses glabres ainsi que les étamines.

Le genre *Fritillaria* est caractérisé surtout par les divisions du périanthe munies chacune à la base d'une fossette nectarifère, par le style subclaviforme, par les feuilles alternes ou presque verticillées, et par les fleurs penchées solitaires ou verticillées. — On cultive dans les jardins le *F. imperialis* L. (vulg. *Couronne-impériale*) à tige robuste, à feuilles rapprochées presque verticillées et terminée par un bouquet de feuilles, à fleurs rougeâtres axillaires verticillées au-dessous du bouquet de feuilles, à divisions du périanthe à fossette nectarifère arrondie. — On cultive plus rarement le *F. Meleagris* L. (vulg. *Damier*) à feuilles alternes, à tige uniflore, à fleurs marquées alternativement de carreaux blancs et de carreaux violets en manière de damier, à divisions du périanthe à fossette nectarifère oblongue; cette espèce est assez répandue dans la vallée de la Loire, elle est indiquée dans le département du Loiret à Dry et à Lailly et au bois du Plissai près Olivet (*Dubouché in Boreau fl. centr.*).

Le genre *Lilium* présente les caractères suivants : périanthe campanulé-infundibuliforme à divisions un peu cohérentes à la base, étalées au sommet ou enroulées en dehors, présentant en dedans un sillon nectarifère; style filiforme, droit ou un peu arqué; bulbe écailleux; feuilles éparses ou presque verticillées; fleurs très grandes, dressées ou penchées. — On cultive dans tous les jardins le *L. candidum* L. (vulg. *Lis blanc*) à tige robuste, à feuilles éparses lancéolées ondulées, à fleurs blanches très odorantes dressées pédicellées disposées en grappes terminales, à périanthe campanulé à divisions non enroulées en dehors. — Le *L. bulbiferum* L. à feuilles éparses linéaires-lancéolées planes présentant ord. des bulbilles à leur aisselle, à fleurs dressées d'un jaune rougeâtre ponctué de noir, à périanthe campanulé scabre à la face interne, a été observé au Mont-St-Siméon près Noyon (*Graves*, *Questier*) où il était assez abondant. — On cultive le *L. croceum* Chaix (vulg. *Lis jaune*), espèce voisine du *L. bulbiferum*.

TRIBU II. ASPHODELEÆ. — Périanthe à divisons soudées en tube ou libres, ne présentant pas de fossettes nectarifères. Étamines insérées sur le tube du périanthe ou hypogynes. Graines globuleuses ou anguleuses, à testa ord. noir crustacé fragile. — Souche non renflée en bulbe, à fibres épaisses-charnues, ou bulbeuse.

SOUS-TRIBU I. HYACINTHEÆ. — *Souche bulbeuse, plus rarement constituée par un rhizome traçant qui donne naissance à plusieurs bulbes.*

II. ORNITHOGALUM. (L. gen. n. 418, *part.*)

Périanthe à 6 divisions étalées, libres jusqu'à la base, marcescent. *Étamines* 6, hypogynes ou insérées *à la base des divisions du périanthe; filets subulés aplanis; anthères insérées sur le filet par leur dos.* Style filiforme. Capsule ovoïde, à 3 ou 6 angles, à loges oligospermes. Graines ovoïdes-subglobuleuses ou anguleuses, à testa noir rugueux.

Bulbe muni d'une tunique membraneuse. Tige dépourvue de feuilles, simple, ou rameuse en corymbe au sommet. Feuilles toutes radicales, linéaires. *Fleurs blanches ou d'un blanc jaunâtre*, pédicellées, disposées en grappe spiciforme ou en corymbe terminal; les pédicelles *naissant à l'aisselle de bractées membraneuses.*

{ Fleurs blanches, rayées de vert ou vertes en dehors, disposées en corymbe.
. . . . *O. umbellatum.*
{ Fleurs d'un blanc jaunâtre, disposées en une grappe spiciforme terminale.
. . . . *O. Pyrenaicum.*

1. O. PYRENAICUM. (L. sp. 440.) — Jacq. Austr. t. 103.

Feuilles toutes radicales, linéaires-canaliculées, très allongées, glaucescentes, beaucoup plus courtes que la tige, ord. desséchées lors de la floraison. Tige de 6-9 décimètr., simple, effilée. Bractées scarieuses, acuminées. *Fleurs* nombreuses, *disposées en une grappe spiciforme terminale.* Pédicelles plus longs que les bractées, étalés ou ascendants, les fructifères dressés. *Périanthe à divisions* linéaires-oblongues obtuses, *d'un blanc jaunâtre*, présentant une raie verte sur le dos. ♃. Mai-juin.

A.C. — Buissons, taillis, lieux herbeux des bois. — Forêt de Bondy! Montmorency! St-Germain! Valvins! Malesherbes! Forêt de Compiègne!, etc.

2. O. UMBELLATUM. (L. sp. 441.) — Engl. bot. t. 130. (vulg. *Dame-d'onze-heures.*)

Feuilles toutes radicales, linéaires-canaliculées, égalant environ la longueur de la tige, non desséchées lors de la floraison. Tige de 1-3 décimètr., rameuse en corymbe au sommet. Bractées membraneuses, acuminées. *Fleurs disposées en un corymbe terminal lâche.* Pédicelles allongés, plus longs que les bractées, ascendants, les fructifères étalés. *Périanthe à divisions* oblongues obtuses, *blanches*, rayées de vert ou vertes sur le dos, rapprochées conniventes avant le lever du soleil et par les temps humides, étalées en étoile au soleil. Ovaire à 6 angles. ♃. Avril-mai.

C. — Champs, vignes, gazons, pâturages, lisière des bois.

On cultive quelquefois dans les parterres l'*O. pyramidale* L. (vulg. *Épi-de-lait, Épi-de-la-Vierge*) à fleurs d'un beau blanc, trèsnombreuses, disposées en une grappe pyramidale.

III. GAGEA. (Salisb. in ann. of bot. II. 555.)

Périanthe à 6 divisions libres jusqu'à la base, plus ou moins étalées, persistant-marcescent. *Étamines* 6, hypogynes ou insérées *à la base des divisions du périanthe; filets filiformes* ou à peine aplanis; *anthères insérées sur le filet par leur base. Style filiforme.* Capsule trigone, à loges oligospermes. Graines subglobuleuses, à testa jaunâtre.

Bulbe muni d'une tunique membraneuse. *Tige simple, munie au sommet de feuilles bractéales* qui forment ord. un involucre au-dessous des fleurs. Feuilles radicales linéaires. *Fleurs jaunes*, ord. striées de vert en dehors, disposées en un corymbe simple terminal, plus rarement subsolitaires terminales.

{ Tige pluriflore; divisions du périanthe lancéolées-aiguës. . *G. arvensis.*
{ Tige ord. uniflore; divisions du périanthe oblongues, à sommet obtus. . .
{ . . . . *G. Bohemica.*

1. G. ARVENSIS. (Schult. syst. veg. VII. 547.) — Ornithogalum arvense. Pers. *in* ust. ann. V. 8. t. 1. f. 2. — Fl. Dan. t. 1869. — G. villosa. Duby, bot. Gall. 467.

Bulbe petit, subglobuleux, composé de deux bulbes dressés renfermés dans une tunique commune et entre lesquels naît la tige. Feuilles radicales 2, linéaires, canaliculées, recourbées, plus longues que la tige. Tige de 1-2 décimètr., souvent tombante, pluriflore. Feuilles bractéales rapprochées, l'inférieure lancéolée-acuminée beaucoup plus large que les feuilles, les supérieures plus petites lancéolées-linéaires ou linéaires. Pédoncules courts, à pédicelles allongés très pubescents disposés en un corymbe terminal. *Périanthe à divisions lancéolées-aiguës*, jaunes, striées de vert et pubescentes en dehors. ♃. Mars-avril.

A.R. — Champs sablonneux ou pierreux, terrains en friche, vignes. — Grenelle! Vitry! Bicêtre (*Devilliers*). Longjumeau (*Boreau*). Malesherbes (*Bernard*). Nemours (*Devilliers*). Charly (*Irat*). Beauvais (*Graves*). Compiègne (*Leré*). Env. de Noyon (*Questier*).

var. β. *bulbifera.* — Feuilles radicales ou feuilles bractéales donnant naissance à leur aisselle à des bulbilles qui sont souvent groupés en paquets.

2. G. BOHEMICA. (Schult. syst. veg. VII. 549.)

Bulbe petit, subglobuleux, composé de deux bulbes dressés renfermés dans une tunique commune entre lesquels naît la tige. Feuilles radicales 2, linéaires-filiformes, canaliculées, dépassant très longuement la tige. Tige de 5-8 centimètr., ord. uniflore, plus ou moins pubescente supérieurement, portant des feuilles espacées; les feuilles supérieures souvent lancéolées-acuminées. *Périanthe à divisions oblongues à sommet arrondi-obtus*, jaunâtres, pubescentes en dehors. Ovaire obcordé, à faces concaves (Koch). ♃. Février-avril.

R.R.R. — Bruyères arides, rochers. — Rochers de Poligny près Nemours (*Devilliers*).

IV. SCILLA. (L. gen. n. 419, *part.*)

Périanthe à 6 divisions libres et étalées dès la base. Étamines 6, insérées à la base des divisions du périanthe; filets filiformes; anthères insérées sur le filet par leur dos. Style filiforme. Capsule ovoïde ou subglobuleuse, à loges oligospermes. Graines subglobuleuses, à testa mince fragile.

Bulbe composé de tuniques. Tige simple. *Fleurs bleues*, très rarement blanches, ord. dépourvues de bractées, disposées en une grappe terminale.

Feuilles nulles ou très courtes lors de la floraison; pédicelles ascendants. . . . . *S. autumnalis.*
Feuilles lancéolées, très longues, développées en même temps que les fleurs; pédicelles dressés. . . . . *S. bifolia.*

1. S. AUTUMNALIS. (L. sp. 443.) — Engl. bot. t. 78.

Bulbe assez gros, produisant plusieurs feuilles linéaires très étroites qui ne paraissent qu'après la floraison. Tiges solitaires ou peu nombreuses, de 1-3 décimètr., raides, dépourvues de feuilles, terminées par une grappe courte qui s'allonge après la floraison. Fleurs petites, lilas ou d'un bleu lilas. *Pédicelles ascendants. Ovaire à loges bi-ovulées.* ♃. Août-septembre.

A.C. — Pelouses arides, clairières des bois sablonneux. — Bois de Boulogne! Lardy. La Ferté-Aleps. Abondant dans la forêt de Fontainebleau! Nemours! Malesherbes!, etc.

2. S. BIFOLIA. (L. sp. 443.) — Engl. bot. t. 24.

Bulbe assez petit, produisant 2-3 feuilles. Feuilles *lancéolées-linéaires, engaînant la base de la tige, atteignant environ sa longueur lors de la floraison*, étalées ou arquées, canaliculées, enroulées au sommet en une pointe cylindrique. Tige ord. solitaire, de 1-3 décimètr., molle, terminée par une grappe lâche souvent corymbiforme. Fleurs petites, d'un beau bleu, très rarement blanches. *Pédicelles dressés*, les inférieurs plus longs. *Ovaire à loges contenant ord. 6 ovules.* ♃. Mars-avril.

A.R. — Taillis, clairières des bois, coteaux ombragés. — Bois de Vincennes! Abondant dans la forêt de Senart (*Maire*). Recloses près Nemours (*Devilliers*). Malesherbes (*Bernard*). Bois de Méru (*Daudin*). Forêts de Hallatte et de Pontarmé (*Morelle*). Goincourt, bois du parc près Beauvais (*Questier*). Bois Yon et forêt de Dreux (*Daënen*).

V. AGRAPHIS. (Link, handb. 166.)

Périanthe à 6 divisions soudées seulement à la base, conniventes en cloche, recourbées en dehors supérieurement. Étamines 6, celles qui sont opposées aux divisions intérieures du périanthe plus courtes que les autres et *à filets libres dans leurs deux tiers supérieurs, celles qui sont opposées aux divisions extérieures à filets soudés avec le périanthe dans presque toute leur longueur; filets filiformes; anthères insérées sur le filet par leur dos. Style filiforme.* Capsule ovoïde subtrigone, à loges oligospermes. Graines subglobuleuses, à testa noirâtre.

Bulbe composé de tuniques. Tige simple. *Fleurs bleues*, très rarement blanches, munies chacune de deux bractées colorées, disposées en une grappe terminale penchée.

1. A. NUTANS. (Link, handb. 166.) — Scilla nutans. Smith, fl. Brit. 1. 566. — Engl. bot. t. 577. — Hyacinthus non scriptus *et* H. cernuus. Thuill. fl. Par. 175. (vulg. *Jacinthe-des-bois, Jacinthe-sauvage.*)

Bulbe émettant plusieurs feuilles. Feuilles toutes radicales, dressées, linéaires-lancéolées, rétrécies dans leur partie inférieure, un peu canaliculées. Tige ord. solitaire, de 1-4 décimètr. Fleurs assez grandes, à odeur de Jacinthe, d'un beau bleu, très rarement blanches, disposées en une grappe penchée unilatérale par la torsion des pédicelles, munies chacune de deux longues bractées pétaloïdes uninerviées lancéolées-linéaires. Ovaire à loges contenant 8-10 ovules. ♃. Avril-mai.

C.C. — Bois, taillis, pâturages ombragés.

Le genre *Hyacinthus* diffère du genre *Scilla* surtout par le périanthe à divisions soudées en tube dans leur moitié inférieure, et par la capsule à loges polyspermes. — On cultive dans les parterres le *H. orientalis* L. (vulg. *Jacinthe*) qui se distingue aux caractères suivants : feuilles linéaires obtuses; fleurs exhalant une odeur suave, bleues, roses ou blanches, plus rarement jaunes; périanthe infundibuliforme, à tube renflé au niveau de l'ovaire; pédicelles munis chacun de deux bractées membraneuses courtes lancéolées. Cette plante varie souvent à fleurs doubles.

VI. ALLIUM. (L. gen. n. 409.).

Périanthe à 6 divisions ord. persistantes-marcescentes, libres, ou soudées à la base, conniventes ou étalées, les intérieures quelquefois plus grandes que les extérieures. *Étamines 6,* insérées *à la base des divisions du périanthe,* exsertes ou incluses; *filets* souvent *soudés entre eux par leur base* élargie, les intérieurs souvent dilatés-membraneux munis de chaque côté d'une dent ou d'un appendice filiforme, les extérieurs plus petits et plus étroits toujours dépourvus d'appendices; *anthères insérées sur le filet par leur dos.* Style filiforme. Capsule assez petite, trigone, souvent déprimée et trilobée au sommet, à loges monospermes ou bispermes, quelquefois subuniloculaire les cloisons n'atteignant pas l'axe. Style persistant sur un axe filiforme, après la déhiscence de la capsule. Graines anguleuses-subtrigones, finement chagrinées, insérées au-dessus de leur base par leur angle interne.

Plantes exhalant ord. une odeur forte. Souche composée d'un seul bulbe ou de plusieurs bulbes quelquefois portés sur un rhizôme traçant. Bulbes composés de tuniques. Tige ne présentant pas d'articulations. Feuilles planes, canaliculées, demi-cylindriques ou cylindriques-fistuleuses, toutes à partie pétiolaire longuement engaînante s'emboîtant mutuellement et paraissant naître sur la tige à des hauteurs différentes (tige feuillée) (1), ou les extérieures seules engaînantes et n'embrassant la tige qu'à sa base (tige nue). *Fleurs* blanches, verdâtres, roses ou purpurines, plus rarement jaunes, *disposées en une ombelle simple* terminale souvent globuleuse à pédicelles dressés ou penchés, quelquefois rapprochées en forme de tête, souvent entremêlées de bulbilles, quelquefois toutes converties en bulbilles, *renfermées avant l'épanouissement dans une spathe* souvent prolongée en une pointe subulée, ord. *composée d'une à deux pièces* membraneuses ou foliacées persistantes-marcescentes plus rarement caduques.

1 { Étamines toutes à filets entiers. . . . . 2.
  { Filets des étamines intérieures munis de deux appendices latéraux subulés
     ou de deux dents. . . . . 5.

2 { Feuilles oblongues-lancéolées, longuement pétiolées; fleurs blanches. . .
  { . . . . *A. ursinum.*
  { Feuilles linéaires, planes ou canaliculées . . . . 5.

5 { Fleurs jaunes; étamines une fois plus longues que le périanthe. *A. flavum.*
  { Fleurs roses ou d'un blanc rosé; étamines de la longueur du périanthe ou
     le dépassant peu. . . . . 4.

4 { Ombelle munie de bulbilles; tige feuillée jusqu'à sa partie moyenne. . .
  { . . . . *A. oleraceum.*
  { Ombelle dépourvue de bulbilles; tige nue. . . . . *A. fallax.*

5 { Filets des étamines intérieures munis de deux dents courtes; tige très fis-
     tuleuse, renflée-fusiforme au-dessous de sa partie moyenne. . *A. Cepa.*
  { Filets des étamines intérieures munis de deux appendices subulés; tige ja-
     mais renflée-fusiforme. . . . . 6.

6 { Ombelle dépourvue de bulbilles . . . . 7.
  { Ombelle munie de bulbilles. . . . . 8.

7 { Feuilles planes un peu carénées; fleurs d'un blanc rougeâtre. *A. Porrum.*
  { Feuilles demi-cylindriques, étroites; fleurs d'un beau rouge. . . .
     . . . . *A. sphærocephalum.*

8 { Étamines dépassant longuement le périanthe; feuilles presque cylindriques.
  { . . . . *A. vineale.*
  { Étamines plus courtes que le périanthe; feuilles planes, à bords scabres. .
     . . . . *A. Scorodoprasum.*

SECT. I. MOLY. — *Souche consistant en un seul bulbe. Feuilles planes, lancéolées ou oblongues, ord. pétiolées. Tige jamais d'apparence feuillée. Périanthe à divisions étalées en étoile. Étamines à filets entiers.*

1. A. URSINUM. (L. sp. 431.) — Engl. bot. t. 122.

Bulbe oblong, assez petit, recouvert d'une tunique blanchâtre transparente. Tige de 1-4 décimètr., obscurément trigone, grêle, entourée seulement à sa base par la gaîne de l'une des feuilles. *Feuilles* au nombre de 2, larges, *oblongues-lancéolées* un peu acuminées, *atténuées en un long pétiole*, l'extérieure à pétiole dilaté dans sa partie inférieure en une gaîne membraneuse qui renferme la base de la tige et le pétiole non dilaté de l'autre feuille. Spathe ord. composée d'une seule pièce membraneuse transparente bi-trifide. *Fleurs d'un beau blanc*, à odeur alliacée, en ombelle assez lâche jamais entremêlée de bulbilles. Périanthe caduc à la maturité de la capsule. Étamines plus courtes que le périanthe. ♃. Avril-mai.

_____

(1) Les feuilles, même dans les espèces que l'on a décrites comme à tige feuillée, naissent toutes du bulbe; celles qui paraissent caulinaires se prolongent chacune jusqu'au bulbe par l'intermédiaire d'une longue gaîne membraneuse complète qui embrasse la tige.

A.R. — Lieux ombragés, bois humides, bords des ruisseaux. — Forêt de Marly (*Maire*). Forêt de Montmorency! Trianon; Parc de Versailles (*de Boucheman*). Palaiseau (*Weddell*). Forêt de La-Neuville-en-Hez! Forêt de Compiègne! Forêt de Villefermoy (*Garnier*).

On cultive dans les parterres l'*A. Moly* L. (vulg. *Ail-doré*) à feuilles lancéolées, à spathe composée de deux pièces, à fleurs nombreuses d'un beau jaune, à odeur alliacée très pénétrante.

SECT. II. RHIZIRIDIUM. — *Souche consistant en un rhizôme horizontal traçant qui porte plusieurs bulbes. Feuilles planes ou un peu carénées, linéaires. Tige jamais d'apparence feuillée. Périanthe à divisions étalées. Étamines à filets entiers.*

2. **A. FALLAX.** (Rœm. et Schult. syst. VII. 1072.) — A. angulosum. Jacq. Austr. V. t. 423.

Bulbes assez petits, allongés, étroits, ord. rapprochés sur le rhizôme, émettant chacun un fascicule de plusieurs feuilles. Tige de 2-6 décimètr., entourée dans sa partie inférieure par la base membraneuse engaînante des feuilles extérieures, anguleuse à angles aigus dans sa partie supérieure. Feuilles linéaires, égalant environ la largeur de la tige, presque planes. Spathe membraneuse, courte. Fleurs roses, nombreuses, disposées en une ombelle hémisphérique assez compacte jamais entremêlée de bulbilles. Étamines dépassant un peu le périanthe. ♃. Juin-août.

R.R.R. — Prairies tourbeuses, bords des rivières. — Bords de la Seine près Ivry (*Maire*). Bluuay près Provins (*Bouteiller*).

SECT. III. CODONOPRASUM. — *Souche consistant en un bulbe solitaire, ou constituée par plusieurs bulbes qui sont rapprochés en touffe et naissent quelquefois sur un rhizôme court. Feuilles cylindriques-fistuleuses, demi-cylindriques, canaliculées ou planes. Tige d'apparence feuillée dans une grande étendue ou seulement à sa base. Périanthe à divisions étalées ou conniventes en cloche. Étamines à filets entiers, plus rarement les 3 intérieures à filets munis de chaque côté d'une dent courte.*

§ 1. — *Périanthe à divisions étalées. Fleurs à pédicelles dressés. Spathe composée de deux pièces courtes.*

† 3. **A. CEPA.** (L. sp. 431.) — Sibthorp. fl. Græc. t. 326. (vulg. *Ognon*.)

Bulbe subglobuleux-déprimé, plus rarement oblong, ord. assez gros. Tige de 5-9 décimètr., fistuleuse, *renflée-ventrue au-dessous de sa partie moyenne*, feuillée seulement à la base. Feuilles cylindriques, fistuleuses, renflées. Fleurs d'un blanc verdâtre, très nombreuses, assez petites, longuement pédicellées, disposées en une ombelle globuleuse assez volumineuse, jamais entremêlée de bulbilles. *Étamines extérieures de la longueur des sépales et étalées, les intérieures une fois plus longues et dressées à filets munis de chaque côté à leur base d'une dent courte aiguë.* Style court. ♃. Juin-août.

Cultivé dans les jardins potagers, les champs et les vignes.

var. β. *bulbiferum.* — Fleurs peu nombreuses entremêlées de bulbilles.

On cultive dans les jardins potagers l'*A. fistulosum* L. (vulg. *Ciboule*) qui se distingue de l'*A. Cepa* surtout par sa tige renflée à sa partie moyenne, par ses étamines toutes dépourvues de dents et par son style allongé. — On cultive également l'*A. Ascalonicum* L. (vulg. *Échalotte*) qui se distingue à son bulbe ovoïde-oblong renfermant des bulbilles violettes, à sa tige non renflée, à ses feuilles subulées cylindriques fistuleuses, à ses fleurs blanches ou bleuâtres souvent remplacées par des bulbilles, à ses étamines un peu plus longues que le périanthe, les intérieures à filets munis de chaque côté à leur base d'une dent courte; cette espèce fleurit assez rarement. — On plante en bordures dans les jardins potagers l'*A. Schœnoprasum* L. (vulg. *Civette, Cibouliette*); cette espèce, assez répandue en France dans les régions alpines et sous-alpines, se distingue aux caractères suivants : souche composée de plusieurs bulbes réunis en touffe quelquefois portés sur un rhizôme court; tiges non renflées, nues ou feuillées à la base; feuilles linéaires-subulées, cylindriques, ou cylindriques-comprimées fistuleuses; fleurs ord. purpurines-rosées, assez brièvement pédicellées, disposées en ombelle subglobuleuse jamais entremêlée de bulbilles; périanthe à divisions lancéolées aiguës; étamines plus courtes que le périanthe, toutes dépourvues de dents.

§ 2. — *Périanthe à divisions dressées-conniventes. Pédicelles ord. penchés lors de la floraison, dressés à la maturité. Spathe composée de deux pièces, la pièce inférieure au moins étant prolongée en une pointe qui dépasse longuement l'ombelle, rarement composée d'une seule pièce.*

4. A. OLERACEUM. (L. sp. 429.) — Engl. bot. t. 488.

Bulbe ovoïde, assez petit. Tige de 4-6 décimètr., cylindrique, feuillée ord. au-delà de sa partie moyenne. Feuilles demi-cylindriques, fistuleuses, canaliculées en dessus, presque planes au sommet. Spathe composée de deux pièces persistantes, la pièce inférieure terminée en une très longue pointe. *Fleurs d'un blanc rosé*, striées de vert ou de rouge, disposées en une ombelle lâche ord. pauciflore, à pédicelles penchés, *entremêlées de bulbilles* ovoïdes-obtus mucronés. Périanthe à divisions obtuses. *Étamines environ de la longueur du périanthe*, toutes dépourvues de dents. ♃. Juin-août.

C.C. — Lieux cultivés, champs en friche, lisière des bois, berges des fossés.

5. A. FLAVUM. (L. sp. 428.) — Jacq. Austr. t. 141.

Bulbe ovoïde, assez petit. Tige de 4-6 décimètr., cylindrique, feuillée ord. au-delà de sa partie moyenne. Feuilles linéaires, non fistuleuses, convexes en dessous, un peu canaliculées en dessus. Spathe composée de deux pièces persistantes terminées en une longue pointe. *Fleurs d'un beau jaune*, disposées en une ombelle ord. multiflore, à pédicelles penchés, *jamais entremêlées de bulbilles*. Périanthe à divisions obtuses. *Étamines une fois plus longues que le périanthe*, toutes dépourvues de dents. Style plus long que les étamines. ♃. Juillet-août.

R.R. — Clairières des bois sablonneux. — Abondant dans plusieurs localités de la forêt de Fontainebleau, surtout dans la plaine de la Chaise-à-l'Abbé!

On cultive dans les jardins potagers l'*A. sativum* L. (vulg. *Ail*) qui se distingue aux caractères suivants : bulbe composé de bulbilles ovoïdes-oblongs un peu arqués renfermés dans une tunique commune; tige cylindrique, feuillée jusqu'à sa partie moyenne, enroulée en cercle avant la floraison; feuilles linéaires-élargies, planes un peu canaliculées; fleurs d'un blanc sale, entremêlées de bulbilles; ombelle munie d'une spathe caduque composée d'une seule pièce prolongée en une pointe très longue; étamines intérieures à filets munis de chaque côté à la base d'une dent courte.

SECT. IV. PORRUM. — Souche consistant ord. en un bulbe solitaire. Feuilles cylindriques-fistuleuses, demi-cylindriques, canaliculées ou planes. Tige d'apparence feuillée dans une grande étendue ou seulement à la base. Périanthe à divisions conniventes en cloche. Étamines intérieures à filets aplanis munis chacun de deux appendices latéraux subulés souvent contournés qui atteignent ou dépassent l'anthère.

§ 1. — *Fleurs entremêlées de bulbilles, quelquefois toutes remplacées par des bulbilles.*

6. A. VINEALE. (L. sp. 428.) — Engl. bot. t. 1974.

Bulbe assez petit, accompagné de bulbilles pédicellés espacés et renfermés dans la tunique commune. Tige de 4-8 décimètr., cylindrique, feuillée jusqu'à sa partie moyenne. *Feuilles cylindriques, fistuleuses*, étroitement canaliculées en dessus. Spathe composée d'une seule pièce ovale assez courte brusquement terminée en pointe. Fleurs d'un rose pâle, disposées en une ombelle lâche, ord. longuement pédicellées, entremêlées d'un grand nombre de bulbilles ovoïdes ou oblongs-acuminés ord. rapprochés en tête. *Étamines dépassant le périanthe*, les 3 intérieures à filets munis chacun de deux appendices subulés, la partie du filet supérieure à la naissance des appendices plus longue que la partie aplanie. ♃. Juin-juillet.

C. — Champs en friche, vignes, clairières des bois sablonneux.

s.v. — *compactum.* (A. compactum. Thuill. fl. Par. 167.) — Fleurs toutes ou presque toutes remplacées par des bulbilles qui constituent une ou deux têtes globuleuses très compactes.

7. A. SCORODOPRASUM. (L. sp. 425, *excl.* var. β.) — Fl. Dan. t. 290 et 1455. (vulg. *Rocambole.*)

Bulbe accompagné de bulbilles pédicellés espacés et renfermés dans la tunique commune. Tige de 5-8 décimètr., cylindrique, feuillée jusqu'à sa partie moyenne. *Feuilles planes assez larges*, scabres aux bords. Spathe membraneuse, courte, brusquement terminée en pointe. Fleurs purpurines, disposées en une ombelle lâche, ord. longuement pédicellées, entremêlées d'un grand nombre de bulbilles d'un rouge brunâtre ovoïdes ou ovoïdes-subglobuleux mucronés ord. rapprochés en tête. *Étamines plus courtes que le périanthe*, les 3 intérieures à filets munis chacun de deux appendices subulés, la partie du filet supérieure à la naissance des appendices une fois plus courte que la partie aplanie. ♃. Juin-juillet.

R. — Lieux sablonneux, bords des rivières. — Charenton! St-Maur! Fontainebleau! — Cultivé dans les jardins potagers.

§ 2. — *Fleurs jamais entremêlées de bulbilles.*

† 8. A. PORRUM. (L. sp. 425.) — Plenck. ic. t. 255. (vulg. *Poireau.*)

Bulbe allongé, produisant quelques cayeux latéraux. Tige de 5-9 décimètr., cylindrique, feuillée jusqu'à sa partie moyenne. *Feuilles planes* un peu carénées, *linéaires-lancéolées, assez larges*, un peu glauques. Fleurs blanchâtres, striées de rouge, très nombreuses, disposées en une ombelle globuleuse assez volumineuse, à pédicelles renflés supérieurement. Périanthe ovoïde-subglobuleux, à divisions extérieures scabres sur le dos. Etamines exsertes, les 3 intérieures à filets munis chacun de deux appendices subulés, la partie du filet supérieure à la naissance des appendices une fois plus courte que la partie aplanie. ② ou ♃. Juin-août.

Cultivé dans les jardins potagers et en plein champ.

7. A. SPHÆROCEPHALUM. (L. sp. 426.) — Redout. Lil. t. 391.

Bulbe assez petit, accompagné de bulbilles pédicellés espacés et renfermés dans la tunique commune. Tige de 5-9 décimètr., cylindrique, feuillée jusqu'à sa partie moyenne. *Feuilles linéaires, demi-cylindriques, fistuleuses*, profondément canaliculées en dessus. Spathe membraneuse, courte. *Fleurs d'un beau rouge*, très nombreuses, brièvement pédicellées, disposées en une ombelle compacte globuleuse ou un peu conique à la fin de la floraison. Périanthe ovoïde-renflé, subtrigone, fermé, à divisions lisses. Étamines exsertes, les 3 intérieures à filets munis chacun de deux appendices subulés, la partie du filet supérieure à la naissance des appendices une fois plus courte que la partie aplanie. ♃. Juin-août.

C. — Lieux secs et pierreux, champs incultes, vignes, bois sablonneux.

VII. MUSCARI. (Tournef. inst. t. 180.)

Périanthe ovoïde-subglobuleux ou cylindrique-urcéolé, à limbe court à six dents. Étamines 6, insérées sur le tube du périanthe, incluses ; filets filiformes, courts ; anthères insérées sur le filet par leur dos au-dessus de leur base. Style filiforme, court ; stigmate subtrigone. Capsule assez petite, trigone à angles aigus, à loges bispermes ou monospermes par avortement. Graines subglobuleuses ou un peu anguleuses.

Bulbe composé de tuniques. Feuilles toutes radicales engaînant quelquefois la tige à la base. Tige simple. Fleurs d'un bleu plus ou moins foncé, disposées en une grappe terminale spiciforme, les supérieures souvent stériles plus petites.

1 — Grappe lâche, terminée par une houppe de fleurs stériles très longuement pédicellées. **M. comosum.**
— Grappe courte, ovoïde ou oblongue, pédicelles des fleurs supérieures très courts. . . . . 2.

2 — Feuilles étalées-recourbées, linéaires étroites. . . . . **M. racemosum.**
— Feuilles dressées, lancéolées-linéaires . . . . **M. botryoides.**

1. M. COMOSUM. (Mill. dict. n. 2.) — Jacq. Austr. t. 126. (vulg. *Vaciet.*)

Tige de 3-5 décimètr. Feuilles engaînant la tige à la base, assez longues, linéaires assez larges, canaliculées, un peu rudes aux bords. Bractées très petites, souvent colorées, celles des fleurs inférieures souvent éloignées du pédicelle. *Fleurs* cylindriques-urcéolées à 6 côtes, en grappe lâche allongée ; les inférieures assez longuement pédicellées, espacées, étalées horizontalement, d'un brun olivâtre mêlé de pourpre au sommet ; les *supérieures stériles*, plus petites, *très longuement pédicellées*, dressées, *rapprochées en une houppe terminale*, d'un bleu violet ainsi que les pédicelles et la partie supérieure de la tige. ♃. Mai-juillet.

C.C. — Champs, moissons, vignes.

On cultive dans les parterres, sous le nom de *Lilas-de-terre*, une variété de cette espèce à fleurs très nombreuses toutes stériles. — On cultive également le **M. moschatum** Willd. à odeur suave, à fleurs toutes brièvement pédicellées et étalées, à style trifide au sommet.

2. M. RACEMOSUM. (Mill. dict. n. 3.) — Nees jun. gen. fasc. iv. t. 9.

Tige de 1-2 décimètr. *Feuilles linéaires étroites*, canaliculées, molles, *étalées-recourbées*, dépassant souvent la longueur de la tige. *Fleurs* d'un bleu foncé, couvertes d'une efflorescence glauque, à limbe blanchâtre au sommet, *à odeur de prune*, ovoïdes-subglobuleuses, penchées, disposées en une grappe courte ovoïde assez compacte ; *les supérieures* stériles *presque sessiles.* ♃. Avril-mai.

C. — Champs, vignes, pelouses arides, lieux sablonneux.

3. M. BOTRYOIDES. (Mill. dict. n. 1.) — Bot. mag. t. 157.

Tige de 1-2 décimètr. *Feuilles lancéolées-linéaires*, canaliculées, rétrécies à la base, dressées, dépassant souvent la longueur de la tige. *Fleurs* d'un bleu plus ou moins foncé, *inodores*, ovoïdes-subglobuleuses, penchées, disposées en une grappe oblongue lâche à la base, *les supérieures* stériles *brièvement pédicellées.* ♃. Avril-mai.

R.R. — Taillis, pépinières. — Vitry (*Bouteiller*).

Sous-tribu II. **PHALANGIEÆ.** — *Souche non renflée en bulbe, à fibres épaisses-charnues.*

VIII. PHALANGIUM. (Tournef. inst. t. 193.)

Périanthe rétréci en une base très étroite *en forme de pédicelle*, à 6 divisions étalées. Étamines 6, insérées à la base des divisions ; filets filiformes ; anthères insérées sur le filet un peu au-dessus de leur base. Ovaire porté sur un prolongement filiforme de l'axe. Style filiforme, droit ou arqué-ascendant. Capsule subglobuleuse, assez petite, obscurément trigone, à loges oligospermes. Graines anguleuses, à testa noirâtre chagriné. Embryon un peu courbé.

Plantes vivaces, à souche non renflée en bulbe, à fibres cylindriques épaisses-charnues. Tige nue ou presque nue, simple, ou rameuse dans la partie florifère. Feuilles toutes radicales, linéaires. *Fleurs blanches*, disposées en une grappe ou en une panicule terminale, semblant portées sur des pédicelles articulés en raison de l'étroitesse de leur base.

{ Tige rameuse; style droit. . . . . *P. ramosum.*
{ Tige simple; style décliné. . . . . *P. Liliago.*

1. **P. RAMOSUM.** (Lam. encyc. V. 250.)— Anthericum ramosum. L. sp. 445.—Jacq. Austr. t. 161.

Souche couronnée par les bases persistantes des feuilles détruites. *Tige* de 4-6 décimètr., raide, *rameuse dans sa partie florifère.* Feuilles linéaires-étroites, acuminées, canaliculées, dressées, plus courtes que la tige. Fleurs en panicule lâche. Bractées courtes, linéaires subulées. *Style droit.* ♃. Juin-juillet.

A.R. — Coteaux calcaires incultes, pelouses arides des bois montueux. — St-Germain ! Mantes (*de Boucheman*). Port-Villez près Vernon ! Les Andelys : Château-Gaillard !, rochers St-Jacques !. Aulmont ; Thiers ; Pontarmé (*Graves*). Beauvais ! Gournay (*Mandon*). Forêt de Compiègne (*Weddell*). Bois de Barbeau près le Châtelet (*Garnier*). Forêt de Fontainebleau ! Malesherbes ! Nemours ! (*Devilliers*).

2. **P. LILIAGO.** (Schreb. spicil. 36.) — Anthericum Liliago. L. sp. 445.—Bot. mag. t. 318.

Souche couronnée par les bases persistantes des feuilles détruites. *Tige* de 4-6 décimètr., raide, *simple.* Feuilles linéaires-étroites, acuminées, un peu canaliculées, dressées, quelquefois presque aussi longues que la tige. Fleurs assez grandes, en grappe simple terminale. Bractées lancéolées, longuement acuminées-subulées. *Style arqué-ascendant.* ♃. Mai-juin.

R. — Pelouses arides des bois montueux, rochers, coteaux sablonneux incultes. — Forêt de Rougeaux (*de Boucheman*). Forêt de Fontainebleau ! Nemours (*Devilliers*). Barbery près Senlis (*Morelle*). Forêt de Compiègne : étang St-Pierre (*Leré*).

Le genre *Hemerocallis* est caractérisé surtout par le périanthe infundibuliforme à divisions soudées en tube à la base, par les étamines arquées-ascendantes insérées sur le tube ; par la souche non renflée en bulbe à fibres épaisses charnues, et par les feuilles linéaires. — On cultive dans les jardins l'*H. fulva* L. à fleurs très grandes d'un jaune safrané inodores dressées en grappe lâche, à divisions intérieures du périanthe obtuses ondulées. — On cultive également l'*H. flava* L; (vulg. *Lis jaune*) qui se distingue de l'*H. fulva* surtout par ses fleurs d'un jaune pâle à odeur suave, et par les feuilles dont la périanthe planes aiguës.

Le genre *Funkia* se distingue du genre *Hemerocallis* surtout par le périanthe tubuleux-infundibuliforme, par les étamines hypogynes, et par les feuilles pétiolées ovales plus ou moins cordées à nervures saillantes arquées parallèles. — On cultive dans les parterres le *F. subcordata* Spreng. (Hemerocallis Japonica Thunb. — vulg. *Hémérocalle-blanche*) à fleurs d'un beau blanc exhalant une odeur de fleur d'oranger.

Le genre *Asphodelus* est caractérisé surtout par les étamines à filets dilatés à la base et recouvrant l'ovaire, et par la capsule globuleuse à loges monospermes. — On cultive dans les jardins l'*A. luteus* L. à tige simple feuillée, à feuilles linéaires-subulées triquètres, à fleurs jaunes, à divisions du périanthe presque linéaires.

On cultive dans les serres sous le nom de *Tubéreuse* le *Polyanthes tuberosa* L. à fleurs d'un blanc rosé tubuleuses-arquées très odorantes, disposées en une grappe terminale, à stigmate 3-lobé. — On cultive également l'*Agapanthus umbelliferus* L'Hérit. à fleurs bleues inodores disposées en une ombelle terminale multiflore.

CI. ASPARAGINÉES.

(ASPARAGINEÆ. A. Richard. *in* dict. class. II. 20.)

Fleurs hermaphrodites ou unisexuelles, régulières. — *Périanthe pétaloïde*, caduc, plus rarement persistant, à 6 plus rarement 4-8 divisions libres ou soudées en tube dans une étendue variable, plus ou moins distinctement disposées sur deux rangs. — Étamines en nombre égal à celui des divisions du périanthe, plus rarement en nombre moindre, insérées sur le périanthe ou hypogynes. Anthères bilobées, introrses, insérées sur le filet par la base ou au-dessus de la base. — *Ovaire non soudé avec le périanthe*, à 3 plus rarement 2-4 carpelles, à 3 plus rarement 2-4 loges pluri-ovulées, pauci-ovulées ou 1-2-ovulées. Ovules insérés à l'angle interne des loges. Styles 2-4, soudés en un seul, plus rarement libres. — *Fruit bacciforme-charnu, à 3 plus rarement 2-4 loges*, polysperme ou oligosperme, quelquefois uniloculaire et monosperme par avortement. — Graines souvent subglobuleuses, à testa ord. membraneux mince. *Périsperme épais*, charnu ou corné. Embryon très petit, placé dans le périsperme, souvent éloigné du hile.

Plantes terrestres, vivaces, herbacées, plus rarement ligneuses, à souche traçante ou cespiteuse. Feuilles éparses, opposées, verticillées, ou en fascicules radicaux, à nervures parallèles plus rarement ramifiées, sessiles ou engaînantes à la base, plus rarement pétiolées; quelquefois réduites à des écailles, et alors les ramuscules étant en forme de feuilles, filiformes ou aplanis. Fleurs ord. assez petites, axillaires ou terminales, solitaires, fasciculées ou en grappes.

1 { Fleurs dioïques; feuilles réduites à des écailles; ramuscules en forme de feuilles, filiformes ou aplanis. . . . . 2.
{ Fleurs hermaphrodites; plantes pourvues de véritables feuilles. . . . . . 3.

2 { Étamines 6; ramuscules filiformes . . . . ASPARAGUS. (i.)
{ Étamines 3, à filets soudés; ramuscules aplanis en forme de feuilles terminées en épine. . . . . RUSCUS. (vi.)

3 { Périanthe tubuleux ou campanulé-urcéolé, à 6 dents . . . . 4.
{ Périanthe à 4 ou à 8 divisions étalées et libres presque jusqu'à la base. . . 5.

4 { Périanthe campanulé-urcéolé; pédoncule radical non feuillé. . . . . CONVALLARIA. (ii.)
{ Périanthe tubuleux-cylindrique; tige feuillée. . . . POLYGONATUM. (iii.)

5 { Périanthe à 8 divisions; fleur terminale solitaire . . . . . PARIS. (v.)
{ Périanthe à 4 divisions; fleurs nombreuses en grappe terminale. . . . .
{ . . . . MAIANTHEMUM. (iv.)

I. ASPARAGUS. (L. gen. n. 424.)

Fleurs dioïques par avortement. *Périanthe campanulé, à 6 divisions*, rétréci en une base filiforme en forme de pédicelle. — Fleur mâle : Étamines 6, insérées à la base des divisions. — Fleur femelle : Ovaire à 3 loges bi-ovulées ; style indivis, à 3 sillons ; stigmates 3, étalés ou réfléchis.

Tige rameuse. Feuilles réduites à des écailles, les écailles des rameaux donnant naissance, à leur aisselle, à des fascicules de *ramuscules avortés filiformes* simples *verts simulant des feuilles.* Fleurs d'un blanc jaunâtre ou verdâtre, semblant portées sur des pédicelles articulés en raison de l'étroitesse de leur base.

1. A. OFFICINALIS. (L. sp. 448.) — Engl. bot. t. 339. (vulg. *Asperge.*)

Souche horizontale ou cespiteuse, à fibres radicales épaisses. Jeunes pousses cylindriques, blanches, épaisses-charnues, chargées d'écailles, terminées par un bourgeon verdâtre ou un peu rougeâtre (partie comestible). Tiges de 7-9 décimètr., herbacées, cylindriques, très rameuses. Ramuscules cylindriques, sétacés, lisses et glabres ainsi que les rameaux, non piquants. Fleurs d'un blanc jaunâtre ou verdâtre, géminées, penchées. Filets des étamines de la longueur de l'anthère. Baies d'un beau rouge. ♃. *Fl.* juin-juillet. *Fr.* août-octobre.

C. — Clairières des bois sablonneux, pâturages, coteaux incultes. — Cultivé dans les jardins potagers et les vignes.

II. CONVALLARIA. (L. gen. n. 425, *part.*)

Fleurs hermaphrodites. Périanthe campanulé-urcéolé, à 6 dents rejetées en dehors. *Étamines 6, insérées à la base du périanthe.* Ovaire à 3 loges bi-ovulées. Styles indivis, un peu épais ; stigmate obtus, subtrigone.

Pédoncule radical. Feuilles toutes radicales, disposées par deux, entourées à la base d'écailles engaînantes. *Fleurs blanches*, disposées en une grappe terminale.

1. C. MAIALIS. (L. sp. 451.) — Engl. bot. t. 1035. (vulg. *Muguet.*)

Souche horizontale, rameuse, longuement traçante, émettant au niveau des nœuds et des bases de tiges des fascicules de fibres radicales filiformes. Feuilles pétiolées, ovales ou oblongues acuminées, d'un beau vert. Pédoncules radicaux latéraux, demi-cylindriques. Fleurs exhalant une odeur suave, penchées, en grappe presque unilatérale, regardant le côté aplani du pédoncule. Baies rouges. ♃. *Fl.* avril-mai. *Fr.* juillet-septembre.

C:C. — Bois, taillis.

III. POLYGONATUM. (Desf. ann. mus. IX. 48.)

Fleurs hermaphrodites. Périanthe tubuleux-cylindrique, à 6 dents dressées. *Étamines 6, insérées sur le périanthe au milieu de sa hauteur.* Ovaire à 3 loges bi-ovulées. Style indivis, filiforme-subtrigone ; stigmate obtus, trigone.

Tige simple, feuillée, arquée. Feuilles ord. alternes et rejetées d'un même côté de la tige. *Fleurs blanches à sommet vert*, à pédoncules axillaires, pendantes et rejetées du côté opposé aux feuilles.

{ Tige anguleuse; étamines à filets glabres. . . . . *P. vulgare.*
{ Tige cylindrique; étamines à filets poilus . . . . . *P. multiflorum.*

1. P. VULGARE. (Desf. *loc. cit.*) — Convallaria Polygonatum. L. sp. 451 — Engl.
bot. t. 280. (vulg. *Sceau-de-Salomon.*)

Souche horizontale, traçante, épaisse, charnue, blanchâtre, présentant à
sa face supérieure les cicatrices qui correspondent à la base des tiges détruites,
donnant naissance à la tige à son extrémité antérieure en arrière du bourgeon
terminal. *Tige* de 3-5 décimètr., *anguleuse-striée*, assez robuste, munie à
la base de gaines membraneuses. Feuilles occupant la moitié supérieure de la
tige, subsessiles ou sessiles-amplexicaules, ovales-oblongues, glabres, d'un
vert pâle en dessous. Pédoncules uniflores ou biflores, glabres. Fleurs assez
grandes, inodores. *Étamines à filets glabres.* Baies d'un noir bleuâtre. ♃.
Fl. avril-mai. *Fr.* août-septembre.

C. — Forêts, bois, taillis, pâturages ombragés.

2. P. MULTIFLORUM. (Desf. *loc. cit.*) — Convallaria multiflora. L. sp. 452. — Engl.
bot. t. 279.

Cette espèce se distingue de la précédente surtout par les caractères suivants : *tige cylindrique*; pédoncules 3-5-flores; fleurs plus petites; *étamines
à filets poilus.* ♃. *Fl.* avril-mai. *Fr.* août-septembre.

C. — Forêts, bois, taillis, pâturages montueux ombragés.

IV. MAIANTHEMUM. (Wiggers, prim. fl. Holsat. 15.)

Fleurs hermaphrodites. *Périanthe à 4 divisions libres presque jusqu'à la
base*, étalées horizontalement ou réfléchies. Étamines 4, insérées à la base
des divisions du périanthe. Ovaire à 2-3 loges uni-ovulées ou bi-ovulées. Style
indivis, un peu épais; stigmate obtus, obscurément bi-trilobé.

Tige simple, feuillée. Fleurs blanches, petites, disposées *en une grappe terminale.*

1. M. BIFOLIUM. (D.C. fl. Fr. III. 177.) — Fl. Dan. t. 291.

Souche horizontale, longuement traçante. Tige de 1-2 décimètr., anguleuse, flexueuse à partir du niveau où s'insère la feuille inférieure, portant 2
plus rarement 1 ou 3 feuilles. Feuilles alternes, pétiolées, ovales-cordées, aiguës
ou acuminées, pubescentes sur les nervures à la face inférieure; les radicales
longuement pétiolées, ord. détruites lors de la floraison. Fleurs pédicellées,
à pédicelles inférieurs géminés ou ternés plus rarement réunis par 4-5. Périanthe à divisions ovales-oblongues. Baies rouges. ♃. Mai-juin.

R. — Lieux ombragés des bois montueux, forêts. — Forêt de Bondy (*Tollard*).
Forêt de Montmorency! St-Léger (*Brice*). Ermenonville (*Mandon*). Forêt de Hal-
late (*Graves*, *Morelle*). Glatigny près Beauvais. Forêt de Dreux et bois Yon
(*Daënen*). Forêt de Compiègne; abondant dans la forêt de Laigue (*Leré*). Forêt de
Fontainebleau ! (Mlle E*** D***). — Environs de Noyon (*Questier*).

V. PARIS. (L. gen. n. 500.)

Fleurs hermaphrodites. *Périanthe à 8 divisions* libres presque jusqu'à la
base, étalées, 4 extérieures, 4 intérieures très étroites. *Étamines* 8, insérées
à la base du périanthe; filets dilatés-membraneux, soudés entre eux à la base;
anthères longuement acuminées par un prolongement subulé du connectif.
Ovaire à 4 loges pluri-ovulées. *Styles* 4, filiformes, *libres.*

Tige simple. *Feuilles disposées par 4-5 en un verticille situé au-dessous de la
fleur. Fleur* verdâtre, *terminale solitaire.*

1. P. QUADRIFOLIA. (L. sp. 527.) — Engl. bot. t. 7. (vulg. *Parisette.*)

Souche horizontale, longuement traçante. Tige de 2-3 décimètr., feuillée seulement au sommet. Feuilles disposées par 4, plus rarement par 5 en un verticille situé au-dessous de la fleur, sessiles, ovales ou oblongues-suborbiculaires, acuminées, rétrécies à la base, 3-5-nerviées à nervures ramifiées. Fleur assez grande, verdâtre, pédicellée au centre de l'involucre constitué par le verticille de feuilles. Périanthe à divisions extérieures lancéolées, à divisions intérieures linéaires étroites. Ovaire d'un pourpre foncé. Baies d'un noir bleuâtre. ♃. *Fl.* avril-mai. *Fr.* juillet-août.

A.R. — Bois, pâturages humides ombragés. — Bois de Verrières; forêt de Marly (*Weddell*). Forêt de Montmorency! Versailles (*de Boucheman*). Magny! (*Bouteille*). Pouilly près Méru! Chaumont (*Frion*). Beausseré près Gisors! Goincourt près Beauvais; Thury-en-Valois (*Questier*). Forêt de La Neuville-en-Hez! Forêt de Compiègne! Forêt de Senart! Bois de la Haie près le Châtelet (*Garnier*).

VI. RUSCUS. (L. gen. n. 1139.)

Fleurs dioïques par avortement. Périanthe à 6 divisions libres jusqu'à la base, étalées, persistantes, les divisions intérieures un peu plus petites. — Fleur mâle : *Étamines* 3, insérées à la base du périanthe, *filets soudés en un tube qui porte les 3 anthères.* — Fleur femelle : Ovaire à 3 loges biovulées; style indivis, très court; stigmate capité. Fruit souvent uniloculaire et monosperme par avortement.

Sous-arbrisseau, à tige rameuse, à écorce verte. Feuilles réduites à des écailles membraneuses caduques, les *écailles des rameaux donnant naissance chacune à leur aisselle à un ramuscule vert aplani en forme de feuille et terminé en épine. Fleurs* très petites, *naissant* 1-2 *à la partie moyenne et à la face supérieure des ramuscules aplanis.*

1. R. ACULEATUS. (L. sp. 1474.) — Engl. bot. t. 560. (vulg. *Fragon, Petit-Houx.*)

Sous-arbrisseau toujours vert, de 5-9 décimètr. Souche oblique, traçante, à fibres radicales très longues épaisses-charnues. Tiges raides, flexibles, cylindriques, rameuses supérieurement, entourées à la base dans la jeunesse de larges écailles membraneuses engaînantes. Ramuscules aplanis épars, rapprochés, sessiles, très coriaces, ovales acuminés en une pointe épineuse vulnérante, présentant une côte moyenne et des côtes secondaires parallèles. Fleurs d'un blanc verdâtre ou violacé, naissant 1-2 à la face supérieure des ramuscules, sessiles, accompagnées d'une écaille bractéale scarieuse uninerviée cuspidée. Baies rouges, environ de la grosseur d'une cerise, persistant pendant l'hiver. Graines assez grosses, globuleuses. ♃. *Fl.* mars-avril. *Fr.* septembre-octobre.

A.C. — Bois, taillis, buissons ombragés. — Forêt de St Germain! Vaux-Cernay près Dampierre! St-Léger! Env. de Magny (*Bouteille*). Forêt de Vernon! Forêt de Dreux! Forêt de Senart! Marcoussis. Env. de Melun! Abondant dans la forêt de Fontainebleau! Forêt de Villers-Cotterets! Pouilly près Méru (*Daudin*). Parc de Rebetz près Chaumont (*Frion*), etc.

CLASSE II.

Ovaire soudé avec le tube du périanthe.

CII. DIOSCORÉES.

(DIOSCOREÆ. R. Brown, prodr. 294.)

Fleurs dioïques, régulières.— Périanthe pétaloïde, à 6 divisions presque égales, disposées sur deux rangs, soudées en tube dans leur partie inférieure. — Fleur mâle : Périanthe campanulé, à tube court. *Étamines* 6, insérées à la base des divisions du périanthe. Anthères ovoïdes-subglobuleuses, bilobées, introrses. — Fleur femelle : *Périanthe à tube oblong soudé avec l'ovaire.* Ovaire à 3 carpelles, à 3 loges bi-ovulées. Ovules insérés à l'angle interne des loges, suspendus, superposés, réfléchis. Styles 3, soudés dans leur partie inférieure, libres et réfléchis au sommet ; stigmates dilatés, bifides. — *Fruit bacciforme-succulent*, à 3 loges bispermes ou monospermes, ou uniloculaire par avortement. — Graines subglobuleuses, à testa membraneux. *Périsperme épais*, charnu. Embryon très petit, placé dans le périsperme près du hile.

Plante terrestre, vivace, à souche épaisse charnue, à tige volubile rameuse. *Feuilles* alternes, longuement pétiolées, cordées, *à nervures ramifiées.* Fleurs petites, en grappes axillaires.

I. TAMUS. (L. gen. n. 1119.)

Mêmes caractères que ceux de la famille.

1. T. COMMUNIS. (L. sp. 1458.) — Engl. bot. t. 91.

Tige grêle, sarmenteuse, volubile, atteignant souvent 2-3 mètres de longueur. Feuilles longuement pétiolées, ovales, profondément cordées, acuminées, luisantes ; pétiole muni de deux glandes à la base. Fleurs petites, d'un blanc jaunâtre ou verdâtre, en grappes axillaires grêles assez lâches. Baies rouges, de la grosseur d'une petite cerise. ♃. *Fl.* mai-juillet. *Fr.* août-octobre.

A.C. — Bois humides, taillis, buissons, haies des lieux ombragés.

CIII. IRIDÉES.

(IRIDES. Juss. gen. 57.)

Fleurs hermaphrodites, régulières ou irrégulières, *renfermées pendant la préfloraison dans des bractées en forme de spathe.* — Périanthe à tube soudé avec l'ovaire, à 6 divisions pétaloïdes disposées sur deux rangs. — *Étamines* 3, insérées à la base des divisions extérieures du périanthe. Anthères bilobées, *extrorses.* — Ovaire soudé avec le tube du périanthe, à 3 carpelles, à 3 loges multi-ovulées ou pluri-ovulées. Ovules insérés à l'angle interne des loges, ord. horizontaux ou ascendants, réfléchis. Style indivis. Stigmates 3, souvent dilatés ou pétaloïdes. — *Fruit capsulaire, à 3 loges* ord. *polyspermes*, à déhiscence loculicide, à 3 valves. — Graines à testa membraneux, plus rarement coriace ou charnu. *Périsperme épais*, charnu ou corné. Embryon placé dans l'axe du périsperme, ou un peu latéral dans les graines déformées par leur pression mutuelle. Radicule dirigée vers le hile.

Plantes terrestres ou aquatiques, vivaces, herbacées, ord. à rhizôme horizontal rameux charnu ou à souche bulbeuse. Feuilles alternes à base engainante, ou toutes radicales, ensiformes, équitantes, plus rarement linéaires, à nervures parallèles. Fleurs ord. grandes, en épi, en grappe, en corymbe ou en panicule terminale, naissant plus rarement directement du bulbe.

I. IRIS. (L. gen. n. 59.)

Périanthe régulier, à tube trigone très long, herbacé, libre seulement dans sa partie supérieure, à limbe à 6 divisions, les extérieures réfléchies en dehors, souvent munies en dedans d'une ligne longitudinale de poils filiformes pétaloïdes, les intérieures dressées ou conniventes souvent plus petites. Étamines à filets filiformes ou subulés, appliquées contre la face inférieure des stigmates; anthères oblongues-linéaires insérées sur le filet à la base ou vers la base. Ovules insérés sur deux rangs à l'angle interne de chaque loge, horizontaux. Style trigone, soudé ord. dans sa partie inférieure avec le tube du périanthe. Stigmates 3 (branches du style) dilatés pétaloïdes, carénés en dessus, un peu canaliculés ou concaves en dessous, bilabiés, à lèvre supérieure bifide, à lèvre inférieure très courte cachant la surface stigmatique. Capsule à 3 plus rarement 6 angles. Graines nombreuses dans chaque loge, déprimées-planes, bordées, plus rarement subglobuleuses.

Rhizôme horizontal, rameux, charnu, très épais. Tige simple ou rameuse. Feuilles la plupart en fascicules radicaux, pliées longitudinalement et soudées dans presque toute leur longueur par les deux moitiés de leur face interne, la nervure moyenne correspondant au bord extérieur (feuilles ensiformes), équitantes à la base; les caulinaires alternes, engainant la tige à la base. Fleurs bleues, violettes ou jaunes, ord. très grandes, disposées en grappes terminales, plus rarement solitaires, munies à la base de bractées persistantes en forme de spathe; les divisions du périanthe s'enroulant en dedans après la floraison.

1 { Divisions extérieures du périanthe dépourvues de ligne barbue. . . . . 2.
{ Divisions extérieures du périanthe présentant en dedans une ligne barbue. 3.

2 { Fleurs jaunes; plante croissant dans les lieux marécageux; feuilles inodores. . . . . *I. Pseudo-Acorus.*
{ Fleurs bleuâtres; plante croissant dans les lieux secs; feuilles exhalant par le froissement une odeur peu agréable. . . . . *I. fœtidissima.*

3 { Tige rameuse, pluriflore, de 5-8 décimètres. . . . . . *I. Germanica.*
{ Tige simple, uniflore, de 1-2 décimètres. . . . . *I. pumila.*

† 1. I. GERMANICA. (L. sp. 55.) — Curt. bot. mag. t. 670. (vulg. *Iris.*)

Feuilles un peu glauques, les radicales nombreuses, assez larges, un peu arquées, plus courtes que la tige. *Tige* de 5-8 décimètr., *rameuse, pluriflore.* Spathes herbacées dans la partie inférieure. *Fleurs* très grandes, d'un bleu violet veiné, *sessiles* et solitaires *dans la spathe. Périanthe à divisions extérieures munies* en dedans *d'une ligne* longitudinale *de poils* pétaloïdes blanchâtres à sommet jaune; à divisions intérieures aussi longues que les extérieures, obovales, brusquement contractées en une base étroite canaliculée. Anthères de la longueur du filet. Stigmates oblongs élargis au sommet, à lobes de la lèvre supérieure colorés divergents. ♃. Avril-mai.

Planté dans les jardins et les parterres, quelquefois sur les vieux murs, les rocailles et les toits de chaume.

† 2. I. PUMILA. (L. sp. 56.) — Curt. bot. mag. t. 1261.

Feuilles radicales un peu arquées, *plus longues que la tige. Tige de 1-2 décimètr., simple, uniflore.* Fleur assez grande, d'un bleu violet veiné, ou d'un bleu pâle, plus rarement blanche. *Périanthe à tube non enveloppé par les bractées, à divisions* oblongues-obovales, les *extérieures munies en dedans d'une ligne longitudinale de poils* pétaloïdes à sommet jaune ⚤. Avril-mai.

Assez fréquemment planté sur les vieux murs et les toits de chaume où il se naturalise aisément. — Mennecy! Chailly! Dreux! Pithiviers!, etc.

3. I. PSEUDO-ACORUS. (L. sp. 56.) — Engl. bot. t. 578. (vulg. *Glayeul-des-marais.*)

Plante aquatique ou croissant dans les lieux marécageux. Feuilles à peine glaucescentes, les radicales nombreuses, lancéolées-linéaires, égalant environ la longueur de la tige. Tige de 5-9 décimètr., rameuse, pluriflore. Spathes à bractées herbacées lancéolées aiguës. *Fleurs* grandes, *d'un beau jaune*, pédicellées dans la spathe, réunies ord. plusieurs au sommet de la tige ou des rameaux. *Périanthe à divisions extérieures* obovales rétrécies dans leur partie inférieure, beaucoup plus longues que les stigmates, *ne présentant pas de ligne de poils*, mais veinées de brun à la face interne dans leur partie inférieure; à divisions intérieures très petites, linéaires-oblongues ou linéaires-spatulées, plus courtes que les stigmates (1). Stigmates oblongs élargis au sommet, à lobes de la lèvre supérieure incisés denticulés. ⚤. Juin-juillet.

C.C. — Bords des rivières, étangs, marécages, fossés aquatiques.

4. I. FOETIDISSIMA. (L. sp. 57.) — Engl. bot. t. 596.

Feuilles vertes, très coriaces, les radicales nombreuses, lancéolées-linéaires assez larges, dépassant ord. la longueur de la tige, *exhalant par le froissement une odeur peu agréable.* Tige de 4-6 décimètr., pluriflore, anguleuse d'un côté. Spathes à bractées herbacées lancéolées aiguës. *Fleurs* plus petites que dans l'espèce précédente, *bleuâtres* veinées, ord. groupées, longuement pédicellées dans la spathe. *Périanthe à divisions extérieures* obovales, rétrécies dans leur partie inférieure, *ne présentant pas de ligne de poils;* à divisions intérieures oblongues-lancéolées, plus longues que les stigmates. *Graines subglobuleuses, rouges.* ⚤. Juin-juillet.

A.R. — Clairières des bois montueux, buissons des coteaux incultes, bords des chemins herbeux. — St-Maur! Bois St-Jacques et forêt de Montmorency (*Boudier*). St-Germain! Forêt de Rougeaux! Croissy-en-Brie (*Thuret*). Côte de Champagne! Magny! (*Bouteille*). La Roche-Guyon! Dreux! Chaumont (*Frion*). Comelle près Chantilly (*Questier*). Forêt de Compiègne (*Leré*).

Le genre *Crocus* se distingue aux caractères suivants : Périanthe régulier infundibuliforme, à tube étroit très long naissant directement du bulbe, à limbe à 6 divisions disposées sur deux rangs, dressées ou un peu étalées; étamines insérées à la gorge du périanthe; ovaire soudé avec le tube du périanthe dans sa partie souterraine; style filiforme, très long; stigmates 3, dilatés-cunéiformes, épais, plus ou moins enroulés en cornet au sommet et denticulés; souche bulbeuse à bulbes superposés; feuilles linéaires étroites, rapprochées en un fascicule radical entouré de gaines à la base; fleurs assez grandes. — Le *C. sativus* All. (vulg. *Safran*) est cultivé en grand dans le Gâtinais, surtout aux environs de Pithiviers et de Beaumont. Cette espèce présente les caractères suivants: bulbe à tunique formée de fibres entrecroisées: feuilles paraissant en même temps que la fleur, linéaires très étroites, à bords enroulés un peu rudes; fleur d'un lilas mêlé de violet, à tube de 5-15 centimètr., à gorge barbue, renfermée avant l'épanouissement dans une spathe membraneuse

(1) Il n'est pas rare de rencontrer une déformation dans laquelle les trois divisions intérieures du périanthe sont converties en étamines.

composée de deux bractées ; stigmates odorants, d'un rouge orangé, aussi longs que les divisions du périanthe, étalés et sortant latéralement de la fleur; fl. septembre-octobre. — On cultive assez fréquemment dans les parterres le *C. vernus*-All. et quelques autres espèces.

Le *Gladiolus communis* L. est cultivé quelquefois dans les parterres et est naturalisé dans le parc de Malesherbes ; cette plante se reconnaît à sa souche bulbeuse à tunique composée de fibres parallèles entrecroisées au sommet, à ses feuilles ensiformes, à sa tige feuillée, à ses fleurs purpurines disposées en épi unilatéral, à son périanthe infundibuliforme subbilabié à tube court, à ses stigmates dilatés chargés de papilles sur les bords presque dès la base.

CIV. AMARYLLIDÉES.

(AMARYLLIDEÆ. R. Brown, prodr. 296.)

Fleurs hermaphrodites, régulières, plus rarement irrégulières, *renfermées pendant la préfloraison dans des bractées en forme de spathe.* — Périanthe à tube soudé avec l'ovaire, à 6 divisions pétaloïdes ord. disposées sur deux rangs, quelquefois muni à la gorge d'une couronne ou d'un tube pétaloïde. — *Étamines* 6, insérées à la base des divisions du périanthe ou sur le disque qui recouvre l'ovaire. Anthères bilobées, introrses. — *Ovaire soudé avec le tube du périanthe*, à 3 carpelles, à 3 loges pluri-ovulées. Ovules insérés à l'angle interne des loges, ord. horizontaux, réfléchis. Style indivis. Stigmate trilobé ou indivis. — *Fruit capsulaire*, polysperme, *à 3 loges*, à déhiscence loculicide, à 3 valves. — Graines subglobuleuses, comprimées ou anguleuses, à testa membraneux ou charnu. *Périsperme épais*, charnu. Embryon ord. très petit, placé dans le périsperme. Radicule dirigée vers le hile.

Plantes terrestres, à souche ord. bulbeuse. Feuilles toutes radicales, à base engaînante, linéaires, à nervures parallèles. Fleurs ord. grandes, terminales, solitaires ou groupées.

Périanthe muni à la gorge d'une couronne ou d'un tube campanulé pétaloïde. NARCISSUS. (i.)	
Périanthe dépourvu de couronne ou de tube pétaloïde. . GALANTHUS. (ii.)	

I. NARCISSUS. (L. gen. n. 403).

Périanthe à tube prolongé au-dessus de l'ovaire, à limbe régulier ord. hypocratériforme, à 6 divisions entières, égales, étalées ou réfléchies, *à gorge munie d'une couronne ou d'un tube campanulé pétaloïde* qui renferme les anthères et le style. Étamines insérées sur le tube du périanthe au-dessous de la couronne. Capsule subglobuleuse-trigone. Graines subglobuleuses.

Bulbe composé de tuniques. Tige nue (pédoncule radical) plus ou moins fistuleuse, souvent comprimée ou anguleuse. Spathe monophylle, fendue d'un côté, renfermant une seule fleur plus rarement plusieurs fleurs. Fleurs blanches ou jaunes, plus ou moins penchées sur le pédicelle.

1 { Fleurs blanches, à couronne courte bordée de rouge . . . *N. poeticus.*	
Fleurs jaunes, à couronne en forme de tube campanulé. . . . . . . 2.	
2 { Couronne environ aussi longue que les divisions du périanthe. . . . . *N. Pseudo-Narcissus.*	
Couronne plus courte de moitié que les divisions du périanthe. . . . . *N. incomparabilis.*	

1. N. POETICUS. (L. sp. 414.) — Engl. bot. t. 275. (vulg. *Narcisse*, *OEillet-de-mai*.)

Feuilles linéaires, assez larges, obtuses, un peu carénées, glaucescentes, égalant environ la longueur de la tige. Tige de 4-6 décimètr., un peu comprimée, à 2 angles saillants, uniflore. Fleurs grandes, exhalant une odeur suave. *Périanthe* à tube vert grêle allongé, cylindrique un peu comprimé; *à divisions d'un beau blanc*, ovales-oblongues; à *couronne* jaunâtre, très *courte, étalée en coupe, à bord* ondulé-crénelé *d'un beau rouge*. ♃. Avril-mai.

R.R. — Bois herbeux, prairies. — Bois des env. de Versailles! Prairies du Châtelet (*Garnier*). Armainvilliers (*Maire*).

2. N. PSEUDO-NARCISSUS. (L. sp. 414.) — Engl. bot. t. 17. (vulg. *Fleur-de-Coucou*, *Jeannette*.)

Feuilles linéaires, assez larges, obtuses, un peu canaliculées, glaucescentes, ord. plus courtes que la tige. Tige de 2-4 décimètr., comprimée, à 2 angles saillants, uniflore. Fleurs grandes, presque inodores. *Périanthe à partie du tube supérieure à l'ovaire* colorée ou un peu verdâtre *infundibuliforme-campanulée; à divisions d'un jaune pâle* ou d'un jaune de soufre, ovales; à *couronne d'un beau jaune* dans toute son étendue, *en forme de tube campanulé, égalant la longueur des divisions*, lobée au sommet à lobes inégaux ondulés. ♃. Mars-avril.

C. — Bois, taillis, pâturages ombragés.

3. N. INCOMPARABILIS. (Mill. dict. n. 5.) — Curt. bot. mag. t. 121.

Feuilles linéaires, assez larges, obtuses, un peu canaliculées, glaucescentes, plus courtes que la tige ou environ de sa longueur. Tige de 2-4 décimètr., presque cylindrique, à 2 angles saillants. Fleurs grandes, presque inodores ou peu odorantes. *Périanthe à partie du tube supérieure à l'ovaire* herbacée *cylindrique; à divisions d'un jaune pâle* ou d'un jaune de soufre, oblongues; à *couronne* d'un beau jaune plus foncé au sommet, *en forme de tube campanulé*, un peu plissée, *environ une fois plus courte que les divisions*, lobée au sommet à lobes ondulés. ♃. Mars-avril.

R.R.R. — Bois, taillis. — Bois de Satory près Versailles! (*Irat*). — ? Praslin près Melun (*Mérat, fl.*).

On cultive fréquemment dans les parterres le *N. Junquilla* L. (vulg. *Jonquille*) à feuilles vertes subulées-demi-cylindriques, à tige cylindrique 2-6-flore, à fleurs d'un beau jaune très odorantes à couronne étalée en coupe et environ trois fois plus courte que les divisions du périanthe.— On cultive également le *N. Tazetta* L. (vulg. *Narcisse-à-bouquet*); cette espèce se distingue à ses feuilles presque planes glaucescentes linéaires assez larges obtuses, à sa tige cylindrique-comprimée 5-10-flore, à ses fleurs jaunes odorantes à couronne rétrécie au sommet et environ trois fois plus courte que les divisions du périanthe.

II. GALANTHUS. (L. gen. n. 401).

Périanthe à tube court non prolongé au-dessus de l'ovaire, à limbe régulier campanulé, *à 6 divisions*; les extérieures concaves, entières; les *intérieures dressées, plus courtes de moitié, émarginées ou échancrées au sommet. Étamines 6, insérées sur le disque qui recouvre l'ovaire;* filets très courts; *anthères dressées, terminées par une pointe subulée, s'ouvrant par deux pores terminaux.* Capsule ovoïde. Graines subglobuleuses.

Bulbe composé de tuniques. Tige nue (pédoncule radical) fistuleuse un peu comprimée. Spathe monophylle, fendue d'un côté, renfermant une seule fleur. Fleur pédicellée, penchée sur le pédicelle, blanche, les divisions intérieures du périanthe vertes au sommet. Capsule n'arrivant à la maturité qu'alors que là tige s'est couchée sur la terre en se flétrissant.

1. G. NIVALIS. (L. sp. 413.) — Engl. bot. t. 19. (vulg. *Perce-neige*.)

Feuilles glaucescentes, linéaires-obtuses, planes, présentant en dessous trois côtes rapprochées, au nombre de deux, renfermées inférieurement dans une longue gaîne membraneuse complète, plus courtes que la tige. Tige de 2-3 décimètr., grêle. Spathe linéaire allongée, un peu recourbée. Périanthe à divisions extérieures ovales-oblongues blanches, les intérieures oblongues-obovales cordées au sommet présentant en dehors une tache verte en croissant et marquées à la face interne de lignes d'un vert jaunâtre. ♃. Février-mars.

R. — Prairies, clairières des bois. — Très abondant aux environs de Trianon et du canal dans le parc de Versailles! Luzarches (Me *L**** *M****). Très abondant à Magny au clos Cotty (*Bouteille*) et à Chaumont dans le parc de Rebetz (*Frion*). Valgenceuse près Senlis (*Morelle*). — ? Meudon (*Mérat*, *fl.*).

Le genre *Leucoium* présente les caractères suivants : Périanthe à tube court non prolongé au-dessus de l'ovaire, à limbe à 6 divisions presque égales épaissies et verdâtres au sommet; étamines insérées sur le disque qui recouvre l'ovaire, anthères s'ouvrant par deux fentes longitudinales. — On cultive quelquefois dans les parterres le *L. vernum* L. à tige uniflore, ainsi que le *L. æstivum* L. à tige pluriflore.

On cultive dans les parterres et dans les serres plusieurs espèces du genre *Amaryllis*.

CV. ORCHIDÉES.

(ORCHIDEÆ. Juss. gen. 64.)

Fleurs hermaphrodites, *irrégulières*. — Périanthe à tube soudé avec l'ovaire, *à 6 divisions pétaloïdes* marcescentes dont 3 extérieures et 3 intérieures ; les 3 extérieures souvent convergentes avec les deux divisions intérieures (casque); *la division* intérieure et *inférieure* ord. *très différente des autres divisions par sa forme et sa grandeur* (labelle), quelquefois prolongée en éperon à sa base (1). —*Étamines 3, à filets soudés en colonne avec le style* (colonne, gynostème) : *les 2 latérales stériles*, réduites chacune à un mamelon ou à un appendice charnu (staminode), quelquefois complètement nulles ; *la moyenne fertile, placée au-dessus du stigmate*, continue avec la colonne ou en étant distincte. Anthère à 2 lobes; grains de pollen agglomérés en masses (masses polliniques); masses polliniques très compactes, ressemblant à de la cire (masses céracées), ou composées de granules assez gros agglutinés et alors ord. atténuées en pédicelle (caudicule), ou presque pulvérulentes composées de granules lâchement cohérents ; les masses polliniques présentant ord. à leur extrémité une glande visqueuse (rétinacle) qui reste libre ou se soude avec celle de la masse pollinique voisine et qui est quelquefois renfermée

(1) Pour la facilité de l'étude, nous avons décrit le labelle comme inférieur, quoiqu'il soit réellement supérieur et ne devienne inférieur que par la torsion du pédicelle ou de l'ovaire; sa position supérieure est facile à constater pendant la préfloraison, alors que la torsion n'a pas encore eu lieu. Chez certains genres le labelle reste supérieur, tels les genres *Liparis* et *Malaxis*.

dans un repli qui surmonte le stigmate (bursicule).—*Ovaire soudé avec le tube du périanthe*, à 3 carpelles, uniloculaire, multi-ovulé, à 3 placentas pariétaux saillants ord. bifurqués. Stigmate placé à la partie supérieure et extérieure de la colonne, constitué par une surface glanduleuse. — *Fruit capsulaire*, trigone ou hexagone, ord. surmonté des divisions marcescentes du périanthe, *à une seule loge*, très polysperme, *s'ouvrant par 3 fentes longitudinales en 3 valves persistantes cohérentes par leur sommet et leur base* et portant les placentas à leur partie moyenne.—*Graines* très petites, *à testa* très *lâche, réticulé, débordant largement l'amande. Périsperme nul.*

Plantes terrestres, croissant quelquefois dans les lieux marécageux. Souche munie seulement de fibres radicales cylindriques (souche fibreuse), plus rarement ne présentant que 2-3 fibres très renflées; ou présentant, au-dessous des fibres cylindriques, deux masses charnues entières ou palmées obtuses ou prolongées en pointe (faux bulbes, bulbes, tubercules) qui résultent de la soudure d'un certain nombre de fibres radicales entre elles (1); plus rarement souche traçante, ou composée d'un ou plusieurs bulbes munis de fibres radicales à leur base et entourés de tuniques constituées par les bases des feuilles. Tiges simples, feuillées ou moins à la base, plus rarement nues. Feuilles alternes, plus rarement toutes radicales, ord. engaînantes à la base, à gaîne entière, à nervures parallèles, quelquefois toutes réduites à des écailles jamais vertes. Fleurs disposées en un épi ou une grappe terminale, munies chacune d'une bractée.

TRIBU I. MALAXIDEÆ. — Anthère terminale, libre, souvent en forme d'opercule, persistante ou caduque. *Masses polliniques très compactes céracées*, composées de granules très cohérents, non atténuées en caudicule. — *Souche constituée par un ou plusieurs bulbes* entourés de tuniques, *munis de fibres radicales à leur base.*

TRIBU II. OPHRYDEÆ. — Anthère continue avec la colonne, persistante, à lobes complets. *Masses polliniques composées de granules* assez gros agglutinés par *l'intermédiaire d'une matière visqueuse élastique, atténuées en caudicule à la base.* — *Souche présentant au-dessous de fibres radicales cylindriques deux masses charnues entières ou palmées*, obtuses ou prolongées en pointe. Tiges feuillées; feuilles jamais réduites à des écailles.

TRIBU III. NEQTTIEÆ. — *Anthère distincte de la colonne*, souvent parallèle au stigmate, persistante, quelquefois en forme d'opercule. *Masses polliniques composées de granules lâchement cohérents*, presque pulvérulentes, *non atténuées en caudicule.* Souche ne présentant que des fibres radicales cylindriques ord. nombreuses, *rarement* les fibres radicales réduites au nombre de 2-3 et alors *renflées en forme de masses charnues.*

(1) On se rend facilement compte de cette structure en pratiquant des coupes transversales du bulbe flétri qui correspond à la tige florifère; sur les tranches ainsi obtenues, on distingue facilement les diverses fibres qui constituent la masse.

TRIBU I. MALAXIDEÆ. — Anthère terminale, libre, souvent en forme d'opercule, persistante ou caduque. **Masses polliniques très compactes céracées, composées de granules très cohérents, non atténuées en caudicule.** — Souche constituée par un ou plusieurs bulbes entourés de tuniques, munis de fibres radicales à leur base.

I. LIPARIS. (L. C. Rich. Orch. Europ. 30.)

Fleur dirigée de telle sorte que le labelle regarde en haut. Périanthe à divisions extérieures étroites, étalées, les deux latérales rapprochées du

47

labelle ; les deux divisions intérieures presque égales aux extérieures, étalées ; *labelle beaucoup plus large et aussi long que les autres divisions*,
non prolongé en éperon, entier, concave-canaliculé. *Colonne allongée*,
légèrement infléchie, un peu canaliculée sur la face qui regarde le labelle,
épaissie inférieurement, étroite à la partie moyenne, élargie en ailes sur
les parties latérales du stigmate. *Anthère* terminale, sessile, rétrécie à la
base, *terminée en un appendice membraneux, caduque*. Masses polliniques
bipartites, à lobes collatéraux ; rétinacles 2, situés au niveau du bord supérieur du stigmate. Ovaire à peine contourné, atténué en un pédicelle contourné.

1. L. LOESELII. (Rich. Orch. Europ. 58. t. f. 10.) — Ophrys Loeselii. L. sp. 1341.
— Engl. bot. t. 47. — Malaxis Loeselii. Swartz. act. Holm.

Tige de 1-2 décimètr., anguleuse à angles presque ailés, triquètre surtout
au sommet, nue, engaînée à la base par 2 feuilles radicales. Feuilles d'un
vert jaunâtre, membraneuses assez minces, oblongues ou oblongues-lancéolées pliées longitudinalement. Fleurs petites, d'un jaune verdâtre, dressées,
disposées en un épi 3-10-flore assez lâche. Labelle ovale dans sa partie supérieure, obtus, de la même couleur que les autres divisions. ♃. Juin-août.

R. — Tourbières à Sphagnum, prairies spongieuses. — Mennecy (*Pervillé*). Larchant (*Gogot*). Moret ! Nemours ! (*Devilliers*). Malesherbes ! (*Bernard*). St-Léger ! Morfontaine ! Pondron et Feigneux (*Leré*). Marais de Russy près Crespy
(*Questier*).

II. MALAXIS. (Swartz, act. Holm. (1800) 235.)

Fleur dirigée de telle sorte que le labelle regarde en haut. Périanthe à
divisions extérieures étalées, les deux latérales réfléchies vers le labelle, la
moyenne plus grande dirigée en bas et simulant un labelle ; les deux divisions
intérieures beaucoup plus petites, étalées ; *labelle plus court que les divisions extérieures*, non prolongé en éperon, entier, concave, embrassant la
colonne. *Colonne très courte. Anthère* terminale, sessile, *persistante, dépourvue d'appendice au sommet*. Masses polliniques bipartites, à lobes se
recouvrant l'un l'autre, réunies au sommet par un rétinacle subglobuleux
(Nees). Ovaire non contourné, atténué en un pédicelle contourné.

1. M. PALUDOSA. (Swartz, *loc. cit.*) — Engl. bot. t. 72. — Ophrys paludosa. L.
sp. 1341.

Tige de 5-15 centimètr., très grêle, pentagone, présentant 2-4 feuilles
dans sa partie inférieure ; le bulbe récent étant ord. éloigné du bulbe ancien.
Feuilles d'un vert jaunâtre, membraneuses assez minces, oblongues ou oblongues-obovales. Fleurs très petites, nombreuses, d'un jaune verdâtre, dressées,
disposées en un épi grêle ord. allongé. Labelle ovale aigu. ♃. Juillet-août.

R.R.R. — Tourbières à Sphagnum. — Étang du Scrisaye près Rambouillet !

TRIBU II. OPHRYDEÆ. — Anthère continue avec la colonne, persistante, à lobes complets. Masses polliniques composées de granules assez gros agglutinés par l'intermédiaire d'une matière visqueuse élastique, atténuées en caudicule à la base. — Souche présentant au-dessous de fibres radicales cylindriques deux masses charnues entières ou palmées, obtuses ou prolongées en pointe (bulbes) (1). Tiges feuillées ; feuilles jamais réduites à des écailles.

III. ORCHIS. (L. gen. n. 1009, part.)

Périanthe à divisions extérieures latérales convergentes ou étalées, la supérieure connivente en casque avec les deux divisions intérieures ; *labelle* dirigé en bas, étalé, *prolongé en éperon* ; à 3 lobes plus ou moins profonds, le moyen entier, bilobé ou bifide. Anthère dressée, à lobes contigus parallèles. Masses polliniques, à *rétinacles libres renfermés dans une bursicule biloculaire*. Staminodes petits, obtus. Ovaire contourné.

1 { Périanthe à divisions extérieures latérales étalées, réfléchies ou redressées. **2.**
Périanthe à divisions extérieures connivenentes en casque avec les deux intérieures . . . . **5.**

2 { Fleurs en épi compacte, à éperons dirigés en bas; bulbes palmés. . . . **3.**
Fleurs en épi lâche, à éperons dirigés horizontalement ou ascendants; bulbes entiers. . . . . **4.**

3 { Tige pleine ; divisions extérieures latérales du périanthe étalées; labelle presque plan; bractées la plupart plus courtes que les fleurs. . . . . *O. maculata.*
Tige fistuleuse; divisions extérieures du périanthe redressées; labelle à lobes latéraux un peu rejetés en arrière; bractées la plupart plus longues que les fleurs. . . . . *O. latifolia.*

4 { Bractées à 3-5 nervures souvent anastomosées; feuilles pliées-canaliculées. . . . . *O. laxiflora.*
Bractées à une seule nervure; feuilles planes. . . . . . *O. mascula.*

5 { Labelle trilobé ou trifide, le lobe moyen entier ou tronqué à peine émarginé . . . . **6.**
Labelle tripartit, le lobe moyen profondément bifide, présentant souvent une dent à l'angle de sa bifidité. . . . . **7.**

6 { Divisions connivenentes en un casque acuminé; labelle trifide, à lobe moyen oblong; fleurs à odeur de punaise. . . . . *O. coriophora.*
Divisions connivenentes en un casque obtus; labelle trilobé, à lobes larges. . . . . *O. Morio.*

(1) La souche des Orchidées de cette tribu présente, à l'époque de la floraison, deux masses charnues ; l'une de ces masses, en partie flétrie, correspond à la tige florifère ; l'autre, charnue succulente, est surmontée d'un bourgeon qui se développera en tige l'année suivante ; entre ce bourgeon et la tige florifère apparaît latéralement un bourgeon plus petit qui reproduira la plante la troisième année. — Il résulte de cette disposition relative des bourgeons que la plante ne s'avance pas dans une même direction, mais qu'elle n'éprouve successivement qu'un léger déplacement de droite à gauche et de gauche à droite.
Lorsque les fibres radicales qui constituent chacun des deux bulbes sont soudées dans toute leur longueur en une masse indivise, les bulbes sont dits entiers; lorsqu'après s'être soudées en une seule masse dans une partie de leur étendue elles divergent en plusieurs faisceaux distincts, les bulbes sont dits palmés.

7 { Bractée égalant ou dépassant la moitié de la longueur de l'ovaire; divisions
    extérieures du périanthe libres jusqu'à la base; fleurs petites. *O. ustulata.*
  { Bractée beaucoup plus courte que l'ovaire; divisions extérieures du périan-
    the soudées à la base . . . . 8.

8 { Casque ovoïde ou subglobuleux, d'un pourpre foncé; divisions du lobe
    moyen du labelle ord. 6-8 fois plus larges que les lobes latéraux. *O. fusca.*
  { Casque ovoïde-lancéolé, d'un rose ou d'un blanc cendré; divisions du lobe
    moyen du labelle aussi étroites que ses lobes latéraux, ou 1-5 fois plus
    larges qu'eux. . . . . 9.

9 { Divisions du lobe moyen du labelle aussi étroites que ses lobes latéraux,
    très longues, un peu courbées en avant. . . . . *O. simia.*
  { Divisions du lobe moyen du labelle 3-4 fois plus larges que ses lobes laté-
    raux, courtes, divergentes . . . . *O. galeata.*

1. O. USTULATA. (L. sp. 1333.) — Engl. bot. t. 18.

Bulbes entiers, subglobuleux. Tige de 2-3 décimètr. Feuilles oblongues-
lancéolées. *Bractées égalant ou dépassant la moitié de la longueur de
l'ovaire,* membraneuses, colorées, *à une seule nervure. Fleurs petites,* en
épi assez petit ovoïde ou oblong, *à casque d'un pourpre foncé,* à labelle
blanc ponctué de pourpre ou de houppes purpurines. *Périanthe à divisions
conniventes en un casque subglobuleux, libres jusqu'à la base,* les divisions intérieures linéaires-spatulées. Labelle tripartit; *les lobes latéraux
oblongs dirigés presque horizontalement; le lobe moyen à peine plus large
que les latéraux,* bifide au sommet, présentant ord. une dent à l'angle de sa
bifidité, à lobes secondaires courts presque parallèles; éperon regardant en
bas, 3-4 fois plus court que l'ovaire. ♃ Mai-juin.

A.R. — Prairies, pâturages, coteaux herbeux, lisière des bois. — Plessis-Piquet!
St-Germain (*Brice*). Env. de Montmorency (*Boudier*). Palaiseau! Le Châtelet près
Melun (*Garnier*). Abondant à Fontainebleau dans le parc et la forêt! Malesherbes!
Nemours! Provins (*Bouteiller*). Vanteuil (*Adr. de Jussieu*). Le Coudray près
Mantes (*Irat*). Chaumont (*Frion*).

2. O. FUSCA. (Jacq. fl. Austr. t. 307.) — Illustr. fl. Par.

Bulbes entiers, ovoïdes. Tige de 5-8 décimètr., robuste. Feuilles amples,
oblongues, luisantes, d'un beau vert. *Bractées beaucoup plus courtes que
l'ovaire,* membraneuses, *à une seule nervure* plus ou moins distincte. *Fleurs*
en épi gros ovoïde ou oblong, *à casque d'un pourpre foncé* veiné-ponctué, à
labelle blanc ou rosé, ponctué de petites houppes purpurines. *Périanthe à
divisions conniventes en un casque ovoïde ou subglobuleux;* les extérieures
soudées à la base; les intérieures linéaires. *Labelle tripartit; les lobes latéraux linéaires,* écartés ou rapprochés du lobe moyen; *le lobe moyen s'é-
largissant insensiblement à partir de sa base,* bifide, présentant ord. une
dent à l'angle de sa bifidité, *à lobes secondaires ord. très larges,* un peu
tronqués, crénelés ou denticulés; éperon courbé, regardant en bas, tronqué,
plus court que la moitié de la longueur de l'ovaire. ♃ Mai-juin.

A.C. — Bois, coteaux ombragés. — Meudon! St-Cloud! St-Germain! Vincennes! etc.

var. β. *stenoloba.* (O. Jacquini. Godr. fl. Lorr. III. 55.) — Casque d'un pourpre
moins foncé. Labelle à lobes latéraux ord. écartés du lobe moyen, lobe moyen à
lobes secondaires à peine plus larges que les lobes latéraux. — *R.* — Mêlé avec le
type. — Meudon! Vincennes! Fontainebleau!

La forme du labelle est très variable dans l'*O. fusca;* il n'est pas rare de rencontrer des fleurs où les lobes latéraux sont à peine distincts du lobe moyen, soit par
soudure soit par avortement.

5. O. GALEATA. (Lam. dict. IV. 595.) — Jacq. ic. III. 598. — Illustr. fl. Par.

Bulbes entiers, ovoïdes. Tige de 3-6 décimètr., ord. robuste. Feuilles oblongues. *Bractées beaucoup plus courtes que l'ovaire*, membraneuses, *à une seule nervure* plus ou moins distincte. *Fleurs* en épi gros, ovoïde ou oblong, *à casque d'un rose ou d'un blanc cendré* ord. ponctué en dedans, à labelle blanc ou rosé ponctué de petites houppes purpurines. *Périanthe à divisions conniventes en un casque ovoïde-lancéolé*, les extérieures soudées dans leur partie inférieure. *Labelle tripartit; les lobes latéraux linéaires; le lobe moyen linéaire, dilaté et bifide* au sommet, présentant ord. une dent à l'angle de sa bifidité, *à lobes secondaires* courts et *divergents*, tronqués ou arrondis au sommet, 3-4 *fois plus larges que les lobes latéraux;* éperon courbé regardant en bas, obtus, plus court que la moitié de la longueur de l'ovaire. ♃. Mai-juin.

A.R. — Clairières des bois, pelouses ombragées, prairies montueuses. — Grandchamp près St-Germain! Luzarches (*De Lens*). Parc de Fontenay-St-Père près Mantes! Magny, Halaincourt, Banthélu (*Bouteille*). Env. d'Anet (*Daënen*). Senlis; Aulmont (*Morelle*). Forêt de Compiègne (*Weddell*). Clermont! Verderonne! Canneville près Chantilly (*Mandon*). Bresles; Thury-sous-Clermont; Vaudreponi; Chaumont (*Frion*). Beauvais (*Graves*). Abondant dans le parc et la forêt de Fontainebleau! Le Châtelet près Melun (*Garnier*). Nemours! Malesherbes!

4. O. SIMIA. (Lam. fl. Fr. III. 507.) — Illustr. fl. Par. — O. tephrosanthos. Vill. Dauph. II. 52. — Vaill. bot. Par. t. 51. f. 25-26.

Bulbes entiers, ovoïdes. Tige de 3-6 décimètr., ord. robuste. Feuilles oblongues. *Bractées beaucoup plus courtes que l'ovaire*, membraneuses, *à une seule nervure* plus ou moins distincte. *Fleurs* en épi assez gros ovoïde ou oblong, *à casque d'un rose ou d'un blanc* ord. *cendré* ponctué en dedans, à labelle blanc ou rosé ponctué de pourpre ou de petites houppes purpurines. *Périanthe à divisions conniventes en un casque ovoïde-lancéolé* acuminé, les extérieures soudées dans leur partie inférieure, les divisions intérieures linéaires. *Labelle tripartit; les lobes latéraux linéaires très étroits*, ord. arqués en avant; *le lobe moyen linéaire* étroit, *bifide*, présentant une dent subulée à l'angle de sa bifidité, *à lobes secondaires linéaires allongés aussi étroits* et environ aussi longs *que les lobes latéraux;* éperon un peu courbé regardant en bas, obtus, plus court que la moitié de la longueur de l'ovaire. ♃. Mai-juin.

A.R. — Clairières des bois, pelouses ombragées, prairies montueuses. — Bois de Vincennes! Champigny! Forêt de Montmorency! St-Germain! Parc de Fontenay-St-père près Mantes! Le Coudray près Mantes (*Maire*). Magny, Halaincourt, Hodent (*Bouteille*). Dreux (*Daënen*). Forêt du Lys (*Daudin*). Senlis; Thury-sous-Clermont; St-Félix; Liancourt; Beauvais; Béthizy-St-Pierre (*Graves*). Forêt de La Neuville-en-Hez (*Delacourt*). Champlieu près Compiègne (*Leré*). Mennecy; la Ferté-Aleps (*Mandon*). Malesherbes!

5. O. CORIOPHORA. (L. sp. 1332.) — Jacq. fl. Austr. 122.

Bulbes entiers, subglobuleux. Tige de 3-4 décimètr. Feuilles lancéolées-linéaires. *Bractées* égalant environ la longueur de l'ovaire, membraneuses, *à une seule nervure. Fleurs* en épi oblong-cylindrique, *exhalant une odeur de punaise*, à casque d'un rouge brunâtre rayé de vert, à labelle verdâtre ponctué de pourpre rougeâtre aux bords et à la partie moyenne. *Périanthe à divisions conniventes en un casque oblong acuminé en bec*, les extérieures soudées dans leur moitié inférieure. *Labelle* un peu rejeté en arrière, *trifide*, à lobes presque égaux indivis; *le lobe moyen oblong entier* un peu plus long

47.

que les latéraux ; les latéraux rhomboïdaux, un peu crénelés ; éperon conique aigu, arqué, dirigé en bas, 1-2 fois plus court que l'ovaire. ⚥. Mai-juin.

A.R. — Prairies, pâturages, lieux herbeux. — Sceaux ; Bondy (*Brice*). Vallée de Jouy ! Vallée de St-Marc ! Buc ! Etang de St-Quentin près Versailles ! Palaiseau (*Mandon*). Bois de Bouffremont près Montmorency (*Boudier*). Banthélu près Magny (*Bouteille*). Morfontaine (*Mandon*). La Ronce près Anet ; Dreux (*Daënen*). Luzarches (*De Lens*). Thiers (*Morelle*). Ermenonville (*Mandon*). Antilly près Crépy (*Questier*). Forêt de Compiègne. Le Châtelet (*Garnier*). Fontainebleau (*Pervillé, Weddell*). Nemours ! Provins (*Bouteiller*).

6. O. MORIO. (L. sp. 1333.) — Engl. bot. t. 2059.

Bulbes entiers, subglobuleux. Tige de 1-4 décimètr. Feuilles oblongues ou oblongues-lancéolées. *Bractées* égalant la longueur de l'ovaire, membraneuses colorées., *à une seule nervure*. Fleurs en épi ovoïde ou oblong, d'un rose lilas ou violet, à casque veiné de vert, à labelle présentant des taches blanches ponctuées de lilas. *Périanthe à divisions conniventes en un casque subglobuleux obtus*, les extérieures libres jusqu'à la base. *Labelle* plus large que long, *à 3 lobes larges obtus, le moyen émarginé*, les latéraux un peu rejetés en arrière ; *éperon presque droit, ascendant ou dirigé horizontalement*, oblong-conique un peu comprimé, large et tronqué à son extrémité, un peu plus court que l'ovaire. ⚥. Avril-juin.

A.C. — Prairies, pâturages, clairières des bois. — Bois de Boulogne ! Env. de Montmorency (*Boudier*). St-Germain ! Abondant dans la vallée de Jouy ! Vallée de St-Marc ! Palaiseau ! Banthélu et Arthieul près Magny (*Bouteille*). Luzarches (*De Lens*). Neuville-Bosc ! Le Châtelet (*Garnier*). Fontainebleau !, etc.

7. O. MASCULA. (L. sp. 1333.) — Engl. bot. t. 631.

Bulbes entiers, ovoïdes. Tige de 4-5 décimètr. Feuilles oblongues ou oblongues-lancéolées, quelquefois marquées de taches brunes. *Bractées* égalant la longueur de l'ovaire, membraneuses colorées, *à une seule nervure*. Fleurs en épi lâche allongé, purpurines, rarement blanches. *Périanthe à divisions extérieures* libres, ovales-oblongues, obtuses, aiguës ou acuminées, les deux *latérales étalées puis réfléchies*. *Labelle* pubescent à la face interne au moins à la base, *à 3 lobes* larges dentés, *le lobe moyen émarginé ou échancré ; éperon ascendant ou dirigé horizontalement*, cylindrique épais, obtus, égalant environ la longueur de l'ovaire. ⚥. Avril-juin.

A.R. — Pelouses montueuses, clairières des bois, pâturages. — St-Germain ! Jouy près Versailles ! Montmorency ! Bois des Camaldules (*Weddell*). Bois de Rentilly-en-Brie (*Thuret*). Abondant aux env. du Châtelet (*Garnier*). Nemours (*Devilliers*). Vanteuil (*Adr. de Jussieu*). Thury-en-Valois (*Questier*). Compiègne (*Leré*). Dreux (*Daënen*).

8. O. LAXIFLORA. (Lam. fl. Fr. III. 504.) — O. palustris, Jacq. collect. I. 75. — Ic. rar. t. 181.

Bulbes entiers, subglobuleux. Tige de 4-5 décimètr., très feuillée. Feuilles lancéolées-linéaires aiguës, canaliculées. *Bractées* égalant environ la longueur de l'ovaire, *à 3-5 nervures très distinctes* (1). Fleurs en épi lâche allongé, d'un rouge foncé. *Périanthe à divisions extérieures* libres, oblongues, obtuses, les deux *latérales réfléchies*. Labelle large, *à 3 lobes, le lobe moyen émarginé* plus court ou plus long que les latéraux ; les latéraux arrondis au sommet, un peu crénelés ; *éperon ascendant ou dirigé horizontalement*, cy-

(1) Les nervures des bractées deviennent beaucoup plus distinctes par la dessiccation.

lindrique, obtus ou tronqué, assez long mais plus court que l'ovaire. ♃ Mai-
juin.

A.C. — Prairies tourbeuses, pâturages humides, marécages des bois. — Plessis-
Piquet! St-Gratien! Moutmorency! Forêt de Senart! Mennecy! Nemours! Env. de
Versailles; Vallée de Chevreuse!, etc.

9. O. MACULATA. (L. sp. 1335.) — Engl. bot. 632.

Bulbes palmés. Tige de 3-6 décimètr., assez grêle, feuillée, *non fistuleuse.* Feuilles oblongues, ou oblongues-lancéolées atténuées aux deux extrémités, ord. marquées de taches noires. *Bractées la plupart plus courtes
que les fleurs,* égalant ou dépassant la longueur de l'ovaire, herbacées, linéaires-acuminées, *à 3 nervures très distinctes.* Fleurs en épi compacte ord.
court, blanches, veinées ou tachées de pourpre ou de violet, plus rarement
d'un rose pâle ou lilas. Périanthe à divisions extérieures libres, lancéolées,
les deux latérales étalées. Labelle large, presque plan, à 3 lobes peu profonds,
le lobe moyen entier plus petit que les latéraux, les latéraux larges crénelés;
éperon cylindrique ou conique, dirigé en bas, plus court que l'ovaire. ♃.
Juin-juillet.

C.C. — Lieux herbeux des bois, pâturages montueux, prairies.

10. O. LATIFOLIA. (L. sp. 1334.) — Engl. bot. t. 2308.

Bulbes palmés. Tige de 3-8 décimètr., ord. assez robuste, feuillée ord.
jusqu'au sommet, *fistuleuse.* Feuilles oblongues ou oblongues-lancéolées, ord.
assez larges, marquées ou non de taches noires. *Bractées* ord. *la plupart
plus longues que les fleurs,* herbacées, lancéolées ou lancéolées-linéaires, *à
3 nervures très distinctes.* Fleurs en épi compacte ovoïde ou oblong, d'un
pourpre clair ou plus ou moins foncé, ponctuées et striées d'un pourpre plus
foncé surtout sur le labelle. Périanthe à divisions extérieures libres, lancéolées,
les deux latérales plus ou moins redressées. Labelle large, à 3 lobes ord. peu
profonds, les deux lobes latéraux un peu rejetés en arrière; éperon cylindrique ou conique, dirigé en bas, plus court que l'ovaire, plus rarement
aussi long que lui. ♃. Mai-juin.

C. — Prairies humides, marais tourbeux, marécages des bois.

var. β. *angustifolia.* (O. divaricata. Rich.) — Feuilles étroites, lancéolées ou linéaires-lancéolées dressées.

IV. ANACAMPTIS. (L. C. Rich. Orch. Europ. 19.)

Périanthe à divisions extérieures latérales étalées, la supérieure dressée un
peu connivente avec les deux divisions intérieures; *labelle* dirigé en bas,
étalé, 3-lobé, *muni vers la base* et en dessus *de deux petites lamelles* parallèles saillantes, *prolongé en éperon.* Anthère dressée, à lobes contigus, parallèles. Masses polliniques à *rétinacles soudés en un seul qui est renfermé
dans une bursicule uniloculaire.* Staminodes subclaviformes. Ovaire contourné.

1. A. PYRAMIDALIS. (Rich. *loc. cit.* 35.) — Orchis pyramidalis. L. sp. 1552. —
Engl. bot. t. 110.

Bulbes entiers, subglobuleux. Tige de 2-6 décimètr., assez grêle. Feuilles
lancéolées-linéaires, allongées, aiguës. Bractées-linéaires-subulées, marquées
de 3 nervures à la base, égalant environ la longueur de l'ovaire. Fleurs en
épi compacte court, ovoïde ou oblong, d'un beau rose. Labelle à 3 lobes
presque égaux oblongs obtus, les latéraux un peu plus larges un peu crénelés;

éperon grêle, filiforme, égalant ou dépassant la longueur de l'ovaire. ♃. Mai-juillet.

R. — Pelouses sèches, bois, coteaux incultes et herbeux. — Meudon (*Maire*). Luzarches (*De Lens*). Parc de Fontenay-St-Père près Mantes (*Guillon*). Le Coudray près Mantes (*dz Boucheman*). Chantilly (*Mandon*). Aulmont; étangs de Comelle (*Morelle*). Parc de Rebetz près Chaumont! Forêt de Compiègne (*Weddell*). Assez abondant dans la forêt de Fontainebleau!

V. GYMNADENIA. (L. C. Rich. Orch. Europ. 26, *part.*)

Périanthe à divisions extérieures latérales étalées, la supérieure connivente en casque avec les deux divisions intérieures, ou toutes les divisions conniventes, les intérieures très étroites; *labelle* ord. dirigé en bas, étalé, *3-lobé ou tridenté, prolongé en éperon.* Anthère dressée, à lobes parallèles, contigus ou un peu distants. Masses polliniques à *rétinacles libres*, latéraux, plus rarement terminaux, *non renfermés dans une bursicule.* Staminodes assez petits. Ovaire contourné.

1 { Fleurs verdâtres; labelle linéaire, tridenté au sommet; éperon très court en forme de sac. . . . . *G. viridis.*
{ Fleurs roses, rarement blanches; labelle trilobé; éperon filiforme. . . . 2.

2 { Éperon environ deux fois plus long que l'ovaire. . . . . *G. conopsea.*
{ Éperon environ de la longueur de l'ovaire ou plus court que lui. . . . .
{ . . . . *G. odoratissima.*

1. G. CONOPSEA. (Rich. *loc. cit.* 35.) — Orchis conopsea. L. sp. 1335. — Engl. bot. t. 10.

Bulbes palmés. Tige de 4-6 décimètr. Feuilles lancéolées-linéaires, allongées. Bractées lancéolées, à trois nervures, égalant ou dépassant la longueur de l'ovaire. Fleurs disposées en un épi compacte cylindrique allongé aigu, rosées ou purpurines, à odeur peu prononcée ou assez agréable. Périanthe à divisions extérieures latérales étalées. *Labelle à 3 lobes* ovales obtus; *éperon filiforme-subulé, arqué, environ deux fois plus long que l'ovaire* (1). ♃. Juin-juillet.

A.C. — Prairies, coteaux herbeux, lisières et clairières des bois. — Grandchamp près St-Germain! Mantes! Vernon! Fontainebleau! Malesherbes! Nemours! Provins, etc.

2. G. ODORATISSIMA. (Rich. *loc. cit.* 35.) — Orchis odoratissima. L. sp. 1335. — Jacq. Austr. t. 264.

Bulbes palmés. Tige de 3-5 décimètr. Feuilles linéaires, allongées, aiguës. Bractées lancéolées, à trois nervures, égalant ou dépassant la longueur de l'ovaire. Fleurs plus petites que dans l'espèce précédente, rosées ou purpurines, plus rarement blanches, disposées en un épi compacte cylindrique oblong, à odeur de vanille très pénétrante. Périanthe à divisions extérieures latérales étalées. *Labelle à 3 lobes* ovales obtus; *éperon filiforme, arqué, environ de la longueur de l'ovaire* ou plus court que lui. ♃. Mai-juin.

R. — Coteaux calcaires herbeux, clairières des bois, prairies tourbeuses. — Malesherbes! La Genevraie près Nemours! Marais de Sceaux près Château-Ladon (*Devilliers*). Coteaux des env. de Vernon! *Cadet de Chambine*!

_____

(1) Nous avons observé une déformation dans laquelle les éperons de la plupart des fleurs de l'épi faisaient saillie en avant à l'intérieur du périanthe.

3. G. VIRIDIS. (Rich. *loc. cit.* 38.) — Orchis viridis. All. fl. Ped. n. 1846. — Satyrium viride. L. sp. 1337. — Engl. bot. t. 94.

Bulbes palmés. Tige de 1-4 décimètr. Feuilles ovales, obtuses ou aiguës.
Bractées herbacées, lancéolées, à 3 nervures, dépassant ord. plus ou moins
longuement les fleurs. *Fleurs* disposées en un épi oblong un peu lâche, *d'un
vert jaunâtre*. *Périanthe à divisions conniventes en un casque* subglobuleux. *Labelle* linéaire, *tridenté au sommet*, la dent moyenne beaucoup plus
courte que les latérales; *éperon très court* obtus, *en forme de sac*. ♃. Mai-
juin.

A.R. — Prairies humides, marécages des bois. — Plessis-Piquet (*Weddell*). Bois
de Boufiremont près Montmorency (*Boudier*). Vallée de Jouy ! Prairies de Seulisse
(*Mandon*). Buc ! Étang de St-Hubert près St-Léger ! Arthieul près Magny (*Bouteille*). Ermenonville. Cocherelle près Dreux (*Daënen*). Goincourt près Beauvais
(*Questier*). Frocourt près Beauvais; St-Martin-le-Nœud; Cutz; Pierrefond; Compiègne (*Graves*). Le Châtelet (*Garnier*). Forêt de Compiègne (*Weddell*).

VI. PLATANTHERA. (L. C. Rich. Orch. Europ. 26.)

Périanthe à divisions extérieures latérales plus ou moins étalées, la supérieure connivente en casque avec les deux divisions intérieures; *labelle* dirigé en bas, étalé, *linéaire-allongé*, *indivis*, *prolongé en un éperon* très
long. Anthère dressée, à lobes rapprochés ou distants, parallèles ou divergents
à la base. Masses polliniques à *rétinacles* libres un peu latéraux *non renfermés dans une bursicule*. Staminodes assez développés, arrondis. Ovaire
contourné.

{ Anthère à lobes rapprochés et parallèles. . . . . *P. bifolia.*
{ Anthère à lobes éloignés, divergents inférieurement. . . *P. chlorantha.*

1. P. CHLORANTHA. (Cust. *ap.* Rchb. *in* Moesl. handb. II. 1563.) — Rchb. ic. IX.
f. 1145. — Illustr. fl. Par.

Bulbes entiers, ovoïdes-oblongs, souvent atténués à l'extrémité. Tige de
4-6 décimètr. Feuilles inférieures au nombre de deux rarement trois, occupant la partie inférieure de la tige, oblongues atténuées à la base ou oblongues-obovales, assez larges; les supérieures très petites, bractéiformes. Bractées herbacées, à plusieurs nervures, égalant ord. ou dépassant la longueur
de l'ovaire. Fleurs en épi oblong assez lâche, d'un blanc verdâtre, à odeur
suave. Labelle linéaire-allongé, indivis; éperon filiforme-subulé, arqué, un
peu renflé et comprimé au-dessous du sommet. *Anthères à lobes éloignés,
divergents inférieurement.* ♃. Mai-juin.

C.C. — Bois, lieux herbeux, bruyères, prairies humides.

2. P. BIFOLIA. (Rich. *loc. cit.* 35.) — Illustr. fl. Par. — Orchis bifolia. L. sp. 1331.
— P. brachyglossa. Rchb. ic. IX. f. 1144.

Cette espèce se distingue de la précédente à ses fleurs plus petites, et surtout
aux *lobes de l'anthère rapprochés et parallèles*. ♃. Mai-juin.

C. — Bois, bruyères, prairies humides, pâturages. — Bois de Meudon ! Forêt de
Montmorency ! Forêt de Senart ! Nemours ! Parc de Fontenay-St-Père ! Sérans près
Magny ! Vernon ! Bizy !, etc.

VII. LOROGLOSSUM. (L. C. Rich. Orch. Europ. 25, *part.*)

Périanthe à divisions extérieures connivantes en casque avec les intérieures
qui sont beaucoup plus étroites; *labelle prolongé* à la base *en un éperon
court*, dirigé en bas, pendant, *très allongé, à 3 divisions linéaires, roulées*

en spirale pendant la préfloraison, la moyenne indivise. Anthère dressée, à lobes un peu distants *séparés par un appendice charnu.* Masses polliniques à *rétinacles soudés en un seul qui est renfermé dans une bursicule uniloculaire.* Staminodes petits, obtus. Ovaire contourné.

1. L. HIRCINUM (Rich. *loc. cit.* 52.) — Satyrium hircinum. L. sp. 1557. — Engl. bot. t. 24.

Bulbes entiers, ovoïdes. Tige de 4-8 décimètr., robuste. Feuilles oblongues-lancéolées ou ovales-lancéolées. Bractées linéaires, plus longues que l'ovaire, à 3-5 nervures. Fleurs exhalant une odeur de bouc très forte, disposées en un épi oblong cylindrique, d'un blanc verdâtre rayées et ponctuées de pourpre en dedans, à labelle d'un brun verdâtre livide à base blanche ponctuée de houppes purpurines. Périanthe à divisions conniventes en un casque subglobuleux. Labelle à 3 divisions linéaires, les latérales beaucoup plus courtes et plus étroites que la moyenne, ondulées-crépues surtout à la base, la moyenne très longue un peu contournée en spirale même après l'épanouissement, tronquée ou présentant 2-3 dents courtes à l'extrémité ; éperon très court, conique. ♃. Juin-juillet.

A.C. — Clairières et lisières des bois sablonneux, coteaux pierreux incultes, buissons, taillis. — Bois de Boulogne ! Bois du Vésinet ! St-Germain ! (*Brice*). Luzarches (*De Lens*). Mantes ! Magny !; Banthélu ; Arthieul (*Bouteille*). La Roche-Guyon ! Vernon ! Bizy ! Les Andelys ! Dreux (*Daënen*). Senlis ! Chaumont ! Compiègne. Lardy ! Étrechy ! Fontainebleau ! Nemours ! Malesherbes !

VIII. ACERAS. (R. Brown, Kew. V. 191, *part.*)

Périanthe à divisions extérieures conniventes en casque avec les intérieures qui sont beaucoup plus étroites ; *labelle* dépourvu d'éperon, ne présentant à la base que deux petites bosses à peine saillantes, dirigé en bas, pendant, *allongé, à 3 divisions linéaires, la moyenne plus large, bifide, seulement infléchie pendant la préfloraison. Anthère dressée, à lobes* presque contigus non *séparés par un appendice charnu.* Masses polliniques à *rétinacles soudés en un seul qui est renfermé dans une bursicule* uniloculaire. Staminodes peu distincts. Ovaire contourné.

1. A. ANTHROPOPHORA. (R. Brown, *loc. cit.*)—Ophrys anthropophora. L. sp. 1543. — Engl. bot. t. 29. (vulg. *Ophrys-pendu.*)

Bulbes entiers, ovoïdes-subglobuleux. Tige de 2-4 décimètr. Feuilles oblongues ou oblongues-lancéolées. Bractées membraneuses, plus courtes que l'ovaire. Fleurs disposées en un épi allongé un peu lâche, d'un jaune verdâtre bordées et rayées d'un rouge brunâtre. Périanthe à divisions conniventes en un casque presque obtus. Labelle plus long que l'ovaire, à 3 divisions linéaires, les 2 latérales très étroites, la moyenne plus large et plus longue, bifide, à divisions secondaires presque aussi étroites que les divisions latérales. ♃. Mai-juin.

R. — Prés secs, pelouses découvertes des bois montueux, pâturages. — Meudon. Bois de Satory près Versailles ! Luzarches (*De Lens*). Lardy ! Étrechy ! Assez abondant dans la forêt de Fontainebleau ! Malesherbes ! Nemours (*Devilliers*).

IX. HERMINIUM. (L. C. Rich. Orch. Europ. 27.)

Périanthe à divisions toutes conniventes en cloche, les *extérieures membraneuses, les intérieures* presque charnues plus étroites *présentant de chaque côté une dent* à leur partie moyenne ; *labelle connivent avec les autres divi-*

sions, *trilobé à lobes linéaires entiers*, concave à la base mais *non prolongé en éperon*. Anthère dressée, à lobes non séparés par un appendice charnu. *Masses polliniques à caudicules très courts; à rétinacles libres, très grands, concaves en forme de capuchon, non renfermés dans une bursicule*. Staminodes squamiformes. Ovaire contourné.

1. H. MONORCHIS. (R. Brown, Kew. V. 191.) — Ophrys monorchis. L. sp. 1342.— Engl. bot. t. 71.

Bulbe entier, globuleux, solitaire lors de la floraison , le bulbe récent ne se développant que plus tard. Tige grêle, de 1-2 rarement 3 décimètr. Feuilles ovales ou oblongues-lancéolées. Bractées environ de la longueur de l'ovaire. Fleurs petites, d'un jaune verdâtre, disposées en un épi grêle allongé, exhalant une odeur de fourmis. ♃. Mai-juillet.

R.R.—Coteaux arides, pelouses montueuses.—Env. de La Roche-Guyon (*Rousse*). Verderonne (*Leré*). Pouilly près Méru! (*Daudin, Daënen*). Amblainville; Aulmont près Senlis; Montmille!, et bois du parc près Beauvais (*Graves, Delacourt*).Gournay (*Mandon*). Grands Monts près Compiègne (*Graves*). — Mt-St-Siméon et autres localités des env. de Noyon (*Questier, Morelle*).

X. OPHRYS. (L. gen. n. 1011, *part.*)

Périanthe à divisions extérieures étalées, les deux intérieures beaucoup plus petites dressées; *labelle* épais un peu charnu, *non prolongé en éperon*, dirigé en bas, étalé ou concave en arrière, présentant souvent à la base deux bosses saillantes, ord. pubescent-velouté à la face antérieure et marqué de lignes et de taches de diverses couleurs, entier ou 3-lobé , à lobe moyen plus grand entier émarginé ou bifide souvent terminé par un appendice glabre épais courbé. Anthère dressée, à lobes non séparés par un appendice charnu, distincts dans toute leur longueur. Masses polliniques à *rétinacles* libres *renfermés dans deux bursicules distinctes*. Staminodes très petits ou presque indistincts. *Ovaire non contourné*.

1	Labelle ne présentant pas d'appendice à son extrémité.	2.
	Labelle présentant à son extrémité un appendice glabre , épais , courbé en dessus ou en dessous	3.
2	Labelle trilobé, à lobe moyen bilobé; les deux divisions intérieures du périanthe filiformes . . . . *O. myodes.*	
	Labelle entier ou un peu émarginé à son extrémité; les deux divisions intérieures du périanthe ovales-lancéolées obtuses. . . . *O. aranifera.*	
3	Labelle à appendice courbé en dessus ; colonne terminée en un bec court droit. . . . . *O. arachnites.*	
	Labelle à appendice recourbé et caché en dessous; colonne terminée par un bec long et flexueux . . . . *O. apifera.*	

1. O. MYODES. (Jacq. misc. II. 375.) — Illustr. fl. Par. — O. muscifera. Buds. Angl. 340. — Engl. bot. t. 64. (vulg. *Ophrys-mouche*).

Bulbes entiers, subglobuleux. Tige de 2-5 décimètr., assez grêle. Feuilles oblongues , ou oblongues-lancéolées , tendant à noircir par la dessication. Bractées herbacées, égalant ou dépassant la longueur de l'ovaire. Fleurs peu nombreuses , espacées , en un épi grêle. Colonne courte , terminée en un bec court. *Divisions extérieures du périanthe* ovales-lancéolées obtuses , verdâtres ; les deux *intérieures linéaires-filiformes très grêles, d'un pourpre noirâtre. Labelle* velouté, d'un rouge brunâtre, marqué à sa partie moyenne d'une large tache quadrangulaire glabre d'un blanc bleuâtre, oblong, *à 3 lobes*, les deux lobes latéraux assez courts oblongs étroits , *le lobe moyen* plus large et plus long *bilobé* et élargi au sommet *ne présentant pas d'appendice terminal*. ♃. Mai-juin.

A.C. — Pâturages, clairières des bois, coteaux herbeux. — Bois de Vincennes! St-Cloud! St-Germain! Montmorency (*Boudier*). Vallée de Mennecy (*Mandon*). Assez abondant dans la forêt de Fontainebleau! Malesherbes! Senlis! Morfontaine (*Mandon*). Pouilly près Méru! Parc de Fontenay-St-Père! Le Coudray près Mantes (*Irat*). La Roche-Guyon (*Beautemps*). Les Andelys! Chaumont!

2. **O. ARANIFERA.** (Huds. Angl. ed. 2. 592.) — Engl. bot. t. 65. — Illustr. fl. Par. (vulg. *Ophrys-Araignée*).

Bulbes entiers, subglobuleux. Tige de 2-3 décimètr. Feuilles ovales-oblongues ou oblongues, tendant à noircir par la dessiccation. Bractées herbacées, dépassant ord. la longueur de l'ovaire. Fleurs peu nombreuses, espacées, en épi lâche. Colonne terminée en un bec court. *Divisions* extérieures *du périanthe* ovales-oblongues, d'un vert pâle; les deux *intérieures oblongues-lancéolées* obtuses, d'un vert plus foncé. *Labelle* velouté, brun ou d'un brun jaunâtre, marqué à sa partie moyenne de 2-4 lignes glabres blanchâtres ou verdâtres disposées symétriquement, oblong-obovale *indivis* entier ou un peu émarginé au sommet, convexe en avant, concave en arrière, *ne présentant pas d'appendice terminal*. ♃. Mai-juin.

A.R. — Pâturages, clairières des bois, coteaux herbeux. — Vincennes! St-Maur! St-Germain! Senlis (*Morelle*). Chantilly (*Mandon*). Le Coudray près Mantes (*Maire, Irat*). Malesherbes! Chaumont! Assez abondant dans la forêt de Fontainebleau!

3. **O. ARACHNITES.** (Willd. sp. IV. 67.) — Engl. bot. t. 2596. — Illustr. fl. Par. (vulg. *Ophrys-Bourdon*.)

Bulbes entiers, subglobuleux. Tiges de 2-4 décimètr. Feuilles ovales-oblongues ou oblongues, tendant à noircir par la dessiccation. Bractées herbacées, dépassant ord. la longueur de l'ovaire. Fleurs peu nombreuses, espacées, en épi lâche. *Colonne terminée en un bec court droit*. Divisions extérieures du périanthe ovales-oblongues obtuses d'un rose pâle à nervure verte; les deux intérieures oblongues-lancéolées, élargies à la base, un peu rosées, veloutées. *Labelle* velouté, d'un brun pourpre, marqué à sa partie moyenne d'une tache glabre verdâtre composée de lignes confluentes qui sont disposées symétriquement et sont mêlées de lignes brunes également symétriques, large, obovale ou ovale-suborbiculaire, tronqué au sommet, *indivis*, convexe en avant et présentant vers sa base deux saillies latérales coniques plus ou moins saillantes qui regardent en avant, concave en arrière, *présentant un appendice terminal glabre* d'un vert jaunâtre *courbé et dirigé en avant*. ♃. Mai-juin.

A.C. — Pâturages, clairières des bois, coteaux herbeux. — St-Maur! Montmorency (*Boudier*). Fontainebleau! Malesherbes! Mantes! Halaincourt près Magny! Vernon! Les Andelys! Senlis (*Morelle*). Chantilly (*Mandon*). Verderonne! Liancourt; Chaumont (*Frion*). Beauvais; Gournay (*Mandon*).

4. **O. APIFERA.** (Huds. fl. Angl. ed. 1. 340.) — Engl. bot. t. 383. — Illustr. fl. Par. (vulg. *Ophrys-Abeille*).

Bulbes entiers, subglobuleux. Tiges de 2-4 décimètr. Feuilles ovales-oblongues ou oblongues, tendant à noircir par la dessiccation. Bractées herbacées, dépassant ord. la longueur de l'ovaire. Fleurs peu nombreuses, espacées, en épi lâche. *Colonne terminée en un bec long et flexueux*. Divisions extérieures du périanthe ovales-oblongues, obtuses, roses à nervure verte; les deux intérieures lancéolées élargies à la base, d'un rose mêlé de vert, veloutées. *Labelle* velouté, d'un brun pourpre, marqué à sa partie moyenne d'une tache glabre verdâtre composée de lignes ord. confluentes qui sont disposées symétrique-ment et sont souvent interrompues par des lignes brunes, large, oblong-obo-vale ou oblong-suborbiculaire, *trilobé*; les deux lobes latéraux très veloutés, occupant la base du labelle, triangulaires, rejetés en arrière à base conique saillante en avant; *le lobe moyen* constituant la plus grande partie du labelle, convexe en avant, concave en arrière, *recourbé en dessous à son extrémité qui se prolonge en un appendice glabre* au sommet *recourbé et caché en dessous*. ♃. Mai-juillet.

A.R. — Pâturages, clairières des bois, coteaux herbeux. — Aunay-les Chatenay. St-Germain! Forêt de Senart (*Thuret*). Lardy (*Maire*). Étrechy! Forêt de Fontaine-bleau! Mantes! Halaincourt près Magny! La Roche-Guyon! Vernon! Les Andelys! Dreux (*Daënen*). Luzarches (*De Lens*). Senlis (*Morelle*). Clermont! Verderonne! Chantilly; Beauvais; forêt de Compiègne (*Graves*).

TRIBU III. NEOTTIEÆ. — **Anthère distincte de la colonne, souvent parallèle au stigmate, persistante, quelquefois en forme d'opercule. Masses polliniques composées de granules lâchement cohérents, presque pulvérulentes, non atténuées en caudicule. —Souche ne présentant que des fibres radicales cylindriques ord. nombreuses; rarement les fibres radicales réduites au nombre de 2-3 et alors renflées en forme de masses charnues (1).**

XI. SPIRANTHES. (L. C. Rich. Orch. Europ. 28.)

Périanthe à divisions formant un angle avec l'ovaire, tubuleux-bilabié par la connivence des divisions, les divisions extérieures latérales s'étalant plus tard; *labelle* rapproché des divisions qui l'embrassent, non prolongé en éperon, *indivis, non rétréci à sa partie moyenne*, plié concave en dessus, embrassant la colonne, à bords ondulés. *Colonne* courte, se continuant supé-rieurement avec le filet de l'anthère, *se prolongeant inférieurement en une lamelle bifide* sur laquelle repose l'anthère. Anthère terminale, penchée, mobile, aiguë, à lobes contigus presque parallèles. Masses polliniques réunies par un rétinacle commun. Staminodes nuls. Ovaire non contourné.—*Fibres radicales réduites au nombre de 2-3 et renflées en forme de masses char-nues. Épi florifère contourné en spirale.*

Tige feuillée; feuilles lancéolées-linéaires. . . . . . . *S. æstivalis.*
Feuilles ovales ou ovales-oblongues, disposées en un fascicule radical latéral par rapport à la tige . . . . *S. autumnalis.*

1. S. ÆSTIVALIS. (Rich. *loc. cit.* 56.) — Rchb. pl. crit. II. f. 537. - - Neottia æsti-valis. D.C. fl. Fr. III. 258.

Fibres radicales fusiformes allongées. *Tige* de 1-3 décimètr., grêle, feuillée. *Feuilles lancéolées-linéaires*, dressées. Bractées dépassant l'ovaire. Fleurs petites, blanches, odorantes seulement après le coucher du soleil, dis-posées en un épi grêle unilatéral contourné en spirale. Labelle ovale-oblong arrondi au sommet. ♃. Juillet-août.

(1) Cette souche, par son apparence extérieure, rappelle celle des espèces de la tribu des Ophrydées avec laquelle elle ne présente néanmoins aucune analogie de structure; ici, chaque masse charnue est constituée par une seule fibre radicale renflée et non par une agglomération de fibres.

A.R. — Marais tourbeux, bruyères humides, prairies marécageuses. — St-Gratien, Montmorency (*Boudier*). St-Léger! Clairfontaine (*Weddell*). Anet (*Daënen*). La Chapelle! Morfontaine! Amblainville près Méru (*Daudin*). Mareuil-sur-Ourcq (*Questier*). Blérancourt près Compiègne (*Leré*). Moret! Nemours! Malesherbes!

2. **S. AUTUMNALIS.** (Rich. *loc. cit.* 57.) — Neottia spiralis. Sw. mem. 226.— Engl. bot. t. 541.

Fibres radicales très épaisses, ovoïdes-oblongues. *Tige* de 1-3 décimètr., grêle, *ne portant que des feuilles bractéiformes* très petites apprimées, présentant à sa base lors de la floraison les débris des feuilles de l'année précédente. *Feuilles disposées en un fascicule radical latéral par rapport à la tige* (1), *ovales ou ovales-oblongues rétrécies en pétiole à la base.* Bractées dépassant l'ovaire. Fleurs petites, blanches, à odeur de vanille, disposées en un épi grêle unilatéral contourné en spirale. Labelle obovale, émarginé. ♃. Août-octobre.

R. — Pelouses sèches, collines incultes. — Montmorency (*Boudier*). Balancourt près Mennecy (*Des Etangs*). Bois de Lognes-en-Brie (*Thuret*). Bois Louis près Melun! La Vue près le Châtelet (*Garnier*). Triel (*Mandon*). Serans près Magny (*Bouteille*). Vanteuil, Perreuse et Courcelles près la Ferté-sous-Jouarre (*Adr. de Jussieu*).

XII. NEOTTIA. (L. C. Rich. Orch. Europ. 29.)

Périanthe à divisions extérieures connivente avec les deux intérieures qui sont presque de la même grandeur qu'elles ou un peu plus petites; *labelle dirigé en bas, pendant, étalé, allongé, bifide, ou subtrilobé à lobes latéraux très petits le moyen bifide*, plan ou un peu concave-gibbeux à la base, non prolongé en éperon. Colonne un peu allongée ou courte, échancrée en deux becs courts, ou bifide à prolongement supérieur recouvrant l'anthère et à prolongement inférieur mince lamelleux entier. Anthère occupant le sommet de la colonne, penchée, mobile, ovoïde, obtuse, à lobes contigus, parallèles. Masses polliniques subbilobées, réunies par un rétinacle commun. Staminodes nuls. Ovaire non contourné. — Souche fibreuse.

{ Plante dépourvue de feuilles, décolorée, d'un blanc roussâtre . . . . .
. . . . *N. Nidus-avis.*
{ Tige portant deux larges feuilles opposées . . . . *N. ovata.*

1. **N. NIDUS-AVIS.** (Rich. *loc. cit.* 57.) — Ophrys Nidus-avis. L. sp. 1339. — Engl. bot. t. 48. (vulg. *Ophrys-nid-d'oiseau.*)

Plante à feuilles réduites à des écailles engaînantes, décolorée, d'un blanc roussâtre. Souche oblique, à fibres nombreuses serrées-entrelacées et formant par leur ensemble une masse subglobuleuse. Tige de 3-5 décimètr., ascendante, assez robuste, munie d'écailles espacées. Bractées courtes membraneuses. Fleurs de la même couleur que les autres parties de la plante, disposées en un épi oblong assez compact. Colonne un peu allongée, échancrée en deux becs courts au-dessous de l'anthère. Labelle creusé en fossette à la base, bifide à lobes divergents. ♃. Mai-juin.

A.C. — Lieux ombragés, forêts. — Bondy! Montmorency! St-Germain! Bois des env. de Versailles! Buc! Forêt de Senart! Forêt de Fontainebleau! Le Châtelet! Provins. Env. de Mantes! Forêt de Hallatte! Beauvais! Compiègne, etc.

_____

(1) Du centre de ce fascicule de feuilles naîtra la tige de l'année suivante.

2. N. OVATA. — N. latifolia. Rich. *loc. cit.* 37. — Listera ovata. R. Brown, Kew. V. 201. — Ophrys ovata. L. sp. 1340. — Engl. bot. t. 1548.

Souche à fibres nombreuses, assez longues. *Tige* de 4-5 décimètr., dressée, assez grêle, *munie* vers son tiers inférieur *de deux feuilles opposées*, nue dans le reste de sa longueur, glabre dans la partie inférieure à l'insertion des feuilles, pubescente dans sa partie supérieure. *Feuilles ovales* ou ovales-sub-orbiculaires, *très amples*, d'un beau vert, à nervures arquées convergentes. Fleurs assez longuement pédicellées, disposées en un épi allongé assez lâche, vertes, à labelle verdâtre ou d'un jaune verdâtre. Colonne courte, bifide, à prolongement supérieur recouvrant l'anthère et à prolongement inférieur mince lamelleux. Labelle linéaire, bifide, à lobes parallèles. ♃. Mai-juin.

C. — Bois, pâturages ombragés, taillis humides.

XIII. EPIPACTIS. (L. C. Rich. Orch. Europ. 21.)

Périanthe à divisions un peu conniventes ou un peu étalées, les deux inté-rieures environ aussi grandes que les extérieures; *labelle* étalé, *non prolongé en éperon, brusquement rétréci à sa partie moyenne*, quelquefois subtrilobé, à partie basilaire concave nectarifère, *à partie terminale entière* plus grande *présentant au niveau du rétrécissement deux saillies obtuses*. Colonne courte ou allongée, donnant naissance supérieurement à l'anthère, se prolon-geant inférieurement en une lamelle subquadrangulaire. Anthère terminale, sessile, mobile, ovoïde, obtuse, à lobes contigus parallèles. *Masses pollini-ques, réunies par un rétinacle commun.* Staminodes nuls, ou obtus peu dis-tincts. *Ovaire non contourné*, atténué à la base en un pédicelle un peu con-tourné. — Souche fibreuse.

> Feuilles la plupart ovales; labelle à extrémité brièvement acuminée et cour-bée, plus court que les divisions extérieures latérales du périanthe . . . . *E. latifolia.*
> Feuilles lancéolées; labelle à extrémité arrondie obtuse, égalant ou dépas-sant les divisions extérieures latérales du périanthe . . . *E. palustris.*

1. E. LATIFOLIA. (All. fl. Ped. II. 151.) — Serapias latifolia. Willd. sp. IV. 83. — Engl. bot. t. 269.

Tige de 2-8 décimètr., feuillée dans toute sa longueur, pubérulente dans sa partie supérieure. *Feuilles inférieures ovales ou ovales-oblongues*, les su-périeures seules lancéolées, à nervures plus ou moins saillantes à la face in-férieure. Bractées herbacées, plus longues ou plus courtes que les fleurs. Fleurs en épi allongé assez lâche, un peu penchées, verdâtres rosées en de-dans, ou d'un pourpre foncé au moins avant l'épanouissement. *Labelle à ex-trémité* brièvement *acuminée et courbée, plus court que les divisions ex-térieures latérales du périanthe.* Colonne courte, plus large que longue. *Ovaire oblong ou oblong-subglobuleux.* ♃. Juin-août.

var. α. *vulgaris.* — Fleurs verdâtres au moins avant l'épanouissement, labelle à saillies presque lisses. Bractées la plupart plus longues que les fleurs. — C. — Bois, taillis, lieux couverts, bords des chemins, coteaux pierreux.

var. β. *atrorubens.* (E. atrorubens. Rchb. fl. excurs. n. 889. — Serapias micro-phylla. Mérat, fl. Par. 127, *nec* Hoffm. *nec* Ehrh.) — Fleurs petites, d'un pourpre foncé même avant l'épanouissement. Labelle à saillies plissées-tuberculeuses. Brac-tées la plupart plus courtes que les fleurs.—A.C.—Coteaux arides pierreux.—Le Châ-telet (*Garnier*). La Ferté-Aleps! Etampes! Forêt de Fontainebleau! Malesherbes! Mantes! Magny (*Bouteille*). La Roche-Guyon! Vernon! Les Andelys! Fleurines! Pont-Ste-Maxence! Beauvais! Gournay (*Mandon*). Dreux! Compiègne (*Weddell*). s.v. — *lutescens.* — Fleurs d'un jaune pâle. — R. — Vernon!

2. E. PALUSTRIS. (Crautz, Austr. 462. t. 1. f. 5.) — Serapias palustris. Scop. Carn. n. 1129. — Engl. bot. t. 270.

Tige de 3-6 décimètr., feuillée dans toute sa longueur, très pubescente dans sa partie supérieure. *Feuilles lancéolées* même les inférieures, à nervures plus ou moins saillantes à la face inférieure. Bractées herbacées, la plupart plus courtes que les fleurs. Fleurs en épi allongé assez lâche, penchées, d'un vert cendré, rougeâtres en dedans, à labelle blanc strié de lignes rouges. *Labelle à extrémité arrondie obtuse, égalant ou dépassant les divisions extérieures latérales du périanthe. Ovaire linéaire-oblong.* ♃. Juin-juillet.

A.C. — Prés marécageux, marais tourbeux. — Meudon! St.-Gratien! Forêt de Senart! Chaumont! Marais de Sacy-le-Grand! Provins, etc.

XIV. CEPHALANTHERA. (L. C. Rich. Orch. Europ. 29.)

Périanthe à divisions presque égales, presque conniventes; *labelle non prolongé en éperon, brusquement rétréci à sa partie moyenne,* à partie basilaire concave-nectarifère, *à partie terminale indivise* formant un angle avec la partie basilaire et recourbée au sommet, *présentant vers le rétrécissement plusieurs saillies.* Colonne allongée, se continuant supérieurement avec le filet de l'anthère, ne se prolongeant pas en lamelle inférieurement. Anthère terminale à filet court, mobile, ovoïde, obtuse, à lobes contigus parallèles incomplètement biloculaires. *Masses polliniques bipartites, dépourvues de rétinacle.* Staminodes peu distincts. *Ovaire subsessile, plus ou moins contourné.* — Souche fibreuse.

1 { Fleurs d'un beau rose; ovaire pubescent . . . . *C. rubra.*
{ Fleurs blanches; ovaire glabre. . . . . 2.

2 { Bractées égalant ou dépassant l'ovaire; feuilles ovales ou ovales-lancéolées.
{ . . . . *C. lancifolia.*
{ Bractées beaucoup plus courtes que l'ovaire; feuilles lancéolées étroites ou
{ linéaires-lancéolées. *C. ensifolia.*

1. C. LANCIFOLIA. — Epipactis lancifolia. D.C. fl. Fr. III. 261. — Serapias lanci-folia. Murr. syst. veg. 815. (1784). — Epipactis pallens. Swartz, act. Holm. (1800) 232. — C. pallens. Rich. *loc. cit.* 58. — Serapias grandiflora. auct. *non* L.

Tige de 3-6 décimètr., feuillée dans toute sa longueur, les feuilles infé-rieures réduites à des gaines. *Feuilles ovales-aiguës ou ovales-lancéolées,* amplexicaules. *Bractées* herbacées ou foliacées, *égalant ou dépassant l'o-vaire,* les supérieures beaucoup plus petites que les inférieures. Fleurs assez grandes, blanches, à labelle jaune en dedans, dressées, disposées en un épi lâche. Périanthe à divisions toutes obtuses. Labelle présentant 3 crêtes sail-lantes, à partie terminale ovale cordée plus large que longue. *Ovaire glabre,* allongé. ♃. Mai-juin.

A.R. — Bois montueux, taillis, lieux herbeux ombragés. — Bois de Vincennes! St-Cloud! St-Germain! Fontenay-St-Père près Mantes! Magny; Parc d'Balaincourt près Magny! (*Bouteille*). La Roche-Guyon! Bizy! Dreux (*Daenen*). Pouilly près Méru! (*Daudin*). Chaumont (*Frion*). Forêt de Compiègne. Forêt de Hallatte! Cuver-guon près Crépy (*Questier*). Bois de Barbeau près le Châtelet; Samois (*Garnier*).

2. C. ENSIFOLIA. (Rich. *loc. cit.* 58.) — Serapias eusifolia. Murr. syst. veg. 815 (1784). — Sm. fl. Brit. 945 (1804). — Serapias grandiflora. Fl. Dan. t. 506. — L. syst. ?

Tige de 3-6 décimètr., feuillée dans toute sa longueur, les feuilles infé-rieures réduites à des gaines. *Feuilles lancéolées étroites ou linéaires lan-céolées,* distiques. *Bractées* ord. très petites, toutes ou la plupart membraneuses *beaucoup plus courtes que l'ovaire*. Fleurs assez grandes, blanches, à labelle taché de jaune au sommet, un peu étalées, disposées en un épi lâche souvent pauciflore. Périanthe à divisions extérieures aiguës. Labelle à partie terminale obtuse plus large que longue. *Ovaire glabre*, grêle, allongé. ♃. Mai-juin.

R. — Forêts, lieux herbeux ombragés, taillis humides. — Env. de Versailles (*De Boucheman*). Magny (*Bouteille*). Parc d'Halaincourt! Bois de Berticher près Chaumont (*Frion*). Beaux-Monts près Compiègne (*Leré*). Dreux (*Daënen*). Forêt de Fontainebleau : assez abondant au Gros-Fouteau! (*Maire*) et à plusieurs autres localités. Malesherbes (*Bernard*). Provins (*Bouteiller*).

3. C. RUBRA. (Rich. *loc. cit.* 58.) — Epipactis rubra. All. ped. II. 155. — Serapias rubra. L. mant. 490. — Engl. bot. t. 457.

Tige de 3-6 décimètr., feuillée dans toute sa longueur, les feuilles inférieures réduites à des gaines. *Feuilles lancéolées-étroites ou linéaires-lancéolées*, presque distiques. *Bractées* herbacées, *plus longues que l'ovaire. Fleurs* assez grandes, *d'un beau rose*, à labelle un peu rayé de jaune, dressées ou un peu étalées, disposées en un épi assez lâche souvent pauciflore. Périanthe à divisions toutes acuminées. *Labelle à partie terminale* ovale *acuminée*. *Ovaire très pubescent*, grêle. ♃. Juin-juillet.

R.R. — Forêts montueuses, buissons des coteaux calcaires. — Forêt de Fontainebleau : à Valvins, à Franchart et à plusieurs autres localités. Forêt de Compiègne (*Leré*). Les Andelys! — ? Chantilly (*Thuillier. fl. Par.*).

XV. LIMODORUM. (L. C. Rich. Orch. Europ. 28.)

Périanthe à divisions conniventes embrassant le labelle, les intérieures étroites; *labelle* connivent avec les divisions, *prolongé en éperon, rétréci* dans sa partie basilaire *en forme d'onglet canaliculé, à partie terminale* d'apparence articulée avec la partie basilaire, *entière*, concave. Colonne allongée, stigmatifère seulement au sommet, donnant naissance supérieurement à l'anthère, ne se prolongeant pas en lamelle inférieurement. Anthère terminale, sessile, oblique, mobile, ovoïde, obtuse, à lobes contigus parallèles s'ouvrant largement. Masses polliniques, indivises, réunies par un rétinacle commun. Staminodes nuls. Ovaire non contourné.—Souche fibreuse. *Feuilles réduites à des écailles engainantes colorées.*

1. L. ABORTIVUM. (Sw. nov. act. Holm. VI. 80.) — Orchis abortiva. L. sp. 1356. — Jacq. Austr. t. 195.

Tige de 4-8 décimètr., robuste, colorée en un violet plus ou moins foncé ainsi que toutes les autres parties de la plante, munie d'écailles épaisses engainantes. Bractées membraneuses, plurinerviées, égalant ou dépassant l'ovaire. Fleurs d'un lilas violet, marquées de lignes plus foncées, disposées en un épi allongé. Labelle un peu ondulé. Éperon cylindrique-subulé, presque droit, dirigé en bas, égalant environ la longueur de l'ovaire (1). ♃. Juin-juillet.

A.R. — Clairières des bois montueux, forêts, pelouses élevées incultes, dans les buissons de genévriers. — Lardy (*Maire*). La Ferté-Aleps (*de Boucheman*). St-Val près la Ferté-Aleps (*Vasnier*). Forêt de Fontainebleau! Nemours (*Devilliers*). Malesherbes! Parc de Praslin! Le Châtelet (*Garnier*). Le Coudray près Mantes (*de Boucheman*). Parc de Fontenay-St-Père! Parc d'Halaincourt près Magny! (*Bouteille*). La Roche-Guyon! Forêt de Dreux; côte de Boncourt (*Daënen*). Chantilly

---

(1) Nous avons observé une déformation dans laquelle les deux divisions intérieures et supérieures du périanthe étaient prolongées en éperon.

(*De Lens*). Forêt de Compiègne (*Weddell*). Tracy près Villers-Cotterets (*Questier*). Bois de Donneval ; Vallée d'Autonne ; Montmille près Beauvais ; Comelle près Chantilly ; Rosoy près Liancourt ; Bois de la Belle-Haye ; Vaux près Creil (*Graves*). Thury-sous-Clermont (*Dalot*). Le Vivray près Chaumont ! (*Frion*).

CVI. HYDROCHARIDÉES.

(HYDROCHARIDEÆ. L. C. Rich. *in* mem. inst. sc. phys. 1811.)

Fleurs dioïques, régulières, *renfermées pendant la préfloraison dans des bractées en forme de spathe*. — *Périanthe à 6 divisions* disposées sur deux rangs, *les 3 extérieures herbacées*, les 3 intérieures pétaloïdes plus grandes, à préfloraison chiffonnée-contournée, plus rarement rudimentaires ou nulles. — Fleurs mâles ord. réunies plusieurs dans une spathe commune. Périanthe à divisions libres presque jusqu'à la base. Étamines insérées au fond du périanthe, 3, 6, 9 ou 12, quelquefois réduites au nombre de 1-2 par avortement. Anthères bilobées, s'ouvrant par deux fentes longitudinales. Ovaire rudimentaire, occupant le centre de la fleur.— Fleurs femelles solitaires dans une spathe : Périanthe à divisions extérieures soudées en tube à la base, à tube soudé avec l'ovaire. Étamines réduites à des filets stériles. *Ovaire soudé avec le tube du périanthe*, à 3-6 carpelles, à une seule loge ou à 6 loges multiovulées. *Ovules insérés sur les cloisons ou sur les parois de la loge* dans les ovaires uniloculaires, ascendants ou horizontaux, réfléchis (*ex* Endl.). Style très court, plus rarement allongé. Stigmates 3-6, plus ou moins profondément bifides. — *Fruit* mûrissant sous l'eau, surmonté du limbe persistant du périanthe ou n'en présentant aucun vestige, *indéhiscent*, *charnu*, polysperme, à une seule loge, ou à 6 loges à cloisons membraneuses, à loges remplies d'une pulpe mucilagineuse. — Graines à testa membraneux un peu coriace, ord. chargé de filaments souvent roulés en spirale. *Périsperme nul.* Embryon ovoïde ou cylindrique, droit. Radicule dirigée vers le hile (*ex* Endl.).

Plantes aquatiques, *submergées-nageantes* ou submergées, vivaces, herbacées, à souche non bulbeuse. Feuilles toutes radicales, ou portées sur des tiges et alors ord. fasciculées, pétiolées à limbe nageant, ou réduites à leur partie pétiolaire aplanie (phyllodes) et alors quelquefois denticulées aux bords. Spathes sessiles ou pédonculées, composées d'une ou deux pièces membraneuses ou herbacées. Fleurs sessiles ou pédicellées.

1. HYDROCHARIS. (L. gen. n. 1126.)

Fleurs dioïques. — Fleurs mâles pédicellées, renfermées pendant la préfloraison ord. au nombre de 3, dans une spathe composée de deux pièces membraneuses et portée sur un pédoncule court : Périanthe à 6 divisions, les divisions extérieures herbacées, ovales-oblongues, les intérieures pétaloïdes suborbiculaires beaucoup plus grandes. Étamines 12, insérées sur 3 rangs ; filets soudés en anneau à la base, soudés par paires deux à deux dans leur moitié inférieure, trois d'entre eux dépourvus d'anthères. Anthères ovoïdes, à lobes séparés par un connectif assez épais. Ovaire rudimentaire, libre, à 6 angles, souvent surmonté d'un à trois styles rudimentaires. — Fleurs femelles très longuement pédicellées, renfermées chacune isolément dans une spathe sessile composée d'une seule pièce. Périanthe à 6 divisions, les extérieures herbacées soudées en tube dans leur partie inférieure, les intérieures pétaloïdes suborbiculaires munies chacune en dedans d'une écaille charnue. Étami es 6, réduites à des filets stériles opposés par paires aux divis'ons intérieures du périanthe. Style très court, épais; stigmates 6, divisés chacun en deux lobes subulés divariqués. Fruit charnu-bacciforme, polysperme, ovoïde-oblong atténué au sommet, à 6 loges. Graines ovoïdes-subglobuleuses, insérées dans toute l'étendue des cloisons, plongées dans une pulpe mucilagineuse, à testa lâche chargé de tubercules qui résultent de filaments enroulés en spirale.

Plante aquatique, à tige submergée, à feuilles nageantes. Feuilles naissant par fascicules espacés le long de la tige, suborbiculaires-réniformes, longuement pétiolées; pétiole muni à la base de deux stipules membraneuses aduées. Fleurs blanches.

1. H. MORSUS-RANÆ. (L. sp. 1466.) — Engl. bot. t. 808. (vulg. *Petit-Nénuphar*.)

Tige grêle, de longueur très variable, émettant des fibres radicales au niveau des fascicules de feuilles. Fibres radicales couvertes dans toute leur longueur de fibrilles transparentes. Feuilles longuement pétiolées, suborbiculaires-réniformes, assez épaisses, luisantes à la face supérieure, enroulées en dessus pendant la préfoliaison. Stipules oblongues-lancéolées, assez grandes, soudées avec le pétiole dans leur partie inférieure. Fleurs naissant à l'aisselle des feuilles. Périanthe à divisions intérieures blanches à base jaune. ♃. Juillet-août.

A.C., abondant dans certaines régions. — Eaux tranquilles, mares, fossés, étangs, ruisseaux, flaques d'eau au bord des rivières. — Bords de la Seine à Longchamps (*Weddell*). Vallée de Chevreuse! St-Léger! Aulmont près Senlis! Chantilly! Compiègne. Marais de Bresle! Le Becquet! Liancourt! Goincourt (*Questier*). Chaumont! St-Germer! Dreux! Mennecy! Malesherbes! Pithiviers! (*Woods*), etc.

DIVISION II.

Périanthe herbacé ou scarieux, remplacé par des soies ou des bractées, ou nul.

CLASSE I.

Graines dépourvues de périsperme. Plantes aquatiques.

CVII. JUNCAGINÉES.

(JUNCAGINEÆ. Rich. mem. mus. II. 365.)

Fleurs hermaphrodites, régulières. — *Périanthe à 6 divisions* libres ou presque libres, *herbacées*, disposées sur deux rangs, les intérieures presque semblables aux extérieures insérées plus haut. — Étamines 6, hypogynes, ou insérées à la base des divisions du périanthe. Anthères bilobées, extrorses. — *Ovaire non soudé avec le périanthe*, à 3-6 carpelles distincts, ou soudés entre eux à la base par l'angle interne, quelquefois soudés dans toute leur longueur avec un prolongement de l'axe ; ovules 1-2 dans chaque carpelle, dressés ou ascendants, réfléchis, s'insérant à l'angle interne du carpelle. Stigmates sessiles ou subsessiles, en nombre égal à celui des carpelles. — *Fruit* sec, *composé de 3-6 carpelles 1-2-spermes qui se séparent entre eux à la maturité et s'ouvrent par l'angle interne.* — Graines ascendantes ou dressées. *Périsperme nul. Embryon droit.* Radicule dirigée vers le hile.

Plantes croissant dans les lieux marécageux, vivaces, herbacées. Tiges simples. Feuilles toutes radicales ou alternes, linéaires ou demi-cylindriques, engaînantes à la base, à gaîne fendue donnant naissance à une ligule entière. Fleurs disposées en une grappe ou en un épi terminal.

I. TRIGLOCHIN. (L. gen. n. 453.)

Périanthe à 6 divisions ovales, concaves. Étamines 6, insérées à la base des divisions du périanthe, à anthères subsessiles insérées sur le filet vers le milieu de leur hauteur. Stigmates barbus. Carpelles 3-6, monospermes, soudés avec un prolongement triquètre de l'axe dont ils se séparent à la maturité de la base au sommet. Graines dressées.

Plante vivace. Feuilles toutes radicales, linéaires demi-cylindriques. Fleurs petites, verdâtres, disposées en une grappe spiciforme terminale effilée.

1. T. PALUSTRE. (L. sp. 482.) — Engl. bot. 366.
Souche cespiteuse. Tige de 3-6 décimètr., grêle, effilée, nue. Feuilles disposées en un fascicule radical, linéaires-subulées, demi-cylindriques, dressées, égalant environ la moitié de la longueur de la tige. Fleurs disposées en une grappe spiciforme effilée, à pédicelles s'allongeant après la floraison. Fruits linéaires-oblongs, à 3 angles, atténués à la base, appliqués contre la tige, composés de 3 carpelles linéaires obtus au sommet atténués inférieurement en une pointe subulée. ♃. Juin-août.

A.C. — Sables tourbeux humides, marais tourbeux, prairies spongieuses. — St-Gratien! Meudon (*Thuret*). St. Germain.(*Guillon*) Corbeil! Mennecy! Malesherbes! Nemours! Morfontaine! (*Thuret*). Senlis et Thiers (*Morelle*). Compiègne! St-Gervais et Arthieul près Magny (*Bouteille*). La Roche-Guyon! Marais de Bresle!, etc.

CVIII. POTAMÉES.

(POTAMEÆ. Juss. dict. sc. nat. 95.)

Fleurs hermaphrodites, ou unisexuelles ord. monoïques. — *Périanthe régulier à 4 divisions herbacées libres, nul ou remplacé par une spathe membraneuse.* — Étamines 1-4, insérées à la base des divisions du périanthe dans les fleurs hermaphrodites munies d'un périanthe. Anthères sessiles ou à filets plus ou moins longs, unilobées, ou bilobées à lobes ord. séparés par un connectif plus ou moins épais et s'ouvrant chacun par une fente longitudinale. —*Ovaire libre, composé de 4 carpelles uni-ovulés, rarement plus ou moins, libres entre eux,* sessiles ou pédicellés, terminés chacun par un style ou un stigmate sessile. Ovule suspendu ou ascendant, plié ou droit (*ex* Endl.). — Fruit à *carpelles* libres entre eux, *monospermes, indéhiscents,* à péricarpe drupacé ou coriace. — Graine à testa membraneux. *Périsperme nul. Embryon plié ou enroulé,* macropode. Radicule rapprochée du hile, ou dirigée vers le point diamétralement opposé au hile (Endl.).

Plantes herbacées, vivant dans l'eau, à feuilles toutes submergées ou les supérieures seules nageantes, vivaces ou annuelles. Tiges simples ou rameuses, quelquefois très comprimées, souvent radicantes. Feuilles alternes, plus rarement opposées, sessiles ou pétiolées, linéaires ou à limbe plus ou moins large, à nervures parallèles, ou à nervures arquées convergentes réunies par des nervures secondaires transversales, ord. munies de stipules; stipules soudées entre elles, quelquefois soudées avec la partie pétiolaire de la feuille de manière à former une gaine qui embrasse la partie inférieure du rameau correspondant. Fleurs solitaires ou fasciculées à l'aisselle des feuilles, ou disposées en épis axillaires ou terminaux.

Fleurs hermaphrodites; anthères 4, subsessiles; fleurs en épi. . . . . . .
. . . . POTAMOGETON. (i.)
Fleurs monoïques; étamine 1, à anthère portée sur un filet allongé; fleurs
axillaires . . . . ZANNICHELLIA. (ii.)

I. POTAMOGETON. (L. gen. n. 174.) (1)

Fleurs hermaphrodites, régulières, disposées en épis. Périanthe à 4 divisions herbacées libres entre elles un peu atténuées en onglet à la base, à préfloraison valvaire ne recouvrant pas les stigmates. *Étamines* 4, insérées à la base des divisions du périanthe; *filets très courts;* anthères bilobées, à lobes séparés par un connectif plus ou moins épais, s'ouvrant chacun par une fente longitudinale. Ovaire composé de 4 carpelles libres, sessiles, uni-ovulés. Ovule inséré à l'angle interne du carpelle au-dessous du sommet, ascendant, plié. Style très court, continuant ord. le bord interne du carpelle; stigmate pelté, oblique. Fruit composé de 4 carpelles libres ou moins par avortement, sessiles, drupacés, ord. comprimés-lenticulaires, à endocarpe ord. osseux, souvent prolongés en bec par le style persistant. Graine pliée en crochet. Embryon plié, à radicule rapprochée du hile.

---

(1) Voir pour les espèces du genre *Potamogeton* les planches de l'*Atlas.*

Tiges submergées, radicantes, simples ou rameuses, cylindriques ou comprimées, plus ou moins longues selon la profondeur de l'eau. Feuilles alternes ou opposées, membraneuses-transparentes, ou coriaces-opaques, toutes submergées ou les supérieures nageantes, sessiles ou pétiolées, linéaires ou à limbe plus ou moins élargi, les feuilles nageantes souvent plus larges que les feuilles submergées; stipules membraneuses soudées deux à deux par leurs bords internes en forme de spathe axillaire (stipule axillaire *auct.*), renfermant les épis avant la floraison, plus rarement soudées avec la partie pétiolaire de la feuille en une gaîne qui embrasse la base du rameau correspondant, quelquefois nulles. Fleurs verdâtres, en épis pédonculés axillaires ou terminaux qui se développent hors de l'eau.

1 { Feuilles linéaires-étroites, toutes submergées. . . . . 2.
Feuilles ovales, oblongues ou lancéolées, plus rarement lancéolées-linéaires, les supérieures souvent nageantes. . . . . 5.

2 { Feuilles à partie pétiolaire engaînant les rameaux dans une grande longueur . . . . *P. pectinatum.*
Feuilles non engaînantes ou à peine engaînantes à la base. . . . . 3.

3 { Tige comprimée-ailée, presque foliacée. . . . . . . *P. acutifolium.*
Tige cylindrique ou plus ou moins comprimée, jamais ailée d'apparence foliacée . . . . 4.

4 { Carpelles à bord interne presque droit présentant au-dessus de la base une bosse en forme de dent, à dos crénelé; bec surmontant le bord interne du carpelle. . . . . *P. monogynum.*
Carpelles à bord interne plus ou moins convexe dépourvu de bosse à la base, à dos non crénelé; bec occupant le sommet du carpelle . . *P. pusillum.*

5 { Feuilles toutes membraneuses transparentes, submergées, très rarement nageantes. . . . . 6.
Feuilles au moins les supérieures coriaces nageantes . . . . 11.

6 { Feuilles sessiles à base large cordée-amplexicaule, d'apparence perfoliées. . . . . *P. perfoliatum.*
Feuilles sessiles ou pétiolées, jamais d'apparence perfoliées . . . 7.

7 { Fruits acuminés en un long bec; feuilles fortement ondulées-crispées . . . . *P. crispum.*
Fruits obtus ou à bec court; feuilles planes ou peu ondulées. . . 8.

8 { Feuilles toutes opposées. . . . . *P. oppositifolium.*
Feuilles toutes alternes ou les supérieures opposées. . . . . . . 9.

9 { Pédoncules fructifères cylindriques, grêles; feuilles ovales-aiguës, cordées à la base, pétiolées . . . . *P. plantagineum.*
Pédoncules fructifères robustes, ou renflés de la base au sommet; feuilles oblongues, lancéolées ou lancéolées-étroites, non cordées à la base, pétiolées ou sessiles . . . . 10.

10 { Feuilles assez grandes, pétiolées, mucronées; tiges ord. épaisses. . . . . *P. lucens.*
Feuilles petites, sessiles, aiguës ou obtuses; tiges ord. presque filiformes. . . . . *P. heterophyllum.*

11 { Feuilles inférieures sessiles, quelquefois atténuées à la base. . . . . 12.
Feuilles toutes longuement pétiolées. . . . . 13.

12 { Feuilles nageantes oblongues-obovales, insensiblement atténuées en pétiole; pédoncules fructifères cylindriques. . . . . *P. rufescens.*
Feuilles nageantes ovales, plus rarement lancéolées, longuement pétiolées; pédoncules fructifères renflés de la base au sommet. . . . . *P. heterophyllum.*

13 { Feuilles submergées à limbe se pourrissant après la floraison; épi fructifère présentant des lacunes par suite de l'avortement de quelques uns des carpelles; carpelles assez gros, ne devenant pas rougeâtres par la dessiccation. . . . . *P. natans.*
Feuilles submergées à limbe persistant ord. après la floraison; épi fructifère grêle, très compacte; carpelles petits, rougeâtres après la dessiccation. . . . . *P. oblongum.*

SECT. I. DIVERSIFOLIA. — *Feuilles supérieures coriaces nageantes, ovales, oblongues ou lancéolées, souvent plus larges que les inférieures qui sont submergées ; quelquefois feuilles toutes coriaces nageantes. Stipules soudées deux à deux par leurs bords internes en forme de spathe axillaire.*

1. P. NATANS. (L. sp. 1. 182.) - Engl. bot. t. 1822.

Tiges simples, cylindriques. *Feuilles toutes longuement pétiolées*, souvent opposées ; les supérieures nageantes, coriaces, ovales ou oblongues, obtuses ou un peu aiguës, arrondies à la base ou un peu cordées, plus rarement atténuées aux deux extrémités ; *les inférieures* submergées, plus étroites, lancéolées ou oblongues, *à limbe se pourrissant après la floraison* ; pétioles plans ou un peu concaves en dessus. Pédoncules aussi gros que la tige, non renflés au sommet. *Épis fructifères* cylindriques assez gros, *présentant des lacunes par suite de l'avortement de quelques uns des carpelles. Carpelles assez gros, ne devenant pas rougeâtres par la dessiccation*, un peu comprimés (1) à bords obtus. ♃. Juillet-août.

C.C. — Mares, étangs, eaux tranquilles, flaques d'eau du bord des rivières.

var. β. *fluitans.* (P. fluitans. D.C. fl. Fr. III. 184, *excl. syn.*) — Feuilles même les supérieures allongées atténuées aux deux extrémités. — C. — Eaux courantes, rivières.

2. P. OBLONGUM. (Viv. fragm. fl. It. t. 2.) — P. microcarpus. Boiss. et Reut. — P. fluitans. Roth, tent. fl. Germ. I. 72. II. 202. — Koch, synop. fl. Germ. ed. 1. 675.

Souche très rameuse, à ramifications très allongées, devenant rougeâtre par la dessiccation. Tiges ord. très courtes, cylindriques. *Feuilles toutes longuement pétiolées*, souvent opposées et rapprochées en rosette au sommet des tiges, la plupart nageantes, coriaces, plus petites que dans l'espèce précédente, ovales ou oblongues, obtuses, plus rarement aiguës, arrondies à la base ou un peu cordées, plus rarement atténuées aux deux extrémités ; *les inférieures à limbe persistant* ou persistant-marcescent *après la floraison* ; pétioles plans ou un peu convexes en dessus. Pédoncules environ de la grosseur de la tige, non renflés au sommet. *Épis fructifères* cylindriques, *environ plus petits de moitié que dans l'espèce précédente*, très compactes. *Carpelles petits, devenant rougeâtres par la dessiccation*, à peine comprimés, à dos obtus non caréné. ♃. Juin-août.

R. — Fossés des marais tourbeux, mares tourbeuses ou sablonneuses des bois. — Etang de Grand-Moulin près Dampierre ! St-Léger ! Larchant (*Devilliers*). Forêt de Fontainebleau ! Morfontaine ! (*Weddell*). Marais de Neuville-Bosc ! (*Daudin*). — Senouches (*Daënen*).

s.v. — *terrestre.* — Plante croissant dans les lieux d'où l'eau s'est retirée, à feuilles plus brièvement pétiolées, plus petites, disposées en rosette radicale.

3. P. RUFESCENS. (Schrad. *in* Chamisso, adnot. 5.) — Mert. et Koch, Deutschl. fl. 1. 841. — Rchb. ic. t. 184. f. 522.

Tiges simples ou un peu rameuses au sommet, cylindriques. *Feuilles supérieures nageantes*, opposées, coriaces, *oblongues ou oblongues-obovales, insensiblement atténuées en pétiole*, obtuses ou un peu aiguës, devenant rougeâtres par la dessiccation ; *les inférieures* submergées, *sessiles*, membraneuses, transparentes, lancéolées-allongées, persistantes. *Pédoncules en-*

___

(1) Les carpelles, se ridant et se déformant par la dessiccation, doivent être étudiés sur la plante vivante, ou sur des épis conservés dans l'alcool.

viron de la grosseur de la tige, *non renflés au sommet.* Épis fructifères
oblongs-cylindriques. *Carpelles* assez gros, *comprimés-lenticulaires, à bords
tranchants,* devenant rougeâtres par la dessiccation. ♃. Juin-août.

R.R. — Eaux stagnantes, ruisseaux, mares. — Environs de Dreux : St-Martin!,
Dampierre, et à d'autres localités voisines (*Daënen*).

4, P. HETEROPHYLLUM. (Schreb. spicil. 21.) — Engl. bot. t. 1285. — P. grami-
neum. L.? sp. 184.

Tiges ord. presque filiformes, très rameuses, cylindriques. *Feuilles supérieures nageantes*, peu nombreuses, manquant quelquefois, opposées, coriaces, *longuement pétiolées*, *ovales ou oblongues*, obtuses ou aiguës, arrondies plus rarement atténuées à la base; *les inférieures* ord. très nombreuses, submergées, *sessiles*, membraneuses, transparentes, petites, oblongues-
lancéolées ou lancéolées-linéaires, obtuses ou acuminées, un peu rudes aux
bords, ord. ondulées, persistantes. *Pédoncules beaucoup plus gros que la
tige, se renflant de la base au sommet.* Épis fructifères cylindriques. Carpelles assez gros, un peu comprimés, à bords présentant une carène obtuse à
peine saillante. ♃. Juin-août.

A.R. — Étangs sablonneux, marais tourbeux, mares et fossés des bois. — Étang
de St-Gratien! Versailles (*de Boucheman*). Étang du Trou-Salé! St-Léger! Étangs
de St-Hubert! Forêt de Senart!

var. *graminifolium*. — Feuilles toutes membraneuses transparentes sessiles, les
feuilles nageantes ne s'étant pas développées.

SECT. II. CONFORMIFOLIA. — *Feuilles toutes membraneuses transparentes,
submergées, rarement les supérieures émergées, les inférieures et les supérieures ord. de même forme, ovales, oblongues ou lancéolées, à nervures arquées
convergentes plus rarement parallèles. Stipules soudées deux à deux par leurs
bords internes en forme de spathe axillaire.*

§ 1. — *Feuilles toutes alternes, ou les unes alternes les autres opposées.*

5. P. PLANTAGINEUM. (Ducroz *in* Rœm. et Schult. syst. III. 504.) — P. Horne-
manni. Mey. chl. Hanov. 521. — Fl. Dan. t. 1449.

Tiges simples ou rameuses, cylindriques. *Feuilles* toutes submergées ou
les supérieures émergées; les *supérieures* assez nombreuses, souvent opposées, quelquefois rapprochées en une rosette terminale, membraneuses transparentes, pétiolées, *ovales-aiguës, un peu cordées à la base; les inférieures
pétiolées ou atténuées en pétiole, oblongues-lancéolées* ou lancéolées, souvent détruites lors de la floraison. *Pédoncules assez grêles,* environ de la
grosseur de la tige, ne se renflant pas au sommet, courts ou très allongés.
Épis fructifères cylindriques, assez petits, très compactes. *Carpelles petits,*
un peu comprimés, à dos assez large présentant une carène aiguë peu saillante. Plante d'un beau vert ou roussâtre dans toutes ses parties. ♃. Juin-
août.

R. — Fossés et ruisseaux des marais tourbeux et des tourbières, eaux limpides. —
Clairfontaine (*Weddell*). Morfontaine (*Decaisne*). Abondant au Bouchet! et à
plusieurs autres localités de la vallée de Mennecy! (*Adr. de Jussieu*). Abondant
dans les marais de Malesherbes! Env. de Nemours! Marais de Sceaux près Château-
Landon! Marais de Bresle! Forêt de Compiègne (*Leré*).

6. P. LUCENS. (L. sp. 183.) — Fl. Dan. t. 195. — Engl. bot. t. 376.

Tiges rameuses, cylindriques, ord. épaisses. *Feuilles* toutes submergées,
très rarement les supérieures un peu émergées, assez grandes, *toutes de la*

même forme, nombreuses ord. rapprochées , membraneuses transparentes , brièvement *pétiolées* , *oblongues-lancéolées ou oblongues* , ord. atténuées à la base, mucronées au sommet , ondulées et scabres aux bords. *Pédoncules* ord. très *épais*, plus gros que la tige. Épis fructifères cylindriques, assez gros. *Carpelles assez gros* , comprimés, à dos obtus à peine caréné. ♃. Juin-août.

C. — Eaux stagnantes ou courantes , ruisseaux , rivières, étangs.

var. β. *fluitans* (P. longifolius. Gay ! *in* Poir. encycl. supp. IV. 535. — Feuilles lancéolées, ord. très allongées plus ou moins longuement acuminées, quelquefois terminées en une pointe spiniforme par le prolongement de la nervure moyenne.

7. P. PERFOLIATUM. (L. sp. 182.) — Engl. bot. t. 168.

Tiges plus ou moins rameuses , cylindriques. *Feuilles* toutes submergées, *toutes de la même forme*, membraneuses transparentes , *sessiles* , *ovales ou ovales-lancéolées*, obtuses, *à base cordée amplexicaule* , un peu ondulées et scabres aux bords ; stipules souvent détruites lors de la floraison ou nulles. Pédoncules environ de la grosseur de la tige, non renflés au sommet. Épis fructifères cylindriques. Carpelles comprimés, à bords obtus. ♃. Juin-août.

C.C. — Rivières , ruisseaux , étangs.

8. P. CRISPUM. (L. sp. 183.) — Engl. bot. t. 1012.

Tiges rameuses dichotomes , un peu comprimées. *Feuilles* toutes submergées, toutes de la même forme, membraneuses transparentes, *sessiles*, *oblongues étroites* , obtuses ou brièvement acuminées, denticulées-scabres, *fortement ondulées-crispées* ; stipules souvent détruites lors de la floraison. Pédoncules naissant à l'angle de bifurcation des rameaux, environ de la grosseur de la tige , non renflés au sommet. Épis fructifères oblongs, courts, un peu lâches. *Carpelles* assez gros , ovoïdes-comprimés , à dos large obtus obscurément caréné, *terminés en un bec ensiforme-subulé* un peu arqué qui *égale leur longueur*. ♃. Juin-août.

C. — Eaux stagnantes et eaux courantes , rivières, étangs, fossés.

§ 2. — *Feuilles toutes opposées.*

9. P. OPPOSITIFOLIUM. (D.C. fl. Fr. III. 186.) — Engl. bot. t. 397.

Tiges rameuses dichotomes , cylindriques. Feuilles toutes submergées , toutes de la même forme , membraneuses transparentes, assez petites, sessiles, embrassantes à la base, ovales, oblongues-lancéolées ou lancéolées , souvent pliées longitudinalement et recourbées en dehors. Stipules très petites ou nulles. *Pédoncules* naissant à l'angle des bifurcations des rameaux , grêles , courts, non renflés au sommet, *courbés en crochet.* Épis 2-6-*flores* , les fructifères *subglobuleux* assez petits. Carpelles obovales-suborbiculaires , comprimés , à bec court terminal , à dos largement caréné surtout après la dessiccation. ♃. Juillet-septembre.

A.C. — Étangs, ruisseaux , fontaines, mares, fossés.

var. α. *densum.* (P. densum. L. sp. 182.) — Feuilles rapprochées presque imbriquées , ord. recourbées en dehors , ovales ou oblongues.

var. β. *laxifolium.* (P. serratum. L. sp. 183.) — Feuilles espacées , oblongues-lancéolées ou lancéolées.

SECT. III. GRAMINIFOLIA. — *Feuilles toutes membraneuses transparentes, submergées, de la même forme, sessiles, exactement linéaires (en forme de feuilles de Graminées), à nervures droites parallèles. Stipules soudées deux à deux par leurs bords internes en forme de spathe axillaire, ou soudées avec le pétiole en une gaîne qui entoure la tige.*

§ 1. — *Stipules en forme de spathe axillaire.*

10. P. PUSILLUM. (L. sp. 184.) — Illustr. fl. Par.

Tiges très rameuses, grêles, presque *cylindriques* ou plus ou moins comprimées. Feuilles non engaînantes, linéaires étroites, aiguës ou mucronées, à 3-5 nervures, la nervure moyenne beaucoup plus distincte que les latérales. Pédoncules fructifères 2-3 fois plus longs que l'épi. *Épis* 4-8-flores, les *fructifères* très courts *à carpelles ord. tous développés. Carpelles petits, irrégulièrement ovoïdes, à peine comprimés, à faces convexes, à bord interne plus ou moins convexe ne présentant pas de bosse au-dessus de la base, à dos convexe non crénelé; bec occupant le sommet du carpelle.* Plante restant verte après la dessiccation. ♃. Juin-août.

A.R. — Mares et fossés des tourbières et des marais tourbeux, étangs, fontaines, ruisseaux. — Corbeil! Vallée de Mennecy! Étrechy! Malesherbes! (*Bernard*). Nemours! Pithiviers! St-Léger! Étang-Neuf près St-Léger (*Mandon*). Troissereux près Beauvais (*Graves*).

11. P. MONOGYNUM. (Gay, *ap.* Coss. et Germ. supp. cat. rais. 89.) — Illustr. fl. Par. — P. tuberculatus, Guépin, fl. Maine-et-Loire, supp. 2. — P. pusillum, auct. part.

Tiges très rameuses, filiformes, presque *cylindriques. Feuilles* non engaînantes, *linéaires-sétacées*, aiguës, à 3-5 nervures, les nervures latérales à peine distinctes. Pédoncules fructifères 1-2 fois plus longs que l'épi. *Épis* 4-6-flores, les *fructifères* très courts *interrompus par l'avortement constant de 2-3 carpelles dans chaque fleur. Carpelles* beaucoup plus gros que dans l'espèce précédente, comprimés, *à faces planes* ou un peu concaves, suborbiculaires, *à bord interne presque droit présentant au-dessus de sa base une bosse saillante en forme de dent, à dos* très convexe *crénelé-tuberculeux; bec surmontant le bord interne du carpelle.* Plante noircissant plus ou moins par la dessiccation. ♃. Juin-juillet.

A.C. — Mares, fossés, étangs, ruisseaux, eaux stagnantes. — Env. de Versailles! Forêt de Senart! Forêt de Rougeaux! Le Châtelet!

12. P. ACUTIFOLIUM. (Link, *ap.* Rœm. et Schult. syst. III. 513.) — Illustr. fl. Par.

Tiges rameuses, *comprimées-ailées*, planes, presque *foliacées. Feuilles* non engaînantes, linéaires, de longueur et de largeur variable, à sommet aigu ou cuspidé, *à nervures nombreuses*, les nervures moyennes rapprochées. Pédoncules fructifères environ de la longueur de l'épi, plus rarement un peu plus longs. Épis 4-6-flores, les fructifères subglobuleux ou oblongs-subglobuleux, *à* carpelles peu nombreux par l'avortement de 1-3 carpelles dans chaque fleur. *Carpelles* assez gros, comprimés, à faces planes ou un peu concaves, suborbiculaires, *à bord interne presque droit présentant au-dessus de sa base une bosse saillante en forme de dent, à dos très convexe crénelé-tuberculeux;* bec surmontant le bord interne du carpelle. Plante restant verte après la dessiccation. ♃. Juin-août.

R.R.R. — Mares, fossés, eaux tranquilles. — Ons-en-Bray!

Les *P. obtusifolium et compressum* n'ont probablement été indiqués que par erreur aux environs de Paris. — Le *P. obtusifolium* Mert et Koch, présente les caractères suivants : tige cylindrique un peu comprimée; feuilles à 3-5 nervures, obtuses brièvement mucronulées; pédoncules fructifères ord. robustes, aussi courts que l'épi; épis 6-8-flores, les fructifères ovoïdes-oblongs non interrompus; carpelles assez gros, irrégulièrement ovoïdes, un peu comprimés, à faces convexes, à bord interne plus ou moins convexe ne présentant pas de bosse au-dessus de sa base, à dos non crénelé; bec occupant le sommet du carpelle. — Le *P. compressum* L. (P. zosteræfolium. Schumach.) se distingue surtout à sa tige comprimée-ailée, à ses feuilles obtuses brièvement mucronées multinerviées, à ses épis 10-15-flores les fructifères cylindriques allongés.

§ 2. — *Stipules soudées avec la partie pétiolaire de la feuille en une gaine qui embrasse dans une grande longueur la base du rameau correspondant.*

13. P. PECTINATUM. (L. sp. 185.) — Engl. bot. t. 323.

Tiges rameuses, presque filiformes, cylindriques. *Feuilles à partie pétiolaire longuement engaînante,* linéaires très étroites, plus rarement linéaires-sétacées, planes ou canaliculées, demi-transparentes, un peu épaisses, *présentant des nervures transversales très distinctes étendues de la nervure moyenne aux bords.* Pédoncules fructifères grêles, environ de la grosseur de la tige, souvent très longs. Fleurs rapprochées par paires en forme de verticilles, les paires de fleurs étant espacées et formant par leur ensemble un épi interrompu. Carpelles assez gros, souvent solitaires par avortement, semi-orbiculaires-obovales, un peu comprimés, à faces convexes, à bord interne droit, à dos très convexe obtus ; bec surmontant le bord interne du carpelle. ♃. Juillet-août.

C.C. — Rivières, canaux, fossés, étangs, ruisseaux.

var. β. *setaceum.* — Feuilles linéaires-sétacées. — *A.C.*

II. ZANNICHELLIA. (L. gen. n. 1034.)

Fleurs monoïques, axillaires, sessiles, solitaires, ou une fleur mâle et une fleur femelle réunies à l'aisselle de la même feuille. — *Fleur mâle : Périanthe nul.* Étamine 1 ; *filet filiforme, allongé;* anthère bilobée, à lobes séparés par un connectif épais, libres et divergents à la base, s'ouvrant chacun par une fente longitudinale. — *Fleur femelle : Périanthe membraneux,* campanulé-cupuliforme n'entourant que la base de l'ovaire. Ovaire composé de 4 carpelles, rarement plus ou moins, libres, subsessiles ou pédicellés, uni-ovulés ; ovule suspendu, droit (*ex Endl.*) ; style grêle, ord. assez long ; stigmate pelté, un peu oblique. Fruit composé de 4 carpelles, rarement plus ou moins, libres, subsessiles ou pédicellés, coriaces, à dos ord. plus ou moins crénelé, prolongés en bec par le style persistant.

Plante submergée. Tige rameuse, radicante au moins à la base. Feuilles alternes ou opposées, les jeunes souvent fasciculées, linéaires presque capillaires; stipules membraneuses, caduques, soudées deux à deux par leurs bords internes en forme de spathe axillaire, embrassant les fleurs et la base des rameaux. Fleurs très petites, se développant sous l'eau.

1. Z. PALUSTRIS. (L. sp. 1375.)

Tige filiforme, très rameuse. Feuilles linéaires presque capillaires, aiguës, noircissant ord. par la dessiccation. Fleurs naissant à l'aisselle de presque toutes les feuilles. Carpelles petits, linéaires-oblongs, atténués à la base, sessiles ou pédicellés, terminés par un bec grêle subulé assez long, comprimés

latéralement, à dos plus ou moins caréné, plus ou moins profondément crénelé, plus rarement à dos non crénelé. ♃ ou ①. Juillet-septembre.

C. — Fossés, mares, eaux stagnantes, ruisseaux, rivières.

var. α. *major.* (Z. major; Bonningh. *ap.* Rchb. ic. VIII. f. 1005.) — Carpelles
sessiles ou subsessiles.

var. β. *pedicellata.* (Z. pedunculata et gibberosa. Rchb. ic. VIII. f. 1006 et 1007.)
— Carpelles plus ou moins longuement pédicellés.

CIX. NAYADÉES (1).

(NAIADEÆ. Link, handb. I. 820.)

Fleurs unisexuelles, *monoïques ou dioïques.* — *Périanthe remplacé par
une spathe membraneuse-celluleuse.* — *Fleur mâle : Étamine* 1 ; filet nul
ou très court ; *anthère à un ou à quatre lobes.* — *Fleur femelle : Ovaire
libre,* à 2-3 carpelles, *uniloculaire,* uni-ovulé. Ovule dressé, réfléchi ; *styles*
2-3, filiformes, un peu soudés à la base, stigmatifères à la face interne. —
Fruit renfermé dans la spathe membraneuse-celluleuse persistante, coriace-
ligneux, *uniloculaire, monosperme, indéhiscent.* — Graine à testa membraneux mince. Périsperme nul. Embryon droit, macropode. Radicule dirigée
vers le hile.

Plantes vivant dans l'eau, submergées. Tiges rameuses. Feuilles opposées ou ternées, sessiles, à base large membraneuse engaînante, à nervures non distinctes,
cassantes, sinuées-dentées à dents spinescentes. Fleurs axillaires, peu apparentes.

(Anthère tétragone, composée de 4 lobes. . . . . NAIAS. (i.)
{ Anthère oblongue, à un seul lobe. . . . . CAULINIA. (ii.)

I. NAIAS. (L. gen. n. 1096.)

Fleurs dioïques, subsolitaires à l'aisselle des feuilles. — Fleur mâle réduite
à une étamine entourée d'une spathe qui est terminée par deux pointes et se
fend longitudinalement. *Anthère tétragone,* brusquement apiculée, *composée
de 4 lobes,* s'ouvrant au sommet en 4 valves qui s'enroulent en dehors. — Fleur
femelle réduite à l'ovaire entouré d'une spathe.

1. N. MAJOR. (Roth, Germ. II. 499.) — N. marina. α. L. sp. 1441. — N. fluvialis.
Lam. encyc. IV. 416, *part.*— Thuill. fl. Par. 510.—Vaill. act. Par. 1719. t. 1. f. 2.
(vulg. *Nayade.*)

Tiges de longueur très variable, disposées en touffe, rameuses dichotomes.
Feuilles épaisses, transparentes, *linéaires assez larges,* sinuées-dentées,
ondulées, à dents raides mucronées ; *à gaînes entières.* Styles 3. Fruits assez
gros, ovoïdes-oblongs, surmontés des styles persistants, à endocarpe dur crustacé finement réticulé rugueux. ①. Juillet-septembre.

A.C. — Rivières, eaux limpides, mares, étangs à fond sablonneux. — Bords de la
Seine ! Étang d'Enghien ! Canal du Loing à Nemours !, etc.

var. β. *muricata.* (N. muricata. Thuill. fl. Par. 509.) — Tige chargée, surtout
dans sa partie supérieure, de dents spinescentes semblables à celles des feuilles.

_____

(1) La description de cette famille est essentiellement basée sur l'organisation des
genres *Naias* et *Caulinia.*

II. CAULINIA. (Willd. in act. acad. Berol. 1798. 87.)

Fleurs monoïques, réunies plusieurs à l'aisselle des feuilles. — **Fleur mâle** réduite à une étamine qui est entourée d'une spathe tubuleuse renflée au milieu ouverte et denticulée-au sommet. *Anthère atténuée inférieurement en un filet épais, oblongue, à un seul lobe.* — Fleur femelle réduite à l'ovaire entouré d'une spathe.

1. **C. MINOR.** — Naias minor. All. fl. Ped. II. 221.— C. fragilis. Willd. act. Berol. 1798. 88. t. 1. f. 2. — Ittnera minor. Gmel. Bad. III. 592. t. 4.

Tiges de longueur variable, disposées en touffe, rameuses dichotomes, très grêles. *Feuilles* transparentes, *linéaires très étroites*, raides, recourbées, sinuées-denticulées, à dents mucronées; *à gaines denticulées-ciliées*; les feuilles supérieures rapprochées en bouquets. Styles 2. Fruits petits, cylindriques-lancéolés, surmontés des styles persistants, à endocarpe coriace marqué de côtes et finement strié transversalement. ①. Juillet-septembre.

R. — Rivières, canaux, étangs, eaux limpides. — Bas-Meudon (*Adr. de Jussieu*). Moret; Canal du Loing à Nemours (*Weddell*). — ? Charenton; Argenteuil; Chamrosay (*Mérat, fl.*).

CX. LEMNACÉES (1).

(Lemnaceæ. Duby, bot. Gall. I. 533. (1828). — Link. handb. I. 289. (1829).)

Fleurs monoïques, rarement dioïques (Endl.), *deux fleurs mâles et une fleur femelle naissant dans une même spathe*, les fleurs mâles étant réduites chacune à une étamine, la fleur femelle à un ovaire. — Spathe monophylle, d'abord fermée, comprimée, transparente-réticulée, se rompant irrégulièrement dans sa partie supérieure lors de la floraison, disparaissant à la maturité. — Fleurs mâles nues, se développant l'une après l'autre : Filets filiformes; anthères bilobées, didymes, à lobes séparés subglobuleux s'ouvrant chacun par une fente latérale (Schleid.) transversale (Endl.). — *Ovaire* libre, *uniloculaire*; ovules 1-7 (Schleid.) 1-4 (Endl.), s'insérant au fond de la loge, réfléchis, semi-réfléchis ou droits; style se continuant insensiblement avec la partie supérieure de l'ovaire; stigmate orbiculaire, concave-infundibuliforme, plus large que le style. — Fruit uniloculaire, indéhiscent, ou se coupant transversalement (Rich. Schleid.). Péricarpe membraneux un peu charnu. — Graines 1-7 (Schleid.) 1-4 (Endl.), à testa coriace charnu. Périsperme nul (Brongn. Endl.). Embryon droit, macropode, canaliculé à l'intérieur.

Plantes très petites, nageant à la surface des eaux stagnantes, plus rarement submergées, *flottant librement, dépourvues de feuilles; tige herbacée articulée, à articles* (frondes) déprimés *aplanis et simulant des feuilles qui sortiraient latéralement l'une de l'autre* (2); frondes ord. lenticulaires, quelquefois spongieuses à la face inférieure, donnant naissance à la partie moyenne de leur face inférieure à

---

(1) Nous avons traduit en partie l'excellent résumé donné par M. Kunth (*Enumeratio plantarum*) des savants travaux de MM. Brongniart, Richard et Schleiden sur la famille des *Lemnacées*.

(2) Les jeunes frondes, qui se développent à l'automne, descendent au fond de l'eau après la mort de la plante mère; ces frondes remontent à la surface de l'eau au printemps suivant pour y parcourir les autres périodes de leur végétation.

une ou plusieurs fibres radicales simples entourées chacune au sommet d'un sac membraneux en forme de coiffe. *Fleurs naissant dans une fente que présente le bord des frondes.*

I. LEMNA. (L. gen. n. 1038.)

Mêmes caractères que ceux de la famille.

1
{ Frondes oblongues-lancéolées, atténuées en forme de pétiole à la base; plante submergée, nageante seulement lors de la floraison. . *L. trisulca.*
{ Frondes suborbiculaires ou obovales, jamais atténuées en forme de pétiole; plante nageante. . . . . 2.

2
{ Frondes rouges à la face inférieure, donnant naissance chacune à plusieurs fibres radicales disposées en fascicule. . . . . . . *L. polyrhiza.*
{ Frondes jamais rouges en dessous, donnant naissance chacune à une seule fibre radicale. . . . . 3.

3
{ Frondes planes en dessous; fruit monosperme. . . . . . . *L. minor.*
{ Frondes convexes-spongieuses en dessous; fruit à 2-7 graines. . *L. gibba.*

SECT. I. EULEMNA. (LEMNA. Schleid. *in* Linnæa XIII. 390.)—*Ovaire uni-ovulé. Ovule horizontal, semi-réfléchi. Style allongé, recourbé. Fruit monosperme, indéhiscent. Graine horizontale, présentant un raphé dans la moitié de sa longueur. Embryon conique. Radicule regardant un point éloigné du hile.—Frondes donnant naissance chacune à une seule fibre radicale, présentant deux fentes latérales.*

1. L. TRISULCA. (L. sp. 1376.) — Engl. bot. t. 926.

Frondes minces, translucides, vertes, nombreuses réunies par 3 en croix, quelquefois en groupes dichotomes, *oblongues-lancéolées, atténuées en une base linéaire en forme de pétiole,* finement denticulées dans leur partie supérieure; les jeunes plus petites, ovales-oblongues ou ovales-suborbiculaires. *Plante submergée,* nageante seulement lors de la floraison. ☉. Avril-mai.

C. — Mares, étangs, fossés, eaux limpides.

2. L. MINOR. (L. sp. 1376.) — Engl. bot. t. 1095. (vulg. *Lentille-d'eau, Canulée.*

Frondes vertes, épaisses, non spongieuses en dessous, réunies par 3-4, rarement plus, *suborbiculaires ou obovales, non atténuées en forme de pétiole. Plante nageante.* ☉. Avril-juin.

C.C.C. — Couvrant souvent toute la surface des mares et des fossés, où il se développe.

SECT. II. TELMATOPHACE. (TELMATOPHACE. Schleid. *in* Linnæa, XIII, 391.)— *Ovaire contenant 2-7 ovules. Ovules dressés, réfléchis. Style allongé, recourbé. Fruit contenant 2-7 graines, se coupant transversalement. Graines dressées, présentant un raphé complet. Embryon ovoïde. Radicule dirigée vers le hile. — Frondes donnant naissance chacune à une seule fibre radicale, présentant deux fentes latérales.*

3. L. GIBBA. (L. sp. 1577.) — Engl. bot. t. 1255. — Telmatophace gibba. Schleid. *in* Linnæa, XIII, 591.

Frondes vertes, rarement rougeâtres en dessus, épaisses, planes ou à peine convexes en dessus, *spongieuses-enflées et très convexes en dessous,* suborbiculaires ou obovales, réunies d'abord par 2-3, mais se séparant de bonne heure; fibre radicale ord. très longue. Plante nageante. ☉. Avril-juin.

A.C. — Couvrant souvent toute la surface des mares et des fossés, où il se développe.

SECT. III. SPIRODELA. (SPIRODELA. Schleid. *in* Linnæa, XIII, 592.)—*Frondes présentant des vaisseaux spiraux distincts, donnant naissance chacune à plusieurs fibres radicales fasciculées ; les jeunes munies de deux petites stipules membraneuses.*

4. L. POLYRHIZA. (L. sp. 1377.) — Engl. bot. t. 2458. — Spirodela polyrhiza. Schleid. *loc. cit.*

Frondes beaucoup plus grandes que dans les autres espèces, vertes en dessus, *d'un rouge brunâtre en dessous*, épaisses, un peu convexes mais non spongieuses à la face inférieure, réunies par 2-4, suborbiculaires-obovales ou oblongues, non atténuées en forme de pétiole. Plante nageante. ①. Les fleurs de cette espèce n'ont pas encore été observées en France.

C. — Mares, fossés, où il couvre souvent de larges surfaces.

CLASSE II.

Graines pourvues d'un périsperme. — Plantes terrestres ou aquatiques.

CXI. AROIDÉES.

(AROIDEÆ. Juss. gen. 23.)

Fleurs unisexuelles monoïques, dépourvues de périanthe, sessiles autour d'un axe charnu simple (spadice) qu'elles recouvrent en tout ou en partie et *qui est entouré d'une spathe monophylle* ord. roulée en cornet. — Fleurs mâles réduites à des étamines éparses parmi les ovaires, ou placées audessus du groupe des ovaires. — Fleurs femelles réduites à des *ovaires libres*, pluri-ovulés, à une ou plusieurs loges. Style court, ou stigmate sessile.—*Fruit bacciforme-succulent*, monosperme par avortement ou polysperme.—Graines subglobuleuses ou anguleuses, à testa coriace souvent épais. Périsperme farineux ord. épais. Embryon droit, presque cylindrique.

Plantes terrestres ou aquatiques, contenant un suc âcre caustique, herbacées, vivaces, à souche ord. épaisse charnue-farineuse. *Feuilles* ord. toutes radicales, *sagittées ou cordées, à nervures ramifiées*, à pétiole dilaté en une base engaînante.

I. ARUM. (L. gen. n. 1028, part.)

Spathe membraneuse, en forme de cornet, enroulée à la base. Spadice nu dans sa partie supérieure qui est renflée en massue, portant à sa partie moyenne les étamines et dans sa partie inférieure les ovaires. Étamines à anthères sessiles bilobées ord. soudées deux à deux, disposées sur plusieurs rangs en un anneau surmonté et entremêlé d'appendices filamenteux (ovaires avortés). Ovaires nombreux, libres, disposés sur plusieurs rangs en un anneau placé au-dessous du groupe des étamines, et surmonté d'ovaires avortés, sessiles, uniloculaires, contenant 2-6 ovules horizontaux superposés droits; stigmate sessile, déprimé-hémisphérique. Fruits bacciformes, charnus-succulents, uniloculaires, monospermes ou oligospermes. Graines subglobuleuses, à testa épaissi et fongueux au niveau du hile. Embryon cylindrique-subclaviforme, placé dans le périsperme. Radicule regardant le point diamétralement opposé au hile.

Plante vivace, acaule, à souche épaisse charnue-farineuse. Feuilles paraissant en même temps que la spathe, naissant sur la souche, longuement pétiolées, hastées-sagittées, entières. Pédoncule radical entouré à sa base par la partie engaînante des pétioles.

1. A. MACULATUM. (L. sp. 1370.) — Engl. bot. t. 1298. (vulg *Gouet*. *Pied-deveau*.)

Souche blanche, tubériforme, assez grosse. Feuilles très amples, longuement pétiolées, hastées-sagittées, luisantes, d'un beau vert, marquées de taches noires ou non tachées, détruites lors de la maturité des fruits. Spathe d'un jaune verdâtre, quelquefois d'un rouge violacé aux bords et au sommet, ventrue à la base, brusquement rétrécie au-dessus de ce renflement, et ouverte en forme de cornet dans sa partie supérieure, dépassant longuement le spadice, détruite à la maturité. Spadice droit, à partie nue ord. violette, détruite à la maturité. Baies d'un rouge vif, en un épi oblong compacte, plus ou moins anguleuses par la déformation qui résulte de leur pression mutuelle. ♃. *Fl.* avril-mai. *Fr.* août-octobre.

    C.C. — Bois, buissons, haies, lieux ombragés.

    var. β. *immaculatum.* — Feuilles non tachées.

    Le *Calla palustris* L. à feuilles cordées, à spathe plane, à spadice chargé de fleurs jusqu'au sommet, a été naturalisé dans quelques mares de la forêt de Marly.

CXII. TYPHACÉES.

(TYPHÆ. Juss. gen. 25.)

    Fleurs unisexuelles monoïques, les mâles et les femelles groupées séparément en épis denses *cylindriques ou en têtes globuleuses,* la partie supérieure de l'inflorescence mâle, la partie inférieure femelle. — *Fleurs mâles dépourvues de périanthe, réduites à des étamines insérées autour de l'axe, entremêlées de soies ou d'écailles membraneuses disposées sans ordre :* Étamines très nombreuses, libres ou à filets soudés par 2-4 ; anthères oblongues, bilobées, à connectif prolongé au-dessus des lobes. — *Fleurs femelles à périanthe remplacé par des soies* nombreuses claviformes qui naissent sur le pédicelle de l'ovaire, *ou par 3 écailles hypogynes* qui accompagnent l'ovaire : *Ovaire libre,* sessile ou pédicellé, uniloculaire, uni-ovulé ; ovule suspendu, réfléchi ; style indivis ; stigmate unilatéral, allongé. — Fruit sessile ou longuement pédicellé, uniloculaire, monosperme, presque drupacé, surmonté par le style persistant, à épicarpe spongieux, ou membraneux se fendant longitudinalement, à endocarpe coriace ou ligneux indéhiscent soudé avec la graine. — Graine suspendue. Périsperme charnu, épais. Embryon droit, presque cylindrique, placé dans le périsperme. Radicule dirigée vers le hile.

    Plantes croissant dans les lieux marécageux ou dans l'eau, vivaces, herbacées ; à rhizomes traçants ou à souche cespiteuse ; à tiges simples ou rameuses. *Feuilles* alternes ou radicales, souvent longuement engaînantes, *linéaires à nervures parallèles,* les supérieures enveloppant en manière de spathe les épis ou les têtes de fleurs avant leur développement complet.

{ Fleurs en épis cylindriques; fruits longuement pédicellés, à pédicelle capillaire muni de longues soies . . . . TYPHA. (i.)
{ Fleurs en têtes globuleuses; fruits sessiles, entremêlés d'écailles. . . . .
{ . . . . SPARGANIUM. (ii.)

1. TYPHA. (L. gen. n. 1040.)

    Fleurs très nombreuses, monoïques, *constituant deux épis* unisexuels, compactes, *cylindriques,* superposés, contigus ou espacés, d'abord munis chacun d'une ou plusieurs bractées très caduques, l'épi inférieur femelle, le supérieur mâle terminal souvent interrompu par des bractées, à axe persistant après la floraison au-dessus de l'épi femelle. Étamines très nombreuses, rapprochées par 2-4 et soudées par leurs filets, entourées d'un grand nombre de soies rameuses dilatées au sommet (étamines avortées). Style allongé, capillaire; stigmate unilatéral, allongé. *Fruit* très petit, *porté sur un pédicelle capillaire muni de longues soies* dilatées au sommet (étamines avortées);

épicarpe membraneux, se détachant de l'endocarpe à la maturité et se fendant d'un côté dans toute sa longueur.

Plantes croissant dans les lieux marécageux, à partie inférieure souvent submergée, vivaces à souche épaisse longuement traçante. Tige dressée, simple, cylindrique, ne présentant pas d'articulations, pleine. Feuilles linéaires, dressées, toutes radicales, les intérieures très longuement engainantes à gaînes arrivant à des hauteurs différentes, de telle sorte que la tige paraît feuillée à feuilles alternes.

⎰ Épi mâle et épi femelle distants; feuilles étroites, convexes en dehors, un
⎱   peu concaves en dedans . . . . *T. angustifolia.*
⎰ Épi mâle et épi femelle contigus ou à peine espacés; feuilles planes . . .
⎱   . . . . *T. latifolia.*

1. **T. LATIFOLIA.** (L. sp. 1377.) — Engl. bot. t. 1455. — Fl. Dan. t. 645. (vulg. *Rauches, Quenouilles, Canne-de-Jonc.*)

Tige de 1-2 mètres, robuste, raide, très droite. *Feuilles* très longues, dressées, coriaces, linéaires, assez larges, *planes*, lisses, glaucescentes. *Épi mâle et épi femelle contigus ou à peine espacés;* l'épi femelle d'un brun noirâtre, cylindrique ord. très long, plus rarement court subclaviforme. ♃. Juin-juillet.

C. — Étangs, marais, fossés profonds.

var. β. *intermedia.* (T. media. D.C.? syn. 148.) — Plante moins élevée, feuilles plus étroites que dans le type: Épi femelle court subclaviforme, souvent un peu éloigné de l'épi mâle. — *R.* — Mares des Uzelles dans la forêt de Senart!

2. **T. ANGUSTIFOLIA.** (L. sp. 1377.) — Engl. bot. t. 1456. — Fl. Dan. t. 815.

Tige de 1-2 mètres, beaucoup moins robuste que dans l'espèce précédente, raide, très droite. *Feuilles* très longues, dressées, coriaces, linéaires *étroites*, *convexes en dehors*, *un peu concaves en dedans*, lisses, vertes ou à peine glaucescentes. *Épi mâle et épi femelle distants;* l'épi femelle cylindrique allongé, d'un brun noirâtre. ♃. Juin-juillet.

A.C. — Étangs, marais, fossés profonds, rivières à courant peu rapide.

II. SPARGANIUM. (L. gen. n. 1041.)

Fleurs très nombreuses, monoïques, *constituant plusieurs têtes* unisexuelles *globuleuses* superposées et espacées, les têtes inférieures femelles munies la plupart de feuilles florales persistantes, les têtes supérieures mâles à bractées nulles ou très petites. Étamines très nombreuses, libres, à filets très courts, entremêlées d'un grand nombre d'écailles élargies entières ou bifides (étamines avortées). Style court; stigmate unilatéral allongé. *Fruit* sessile, *muni à sa base de 3 écailles*, assez gros, souvent anguleux par la pression qu'exercent sur lui les fruits voisins; à épicarpe spongieux, à endocarpe ligneux percé au sommet; deux fruits contigus se soudant quelquefois et simulant alors un fruit biloculaire.

Plantes croissant dans les lieux marécageux ou dans l'eau, vivaces à souche cespiteuse. Tige simple, ou rameuse supérieurement, pleine. Feuilles linéaires, les unes radicales, les autres caulinaires, alternes, à base dilatée un peu engainante. Têtes de fleurs disposées en grappe ou en épi simple terminal, quelquefois en panicule.

1 ⎰ Têtes disposées en panicule. . . . . *S. ramosum.*
  ⎱ Têtes disposées en grappe ou en épi simple. . . . . 2.
2 ⎰ Feuilles triquètres à la base et dressées. . . . . . . *S. simplex.*
  ⎱ Feuilles planes, tombantes ou flottantes. . . . . . . *S. natans*

1. S. RAMOSUM. (Huds. Angl. 401.) — Engl. bot. t. 744. (vulg. *Ruban-d'eau.*)

Tige de 6-8 décimètr., robuste, dressée, rameuse au sommet dans sa partie florifère. Feuilles linéaires, très longues, coriaces, triquètres à la base à faces latérales concaves. *Têtes disposées en une panicule composée d'épis composés eux-mêmes de plusieurs têtes sessiles espacées;* les 1-2 têtes inférieures de chaque épi femelles, grosses; les supérieures assez nombreuses, mâles, petites, détruites à la maturité. Stigmate linéaire. Fruit anguleux, en pyramide renversée. ♃. Juin-août.

C. — Bords des eaux, fossés, étangs.

2. S. SIMPLEX. (Huds. Angl. 401.) — Engl. bot. t. 745.

Tige de 4-8 décimètr., dressée, simple. *Feuilles* linéaires, allongées, coriaces, *triquètres à la base* à faces latérales planes. *Têtes disposées en un épi simple terminal,* les têtes femelles inférieures pédonculées à pédoncules la plupart soudés avec la tige dans une plus ou moins grande étendue, les femelles supérieures et les mâles sessiles; *les têtes mâles* assez grosses, *assez nombreuses,* détruites à la maturité. Stigmate linéaire. Fruit oblong-fusiforme. ♃. Juin-août.

A.C. — Bords des eaux, fossés, étangs.

3. S. NATANS. (L. sp. 1378.) — Engl. bot. t. 273.

Plante ord. submergée-nageante. Tige de longueur variable, simple, très grêle, tombante ou nageante. *Feuilles* linéaires-étroites, minces, *planes, tombantes ou flottantes. Têtes disposées en un épi simple* terminal, sessiles ou brièvement pédonculées; les femelles au nombre de 1-3, très rarement plus; les *mâles au nombre de* 1-2, détruites à la maturité. Stigmates courts, oblongs. Fruit oblong-fusiforme. ♃. Juin-août.

R. — Étangs, mares, fossés profonds, flaques d'eau des tourbières. — Bondy (*Maire*). Mares du bois de Meudon! (*Cte Jaubert*). Étang du Désert près Versailles! (*Brice*). St-Léger! Le Châtelet près Melun (*Garnier*). Nemours! Malesherbes!

CXIII. JONCÉES (1).

(Junceæ. D.C. fl. Fr. III. 155.)

Fleurs hermaphrodites, rarement unisexuelles par avortement, régulières. — *Périanthe scarieux,* persistant, ord. brunâtre, *à 6 divisions* libres, disposées sur deux rangs. — Étamines 6, rarement 3 par avortement, hypogynes ou insérées à la base des divisions du périanthe. Anthères bilobées, introrses. *Ovaire non soudé avec le périanthe,* à 3 carpelles, 3-loculaire ou uniloculaire, pluri-ovulé ou tri-ovulé. Ovules insérés à l'angle interne des loges ou sur des placentas pariétaux, ascendants, réfléchis. — Style indivis, ord. très court. Stigmates 3, filiformes, poilus. — *Fruit capsulaire,* à déhiscence loculicide, *à 3 valves, triloculaire à loges polyspermes, ou uniloculaire trisperme.* — Graines dressées ou ascendantes, à testa membraneux souvent prolongé en un appendice terminal ou basilaire. Périsperme charnu, épais.

---

(1) Nous nous sommes servis, pour la description des espèces de cette famille, de notes rédigées en commun avec M. Weddell.

Embryon placé à l'extrémité du périsperme voisine du hile. **Radicule** épaisse dirigée vers le hile.

Plantes terrestres, croissant ord. dans les lieux marécageux, herbacées, annuelles, ou plus ord. vivaces à souche cespiteuse ou traçante. Tiges feuillées, ou dépourvues de feuilles et alors souvent munies à leur base d'écailles engaînantes. Feuilles à partie pétiolaire engaînante, à limbe linéaire, plan, canaliculé ou cylindrique et alors présentant souvent de distance en distance des renflements en forme de nœuds; quelquefois feuilles toutes radicales. Fleurs petites, ord. brunâtres, solitaires ou en glomérules, souvent disposées en cymes ou en corymbes. Rameaux de l'inflorescence munis chacun à la base de deux bractées presque opposées, l'une inférieure plus grande souvent foliacée, l'autre constituant une gaîne tubuleuse qui embrasse la base du rameau.

Capsule à 3 loges polyspermes; feuilles plus ou moins cylindriques, glabres, quelquefois réduites à des écailles engaînantes. . . . . JUNCUS. (i.)
Capsule uniloculaire, contenant trois graines; feuilles planes, ord. poilues.
. . . . LUZULA. (ii.)

I. JUNCUS. (L. gen. n. 437, *part.*)

Capsule à 3 *loges*, s'ouvrant en 3 valves qui portent chacune une cloison à leur partie moyenne. *Graines nombreuses* dans chaque loge; à testa appliqué immédiatement sur l'amande, rarement prolongé en appendice à chacune de ses extrémités.

Plantes annuelles, ou plus ordinairement vivaces à souche cespiteuse ou traçante. Feuilles glabres, canaliculées, ou cylindriques, offrant quelquefois de distance en distance des renflements en forme de nœuds au niveau de diaphragmes transversaux, quelquefois toutes radicales et alors souvent réduites à des écailles engaînantes. Fleurs solitaires ou glomérulées, souvent disposées en cymes ou en corymbes terminaux ou d'apparence latéraux en raison d'une feuille florale qui continue la direction de la tige.

1 { Tiges dépourvues de feuilles, munies à leur base de gaînes membraneuses; inflorescence latérale. . . . . 2.
Tiges feuillées, ou feuilles toutes radicales; inflorescence terminale . . . 3.

2 { Tiges vertes, à moelle continue; gaînes d'un brun mat. . . . . *J. communis.*
Tiges glauques, à moelle interrompue; gaînes d'un pourpre noirâtre, luisantes . . . . *J. glaucus.*

3 { Fleurs solitaires, rapprochées ou plus ou moins espacées. . . . . . . 4.
Fleurs réunies par 2-12. . . . . 7.

4 { Feuilles toutes disposées en une rosette radicale. . . . . *J. squarrosus.*
Tiges portant une ou plusieurs feuilles. . . . . 5.

5 { Divisions du périanthe acuminées, dépassant longuement la capsule . . .
. . . . *J. bufonius.*
Divisions du périanthe aiguës ou obtuses, égalant environ la capsule . . . 6.

6 { Divisions du périanthe très obtuses; plante vivace. . . . . *J. bulbosus.*
Divisions du périanthe très aiguës; plante annuelle. . . . . *J. Tenageia.*

7 { Divisions du périanthe dépassant longuement la capsule; plante annuelle. . 8.
Divisions du périanthe égalant environ la capsule ou plus courtes qu'elle; plante vivace. . . . . 9.

8 { Divisions du périanthe linéaires-lancéolées, non acuminées . *J. pygmæus.*
Divisions du périanthe ovales-lancéolées, acuminées en une pointe subulée.
. . . . *J. capitatus.*

9 { Capsule oblongue-obtuse, à angles obtus . . . . *J. supinus.*
Capsule ovoïde ou lancéolée, mucronée, aiguë ou acuminée, à angles aigus. 10.

10 { Divisions du périanthe toutes obtuses; fleurs ord. d'un vert blanchâtre . .
. . . . *J. obtusiflorus.*
Divisions du périanthe aiguës, au moins les extérieures; fleurs d'un brun plus ou moins foncé. 11.

11 { Capsule insensiblement atténuée en un long bec; divisions du périanthe acuminées, les intérieures plus longues que les extérieures . . . . .
. . . . *J. acutiflorus.*
Capsule brusquement et brièvement mucronée; divisions intérieures du périanthe obtuses, aussi longues que les extérieures. . . *J. lampocarpus.*

SECT. I. — *Inflorescence pseudo-latérale. Tiges nues, ne présentant pas d'articulations, munies à la base d'écailles engaînantes.*

1. J. COMMUNIS. (Mey. syn. 12.) (vulg. *Jonc commun.*)

Souche à rhizômes obliques ou horizontaux traçants, donnant naissance à un grand nombre de tiges très rapprochées. *Tiges* de 5-8 décimètr., nues, *munies à la base d'écailles engaînantes brunâtres non luisantes, vertes,* cylindriques, finement striées, se cassant facilement, *à moelle non interrompue.* Cyme très rameuse, à rameaux grêles diffus ou rapprochés en glomérule. Capsule obovale, déprimée au sommet. ♃. Juin-juillet.

C.C. — Fossés, bord des eaux, lieux humides ou marécageux.

var. *α. effusus.* (J. effusus. L. 464. — Engl. bot. t. 836.) — Cyme à rameaux diffus. Fleurs plus ou moins verdâtres; divisions du périanthe dépassant quelquefois très longuement la capsule.

var. *β. conglomeratus.* (J. conglomeratus. L. sp. 464. — Engl. bot. t. 835.) — Cyme à rameaux rapprochés en glomérule. Fleurs plus ou moins brunâtres.

2. J. GLAUCUS. (Ehrb. beitr. VI. 85.) — Engl. bot. t. 665. — Host, Gram. III. t. 81. (vulg. *Jonc-des-jardiniers.*)

Souche à rhizômes obliques ou horizontaux traçants, donnant naissance à un grand nombre de tiges très rapprochées. *Tiges* de 5-8 décimètr., nues, *munies à la base d'écailles engaînantes d'un brun luisant, glauques,* cylindriques, striées, se tordant sans se casser, *à moelle interrompue.* Cyme noirâtre rameuse, à rameaux grêles. Périanthe à divisions très aiguës. Capsule noirâtre, ovale mucronée. ♃. Juin-août.

C. — Lieux humides et marécageux, fossés, bord des eaux.

SECT. II. — *Inflorescence terminale, jamais d'apparence pseudo-latérale. Tiges feuillées, plus rarement nues et alors les feuilles étant toutes radicales et jamais réduites à des écailles engaînantes.*

§ 1. — *Fleurs solitaires.*

3. J. SQUARROSUS. (L. sp. 465.) — Engl. bot. t. 933.

Souche cespiteuse, très compacte. Tiges peu nombreuses ou subsolitaires, de 2-6 décimètr., dépourvues de feuilles, comprimées un peu anguleuses. *Feuilles toutes radicales,* canaliculées, raides, étalées en rosette. Fleurs solitaires, rapprochées ou plus ou moins espacées, brièvement pédicellées, disposées en cymes rapprochées en un corymbe terminal ou en deux corymbes superposés à rameaux dressés. Périanthe à divisions lancéolées ou ovales-lancéolées, les extérieures aiguës, les intérieures obtuses. Étamines à filet quatre fois plus court que l'anthère. Capsule plus grosse que dans les autres espèces, oblongue obtuse mucronée, environ de la longueur des divisions du périanthe. ♃. Juin-juillet.

R. — Terrains sablonneux-tourbeux, bruyères humides. — St-Léger! Morfontaine! Senlis; Thiers (*Morelle*). Ons-en-Bray! (*Mandon*). Compiègne (*Leré*). Forêt de Fontainebleau !

4. J. BULBOSUS. (L. sp. 466.) — J. compressus. Jacq. en. stirp. Vind. 60. — Host , Gram. III. t. 89. — Engl. bot. t. 934.

Souche à rhizómes obliques ou horizontaux plus ou moins traçants , donnant naissance à un grand nombre de tiges rapprochées ou un peu espacées. Tiges de 2-7 décimètr., souvent renflées à la base, feuillées surtout dans leur partie inférieure, un peu comprimées. Feuilles presque planes ou un peu canaliculées, dressées. Bractée inférieure foliacée. Fleurs solitaires, rapprochées ou plus ou moins espacées, pédicellées, disposées en cymes rapprochées en un corymbe terminal. *Périanthe à divisions* ovales-oblongues, *très obtuses. Capsule subglobuleuse ,* mucronée , *dépassant longuement les divisions du périanthe.* ♃. Juin-août.

C. — Lieux humides, fossés, bords des rivières et des étangs.

5. J. TENAGEIA. (L. f. supp. 208.) — Host , Gram. III. t. 91. — Vaill. bot. Par. t. 20. f. 1. — J. Vaillantii. Thuill. fl. Par. 177.

Plante annuelle, à racine fibreuse. Tiges subsolitaires ou plus ou moins nombreuses , de 1-4 décimètr., feuillées surtout dans leur partie inférieure , grêles , cylindriques ou à peine comprimées. Feuilles sétacées, canaliculées à la base , dressées. Bractée inférieure scarieuse ou foliacée. Fleurs solitaires , espacées, sessiles, disposées en cymes rapprochées en une panicule terminale. *Périanthe à divisions* ovales-lancéolées *acuminées. Capsule subglobuleuse* tronquée, *environ de la longueur des divisions du périanthe.* ④. Juin-août.

A.C. — Lieux sablonneux humides, bords des rivières et des étangs. — Bondy ! Meudon ! St-Germain. Étang du Trou-Salé ! St-Hubert ! St-Léger ! Forêt de Fontainebleau !, etc.

6. J. BUFONIUS. (L. sp. 466.) — Engl. bot. t. 802. — Host, Gram. III. t. 90.

Plante annuelle , à racine fibreuse. Tiges ord. nombreuses , de 5-30 centimètr., feuillées, assez grêles, souvent étalées. Feuilles linéaires-sétacées , canaliculées à la base , dressées. Bractée inférieure foliacée. Fleurs solitaires , espacées , très rarement fasciculées , brièvement pédicellées, en cymes pauciflores à rameaux dressés, rapprochées en un corymbe terminal. *Périanthe* d'un blanc verdâtre , *à divisions* lancéolées *acuminées-subulées. Capsule* d'un brun rosé, *oblongue-*obtuse mucronulée , *très longuement dépassée par les divisions du périanthe.* ①. Mai-août.

C.C. — Allées des bois sablonneux , bords des étangs et des rivières, champs humides , lieux inondés l'hiver.

var. β. *fasciculatus.* — Plante plus robuste. Fleurs rapprochées en fascicules. — R. — Bords du canal à St-Denis (*Maire*).

§ 2. — *Fleurs réunies en glomérules.*

7. J. PYGMÆUS. (Thuill. fl. Par. 178.) — Fl. Dan. t. 1871.

Plante annuelle , à racine fibreuse. Tiges subsolitaires ou plus ou moins nombreuses, de 3-15 centimètr., grêles , feuillées ou dépourvues de feuilles. Feuilles linéaires-canaliculées, noueuses, souvent rougeâtres. Glomérules 2-5-flores , au nombre de 2-6, munis à la base de bractées courtes scarieuses , espacés, l'inférieur ord. muni d'une feuille florale foliacée ; plus rarement un seul glomérule terminal. *Périanthe à divisions* droites, conniventes, *linéaires insensiblement atténuées en pointe. Capsule oblongue-allongée,* aiguë , subtrigone, *longuement dépassée par les divisions du périanthe.* ①. Juin-août.

R. — Bords des mares tourbeuses et des étangs sablonneux. — Abondant aux étangs de St-Hubert! St-Léger! Mares de la forêt de Fontainebleau!

8. **J. CAPITATUS.** (Weigelt. obs. 28.) — Engl. bot. t. 2644. — J. ericetorum. Poll. Pal. n. 350.

Plante annuelle, à racine fibreuse. Tiges subsolitaires ou plus ou moins nombreuses, de 3-15 centimètr., grêles, dépourvues de feuilles. Feuilles canaliculées, presque filiformes, ne présentant pas de renflements en forme de nœuds, souvent rougeâtres. Glomérules 3-8-flores, solitaires terminaux, plus rarement au nombre de 2-3 et alors rapprochés ou espacés, munis au moins l'inférieur d'une feuille florale foliacée et de 2-3 bractées terminées en pointe foliacée. *Périanthe à divisions ovales ou ovales-lancéolées, brusquement acuminées en une pointe sétacée* souvent recourbée en dehors. *Capsule ovoïde-subglobuleuse* subtrigone, mucronée, *longuement dépassée par les divisions du périanthe.* ①. Juin-juillet.

R. — Sables humides ou tourbeux, bruyères inondées l'hiver. — St Léger (*Mandon*). Lardy (*Maire*). Larchant (*De Forestier*). Montigny; Chapelle-la-Reine et bois de la Gravine près Nemours (*Devilliers*). Malesherbes! (*Bernard*, *Woods*).

9. **J. SUPINUS.** (Mœnch, en. pl. Hass. n. 296. t. 5.) — J. subverticillatus. Wulf. *in* Jacq. coll. III. 51. - Host, Gram. III. t. 88.

Souche cespiteuse, ou à rhizômes plus ou moins traçants. *Tiges* plus ou moins nombreuses, de 1-3 décimètr., *renflées à la base*, feuillées. Feuilles un peu canaliculées, noueuses. Bractée inférieure foliacée ou terminée en une pointe foliacée. Glomérules 4-12-flores, plus ou moins nombreux, disposés en une cyme terminale irrégulière à rameaux peu nombreux dressés ou étalés. Périanthe à divisions lancéolées ou linéaires-lancéolées, obtuses ou aiguës. *Capsule oblongue-obovale*, subcylindrique-trigone, *tronquée*, mucronulée, *environ de la longueur des divisions du périanthe.* ♃. Juin-août.

C. — Lieux humides, marécages des bois, bords des étangs et des rivières, surtout des terrains sablonneux.

var. *β. radicans.* (J. uliginosus. Roth, tent. II. 405. — J. fluitans. D.C. fl. Fr. III. 169.) — Tiges radicantes, couchées, ou nageantes et alors atteignant souvent une grande longueur. Bractées et périanthes devenant souvent foliacés.

var. *γ. gracilis.* — Plante très grêle. Glomérules et fleurs plus petits de moitié que dans le type.

10. **J. LAMPOCARPUS.** (Ehrh. calam. n. 126.) — Engl. bot. t. 2143.

Souche cespiteuse, à rhizôme traçant, émettant ord. un grand nombre de tiges rapprochées. Tiges de 1-6 décimètr., feuillées. Feuilles fistuleuses, un peu comprimées, très noueuses. Bractée inférieure ord. foliacée. Glomérules 4-12-flores, ord. nombreux, disposés en cymes plus ou moins étalées rapprochées en un corymbe terminal. *Périanthe* d'un brun plus ou moins foncé, *à divisions* lancéolées, *toutes de même longueur*, les extérieures aiguës, *les intérieures obtuses. Capsule ovoïde*, trigone, à angles aigus, *brusquement et brièvement mucronée, dépassant les divisions du périanthe.* ♃. Juin-août.

C. — Lieux humides, fossés, endroits marécageux, bords des mares.

11. **J. ACUTIFLORUS.** (Ehrh. beitr. VI. 86.) — J. sylvaticus. Willd. sp. II. 211. — Host, Gram. III. t. 86.

Souche à rhizôme horizontal traçant, quelquefois subcespiteuse. Tiges de 4-8 décimètr., feuillées. Feuilles fistuleuses, un peu comprimées, très noueuses. Bractée inférieure foliacée ou terminée en une pointe foliacée. Glomérules 4-12-flores, ord. nombreux, disposés en cymes plus ou moins étalées rapprochées en un corymbe terminal. *Périanthe* ord. d'un brun foncé, *à divisions lancéolées longuement acuminées* à pointe souvent recourbée, *les intérieures plus longues que les extérieures. Capsule ovoïde-lancéolée*, trigone, à angles aigus, *insensiblement atténuée en un long bec*, *dépassant longuement les divisions du périanthe*. ♃. Juin-août.

C. — Lieux herbeux humides, mares tourbeuses, bords des étangs, fossés.

var. β. *micranthus*. — Fleurs plus petites de moitié que dans le type.

var. γ. *conglomeratus*. — Corymbe très compacte. — Larchant (*Maire*).

12. J. OBTUSIFLORUS. (Ehrb. beitr. VI. 83.) — Engl. bot. t. 2144.

Souche à rhizôme horizontal, longuement traçant. *Tiges* de 4-8 décimètr., ord. un peu espacées sur le rhizôme, feuillées, mais *dépourvues de feuilles radicales, ces feuilles étant remplacées par des écailles engaînantes* d'un jaune verdâtre *obtuses ou terminées par un mucron sétacé*. Feuilles fistuleuses, cylindriques, fortement noueuses. Bractée inférieure foliacée ou terminée en une pointe foliacée. Glomérules 4-12-flores, nombreux, disposés en cymes à rameaux réfractés, constituant par leur ensemble un corymbe ou une panicule terminale. *Périanthe* d'un blanc verdâtre ou jaunâtre, *à divisions* conniventes, oblongues, *obtuses*, égales entre elles. *Capsule* petite, *ovoïde-lancéolée*, trigone, à angles aigus, *atténuée en bec*, *égalant environ la longueur des divisions du périanthe*. ♃. Juin-août.

C. — Lieux humides, surtout des terrains sablonneux, fossés, prairies tourbeuses.

II. LUZULA. (D.C. fl. Fr. III. 158.)

Capsule uniloculaire, contenant trois graines, s'ouvrant en 3 valves qui ne portent pas de cloison. Graines à testa appliqué sur l'amande, ou prolongé en appendice à l'une ou à l'autre de ses extrémités.

Plantes vivaces, à souche cespiteuse ou traçante. Feuilles planes, ord. poilues, la plupart radicales. Fleurs solitaires ou glomérulées, disposées en cymes ou en corymbes terminaux.

1 ⎰ Panicule composée de fleurs solitaires; graines munies au sommet d'un appendice membraneux. . . . . **2.**
　⎱ Panicule composée de fleurs réunies en glomérules ou en épillets; graines appendiculées à la base ou non appendiculées . . . . **3.**

2 ⎰ Feuilles radicales linéaires étroites; pédoncules fructifères dressés. . . . . *L. Forsteri.*
　⎱ Feuilles radicales lancéolées; pédoncules fructifères souvent réfractés. . . . . *L. vernalis.*

3 ⎰ Glomérules de 2-4 fleurs, disposés en une panicule très décomposée; graines non appendiculées. . . . . *L. maxima.*
　⎱ Épis de 6-15 fleurs, disposés en panicule simple corymbiforme; graines appendiculées à la base . . . . **4.**

4 ⎰ Étamines à filet de la longueur de l'anthère; épillets dressés; souche cespiteuse. . . . . *L. multiflora.*
　⎱ Étamines à filet 5 fois plus court que l'anthère; épillets penchés; souche émettant des rejets traçants. . . . . *L. campestris.*

SECT. I. — *Fleurs solitaires.*

1. L. FORSTERI. (D.C. synops. fl. Gall. 150.) — Ic. rar. I. t. 2. — Juncus Forsteri. Sm. fl. Brit. III. 1395. — Engl. bot. t. 1293.

Souche cespiteuse. Tiges de 2-4 décimètr., grêles. *Feuilles* radicales ord. nombreuses, *linéaires étroites*, poilues. Corymbe à rameaux inégaux, portant chacun 2-3 fleurs plus ou moins espacées ; *rameaux et pédoncules dressés même à la maturité. Graines munies au sommet d'un appendice droit.* ♃. Avril-mai.

C. — Bois montueux , taillis , pâturages.

2. **L. VERNALIS.** (D.C. fl. Fr. III. 160.) — Juncus vernalis. Ehrh. beltr. VI. 137. — L. pilosa. Willd. *in* hort. Berol. I. 595.

Souche cespiteuse. Tiges de 2-4 décimètr., grêles. *Feuilles* radicales ord. nombreuses, *lancéolées,* poilues. Corymbe à *rameaux* inégaux, portant chacun 1-3 fleurs terminales ou plus ou moins espacées, étalés ou *réfractés à la maturité ainsi que les pédoncules. Graines munies au sommet d'un appendice courbé.* ♃. Mars-avril.

C. — Bois montueux , pâturages ombragés.

SECT. II. — Fleurs réunies en glomérules ou en épillets..

3. **L. MAXIMA.** (D.C. fl. Fr. III. 160.) — Juncus sylvaticus. Smith, fl. Brit. 585. — Engl. bot. t. 737.

Souche cespiteuse, terminant un rhizome presque ligneux oblique ou horizontal traçant. Tiges de 4-7 décimètr., assez grêles. Feuilles radicales ord. nombreuses, lancéolées-linéaires, très longues, très poilues. *Glomérules 2-4-flores,* nombreux, disposés en cymes constituant par leur ensemble un corymbe ou une panicule terminale qui dépasse longuement les bractées. *Étamines à filet beaucoup plus court que l'anthère. Graines ne présentant pas d'appendice distinct.* ♃. Mai-juin.

R.R. — Bois montueux , coteaux ombragés. — Forêt de Vernon ! — ? Bois du parc près Beauvais.

4. **L. CAMPESTRIS.** (D.C. fl. Fr. III. 161, excl. var.) — Juncus campestris. L. sp. 468. — Engl. bot. t. 672.

Souche cespiteuse , émettant des rejets traçants. Tiges de 1-3 décimètr., ord. grêles. Feuilles radicales nombreuses, linéaires, poilues, devenant souvent glabrescentes. Épillets composés de 6-15 fleurs, ord. peu nombreux, disposés en une *cyme* terminale *à rameaux* ord. simples *plus ou moins courbés à la maturité. Étamines à filet 5 fois plus court que l'anthère, Graines munies à la base d'un appendice conique.* ♃. Avril-juin.

C.C. — Pelouses des bois , taillis , pâturages.

5. **L. MULTIFLORA.** (Lej. fl. Spa. I. 169.) — Juncus multiflorus. Ehrh. calam. n. 127. — Juncus intermedius. Thuill. fl. Par. 178.

Souche cespiteuse. Tiges de 3-5 décimètr., ord. très feuillées, raides, dressées. Feuilles radicales nombreuses , linéaires, poilues, devenant souvent glabrescentes. Épillets composés de 6-15 fleurs , plus ou moins nombreux , disposés en une *cyme* terminale *à rameaux* simples ou rameux, *dressés même à la maturité. Étamines à filet de la longueur de l'anthère. Graines munies à la base d'un appendice conique.* ♃. Mai-juin.

A.C. — Pelouses ombragées, allées des bois , bords des mares tourbeuses. — Meudon ! Ville-d'Avray ! Bondy ! St-Maur ! Forêt de Senart !, etc.

s.v. — *pallescens.* — Divisions du périanthe très largement scarieuses blanchâtres.

var. β. *congesta.* (Juncus congestus. Thuill. fl. Par. 179. — L. campestris. var. β. congesta. Duby, bot. Gall. I. 479.) — Épillets tous sessiles ou subsessiles rapprochés en une tête compacte.

CXIV. CYPÉRACÉES.

(CYPEROIDEÆ. Juss. gen. 26.)

Fleurs hermaphrodites, ou unisexuelles monoïques, très rarement dioïques, *solitaires chacune à l'aisselle d'une bractée scarieuse* (écaille L., paillette Juss.), disposées en épis (épis, épillets) multiflores ou pauciflores ; les écailles disposées sur deux ou trois rangs ou sur plusieurs rangs, les inférieures quelquefois stériles. — *Périanthe nul* ou remplacé par des soies souvent au nombre de 6 qui entourent l'ovaire, ou par deux bractées soudées en une enveloppe ouverte au sommet et renfermant l'ovaire (utricule). — Étamines 3, plus rarement 2, hypogynes. Filets marcescents. *Anthères* bilobées, *insérées sur le filet par leur base*, à lobes linéaires *soudés entre eux dans toute leur longueur* s'ouvrant longitudinalement. — Ovaire libre, à 2-3 carpelles, uniloculaire, uni-ovulé. Ovule dressé, réfléchi. Style indivis, terminé par 2-3 stigmates filiformes.—*Fruit* (akène) *sec, monosperme, indéhiscent,* trigone, subglobuleux, ou plus ou moins comprimé, souvent surmonté de la base persistante du style, quelquefois renfermé dans un utricule qui se détache avec lui. *Péricarpe non soudé avec la graine,* membraneux, crustacé ou osseux, se séparant quelquefois en deux couches. — Graine de la même forme que le péricarpe, dressée, à testa mince. *Périsperme* farineux ou farineux-corné, *très épais. Embryon* très petit, *placé en dehors du périsperme à l'extrémité voisine du hile,* ord. turbiné, presque toute sa masse étant constituée par un renflement latéral de la tigelle. Radicule dirigée vers le hile.

Plantes terrestres, croissant souvent dans les lieux marécageux, vivaces, plus rarement annuelles, herbacées ; à racine fibreuse, ou à souche constituée par des rhizômes rapprochés en une masse compacte (souche cespiteuse) ou par un ou plusieurs rhizômes obliques ou horizontaux quelquefois très longuement traçants. Tige (chaume) ord. simple, pleine, souvent triquètre, non renflée en nœud au niveau de l'insertion des feuilles, ne présentant qu'un petit nombre d'articulations, les entre-nœuds inférieurs très courts. *Feuilles* tristiques, *embrassant la tige* dans une grande étendue *par une gaine à bords soudés* (gaine non fendue), quelquefois réduites à leur partie engaînante, présentant ou non une ligule distincte ; à limbe entier, ord. linéaire, plan, ou plié-canaliculé souvent triquètre, à nervures parallèles, à bords lisses, scabres ou denticulés ainsi que la nervure moyenne. Épis ou épillets hermaphrodites, unisexuels, ou androgyns c'est-à-dire composés de fleurs mâles dans une partie de leur longueur et de fleurs femelles dans le reste de leur étendue, solitaires ou plus ou moins nombreux, terminaux ou naissant dans la partie supérieure de la tige, dressés, étalés ou pendants, espacés ou rapprochés, souvent disposés en glomérules, en épis ou en panicules.

1 { Fleurs unisexuelles, monoïques ou dioïques ; akène renfermé dans un utricule ouvert au sommet . . . . CAREX. (i.
{ Fleurs hermaphrodites . . . . 2.

2 { Akènes munis à la base de soies qui dépassent très longuement les écailles de l'épillet. . . . . ERIOPHORUM. (vi.)
{ Akènes munis de soies plus courtes que les écailles ou dépourvus de soies. . 3.

3 { Épillets à écailles imbriquées sur deux rangs. 4
{ Épillets à écailles irrégulièrement imbriquées sur plusieurs rangs. . . . . 5.

4 { Écailles 20-30, presque égales, toutes fertiles ; bractées de l'involucre entièrement foliacées. . . . . CYPERUS. (vii.)
{ Écailles 6-9, les 3-6 inférieures stériles plus petites ; bractées de l'involucre largement scarieuses à la base . . . . SCIRPUS. (viii.)

5 { Écailles inférieures égales aux supérieures ou plus grandes qu'elles. . . . . 6.
{ Écailles inférieures plus petites que les supérieures. . . . . 7.

6 { Style à base non dilatée; tiges portant un ou plusieurs épillets. . . . .
. . . . SCIRPUS. (iv.)
{ Style à base dilatée en forme de bulbe et couronnant l'akène; un seul épil-
let terminal . . . . HELEOCHARIS. (iii.)

7 { Style à base non dilatée; akène dépourvu de soies à sa base, à épicarpe
crustacé fragile distinct de l'endocarpe. . . . . . . CLADIUM. (v.)
{ Style à base dilatée en forme de bulbe et couronnant l'akène; akène muni
de soies à sa base. . . . . RHYNCHOSPORA. (ii.)

TRIBU I. CARICEÆ. — **Fleurs unisexuelles, monoiques, plus
rarement dioïques. Épis à écailles imbriquées sur plusieurs rangs.
Akène dépourvu de soies à sa base, renfermé dans une enveloppe
particulière ouverte au sommet pour donner passage aux stigmates.**

1. CAREX. (L. gen. n. 1046.)

Fleurs disposées en épis ou en épillets unisexuels ou androgyns.—*Fleur
mâle ; Étamines 2-3.* — *Fleur femelle : Ovaire surmonté d'un style indivis
terminé par 2-3 stigmates filiformes, renfermé dans une enveloppe particulière (utricule) composée de deux bractées opposées qui se soudent ensemble
complètement excepté au sommet qui reste ouvert pour donner passage aux
stigmates. Utricule s'accroissant et se détachant avec le fruit, souvent
atténué en bec, tronqué, bidenté ou bifide au sommet.*

Plantes vivaces; à souche cespiteuse émettant ou non des rhizômes traçants, ou à
souche constituée par un ou plusieurs rhizômes obliques ou horizontaux quelquefois
très longuement traçants. Tiges simples, triquètres, à angles obtus ou aigus. Épis cylindriques, oblongs ou ovoïdes, dressés, étalés ou pendants, axillaires ou terminaux, solitaires, ou fasciculés au sommet de la tige, souvent disposés en épi ou en
panicule.

1 { Tige portant un seul épi simple. . . . . 2.
{ Tige portant plusieurs épis ou plusieurs épillets espacés ou rapprochés . . 4.

2 { Épi mâle au sommet, femelle à la base. . . . . *C. pulicaris.*
{ Épi entièrement mâle ou entièrement femelle; plante dioïque . . . . . 3.

3 { Souche un peu traçante; tige lisse. . . . . *C. dioica.*
{ Souche cespiteuse; tige scabre. . . . . *C. Davalliana.*

4 { Épillets androgyns, très rarement unisexuels, souvent disposés en un épi
composé ou en une panicule spiciforme; 2 stigmates. . . 5 (ou 18 ad libit.)
{ Épillets ou épis unisexuels, très rarement androgyns par avortement, les
inférieurs femelles, le terminal ou les terminaux mâles, jamais disposés
en un épi composé ou en une panicule spiciforme; 2-3 stigmates. . . . 24.

5 { Épillets réunis en un glomérule entouré à la base de 2-3 longues bractées
foliacées . . . . *C. cyperoides.*
{ Épillets espacés, ou disposés en un épi plus ou moins interrompu muni à sa
base d'une seule bractée. . . . . 6.

6 { Souche horizontale très longuement traçante. . . . . 7.
{ Souche cespiteuse, ou courte oblique à peine traçante . . . . 9.

7 { Utricules denticulés ciliés aux bords; 5-6 épillets, tous androgyns, femelles
supérieurement. . . . . *C. Schreberi.*
{ Utricules denticulés ou non aux bords; épillets nombreux, dont plusieurs
unisexuels . . . . 8.

8 { Utricules comprimés dans leur partie supérieure en une large bordure membraneuse; épillets supérieurs mâles. . . . . *C. arenaria.*
{ Utricules ne présentant pas de bordure membraneuse; épillets intermédiaires mâles. . . . . *C. disticha.*

590 CYPÉRACÉES. — CAREX.

9
- Épillets très espacés, les trois ou quatre inférieurs munis de longues bractées foliacées qui dépassent la tige. . . . . *C. remota.*
- Épillets munis ou non de bractées, les bractées inférieures ne dépassant pas la tige . . . . 10.

10
- Utricules comprimés aux bords en une large bordure membraneuse . . . . *C. ovalis.*
- Utricules ne présentant pas de bordure membraneuse 11

11
- Utricules divariqués en étoile; épillets, surtout les supérieurs, espacés . . . . *C. stellulata.*
- Utricules non divariqués en étoile; épillets supérieurs rapprochés . . . . 12.

12
- Épillets à sommet tronqué et constitué par des écailles stériles à la maturité (épillets mâles au sommet) . . . . 13.
- Épillets régulièrement ovoïdes, fertiles dans toute leur étendue (épillets femelles au sommet) . . . . 17.

13
- Écailles membraneuses-blanchâtres à la marge, égalant presque les utricules; utricules bossus à la maturité, plus ou moins brunâtres 14
- Écailles ne présentant pas de marge blanchâtre, dépassées par les utricules; utricules régulièrement convexes à la maturité, ordinairement verdâtres ou jaunâtres . . . . 16.

14
- Utricules régulièrement striés; souche couronnée par les nervures persistantes des feuilles détruites. . . . . *C. paradoxa.*
- Utricules ne présentant pas de stries ou n'offrant que 2-3 plis divergents; souche non couronnée par les nervures des feuilles détruites. . . . 15.

15
- Épi composé lâche ou en forme de panicule; souche cespiteuse; tige robuste. . . . . *C. paniculata.*
- Épi composé court compacte; souche oblique, un peu traçante; tige grêle. . . . . *C. teretiuscula.*

16
- Tige grêle, à faces planes ou un peu convexes; épillets inférieurs simples . . . . *C. muricata.*
- Tige robuste, à faces excavées; épillets inférieurs composés. *C. vulpina.*

17
- Utricules dressés à la maturité; 5-6 épillets blanchâtres ou verdâtres. . . . . *C. canescens.*
- Utricules étalés à la maturité; 8-12 épillets brunâtres. . . *C. elongata.*

18
- Épillets supérieurs unisexuels. . . . . 8.
- Épillets tous androgyns. . . . . 19.

19
- Épillets mâles supérieurement. . . . . 13.
- Épillets mâles inférieurement. . . . . 20.

20
- Utricules denticulés-ciliés aux bords; souche horizontale, très longuement traçante . . . . *C. Schreberi.*
- Utricules non ciliés; souche cespiteuse. . . . . 21.

21
- Les trois ou quatre épillets inférieurs munis de bractées foliacées qui dépassent la tige . . . . *C. remota.*
- Épillets munis ou non de bractées, les bractées inférieures ne dépassant pas la tige . . . . 22.

22
- Utricules comprimés aux bords en une large bordure membraneuse. . . . . *C. ovalis.*
- Utricules ne présentant pas de bordure membraneuse. . . . . . . 23.

23
- Utricules divariqués en étoile . . . . *C. stellulata.*
- Utricules jamais divariqués en étoile. . . . . 17.

24
- 2 stigmates; utricules et akènes ord. comprimés. . . . . 25.
- 3 stigmates; utricules et akènes ord. triquètres ou renflés. 27 (ou 27 bis ad libit.)

25
- Bractées inférieures larges dépassant la tige; 2-3 épis mâles. . *C. acuta.*
- Bractée inférieure égalant à peine la tige, les autres plus courtes ou nulles; ord. un seul épi mâle . . . . 26.

26
- Souche formant des touffes compactes très volumineuses; tige dépassant longuement les feuilles. . . . . *C. cæspitosa.*
- Souche formant des touffes peu épaisses, tige de la longueur des feuilles ou dépassée par elles. . . . . *C. Goodenowii.*

27 { Utricules non terminés en bec, ou à bec entier ou bifide à dents non divariquées. . . . . 28.
Utricules terminés par un bec quelquefois très court à dents divariquées. . 47.

28 { Utricules non terminés en bec, ou à bec cylindrique tronqué souvent presque
nul. . . . . 29.
Utricules à bec plus ou moins allongé, aplani, bifide. . . . . 40.

27
bis { Épi mâle solitaire. . . . . 27*.
2 ou plusieurs épis mâles. { Utricules terminés par un bec à dents divariquées . . . . 49.
Utricules non terminés en bec, ou à bec à dents
non divariquées . . . . 54.

27* { Utricules glabres . . . . 28 bis.
Utricules pubescents. . . . . 51.

28
bis { Utricules terminés par un bec tronqué cylindrique, ou à bec nul . . . 57.
Utricules terminés par un bec allongé { Dents du bec dressées . . . . 41.
aplani bifide. . . . . { Dents du bec divariquées . . . 48.

29 { 5 ou plusieurs épis mâles (1). . . . . C. glauca.
Épi mâle terminal solitaire. 50

30 { Utricules pubescents; bractées engaînantes ou non engaînantes. . . . . 51.
Utricules glabres; bractées toujours engaînantes. . . . . 37.

31 { Épis, au moins l'inférieur, munis de bractées engaînantes . . . . . . 32.
Tous les épis à bractées sessiles ou embrassantes, non engaînantes. . . . 54.

32 { Épis femelles ovoïdes, à utricules nombreux imbriqués; bractées foliacées,
ou terminées par une pointe foliacée. . . . . C. præcox.
Épis femelles lâches, composés de 2-6 utricules; bractées entièrement scu-
rieuses. . . . . 55.

33 { Tige longuement dépassée par les feuilles; épis femelles très courts, composés de 2-5 utricules. . . . . C. humilis.
Tige plus longue que les feuilles; épis femelles allongés-linéaires, composés de 5-8 utricules. . . . . C. digitata.

34 { Écailles membraneuses-blanchâtres aux bords et finement ciliées. . . .
. . . . C. ericetorum.
Écailles ni bordées de blanc, ni ciliées . . . . 55.

35 { Utricules tomenteux; souche à rhizômes plus ou moins longuement traçants. . . . . C. tomentosa.
Utricules pubescents, non tomenteux; souche cespiteuse. . . . . . . 36.

36 { Bractée inférieure entièrement foliacée; écailles aiguës. . . C. pilulifera.
Bractée inférieure entièrement scarieuse ou largement scarieuse à la base;
écailles obtuses ou échancrées-mucronées. . . . . . C. montana.

37 { Gaînes des feuilles inférieures velues; utricules verts à la maturité . . .
. . . . C. pallescens.
Gaînes des feuilles inférieures glabres; utricules jamais verts à la maturité. 38.

38 { Souche cespiteuse; épis femelles très longs, courbés, pendants. . . . .
. . . . C. maxima.
Souche à rhizômes traçants; épis femelles dressés . . . . 59.

39 { Bractées supérieures entièrement scarieuses ou nulles; épis femelles
ovoïdes; utricules luisants . . . . C. nitida.
Tous les épis femelles munis de bractées foliacées; épis femelles cylindriques; utricules ternes. . . . . C. panicea.

40 { 2 épis mâles; tige longuement dépassée par les feuilles. . . . .
. . . . C. hordeistichos.
Épi mâle solitaire; tige plus longue que les feuilles. . . . . 41.

41 { Épis femelles lâches, composés de 2-5 utricules renflés. . . . .
. . . . C. depauperata.
Épis femelles compactes; utricules nombreux, aplanis au moins sur l'une
de leurs faces. 42.

(1) Quelquefois l'épi mâle terminal se développe seul, et alors on pourrait confondre le C. glauca avec les espèces à épi mâle solitaire, si l'on ne remar-
quait pas que la tige présente supérieurement des écailles stériles qui représentent
les épis mâles latéraux avortés.

42 { Utricules à bec bordé de cils raides transparents. . . . . . . *C. Mairii.*
    { Utricules à bec lisse ou scabre jamais bordé de cils raides. . . . . . . 43.

43 { Bractées étalées ou réfractées; utricules étalés ou réfléchis . . *C. flava.*
    { Bractées dressées; utricules dressés, rarement quelques uns étalés. . . 44.

44 { Tous les épis femelles lâches, penchés presque pendants à la maturité; utricules à bec linéaire presque aussi long que le reste de l'utricule. . . .
                                           C. sylvatica.
    { Épis femelles compactes, dressés au moins les supérieurs. . . . . . 45.

45 { Épis femelles verdâtres, l'inférieur étalé; feuilles linéaires-élargies . . .
                                     C. biligularis.
    { Épis femelles brunâtres, dressés; feuilles linéaires. . . . . . . 46.

46 { Écailles obtuses mucronées; épis femelles très distants. . . *C. distans.*
    { Écailles aiguës sans mucron; épis femelles médiocrement distants. . .
                               C. Hornschuchiana.

47 { Épi mâle solitaire; utricules étalés ou réfléchis à la maturité. . . . . 48.
    { 2 ou plusieurs épis mâles; utricules dressés . . . . 49.

48 { Bractées étalées ou réfractées; épis femelles dressés; écailles ovales. . .
                                  C. flava.
    { Bractées dressées; épis femelles très longuement pédonculés, pendants; écailles linéaires-subulées. . . . . *C. Pseudo-Cyperus.*

49 { Utricules velus-hérissés . . . . 50.
    { Utricules glabres . . . . 51.

50 { Bractées longuement engaînantes; gaînes des feuilles ord. velues . . . .
                                    C. hirta.
    { Bractées non engaînantes ou peu engaînantes; gaînes des feuilles toujours glabres. . . . . *C. filiformis.*

51 { Écailles des épis mâles de couleur jaune pâle; utricules vésiculeux, jaunâtres. . . . . 52.
    { Écailles des épis mâles d'un brun noirâtre; utricules blanchâtres ou brunâtres. . . . . 53.

52 { Tige lisse dans la plus grande partie de sa longueur, à angles obtus; feuilles canaliculées, d'un vert glauque. . . . . *C. ampullacea.*
    { Tige à angles aigus scabres; feuilles planes, d'un vert jaunâtre. . . . .
                                  C. vesicaria.

53 { Utricules à faces convexes; écailles des épis mâles toutes aristées . . . .
                                  C. riparia.
    { Utricules comprimés; écailles inférieures des épis mâles obtuses . . .
                                  C. paludosa.

54 { Tige plus courte que les feuilles; utricule à bec allongé aplani. . . .
                                C. hordeistichos.
    { Tige plus longue que les feuilles; utricule à bec tronqué presque nul. . .
                                  C. glauca.

SECT. I. — Épillet solitaire au sommet de la tige. Stigmates 2.

1. C. DIOICA. (L. sp. 1379.) — C. Linnæana. Host, — Gram. III. t. 77.

Plante dioïque. Souche à rhizômes traçants *obliques ou presque horizontaux. Tiges* de 1-2 décimètr., *lisses.* Feuilles roulées-canaliculées, lisses. *Épillet terminal solitaire.* Utricules ovoïdes-gibbeux, rapprochés, dressés ou étalés à la maturité, plus longs que l'écaille. ♃. Mai-juin.

R. — Marais tourbeux. — Dampierre (*Mandon*). Morfontaine! (Cte *Jaubert*). Malesherbes! Marais de Sceaux près Nemours!

2. C. DAVALLIANA. (Sm. Brit. III. 964.) — C. dioica. Host, — Gram. I. t. 41.

Plante dioïque. Souche cespiteuse. *Tiges* de 1-4 décimètr., *scabres.* Feuilles roulées-canaliculées, *scabres. Épillet terminal solitaire.* Utricules oblongs-lancéolés, étalés-réfléchis à la maturité, plus longs que l'écaille. ♃. Mai-juin.

R.R.R. — Marais tourbeux. — Fontainebleau (*Thuillier, in herb. Maire*). Prairies de Crouy (*Thuillier, in herb. Delessert*).

Cette espèce n'a pas été retrouvée dans nos environs depuis Thuillier.

5. C. PULICARIS. (L. sp. 1380.) — Host, Gram. IV. t. 75. — Engl. bot. t. 1051.

Souche cespiteuse. Tiges de 1-3 décimètr., lisses. Feuilles roulées-sétacées, canaliculées, un peu scabres au sommet. *Épillet terminal solitaire, androgyn, mâle supérieurement.* Utricules oblongs atténués à leurs deux extrémités, d'abord dressés, puis réfléchis à la maturité, plus longs que l'écaille. ♃ . Mai-juin.

A.C.—Prairies spongieuses - tourbeuses.—Meudon ! Montmorency ! Versailles, etc.

SECT. II. — *Épillets rapprochés ou espacés, multiflores, androgyns, rarement unisexuels par avortement. Stigmates 2.*

§ 1. — *Plusieurs des épillets unisexuels.*

4. C. DISTICHA. (Huds. fl. Angl. 403.) — C. intermedia. Good. trans. soc. linn. II. 154. — Host, Gram. I. tab. 50. — C. multiformis. Thuill. fl. Par. 479.

Rhizôme horizontal, longuement traçant. Tiges de 3-6 décimètr., scabres sur les angles. Feuilles linéaires, planes, scabres. *Épillets nombreux, ovoïdes,* alternes, ramassés en un épi ovoïde-cylindrique, les inférieurs un peu espacés, *les supérieurs et les inférieurs femelles, les intermédiaires mâles. Utricules ovoïdes-oblongs,* atténués en un bec bidenté, *étroitement bordés,* plus longs que l'écaille. ♃. Mai-juin.

C. — Endroits humides, sablonneux ou argileux.

On observe quelquefois une déformation dans laquelle tous les épillets sont androgyns, même ceux de la partie moyenne de l'épi.

5. C. ARENARIA. (L. sp. 1381.) — Host, Gram. I. t. 49. — Engl. bot. t. 928. (vulg. *Salsepareille-d'Allemagne.*)

Rhizôme horizontal, longuement traçant. Tiges de 3-5 décimètr., scabres sur les angles supérieurement. Feuilles linéaires-planes, scabres. *Épillets* nombreux, ovoïdes, alternes, rapprochés en épi, *les supérieurs mâles,* les intermédiaires androgyns mâles au sommet, *les inférieurs femelles. Utricules* ovales-oblongs, *comprimés dans-leur partie supérieure en une large bordure membraneuse* denticulée, égalant environ l'écaille. ♃. Mai-juillet.

R. — Terrains sablonneux, secs ou humides. — Abondant à Morfontaine ! à Ermenonville ! et dans la forêt de Senlis ! Bois d'Aulmont ! Forêt de Compiègne ! (*Maire*). Gondreville près Villers-Cotterets (*Questier*).

var. β. *Ohmülleriana.* (C. Ohmülleriana. O. F. Lang. flor. ord. regensb. bot. ztg. XXVI. 240.) — Épillets inférieurs mâles à la base, oblongs-obovales à la maturité en raison du manque d'utricules à leur base. — Çà et là, avec le type.

§ 2. — *Épillets tous androgyns, mâles au sommet, femelles à la base.*

6. C. VULPINA. (L. sp. 1382.) — Host. Gram. I. t. 56. — C. spicata. Thuill. fl. Par. 480.

Souche cespiteuse. *Tiges* de 3-6 décimètr., robustes, *dressées, droites,* facilement compressibles, *triquètres, à angles aigus* très scabres, *à faces excavées. Feuilles linéaires-élargies. Épillets* nombreux, disposés en un épi oblong compacte ou interrompu, les *inférieurs décomposés* en épillets secondaires. *Utricules* verdâtres, *étalés-divergents,* plans sur une face, con-

vexes sur l'autre, *à 5-7 nervures*, terminés par un bec bifide à bords denticulés-scabres, dépassant l'écaille. Écailles mucronées, roussâtres à carène verdâtre. ♃. Mai-juin.

C. — Lieux marécageux, fossés humides.

var. β. *nemorosa.* (C. nemorosa. Willd. sp. IV. 252. — Host, Gram. IV. t. 81.)
— Épi muni à la base d'une bractée foliacée étroite souvent très longue. Écailles sou-
vent subulées, presque foliacées, dépassant très longuement les utricules. — *A.R.*
Lieux couverts, avec le type.

7. C. MURICATA. (L. sp. 1382.) — Host. Gram. I. t. 54. — Engl. bot. t. 1096.

Souche cespiteuse. *Tiges* de 2-5 décimètr., grêles, un peu penchées à la
maturité des utricules, *à angles mousses*, scabres seulement au sommet, *à
faces planes.* Feuilles linéaires, étroites. Épillets nombreux, plus ou moins
rapprochés, souvent confluents, disposés en un épi oblong court, les inférieurs
simples souvent espacés. *Utricules* verdâtres, *étalés-divergents, plans sur
une face, convexes sur l'autre, nerviés seulement dans leur partie inférieure*, terminés par un bec bidenté à bords scabres, dépassant l'écaille.
Écailles mucronées d'un roux pâle. ♃. Mai-juillet.

C.C.C. — Prés, bois, pelouses, bords des chemins.

s.v. — *virens.* (C. loliacea. Schreb. spicil. fl. Lips. 64. — Thuill. fl. Par. 481, *non*
L.) (1) — Épillets, même les supérieurs, un peu moins rapprochés, à écailles d'un
vert pâle, à utricules plus gros.

var. β. *divulsa.* (C. divulsa. Good. trans. linn. soc. II. 160. — Host, Gram. I. t.
55. — Engl. bot. t. 629. — C. canescens. Thuill. fl. Par. 482.) — *Épillets inférieurs
très espacés. Utricules dressés*, ordinairement dépourvus de nervures. Écailles
blanchâtres, à nervure verte. — *C.C.* — Mêmes localités que le type.

8. C. PARADOXA. (Willd. act. Berol. 1794. 59. t. 1. ft 1.) — C. paniculata Wahlb.
Suec. 588. — C. canescens. Host, Gram. I. t. 57. — C. fulva. Thuill. fl. Par. 483
(*fide* cl. Gay).

Souche cespiteuse, compacte, surmontée des nervures persistantes des
feuilles détruites. Tiges de 4-7 décimètr., triquètres et scabres dans leur partie
supérieure. Feuilles très longues, linéaires-étroites. *Épillets nombreux, disposés en une panicule étroite allongée*, les inférieurs distants. *Utricules*
brunâtres, ternes, dressés, *plans à leur face interne, convexes et bossus sur
le dos, marqués de stries régulières*, terminés par un bec bidenté à bords
denticulés-scabres, égalant environ l'écaille. *Écailles* brunes, *membraneuses-
blanchâtres à la marge.* ♃. Mai-juin.

R. — Marais tourbeux ou spongieux. — Mennecy ! Lardy (*Maire*). Malesherbes !
(*Guillemin, Maire*). Nemours (*Devilliers*).

9. TERETIUSCULA. (Good. trans. linn. soc. II. 163. t. 19. f. 3.) — Engl. bot. t. 1065.
— C. paniculata. β. teretiuscula. Wahl. Suec. 589.

Rhizôme court, oblique. Tiges de 3-7 décimètr., obscurément triquètres et
scabres supérieurement, à faces subconvexes. Feuilles longues, linéaires-
étroites. *Épillets nombreux, rapprochés en un épi serré compacte* ovoïde-
oblong. *Utricules* brunâtres, luisants, dressés, *plans à leur face interne,
convexes et bossus sur le dos*, non striés, présentant sur le dos 1-3 plis divergents, terminés par un bec bidenté à bords scabres, égalant environ l'écaille.
Écailles brunes, *membraneuses-blanchâtres à la marge.* ♃. Mai-juin.

R. — Tourbières, marais tourbeux. — Le Châtelet près Melun (*Garnier*). Abondant à Moret ! à Malesherbes ! et à Nemours ! Marais de Liancourt près Chaumont ! Le
Becquet ! Marais de St-Germer ! — ? Fontainebleau. (*herb. A. de Jussieu*).

_____

(1) *Voir* Catalogue raisonné, p. 133. — Observ. sur q.q. plant. crit. p. 9.

Cette espèce se distingue du *C. paradoxa*, avec lequel elle a été fréquemment confondue, par son épi court compacte, ses utricules luisants non striés et par son rhizôme oblique ; elle se rapproche du *C. paniculata* par ses utricules lisses, mais s'en distingue facilement par sa souche grêle oblique et par ses tiges grêles peu nombreuses et espacées.

10. C. PANICULATA. (L. sp. 1383.) — Host, Gram. I. t. 58. — Engl. bot. t. 1064.

Souche cespiteuse, compacte, émettant un grand nombre de tiges qui partent de fascicules de feuilles entourés d'écailles brunes entières qui résultent de la base persistante des feuilles détruites. Tiges de 4-8 décimètr., triquètres, à angles aigus scabres, à faces planes. Feuilles longues, linéaires. *Épillets nombreux, disposés en une panicule plus ou moins lâche. Utricules* brunâtres, luisants, dressés, *plans à leur face interne, convexes et bossus sur le dos, non striés*, présentant sur le dos 1-3 plis divergents, terminés par un bec bidenté à bords denticulés-scabres, égalant environ l'écaille. *Écailles brunes, largement membraneuses-blanchâtres à la marge.* ♃. Mai-juin.

C. — Marais tourbeux, prairies spongieuses, endroits humides des bois.

§ 3. — *Épillets tous androgyns, femelles au sommet, mâles à la base.*

† *Rhizôme horizontal longuement traçant.*

11. C. SCHREBERI. (Schrank. Baier. I. 278. 1789.) — Host, Gram. I. t. 46. — C. tenella. Thuill. ! fl. Par. 479.

Rhizôme horizontal, longuement traçant. Tiges de 1-4 décimètr., obscurément triquètres, légèrement scabres. Feuilles linéaires très étroites. *Épillets* 5-7, *roux, fusiformes, droits*, alternes, rapprochés, disposés en un épi interrompu. *Utricules* ovales-oblongs, plans sur une face, convexes sur l'autre, *à bords ciliés presque dès la base*, atténués en un bec bifide, égalant l'écaille. ♃. Avril-juin.

A.R. — Bois sablonneux, pelouses sèches. — Abondant au bois de Boulogne ! Vincennes ! St-Ouen ! St-Germain ! Vallée de Dampierre (*de Boucheman*). Étampes ! Malesherbes. Compiègne (*Leré*).

Dans les lieux très arides les utricules avortent souvent ; dans les endroits ombragés les épillets inférieurs sont quelquefois presque entièrement femelles.

†† *Souche cespiteuse.*

† **12. C. CYPEROIDES.** (L. syst. 703.) — Host, Gram. I. t. 43. — C. Bohemica. Schreb. Gram. II. 52. t. 28. f. 3. — Schelhammeria capitata. Mœnch, supp. 119. — Nees jun. gen. plant. fasc. IX. t. 22. f. 11-15.

Souche cespiteuse. Tiges de 2-5 décimètr., triquètres, lisses. Feuilles linéaires, allongées. *Épillets* très nombreux, verts, ovoïdes-oblongs, *rapprochés en un glomérule subglobuleux muni à la base d'un involucre de 2-5 longues bractées foliacées.* Utricules verdâtres, ovales-lancéolés, atténués à la base, plans sur une face, convexes sur l'autre, terminés par un bec très long bicuspidé à bords scabres, égalant environ l'écaille. Écailles lancéolées-aristées. ♃ ? Juin-septembre.

R.R.R. — Bords des marais, mares et étangs desséchés. — Sables du bord des mares du château de Monthion près Meaux (*Thuillier, in herb. Delessert*). — Sézanne-en-Brie.

Cette plante n'a pas été retrouvée dans nos environs depuis Thuillier.

13. C. OVALIS. (Good. trans. linn. soc. II. 148.) — Host, Gram. I. t. 51. — Fl. Dan. t. 1115. — C. leporina L. ? sp. 1381.

Souche cespiteuse. Tiges de 2-6 décimètr., obscurément triquètres et scabres supérieurement. Feuilles linéaires, étroites. *Épillets* 5-6, brunâtres, ovoïdes-oblongs, alternes, rapprochés en épi, munis à la base d'une bractée scarieuse courte ovale-lancéolée très rarement foliacée subulée. *Utricules* brunâtres, ovales-oblongs, plans sur une face, convexes sur l'autre, atténués en un bec tronqué ou bidenté , *comprimés à la marge en une large bordure membraneuse denticulée*, dressés, égalant environ l'écaille. Écailles ovales-lancéolées. ♃. Mai-juin.

C. — Fossés, endroits humides , bord des eaux.

14. C. STELLULATA. (Good. trans. linn. soc. II. 144.) — Host, Gram. I. t. 53.

Souche cespiteuse. Tiges de 1-5 décimètr., obscurément triquètres, presque lisses. Feuilles linéaires étroites. *Épillets* 3-5, verdâtres ou brunâtres, ovales-suborbiculaires dans leur circonscription , *espacés surtout les supérieurs* , munis à la base d'une bractée scarieuse courte ovale-lancéolée ou linéaire rarement foliacée. *Utricules* verdâtres ou brunâtres, ovales-oblongs, plans sur une face, convexes sur l'autre, atténués en un long bec scabre sur les bords obscurément bidenté, *divariqués en étoile*, dépassant longuement l'écaille. Écailles ovales-aiguës. ♃. Mai-juin.

A.C. — Lieux marécageux , surtout des terrains tourbeux. — Montmorency ! Ville-d'Avray ! Porchefontaine ! , etc.

15. C. REMOTA. (L. sp. 1383.) — Host, Gram. I. t. 52.

Souche cespiteuse. Tiges de 3-6 décimètr., grêles, penchées, obscurément triquètres et scabres supérieurement. Feuilles linéaires-étroites, très longues. *Épillets 5-7, espacés*, verdâtres ou jaunâtres, ovoïdes-oblongs, *les 3 ou 4 inférieurs munis de longues bractées foliacées qui dépassent la tige.* Utricules verdâtres ou jaunâtres, ovales-oblongs, plans sur une face, convexes sur l'autre, terminés par un bec scabre bidenté, dressés, plus longs que l'écaille. Écailles ovales-oblongues acuminées. ♃. Mai-juin.

A.C. — Endroits humides ombragés, fossés des bois. — Bondy ! Forêt de Marly ! Montmorency! Versailles ! Magny! Compiègne ! Dreux ! Forêt d'Armainvilliers , etc.

C. ELONGATA. (L. sp. 1383.) — Host, Gram. III. t. 79.— C. divergens. Thuill. fl. Par. 481.

Souche cespiteuse. Tiges de 3-6 décimètr., grêles, triquètres au sommet , très scabres. Feuilles linéaires très longues. Épillets 7-12, brunâtres, oblongs , les inférieurs un peu distants, munis à la base d'une bractée scarieuse courte ovale. *Utricules* brunâtres, *oblongs atténués aux deux extrémités*, plans sur une face, convexes sur l'autre, *marqués d'un grand nombre de stries*, terminés par un bec tronqué légèrement scabre, *étalés à la maturité*, une fois plus longs que l'écaille. Écailles ovales-obtuses. ♃. Mai-juin.

R.R.R. — Prairies marécageuses, fossés des bois. — St.-Léger (*Daënen , de Boucheman*) — ? Bondy (*Thuillier, in herb. Maire*).

17. C. CANESCENS. (L. sp. 1383.) — C. curta. Good. trans. linn. soc. II. 145.—Host, Gram. I. t. 48. — C. Richardi. Thuill.! fl. Par. 482.

Souche cespiteuse. Tiges de 2-5 décimètr., grêles, triquètres et scabres au sommet. Feuilles linéaires allongées. Épillets 5-6 , blanchâtres ou verdâtres, oblongs, les inférieurs un peu espacés, munis à la base d'une bractée scarieuse courte ovale rarement foliacée subulée. *Utricules* blanchâtres, *ovales*, plans sur une face, convexes sur l'autre, *terminés par un bec court entier* lisse, *dressés*, un peu plus longs que l'écaille. Écailles ovales-aiguës. ♃. Mai-juin.

R.R. — Marais tourbeux. — Étang du Serisaye près Rambouillet ! (*Weddell*). — ? Bondy (*Thuill. fl.*).

SECT. III. — *Épis unisexuels, les terminaux mâles, les inférieurs femelles.*
Stigmates 3, plus rarement 2.

§ 1. — *Stigmates 2.*

18. C. GOODENOWII. (Gay, ann. sc. nat. 1839. II. 191.)—C. cæspitosa. Good. et
auct. *non* L. — Host, Gram. I. t. 91.

Souche cespiteuse, *formant des touffes compactes*, émettant des rhizômes
obliques. *Tiges* de 2-5 décimètr., *grêles*, triquètres, scabres supérieurement.
Feuilles linéaires étroites, *égalant ou dépassant la tige*, à gaînes entières.
*Bractée inférieure étroite, atteignant à peine le sommet de la tige. Épis
mâles 1, rarement 2. Épis femelles 2-4*, cylindriques, dressés, *rarement
mâles au sommet.* Utricules oblongs, obtus, comprimés presque plans, nerviés à nervures disparaissant supérieurement, à bec court entier distinct ou
indistinct, dépassant plus ou moins l'écaille. Écailles ovales-oblongues, obtuses-
arrondies. ♃. Mai-juin.

A.R. — Bords des mares et fossés des bois, prés marécageux, surtout des terrains
sablonneux. — Montmorency! Morfontaine! St-Léger! Magny (*Bouteille*). Fontainebleau (*Maire*). Donnemarie (*Chaubard*). Charly (*Crepin*). Compiègne (*Leré*), etc.

19. C. CÆSPITOSA. (L. fl. Suec. ed. 2. 1755. 555.) — C. stricta. Good. trans. linn.
soc. II. 196. t. 21. f. 9. — Host, Gram. I. t. 94. — C. melanochloros. Thuill. fl.
Par. 488.

Souche cespiteuse, *formant des touffes compactes très volumineuses.
Tiges* de 5-10 décimètr., *robustes, dressées*, triquètres, scabres. *Feuilles*
linéaires, *plus courtes que la tige*, à gaînes déchirées en filaments. *Bractée
inférieure étroite, dépassant à peine l'épi femelle inférieur. Épis mâles 1,
rarement 2. Épis femelles 2-3*, cylindriques, dressés, *souvent mâles au sommet.* Utricules oblongs, comprimés, nerviés à nervures prolongées jusqu'au
sommet, à bec court entier distinct, dépassant l'écaille. Écailles oblongues,
un peu obtuses. ♃. Mai-juin.

C. — Lieux marécageux, bord des mares et des rivières.

Le *C. cæspitosa* se distingue du *C. Goodenowii* par ses souches qui constituent
souvent des îlots dans les marais, par ses épis plus gros et beaucoup plus longs et
par ses utricules plus comprimés nerviés jusqu'à leur sommet.

20. C. ACUTA. (L. sp. 1388.) — Host, Gram. I. t. 95. — C. gracilis. Curt. Lond.
t. 62.

Souche cespiteuse, émettant des rhizômes obliques. Tiges de 5-10 décimètr., dressées, triquètres, scabres. Feuilles linéaires, ordinairement plus
courtes que la tige, à gaînes entières. *Bractées inférieures 2-3, larges,
dépassant la tige. Épis mâles 2-3.* Épis femelles 3-4, cylindriques-allongés,
penchés à la floraison, dressés à la maturité, quelquefois mâles au sommet.
Utricules oblongs, comprimés, nerviés, à nervures disparaissant supérieurement, à bec court entier distinct, égalant environ l'écaille. Écaille ovale-lancéolée. ♃. Mai-juin.

C.C. — Lieux marécageux, bords des fossés et des eaux.

§ 2. — *Stigmates 3.*

† *Utricules sans bec, ou à bec cylindrique tronqué obliquement coupé ou bidenté. Épi mâle ord. solitaire.*

* *Utricules pubescents ou tomenteux.*

21. C. ERICETORUM. (Poll. hist. pl. Palat. n. 886.) — C. ciliata. Willd. act. acad. Berol. 1794. 47. t. 3. f. 2. — Host, Gram. IV. t. 85.

Souche à rhizómes obliques, un peu *traçants*. Tiges de 1-3 décimètr., grêles, obscurément triquètres, scabres au sommet. Feuilles linéaires, planes, raides, plus courtes que la tige. *Bractées non engaînantes*, membraneuses, très courtes, aiguës ou aristées. Épi mâle solitaire, cylindrique-subclaviforme. Épis femelles 1-2, ovales, sessiles, rapprochés. Utricules pubescents, obovales-subtrigones, à bec très court tronqué, plus longs que l'écaille. *Écailles* brunes, *obovales, membraneuses-blanchâtres aux bords et finement ciliées, à nervure disparaissant au-dessous du sommet.* ♃. Avril-mai.

R. — Lieux arides et sablonneux, pelouses montueuses, bruyères. -- Beauvais et Balaucourt près Mennecy! (*Des Étangs*). Forêt de Fontainebleau! Malesherbes (*Maire, Dubouché*). Dreux (*Daënen*). Ormoy-Villers près Crépy (*Questier*). Forêt du Lys (*Daudin*). Montagnes de Clairvoix près Compiègne ; forêt de Largue (*Leré*).

22. C. MONTANA. (L. fl. Suec. 845.) — Host, Gram. II. t. 66.

Souche *cespiteuse*. Tiges de 1-3 décimètr., grêles, triquètres à angles peu marqués presque lisses. Feuilles linéaires, planes, molles, plus courtes que la tige ; les inférieures à gaines rougeâtres. *Bractées non engaînantes, entièrement membraneuses, ou plus rarement terminées par une pointe foliacée.* Épi mâle solitaire, cylindrique-subclaviforme. Épis femelles 1-3, ovoïdes, sessiles, très rapprochés. Utricules pubescents, ovales-oblongs, subtrigones, à bec court tronqué, plus longs que l'écaille. *Écailles* d'un brun noirâtre, *obtuses ou échancrées mucronées.* ♃. Avril-mai.

R.R.R. — Pelouses des coteaux arides. — Forêt de Fontainebleau (*Mandon*). Bois Yon près Dreux (*Daënen*).

Le *C. montana* se distingue facilement des espèces voisines par ses épis à écailles noirâtres.

23. C. PILULIFERA. (L. sp. 1383.) — Host. Gram. IV. t. 84.

Souche *cespiteuse*, souvent surmontée par les nervures persistantes des feuilles détruites. Tiges de 1-3 décimètr., grêles, penchées, souvent tombantes, triquètres, presque lisses. Feuilles linéaires, planes, molles, égalant souvent la tige. *Bractées non engaînantes, l'inférieure entièrement foliacée,* linéaire-subulée. Épi mâle solitaire, oblong aigu. Épis femelles 3-5, subglobuleux, sessiles, rapprochés. *Utricules pubescents*, subglobuleux, trigones, à bec très court obscurément bidenté, égalant environ l'écaille. *Écailles* brunâtres, *ovales-aiguës, terminées par le prolongement de la nervure.* ♃. Avril-mai.

C. — Endroits élevés des bois, pelouses sèches, bruyères. — Meudou! Ville-d'Avray! Versailles! St-Germain ! etc.

24. C. TOMENTOSA. (L. mant. 123.) — Host, Gram. I. t. 82.

Souche à *rhizómes* obliques ou presque horizontaux, *traçants*. Tiges de 1-4 décimètr., dressées, triquètres, scabres au sommet. Feuilles linéaires, planes ou légèrement roulées au bord, raides, ordinairement plus courtes que la tige. *Bractées non engaînantes, l'inférieure entièrement foliacée,* linéaire, plus ou moins étalée. Épi mâle solitaire, lancéolé. Épis femelles 1-2, cylindriques-obtus, sessiles ou subsessiles, un peu distants. *Utricules tomenteux*, subglobuleux-obovales, subtrigones, à bec court un peu émarginé, égalant environ l'écaille. Écailles brunâtres, ovales-aiguës, terminées par le prolongement de la nervure. ♃. Mai-juin.

A.C. — Lieux ombragés, bois, prés, surtout dans les terrains sablonneux ou argileux. — Vincennes! St-Germain! Senart! Bois de Rougeaux! Croissy-en-Brie (*Thuret*).

25. C. PRÆCOX. (Jacq. Austr. V. 25. t. 446.) — Host, Gram. I. t. 68.

Souche émettant des rhizômes obliques traçants. Tiges de 1-3 décimètr., dressées, triquètres, presque lisses. Feuilles linéaires, planes ou carénées, raides, plus courtes que la tige. Épi mâle solitaire, cylindrique-claviforme. *Épis femelles 2-3, ovoïdes-oblongs* ou cylindriques, plus ou moins rapprochés, subsessiles ou l'inférieur pédonculé. *Bractée inférieure engaînante, foliacée ou terminée par une pointe foliacée*, les supérieures rarement engaînantes. *Utricules nombreux*, pubescents, obovales, quelquefois lagéniformes, subtrigones, à bec très court un peu émarginé, égalant environ l'écaille. Écailles brunâtres ovales-aiguës, terminées par le prolongement de la nervure. ♃. Avril-juin.

C.C. — Terrains arides, pelouses sèches, collines incultes, bords des chemins.

var. β. *umbrosa*. (C. umbrosa. Host, Gram. I. t. 69.) — Tiges grêles, allongées. Feuilles égalant ou dépassant la tige. — *A.C.* — Bois couverts. — Meudon! Versailles!, etc.

var. γ. *cæspitosa*. (C. longifolia. Host, Gram. IV. t. 85.) — Souche cespiteuse, surmontée par les nervures persistantes des feuilles détruites. Tiges grêles, allongées. Feuilles égalant ou dépassant la tige. — *R.R.* — Bois montueux couverts. — Boullare près Crépy-en-Valois (*Questier*). Nemours (*Devilliers*).

26. C. HUMILIS. (Leyss. fl. Hall. n. 952.) — Host, Gram. I. t. 67. — C. clandestina. Good. trans. linn. soc. II. 167.

Souche cespiteuse compacte. Tiges de 5-10 centimètr., dressées ou ascendantes, triquètres, scabres supérieurement. *Feuilles* sétacées-canaliculées, raides, *dépassant très longuement la tige*. Bractées engaînantes, entièrement membraneuses, les supérieures aussi longues que le pédoncule. Épi mâle solitaire, oblong aigu. *Épis femelles 2-3*, courts, *2-3-flores*, pédonculés, espacés. Utricules pubescents, obovales, trigones, à bec très court tronqué, égalant l'écaille. Écailles brunâtres, blanchâtres à la marge, obovales, mucronées par le prolongement de la nervure. ♃. Avril-mai.

A.R. — Terrains sablonneux ou calcaires arides. — Bois de Boulogne! Abondant à Fontainebleau! Malesherbes! Compiègne! Dreux! Vaumaire près Villers-Cotterets (*Questier*).

27. C. DIGITATA. (L. sp. 1384.) — Host, Gram. I. t. 60.

Souche cespiteuse. Tiges de 1-3 décimètr., dressées, subtriquètres, presque lisses. Feuilles linéaires planes, ord. plus courtes que la tige. *Bractées engaînantes, entièrement membraneuses*, plus courtes que le pédoncule. Épi mâle solitaire, linéaire court. *Épis femelles 3-4, linéaires-allongés, lâches*, 6-8-flores, pédonculés, plus ou moins espacés, *le supérieur dépassant l'épi mâle*. Utricules pubescents, obovales, trigones, à bec court un peu émarginé, égalant l'écaille. Écailles brunes, blanchâtres à la marge, obovales, très brièvement mucronées par le prolongement de la nervure. ♃. Avril-mai.

R.R. — Bois montueux. — Bois de Brullis près Luzarches (Mc *Lina* M***). Bois de la Brosse près Chaumont (*Frion*). Forêt de Compiègne: Mt-St-Marc, St-Sauveur

(*Leré*); Mt-Collet (*Pillot*). Forêt de l'Argue (*Leré*). — Montagnes de Larbroie et de Ville près Noyon (*Questier*).

** *Utricules glabres, très rarement hispides sur les angles.*

28. C. GLAUCA. (Scop. fl. Carn. n. 1157.) — C. flacca. Schreb. spicil. app. n. 969. — Host, Gram. I. t. 90.

Souche à rhizômes obliques traçants. Tiges de 1-5 décimètr., souvent penchées, obscurément triquêtres, presque lisses. Feuilles glauques, linéaires, planes, ou carénées, raides, ord. plus courtes que la tige. *Bractées inférieures engaînantes*, plus rarement non engaînantes, foliacées, les supérieures foliacées ou membraneuses. *Épis mâles* 2-3, très rarement 1 par avortement, oblongs aigus. *Épis femelles* 2-3, cylindriques, *longuement pédonculés, penchés à la maturité*, distants. Utricules glabres ou légèrement hispides vers le sommet et sur les angles, ovales-oblongs, subtrigones un peu comprimés, à bec très court ou nul, égalant environ l'écaille. Écailles d'un brun rougeâtre, ovales ou oblongues, obtuses, mucronées par le prolongement de la nervure. ♃. Mai-juin.

C.C.C. — Endroits humides sablonneux ou argileux, prés froids, bois couverts, bord des eaux.

29. C. MAXIMA. (Scop. fl. Carn. n. 1166.) — C. pendula. Good. trans. linn. soc. II. 168. — Host, Gram. I. t. 100. — Thuill. fl. Par. 489.

Souche cespiteuse. Tiges de 7-12 décimètr., dressées, triquêtres, lisses ou légèrement scabres au sommet. Feuilles un peu glaucescentes, linéaires élargies, très allongées, planes, raides, plus courtes que la tige. Bractées engaînantes foliacées. *Épi mâle solitaire*, cylindrique-allongé. *Épis femelles* 4-6, allongés cylindriques, sessiles ou à pédoncule inclus, *arqués et pendants à la maturité*, distants. Utricules verdâtres, glabres, oblongs, subtrigones, à bec court émarginé, dépassant l'écaille. Écailles d'un brun rougeâtre, ovales, cuspidées par le prolongement de la nervure. ♃. Mai-juin.

R. — Ruisseaux des bois montueux. — Forêt de Bondy (*de Forestier*). Montlignon près Montmorency! Bois de Chaville (*P. Jamin*). L'Étang près St-Germain (*herb. Jaubert*). Gambais près Houdan (*Daënen*). Scrans près Magny! (*Bouteille*). Forêt de La Neuville-en-Hez! Trie-le-Château (*Frion*). Compiègne (*Leré*). Pierrefond (*Weddell*). Forêt de Villefermoy (*Garnier*). Valvins! (*Adr. de Jussieu*). — Salency près Noyon (*Questier*).

39. C. PANICEA. (L. sp. 1587.) — Host, Gram. I. t. 79. — C. panicea *et* pilosa. Mérat, fl. Par. II. 71.

Souche à rhizômes obliques *traçants*, rarement subcespiteuse. Tiges de 2-4 décimètr., dressées, subtriquêtres à angles obtus, lisses. Feuilles glaucescentes, linéaires, planes, raides, plus courtes que la tige. *Bractées engaînantes, foliacées. Épi mâle solitaire*, oblong. *Épis femelles* 2-3, espacés, *dressés*, *cylindriques*, lâches, l'inférieur à pédoncule dépassant la gaîne, les supérieurs à pédoncule inclus. *Utricules* glabres, *non luisants*, ovoïdes-renflés, à bec très court tronqué, dépassant l'écaille. Écailles d'un brun rougeâtre, ovales, obtuses, plus rarement un peu aiguës. ♃. Mai-juin.

C. — Prés, bois humides, taillis.

31. C. PALLESCENS. (L. sp. 1586.) — Host. Gram. I. t. 74.

Souche cespiteuse. Tiges de 2-5 décimètr., grêles, triquêtres, scabres au sommet. *Feuilles* d'un vert gai, linéaires, planes, molles, ordinairement plus courtes que la tige, *pubescentes surtout au niveau des gaînes. Bractées* engaînantes, *foliacées*. Épi mâle solitaire, oblong-linéaire. *Épis femelles* 2-3, *ovoïdes*, à pédoncules dépassant la gaine, un peu étalés à la maturité, rapprochés. *Utricules verts*, glabres, *luisants*, *ovoïdes-renflés*, dépourvus de bec, égalant l'écaille. Écailles d'un blanc jaunâtre, ovales-oblongues, mucronées ou cuspidées par le prolongement de la nervure. ♃. Mai-juin.

C. — Pâturages ombragés, bois humides. — Meudon ! Versailles ! Montmorency ! etc.

52. C. NITIDA. (Host, Gram. I. 55. t. 71.) — C. verna. Schk. trad. t. L. f. 46.

Souche à rhizômes obliques *traçants*. Tiges de 1-3 décimètr., dressées, triquètres, scabres. Feuilles linéaires, planes, raides, plus courtes que la tige. *Bractées* engaînantes, l'inférieure foliacée ou terminée par une pointe foliacée, les *supérieures* rudimentaires ou *entièrement membraneuses*. Épi mâle solitaire, oblong-linéaire. *Épis femelles* 2-3, *ovoïdes-oblongs*, l'inférieur à pédoncule dépassant la gaine, les supérieurs subsessiles, dressés, un peu rapprochés. *Utricules* brunâtres, glabres, *luisants*, *ovoïdes-subglobuleux*, à *bec bidenté membraneux-blanchâtre au sommet*, égalant l'écaille. Écailles brunâtres, ovales-obtuses. ♃. Avril-juin.

R.R. — Pelouses arides des coteaux sablonneux. — Plaine de la Chaise-à-l'Abbé dans la forêt de Fontainebleau (*Maire*).

†† *Utricules terminés par un bec aplani, bifide au sommet ; dents du bec non divariquées. Épi mâle ordinairement solitaire.*

53. C. HORDEISTICHOS. (Vill. Dauph. II. 221.) — C. hordeiformis. Thuill. fl. Par. 490. — Schk. Caric. t. D. d. d. f. 121.

Souche cespiteuse. Tiges de 1-2 décimètr., dressées, obscurément triquètres, scabres au sommet. *Feuilles* linéaires, planes, raides, *dépassant longuement la tige*. Bractées engaînantes, foliacées, dressées, dépassant longuement la tige. *Épis mâles* 2, ovoïdes-oblongs. Épis femelles 2-3, dressés, espacés, ovoïdes-oblongs, l'inférieur à pédoncule dépassant la gaine, les supérieurs à pédoncule inclus ou exsert. Utricules dressés, jaunâtres, glabres, ovales-oblongs, trigones, terminés par un bec allongé bifide marginé à marge ciliée-scabre, dépassant l'écaille. Écailles scarieuses-blanchâtres, ovales, à nervure disparaissant au-dessous du sommet. ♃. Avril-mai.

R.R.R. — Bords des fossés humides. — Bondy ! où il devient très rare. — ? Montmorency.

54. C. DEPAUPERATA. (Good. trans. linn. soc. II. 181.) — Engl. bot. t. 1098. — C. triflora. Willd. phyt. II. t. I. f. 2. — C. monilifera. Thuill. fl. Par. 490.

Souche cespiteuse. Tiges de 3-5 décimètr., grêles, obscurément triquètres, lisses. Feuilles linéaires, planes, molles, allongées, plus courtes que la tige. Bractées engaînantes foliacées, dressées. Épi mâle solitaire, linéaire. *Épis femelles* 2-4, 3-6-*flores*, lâches, à pédoncule dépassant plus ou moins longuement la gaine, dressés, distants. *Utricules* dressés, verdâtres, glabres, *ovoïdes-renflés*, subtrigones, nerviés, *terminés par un bec linéaire-allongé* obscurément bidenté scarieux au sommet, à peine scabre à la marge, dépassant longuement l'écaille. Écailles verdâtres, scarieuses-blanchâtres à la marge, ovales-oblongues, acuminées-mucronées par le prolongement de la nervure. ♃. Avril-juin.

R. — Bois couverts et fourrés. — Vincennes ! Bondy ! St-Germain ! Longjumeau (*Boreau*). Forêt de Senart (*Guillon*). Chailly près Fontainebleau ! Luzarches (*De Lens*). Forêt de Hallatte auprès de Pont-Ste-Maxence (*Morelle*). Forêt de La Neuville-en-Hez (*Graves*). Compiègne! Bords de l'Arve à Dreux (*Daënen*).—Abondant dans la plupart des localités indiquées, mais généralement dans une étendue très restreinte.

55. C. FLAVA. (L. sp. 1384.) — Host, Gram. I. t. 65. — C. lepidocarpa. Tausch.

Souche cespiteuse. Tiges de 2-5 décimètr., dressées, subcylindriques, lisses. Feuilles linéaires, planes, ou légèrement canaliculées, assez raides, plus courtes que la tige. *Bractées* engainantes, foliacées, *très étalées ou réfractées à la maturité*. Épi mâle solitaire, linéaire-oblong. Épis femelles 3-4, dressés, espacés ou rapprochés, ovoïdes-oblongs, l'inférieur à pédoncule dépassant la gaine, rarement inclus, les supérieurs subsessiles. *Utricules étalés*, jaunâtres, glabres, *obovales*-renflés, nerviés, acuminés en un bec recourbé bidenté à dents quelquefois un peu divariquées, à peine scabre à la marge, dépassant l'écaille. *Écailles* jaunâtres ou brunâtres, ovales-oblongues, *aiguës, à nervure disparaissant vers le sommet*. ♃. Mai-juin.

A.C. — Prés humides, bords des fossés, lieux marécageux.

var. β. *intermedia*. (C. patula. Host, Gram. I. t. 64.) — Tiges de 2-5 décimètr. Épis femelles, un peu distants, les inférieurs pédonculés à pédoncule plus long que la gaine. Utricules terminés par un bec plus ou moins long droit. — *C.C.* — Lieux marécageux ombragés.—Cette variété, à cause de la longueur de ses bractées, et du bec droit des utricules, a été confondue quelquefois avec le *C. extensa*. Good., plante maritime qui n'a jamais été recueillie dans nos environs, à notre connaissance.

var. γ. *pumila*. (C. OEderi. Ehrh. calam. n. 79. — Host, Gram. I. t. 65.) — Tiges de 5-15 centimètr. Épis femelles, sessiles, rapprochés-agglomérés. Utricules très petits, terminés par un bec court droit. — *A.C.* — Marais desséchés, bords des mares et des étangs, surtout des terrains sablonneux.—Bords de la Seine! St-Léger! Senart! Fontainebleau!, etc.

s.v. — *elongata*. (C. serotina. Mérat. fl. Par. ed. 2. 54.) — Tiges et feuilles très allongées.

56. C. MAIRII. (Coss. et Germ. obs. sur q.q. pl. crit. 18. t. 1 et 2. fig. 1-9.)

Souche cespiteuse. Tiges de 3-6 décimètr., dressées, obscurément triquètres, lisses, ou légèrement scabres au sommet. Feuilles linéaires, planes, assez raides, plus courtes que la tige. Bractées engainantes, l'inférieure foliacée dressée ou réfractée n'atteignant pas l'épi mâle ou le dépassant. Épi mâle solitaire, oblong-linéaire. Épis femelles 2, plus rarement 3-4, ovoïdes-oblongs; l'inférieur à pédoncule dépassant plus ou moins la gaine, quelquefois inclus; les supérieurs sessiles, rapprochés, dressés. *Utricules étalés, d'un vert glauque*, glabres, *ovales*, obscurément *nerviés, s'atténuant insensiblement en un bec bifide bordé de cils raides*, dépassant l'écaille. *Écailles* jaunâtres, ovales, *terminées en pointe par le prolongement de la nervure*. ♃. Mai-juin.

A.R. — Endroits humides des terrains argileux et tourbeux. — Meudon (*Maille, Weddell*), où il est très rare. Enghien, à la queue de l'étang! (*Maire*). Montmorency. St-Maur (*Guillemin*). Grandchamp près St-Germain! (*J. Parseval*). Morfontaine! où il est très abondant dans une grande étendue. Chaumont (*Frion*). Luzarches; Chantilly (*De Lens*). Prés de Rozoir près Compiègne! (*Leré*).

57. C. HORNSCHUCHIANA. (Hoppe, caric. Germ. I. 76.) — C. spirostachya. Smith. Engl. fl. IV. 98. — C. binervis. Wahlb. fl. Suec. 598. — C. fulva. Duby, bot. Gall! 495. — Host, Gram. IV. t. 95. — Schk. trad. t. т. f. 67, planta sinistra. — C. distans. Fl. Dan. t. 1049.

Souche subcespiteuse. Tiges de 3-5 décimètr., dressées, obscurément triquètres, lisses ou légèrement scabres au sommet. Feuilles glaucescentes, linéaires-étroites, planes, assez raides, plus courtes que la tige; *ligule courte tronquée. Bractées* longuement engainantes, l'inférieure foliacée, *dressée* dépassant l'épi femelle. Épi mâle solitaire, oblong-lancéolé. *Épis femelles* 2-3, dressés, *peu espacés*, ovoïdes-oblongs, l'inférieur à pédoncule dépassant la gaîne, les supérieurs brièvement pédonculés à pédoncule dépassant la gaîne ou inclus. *Utricules* dressés, rarement quelques uns étalés, verdâtres, glabres, ovales-renflés, *convexes sur les deux faces*, obscurément nerviés, terminés par un bec bifide légèrement scabre à la marge, dépassant l'écaille. *Écailles brunâtres*, blanchâtres-scarieuses à la marge, *ovales*-oblongues, *aiguës à nervure disparaissant vers le sommet.* ♃. Mai-juin.

A.C. — Tourbières profondes, prairies tourbeuses. — Meudon! Enghien! Forêt de Senart! Montmorency! St Léger! Luzarches! Marais de St-Martin près Sacy-le-Grand! Verderonne! Compiègne! Malesherbes! Nemours!, etc.

var. β. *xanthocarpa.* (C. xanthocarpa. Degl. *ap.* Lois. — C. fulva. Good. trans. soc. linn. II. 177. — Schk. trad. t. т. f. 67, planta dextra.) — Tige scabre. Feuilles d'un vert jaunâtre, assez larges. Bractée inférieure atteignant ord. l'épi mâle. Utricules jaunâtres, stériles, un peu comprimés. — *R.* — Se rencontre aux mêmes localités que le type. — St-Léger! Morfontaine! Compiègne!

L'avortement des akènes coïncide dans cette variété avec la coloration verte des feuilles et le développement des bractées, caractères qui avaient été donnés comme distinctifs du *C. fulva*; le *C. fulva* ne saurait donc être regardé que comme une déformation du *C. Hornschuchiana*; la souche, dans laquelle on avait cru trouver des différences, est identique dans les deux plantes (1).

38. C. DISTANS. (L. sp 1387.) — *non* fl. Dan. — Schk. trad. t. Y. y. f. 68. — Engl. bot. t. 1234.

Souche cespiteuse ou subcespiteuse. Tiges de 3-6 décimètr., dressées, obscurément triquètres, lisses. Feuilles linéaires, planes, raides, plus courtes que la tige; ligule oblongue. *Bractées* longuement engaînantes, les inférieures foliacées *dressées* dépassant l'épi femelle. Épi mâle solitaire, oblong. *Épis femelles* 2-4, dressés, *espacés*, oblongs-cylindriques, l'inférieur à pédoncule dépassant la gaîne, les supérieurs à pédoncule ordinairement inclus. *Utricules dressés*, jaunâtres ou brunâtres, glabres, ovales, un peu renflés, subtrigones, obscurément nerviés, terminés par un bec court bifide légèrement scabre à la marge, dépassant l'écaille. *Écailles brunâtres*, ovales ord. *obtuses, mucronées par le prolongement de la nervure.* ♃. Mai-juin.

C. — Prés humides, endroits marécageux.

Le *C. binervis* Smith, doit être rapporté à cette espèce comme variété; il se distingue à ses écailles plus colorées et à ses utricules ponctués ou largement tachés de pourpre. Nous ne l'avons pas encore rencontré dans nos environs.

39. C. BILIGULARIS. (D.C. cat. monsp. 88.)—C. lævigata. Smith, trans. linn. soc. V. 272.— Engl. bot. t. 1387.— C. patula. Schk. Caric. t. в. b. f. 116.

Souche subcespiteuse. Tiges de 4-9 décimètr., dressées ou penchées, triquètres, lisses ou légèrement scabres au sommet. *Feuilles* linéaires, planes, celles *des fascicules stériles allongées très élargies*, plus courtes que la tige: ligule oblongue, souvent déchirée en deux fragments, l'un adhérent à la feuille, l'autre libre qui lui est opposé. *Bractées* longuement engaînantes, les inférieures foliacées *dressées* dépassant l'épi femelle. Épi mâle, solitaire, linéaire-oblong très allongé. *Épis femelles* 3-4, *verdâtres*, espacés, cylindriques, pédonculés, les inférieurs à pédoncule plus long que la gaîne un peu penchés à la maturité. Utricules dressés, verdâtres, glabres, ovales, convexes sur les deux faces, subtrigones, obscurément nerviés, terminés par un bec assez long bifide-cuspidé légèrement cilié-scabre à la marge, dépassant à peine

(1) *Voir* Observ. sur q.q. pl. crit. 21. — Cat. raisonné. 136.

l'écaille. *Écailles d'un brun très clair, ovales-lancéolées, longuement cuspidées* par le prolongement de la nervure. ♃. Mai-juin.

R.R. — Lieux couverts des terrains tourbeux. — Planets près St-Léger! Bruyères humides de Neuville-Bosc! — ? Étang de Combesenille près Montfort-l'Amaury (*Thuillier, herb.*).

40. C. SYLVATICA. (Huds. Angl. 411.) — Host, Gram. I. t. 84. — C. drymeia. L. supp. 414. — C. capillaris. Thuill. fl. Par. 485, *non* L. sp.

Souche cespiteuse. Tiges de 3-6 décimètr., grêles, penchées, triquêtres, lisses, ou légèrement scabres au sommet. Feuilles linéaires, planes, celles des fascicules stériles élargies, molles, plus courtes que la tige ; *ligule presque nulle.* Bractées très longuement engaînantes, les inférieures foliacées dressées dépassant l'épi femelle. Épi mâle solitaire, linéaire. *Épis femelles* 4-5, linéaires, *laxiflores*, longuement pédonculés à pédoncules grêles, *pendants à la maturité*, distants. *Utricules* dressés, verdâtres, glabres, oblongs, trigones, dépourvus de nervures au moins supérieurement, *terminés par un bec linéaire très allongé* bifide lisse à la marge, dépassant à peine l'écaille. Écailles d'un blanc verdâtre, ovales-lancéolées, cuspidées par le prolongement de la nervure. ♃. Mai-juillet.

C.C. — Lieux couverts un peu humides, bois, taillis.

††† *Utricules terminés par un bec cylindrique ou comprimé ; bec divisé en deux pointes divergentes. Ordinairement plusieurs épis mâles.*

* *Utricules glabres.*

41. C. PSEUDO-CYPERUS. (L. sp. 1387.) — Host, Gram. I. t. 85.

Souche cespiteuse. Tiges de 4-8 décimètr., dressées, triquêtres, scabres. Feuilles linéaires-élargies, planes. Bractées brièvement, plus rarement longuement engaînantes, foliacées, dressées, dépassant l'épi mâle. *Épi mâle solitaire*, oblong-allongé. *Épis femelles* 4-6, *pendants à la maturité, groupés au sommet de la tige*, cylindriques, longuement pédonculés, à pédoncules grêles. *Utricules réfléchis à la maturité*, d'un jaune verdâtre, un peu arqués, ovales-lancéolés, nerviés, atténués en un long bec bicuspidé, dépassant l'écaille. *Écailles* blanchâtres, *linéaires-subulées*, scabres. ♃. Mai-juillet.

A.C. — Bords des étangs, endroits marécageux des bois. — Meudon! Forêt de Marly! Montmorency! Vallée de Chevreuse! Forêt de Senart! Malesherbes! Nemours! Magny! Vernon! Marais de Sacy-le-Grand! St-Germer!, etc.

42. C. AMPULLACEA. (Good. trans. linn. soc. II. 207.) — Host, Gram. I. t. 99. — C. longifolia. Thuill.! fl. Par. 490.

Souche émettant des rhizômes obliques ou horizontaux traçants. *Tiges de* 4-6 décimètr., dressées, triquêtres *à angles obtus*, *lisses. Feuilles glaucescentes*, *linéaires étroites*, *canaliculées*. Bractées non engaînantes, foliacées, dressées, égalant ou dépassant les épis mâles. *Épis mâles* 2-3, linéaires, grêles, à *écailles jaunâtres.* Épis femelles 2-3, dressés, distants, cylindriques, pédonculés. *Utricules* dressés, *jaunâtres*, *renflés subglobuleux*, nerviés, terminés par un bec linéaire comprimé brièvement bicuspidé, dépassant longuement l'écaille. Écailles jaunâtres, oblongues, étroites, aiguës, à nervure disparaissant au-dessous du sommet. ♃. Mai-juin.

A.R. — Prés et marais tourbeux. — Bondy! (*Maire*). Jouy près Versailles! St-Léger! Morfontaine! Chaumont! Compiègne! Le Becquet! Marais de St-Germer! Moret! Malesherbes! Nemours!, etc.

43. **C. VESICARIA.** (L. sp. 1388.) — Host, Gram. I. t. 98.

Souche à rhizômes obliques ou horizontaux traçants. *Tiges* de 4-6 décimètr., dressées, triquètres, *à angles aigus scabres*. Feuilles d'un jaune-verdâtre, linéaires-planes. *Épis mâles* 2-3, linéaires-oblongs, *à écailles jaunâtres*. Épis femelles 2-3, cylindriques, brièvement pédonculés, dressés, distants. Bractées non engaînantes, foliacées, dressées, égalant ou dépassant les épis mâles. *Utricules* dressés, *jaunâtres, ovales-coniques renflés*, nerviés, terminés par un bec comprimé bicuspidé, dépassant longuement l'écaille. Écailles d'un jaune brunâtre, lancéolées aiguës, à nervure disparaissant avant le sommet. ♃. Mai-juin.

C. — Lieux marécageux, bords des mares et des étangs.

44. **C. PALUDOSA.** (Good. trans. linn. soc. II. 202.) — Host, Gram. I. t. 92. — C. rigens. Thuill.! fl. Par. 488.

Souche à rhizômes obliques ou horizontaux traçants. Tiges de 4-9 décimètr., dressées, triquètres, à angles aigus, scabres. Feuilles glaucescentes, linéaires élargies, planes. Bractées non engaînantes, foliacées, dressées, égalant ou dépassant les épis mâles. *Épis mâles* 3-4, oblongs, robustes, *à écailles brunes les inférieures obtuses*. Épis femelles 3-4, cylindriques, sessiles ou brièvement pédonculés, dressés, distants. *Utricules* dressés, d'un blanc brunâtre, ovales ou oblongs, subtrigones *comprimés*, nerviés, terminés par un bec brièvement bicuspidé plus rarement obliquement tronqué, dépassant à peine l'écaille. Écailles d'un brun noirâtre, lancéolées, aiguës, ou cuspidées, à nervure prolongée jusqu'au sommet. ♃. Mai-juin.

C.C. — Lieux marécageux et fangeux, bords des rivières et des étangs.

var. β. *Kochiana* (C. Kochiana. D.C. cat. Monsp. 89.) — Utricules dépassés par les écailles longuement cuspidées.

Par son port et ses utricules comprimés, cette espèce rappelle le *C. acuta*; mais elle s'en distingue facilement par les stigmates au nombre de trois, et le bec des utricules bicuspidé.

45. **C. RIPARIA.** (Curt. Lond. IV. t. 60.) — C. crassa. Host, Gram. I. t. 93.

Souche à rhizômes obliques ou horizontaux traçants. Tiges de 5-12 décimètr., dressées, triquètres, à angles aigus, plus ou moins scabres. Feuilles glaucescentes, linéaires élargies, planes. Bractées non engaînantes, foliacées, dressées, les inférieures égalant ou dépassant les épis mâles. *Épis mâles* 3-5, oblongs, robustes, *à écailles brunes toutes cuspidées*. Épis femelles 3-4, dressés ou étalés, espacés, cylindriques, les inférieurs plus ou moins pédonculés, les supérieurs subsessiles. *Utricules* dressés, brunâtres, *ovales-coniques, convexes sur les deux faces*, marqués d'un grand nombre de nervures fines, s'atténuant en un bec court brièvement bicuspidé, égalant environ l'écaille. *Écailles* brunes, lancéolées, *cuspidées* par le prolongement de la nervure. ♃. Mai-juin.

C.C. — Lieux marécageux, bords des rivières et des étangs.

var. β. *gracilis*. — Tiges presque lisses sur les angles. Feuilles souvent vertes. Épis mâles solitaires ou géminés. Épis femelles laxiflores, longuement pédonculés, souvent pendants. Utricules longuement dépassés par les écailles. Écailles très longuement cuspidées-aristées. — *A.R.* — Endroits marécageux ombragés. — Corbeil! Mennecy! La cour de France!, etc.

" *Utricules velus-hérissés.*

46. **C. HIRTA.** (L. sp. 1389.) — Host, gram. I. t. 96.

Souche à rhizômes horizontaux, rameux, très longuement traçants. Tiges de 2-5 décimètr., dressées, triquètres à angles obtus, lisses. *Feuilles* linéaires un peu canaliculées, *pubescentes* surtout *sur les gaînes. Bractées foliacées, l'inférieure longuement engaînante.* Épis mâles 2-3, oblongs, grêles, à écailles jaunâtres pubescentes. Épis femelles 2-3, dressés, espacés, oblongs-cylindriques, pédonculés à pédoncule ordinairement inclus. Utricules dressés, velus-hérissés, verdâtres ou d'un blanc verdâtre, ovales-coniques, nerviés, s'atténuant en un bec longuement bicuspidé, dépassant l'écaille. Écailles d'un blanc verdâtre, ovales-oblongues, cuspidées-aristées par le prolongement de la nervure. ♃. Mai-juin.

C.C. — Endroits sablonneux humides, bords des rivières et des étangs.

var. β. *hirtæformis.* (C. hirtæformis. Pers. syn. II. 547.) — Feuilles et gaînes des feuilles glabres. — A.C. — Endroits inondés.

47. C. FILIFORMIS. (L. sp. 1385.) — Host, Gram. 1. t. 86.

Souche émettant des rhizômes obliques ou horizontaux traçants. Tiges de 5-9 décimètr., dressées, obscurément triquètres, lisses ou légèrement scabres au sommet. *Feuilles* linéaires, roulées-canaliculées, à peine plus larges que la tige, très allongées, *glabres. Bractées foliacées, l'inférieure non engaînante* ou très brièvement engaînante. Épis mâles 1-3, linéaires-oblongs, à écailles brunes glabres. Épis femelles 2-3, dressés, espacés, oblongs-cylindriques, sessiles ou l'inférieur pédonculé. Utricules dressés, velus-hérissés, brunâtres, ovales-oblongs, renflés, nerviés, s'atténuant en un bec court bicuspidé, dépassant l'écaille. Écailles brunes, ovales, mucronées-aristées par le prolongement de la nervure. ♃. Mai-juin.

R. — Marais tourbeux.—St-Léger! Mennecy (*Des Étangs*). Malesherbes! (*Maire*). Sceaux près Château-Landon! (*Schœnefeld*).

var. β. *evoluta.* (C. evoluta. Hartm. Scand. ed. 1. 40.) — Feuilles planes, plus larges que la tige. Bractées non engaînantes même l'inférieure. — Trouvé une seule fois à Mennecy, mêlé avec le type (*Des Étangs*).

TRIBU II. SCIRPEÆ. — Fleurs hermaphrodites. Épillets à écailles ord. inégales, imbriquées sur plusieurs rangs, les inférieures souvent stériles. Akène muni ou non à sa base de soies plus ou moins longues ord. au nombre de 6, quelquefois très nombreuses.

II. RHYNCHOSPORA. (Vahl. en. II. 229.)

Épillets à écailles inférieures stériles *plus petites que les supérieures, les deux ou trois écailles supérieures seules fertiles.* Stigmates 2. *Akène* convexe sur les deux faces, muni à la base de 6-13 soies plus courtes que les écailles de l'épillet, *couronné par la base du style renflée et persistante.*

Plantes vivaces, à souche cespiteuse ou traçante. Tiges feuillées. Épillets plus ou moins nombreux, disposés en glomérules terminaux et latéraux.

Épillets blanchâtres, en glomérules à peine dépassés par les bractées. . . . . *R. alba.*
Épillets brunâtres, en glomérules longuement dépassés par les bractées. . . . . *R. fusca.*

1. R. ALBA. (Vahl. en. II. 236.) — Nees gen. pl. fasc. IX. t. 15. f. 14-17. — Schœnus albus. L. sp. 65. — Fl. Dan. t. 520. — Host, Gram. IV. t. 72.

Souche cespiteuse. Tiges de 1-5 décimètr., grêles, trigones. Feuilles linéaires étroites, carénées. *Épillets blanchâtres,* oblongs, aigus, rapprochés et disposés en glomérules ; *glomérules* pédonculés , ternés ou géminés , les uns latéraux , les autres terminaux, *munis de bractées foliacées qui les égalent ou les dépassent à peine. Soies* hypogynes 10-13 , scabres , *à denticules dirigés en bas.* ♃. Juin-août.

R.—Marais tourbeux.— Rambouillet! St-Léger ! Morfontaine ! (*Adr. de Jussieu*). Neuf-moulin ! Bruyères humides de Neuville-Bosc (*Daudin*). Env. de Chaumont (*Frion*).

2. R. FUSCA. (Rœm. et Schult. II. 88.) — Nees gen. pl. fasc. IX. t. 15. f. 1-14. — Schœnus fuscus. L. sp. 1664. — Engl. bot. t. 1575. — Schœnus setaceus. Thuill. fl. Par. 19.

Souche traçante. Tiges de 1-3 décimètr., grêles , triquètres. Feuilles filiformes, carénées. *Épillets brunâtres*, oblongs , rapprochés en glomérules ; *glomérules* pédonculés , géminés , plus rarement ternés , les uns terminaux , les autres latéraux, *munis de bractées foliacées qui les dépassent longuement. Soies* hypogynes 5-6 , scabres, *à denticules dirigés en haut.* ♃. Juin-juillet.

R.R. — Marais tourbeux. St-Léger ! — Rambouillet : étang du Serisaye !

III. HELEOCHARIS. (R. Brown, prodr. I 224.)

Épillets à écailles inférieures plus grandes que les supérieures , les 1-2 inférieures stériles. Stigmates 2-3. *Akène* comprimé-lenticulaire ou trigone , muni à la base de 6 soies plus courtes que les écailles de l'épillet, rarement dépourvu de soies , *couronné par la base du style renflée et persistante.*

Plantes annuelles, ou plus ord. vivaces à souche cespiteuse ou traçante. Tiges dépourvues de feuilles, munies à leur base d'écailles engaînantes. *Épillets solitaires terminaux.*

1 { Stigmates 2; akène comprimé. . . . . 2.
  { Stigmates 3; akène triquètre . . . . 4.

2 { Épillet ovoïde-renflé, à écailles obtuses; plante annuelle. . . *H. ovata.*
  { Épillet oblong, à écailles aiguës; plante vivace, à souche horizontale. . . 3.

3 { Épillet présentant à sa base deux écailles vertes stériles qui n'embrassent
  {   chacune que la moitié de sa circonférence . . . . . *H. palustris.*
  { Épillet présentant à sa base une seule écaille stérile scarieuse qui embrasse
  {   presque toute sa circonférence. . . . . *H. uniglumis.*

4 { Tige cylindrique, non capillaire; akène lisse. . . . *H. multicaulis.*
  { Tige tétragone, capillaire; akène marqué de côtes longitudinales . . . .
  { . . . . *H. acicularis.*

1. H. PALUSTRIS. (Brown, prodr. 224.) — Nees jun. gen. plant. fasc. IX. t. 11. f. 1-16. — Scirpus palustris. L. sp. 70. — Host, Gram. III. t. 55.

Souche à rhizômes horizontaux *très longuement traçants. Tiges* de 1-6. décimètr., ord. cylindriques-comprimées. Épillet multiflore, oblong, à *écailles* aiguës, les 2 *inférieures* vertes *stériles n'embrassant chacune que la moitié de la base de l'épillet. Stigmates* 2. Akène jaunâtre, lisse, obovale-pyriforme , un peu comprimé, à bords obtus. Soies hypogynes 4-6, persistantes , ord. plus longues que l'akène. ♃. Mai-juillet.

C.C. — Lieux inondés, bord des mares et des étangs.

s.v. — *glaucescens.* — Plante un peu glaucescente.

var. β. *minor.* (Scirpus reptans *et* S. intermedius. Thuill. fl. Par. 22.) — Tiges de 5-15 centimètres. Écailles très aiguës, très colorées. — Endroits desséchés, lieux inondés l'hiver.

2. **H. UNIGLUMIS.** (Rchb. Germ. 77.) — Icon. II. f. 519. — Scirpus uniglumis. Link, jahrb. III. 77.

Souche à rhizôme horizontal ou un peu oblique, *traçant*. Tiges de 1-4 décimètr., cylindriques. Épillet multiflore, oblong, à *écailles* aiguës, *l'inférieure seule stérile scarieuse embrassant presque toute la base de l'épillet.* *Stigmates* 2. Akène jaunâtre, lisse, obovale-pyriforme, un peu comprimé à bords obtus. Soies hypogynes 4-6, persistantes, ord. plus longues que l'akène. ♃. Juin-juillet.

A.C. — Marais et prairies tourbeuses. — Enghien! St-Germain! Forêt de Senart! Mennecy! St-Léger! Dreux! Nemours!, etc.

3. **H. MULTICAULIS.** (Dietr. sp. II. 76.) — Scirpus multicaulis. Smith, Brit. 1. 48. — Engl. bot. t. 1187.

Souche cespiteuse. Tiges de 1-4 décimètr, cylindriques. Épillet multiflore, oblong, souvent vivipare, à écailles presque aiguës, l'inférieure stérile verte scarieuse à la marge embrassant presque toute la base de l'épillet. *Stigmates* 3. *Akène* lisse, d'un brun noirâtre, obovale, *trigone, à angles aigus.* Soies hypogynes 4-6, persistantes, ord. plus longues que l'akène. ♃. Juin-août.

A.R. — Lieux tourbeux et marécageux. — Forêt de Senart! Forêt de Rougeaux! St-Léger! Fontainebleau! Malesherbes!, etc.

4. **H. OVATA.** (Brown, prodr. 224, in adn.) — Rœm. et Schult. syst. II. 152. — Scirpus ovatus. Roth, cat. I. 5. — Scirpus annuus. Thuill. fl. Par. 22.

Plante annuelle. Tiges de 5-15 centimètr., cylindriques. *Épillet* multiflore, *ovoïde*, à *écailles obtuses* étroitement imbriquées, les deux ou trois inférieures souvent verdâtres n'embrassant chacune qu'une partie de la base de l'épillet. *Stigmates* 2. *Akène* jaunâtre, lisse, obovale-suborbiculaire, *un peu comprimé*, à bords aigus. Soies hypogynes 4-6, persistantes, plus longues que l'akène. ①. Juin-août.

R.R. — Bords desséchés des étangs et des mares, surtout des terrains sablonneux. — Meudon (*Weddell, Mandon*). St-Léger! (*Adr. de Jussieu*). Charly (*Crépin*) — ? Senart (*Thuillier*, herb.)

5. **H. ACICULARIS.** (Rœm. et Schult. syst. II. 154.) — Scirpus acicularis. L. sp. 71. — Host, Gram. IV. t. 60. — Scirpidium aciculare. Nees jun. gen. plant. fasc. IX. t. 13.

Souche cespiteuse, *émettant des rhizômes filiformes traçants* qui donnent naissance à de nouveaux individus. *Tiges* de 5-10 centimètr., *capillaires*, *tétragones.* Épillet 5-10-flore, grêle, ovale aigu, à écailles aiguës, les inférieures plus grandes. *Stigmates* 3. *Akène* blanchâtre, oblong, obscurément *trigone, marqué de côtes longitudinales.* Soies hypogynes 2-6, courtes caduques, ou nulles ① ou ♃. Juin-août.

C. — Bords des étangs et des rivières, endroits inondés l'hiver.

IV. SCIRPUS. (L. gen. n. 67, *part.*)

Épillets à écailles inférieures plus grandes que les supérieures, les 1-2 inférieures stériles. Stigmates 2-3. *Akène* comprimé-lenticulaire ou trigone, muni à la base ord. de 6 soies scabres plus courtes que les écailles de l'épillet ou dépourvu de soies, *non mucroné ou mucroné par la base persistante non dilatée du style.*

Plantes annuelles, ou plus ord. vivaces à souche cespiteuse ou traçante. Tiges simples, très rarement rameuses, feuillées, ou dépourvues de feuilles et alors munies à leur base d'écailles engaînantes. Épillets solitaires terminaux, ou plus ou moins nombreux rapprochés en glomérules ou disposés en corymbes, l'inflorescence paraissant quelquefois latérale en raison d'une bractée qui continue la direction de la tige.

1 { Tige rameuse, couchée ou nageante. . . . . *S. fluitans.*
  { Tige simple. . . . . 2.

2 { Un seul épillet terminal simple . . . . . , ... 3.
  { Tige portant plusieurs épillets terminaux ou d'apparence latéraux. . . . 4.

3 { Gaînes des tiges prolongées en une pointe foliacée . . . *S. cæspitosus.*
  { Gaînes des tiges tronquées, ne présentant pas de pointe foliacée. . .
  { . . . . *S. Bæothryon.*

4 { Épillets disposés en un épi terminal composé, comprimé, distique. . . .
  { . . . . *S. compressus.*
  { Épillets disposés en panicule, ou ramassés en glomérules. . . . . . . 5.

5 { Inflorescence pseudo-latérale; tige cylindrique . . . . 6.
  { Inflorescence terminale; tige triquètre. . . . . 8.

6 { Écailles des épillets échancrées au sommet; rhizôme horizontal, très longuement traçant. . . . . *S. lacustris.*
  { Écailles des épillets entières au sommet; plante à souche cespiteuse, ou plante annuelle. . . . . 7.

7 { Akène marqué de côtes longitudinales; tige filiforme. . . . *S. setaceus.*
  { Akène ridé transversalement; tige non filiforme . . . . . *S. supinus.*

8 { Inflorescence ord. compacte, à rameaux simples ou la plupart simples; épillets brunâtres, à écailles échancrées ou bifides au sommet. *S. maritimus.*
  { Inflorescence à rameaux très ramifiés; épillets verdâtres, à écailles entières.
  { . . . . *S. sylvaticus.*

SECT. I. — *Épillets terminaux, solitaires au sommet des tiges ou de leurs ramifications.*

1. S. BÆOTHRYON. (L. supp. 103.) — Engl. bot. t. 1122. — S. pauciflorus. Light. Scot. 1078. — Host, Gram. III. t. 58. — S. campestris. Roth, cat. 1. 5. — D.C. fl. Fr. III. 136. — Bæothryon Halleri. Nees jun. gen. pl. fasc. IX. t. 12. f. 16-18.

Souche cespiteuse, émettant des rhizômes filiformes traçants qui donnent naissance à de nouveaux individus. *Tiges* de 1-3 décimètr., cylindriques, *dépourvues de feuilles; gaîne de la base de la tige brusquement tronquée.* Épillet terminal solitaire, 2-7-flore, ovoïde ou oblong. Écailles brunâtres, scarieuses à la marge, obtuses; les deux inférieures plus grandes, embrassant l'épillet, égalant au moins la moitié de sa longueur, à nervure disparaissant au-dessous du sommet. Stigmates 3. Akène d'un blanc-grisâtre, obovale, trigone, mucroné. Soies hypogynes 3-6, ordinairement plus longues que l'akène. ♃. Juin-août.

R. — Lieux tourbeux, bords des étangs sablonneux. — Meudon! St-Léger! Luzarches (*De Lens*). Morfontaine! Malesherbes! (*Requien*). Nemours!

2. S. CÆSPITOSUS. (L. sp. 71.) — Engl. bot. t. 1029. — Bæothryon cæspitosus. Nees jun. gen. pl. fasc. IX. t. 12. f. 1-15.

Souche cespiteuse compacte, surmontée de gaînes desséchées persistantes. *Tiges* de 1-4 décimètr., cylindriques, *dépourvues de feuilles; gaîne de la base de la tige terminée par une pointe foliacée courte.* Épillet terminal solitaire, 3-7-flore, ovoïde ou ovoïde-oblong. Écailles roussâtres, obtuses ou aiguës; les deux inférieures plus grandes, mucronées par le prolongement de la nervure, égalant ou dépassant l'épillet qu'elles embrassent largement. Stigmates 3. Akène brunâtre, obovale-oblong, trigone, mucroné. Soies hypogynes, ord. au nombre 6, capillaires, dépassant longuement l'akène. ♃. Mai-juin.

R.R. — Bruyères, lieux tourbeux. — Abondant à St-Léger : étang du Serisaye !, étang de Plauets !, bruyères du Phalanstère !, etc.

3. S. FLUITANS. (L. sp. 71.) — Engl. bot. t. 216. — Eleogiton fluitans. Link. — Nees jun. gen. pl. fasc. IX. t. 14.

Souche cespiteuse. *Tiges* de 5-15 centimètr., *rameuses, feuillées, radicantes à la base, couchées ou nageantes.* Épillets terminaux, solitaires au sommet des ramifications des tiges, 3-7-flores, ovoïdes. Écailles verdâtres, obtuses ; les deux inférieures plus grandes, embrassant l'épillet qu'elles égalent presque. Stigmates 2. Akène blanchâtre, obovale-oblong, comprimé, mucroné. Soies hypogynes rudimentaires ou nulles. ♃. Juin-août.

R. — Mares et fossés des terrains tourbeux. — St-Germain ! (*Clarion*). St-Léger ! Forêt des Ivelines ! (*Weddell*). Mares de la forêt de Fontainebleau !

SECT. II. — Inflorescence pseudo-latérale ; épillets nombreux ou 2-5, rarement solitaires par avortement, dépassés par l'une des bractées de l'involucre qui continue la direction de la tige ; bractées roulées demi-cylindriques, ou canaliculées-triquètres.

4. S. SUPINUS. (L. sp. 73.) — Host, Gram. III. t. 64.

Plante annuelle. Tiges de 5-12 centimètr., subcylindriques, ascendantes, feuillées à la base ou seulement munies de gaines prolongées en une pointe foliacée canaliculée. Épillets 2-5, ovoïdes, sessiles, réunis en un glomérule pseudo-latéral ; *la bractée qui continue la direction de la tige l'égalant presque* en longueur et en épaisseur. Écailles verdâtres ou blanchâtres, mucronulées par le prolongement de la nervure. Stigmates 3. *Akène* brunâtre, obovale, trigone, brièvement mucroné, *sillonné de rides transversales très marquées.* Soies hypogynes rudimentaires ou nulles. ①. Juillet-septembre.

R. — Bords des étangs sablonneux. — Abondant à l'étang du Trou-Salé ! (*Decaisne*). Etangs de St-Hubert ! — ? Montfort-l'Amaury (*Thuillier, fl.*).

5. S. SETACEUS. (L. sp. 73.). — Engl. bot. t. 1693. — Host, Gram. III. t. 44 et 65.

Plante annuelle. Tiges de 5-8 centimètr., cylindriques, filiformes, dressées ou ascendantes, feuillées à la base ou seulement munies de gaines prolongées en une pointe foliacée canaliculée très étroite. Épillets 2-3, rarement solitaires par avortement, ovoïdes, sessiles, réunis en un glomérule pseudo-latéral ; *la bractée qui continue la direction de la tige beaucoup plus courte qu'elle.* Écailles verdâtres ou brunâtres, obtuses, mucronulées par le prolongement de la nervure. Stigmates 3. *Akène* luisant, brunâtre, obovale, trigone, brièvement mucroné, *marqué de côtes longitudinales.* Soies hypogynes nulles. ①. Juin-août.

C. — Bords des rivières et des étangs, endroits desséchés inondés l'hiver.

6. S. LACUSTRIS. (L. sp. 72.) — Host, Gram. III. t. 61. — Engl. bot. t. 666. (vulg. *Jonc-des-tonneliers.*)

Souche épaisse, très longuement traçante, horizontale. *Tiges* de 1-2 mètres, cylindriques, dressées, munies à la base d'écailles engainantes, les gaines supérieures se prolongeant en une feuille ord. canaliculée-roulée, plus ou moins longue. Épillets disposés en plusieurs glomérules qui partent du même point et sont les uns sessiles les autres pédonculés, les plus longs pédoncules souvent rameux ; plus rarement glomérules tous sessiles ; la bractée qui continue la direction de la tige dépassant à peine le groupe des épillets. Écailles brunes, lisses, scarieuses à la marge, déchiquetées-ciliées, échancrées, mucronées-aristées par la nervure qui se prolonge au-delà de l'échancrure. Stigmates ord. 3. *Akène* d'un gris métallique, obovale subtrigone, mucroné, *lisse*. Soies hypogynes 3-6, égalant environ l'akène. ♃. Mai-juillet.

C.C. — Bords des eaux, rivières, étangs.

s.v.—*fluitans*. — Feuilles très allongées, nageantes, presque planes.—Eaux courantes.

var. β. *glaucus*. (S. glaucus. Smith, Engl. bot. t. 2521. — S. Tabernæmontani. Gmel. Bad. I. 101.) — Tiges de 7-12 décimètr., glauques ou glaucescentes, munies à la base d'écailles engaînantes dont les supérieures se prolongent rarement en pointe foliacée. Epillets presque tous subsessiles, pédoncules portant très rarement des pédoncules secondaires. Écailles ponctuées-scabres. Stigmates ord. 2. Akène convexe sur les deux faces. — *A.R.* — Prairies tourbeuses, marécages. — Enghien! Mennecy!, etc.

SECT. III.—Inflorescence terminale, jamais pseudo-latérale; épillets nombreux, disposés en panicule simple ou décomposée. Feuilles de l'involucre planes.

7. S. MARITIMUS. (L. sp. 74.) — Host, Gram. III. t. 67. — Engl. bot. t. 542.

Souche à rhizômes traçants présentant ord. des renflements plus ou moins épais au niveau de leurs ramifications ou des bases de tiges. Tiges de 4-9 décimètr., triquètres, feuillées. Feuilles planes, plus longues que la tige. Bractées de l'involucre inégales, foliacées, planes, dépassant longuement les épillets. *Épillets* oblongs ou cylindriques, disposés en glomérules sessiles ou les uns sessiles les autres pédonculés *à pédoncules trigones* toujours *simples*. *Écailles* brunâtres, *bifides au sommet*, mucronées ou aristées par la nervure qui se prolonge au-delà de l'échancrure. Stigmates 3. Akène d'un brun noirâtre, obovale, trigone, mucroné. Soies hypogynes 1-6, inégales, courtes, quelquefois nulles. ♃. Juin-septembre.

C. — Bord des eaux, rivières, fossés, étangs, lieux inondés l'hiver.

var. β. *compactus*. (S. tuberosus. Desf. Atl. I. 50.) — Épillets ramassés en un glomérule compacte.

8. S. SYLVATICUS. (L. sp. 75.) — Host, Gram. III. t. 68.

Souche traçante. Tiges de 4-9 décimètr., triquètres, feuillées. Feuilles planes, larges, très allongées, ord. plus courtes que la tige. Bractées de l'involucre inégales, foliacées, planes, égalant ou dépassant à peine le corymbe. *Corymbe terminal, à rameaux inégaux terminés par des corymbes secondaires très rameux.* Épillets très nombreux, ovoïdes, disposés en glomérules les uns sessiles les autres pédonculés. *Écailles* d'un vert noirâtre, *obtuses ou aiguës*, mucronulées par le prolongement de la nervure. Stigmates 3. Akène d'un blanc jaunâtre, obovale, trigone, mucroné. Soies hypogynes ord. au nombre de 6, dépassant longuement l'akène. ♃. Mai-août.

C. — Endroits ombragés, bords des ruisseaux, fossés des bois.

SECT. IV. — Inflorescence terminale, jamais pseudo-latérale. Épillets nombreux, disposés en un épi terminal distique. Feuille de l'involucre plane canaliculée.

9. S. COMPRESSUS. (Pers. syn. 1. 66.) — S. Caricis. Retz. prodr. n. 64. — Host, Gram. III. t. 57. — Schœnus compressus. L. sp. 65. — Blismus compressus. Panz. in Link, hort. I. 278. — Nees jun. gen. pl. fasc. ix. t. 9. f. 1-12.

Souche à rhizômes traçants. Tiges de 1-3 décimètr., triquètres au sommet,

---

feuillées, nues supérieurement. Feuilles un peu canaliculées, atteignant souvent la longueur de la tige. Bractée de l'involucre solitaire, foliacée ou scarieuse à la base, plus longue ou plus courte que l'épi. Épillets 6-8-flores, nombreux, disposés sur deux rangs en un épi comprimé. Écailles brunâtres, oblongues-lancéolées, aiguës, quelquefois mucronées par le prolongement de la nervure. Stigmates 2. Akène brunâtre, obovale-oblong, comprimé, surmonté du style persistant. Soies hypogynes 3-6, une fois plus longues que l'akène, denticulées-scabres, à denticules dirigés en bas. ♃. Juin-août.

R. — Prairies humides et tourbeuses, bords des ruisseaux, endroits sablonneux humides. — Vallée de Seulisse près Dampierre! Magny! Morfontaine! Luzarches (*De Lens*). Mennecy! (*Des Étangs*). Fontaine-des-vaches à Malesherbes! Nemours! Donnemarie (*Chaubard*). Anet! (*Daënen*). Dreux!

V. CLADIUM. (P. Browne, Jam. 114.)

Épillets à *écailles inférieures* stériles *plus petites que les supérieures, les* 1-2 *écailles supérieures seules fertiles.* Stigmates 2-3. Akène dépourvu de soies, ovoïde, à *épicarpe crustacé fragile* luisant *se séparant de l'endocarpe*; à endocarpe épais ligneux; *à base du style non renflée.*

Plante vivace, à souche traçante. Tiges feuillées. Épillets nombreux, glomérulés; glomérules disposés en corymbes pédonculés terminaux et latéraux.

1. C. MARISCUS. (R. Brown, prodr. 236.) — Schœnus Mariscus. L. sp. 62. — Host, Gram. III. t. 53. — Engl. bot. t. 950.

Souche épaisse, souvent surmontée des bases persistantes des feuilles détruites, à fibres radicales robustes, émettant des rhizômes traçants chargés d'écailles imbriquées. Tiges atteignant souvent plus d'un mètre, robustes, dressées, subcylindriques, feuillées dans toute leur longueur, donnant naissance latéralement dans leur partie supérieure aux rameaux de l'inflorescence. Feuilles raides, planes-carénées, scabres-coupantes sur les bords et la carène, longuement acuminées; gaines des feuilles caulinaires lâches. Épillets d'un brun ferrugineux, assez petits, ovoïdes-oblongs, en glomérules sessiles ou pédonculés, disposés en corymbes rameux qui constituent par leur ensemble une vaste panicule terminale. ♃. Juin-août.

A.R. — Bords des étangs tourbeux, tourbières, marais sablonneux. — St-Gratien! Abondant dans la vallée de Mennecy! Forêt de Villefermoy (*Garnier*). Malesherbes! Nemours! Marais de Sceaux près Château-Landon. Morfontaine! (*Mandon*). Marais de Russy près Crépy-en-Valois (*Questier*). Marais de Liancourt près Chaumont! Très abondant dans les tourbières entre St-Martin et Sacy-le-Grand! Marais de Bretel près St-Germer! Compiègne (*Leré*), etc.

VI. ERIOPHORUM. (L. gen. n. 68.)

Épillets à écailles presque égales, les inférieures quelquefois stériles. Style allongé, caduc; stigmates 3. *Akène* obscurément trigone, mutique ou mucroné par la base du style non renflée, *muni à la base de soies capillaires* ord. très nombreuses *qui dépassent très longuement les écailles de l'épillet* et s'accroissent après la floraison.

Plantes vivaces, à souche oblique émettant des rhizômes un peu traçants, plus rarement cespiteuse. Tiges feuillées, les feuilles supérieures étant quelquefois réduites à leur gaîne. Épillets ressemblant à des houppes soyeuses à la maturité, solitaires à l'extrémité de pédoncules inégaux ord. penchés qui terminent la tige, plus rarement subsessiles agglomérés, quelquefois un seul épillet terminant la tige.

1 { Épillet terminal solitaire. . . . . *E. vaginatum.*
  { Épillets plus ou moins nombreux. . . . . 2.

2 { Pédoncules tomenteux. . . . . *E. gracile.*
{ Pédoncules scabres ou lisses, jamais tomenteux . . . . 3.
3 { Pédoncules scabres. . . . . *E. latifolium.*
{ Pédoncules lisses . . . . *E. angustifolium.*

SECT. I. — Épillet terminal solitaire.

1. E. VAGINATUM. (L. sp. 76.) — E. cæspitosum. Host, Gram. 1. t. 59.

Souche cespiteuse, formant une touffe compacte. Tiges de 3-5 décimètr., triquètres au sommet, munies de une ou plusieurs gaînes dilatées supérieurement. Feuilles radicales raides, étroites, triquètres, scabres aux bords. Bractées nulles. Épillet terminal solitaire, dressé, ovoïde-oblong. Écailles acuminées, scarieuses-argentées aux bords. ♃. Avril-mai.

R.R. — Tourbières, mares tourbeuses des bois. — Mares de la forêt de Senart (*Mandon*). St-Léger (*de Boucheman*, *Brice*). Forêt de Rambouillet près Montfort-l'Amaury (*de Boucheman*).

SECT. II. — Tige terminée par plusieurs épillets.

2. E. LATIFOLIUM. (Hoppe, taschenb. 1800. 108.) — Host, Gram. IV. t. 73. — E. polystachyum. β. L. Suec. n. 49.—E. polystachyum. Smith, Brit. I. 59.—Engl. bot. t. 563. (vulg. *Linaigrette-commune.*)

Tige de 4-6 décimètr., obscurément triquètre, feuillée surtout à la base. Feuilles planes, triquètres au sommet, scabres aux bords. Bractées 2-3, foliacées. *Pédoncules scabres*, à denticules dirigés en haut. Écailles ovales-acuminées. ♃. Mai-juin.

C. — Prairies humides spongieuses, marais tourbeux.

3. E. ANGUSTIFOLIUM. (Roth, tent. I. 24.) — Engl. bot. t. 564. — Nees jun. gen. fasc. IX. t. 10. f. 1-17. (vulg. *Linaigrette.*)

Tige de 4-6 décimètr., très obscurément triquètre, feuillée surtout à la base. Feuilles canaliculées-carénées, triquètres au sommet, légèrement scabres. Bractées 1-3, foliacées. *Pédoncules lisses, glabres.* Écailles ovales-acuminées. ♃. Mai-juin.

A.C. — Lieux marécageux et tourbeux.

var. β. *congestum.* (E. Vaillantii. — Poit. et Turp. fl. Par. t. 52.) — Épillets sessiles ou presque sessiles, rapprochés. — *A.R.*

4. E. GRACILE. (Koch, *ap.* Roth, cat. II. 259.) — Engl. bot. t. 2402. — E. triquetrum. Hoppe, taschenb. 1800. 106. — Host, Gram. IV. t. 74.

Tige de 3-5 décimètr., grêle, obscurément triquètre, feuillée surtout à la base. Feuilles canaliculées-carénées, triquètres, à peine scabres. Bractées 1-2, courtes, membraneuses. *Pédoncules rudes, tomenteux.* Écailles ovales presque obtuses. ♃. Mai-juin.

R. — Tourbières, mares tourbeuses. — Étang du Serisaye près Rambouillet! Poigny près St-Léger! Forêt de Rambouillet près Montfort-l'Amaury (*de Boucheman*). Le Châtelet près Melun (*Garnier*). Moret! Nemours!

TRIBU III. CYPEREÆ. — **Fleurs hermaphrodites. Épillets comprimés, à écailles imbriquées sur deux rangs opposés, égales, ou inégales les inférieures plus petites stériles. Akène dépourvu de soies, ou muni à sa base de 1-5 soies courtes ou rudimentaires.**

VII. CYPERUS. (L. gen. n. 66.)

Épillets à écailles nombreuses, imbriquées sur deux rangs opposés, pliées-carénées, *presque égales entre elles toutes fertiles*, ou les 1-2 inférieures plus petites stériles. Stigmates 2-3. Akène dépourvu de soies, comprimé ou trigone, mutique ou mucronulé par la base persistante du style.

Plantes annuelles, ou vivaces à souche traçante. Tiges feuillées. Bractées foliacées rapprochées en involucre et dépassant ord. longuement les épillets. Épillets comprimés, réunis en glomérules sessiles ou pédonculés à pédoncules inégaux disposés en un corymbe terminal.

1 { Plante vivace, à souche traçante; tiges de 5-10 décimètres . . *C. longus.*
  { Plante annuelle, à racine fibreuse; tiges de 1-2 décimètres . . . . . . 2.

2 { 2 stigmates; épillets jaunâtres. . . . . *C. flavescens.*
  { 3 stigmates; épillets brunâtres. . . . . *C. fuscus.*

1. C. FLAVESCENS. (L. sp. 68.) — Host, Gram. III. t. 72. — Fl. Dan. t. 1682. — Pycreus flavescens. Rchb. Germ. 72. — Nees jun. gen. pl. fasc. IX. t. 2. f. 14-16.

Plante annuelle. Tiges de 1-2 décimètr., dressées, triquètres. Feuilles planes-carénées, étroites, égalant souvent la tige. Bractées de l'involucre dépassant très longuement les épillets. Épillets jaunâtres, oblongs, aigus; glomérules brièvement pédonculés ou subsessiles rapprochés en un corymbe compacte. Écailles ovales-oblongues, étroitement imbriquées. *Stigmates* 2. Akène obovale-suborbiculaire, comprimé, environ deux fois plus court que l'écaille. ④. Juillet-août.

A.R. — Lieux humides, bords des étangs et des rivières, surtout dans les terrains sablonneux. — Marcoussis (*Saulnier*). St-Léger! Morfontaine! (Cte *Jaubert*). Malesherbes! Nemours! Dreux (*Daënen*). Gisors!

2. C. FUSCUS. (L. sp. 69.) — Host, Gram. III. t. 75.— Fl. Dan. 179.

Plante annuelle. Tiges de 1-3 décimètr., dressées ou un peu étalées, triquètres. Feuilles planes, à peine carénées, égalant souvent la tige. Bractées de l'involucre dépassant très longuement les épillets. Épillets brunâtres, linéaires-oblongs; glomérules inégalement pédonculés ou subsessiles disposés en un corymbe compacte ou un peu lâche. Écailles ovales-oblongues, un peu étalées à la maturité. *Stigmates* 3. Akène oblong atténué aux deux extrémités, trigone. à peine plus court que l'écaille. ①. Juin-août.

A.C. — Lieux marécageux, sables humides, bords des rivières. — Paris: bords de la Seine! Charenton! Grenelle! Versailles! Montmorency!. etc.

3. C. LONGUS. (L. sp. 67.) — Host, Gram. III. t. 76. — Engl. bot. t. 1309.

Plante vivace, à souche traçante. Tiges de 5-10 décimètr., dressées, triquètres. Feuilles planes-carénées, assez larges, ord. plus courtes que la tige. Bractées de l'involucre trois à cinq fois plus longues que le corymbe. Épillets d'un brun rougeâtre, linéaires-allongés; glomérules la plupart très longuement pédonculés, à pédoncules très inégaux dressés, disposés en un corymbe terminal ombelliforme. Écailles ovales-oblongues, plus ou moins étroitement imbriquées. *Stigmates* 3. Akène obovale-oblong, trigone , environ deux fois plus court que l'écaille. ♃. Juillet-septembre.

R. — Fossés , ruisseaux , lieux marécageux , bords des canaux. — Gentilly! Mennecy! (*Tollard*). Nemours! (*Devilliers*). Cocherelle près Dreux! (*Daënen*).

VIII. SCHOENUS. (L. gen. n. 65, *part.*)

Épillets à 6-9 écailles imbriquées sur deux rangs opposés, *les 3-6 supérieures seules fertiles, les inférieures* stériles *plus petites*. Stigmates 3. Akène trigone , mucroné par la base persistante du style, muni à la base de 1-5 soies courtes ou rudimentaires, ou dépourvu de soies.

Plante vivace , à souche cespiteuse. Tiges feuillées seulement à la base. Bractées élargies et scarieuses dans leur partie inférieure, embrassant le glomérule des épillets. Épillets comprimés, groupés en un glomérule terminal compacte.

1. S. NIGRICANS. (L. sp. 64.) — Host, Gram. III. t. 54. — Engl. bot. 1121.

Souche cespiteuse, compacte , donnant ord. naissance à un grand nombre de tiges, surmontée d'écailles noirâtres luisantes qui résultent des gaines persistantes des feuilles détruites. Tiges de 3-6 décimétr., dressées, subcylindriques. Feuilles raides , étroites , canaliculées , triquètres , plus courtes que la tige, à gaines brunâtres luisantes. Bractées 2, inégales , l'inférieure terminée par une pointe foliacée raide presque piquante qui dépasse ord. le glomérule des épillets. Épillets d'un brun noirâtre , 5-12 , groupés en un glomérule terminal compacte. Écailles pliées-carénées , lancéolées , aiguës. Akène oblong , blanchâtre. ♃. Mai-juillet.

A.R. — Prairies spongieuses, marais tourbeux. — St-Gratien! vallée de Mennecy! Malesherbes! Nemours! Grignon; Senlisse près Dampierre ! (*de Boucheman*). Luzarches (*De Lens*). Morfontaine! Chaumont! Compiègne (*Leré*). Mareuil-sur-Ourcq près la Ferté-Milon (*Questier*), etc.

CXV. GRAMINÉES.

(GRAMINEÆ. Juss. gën. 28.)

Fleurs hermaphrodites ou unisexuelles, *entourées chacune de deux bractées* (glumelles), solitaires, ou alternes disposées deux ou plusieurs sur un pédoncule commun , *constituant un épi uniflore ou pluriflore* (épillet) ord. *muni à la base de deux bractées stériles* (glumes)(1) opposées aux glumelles. — Périanthe nul ou remplacé par 2 plus rarement 3 petites écailles membraneuses ou charnues (glumellules). — Étamines 3 , rarement plus ou moins , hypogynes. Filets filiformes. *Anthères* bilobées, *insérées sur le filet par leur dos , à lobes linéaires libres et un peu divergents aux deux extrémités.* — Ovaire libre, uniloculaire, uni-ovulé. Ovule soudé latéralement avec la paroi de la loge. Styles 2, allongés ou presque nuls, libres ou soudés à la base, plus rarement soudés en un style indivis; très rarement 1 ou 3 styles. Stig-

---

(1) La plupart des auteurs ont donné le nom de *glume* à l'ensemble des deux glumes; la glume supérieure et la glume inférieure étaient alors appelées valve supérieure et valve inférieure de la glume. Il en était de même des deux glumelles (*paillettes*) dont l'ensemble était désigné sous le nom de *bale*. Les glumellules ont été décrites sous les noms de *lodicules* , *paléoles* et *squamules*.

mates 2, très rarement 1 ou 3, indivis, plus ou moins longs, plumeux ou filiformes poilus, à barbes ou à poils simples ou rameux. — *Fruit* (caryopse)
sec, monosperme, indéhiscent, libre ou soudé avec les glumelles. Péricarpe
membraneux, soudé avec la graine. — *Périsperme farineux, très épais.
Embryon placé latéralement en dehors du périsperme.*

Plantes terrestres, croissant quelquefois dans les lieux marécageux, herbacées,
annuelles, ou vivaces à souche cespiteuse ou traçante. Tige (chaume) simple, plus
rarement rameuse, fistuleuse, très rarement pleine, ord. cylindrique, ord. renflée
en nœud au niveau de l'insertion des feuilles. *Feuilles* distiques, linéaires, à nervures parallèles, *embrassant la tige* dans une grande étendue *par une gaîne à
bords libres* (gaîne fendue), très rarement à gaîne fendue seulement au sommet ou
entière; la gaîne présentant ord. au sommet un appendice membraneux (ligule).
Épillets hermaphrodites ou polygames, rarement unisexuels, contenant souvent des
fleurs stériles ou rudimentaires, disposés en épi, en grappe ou en panicule simple
ou rameuse.

TRIBU I. PANICEÆ. — Épillets disposés en une panicule spiciforme, digitée ou
rameuse, quelquefois en grappe spiciforme. — *Épillets comprimés par le dos,*
tous hermaphrodites, ou les uns hermaphrodites les autres mâles ou neutres; les
épillets hermaphrodites *contenant une seule fleur fertile* souvent accompagnée
d'une fleur inférieure stérile mâle ou rudimentaire ord. réduite à une glumelle.
Styles longs. Stigmates sortant au-dessous du sommet des glumelles.

SOUS-TRIBU I. ANDROPOGONEÆ. — Les épillets hermaphrodites, à fleur fertile accompagnée d'une fleur stérile ou mâle. *Glume inférieure plus grande que la
supérieure. — Épillets disposés en panicule digitée.*

SOUS-TRIBU II. PANICEÆ VERÆ. — Épillets tous hermaphrodites, à fleur fertile
souvent accompagnée d'une fleur stérile réduite à une ou deux glumelles dont la
plus grande simule une troisième glume. *Glume inférieure plus petite que la
supérieure,* souvent très courte, appliquée sur la face plane de l'épillet. Épillets à dos convexe, à face interne plane ou presque plane, disposés en une panicule spiciforme, digitée ou rameuse, quelquefois en grappe spiciforme.

TRIBU II. PHALARIDEÆ. — Épillets pédonculés ou subsessiles, disposés en panicule spiciforme lâche ou compacte, plus rarement en panicule digitée ou rameuse,
quelquefois en épi filiforme ou cylindrique. — *Épillets comprimés latéralement,*
tous hermaphrodites, *contenant une seule fleur fertile* solitaire ou accompagnée
d'une ou deux fleurs mâles ou stériles réduites chacune à une ou deux écailles.
Styles longs. Stigmates sortant au sommet des glumelles, plus rarement au-
dessous du sommet des glumelles.

TRIBU III. AGROSTIDEÆ. — Épillets disposés en panicule rameuse, plus rarement
en panicule spiciforme ou racémiforme, ou en grappe. — *Épillets* plus ou moins
comprimés latéralement, très rarement comprimés par le dos ou presque cylindriques, *contenant une seule fleur fertile* quelquefois accompagnée d'une ou
plusieurs fleurs stériles rudimentaires, plus rarement accompagnée d'une fleur
mâle. *Stigmates sessiles, ou terminant des styles courts, sortant vers la partie inférieure des glumelles* ou vers leur partie moyenne.

SOUS-TRIBU I. AGROSTIDEÆ VERÆ. — Épillets plus ou moins comprimés latéralement. Glumelles membraneuses minces, jamais enroulées autour de l'ovaire,
l'inférieure mutique ou donnant naissance à une arête. Stigmates sortant vers la
partie inférieure des glumelles. *Caryopse libre entre les glumelles.*

SOUS-TRIBU II. STIPEÆ. — Épillets cylindriques comprimés latéralement. *Glumelles coriaces,* s'enroulant en cylindre autour de l'ovaire, *l'inférieure terminée par une arête filiforme très longue tordue* souvent plumeuse. *Caryopse
étroitement renfermé entre les glumelles indurées.*

SOUS-TRIBU III. MILIEÆ. — Épillets un peu comprimés par le dos. *Glumelles
coriaces, mutiques,* non enroulées autour de l'ovaire. Stigmates sortant *vers la
partie moyenne des glumelles. Caryopse étroitement renfermé entre les glumelles indurées.*

TRIBU IV. AVENEÆ.—*Épillets pédonculés*, très rarement subsessiles, disposés en panicule rameuse, plus rarement en panicule spiciforme, en grappe ou en épi. — *Épillets contenant deux ou plusieurs fleurs fertiles*, la fleur supérieure souvent avortée. *Glumes très grandes, embrassant presque complètement l'épillet.* Stigmates sessiles, ou terminant des styles très courts, sortant vers la base des glumelles, très rarement à leur sommet.

SOUS-TRIBU I. SESLERIEÆ. — *Stigmates filiformes, sortant au sommet des glumelles.*

SOUS-TRIBU II. AVENEÆ VERÆ. — *Stigmates plumeux, sortant vers la base des glumelles.*

TRIBU V. FESTUCEÆ. —*Épillets pédonculés*, plus rarement subsessiles, disposés en panicule rameuse, plus rarement en panicule spiciforme ou en grappe.—*Épillets contenant deux ou plusieurs fleurs fertiles*, la fleur supérieure souvent avortée. *Glumes beaucoup plus courtes que l'épillet*, ne dépassant pas ordinairement la fleur inférieure. Stigmates sessiles ou terminant des styles courts, sortant vers la base des glumelles, terminant plus rarement des styles longs et sortant vers la partie moyenne des glumelles.

TRIBU VI. TRITICEÆ. — *Épillets sessiles, disposés en épi simple, correspondant à des dépressions de l'axe*, uniflores, bi-pluriflores ou multiflores la fleur supérieure étant souvent avortée. *Stigmates sessiles ou terminant des styles courts, sortant vers la base des glumelles*, très rarement à leur sommet.

SOUS-TRIBU I. TRITICEÆ VERÆ. — Glumes 2, plus rarement la supérieure nulle. *Stigmates 2, plumeux, sortant vers la base des glumelles.*

SOUS-TRIBU II. NARDEÆ. — Glumes nulles. *Stigmate 1, filiforme très long, pubescent, sortant au sommet des glumelles.*

TRIBU VII. OLYREÆ. — Épillets disposés en *épis unisexuels monoïques; les épis mâles disposés en une panicule terminale; les épis femelles axillaires, étroitement renfermés dans des bractées engaînantes.*

1 { Épillets disposés en épis unisexuels monoïques; les épis femelles axillaires, étroitement renfermés dans des bractées engaînantes; styles très longs, pendants, dépassant longuement les bractées engaînantes . . . ZEA. (xlv.)
Épillets tous hermaphrodites, rarement les uns hermaphrodites les autres mâles, jamais disposés en épis unisexuels. . . . . 2.

2 { Épillets ne contenant qu'une seule fleur fertile, accompagnée ou non d'une ou deux fleurs mâles ou d'une ou plusieurs fleurs stériles plus ou moins rudimentaires. . . . . 3.
Épillets contenant deux ou plusieurs fleurs fertiles, avec ou sans rudiments de fleurs stériles, rarement accompagnés de fleurs mâles . . . . 24.

3 { Épillets disposés en épis linéaires rapprochés au sommet de la tige en une panicule simple digitée . . . . 4.
Épillets jamais disposés en panicule digitée. . . . . 6.

4 { Épillets géminés, l'un sessile hermaphrodite, l'autre pédicellé mâle ou neutre; épis très velus. . . . . ANDROPOGON. (i.)
Épillets tous-hermaphrodites; épis glabres au moins sur l'axe . . . . . 5.

5 { Épillets comprimés par le dos; plante annuelle à racine fibreuse . . . . DIGITARIA. (ii.)
Épillets comprimés latéralement; plante vivace, à souche longuement traçante . . . . CYNODON. (xii.)

6 { Stigmate 1, filiforme très long; glumes nulles. . . . . NARDUS. (xliv.)
Stigmates 2; glumes 2, égales ou plus ou moins inégales . . . . 7.

7 { Stigmates sessiles ou terminant des styles courts, sortant vers la partie inférieure des glumelles ou vers leur partie moyenne. . . . . 8.
Stigmates terminant des styles allongés, sortant au sommet ou vers le sommet des glumelles . . . . 16.

8 { Épillets sessiles, disposés en épi, groupés par trois sur les dents de l'axe qui présente une dépression au niveau de chaque groupe. . HORDEUM. (xliii.)
Épillets pédonculés, disposés en panicule quelquefois spiciforme, plus rarement en grappe. . . . . 9.

9 { Fleur hermaphrodite accompagnée d'une fleur mâle. . . . . 10.
Fleur hermaphrodite accompagnée ou non de rudiments de fleurs stériles, jamais accompagnée d'une fleur mâle. . . . . 11.

10 { Fleur mâle placée au-dessous de la fleur hermaphrodite. . . . .
. . . . ARRHENATHERUM. (xvi.)
Fleur mâle placée au-dessus de la fleur hermaphrodite. . HOLCUS. (xvii.)

11 { Glumelles s'enroulant en cylindre autour de l'ovaire, l'inférieure articulée avec une arête filiforme très longue tordue inférieurement. STIPA. (xix.)
Glumelles non enroulées autour de l'ovaire, l'inférieure mutique ou présentant une arête non tordue très grêle . . . . 12.

12 { Épillets un peu comprimés par le dos; caryopse étroitement renfermé entre les glumelles indurées. . . . . MILIUM. (xx.)
Épillets plus ou moins comprimés latéralement; caryopse libre entre les glumelles. . . . . 13.

13 { Fleur entourée à la base de très longs poils. . . . CALAMAGROSTIS. (xiv.)
Fleur ne présentant pas de poils à la base, ou entourée de poils beaucoup plus courts que les glumelles. 14.

14 { Glumes convexes; glumelles mutiques; épillets disposés en grappe ou en panicule racémiforme. . . . . MELICA. (xviii.)
Glumes carénées; glumelle inférieure aristée ou mutique; épillets disposés en panicule rameuse diffuse ou spiciforme . . . . 15.

15 { Fleur accompagnée ou non d'un pédicelle glabre rudiment d'une fleur supérieure: épillets disposés en panicule diffuse ou étroite. AGROSTIS. (xiii.)
Fleur accompagnée d'un pédicelle barbu, rudiment d'une fleur supérieure; épillets disposés en panicule spiciforme compacte. . AMMOPHILA. (xv.)

16 { Épillets comprimés par le dos; glume inférieure ord. très petite. . . . . 17.
Épillets comprimés latéralement. . . . . 19.

17 { Épillets entourés d'un involucre de soies raides . . . . . SETARIA. (iv.)
Épillets non munis de soies à leur base. . . . . 18.

18 { Épillets à 3 glumes, la troisième glume résultant du développement de la glumelle d'une fleur stérile; glumes non épineuses . . PANICUM. (iii.)
Épillets à 2 glumes, la supérieure (extérieure) à dos chargé d'épines . . .
. . . . TRAGUS. (v.)

19 { Fleur accompagnée d'une ou deux fleurs inférieures stériles réduites chacune à une glumelle aristée ou à une ou deux écailles ciliées. . . . . 20.
Fleur non accompagnée de fleurs stériles rudimentaires . . . . 21.

20 { Fleurs stériles réduites chacune à une glumelle aristée plus longue que la fleur fertile; étamines 2. . . . . ANTHOXANTHUM. (vii.)
Fleurs stériles réduites chacune à une ou deux écailles très petites longuement ciliées; étamines 3. . . . . PHALARIS. (vi.)

21 { Glumes soudées dans leur partie inférieure; glumelle supérieure nulle; style 1, indivis . . . . ALOPECURUS. (viii.)
Glumes libres; glumelles 2; styles 2, distincts. . . . . 22.

22 { Glumes à peine carénées; stigmates filiformes, un peu poilus; épillets presque unilatéraux, disposés en épi filiforme . . . . MIBORA. (xi.)
Glumes carénées; stigmates plumeux; épillets en panicule spiciforme, ou en épi cylindrique. . . . . 23.

23 { Glumes acuminées ou tronquées-acuminées . . . . PHLEUM. (x.)
Glumes aiguës ou obtuses, non acuminées . . . . CRYPSIS. (ix.)

24 { Épillets sessiles, disposés en épi simple, correspondant chacun à une dépression de l'axe de l'épi. 25.
Épillets pédonculés, plus rarement subsessiles, disposés en panicule rameuse diffuse, plus rarement en panicule spiciforme, en grappe ou en épi. 28.

25 { Épillets regardant l'axe de l'épi par le dos des fleurs; glume supérieure ord. nulle dans les épillets latéraux. . . . . LOLIUM. (xxxix.)
Épillets regardant l'axe de l'épi par l'une des faces latérales des fleurs; glumes 2 . . . . 26.

26 { Glumelle inférieure donnant naissance sur son dos à une arête tordue dans sa partie inférieure et genouillée . . . . GAUDINIA. (xl.)
Glumelle inférieure aristée au sommet à arête droite, ou mutique. . . . 27.

27 { Épillets 3-5-flores ou pluriflores . . . . TRITICUM. (xli.)
Épillets contenant deux fleurs fertiles accompagnées d'une fleur stérile rudimentaire longuement pédicellée. . . . . SECALE. (xlii.)

28 { Glumes beaucoup plus courtes que l'épillet . . . . 29.
Glumes très grandes, embrassant presque complètement l'épillet . . . . 39.

29 { Épillets à fleur inférieure mâle, les fleurs hermaphrodites entourées chacune à la base de longs poils soyeux; styles allongés. PHRAGMITES. (xxviii.)
Épillets à fleurs inférieures hermaphrodites, glabres ou pubescentes, jamais entourées à la base de longs poils soyeux. . . . . 30.

30 { Épillets fertiles entremêlés d'épillets stériles qui ressemblent à des bractées pectinées . . . . CYNOSURUS. (xxxv.)
Épillets fertiles non entremêlés d'épillets stériles. 31

31 { Épillets ne contenant que deux fleurs fertiles accompagnées ou non d'une fleur supérieure stérile. . . . . 32.
Épillets contenant 3-10 fleurs ou plus . . . . 33.

32 { Fleurs fertiles non accompagnées d'une fleur stérile; glumelle inférieure trigone-carénée, tronquée-denticulée au sommet; plante aquatique. . . CATABROSA. (xxxi.)
Fleurs fertiles accompagnées d'une fleur supérieure stérile; glumelle inférieure convexe-demi-cylindrique, ovale-aiguë; plante des lieux secs; gaîne de la feuille inférieure recouvrant les nœuds de la.tige et les gaines des autres feuilles . . . . MOLINIA. (xxxiii.)

33 { Stigmates naissant vers le milieu de l'une des faces de l'ovaire; ovaire hérissé au sommet. . . . . BROMUS. (xxxviii.)
Stigmates terminaux ou presque terminaux; ovaire glabre, rarement velu ou pubescent au sommet. . . . . 34.

34 { Épillets courbés-concaves, en glomérules compactes unilatéraux disposés en une panicule unilatérale. . . . . DACTYLIS. (xxxvi.)
Épillets jamais courbés-concaves, plus ou moins espacés. . . . . . . 35.

35 { Glumelle inférieure caduque, mutique, la supérieure persistant sur le rachis de l'épillet après la chute des fleurs . . . . . ERAGROSTIS. (xxix.)
Glumelle inférieure mutique ou aristée, se détachant en même temps que la supérieure. . . . . 36.

36 { Glumelle inférieure comprimée-carénée, aiguë, mutique. . POA. (xxx.)
Glumelle inférieure convexe-demi-cylindrique, non carénée, aiguë ou obtuse, aristée ou mutique. . . . . 37.

37 { Glumelle inférieure aiguë, donnant naissance au sommet à une arête droite, plus rarement mutique. . . . . FESTUCA. (xxxvii.)
Glumelle inférieure oblongue-obtuse ou suborbiculaire, arrondie au sommet, mutique. . . . . 38.

38 { Glumelle inférieure oblongue; glumellules plus ou moins soudées entre elles; plante aquatique. . . . . GLYCERIA. (xxxii.)
Glumelle inférieure suborbiculaire, cordée à la base; plante des lieux secs. . . . . BRIZA. (xxxiv.)

39 { Stigmates filiformes, sortant au sommet des glumelles; épillets disposés en un épi compacte subglobuleux ou oblong. . . . . . SESLERIA. (xxi.)
Stigmates plumeux, sortant vers la base des glumelles; épillets disposés en panicule étalée ou spiciforme, quelquefois en panicule racémiforme ou en grappe. . . . . 40.

40 { Glumelle inférieure munie sur son dos d'une arête articulée et barbue à sa partie moyenne et renflée en massue au sommet. CORYNEPHORUS. (xxiv.)
Glumelle inférieure mutique, ou aristée à arête ni articulée ni renflée en massue. . . . . 41.

53

41 { Glumelle inférieure donnant naissance sur son dos ou vers sa base à une arête tordue dans sa partie inférieure et souvent genouillée, très rarement glumelle mutique; épillets disposés en panicule rameuse, quelquefois pendants à la maturité. . . . . 42.

Glumelle inférieure mutique, ou donnant naissance au milieu d'une échancrure à une arête courte ou réduite à un mucron ; épillets disposés en panicule spiciforme ou en grappe, rarement en panicule diffuse, rarement pendants . . . . 45.

42 { Glumelle inférieure bidentée ou bifide au sommet ; épillets quelquefois pendants . . . . AVENA. (xxv.)

Glumelle inférieure tronquée irrégulièrement 5-5-dentée au sommet ; épillets jamais pendants . . . . AIRA. (xxvi.)

43 { Glumelle inférieure entière ou obscurément trilobée, mutique; épillets 2-flores. . . . . 44.

Glumelle inférieure échancrée ou bifide, mutique ou donnant naissance au milieu de l'échancrure à une arête courte ou réduite à un mucron; épillets 2-6-flores. . . . . 45.

44 { Glumes comprimées-naviculaires; épillets ne contenant pas de fleur stérile; épillets petits, disposés en une panicule rameuse diffuse. . . . . AIROPSIS. (xxvii.)

Glumes convexes; épillets contenant, outre les deux fleurs fertiles, une fleur supérieure stérile claviforme; épillets assez gros, disposés en grappe ou en panicule racémiforme. . . . . MELICA. (xviii.)

45 { Épillets à fleurs toutes fertiles; glumes carénées; épillets disposés en panicule spiciforme. . . . . KOELERIA. (xxii.)

Épillets à fleur supérieure stérile; glumes convexes; épillets en grappe ou en panicule racémiforme. . . . . DANTHONIA. (xxiii.)

TRIBU 1. PANICEÆ. — Épillets disposés en une panicule spiciforme, digitée ou rameuse, quelquefois en grappe spiciforme. — *Épillets comprimés par le dos*, tous hermaphrodites, ou les uns hermaphrodites les autres mâles ou neutres; les épillets hermaphrodites *contenant une seule fleur fertile* souvent accompagnée d'une fleur inférieure stérile mâle ou rudimentaire ord. réduite à une glumelle. *Styles longs. Stigmates sortant au-dessous du sommet des glumelles.*

Sous-tribu I. ANDROPOGONEÆ. — Les épillets hermaphrodites, à fleur fertile accompagnée d'une fleur stérile ou mâle. *Glume inférieure plus grande que la supérieure. — Épillets disposés en panicule digitée.*

I. ANDROPOGON. (L. gen. n. 1145.,.

Épillets lancéolés, géminés sur les dents de l'axe, l'un sessile, hermaphrodite, l'autre pédicellé, mâle ou neutre par avortement. — Épillets hermaphrodites contenant une seule fleur fertile accompagnée d'une fleur stérile rudimentaire réduite à une glumelle : Glume inférieure non carénée, à dos plan : la supérieure carénée. Glumelle inférieure aristée au sommet ou réduite à une arête contournée ; la supérieure très petite ou nulle. Ovaire glabre. Styles 2, terminaux; stigmates plumeux. Caryopse oblong, un peu comprimé, libre.— Épillets mâles ou neutres, à glumes semblables à celles des épillets hermaphrodites; glumelle ord. solitaire non aristée, non carénée. — Épillets disposés en épis linéaires, grêles, velus. Épis rapprochés au sommet de la tige en une panicule simple digitée.

1. A. ISCHÆMUM. (L. sp. 1485.) — Host, Gram. II. t. 2.

Souche oblique, subcespiteuse. Tiges de 4-8 décimètr., simples ou rameuses, raides, à nœuds d'un rouge violet. Feuilles linéaires, canaliculées, poilues. Épis au nombre de 3-10, dressés. Glumes purpurines, striées ; la glume inférieure de l'épillet hermaphrodite chargée dans sa partie inférieure ainsi que les pédicelles de poils blancs soyeux. Arêtes des épillets hermaphrodites d'un brun roussâtre, genouillées, beaucoup plus longues que l'épillet. ♃. Juillet-septembre.

R.—Pelouses sèches, collines sablonneuses, coteaux incultes. — Lardy (*Mandon*). Larchant (*Maire*). Moret! Nemours (*Devilliers*). Malesherbes! (*Bernard*). Route de Bray près Provins (*Bouteiller, Des Étangs*). Caumont près la Ferté-sous-Jouarre (*Adr. de Jussieu*). Luzarches (*De Lens*). Betz ; Thury ; Marolles ; Rouvres près Crépy (*Questier*). Béthisy ; Morienval ; Champlieu ; Compiègne (*Leré*).

SOUS-TRIBU II. PANICEÆ VERÆ. — Épillets tous hermaphrodites, à fleur fertile souvent accompagnée d'une fleur stérile réduite à une ou deux glumelles dont la plus grande simule une troisième glume. *Glume inférieure plus petite que la supérieure*, souvent très courte, appliquée sur la face plane de l'épillet. Épillets à dos convexe, à face interne plane ou presque plane, disposés en une panicule spiciforme, digitée ou rameuse, quelquefois en grappe spiciforme.

II. DIGITARIA. (Scop. Carn. I. 52.)

Épillets uniflores, la fleur fertile étant accompagnée d'une fleur inférieure stérile réduite à une seule glumelle qui simule une troisième glume. Glume inférieure très petite, quelquefois nulle ; la supérieure souvent plus courte que les glumelles, convexe, mutique. Glumelles coriaces, presque égales, mutiques, l'inférieure embrassant la supérieure. Ovaire glabre. Styles 2, terminaux. Stigmates plumeux. Caryopse oblong, convexe sur les deux faces, renfermé entre les glumelles. — Épillets géminés sur les dents de l'axe, l'un subsessile, l'autre pédicellé, disposés en épis unilatéraux linéaires, rapprochés au sommet de la tige en une *panicule simple digitée*.

Feuilles et gaînes plus ou moins poilues ; épillets oblongs-lancéolés ; glume supérieure environ de moitié plus courte que les glumelles . . . . *D. sanguinalis*.
Feuilles et gaînes glabres ; épillets ovales-oblongs ; glume supérieure égalant environ les glumelles . . . . *D. filiformis*.

1. D. SANGUINALIS. (Scop. Carn. *loc. cit.*) — Panicum sanguinale. L. sp. 84.—Engl. bot. t. 849. — Host, Gram. II. t. 17.

Plante annuelle, cespiteuse. Tiges de 1-5 décimètr., souvent rameuses, couchées-ascendantes. *Feuilles* courtes, planes, souvent rougeâtres, *plus ou moins poilues ainsi que les gaînes* ; ligule courte. Épis 3-6, dressés ou un peu étalés. *Épillets oblongs-lancéolés*, souvent violacés ; *glume supérieure glabre, environ de moitié plus courte que les glumelles*. ④. Juillet-septembre.

C.C. — Lieux cultivés et incultes, vignes, bords des chemins, villages.

2. D. FILIFORMIS. (Kœl. gram. 26.) — Paspalum ambiguum. D.C. fl. Fr. n. 1505. — Panicum glabrum. Gaud. agrost. 1. 22. — Trin. ic. t. 149.

Plante annuelle, cespiteuse. Tiges de 1-5 décimètr., couchées, ou couchées-ascendantes. *Feuilles* courtes, planes, souvent rougeâtres, *glabres ainsi que les gaînes* ; ligule courte. Épis 2-4, plus ou moins étalés. *Épillets ovales-oblongs*, souvent violacés ; *glume supérieure égalant environ les glumelles*. ④. Juillet-septembre.

A.C. — Lieux sablonneux, champs arides, moissons maigres. — Forêt de Fontainebleau : Malesherbes!, etc.

III. PANICUM. (L. gen. n. 76, *part.*)

Épillets uniflores, la *fleur fertile* étant *accompagnée d'une fleur* inférieure *stérile à glumelles très inégales, dont la plus grande* souvent aristées *imule une troisième glume.* Glume inférieure beaucoup plus petite que la glume supérieure ; la supérieure convexe, à 5 nervures ou plus, aiguë ou aristée. Glumelles coriaces, presque égales, l'inférieure acuminée embrassant la supérieure. Ovaire glabre. Styles 2, terminaux. Stigmates plumeux. Caryopse oblong, convexe sur les deux faces, libre entre les glumelles. — *Épillets non munis de soies à la base,* disposés *en panicule rameuse* lâche, *ou en* épis alternes et opposés rapprochés en *grappe terminale.*

1. P. CRUS-GALLI. (L sp. 85.) — Engl. bot. t. 876.

Plante annuelle. Tiges plus ou moins nombreuses, plus rarement subsolitaires, de 2-8 décimètr., dressées ou couchées, comprimées, à nœuds glabres. Feuilles linéaires larges, planes, scabres aux bords, glabres ainsi que les gaines ; ligule indistincte. Épis nombreux, alternes ou opposés, rapprochés en grappe terminale, composés chacun d'épillets fasciculés unilatéraux aristés ou mutiques. Glumes inégales, rudes-ciliées surtout sur les nervures latérales, la supérieure acuminée. ④. Juillet-septembre.

A.C. — Bords des rivières, lieux cultivés, fossés, bords des chemins.

s.v. *a. submuticum.* — Épillets mutiques ou presque mutiques.

s.v. *b. aristatum.* — Épillets longuement aristés.

Le *P. miliaceum* L. (vulg. *Millet, Mil*) est cultivé dans les jardins et se rencontre quelquefois dans le voisinage des habitations ; cette espèce se distingue aux caractères suivants : feuilles lancéolées-linéaires, poilues ainsi que les gaines ; panicule ample, diffuse, plus ou moins penchée ; glumes acuminées-mucronées.

IV. SETARIA. (Palis. de Beauv. agrost. 51.)

Épillets uniflores, la fleur fertile étant accompagnée d'une fleur inférieure stérile réduite à deux glumelles très inégales ou à une seule glumelle qui simule une troisième glume. Glume inférieure très petite ; la supérieure égalant les glumelles, convexe, mutique. Glumelles coriaces, s'endurcissant après la floraison, presque égales, mutiques, l'inférieure embrassant la supérieure. Ovaire glabre. Styles 2, terminaux. Stigmates plumeux. Caryopse ovoïde comprimé, plan d'un côté, convexe de l'autre, renfermé entre les glumelles. — *Épillets entourés d'un involucre de soies raides* denticulées-scabres, disposés en une panicule spiciforme souvent interrompue.

1 { Denticules des soies dirigés de haut en bas. . . . . . . *S. verticillata.*
{ Denticules des soies dirigés de bas en haut. . . . . 2.

2 { Soies vertes ou rougeâtres ; glumelles de la fleur hermaphrodite presque
{ lisses. . . . . *S. viridis.*
{ Soies d'un jaune roussâtre ; glumelles de la fleur hermaphrodite rugueuses
{ transversalement. . . . . *S. glauca.*

1. S. VERTICILLATA. (Beauv. agrost. 51.) — Panicum verticillatum. L. sp. 82. — Engl. bot. t. 874.

Plante annuelle. Tiges subsolitaires ou plus ou moins nombreuses, de 3-6 décimètr., ord. dressées, souvent rameuses à la base. Feuilles linéaires assez larges, acuminées, scabres surtout en dessus et aux bords. Panicule spiciforme compacte souvent interrompue à la base. *Soies des involucres* vertes, plus rarement rougeâtres, dépassant les épillets, *à denticules dirigés de haut en bas*. Glumelles de la fleur hermaphrodite presque lisses. ①. Juillet-septembre.

C.C. — Lieux cultivés, bords des chemins, jardins, villages.

Le *S. Italica* Beauv. (Panicum Italicum. L. — vulg. *Millet-des-oiseaux*) est quelquefois cultivé dans les jardins; cette espèce se distingue aux caractères suivants: panicule spiciforme très grosse, atteignant 2-5 décimètr., lobée à lobes compactes, penchée-arquée, à axe poilu ou laineux; soies des involucres à denticules dirigés de bas en haut.

2. **S. VIRIDIS.** (Beauv. agrost. 51.)— Panicum viride. L. sp. 83.—Engl. bot. t. 875. — Host, Gram. II. t. 14.

Plante annuelle. Tiges subsolitaires ou plus ou moins nombreuses, de 3-5 décimètr., dressées ou étalées, quelquefois rameuses à la base. Feuilles linéaires, larges ou étroites, acuminées, scabres surtout aux bords. Panicule spiciforme cylindrique. *Soies des involucres vertes ou rougeâtres*, dépassant ord. longuement les épillets, *à denticules dirigés de bas en haut. Glumelles de la fleur hermaphrodite presque lisses.* ①. Juillet-septembre.

C.C. — Lieux cultivés, bords des chemins, jardins, villages, champs après la moisson.

3. **S. GLAUCA.** (Beauv. Agrost. 51.) — Panicum glaucum. L. sp. 83. — Host, Gram. II. t. 16.

Plante annuelle. Tiges subsolitaires ou plus ou moins nombreuses, de 1-4 décimètr., dressées ou étalées, quelquefois rameuses à la base. Feuilles linéaires, larges ou étroites, acuminées, scabres aux bords. Panicule spiciforme compacte, oblongue-ovoïde ou cylindrique. *Soies des involucres d'un jaune roussâtre*, dépassant ord. longuement les épillets, à denticules *dirigés de bas en haut. Glumelles de la fleur hermaphrodite rugueuses transversalement.* ①. Juillet-septembre.

A.R. — Champs sablonneux, moissons maigres, terrains en friche. — Plessis-Piquet (*Maire*). Fontenay-aux-Roses (*Vigineix*). Orsay (*Brice*). Palaiseau (*Mérat*, fl. Par.). St-Gratien (*Weddell*). Bois-Louis près Melun! Thury-en-Valois (*Questier*). Pouilly près Méru (*Daudin*).

V. TRAGUS. (Desf. fl. Atl. II. 386.)

Épillets uniflores. *Glume* inférieure (intérieure) très petite, plane, mince, membraneuse; la *supérieure* (extérieure) beaucoup plus grande, à dos convexe, coriace presque cartilagineuse, *à 7 nervures chargées d'épines*, renfermant les glumelles. Glumelles membraneuses, mutiques, concaves, l'inférieure aiguë embrassant la supérieure qui est un peu plus petite. Ovaire glabre. Styles 2, terminaux, divariqués. Stigmates plumeux. Caryopse oblong, un peu comprimé, libre entre les glumelles. — Épillets disposés par 2-4 le long de pédoncules courts rapprochés en grappes spiciformes terminales solitaires; les épillets qui terminent chaque pédoncule plus petits souvent stériles.

1. **T. RACEMOSUS.** (Desf. *loc. cit.*) — Cenchrus racemosus. L. sp. 1487. — Lappago racemosa. Willd. sp. l. 484. — Host, Gram. I. t. 36.

Plante annuelle. Tiges plus ou moins nombreuses, de 1-2 décimètr., rameuses, couchées ou couchées-ascendantes, rarement dressées, souvent radicantes au niveau des nœuds inférieurs. Feuilles courtes, planes, fermes, bordées de cils raides surtout dans leur moitié inférieure, à gaînes renflées.

53.

Épillets verdâtres ou violacés ; glumes supérieures chargées d'épines subulées courbées en crochet au sommet. ①. Juillet-août.

R. — Lieux sablonneux arides. — Étampes (*Woods*). Larchant (*Devilliers*). Malesherbes ! (*Bernard*). —? Fontainebleau.

TRIBU II. PHALARIDEÆ.—Épillets pédonculés ou subsessiles, disposés en panicule spiciforme lâche ou compacte, plus rarement en panicule digitée ou rameuse, quelquefois en épi filiforme ou cylindrique. — *Épillets comprimés latéralement*, tous hermaphrodites, *contenant une seule fleur fertile* solitaire ou accompagnée d'une ou deux fleurs mâles ou stériles réduites chacune à une ou deux écailles. *Styles longs. Stigmates sortant au sommet des glumelles*, plus rarement au-dessous du sommet des glumelles.

VI. PHALARIS. (L. gen. n. 74, *part.*)

Épillets uniflores, la *fleur fertile* étant *accompagnée d'une ou deux fleurs* inférieures *stériles réduites* chacune *à une ou deux très petites écailles longuement ciliées. Glumes presque égales*, naviculaires-carénées, à carène ailée ou non ailée. Glumelles coriaces, naviculaires, mutiques, l'inférieure plus grande. Ovaire glabre. Styles 2, terminaux. Stigmates plumeux. Caryopse oblong, plus ou moins comprimé, étroitement renfermé entre les glumelles.— Épillets disposés en panicule spiciforme compacte ou en panicule rameuse.

1. P. ARUNDINACEA. (L. sp. 80.) — Host, Gram. II. t. 25. — Calamagrostis colorata. Sibth. Oxon. 37. — D.C. fl. Fr. n. 1528.

Souche traçante. Tige de 8-12 décimètr., dressée. Feuilles larges, scabres sur les bords ; ligule large, obtuse. Panicule rameuse, allongée, un peu lâche, d'un vert blanchâtre ou panachée de violet. Glumes à carène non ailée. Glumelles luisantes. ♃. Juin-juillet.

C. — Bords des ruisseaux, des rivières et des étangs, lieux marécageux.

var. β. *variegata*. — Feuilles rayées de blanc. — Souvent cultivé dans les jardins et les parcs.

Le *P. Canariensis* L., se rencontre quelquefois subspontané dans le voisinage des jardins de botanique ; il se distingue aux caractères suivants : plante annuelle ; panicule spiciforme, compacte, ovoïde ; glumes acuminées, à carène ailée-membraneuse, ne présentant de chaque côté qu'une seule nervure.

VII. ANTHOXANTHUM. (L. gen. n. 42.)

Épillets uniflores, la *fleur fertile* étant *accompagnée de deux fleurs* inférieures *stériles réduites* chacune *à une glumelle plus longue que les glumelles fertiles* canaliculée échancrée au sommet et *munie d'une arête dorsale tordue. Glumes carénées ; l'inférieure* uninerviée, *de moitié plus courte que la supérieure*. Glumelles membraneuses, naviculaires, mutiques, presque égales. *Étamines 2.* Ovaire glabre. Styles 2, terminaux. Stigmates filiformes-plumeux. Caryopse oblong étroit, un peu comprimé, étroitement renfermé entre les glumelles. — Épillets disposés en une panicule spiciforme.

1. A. ODORATUM. (L. sp. 40.) — Host, Gram. I. t. 5. — Engl. bot. t. 647. (vulg. *Flouve*.)

Souche cespiteuse. Plante croissant en touffe, exhalant surtout après la dessiccation une odeur aromatique. Tiges de 1-6 décimètr., dressées. Feuilles planes, plus ou moins rudes; ligule oblongue. Panicule spiciforme oblongue peu compacte, d'un vert jaunâtre. ♃. Mai-juin.

C.C.C. — Prairies, pâturages, bois, lieux herbeux.

VIII. ALOPECURUS. (L. gen. n. 78.)

Épillets uniflores, *ne présentant pas de rudiments de fleurs stériles. Glumes* égales, naviculaires, *soudées dans leur partie inférieure. Glumelle inférieure* comprimée, en forme d'utricule, *à bords soudés dans leur partie inférieure, présentant une arête dorsale* genouillée ; *la supérieure nulle.* Ovaire glabre. *Styles soudés en un seul* terminal. Stigmates 2, filiformes-poilus. Caryopse oblong, comprimé, libre entre les glumelles. — Épillets disposés en une panicule spiciforme compacte ou en un épi ord. cylindrique.

1 { Glumes soudées seulement à la base ; tiges couchées genouillées dans leur partie inférieure et souvent radicantes. . . . . 2.
Glumes soudées dans leur partie inférieure ; tiges dressées ou ascendantes.
. . . . *A. geniculatus.*

2 { Plante vivace ; épi velu ; rameaux de l'épi portant 4-6 épillets.
. . . . *A. pratensis.*
Plante annuelle ; épi glabre ou presque glabre ; rameaux de l'épi ne portant qu'un ou deux épillets. . . . . 3.

3 { Épi cylindrique, allongé, atténué aux deux extrémités ; feuilles à gaînes cylindriques. . . . . *A. agrestis.*
Épi ovoïde ou ovoïde-oblong ; feuille supérieure à gaîne renflée-vésiculeuse.
. . . . *A. utriculatus.*

1. A. GENICULATUS. (L. sp. 89.) — Engl. bot. t. 1250. — Host, Gram. II. t. 52.

Souche cespiteuse. *Tiges* de 3-7 décimètr., *couchées genouillées dans leur partie inférieure et souvent radicantes,* quelquefois nageantes. Feuilles supérieures à gaîne allongée un peu renflée. Panicule spiciforme cylindrique, obtuse. *Glumes* pubescentes ciliées, obtuses, *soudées seulement à la base.* Glumelles aristées vers le milieu de leur longueur ou vers leur base. ♃. Mai-août.

C. — Fossés, marais, bords des mares et des étangs.

var. α. *vulgaris.* — Arête s'insérant vers le quart inférieur ou vers la base de la glumelle et dépassant longuement l'épillet.

var. β. *fulvus.* (A. fulvus. Smith, Engl. bot. t. 1467.) — Arête s'insérant vers le milieu de la longueur de la glumelle et dépassant à peine ou ne dépassant pas l'épillet.

2. A. PRATENSIS. (L. sp. 88.) — Engl. bot. t. 759. — Host, Gram. II. 51.

Souche cespiteuse, à rhizômes courts obliques. *Tiges* de 5-8 décimètr., *dressées.* Feuilles supérieures à gaîne allongée un peu renflée. *Panicule spiciforme* cylindrique, obtuse, *velue-soyeuse, à rameaux portant 4-6 épillets. Glumes* pubescentes ciliées, aiguës, *soudées dans leur tiers inférieur.* Glumelles à arêtes dépassant ord. longuement les épillets, rarement mutiques. ♃. Mai-juillet.

C. — Prairies, pâturages, endroits herbeux.

var. β. *muticus.* — Arêtes nulles ou presque nulles.

3. A. AGRESTIS. (L. sp. 89.) — Engl. bot. t. 848. — Host, Gram. III. t. 12.

Plante annuelle, croissant souvent en touffe. Tiges de 2-6 décimètr., dressées ou ascendantes, un peu rudes au sommet. *Feuilles à gaînes cylin-*

driques. Épi cylindrique, allongé, atténué aux deux extrémités, glabre ou presque glabre, souvent violacé ; *épillets solitaires ou géminés sur les rameaux de l'épi.* Glumes très finement pubescentes ou presque glabres, aiguës, soudées dans leur moitié inférieure. Glumelles à arêtes dépassant longuement les épillets. ④. Mai-août.

C. — Champs, vignes, terrains en friche, bords des chemins, fossés.

✝ 4. A. UTRICULATUS. (Pers. syn. I. 80.) — Sibthorp. fl. Græc. I. t. 63. — Phalaris utriculata. L. sp. 80.

Plante annuelle, croissant souvent en touffe. Tiges de 2-5 décimètr., dressées ou ascendantes. *Feuille supérieure à gaine renflée-vésiculeuse. Épi ovoïde ou ovoïde-oblong*, glabre ou presque glabre ; *épillets solitaires ou géminés sur les rameaux de l'épi.* Glumes glabres, un peu ciliées, aiguës, soudées dans leur moitié inférieure. Glumelles à arêtes dépassant longuement les épillets. ④. Mai-juin.

R.R. Spontané? — Prairies humides, bords des mares desséchées. — Meudon (*Vigineix*). — ? Rambouillet (*Thuillier, herb.*).

IX. CRYPSIS. (Ait. hort. Kew. I. 48.)

Épillets uniflores, ne présentant pas de rudiments de fleurs stériles. Glumes un peu inégales l'inférieure plus petite, comprimées-carénées, mutiques non acuminées, non soudées entre elles. *Glumelle inférieure comprimée-carénée, mutique, plus longue que la supérieure.* Ovaire glabre. Styles 2, terminaux. Stigmates plumeux. Caryopse oblong, comprimé, libre entre les glumelles. — Épillets disposés en panicule spiciforme cylindrique oblongue ou hémisphérique.

1. C. ALOPECUROIDES. (Schrad. Germ. I. 167.) — Heleochloa alopecuroides. Host, Gram. I. t. 29.

Plante annuelle, croissant en touffe. Tiges ord. nombreuses, de 5-30 centimètr., étalées ou ascendantes, simples, presque cylindriques, celles du centre ord. plus courtes que celles de la circonférence. Feuilles à limbe plan ord. étalé. Panicule spiciforme oblongue-cylindrique, très compacte, obtuse, souvent d'un brun noirâtre. Étamines 3. ④. Août-octobre.

R.R. — Bords des rivières et des étangs sablonneux. — Bords de la Seine à Grenelle (*Weddell*). — ? Bondy (*Thuillier, herb.*).

X. PHLEUM. (L. gen. n. 77.)

Épillets uniflores, ne présentant pas de rudiments de fleurs stériles, ou présentant à la base de la glumelle supérieure un pédicelle rudiment d'une fleur supérieure. Glumes presque égales, plus longues que les glumelles, carénées, *acuminées ou tronquées-acuminées*, non soudées entre elles. *Glumelle inférieure* tronquée, *mutique ou mucronée*, plus rarement aristée ; la supérieure à deux carènes. Ovaire glabre. *Styles* 2. Stigmates plumeux. Caryopse oblong, un peu comprimé, libre entre les glumelles. — Épillets disposés en panicule spiciforme ou en épi cylindrique.

Glumes insensiblement acuminées ; panicule spiciforme, à rameaux portant plusieurs épillets. . . . . *P. Bœhmeri.*
Glumes tronquées-acuminées ; épi à épillets subsessiles solitaires . . . . *P. pratense.*

1. P. BOEHMERI. (Wib. Werth. 125.) — Phalaris phleoides. L. sp. 80. — Engl. bot. t. 459. — Host, Gram. II. t. 34. — Chilochloa Boehmeri. Beauv. agrost. 57.

Souche cespiteuse, émettant ord. un grand nombre de fascicules de feuilles. Tiges de 2-6 décimètr., dressées, raides, nues dans leur partie supérieure. Feuilles courtes, scabres ; la caulinaire supérieure à gaîne très longue, à limbe très court. *Panicule spiciforme* cylindrique, atténuée au sommet, *à rameaux portant plusieurs épillets. Glumes insensiblement acuminées*, à carène scabre ou ciliée. *Glumelle supérieure de la fleur fertile présentant vers la base une fleur stérile réduite à un pédicelle.* Anthères ord. blanches. ♃. Juin-juillet.

C. — Coteaux arides, pelouses montueuses, lisières et clairières des bois.

2. P. PRATENSE. (L. sp. 87.) — Engl. bot. t. 1076. — Host, Gram. III. t. 9.

Souche cespiteuse, émettant ou non des fascicules de feuilles stériles. Tiges de 2-8 décimètr., ascendantes ou dressées, nues supérieurement ou feuillées jusqu'au sommet. Feuilles de longueur variable, plus ou moins scabres, la caulinaire supérieure à gaîne très longue. *Épi cylindrique*, plus ou moins long, *à épillets subsessiles sur l'axe. Glumes tronquées brusquement acuminées* en une arête plus courte qu'elles, à carène ciliée. *Fleur fertile non accompagnée d'un rudiment de fleur stérile.* Anthères ord. blanches. ♃. Juin-juillet.

C.C.C. — Prairies, pâturages, lieux herbeux.

var. β. *nodosum.* (P. nodosum. L. sp. 88.) — Tiges à base renflée en bulbe, ascendantes, ord. plus courtes que dans le type. Epi ord. court. — Pelouses sèches.

XI. MIBORA. (Adans. II. 495.) — Endl. gen. pl. 80.

Épillets uniflores, ne présentant pas de rudiments de fleurs stériles. Glumes à peine carénées, arrondies-tronquées, l'inférieure un peu plus courte. *Glumelles presque égales*, minces-membraneuses, *velues-ciliées* ; l'inférieure large, à 5 nervures, embrassant la supérieure ; la supérieure à deux nervures peu marquées. Ovaire glabre. Styles 2, terminaux. *Stigmates filiformes*, un peu poilus. Caryopse oblong, comprimé, libre entre les glumelles. — *Épillets presque unilatéraux*, subsessiles, *disposés en épi filiforme.*

1. M. MINIMA. — M. verna. Beauv. agrost. 29. t. 8. f. 4. — Agrostis minima. L. sp. 93. — Chamagrostis minima. Borkh. fl. ob. Katzenellenb. — Schrad. Germ. I. 158. — Knappia agrostidea. Sm. Engl. bot. t. 1127.

Plante annuelle, croissant en touffe. Tiges de 4-10 centimètr., capillaires, simples, feuillées seulement à la base. Feuilles courtes, linéaires-canaliculées, obtuses. Épi filiforme, d'un rouge violet, très rarement d'un vert blanchâtre. Glume supérieure regardant l'axe de l'épi. ①. Mars-mai.

C. — Champs sablonneux, clairières des bois sablonneux.

XII. CYNODON. (Rich. *in* Pers. synops. 85.)

Épillets uniflores, la fleur fertile étant ord. accompagnée d'une fleur supérieure réduite à un pédicelle subulé ou subclaviforme. Glumes carénées, mutiques, un peu inégales, plus courtes que les glumelles. Glumelle inférieure comprimée-carénée, mutique ou mucronée au-dessous du sommet ; la supérieure bicarénée. Ovaire glabre. Styles 2, terminaux. *Stigmates* plumeux, *sortant au-dessous du sommet des glumelles.* Caryopse oblong, comprimé, libre entre les glumelles. — *Épillets* subsessiles, *insérés sur le côté extérieur de l'axe, disposés en épis filiformes rapprochés au sommet de la tige en une panicule simple digitée.*

1. C. DACTYLON. (Pers syn. I. 85.) — Panicum Dactylon. L. sp. 85. — Engl. bot. t. 850. (vulg. *Chiendent.*)

Souche rameuse, à rhizômes très longuement traçants. Tiges de 2-4 décimètr., rameuses inférieurement, donnant souvent naissance, à leur base, à des bourgeons allongés flexueux-recourbés composés d'écailles courtes étroitement imbriquées. Feuilles raides, un peu glauques, pubescentes surtout en dessous; celles des rameaux stériles ord. courtes étalées-distiques. Épis 3-5, ord. d'un rouge violet. Glumes scabres, aiguës; glumelles glabres, un peu ciliées. ♃. Juillet-septembre.

C. — Champs sablonneux, coteaux incultes, berges des rivières.

TRIBU III. AGROSTIDEÆ. — Épillets disposés en panicule rameuse, plus rarement en panicule spiciforme ou racémiforme, ou en grappe. — *Épillets* plus ou moins comprimés latéralement, très rarement comprimés par le dos ou presque cylindriques, *contenant une seule fleur fertile* quelquefois accompagnée d'une ou plusieurs fleurs stériles rudimentaires, plus rarement accompagnée d'une fleur mâle. *Stigmates sessiles, ou terminant des styles courts, sortant vers la partie inférieure des glumelles* ou vers leur partie moyenne.

Sous-tribu I. Agrostideæ veræ. — Épillets plus ou moins comprimés latéralement. Glumelles membraneuses minces, jamais enroulées autour de l'ovaire, l'inférieure mutique ou donnant naissance à une arête. Stigmates sortant vers la partie inférieure des glumelles. *Caryopse libre entre les glumelles.*

XIII. AGROSTIS. (L. gen. n. 80.)

Épillets uniflores, la fleur fertile étant quelquefois accompagnée d'une fleur supérieure rudimentaire. *Glumes carénées*, mutiques, plus longues que les glumelles, presque égales ou l'inférieure plus courte que la supérieure. *Glumelles munies à la base de poils très courts;* l'inférieure mutique ou aristée sur le dos; la supérieure bicarénée, quelquefois très petite ou nulle. Glumellules 2, entières ou presque entières. Ovaire glabre. Stigmates terminaux, subsessiles, plumeux. — Épillets en *panicule rameuse* à rameaux verticillés.

1 { Glume inférieure plus petite que la supérieure; glumelle inférieure munie d'une arête trois à six fois plus longue que l'épillet . . . . 2.
Glumes presque égales; glumelle inférieure mutique ou munie d'une arête à peine une à deux fois plus longue que l'épillet . . . . 3.

2 { Panicule ample; anthères linéaires-oblongues. . . . . *A. Spica-venti.*
Panicule étroite; anthères ovoïdes. . . . . *A. interrupta.*

3 { Feuilles radicales roulées-sétacées; glumelle supérieure nulle ou très petite, l'inférieure donnant naissance à une arête, très rarement mutique . . . . *A. canina.*
Feuilles toutes planes; glumelles 2, l'inférieure mutique, très rarement aristée . . . . 4.

4 { Ligule oblongue; panicule étroite, contractée après la floraison. . . . . *A. stolonifera.*
Ligule courte tronquée; panicule plus ou moins étalée, même après la floraison . . . . *A. vulgaris.*

SECT. I. VILFA.— Glumes presque égales, ou l'inférieure un peu plus longue. Fleur fertile non accompagnée d'une fleur stérile rudimentaire.

1, A. VULGARIS. (With. arr. Brit. ed. 3. 152.) — Host, Gram. IV. t. 59. — Engl. bot. 1671.

Souche cespiteuse, émettant souvent des rhizômes ou des stolons. Tiges de 1-5 décimètr., dressées, ou couchées-ascendantes souvent radicantes dans leur partie inférieure. *Feuilles toutes linéaires planes ; ligule courte, tronquée. Panicule à rameaux plus ou moins étalés même après la floraison.* Épillets ord. violacés. Glumes presque égales, aiguës, un peu hispides sur la carène. *Glumelles 2, ord. mutiques.* ⚇. Juin-septembre.

C.C. — Lieux herbeux, bois, bords des chemins, vignes, champs en friche.

var. β. *pallescens.* — Plante ord. grêle. Rameaux de la panicule ord. capillaires. Épillets d'un vert blanchâtre.

var. γ. *pumila.* (A. pumila. L. mant. 31.) — Plante n'atteignant que quelques centimètres. Tiges dressées, rapprochées en touffe. — *A.R.*

2. A. STOLONIFERA. (L. Suec. n. 66.) — Host, Gram. IV. t. 56. — A. alba. Schrad. Germ. I. 209. — L. sp. 93, *part.*

Souche cespiteuse, émettant souvent des rhizômes ou des stolons. Tiges de 3-8 décimètr., ord. rameuses dans leur partie inférieure, couchées-ascendantes ord. radicantes, plus rarement ascendantes. *Feuilles toutes linéaires planes ; ligule oblongue. Panicule* étroite, *à rameaux dressés après la floraison.* Épillets d'un vert blanchâtre ou violacés. Glumes presque égales, aiguës, un peu hispides sur la carène. *Glumelles 2, mutiques.* ⚇. Juin-septembre.

C. — Lieux herbeux, bords des chemins, jardins incultes, villages.

3. A. CANINA. (L. sp. 92.) — Host, Gram. IV. t. 85. — A. varians. Thuill. fl. Par. 35.

Souche cespiteuse. Tiges de 4-6 décimètr., dressées ou ascendantes, non radicantes. *Feuilles radicales roulées-sétacées* ; les caulinaires planes ; *ligule oblongue.* Panicule assez lâche, à rameaux étalés pendant la floraison, puis dressés. Épillets violacés, plus rarement d'un vert pâle. Glumes aiguës, un peu hispides sur la carène, l'inférieure un peu plus longue. *Glumelle supérieure nulle ou très petite ; l'inférieure donnant naissance à une arête un peu coudée 1-2 fois plus longue que l'épillet,* rarement dépourvue d'arête. ⚇. Juin-août.

A.C. — Prairies, lieux humides des bois, endroits marécageux.

var. β. *mutica.* — Glumelles mutiques. — *R.*

SECT. II. APERA. — Glume inférieure plus petite que la supérieure. Fleur fertile accompagnée d'une fleur supérieure rudimentaire.

4. A. SPICA-VENTI. (L. sp. 91.) — Host, Gram. III. t. 47. — Engl. bot. t. 951. — Apera Spica-venti. Beauv. agrost. 31.

Plante annuelle. Tiges de 5-9 décimètr., dressées. Feuilles linéaires, planes ; ligule oblongue. *Panicule ample,* à rameaux très nombreux. Épillets violacés ou verdâtres. Glumes convexes, aiguës-mucronulées ; l'inférieure plus petite de moitié que la supérieure. *Glumelles 2, l'inférieure donnant naissance à une arête 3-6 fois plus longue que l'épillet. Anthères linéaires-oblongues.* ①. Juin-juillet.

C. — Moissons maigres, champs sablonneux, terrains en friche.

var. β. *subbiflora.* — Épillets à fleur stérile plus développée que dans le type, souvent aristée. — *A.R.* — Donnemarie (*Chaubard*).

5. A. INTERRUPTA. (L. sp. 92.) — Vaill. bot. Par. t. 17. f. 4. — Apera interrupta. Beauv. agrost. 31.

Cette espèce, très voisine de la précédente, en diffère surtout par sa taille ord. moins élevée, par la *panicule étroite effilée* à rameaux courts, et par les *anthères ovoïdes.* ①. Juin-juillet.

A.R. — Lieux arides, vieux murs. — Paris (*Weddell*). Issy (*Sagot*). Bondy! Vincennes! Porte de Conflans; Janville près Lardy (*Mandon*). Mennecy (*Des Étangs*). Compiègne (*Weddell*), etc.

XIV. CALAMAGROSTIS. (Adans. fam. II. 31.)

Épillets uniflores, ne présentant pas de rudiment de fleur stérile, la *fleur* étant *entourée à la base de longs poils. Glumes* canaliculées, aiguës ou subulées, presque égales, *beaucoup plus longues que les glumelles.* Glumelles inégales; l'inférieure plus grande, aristée au sommet ou au-dessous du sommet. Glumellules 2, entières. Ovaire glabre. Stigmates terminaux, subsessiles, plumeux. — *Épillets disposés en panicule rameuse.*

Arête naissant sur le dos de la glumelle inférieure; tige feuillée même dans sa partie supérieure. . . . . *C. Epigeios.*
Arête naissant dans l'échancrure de la glumelle inférieure; tige nue dans sa partie supérieure. . . . . *C. lanceolata.*

1. C. EPIGEIOS. (Roth, tent. fl. Germ. I. 34.) — Host, Gram. IV. t. 42. — Arundo Epigeios. L. sp. 120. — Engl. bot. t. 402.

Souche à rhizômes longuement traçants. Tiges de 8-12 décimètr., ord. assez robustes, dressées, feuillées même dans leur partie supérieure. Feuilles linéaires-larges, acuminées, très allongées, scabres. Panicule assez ample, à rameaux dressés inégaux. Épillets violacés, plus rarement verdâtres. Glumes lancéolées, terminées en une pointe comprimée subulée. Glumelles dépassées par les poils ; *arête naissant sur le dos de la glumelle inférieure.* ♃. Juillet-août.

C.C. — Clairières et lisières des bois, coteaux sablonneux, pâturages.

var. β. *glaucescens.* — Plante glaucescente. — *A.C.*

2. C. LANCEOLATA. (Roth, Germ. I. 34.) — Arundo Calamagrostis. L. sp. 121. — Engl. bot. t. 403 et 2169. — Fl. Dan. t. 2159.

Souche grêle, cespiteuse ou un peu traçante. Tiges de 6-9 décimètr., ord. assez grêles, nues dans leur partie supérieure. Feuilles linéaires, allongées, acuminées, un peu scabres. Panicule allongée, grêle, à rameaux inégaux. Épillets rougeâtres. Glumes lancéolées étroites, acuminées. Glumelles dépassées par les poils ; *arête* très courte, très fine, *naissant dans l'échancrure de la glumelle inférieure* qu'elle dépasse un peu. ♃. Juillet-août.

R.R. — Marais tourbeux. — Abondant dans une grande étendue aux marais de Sceaux près Château-Landon !

† XV. AMMOPHILA. (Host, Gram. IV. t. 41.)

Épillets uniflores, la *fleur fertile* étant entourée de poils beaucoup plus courts que les glumelles et étant *accompagnée d'une fleur supérieure réduite à un pédicelle barbu. Glumes* carénées aiguës, presque égales, *à peine plus longues que les glu-*

melles. Glumelles presque égales ; l'inférieure brièvement aristée au-dessous du sommet. *Glumellules* 2, entières, lancéolées-acuminées, *beaucoup plus longues que l'ovaire*. Ovaire glabre. Stigmates terminaux, subsessiles, plumeux. — Épillets disposés en panicule spiciforme.

† 1. A. ARENARIA. (Link, hort. I. 103.) — A. arundinacea. Host, Gram. IV. 24. t. 41. — Arundo arenaria. L. sp. 121. — Engl. bot. t. 520.

Souche à rhizômes longuement traçants terminés chacun par une touffe compacte. Tiges de 6-9 décimètr., raides, entourées inférieurement par les bases des feuilles détruites. Feuilles très longues, enroulées-jonciformes, raides, lisses, à pointe subulée presque piquante ; ligule très allongée, bipartite à lobes lancéolés-acuminés. Panicule spiciforme compacte cylindrique atténuée au sommet. Glumes linéaires-lancéolées. Glumelles trois fois plus longues que les poils. ♃. Juillet-août.

R.R. naturalisé. — Coteaux sablonneux arides. — Malesherbes ! (*Bernard*).

XVI. ARRHENATHERUM. (Palis. Beauv. agrost. 55. t. 11. f. 5.)

Épillets contenant une seule *fleur hermaphrodite accompagnée d'une fleur inférieure mâle* et d'une fleur supérieure réduite à un pédicelle sétiforme très grêle. Glumes convexes, mutiques, la supérieure plus longue égalant la longueur des glumelles. Glumelle inférieure de la fleur mâle convexe, donnant naissance sur son dos à une arête raide allongée genouillée tordue dans sa partie inférieure ; la glumelle inférieure de la fleur hermaphrodite mutique, ou présentant une arête très courte presque terminale. Glumellules 2, lancéolées, entières ou munies d'une dent latérale. Ovaire poilu au sommet. Stigmates terminaux, sessiles, plumeux. Caryopse canaliculé sur l'une de ses faces. — Épillets disposés en une panicule rameuse.

1. A. ELATIUS. (Gaud. fl. Helv.) — A. avenaceum. Beauv. agrost. 55. t. 11. f. 5. — Avena elatior. L. sp. 117. — Flor. Dan. t. 165. (vulg. *Fromental*.)

Souche cespiteuse ou un peu traçante. Tige de 8-12 décimètr., dressée ou ascendante dès la base. Feuilles planes, assez larges ; ligule courte. Panicule assez lâche. Épillets luisants, d'un vert blanchâtre plus rarement violacé. ♃. Juin-juillet.

C.C.C. — Prairies, pâturages, lieux herbeux, lisières des bois, bords des chemins.

var. β *bulbosum*. (Avena bulbosa. Willd. nov. act. soc. Berol. II. 116. — A. precatoria. Thuill. fl. Par. 58. — vulg. *Chiendent-à-chapelet*.) — Tige présentant à la base deux ou plusieurs renflements charnus superposés. — Champs arides, moissons.

XVII. HOLCUS. (L. gen. n. 1146, *part.*)

Épillets contenant une seule *fleur hermaphrodite accompagnée d'une fleur supérieure mâle*. Glumes comprimées-carénées, presque égales, plus longues que les glumelles. Glumelle inférieure de la fleur mâle carénée donnant naissance au-dessous du sommet à une arête tordue ; la glumelle inférieure de la fleur hermaphrodite mutique. Glumellules 2, assez longues, entières. Ovaire glabre. Stigmates terminaux, distants, sessiles, plumeux. Caryopse oblong, comprimé, non canaliculé. — Épillets disposés en une panicule rameuse.

{ Arête ne dépassant pas les glumes ; souche cespiteuse. . . . *H. lanatus.*
{ Arête dépassant longuement les glumes ; souche traçante . . *H. mollis.*

1. H. LANATUS (L. sp. 1485.) — Engl. bot. 1169. — Avena lanata. Kœl. Gram. 307. (vulg. *Houlque*.)

Souche cespiteuse. Tige de 5-8 décimètr., à nœuds velus. Feuilles et gaines mollement velues-pubescentes. Panicule à rameaux étalés. Glumes obtuses mucronulées. *Aréte* de la fleur mâle recourbée, *ne dépassant pas les glumes.* ♃. Juin-septembre.

C.C. — Lieux herbeux, prairies, pâturages, bords des chemins.

2. H. MOLLIS. (L. sp. 1485.) — Engl. bot. t. 1170. — Host, Gram. I. t. 3. — Avena mollis. Kœl. Gram. 300.

Souche longuement *traçante.* Tige de 5-9 décimètr., à nœuds velus. Feuilles un peu pubescentes-rudes, à gaînes presque glabres. Panicule à rameaux étalés ou dressés. Glumes aiguës-mucronées. *Aréte* de la fleur mâle genouillée-réfléchie, *dépassant longuement les glumes.* ♃.

A.C. — Lieux herbeux, prairies, pâturages, lisières et clairières des bois.

XVIII. MELICA. (L. gen. n. 82.)

Épillets contenant une seule fleur hermaphrodite rarement deux fleurs hermaphrodites, et *présentant* en outre *une ou plusieurs fleurs supérieures stériles rudimentaires. Glumes convexes,* mutiques, presque égales. *Glumelles mutiques,* l'inférieure concave. Glumellules 2, libres ou soudées entre elles. Ovaire glabre. Stigmates plumeux, terminant des *styles courts* terminaux. Caryopse oblong, comprimé, non canaliculé. — *Épillets disposés en grappe ou en panicule racémiforme.*

1 { Glumelle inférieure velue-ciliée de la base au sommet, à poils très longs soyeux. . . . . *M. ciliata.*
Glumelle glabre : . . . . 2.

2 { Épillets ne contenant qu'une seule fleur fertile . . . . . *M. uniflora.*
Épillets contenant deux fleurs fertiles . . . . *M. nutans.*

1. M. CILIATA. (L. sp. 97.) — Host, Gram. II. t. 12.

Souche cespiteuse. Tiges de 4-8 décimètr., ord. nombreuses, raides. Feuilles étroites, souvent enroulées, glaucescentes, pubescentes-rudes en dessus; ligule oblongue, bifide. Panicule allongée, étroite, racémiforme. Pédicelles courts. Épillets dressés, lancéolés aigus. *Glumelle inférieure bordée* de la base au sommet *d'un grand nombre de longs poils blancs soyeux.* Fleur stérile oblongue. ♃. Mai-juillet.

R. — Rochers, coteaux pierreux arides, vieux murs. — Conflans-Ste-Honorine (de *Boucheman*). Coteaux des bords de la Seine depuis Mantes jusqu'aux Andelys : Coteau des Célestins à Mantes!, La Roche-Guyon!, Port-Villez!, Vernonet!, Château-Gaillard et rochers St-Jacques aux Andelys!

2. M. UNIFLORA. (Retz. obs. I. 10.) — Engl. bot. t. 1058. — Host, Gram. II. t. 11.

Souche un peu traçante. Tiges de 4-6 décimètr., subsolitaires ou peu nombreuses, grêles. Feuilles planes; gaînes non fendues, prolongées en une ligule subherbacée en forme d'arête. Panicule racémiforme lâche, unilatérale, à rameaux inférieurs rameux, plus rarement simples. Pédicelles grêles, assez longs. *Épillets* peu nombreux, dressés, *ne contenant qu'une seule fleur fertile.* Glumes violacées ou rougeâtres. *Glumelle inférieure non ciliée.* ♃. Mai-juin.

C.C. — Bois, coteaux ombragés.

3. M. NUTANS. (L. sp. 98.) — Host, Gram. II. t. 10. — Engl. bot. t. 1059. — M. montana. Huds. Angl. 37.

Souche un peu traçante. Tiges de 3-5 décimètr., subsolitaires ou peu nombreuses, grêles. Feuilles planes; gaînes non fendues, à ligule très courte ou nulle. Grappe lâche, unilatérale, à rameaux simples. Pédicelles ord. courts. *Épillets* peu nombreux, *penchés*, ovoïdes, *contenant deux fleurs fertiles.* Glumes violacées ou rougeâtres. *Glumelle inférieure non ciliée.* ♃. Mai-juin.

R.R. — Bois montueux. — Luzarches (*De Lens*). Senlis (*Morelle*). Forêt de Hallatte dans le voisinage de Fleurines! St-Crépin, étangs St-Pierre près Compiègne (*Leré*).

SOUS-TRIBU II. STIPEÆ. — Épillets cylindriques comprimés latéralement. *Glumelles coriaces*, s'enroulant en cylindre autour de l'ovaire, *l'inférieure terminée par une arête filiforme très longue tordue* souvent plumeuse. *Caryopse étroitement renfermé entre les glumelles indurées.*

XIX. STIPA. (L. gen. n. 90.)

Épillets uniflores à fleur stipitée, ne présentant pas de rudiment de fleur stérile. Glumes canaliculées, acuminées ou longuement subulées-aristées, presque égales. Glumelles coriaces, s'enroulant en cylindre autour de l'ovaire, à peine écartées lors de la floraison; l'inférieure terminée par une longue arête articulée à son insertion tordue dans sa partie inférieure glabre ou plumeuse; la glumelle supérieure mutique, renfermée dans le cylindre formé par la glumelle inférieure. Glumellules 3, charnues, entières, soudées à leur base avec le pied de l'ovaire. Étamines renfermées dans les glumelles d'où elles sortent à peine lors de la floraison; anthères à lobes souvent barbus au sommet. Ovaire glabre. Stigmates terminaux, subsessiles, plumeux. Caryopse cylindrique. — Épillets disposés en une panicule rameuse étroite.

1. S. PENNATA. (L. sp. 115.) — Engl. bot. t. 1356. — Host, Gram. IV. t. 33.

Souche cespiteuse. Tiges de 4-6 décimètr., ord. assez nombreuses, disposées en touffe. Feuilles raides, enroulées, presque filiformes. Panicule rameuse étroite, renfermée à la base dans la gaine de la feuille supérieure, à épillets ord. peu nombreux. Glumes lancéolées-étroites, terminées en une longue arête glabre. Glumelle inférieure présentant à la base 5 lignes de poils soyeux; à arête robuste, environ huit fois plus longue que les glumes, atteignant souvent près de deux décimètres, genouillée vers son tiers inférieur, tordue et glabre au-dessous de l'inflexion, plumeuse à poils blancs soyeux dans le reste de sa longueur. Anthères glabres. ♃. Mai-juin.

R.R. — Rochers, coteaux arides sablonneux ou pierreux. — Forêt de Fontainebleau! Rochers de Villetard à Malesherbes! (*Bernard, Dubouché*). Nemours (*Devilliers*). Rochers St-Jacques aux Andelys!

SOUS-TRIBU III. MILIEÆ. — Épillets un peu comprimés par le dos. *Glumelles coriaces, mutiques*, non enroulées autour de l'ovaire. Stigmates sortant vers la partie moyenne des glumelles. *Caryopse étroitement renfermé entre les glumelles indurées.*

XX. MILIUM. (L. gen. n. 79, *part.*)

Épillets uniflores, la fleur fertile n'étant pas accompagnée de rudiment de fleur stérile. Glumes convexes, mutiques, égales. Glumelles coriaces, mutiques, presque égales. Glumellules 2, charnues, presque bifides. Ovaire glabre. Styles 2, terminaux, courts. Stigmates plumeux. Caryopse un peu comprimé, oblong, atténué aux deux extrémités. — Épillets disposés en une panicule à rameaux verticillés étalés.

1. M. EFFUSUM. (L. sp. 90.) — Engl. bot. t. 1106. — Host, Gram. Ill. t. 23.

Souche traçante. Tige de 8-12 décimètr., glabre, assez grêle. Feuilles lancéolées-linéaires, planes; ligule oblongue. Épillets petits, disposés en une panicule lâche à rameaux verticillés étalés. Glumelles aiguës. ♃. Mai-juillet.

C. — Bois montueux, coteaux ombragés.

TRIBU IV. AVENEÆ. — *Épillets pédonculés*, très rarement subsessiles, disposés en panicule rameuse, plus rarement en panicule spiciforme, en grappe ou en épi. — *Épillets contenant deux ou plusieurs fleurs fertiles*, la fleur supérieure souvent avortée. *Glumes très grandes, embrassant presque complétement l'épillet*. Stigmates sessiles ou terminant des styles très courts, sortant vers la base des glumelles, très rarement à leur sommet.

SOUS-TRIBU I. SESLERIEÆ. — *Stigmates filiformes, sortant au sommet des glumelles.*

XXI. SESLERIA. (Arduin. sp. II. 18.)

Épillets comprimés latéralement, 2-3-flores, plus rarement 4-6-flores. Glumes mucronées ou mutiques, presque égales. Glumelle inférieure carénée, mucronée-aristée, souvent 3-5-dentée à dents mucronées; la supérieure bicarénée, tronquée-émarginée. Glumellules ord. 2-5-fides, à lobes cuspidés. Ovaire glabre, ou pubescent au sommet. Stigmates 2, subsessiles, filiformes pubescents. Caryopse oblong, un peu comprimé. — Épillets disposés en un épi compacte ovoïde ou oblong comprimé, rarement cylindrique, souvent entouré à la base de glumes stériles.

1. S. CÆRULEA. (Ard. sp. II. 18. t. 6. f. 3-5.) — Host, Gram. II. 69. t. 98. — Engl. bot. t. 1613.

Souche cespiteuse-traçante, entourée des gaines desséchées des feuilles détruites. Tiges grêles, de 2-5 décimètr., nues dans une grande longueur. Feuilles linéaires, planes, obtuses, brusquement mucronées, raides; les radicales en touffe; les caulinaires à gaine non fendue très longue, à limbe ord. court. Épi ovoïde-oblong, comprimé, un peu unilatéral. Épillets bi-triflores, luisants, bleuâtres. ♃. Avril-juin.

R. — Abondant dans les régions où il se rencontre.—Coteaux calcaires ou sablonneux, rochers, pelouses arides. — Forêt de Fontainebleau! Mantes! Port-Villez! Vernon! Les Andelys! Dreux! (*Daënen*). Env. de Beauvais : Bois du parc! (*Delacourt*). Goincourt (*Questier*).

SOUS-TRIBU II. AVENEÆ VERÆ. — *Stigmates plumeux, sortant vers la base des glumelles.*

XXII. KOELERIA. (Pers. syn. I. 97.)

Épillets comprimés latéralement, 2-5-flores, la fleur supérieure fertile. Glumes carénées, acuminées, mutiques, inégales, l'inférieure plus petite. Glumelle inférieure mutique, ou échancrée terminée par une arête courte; la supérieure bicarénée, bifide au sommet. Glumellules 2, inégales, obliquement tronquées ou bi-trifides. Ovaire glabre. Stigmates 2, plumeux, terminant des styles très courts terminaux. Caryopse oblong, non canaliculé. — Épillets disposés en panicule spiciforme.

1. K. CRISTATA. (Pers. *loc. cit.*) — Aira cristata. L. sp. 94. — Engl. bot. t. 648.

Souche cespiteuse, émettant ord. un grand nombre de tiges et de fascicules de feuilles disposés en touffe. Tiges de 2-6 décimètr., assez raides, nues supérieurement. Feuilles planes, les inférieures pubescentes-ciliées ; gaines desséchées des feuilles détruites non réduites à des filaments. Panicule spiciforme assez longue, souvent interrompue à la base. Épillets 3-4-flores, d'un blanc verdâtre, luisants. Glumelle inférieure acuminée, mutique ou mucronée. ♃. Juin-juillet.

C.C. — Coteaux incultes, pelouses sablonneuses, lisières et clairières des bois.

XXIII. DANTHONIA. (D.C. fl. Fr. III. 32.)

Épillets d'abord cylindriques puis comprimés latéralement, *2-6-flores*, *la fleur supérieure stérile. Glumes convexes*, un peu carénées, mutiques, *presque égales*, égalant ou dépassant la longueur de l'épillet. *Glumelle inférieure*, convexe, *bifide au sommet* à lobes courts ou subulés, *donnant naissance entre les deux lobes à une arête* longue tordue ou *réduite à un mucron court ;* glumelle supérieure bicarénée, mutique. Glumellules 2, entières ou émarginées. Ovaire glabre. Stigmates 2, plumeux, terminant des styles courts terminaux. Caryopse ovoïde comprimé, ne présentant pas de sillon. — *Épillets disposés en grappe ou en panicule racémiforme.*

1. D. DECUMBENS. (D.C. fl. Fr. III. 33.) — Poa decumbens. With. bot. arr. 147. — Host, Gram. II. t. 72. — Engl. bot. t. 792. — Festuca decumbens. L. sp. 110.

Souche cespiteuse, quelquefois un peu traçante, émettant ord. un grand nombre de tiges et de fascicules de feuilles disposés en touffe. Tiges de 1-5 décimètr., ord. feuillées jusqu'au sommet. Feuilles planes, poilues ainsi que les gaines, les radicales souvent aussi longues que les tiges. Épillets peu nombreux, assez gros, verdâtres, disposés en grappe ou en panicule racémiforme, ovoïdes-oblongs, 3-4-flores. Glumes égalant ou dépassant la longueur de l'épillet. Glumelle inférieure bifide au sommet, donnant naissance entre les deux lobes à un mucron court. ♃. Juin-juillet.

C. — Pelouses sablonneuses, bruyères, clairières des bois.

XXIV. CORYNEPHORUS. (Pal. Beauv. agrost. 90. t. 18. f. 2.)

Épillets comprimés latéralement, biflores, présentant quelquefois le rudiment d'une troisième fleur. Glumes carénées, mutiques, presque égales, plus longues que l'épillet. *Glumelle inférieure entière, munie sur son dos au-dessus de sa base d'une arête droite articulée à sa partie moyenne* barbue au niveau de l'articulation *et renflée en massue au sommet ;* glumelle supérieure bicarénée à la base, trilobée au sommet, mutique. Glumellules 2, bifides. Ovaire glabre. Stigmates 2, subsessiles, presque terminaux. Caryopse oblong, comprimé, recouvert par les glumelles. — Épillets disposés en une panicule rameuse.

1. C. CANESCENS. (Pal. Beauv. *loc. cit.*) — Aira canescens. L. sp. 97. — Engl. bot. t. 1190.

Souche cespiteuse, émettant ord. un grand nombre de tiges et de fascicules de feuilles disposés en touffe. Tiges de 1-4 décimètr., assez grêles, à nœuds colorés. Feuilles enroulées-sétacées, glaucescentes, quelquefois rougeâtres, assez raides. Panicule étroite, d'abord renfermée à la base dans la gaîne de la feuille supérieure. Épillets petits, d'un blanc verdâtre ou rosé, un peu luisants-argentés. ♃. Juin-août.

C. — Terrains sablonneux, coteaux, clairières des bois, pâturages.

XXV. AVENA. (L. gen. n. 91, part.)

Épillets presque cylindriques, ou comprimés latéralement, 2-3-*flores, plus rarement* 4-5-*flores*, la fleur supérieure ord. stérile. Glumes convexes plus ou moins comprimées, mutiques presque égales ou l'inférieure plus courte, égalant environ la longueur de l'épillet. *Glumelle inférieure bidentée ou bifide au sommet, donnant naissance sur son dos à une hauteur variable à une arête tordue dans sa partie inférieure et genouillée à sa partie moyenne,* l'arête quelquefois nulle par avortement; glumelle supérieure bicarénée, mutique. Glumellules 2, entières ou inégalement bifides. Ovaire glabre ou hérissé au sommet. Stigmates 2, subsessiles, terminaux, souvent distants à la base. Caryopse cylindrique, atténué aux deux extrémités, présentant d'un côté un sillon plus ou moins profond, poilu au sommet ou glabre, adhérent à la glumelle supérieure. Épillets disposés en panicule, souvent pendants à la maturité.

1 { Épillets assez gros, pendants au moins à la maturité, glumes à 5-9 nervures . . . . 2.
{ Épillets jamais pendants; glumes à 1-5 nervures . . . . 4.

2 { Glumelles chargées de longs poils soyeux dans leur moitié inférieure. . . . . *A. fatua.*
{ Glumelles glabres. 3.

3 { Panicule à rameaux étalés dans tous les sens . . . . . . *A. sativa.*
{ Panicule étroite unilatérale. . . . . *A. orientalis.*

4 { Rameaux de la panicule portant 1-5 épillets; ovaire poilu au sommet; épillets ayant plus d'un centimètre de longueur. . . . . 5.
{ Rameaux de la panicule portant 5-8 épillets ou plus; ovaire glabre; épillets ord. très petits, n'atteignant jamais un centimètre de longueur. . . . 6.

5 { Rameaux de la panicule géminés ou solitaires; épillets 4-5-flores; pédicelles des fleurs munis de poils courts. . . . . *A. pratensis.*
{ Rameaux de la panicule disposés par 5-5, au moins les inférieurs; épillets 2-3-flores; pédicelles des fleurs supérieures chargés de poils qui égalent presque la moitié de la longueur des glumelles. . . . . . *A. pubescens.*

6 { Épillets 2-4-flores, à axe poilu; arête naissant au-dessus de la partie moyenne de la glumelle; plante vivace, à feuilles planes assez larges . . . . *A. flavescens.*
{ Épillets biflores; arête naissant au-dessous de la partie moyenne de la glumelle; plante annuelle, à feuilles très étroites. . . . . 7.

7 { Panicule spiciforme, oblongue, compacte . . . . *A. praecox.*
{ Panicule à rameaux étalés. . . . . *A. caryophyllea.*

SECT. I. AVENATYPUS. — Plantes annuelles, dépourvues de fascicules de feuilles stériles. Épillets pendants, au moins après la floraison. Glumes à 5-9 nervures. Ovaire poilu au sommet.

1. A. FATUA. (L. sp. 118.) — Host. Gram. II. t. 58. — Engl. bot. t. 2221. (vulg. *Folle-avoine.*)

Plante annuelle. Tige de 6-10 décimètr. Feuilles planes, assez larges. Panicule lâche, assez ample, à rameaux étalés dans tous les sens. Épillets gros, pendants, ord. 3-flores, à axe velu. Glumes dépassant les fleurs, la supérieure à 9 nervures. *Fleurs* lancéolées, *à glumelle inférieure* bidentée au sommet, *chargée dans sa moitié inférieure de longs poils soyeux* souvent roussâtres, donnant naissance sur le dos à une arête assez robuste. ④. Juin-juillet.

C. — Moissons, prairies artificielles.

✝ 2. A. SATIVA. (L. sp. 118.) — Host, Gram. II. t. 50. (vulg. *Avoine cultivée.*)

Plante annuelle. Tige de 5-10 décimètr. Feuilles planes, assez larges. *Panicule* lâche, assez ample, *à rameaux étalés dans tous les sens.* Épillets gros, pendants, ord. 2-flores, à axe glabre un peu poilu seulement à la base de la fleur inférieure. Glumes dépassant les fleurs, la supérieure à 9-11 nervures. *Fleurs* lancéolées; *à glumelle inférieure* bidentée au sommet, *glabre*, donnant naissance sur le dos à une arête assez robuste, ou mutique. ④. Juin-août.

Cultivé en grand. — Quelquefois subspontané dans les moissons et au bord des chemins.

var. β. *mutica*. — Épillets tous ou la plupart dépourvus d'arêtes.

3. A. ORIENTALIS. (Schreb. spicil. 52.) — Host, Gram. III. 31. t. 44. — A. racemosa. Thuill. fl. Par. 59. (vulg. *Avoine-de-Hongrie.*)

Plante annuelle. Tige de 6-12 décimètr. Feuilles planes, assez larges. *Panicule étroite, unilatérale*, allongée. Épillets gros, étalés, pendants après la floraison, ord. biflores, à axe glabre un peu poilu seulement à la base de la fleur inférieure. Glumes dépassant les fleurs, la supérieure à 9 nervures. *Fleurs* lancéolées, *à glumelle inférieure* bidentée au sommet, *glabre*, donnant naissance sur le dos à une arête assez robuste, ou mutique. ④. Juillet-août.

Cultivé en grand, mais moins communément que la précédente.

L'A. strigosa Schreb. a été indiqué dans les moissons de nos environs, mais sans désignation de localité; cette espèce se distingue à ses fleurs dont la glumelle inférieure présente, outre l'arête dorsale, deux arêtes terminales droites plus courtes qui résultent du prolongement de chacun des lobes de sa bifidité.

L'A. nuda L. est très rarement cultivé; cette espèce se distingue à ses glumes dépassées par les fleurs, et à ses fleurs dont la glumelle inférieure est glabre et fortement nerviée de la base au sommet.

SECT. II. AVENASTRUM. — Plantes vivaces, à souche émettant des fascicules de feuilles stériles. Épillets non pendants. Glumes à 1-3 nervures. Ovaire poilu au sommet.

4. A. PRATENSIS. (L. sp. 119.) — Host, Gram. II. t. 51. — Engl. bot. t. 1204.

Souche cespiteuse, émettant des fascicules de feuilles stériles disposés en touffe. Tiges de 5-10 décimètr., raides, nues supérieurement. Feuilles scabres, les radicales pliées-enroulées, étroites; gaines cylindriques. *Épillets* assez gros, dressés, 3-6-*flores*, souvent un peu rougeâtres, disposés en une panicule racémiforme étroite ou en grappe simple; *rameaux inférieurs de la panicule géminés*, inégaux, portant un ou deux épillets; *rameaux supérieurs solitaires*, ne portant qu'un seul épillet; plus rarement rameaux tous solitaires. Glumes ord. dépassées par les fleurs, la supérieure à 3 nervures. *Fleurs à pédicelles munis de poils courts.* Glumelle inférieure donnant naissance sur le dos au milieu de sa hauteur à une arête brunâtre assez robuste. ♃. Juin-juillet.

A.C. — Coteaux incultes, pâturages secs, rochers, clairières des bois sablonneux. — Bois de Boulogne! Env. de Mennecy! Lardy! Étampes! Forêt de Fontainebleau! Malesherbes! Nemours! Provins! Beauvais! Dreux!, etc.

5. A. PUBESCENS. (L. sp. 1665.) — Engl. bot. t. 1640.

Souche cespiteuse, émettant des fascicules de feuilles stériles disposés en touffe. Tiges de 5-10 décimètr., nues supérieurement. Feuilles linéaires planes;

les inférieures pubescentes ainsi que leurs gaines. *Épillets* assez gros, un peu étalés, 2-3-*flores*, blanchâtres-argentés ou un peu rougeâtres, disposés en une panicule assez allongée un peu lâche; *rameaux de la panicule inégaux disposés par 3-5*, au moins les inférieurs, portant 1-3 épillets. Glumes minces-membraneuses, largement scarieuses, égalant environ les fleurs, trinerviées à nervures latérales quelquefois peu distinctes. Fleurs supérieures à *pédicelles chargés de poils soyeux qui égalent presque la moitié de la longueur des glumelles*. Glumelle inférieure donnant naissance sur le dos vers le milieu de sa hauteur à une arête brunâtre assez robuste. ♃. Mai-juin.

A.C. — Coteaux incultes, pâturages secs, rochers, clairières des bois sablonneux.

SECT. III. TRISETUM. — *Plantes vivaces. Feuilles planes. Épillets non pendants. Glumes à 1-3 nervures. Arête naissant vers le milieu de la hauteur de la glumelle inférieure ou au-dessus de ce niveau. Ovaire glabre.*

6. A. FLAVESCENS. (L. sp. 118.) — Host, Gram. III. t. 38. — Engl. bot. t. 952.

Souche cespiteuse. Tiges de 4-8 décimètr., assez grêles. Feuilles planes, assez molles, pubescentes ou velues ainsi que les gaines inférieures. *Épillets petits*, bi-triflores, jaunâtres-argentés, rarement violacés, disposés en une panicule allongée un peu diffuse; *rameaux de la panicule nombreux, inégaux, les plus longs portant 4-8 épillets*. Glumes dépassées par les fleurs, la supérieure oblongue-lancéolée. Fleurs à pédicelles munis de poils courts. Glumelle inférieure donnant naissance vers le milieu de sa hauteur à une arête très fine. ♃. Juin-juillet.

C. — Prairies, pâturages, lieux herbeux.

SECT. IV. CARYOPHYLLEA. — *Plantes annuelles. Feuilles plus ou moins enroulées-sétacées. Épillets non pendants. Glumes à 1-3 nervures. Arête naissant au-dessous du milieu de la hauteur de la glumelle inférieure. Ovaire glabre.*

7. A. CARYOPHYLLEA. (Wigg. prim. fl. Holsat. 10.) — Aira Caryophyllea. L. sp. 97. — Host, Gram. II. t. 44. — Engl. bot. t. 812.

Plante annuelle. Tiges solitaires ou plus ou moins nombreuses, de 1-3 décimètr., plus rarement de 4-5 décimètr., grêles. Feuilles sétacées. Épillets très petits, biflores, disposés en une *panicule diffuse à rameaux rameux-subtrichotomes étalés après la floraison*. Glumes blanchâtres ou rougeâtres, luisantes, dépassant les fleurs. Glumelle inférieure bicuspidée au sommet, donnant naissance au-dessous du milieu de sa hauteur à une arête très fine qui dépasse assez longuement les glumes. (1). Mai-juillet.

C. — Coteaux incultes, bruyères, clairières des bois sablonneux, rochers.

8. A. PRÆCOX. (Beauv. agrost. 89.) — Aira præcox. L. sp. 97. — Engl. bot. t. 1296.

Plante annuelle. Tiges solitaires ou plus ou moins nombreuses, de 5-20 centimètr., assez grêles. Feuilles sétacées. Épillets très petits, biflores, disposés en une *panicule spiciforme oblongue compacte* à rameaux courts dressés. Glumes d'un blanc verdâtre, dépassant un peu les fleurs. Glumelle inférieure bicuspidée au sommet, donnant naissance au-dessous du milieu de sa hauteur à une arête très fine qui dépasse assez longuement les glumes. ♃. Avril-juin.

A.C. — Pelouses arides, champs sablonneux, rochers, clairières des bois.

XXVI. AIRA. (L. gen. n. 81, *part.*)

Épillets comprimés latéralement, *biflores*, présentant souvent le rudiment d'une troisième fleur pédicellée, très *rarement* 3-*flores*. Glumes carénées, mutiques, presque égales, ord. plus longues que l'épillet. *Glumelle inférieure tronquée, irrégulièrement* 3-5-*dentée au sommet, donnant naissance sur son dos* vers la base *à une arête* genouillée ou presque droite plus ou moins *tordue dans sa partie inférieure* ; glumelle supérieure bicarénée. Glumellules 2, aiguës, denticulées ou bilobées. Ovaire glabre. Stigmates 2, subsessiles, naissant un peu au-dessous du sommet de l'ovaire et distants à la base. Caryopse oblong, comprimé, non canaliculé. — Épillets disposés en une panicule rameuse.

1 { Feuilles larges; arête presque droite et à peine tordue à la base, environ de la longueur de la glumelle. . . . . *A. cæspitosa.*
Feuilles très étroites presque capillaires; arête genouillée et tordue à la base, plus longue de moitié que la glumelle. . . . . 2.

2 { Fleur supérieure subsessile, ou à pédicelle quatre fois plus court qu'elle; ligule courte tronquée. . . . . *A. flexuosa.*
Fleur supérieure à pédicelle moitié aussi long qu'elle; ligule allongée. *A. uliginosa.*

1. A. CÆSPITOSA. (L. sp. 96.) — Host, Gram. II. t. 42. — Engl. bot. t. 1453.

Souche cespiteuse, formant ord. des touffes volumineuses. Tiges de 6-12 décimètr. *Feuilles* raides, scabres en dessus, *planes, assez larges*. Épillets petits, luisants, ord. violacés, disposés en une large panicule pyramidale. Glumes ne dépassant pas les fleurs. *Arête* presque droite et à peine tordue à la base, *incluse, environ de la longueur de la glumelle.* ♃. Juin-juillet.

A.C. — Prairies, lieux herbeux, bois humides.

var. β. *parviflora.* (A. parviflora. Thuill. fl. Par. 38.) — Épillets plus petits que dans le type.

α. β. s.v. *vivipara.* — Épillets vivipares.

2. A. FLEXUOSA. (L. sp. 96.) — Host, Gram. II. t. 43. — Engl. bot. t. 1519.

Souche cespiteuse. Tiges de 4-8 décimètr. *Feuilles* enroulées *presque capillaires* ; ligule courte, tronquée. Épillets assez petits, luisants, ord. violacés, disposés en une panicule ord. diffuse un peu penchée, à pédicelles très grêles flexueux. Glumes très inégales, égalant environ les fleurs. *Fleur supérieure subsessile, ou à pédicelle quatre fois plus court qu'elle. Arête* genouillée et tordue à la base, *plus longue de moitié que la glumelle.* ♃. Juin-août.

C.C.C. — Bois montueux, taillis sablonneux, rochers.

3. A. ULIGINOSA. (Weih. et Bœnningh. prodr. fl. monast. 25. n. 104. — Rchb. ic. cent. 11. f. 280. — Aira discolor. Thuill. fl. Par. 39.

Souche cespiteuse. Tiges de 4-6 décimètr. *Feuilles* très étroites *presque capillaires*, enroulées, rarement planes (Koch); ligule oblongue, allongée. Épillets assez petits, violacés, disposés en une panicule étroite ou diffuse, à pédicelles grêles. *Glumes presque égales*, dépassant un peu les fleurs. *Fleur supérieure à pédicelle moitié aussi long qu'elle. Arête* genouillée et tordue à la base, *plus longue de moitié que la glumelle.* ♃. Juillet-septembre.

R.R. — Marais tourbeux, bruyères humides. — St-Léger : Étang du Serisaye !, Marais des Planets !

XXVII. AIROPSIS. (Desv. journ. bot. I. 200, *part.*)

Épillets comprimés latéralement, *biflores. Glumes comprimées-naviculaires presque égales*, plus longues que l'épillet. *Glumelles mutiques*, presque de même longueur ; *l'inférieure* large, obscurément 3-*lobée*, convexe, glabre ou poilue en dehors ; la supérieure plane, bicarénée. Glumellules 2, lancéolées-falciformes. Ovaire glabre. Stigmates 2, subsessiles, terminaux ou presque terminaux. Caryopse subglobuleux-comprimé.— *Épillets disposés en une panicule rameuse* ord. *diffuse.*

1. A. AGROSTIDEA. (D.C. fl. Fr. supp. 262.) — Poa agrostidea. D.C. synops. 152. — Ic. rar. t. 1.

Souche cespiteuse. Tiges de 1-4 décimètr., couchées-radicantes dans leur partie inférieure, quelquefois nageantes, plus rarement ascendantes. Feuilles linéaires, planes. Épillets très petits, ord. violacés, disposés en une panicule ord. diffuse à rameaux géminés capillaires. ♃. Juin-août.

R.R. — Bords des mares tourbeuses, lieux herbeux humides. — Mares de Franchart dans la forêt de Fontainebleau !

TRIBU V. FESTUCEÆ. — *Épillets pédonculés*, plus rarement subsessiles, disposés en panicule rameuse, plus rarement en panicule spiciforme ou en grappe. — *Épillets contenant deux ou plusieurs fleurs fertiles,* la fleur supérieure souvent avortée. *Glumes beaucoup plus courtes que l'épillet*, ne dépassant pas ordinairement la fleur inférieure. Stigmates sessiles ou terminant des styles courts, sortant vers la base des glumelles, terminant plus rarement des styles longs et sortant vers la partie moyenne des glumelles.

XXVIII. PHRAGMITES. (Trin. fund. agrost. 134.)

Épillets comprimés latéralement, 3-6-*flores*, *à fleurs un peu espacées, l'inférieure mâle* dépourvue de poils à sa base, *les autres entourées chacune de longs poils.* Glumes carénées, aiguës, beaucoup plus courtes que l'épillet, inégales, l'inférieure beaucoup plus petite. Glumelle inférieure étroite, longuement acuminée subulée, environ deux fois plus longue que la supérieure. Glumellules assez grandes, entières. Ovaire glabre. *Styles* 2, terminaux, *allongés. Stigmates* plumeux, *sortant vers la partie moyenne des glumelles.* Caryopse oblong, non canaliculé. — Épillets disposés en une panicule très rameuse.

1. P. COMMUNIS. (Trin. fund. 134.) — Arundo Phragmites. L. sp. 120 — Engl. bot. t. 401. — Host, Gram. IV. t. 59. (vulg. *Roseau, Jonc à-balais.*)

Rhizôme longuement traçant, émettant souvent des tiges stériles couchées ou rampantes. Tiges florifères de 1-2 mètres, dressées, robustes. Feuilles glaucescentes, lancéolées-linéaires, larges, souvent étalées, glabres, à bords scabres. Panicule diffuse, ord. très ample. Épillets violacés, plus rarement d'un jaune fauve, 4-5-flores. ♃. Août-septembre.

C.C.C. — Fossés, bords des eaux, marais.

s.v. — *subuniflora.* (A. nigricans. Mérat, fl. Par. ed. 2. 55.) — Épillets ord. d'un violet noirâtre, ne contenant qu'une ou deux fleurs souvent stériles.

XXIX. ERAGROSTIS. (Pal. Beauv. agrost. 71.)

Épillets comprimés latéralement presque plans, *contenant* 5-25 *fleurs*, à rachis persistant. Glumes membraneuses, mutiques, caduques, un peu inégales. *Glumelles* membraneuses, *mutiques; l'inférieure caduque*, un peu herbacée, obtuse, émarginée, embrassant la supérieure; *la supérieure* bicarénée, *persistant sur le rachis*. Glumellules 2, un peu charnues, entières, obtuses ou tronquées, beaucoup plus courtes que l'ovaire. Ovaire glabre. Stigmates 2, plumeux, terminant des *styles un peu allongés* terminaux. Caryopse transparent, subglobuleux, non comprimé. — *Épillets linéaires-oblongs*, disposés en une panicule rameuse.

Rameaux de la panicule solitaires ou géminés; épillets verdâtres. . . . . *E. vulgaris.*
Rameaux de la panicule, au moins les inférieurs, verticillés par 4-5. . . . . *E. pilosa.*

1. **E. VULGARIS.** — Poa Eragrostis *et* Briza Eragrostis. L. sp. 103. — Eragrostis megastachya. Link, hort. I. 185 *et* Eragrostis pœoides. Beauv. agrost. 71.

Plante annuelle. Tiges nombreuses, plus rarement subsolitaires, de 1-5 décimètr., étalées ou ascendantes, plus rarement dressées. Feuilles planes; gaines glabres, présentant au sommet un faisceau de poils. *Panicule* diffuse, *à rameaux solitaires ou géminés*. Épillets assez gros, verdâtres, linéaires-oblongs, ou linéaires-lancéolés, 8-25-flores. *Glumelle inférieure présentant de chaque côté une nervure saillante.* ⨁. Juin-septembre.

R. — Lieux cultivés, voisinage des habitations, terrains sablonneux, bords des rivières. — Champ de Mars (*Decaisne*). Plaine des Sablons! (*Brice*). Mt-Valérien (*Mandon*). St-Denis; Maisons (*Maire*). Très abondant à Fontainebleau (*Weddell*). Malesherbes (*Bernard*). Nemours!

var. α. *megastachya.* (Poa megastachya. Kœl. Gram. 181. — Eragrostis major. Host, Gram. IV. t. 24. — Briza Eragrostis. L. sp. 103.) — Épillets linéaires-oblongs 15-20-flores.

var. β. *microstachya.* (Eragrostis pœoides. Beauv. agrost. 71. — Poa Eragrostis. L. sp. 100. — Host, Gram. II. t. 69.) — Épillets linéaires-lancéolés, plus petits que dans la variété précédente, 8-20-flores.

2. **E. PILOSA.** (Beauv. agrost. 71.) — Poa pilosa. L. sp. 100. — Host, Gram. II. t. 68.

Plante annuelle. Tiges nombreuses, plus rarement subsolitaires, de 5-20 centimètr., plus rarement de 3-4 décimètr., étalées ou ascendantes, plus rarement dressées. Feuilles étroites, à gaines glabres présentant au sommet un faisceau de poils. *Panicule* étroite avant la floraison, diffuse après la floraison, *à rameaux au moins les inférieurs verticillés par* 4-5. Épillets petits, d'un violet noirâtre, un peu luisants, linéaires, 5-12-flores. Glumelle inférieure à nervures latérales peu distinctes. ⨁. Juillet-septembre.

R.R. — Lieux sablonneux inondés l'hiver, bords des rivières. — Bords de la Seine près Grenelle (*Vigineix*). Mares de la Bellecroix dans la forêt de Fontainebleau! (*Weddell*). — Cette espèce est très commune sur les sables de la Loire.

XXX. POA. (L. gen. n. 83, *part.*)

Épillets comprimés latéralement, *contenant* 3-5 *fleurs ou plus*, à rachis se partageant en articles qui se détachent avec les fleurs. Glumes herbacées ou membraneuses, mutiques, presque égales. *Glumelles* membraneuses-herbacées, *mutiques, se détachant avec les articles du rachis; glumelle infé-*

rieure comprimée-carénée aiguë, à 5 nervures, les *nervures dorsale et latérales ord. couvertes dans leur partie inférieure de poils laineux*; glumelle supérieure bicarénée, émarginée ou bidentée. Glumellules 2, membraneuses, entières ou présentant une dent latérale, plus courtes que l'ovaire. Ovaire glabre. *Stigmates* 2, plumeux, terminaux, *sessiles ou subsessiles*. Caryopse oblong-trigone. — Épillets disposés en une panicule à rameaux étalés ou dressés. Plantes non aquatiques.

1 { Souche émettant des rhizômes longuement traçants. . . . . 2.
{ Souche n'émettant pas de rhizômes traçants. . . . . 3.

2 { Tige cylindrique ou presque cylindrique; épillets ovoïdes, 3-5-flores, à fleurs réunies entre elles par de longs poils laineux. . . . . *P. pratensis.*
{ Tige comprimée, à deux angles tranchants; épillets ovoïdes-oblongs, 5-9-flores, à fleurs isolées à peine pubescentes à la base. . *P. compressa.*

3 { Tiges renflées en bulbe à la base; épillets souvent vivipares. . *P. bulbosa.*
{ Tiges jamais renflées en bulbe à la base; épillets très rarement vivipares. . 4.

4 { Plante annuelle; tiges de 5-20 centimètres; rameaux de la panicule solitaires ou géminés . . . . *P. annua.*
{ Plante vivace; tiges de 4-10 décimètres; rameaux de la panicule, au moins les inférieurs, disposés par 3-5. . . . . 5.

5 { Ligule très courte presque nulle; gaînes des feuilles lisses; panicule à rameaux dressés. . . . . *P. nemoralis.*
{ Ligule oblongue aiguë; gaînes des feuilles scabres, rarement lisses; panicule à rameaux étalés. . . . . *P. trivialis.*

1. P. ANNUA. (L. sp. 99.) — Engl. bot. t. 1141. — Host, Gram. II. t. 64.

Plante annuelle, cespiteuse. Tiges de 5-30 décimétr., étalées-ascendantes ou dressées, cylindriques un peu comprimées. Feuilles supérieures à ligule oblongue. *Panicule* grêle, un peu unilatérale, *à rameaux solitaires ou géminés* étalés ou réfléchis après la floraison. Épillets verdâtres ou violacés, ovales-oblongs, 3-7-flores. Glumelles glabres. ①. Fleurit pendant presque toute l'année.

C.C.C. — Pelouses, lieux cultivés et incultes, rues peu fréquentées, cours, villages.

2. P. BULBOSA. (L. sp. 102.) — Host, Gram. II. t. 65. — Engl. bot. t. 1071.

Souche cespiteuse. Tiges de 3-5 décimétr., dressées ou ascendantes, *renflées en bulbe à la base.* Feuilles à gaînes lisses; *ligule oblongue-aiguë.* Panicule compacte, étroite, à rameaux dressés, solitaires, géminés, ou verticillés au moins les inférieurs par 4-5. Épillets verdâtres, ou violacés, ovales, 4-6-flores. Glumelles munies ou non à la base de poils laineux. ♃. Avril-juin.

C. — Bords des chemins, vieux murs, pelouses arides.

var. β. *vivipara.* — Plante plus robuste. Épillets vivipares par la transformation des fleurs en bourgeons foliacés. — Cette variété est plus commune que le type.

var. γ. *verticillata.* — Rameaux de la panicule, au moins les inférieurs, verticillés par 4-5.

3. P. NEMORALIS. (L. sp. 102.) — Engl. bot. t. 1265. — Host, Gram. II. t. 71.

Souche cespiteuse, à rhizômes quelquefois un peu traçants. *Tiges* plus ou moins nombreuses, plus rarement subsolitaires, de 4-6 décimétr., grêles, souvent radicantes à la base, dressées ou ascendantes, *presque cylindriques.* Feuilles étroites, souvent étalées, à gaînes lisses ou presque lisses plus courtes que les entrenœuds, la *gaîne supérieure plus courte que le limbe; ligule très courte presque nulle.* Panicule étroite, à rameaux dressés, disposés par 3-5 au moins les inférieurs. Épillets verdâtres ou jaunâtres, rarement violacés, ovales-lancéolés, 2-5-flores. Glumelles munies ou non de poils laineux. ♃. Mai-août.

C.C. — Bois, taillis, murs, lieux sablonneux.

var. α. *vulgaris.*—Plante très grêle, verte. Panicule lâche, ord. penchée. Épillets biflores ou subuniflores.

s.v. — *nodosa.* — Tiges donnant naissance au-dessus des nœuds à des fibres radicales adventives ramassées en paquets oblongs ou subglobuleux.

var. β. *firmula.* — Plante moins grêle, souvent glaucescente. Tiges raides. Panicule dressée ou presque dressée. Épillets ord. bi-triflores.

var. γ. *pluriflora.* — Épillets 3-5-flores.

4. **P. TRIVIALIS.** (L. sp. 99.) — Host, Gram. II. t. 62. — Engl. bot. t. 1072.

Souche cespiteuse. Tiges plus ou moins nombreuses ou subsolitaires, de 6-10 décimètr., souvent couchées-radicantes à la base, puis redressées, *cylindriques* un peu comprimées. *Feuilles à gaînes ord. scabres*, la gaîne supérieure plus longue que le limbe ; *ligule* des feuilles supérieures *oblongue-aiguë.* Panicule pyramidale, diffuse, à rameaux scabres disposés par 4-6. Épillets verdâtres, plus rarement violacés, ovales, ord. triflores. Glumelles inférieures à 5 nervures saillantes, munies à la base de poils laineux. ♃. Mai-juillet.

C.C. — Lieux herbeux, fossés, prairies, endroits humides.

var. β. *lœvis.* — Feuilles à gaînes lisses.

5. **P. PRATENSIS.** (L. sp. 99.) — Host, Gram. II. t. 61. — Engl. bot. t. 1073. (vulg. *Paturin-des-prés.*)

Souche à rhizômes longuement traçants, quelquefois cespiteuse émettant des rhizômes traçants. *Tiges* de 3-8 décimètr., dressées ou ascendantes, *cylindriques* ou un peu comprimées à la base. Feuilles à gaînes lisses, la gaîne supérieure beaucoup plus longue que le limbe ; *ligule courte, tronquée.* Panicule diffuse, plus rarement étroite, à rameaux inférieurs ord. disposés par 4-5. Épillets verdâtres ou violacés, ovales, 3-5-flores. Glumelles inférieures à 5 nervures un peu saillantes, munies à la base de poils laineux. ♃. Mai-août.

C.C.C. — Prairies, pâturages, lieux herbeux, bords des chemins.

var. β. *angustifolia.* (Poa angustifolia. L. sp. 99.) — Feuilles radicales pliées longitudinalement, ou enroulées quelquefois presque filiformes, souvent glaucescentes. — *C.* — Lieux arides, vieux murs.

6. **P. COMPRESSA.** (L. sp. 101.) — Host, Gram. II. t. 70. — Engl. bot. t. 365.

Souche à rhizômes longuement traçants. Tiges de 2-5 décimètr., ascendantes, souvent radicantes à la base, *comprimées à deux angles tranchants* ainsi que les gaînes. Feuilles courtes, souvent desséchées lors de la floraison, à gaînes lisses ; *ligule courte tronquée*, ou presque nulle. Panicule étroite, oblongue, presque unilatérale, à rameaux courts, les inférieurs géminés, plus rarement disposés par 3-5. Épillets verdâtres ou jaunâtres, plus rarement violacés, ovales-oblongs, 5-9-flores. Glumelles inférieures à 5 nervures peu distinctes, munies ou non à la base de poils laineux. ♃. Juin-août.

A.C. — Vieux murs, rochers, lieux pierreux, berges des rivières, sables arides.

XXXI. **CATABROSA.** (Pal. Beauv. agrost. 97. t. 19. f. 8.)

Épillets comprimés latéralement, *contenant deux fleurs*, l'inférieure sessile, la supérieure longuement pédicellée. Glumes membraneuses, mutiques, l'inférieure plus courte; la supérieure obovale. *Glumelles* membraneuses, *mutiques*, presque égales en longueur; *l'inférieure trigone-carénée, tronquée denticulée* et scarieuse *au sommet*, à 3-5 nervures; la supérieure convexe-bicarénée, tronquée ou émarginée. Glumellules 2, un peu tronquées, libres. Ovaire glabre. Stigmates 2, plumeux, subsessiles, terminaux, à base persistante. Caryopse oblong, un peu comprimé. — Épillets disposés en une panicule rameuse. *Plante aquatique*, radicante.

1. C. AQUATICA. (Beauv. *loc. cit.*) — Aira aquatica. L. sp. 95. — Host, Gram. II. t. 41. — Engl. bot. t. 1557. — Glyceria aquatica. Presl. Czech. 25, *non* Wahlb. — Poa airoides. Kœl. Gram. 194.

Plante vivace. Tiges plus ou moins nombreuses ou subsolitaires, de 3-8 décimètr., couchées radicantes dans leur partie inférieure, souvent nageantes, plus rarement dressées dès la base. Feuilles planes, obtuses; ligule oblongue. Panicule diffuse, à rameaux verticillés. Épillets verdâtres ou d'un violet rougeâtre, petits, à fleurs très caduques. Glumes très longuement dépassées par les fleurs. Glumelles à nervures saillantes. ♃. Juin-juillet.

A.C. — Lieux marécageux, fossés aquatiques, bords des eaux. — Ville-d'Avray! St-Germain! Vallée de Chevreuse! Buc! Montmorency! St-Léger!, etc.

XXXII. GLYCERIA. (R. Brown, prodr. 179, *part.*)

Épillets comprimés latéralement, *contenant 4-10 fleurs ou plus*. Glumes membraneuses mutiques, l'inférieure plus courte. *Glumelles* membraneuses ou herbacées, *mutiques*, presque égales en longueur; *l'inférieure convexe, demi-cylindrique, oblongue-obtuse arrondie* et scarieuse *au sommet*, à 5-7 nervures; la supérieure bicarénée, entière ou émarginée. *Glumellules* 2, tronquées, *plus ou moins soudées entre elles*. Ovaire glabre. Stigmates 2, plumeux, terminant des styles un peu allongés terminaux à base persistante. Caryopse oblong, un peu comprimé. — Épillets disposés en une panicule rameuse, ou en une panicule racémiforme. *Plantes aquatiques*, souvent nageantes ou radicantes.

> Panicule très rameuse, à rameaux étalés dans tous les sens; épillets ovoïdes-oblongs, 5-9-flores. . . . . *G. aquatica.*
> Panicule racémiforme effilée, presque unilatérale; épillets oblongs-linéaires, 8-15-flores. . . . . *G. fluitans.*

1. G. FLUITANS. (R. Brown, prodr. 179.) — Festuca fluitans. L. sp. 111. — Host, Gram. I. t. 5. — Engl. bot. t. 1520. — Poa fluitans. Scop. Carn. 106.

Plante vivace. *Tige* atteignant souvent 10 décimètres ou plus, *couchée-radicante* et souvent nageante *dans sa partie inférieure*. Feuilles planes, linéaires, larges, les inférieures souvent flottantes. *Panicule racémiforme effilée*, presque unilatérale. Épillets assez gros, oblongs-linéaires, 8-15-flores, d'abord serrés contre l'axe. Glumelles inférieures d'un vert blanchâtre, à nervures un peu saillantes, scarieuses-luisantes au sommet. ♃. Juin-août.

C.C. — Mares, fossés aquatiques, étangs, bords des ruisseaux et des rivières.

s.v. — *depauperata*. — Épillets courts, 2-5-flores par avortement.

2. G. AQUATICA. (Wahlenb. Gothob. 18.) — Poa aquatica. L. sp. 98. — Host. Gram. II. t. 60. — Engl. bot. t. 1315. — G. spectabilis. Mert. et Koch, Deutschl. fl. I. 586.

Plante vivace, à souche traçante. *Tige* atteignant ord. plus d'un mètre, robuste, *dressée*. Feuilles planes, linéaires, larges, les inférieures souvent flottantes ; gaines présentant latéralement au sommet deux taches d'un jaune fauve ; ligule courte, tronquée. *Panicule très ample, très rameuse*, à rameaux étalés dans tous les sens. Épillets ovoïdes-oblongs, 5-9-flores. Glumelles inférieures ord. violacées, à nervures un peu saillantes, jaunâtres scarieuses au sommet. ♃. Juillet-août.

C. — Bords des rivières et des étangs, lieux marécageux.

XXXIII. MOLINIA. (Mœnch. meth. 183.)

Épillets presque cylindriques, *contenant deux fleurs hermaphrodites accompagnées d'une fleur supérieure stérile*, la fleur hermaphrodite supérieure pédicellée. Glumes membraneuses, convexes, mutiques, inégales. *Glumelles mutiques*, presque égales en longueur ; *l'inférieure convexe demi-cylindrique, ovale-aiguë*, à 5 nervures ; la supérieure bicarénée, émarginée. Glumellules 2, obovales, obliquement tronquées, libres. Ovaire glabre. Stigmates 2, plumeux, terminant des styles un peu allongés. Caryopse oblong, cylindrique, un peu canaliculé sur une face. — Épillets disposés en une panicule étroite interrompue. Tige ne portant que 2-4 feuilles qui s'insèrent toutes à la base sur des nœuds très rapprochés, *la gaîne de la feuille inférieure recouvrant les nœuds et les gaines des autres feuilles.*

1. M. CÆRULEA. (Mœnch. meth. 183.) — Aira cærulea. L. sp. 95. — Melica cærulea. L. mant. II. 325. — Engl. bot. t. 750. — Host, Gram. II. t. 8. — Festuca cærulea. D.C. fl. Fr. III. 46.

Souche cespiteuse, à fibres radicales robustes blanchâtres, entourée des bases des feuilles détruites. Tiges de 4-9 décimètr., raides, dressées. Feuilles planes, raides, acuminées. Épillets très petits, bleuâtres, ou panachés de jaune et de bleu, plus rarement verdâtres. ♃. Juin-septembre.

C.C. — Bois, bruyères, taillis, buissons, pâturages montueux.

s.v. — *vivipara.* — Épillets vivipares par la transformation des fleurs en bourgeons foliacés.

XXXIV. BRIZA. (L. gen. n. 84.)

Épillets comprimés latéralement, *contenant 5-10 fleurs ou plus.* Glumes suborbiculaires, convexes, ventrues, un peu comprimées latéralement, presque égales. *Glumelles herbacées, mutiques ; l'inférieure suborbiculaire, comprimée-convexe, cordée à la base, arrondie au sommet ;* la supérieure beaucoup plus petite, bicarénée. *Glumellules 2, libres*, entières ou subbilobées. Ovaire glabre. *Stigmates 2, plumeux, à barbes rameuses*, terminant des styles très courts terminaux. Caryopse comprimé. — *Épillets ovoïdes longuement pédicellés*, ord. penchés, *mobiles*, disposés en une panicule ord. rameuse diffuse.

1. B. MEDIA. (L. sp. 103.) — Engl. bot. t. 340. — Host, Gram. II. t. 29. (vulg. *Amourette.*)

Souche cespiteuse un peu traçante. Tiges peu nombreuses ou subsolitaires, de 2-5 décimètr., dressées. Feuilles planes ; ligule courte, tronquée. Panicule lâche, diffuse, à rameaux capillaires flexueux. Épillets ovoïdes plus larges que longs, subcordiformes, 5-9-flores, très mobiles, verdâtres ou violacés. ♃. Mai-juillet.

C.C. — Prairies montueuses, pâturages, bords des chemins.

s.v. — *pallens.* — Panicule très étroite, engaînée à la base par la feuille supérieure. Épillets plus petits non cordiformes, verdâtres. — Lieux arides.

XXXV. CYNOSURUS. (L. gen. n. 87.)

Épillets contenant 2-5 *fleurs* , comprimés latéralement , *entremélés d'épillets stériles* , les épillets stériles composés de glumes et de glumelles distiques et *ressemblant à des bractées pectinées.* Glumes membraneuses, carénées , lancéolées , acuminées ou brièvement aristées. Glumelle inférieure mucronée ou aristée au sommet; la supérieure bicarénée, bifide au sommet. Glumellules 2, entières ou présentant un lobe latéral. Ovaire glabre. Stigmates 2, plumeux , terminant des styles très courts terminaux. Caryopse oblong , comprimé. — Épillets disposés en une panicule spiciforme unilatérale, compacte allongée , plus rarement ovoïde.

{ Glumes et glumelles des épillets stériles linéaires-mucronées; panicule
étroite allongée. . . . . *C. cristatus.*
Glumes et glumelles des épillets stériles très longuement aristées : panicule
ovoïde ou subcapitée. . . . . *C. echinatus.*

1. **C. CRISTATUS.** (L. sp. 105.) — Engl. bot. t. 516.— Host , Gram. II. t. 96. (vulg. *Crételle commune.*)

Souche cespiteuse. Tiges de 4-8 décimètr., assez grêles , dressées. Feuilles linéaires, étroites, planes. *Panicule spiciforme étroite allongée*, unilatérale, compacte, raide, droite. *Glumes et glumelles des épillets stériles linéaires-mucronées.* Épillets pubescents, d'un vert jaunâtre. ♃. Juin-juillet.

C. — Prairies , pâturages , lieux herbeux.

† 2. **C. ECHINATUS.** (L. sp. 105.) — Host , Gram. II. t. 95. — Engl. bot. t. 1333.

Plante annuelle. Tige ord. solitaire , de 4-8 décimètr., dressée. Feuilles linéaires, planes. *Panicule ovoïde ou subcapitée , unilatérale, compacte. Glumes et glumelles des épillets stériles très longuement aristées.* Épillets luisants, d'un vert jaunâtre ou blanchâtre. ①. Juin-juillet.

R.R.R. spontané? — Lieux cultivés , gazons , prairies , bords des chemins. — Dans un parc à Clamart (Cte *Jaubert*). St-Gratien (*Weddell*).

XXXVI. DACTYLIS. (L. gen. n. 86.)

Épillets comprimés latéralement , *courbés-concaves , contenant* 3-4 *fleurs* rarement plus. *Glumes* membraneuses , inégales , acuminées , *comprimées-carénées , à côtés inégaux* , le côté large convexe , le côté étroit concave. *Glumelle inférieure carénée*, à 5 nervures, *donnant naissance au sommet à une arête courte ;* la supérieure bicarénée , bidentée au sommet. Glumellules 2, à deux lobes inégaux. Ovaire glabre. Stigmates 2, plumeux , terminant des styles assez courts terminaux. Caryopse oblong , un peu comprimé. — *Épillets en glomérules unilatéraux compactes disposés en une panicule unilatérale* lâche ou spiciforme.

1. **D. GLOMERATA.** (L. sp. 105.) — Host , Gram. II. t. 94. — Engl. bot. t. 335.

Souche cespiteuse. Tiges de 4-10 décimètr., dressées. Feuilles linéaires, planes, un peu carénées, à gaînes fendues seulement dans leur partie supérieure. Épillets verdâtres ou violacés , en glomérules unilatéraux compactes disposés en une panicule unilatérale lâche ou compacte spiciforme. ♃. Juin-septembre.

C.C.C. — Prairies , pâturages , lieux herbeux , bords des chemins.

var. β. *congesta.*— Plante souvent rougeâtre dans toutes ses parties. Panicule spiciforme , ovoïde , très compacte. — Lieux sablonneux arides.

XXXVII. FESTUCA. (L. gen. n. 88, *addit. plur. sp.*)

Épillets comprimés latéralement , *contenant* 5-10 *fleurs ou plus.* Glumes herbacées ou membraneuses , carénées , mutiques , très rarement acuminées-aristées , inégales ou presque égales. Glumelles membraneuses ou herbacées , presque égales ; *glumelle inférieure non carénée* ou carénée seulement au sommet , *convexe demi-cylindrique , aiguë , donnant naissance* au sommet *à une arête droite plus ou moins longue ,* plus *rarement mutique ;* glumelle supérieure bicarénée tronquée , émarginée ou bidentée. Glumellules 2, bifides , plus rarement entières. Ovaire glabre , plus rarement pubescent. *Stigmates* 2, plumeux , *sessiles terminaux , ou terminant des styles courts terminaux.* Caryopse oblong , un peu comprimé , offrant ord. un sillon profond. — Épillets longuement pédicellés ou subsessiles , disposés en panicule rameuse ou en grappe.

1 ⎰ Épillets subsessiles, disposés en grappe simple . . . .   2.
  ⎱ Épillets pédicellés, à pédicelles plus ou moins longs, disposés en panicule étroite ou étalée, rarement en grappe . . . .   5.

2 ⎰ Plante vivace; épillets assez gros, linéaires-oblongs ou linéaires-lancéolés ; glumelle supérieure ciliée. . . . .   3.
  ⎱ Plante annuelle; épillets petits, jamais linéaires-oblongs ou lancéolés, souvent élargis au sommet; glumelle supérieure non ciliée ou à peine ciliée.   4.

3 ⎰ Souche traçante; gaînes des feuilles ord. glabres; arêtes plus courtes que les fleurs. . . . , ... *F. pinnata.*
  ⎱ Souche cespiteuse; gaînes des feuilles velues; fleurs supérieures à arêtes plus longues qu'elles. . . . . *F. sylvatica.*

4 ⎰ Épillets en grappe unilatérale; fleurs lancéolées-linéaires très aiguës souvent aristées. . . . . *F. tenuiflora.*
  ⎱ Épillets alternes sur deux rangs; fleurs oblongues-lancéolées presque obtuses. . . . . *F. Poa.*

5 ⎰ Plante annuelle; panicule ou grappe unilatérale. . . . .   6.
  ⎱ Plante vivace, à souche émettant des fascicules de feuilles stériles; panicule souvent étalée . . . .   9.

6 ⎰ Fleurs mutiques; panicule ou grappe raide, à rameaux robustes triquètres. . . . . *F. rigida.*
  ⎱ Fleurs aristées, à arêtes plus longues que les glumelles; panicule étroite; pédicelles renflés de la base au sommet. . . . .   7.

7 ⎰ Glume inférieure dix fois plus courte que la supérieure ou nulle; glume supérieure aristée. . . . . *F. bromoides.*
  ⎱ Glume inférieure seulement une à deux fois plus courte que la supérieure; glume supérieure non aristée . . . .   8.

8 ⎰ Glume inférieure égalant environ la moitié de la longueur de la glume supérieure ; panicule courte , éloignée de la feuille supérieure . . . . . *F. sciuroides.*
  ⎱ Glume inférieure n'égalant pas la moitié de la longueur de la glume supérieure; panicule allongée un peu arquée, ord. embrassée à la base par la gaîne de la feuille supérieure . . . . *F. Pseudo-Myuros.*

9 ⎰ Feuilles pliées-carénées ou enroulées-sétacées, au moins les radicales. . .   10.
  ⎱ Feuilles planes. . . . .   13.

10 ⎰ Feuilles radicales enroulées-sétacées, les caulinaires planes . . . . *F. heterophylla.*
   ⎱ Feuilles enroulées ou pliées-carénées, même les caulinaires. . . . . .   11.

11 ⎰ Souche longuement traçante. . . . . *F. rubra.*
   ⎱ Souche cespiteuse. . . . .   12.

12 ⎰ Feuilles enroulées-sétacées, scabres. . . . . *F. ovina.*
   ⎱ Feuilles pliées carénées, lisses. . . . . *F. duriuscula.*

13 { Fleurs aristées, à arètes plus longues que les glumelles . . . *F. gigantea.*
   { Fleurs non aristées. 14

14 { Panicule à rameaux géminés portant 4-15 épillets. . . *F. arundinacea.*
   { Panicule à rameaux géminés, le plus court ne portant qu'un seul épillet,
   {   plus rarement à rameaux solitaires. . . . . *F. pratensis.*

SECT. I. BRACHYPODIUM.—*Plantes vivaces, à souche donnant naissance à des fascicules de feuilles stériles. Épillets subsessiles ou brièvement pédicellés à pédicelles épais, disposés en grappe simple. Glumelle supérieure ciliée.*

1. F. SYLVATICA. (Huds. Angl. I. 58, *non* Vill.) — Triticum sylvaticum. Mœnch. Hass. n. 103. — Bromus sylvaticus. Poll. Pal. n. 118. — Host, Gram. I. t. 21. — Engl. bot. t. 729. — Brachypodium sylvaticum. Beauv. agrost. 100.

Souche cespiteuse. Tiges de 5-9 décimètr., assez grêles. Feuilles lancéolées-linéaires, planes, molles, ord. tombantes, pubescentes; à gaines velues. Épillets verdâtres, multiflores, assez gros, linéaires-lancéolés, peu nombreux, disposés en une grappe lâche étroite distique un peu penchée. *Fleurs pubescentes, les supérieures à arêtes plus longues qu'elles.* ♃. Juin-septembre.

C. — Bois, taillis, buissons, pâturages ombragés.

var. β. *glabrescens.* — Plante moins velue. Épillets glabres.

2. F. PINNATA. (Mœnch, meth. 191.) — Triticum pinnatum. Mœnch, Hass. n. 102. — Bromus pinnatus. L. sp. 115. — Host, Gram. I. t. 22. — Engl. bot. t. 730. Brachypodium pinnatum. Beauv. agrost. 101. t. 19. f. 5.

Souche à rhizômes traçants. Tiges de 4-9 décimètr., raides. Feuilles linéaires, plus rarement lancéolées-linéaires, planes, un peu raides, pubescentes ou glabres un peu scabres; à gaines glabres ou légèrement pubescentes. Épillets verdâtres ou d'un vert jaunâtre, multiflores, assez gros, linéaires-oblongs ou lancéolés, souvent arqués, plus ou moins nombreux, disposés en une grappe lâche étroite distique ord. dressée. Fleurs glabres ou pubescentes; *arêtes plus courtes que les fleurs.* ♃. Juin-septembre.

C.C. — Pelouses arides, coteaux pierreux, pâturages, lisières des bois.

var. β. *glabra.* — Plante entièrement glabre.

SECT. II. NARDURUS. — *Plantes annuelles, ne donnant pas naissance à des fascicules de feuilles stériles. Épillets subsessiles, ou très brièvement pédicellés disposés en grappe simple, plus rarement en panicule étroite raide à rameaux triquètres. Glumelle supérieure non ciliée ou à peine ciliée.*

3. F. TENUIFLORA. (Schrad. Germ. I. 345.) — Triticum tenellum. Host, Gram. II. 20. t. 26. — T. Nardus. D.C. fl. Fr. III. 87 (var. aristata). — T. unilaterale. L. mant. 35 (var. mutica).

Plante annuelle. Tiges nombreuses, plus rarement subsolitaires, de 5-30 centimètr., grêles. Feuilles étroites, canaliculées, souvent enroulées; à gaines glabres ou un peu pubescentes. *Épillets* verdâtres, assez petits, ovales-oblongs. 3-7-flores, *subsessiles* ou très brièvement pédicellés, *disposés en une grappe simple unilatérale* très étroite dressée. *Fleurs* lancéolées-linéaires *très aiguës,* ord. assez longuement *aristées.* ⚀. Mai-juillet.

C. — Lieux incultes arides, pelouses sablonneuses, coteaux pierreux, vieux murs.

var. β. *mutica.* — Fleurs non aristées.

† 4. F. POA. (Kunth, Gram. I. 129.) — Triticum Poa. D.C. fl. Fr. III. 86 *et* supp.
285. — Brachypodium Poa *et* B. Halleri. Ræm. et Schult. syst. II. 714 et 746. —
Triticum Halleri. Viv. fragm. 24. t. 26. f. 1.

Plante annuelle. Tiges solitaires ou peu nombreuses, de 1-5 décimètr., grêles, un
peu raides. Feuilles courtes, étroites, enroulées; à gaînes un peu pubescentes-rudes.
Épillets verdâtres ou d'un jaune verdâtre, ovales obtus, 4-6-flores, *subsessiles* ou
très brièvement pédicellés, *alternes*, *disposés en une grappe simple* très étroite
allongée dressée. *Fleurs* oblongues-lancéolées, presque *obtuses*, *mutiques* (dans
notre région). ④. Juin-juillet.

? — Coteaux incultes, pelouses sablonneuses, clairières des bois.— Abondant aux
environs de Nemours (*Devilliers*, *in Mérat rev. fl. Par.*). — Cette espèce se rencontre dans la forêt d'Orléans, et est commune dans la Sologne à St-Cyr!, etc.

var. β. *ramosa.* — Grappe rameuse à la base, à rameaux courts portant 2-4 épillets.

5. F. RIGIDA. (Kunth, Gram. I. 129.) — Poa rigida. L. sp. 101. — Host, Gram.
II. t. 74. — Engl. bot. t. 1371.

Plante annuelle. Tiges ord. nombreuses, rapprochées en touffe, de 5-20
centimètr., un peu raides, ascendantes genouillées à la base, plus rarement
dressées. Feuilles linéaires étroites; à gaînes glabres. *Épillets* verdâtres ou
violacés, linéaires-oblongs, 5-12-flores, pédicellés, *disposés en une panicule
unilatérale étroite raide; rameaux de la panicule robustes triquètres
plus ou moins étalés* après la floraison, *les inférieurs portant 2-6 épillets,*
les supérieurs ne portant qu'un seul épillet, plus rarement chaque rameau ne
portant qu'un seul épillet par avortement. *Fleurs* linéaires, *obtuses* un peu
émarginées, très brièvement mucronées, mutiques. ④. Juin-juillet.

A.C. — Coteaux incultes, lieux pierreux, rochers, vieux murs, pelouses arides.

*SECT. III. VULPIA. — Plantes annuelles, ne donnant pas naissance à des
fascicules de feuilles stériles. Épillets ord. assez longuement pédicellés, disposés en panicule étroite rameuse, plus rarement en grappe par avortement; pédicelles grêles à la base, renflés de la base au sommet. Fleurs lancéolées-subulées, très longuement aristées, ne contenant souvent qu'une seule étamine
par avortement. Glumelle supérieure non ciliée ou à peine ciliée.*

6. F. BROMOIDES. (L. sp. 110.) — F. uniglumis. Soland. *in* Ait. Kew. I. 108. —
Soyer-Willm. observ. q.q. plant. Fr. 133.

Plante annuelle. Tiges plus ou moins nombreuses ou subsolitaires, de 2-5
décimètr. Feuilles linéaires étroites, enroulées. Panicule unilatérale, étroite,
racémiforme, quelquefois réduite à une grappe simple par avortement. Épillets d'un vert jaunâtre, assez longs. *Glume inférieure dix fois plus courte
que la supérieure, ou nulle; glume supérieure aristée.* Fleurs lancéolées-
subulées, non ciliées, à glumelle inférieure atténuée en une arête plus longue
qu'elle. ④. Mai-juillet.

C. — Clairières des bois sablonneux, vieux murs, rochers, champs incultes.
s.v. — *uniglumis.* — Glume inférieure entièrement nulle.

7. F. SCIUROIDES. (Roth, tent. II. 130.)

Plante annuelle. Tiges plus ou moins nombreuses ou subsolitaires, de 2-5
décimètr. Feuilles linéaires étroites, enroulées. *Panicule* unilatérale, étroite,
racémiforme, *courte,* quelquefois réduite à une grappe simple par avortement,
éloignée de la feuille supérieure. Épillets d'un vert jaunâtre. *Glume inférieure égalant environ la moitié de la longueur de la glume supérieure;
glume supérieure aiguë, non aristée.* Fleurs lancéolées-subulées, non ciliées,

à glumelle inférieure atténuée en une arête plus longue qu'elle. ①. Mai-juillet.

C. — Clairières des bois sablonneux, vieux murs, rochers, champs incultes.

8. F. PSEUDO-MYUROS. (Soy.-Willm. observ. q.q. pl. Fr. 132.)

Plante annuelle. Tiges plus ou moins nombreuses ou solitaires, de 2-5 décimètr. Feuilles linéaires-étroites, enroulées. *Panicule* unilatérale, étroite, racémiforme, *allongée un peu arquée*, quelquefois réduite à une grappe simple par avortement, *rapprochée de la feuille supérieure et souvent embrassée par elle à la base.* Épillets d'un vert jaunâtre. *Glumelle inférieure n'égalant pas la moitié de la longueur de la glume supérieure; glume supérieure* aiguë, *non aristée.* Fleurs lancéolées-subulées, non ciliées, à glumelle inférieure atténuée en une arête plus longue qu'elle. ①. Mai-juillet.

C. — Clairières des bois sablonneux, vieux murs, rochers, champs incultes.

SECT. IV. EUFESTUCA. — Plantes vivaces, à souche cespiteuse ou traçante émettant des fascicules de feuilles stériles. Épillets disposés en panicule rameuse, à rameaux allongés, très rarement en grappe par avortement. Fleurs lancéolées, aiguës ou acuminées, aristées ou mutiques. Glumelle supérieure non ciliée ou à peine ciliée.

9. F. RUBRA. (L. sp. 109.) — Host, Gram. II. t. 82. — Engl. bot. t. 2056.

Souche cespiteuse, *émettant des rhizômes longuement traçants.* Tiges de 3-8 décimètr. *Feuilles radicales enroulées-sétacées*, un peu raides; les caulinaires planes ou enroulées; ligule réduite à deux oreillettes latérales. Panicule dressée, à rameaux plus ou moins étalés. Épillets verdâtres ou violacés, oblongs, 4-6-flores, ord. glabres. Fleurs lancéolées aiguës, aristées, à arêtes plus courtes que les glumelles. ♃. Mai-juin.

C. — Prairies, pâturages, lieux sablonneux, lisières des bois, bords des chemins.

var. β. *villosa.* (F. dumetorum. L. sp. 109.) — Épillets velus ou pubescents. — A.C.

10. F. HETEROPHYLLA. (Lam. fl. Fr. III. 600.) — Host, Gram. III. t. 18.

Souche cespiteuse. Tiges de 6-9 décimètr., grêles. *Feuilles radicales enroulées-sétacées*, en touffe; *les caulinaires planes*, plus larges que les radicales; ligule réduite à deux oreillettes latérales. Panicule souvent un peu penchée, lâche, assez grêle, à rameaux dressés ou étalés. Épillets ord. verdâtres, oblongs, 4-6-flores, glabres. Fleurs lancéolées aiguës, aristées, à arêtes plus courtes que les glumelles. ♃. Juin-juillet.

C. — Bois montueux, taillis, lieux herbeux ombragés.

11. F. OVINA. (L. sp. 108.) — Host, Gram. II. t. 84. — Engl. bot. t. 585.

Souche cespiteuse. Tiges de 1-5 décimètr., grêles. *Feuilles toutes enroulées-sétacées très fines*, scabres; les radicales allongées, en touffe; ligule réduite à deux oreillettes latérales. Panicule dressée, étroite, souvent presque unilatérale, à rameaux dressés. Épillets verdâtres ou violacés, oblongs, 4-6-flores, glabres ou pubescents. Fleurs lancéolées, mutiques, plus rarement aristées. Glumelle supérieure oblongue-lancéolée, bidentée au sommet. ♃. Mai-juin.

Pâturages, prairies, champs incultes, clairières et lisières des bois.

var. α. *aristata.* — Fleurs toutes ou la plupart aristées. — A.R.

var. β. *mutica*. (F. capillata. Lam. fl. Fr. III. 597. — Poa capillata. Mérat, fl. Par. II. 27.) — Fleurs mutiques. — *C.C.*

12. F. DURIUSCULA. (L. sp. 108.) — Host, Gram. II. 83. — Engl. bot. t. 470.

Souche cespiteuse. Tiges de 2-5 décimètr., un peu raides. *Feuilles toutes pliées-carénées, étroites, lisses ;* les radicales souvent courtes et arquées assez raides, en touffe ; ligule réduite à deux oreillettes latérales. Panicule dressée, à rameaux dressés ou étalés, souvent presque unilatérale. Épillets verdâtres ou violacés, oblongs, 4-6-flores, glabres, pubescents ou velus. Fleurs lancéolées, brièvement aristées, rarement mutiques. Glumelle supérieure oblongue-lancéolée, bidentée au sommet. ♃. Mai-juin.

C.C.C. — Pâturages, pelouses, sables arides, clairières et lisières des bois.

var. β. *villosa*. — Épillets velus ou pubescents. — *A.R.*

var. γ. *glauca*. (F. glauca. Lam. dict. II. 459.) — Plante d'un glauque blanchâtre.

13. F. ARUNDINACEA. (Schreb. sp. fl. Lips. 57.) — F. elatior. Engl. bot. t. 1593.

Souche subcespiteuse. Tiges de 6-10 décimètr., ord. assez robustes. *Feuilles* linéaires assez larges, *planes ;* ligule réduite à deux oreillettes latérales courtes. *Panicule* dressée ou un peu penchée, diffuse, *à rameaux* scabres *géminés* rameux *portant chacun* 4-15 *épillets. Épillets* verdâtres ou un peu violacés, ovales-lancéolés, 4-5-*flores,* plus ou moins scabres. *Fleurs* lancéolées, *non aristées,* à glumelle inférieure mucronée au-dessous du sommet ou mutique. ♃. Juin-juillet.

C. — Prairies humides, bords des eaux.

14. F. PRATENSIS. (Huds. Angl. ed. 1. 37.) — Engl. bot. t. 1592. — F. elatior. L. ? Suec. 32.

Cette espèce voisine de la précédente, s'en distingue par ses tiges moins robustes et ord. moins élevées, et surtout par les *rameaux* de la panicule solitaires ou *géminés, le rameau le plus court ne portant ord. qu'un seul épillet,* et par ses *épillets* 5-10-*flores.* ♃. Juin-juillet.

C. — Prairies humides, bords des eaux.

var. β. *loliacea*. (F. loliacea. Huds. ? Angl. ed. 1. 38.) — Rameaux de la panicule solitaires, ne portant ord. chacun qu'un seul épillet. — *R.* — Se rencontre çà et là avec le type.

15. F. GIGANTEA. (Vill. Dauph. II. 110.) — Bromus giganteus. L. sp. 114. — Host, Gram. I. t. 6.

Souche subcespiteuse. Tiges de 6-12 décimètr. *Feuilles planes, lancéolées-linéaires,* acuminées, *souvent très larges,* scabres, glabres ainsi que leurs gaines ; ligule réduite à deux oreillettes latérales. Panicule lâche, diffuse, penchée, à rameaux un peu pendants. Épillets d'un vert blanchâtre, lancéolés, 4-8-flores, scabres. *Fleurs* oblongues-lancéolées, *à glumelle inférieure aristée* un peu *au-dessous du sommet ; arête* un peu flexueuse, *deux fois aussi longue que la glumelle.* ♃. Juin-août.

A.R. — Bois montueux, buissons ombragés. — Forêt de Montmorency ! (*Mandon*). Grandchamp près St-Germain ! (*J. Parseval*). La Ferté-sous-Jouarre (*Adr. de Jussieu*). Étang d'Ognon près Senlis (*Morelle*). Morfontaine (*Weddell*). Ermenonville (*Thuret*). Étang St-Pierre dans la Forêt de Compiègne (*Leré*). Forêt de Villers-Cotterets (*Questier*). Dreux (*Daënen*). Parc de Rentilly-en-Brie (*Thuret*). Moret (*Weddell*). Malesherbes (*Auguste de St-Hilaire*).

XXXVIII. BROMUS. (L. gen. n. 89.)

Épillets comprimés latéralement, *contenant* 5-10 *fleurs ou plus*. Glumes herbacées-membraneuses, ord. carénées, mutiques, inégales. *Glumelle inférieure* herbacée, *convexe*, *non carénée*, ou un peu carénée supérieurement, souvent bidentée ou bifide, *donnant naissance à une arête au-dessous du sommet ou au sommet*, plus *rarement mutique par avortement*; glumelle supérieure scarieuse, bicarénée-ciliée, émarginée ou bidentée. Glumellules 2, obovales entières. Ovaire hérissé au sommet. *Stigmates* 2, plumeux, sessiles, *naissant vers le milieu de l'une des faces de l'ovaire*. Caryopse oblong-linéaire, à dos convexe, à face interne canaliculée. — Épillets disposés en panicule.

1. Épillets élargis au sommet après la floraison par la divergence des fleurs; les arêtes des fleurs latérales très longues dépassant les arêtes des fleurs supérieures ou arrivant environ à la même hauteur. . . . . . . 2.
Épillets rétrécis au sommet, même après la floraison; arêtes des fleurs latérales n'arrivant pas au même niveau que celles des fleurs supérieures, quelquefois nulles par avortement. . . . . 5.

2. Panicule lâche, étalée après la floraison, à rameaux très scabres; épillets glabres. . . . . *B. sterilis.*
Panicule à rameaux pubescents, à peine scabres, penchés du même côté, épillets très pubescents, rarement glabres . . . . . *B. tectorum.*

3. Plante vivace; glumelle supérieure à peine ciliée-pubescente. . . . 4.
Plante annuelle ou bisannuelle; glumelle supérieure ciliée . . . . . 5.

4. Panicule raide à rameaux dressés; feuilles étroites, ord. pliées-carénées. . . . . *B. erectus.*
Panicule à rameaux très allongés penchés; feuilles larges, planes . . . *B. asper.*

5. Épillets étroits, lancéolés; panicule à rameaux très allongés. . *B. arvensis.*
Épillets ovoïdes ou oblongs; panicule à rameaux courts ou les inférieurs à peine 3-4 fois plus longs que l'épillet. . . . . 6.

6. Glumelle supérieure égalant l'inférieure; gaines des feuilles glabres . . . . *B. secalinus.*
Glumelle supérieure plus courte que l'inférieure; gaines des feuilles inférieures poilues. . . . . 7.

7. Épillets mollement pubescents; glumelles fortement nerviées à la maturité. . . . . *B. mollis.*
Épillets glabres ou presque glabres; glumelles luisantes, à nervures à peine saillantes. . . . . *B. racemosus.*

SECT. I. PÉRENNES. — *Plantes vivaces. Glumelle supérieure à peine ciliée-pubescente.*

1. B. ASPER. (Murr. Goett. 42.) — Host, Gram. 1. t. 7. — Engl. bot. t. 1172.

Plante vivace. Tiges subsolitaires ou peu nombreuses, de 8-12 décimètr., assez robustes. *Feuilles lancéolées-linéaires* acuminées, *souvent très larges*, planes, pubescentes-scabres; les inférieures à gaines velues, à poils étalés ou réfléchis. *Panicule* rameuse, *penchée*, *à rameaux* scabres, très longs, *pendants*. Épillets ord. verdâtres, linéaires-lancéolés, 7-9-flores. Fleurs à glumelle inférieure donnant naissance à l'arête au-dessous du sommet ou dans une échancrure terminale; arête droite, plus courte que la glumelle. ⚩. Juin-juillet.

C. — Buissons ombragés, taillis humides, clairières des bois.

Le *Festuca gigantea* Vill. qui, par le port, ressemble beaucoup au *B. asper* s'en distingue facilement par ses feuilles à gaines glabres et par les arêtes deux fois aussi longues que la glumelle.

2. B. ERECTUS. (Huds. Angl. 49.) — Engl. bot. t. 471.

Plante vivace, à souche cespiteuse émettant souvent un grand nombre de fascicules de feuilles stériles disposés en touffe. Tiges de 5-9 décimètr., raides. *Feuilles* linéaires, *étroites* surtout les radicales, ord. pliées-carénées, pubescentes-ciliées; à gaines poilues surtout les inférieures. *Panicule droite,* raide, *à rameaux dressés.* Épillets verdâtres ou violacés, lancéolés, 5-10-flores. Fleurs à glumelle inférieure donnant naissance à l'arête au-dessous du sommet ou dans une échancrure terminale; arête droite, environ de moitié plus courte que la glumelle. ♃. Mai-juin, refleurit souvent en automne.

C. — Pelouses arides, lieux sablonneux incultes, pâturages, clairières des bois.

SECT. II. ANNUI. — *Plantes annuelles, rarement bisannuelles. Glumelle supérieure ciliée.*

§ 1. — *Épillets élargis au sommet après la floraison par la divergence des fleurs; les arêtes des fleurs latérales très longues, dépassant les arêtes des fleurs supérieures ou arrivant à la même hauteur.*

3. B. STERILIS. (L. sp. 113.) — Host, Gram. I. t. 16. — Engl. bot. 1050.

Plante annuelle. Tiges de 3-8 décimètr. Feuilles inférieures à gaines plus ou moins pubescentes. *Panicule* lâche, penchée après la floraison, *à rameaux très allongés, très scabres,* pendants au sommet et étalés. Épillets verdâtres ou violacés, glabres un peu scabres, oblongs, élargis au sommet, 5-9-flores. Fleurs linéaires, à glumelle inférieure bifide au sommet donnant naissance à l'arête dans l'angle de la bifidité; arête droite, plus longue que la glumelle.①. Mai-août.

C.C.C. — Vieux murs, bords des chemins, lieux incultes, champs en friche.

4. B. TECTORUM. (L. sp. 114.) — Host, Gram. I. t. 15.

Plante annuelle. Tiges de 2-7 décimètr. Feuilles inférieures à gaines mollement pubescentes. *Panicule* penchée, *à rameaux pubescents, lisses ou à peine scabres,* penchés du même côté. Épillets pendants, verdâtres ou violacés, très pubescents, plus rarement glabres, linéaires-oblongs, élargis au sommet, 4-9-flores. Fleurs linéaires, à glumelle inférieure bifide au sommet donnant naissance à l'arête dans l'angle de la bifidité; arête droite, ord. de la longueur de la glumelle. ①. Mai-juin.

C.C.C. — Vieux murs, lieux sablonneux arides, coteaux incultes, champs en friche.

var. β. *glaber.* — Épillets glabres. — A.C.

§ 2. — *Épillets rétrécis au sommet, même après la floraison; les arêtes des fleurs latérales n'arrivant pas au même niveau que celles des fleurs supérieures, quelquefois nulles par avortement.*

5. B. ARVENSIS. (L. sp. 113.) — Host, Gram. I. t. 14. — Engl. bot. t. 1984.

Plante annuelle. Tiges de 4-9 décimètr. *Feuilles inférieures à gaines mollement pubescentes. Panicule* dressée ou un peu penchée, *à rameaux très allongés* scabres. Épillets dressés ou penchés, verdâtres ou violacés, glabres, un peu scabres, rarement pubescents, *linéaires-lancéolés ou linéaires-étroits*, 6-12-flores. Fleurs oblongues-lancéolées, étroitement imbriquées ou un peu espacées; glumelle inférieure égalant environ la supérieure, aristée au-dessous du sommet, plus rarement donnant naissance à l'arête dans une échancrure terminale; arête droite, environ de la longueur de la glumelle. ④. Juin-juillet.

C. — Champs en friche, prairies artificielles, bords des chemins, moissons.

var. β. *velutinus.* — Épillets pubescents. — *R.*

var. γ. *depauperatus.* — Plante ord. très grêle. Panicule appauvrie, réduite à un petit nombre d'épillets dressés, quelquefois à un seul épillet terminal. — *A.C.* — Champs très arides.

6. B. SECALINUS. (L. sp. 112.) — Host, Gram. I. t. 12. — Engl. bot. t. 1171.

Plante annuelle. Tiges souvent solitaires, de 6-10 décimètr. *Feuilles à gaines glabres.* Panicule dressée ou un peu penchée à la maturité, à rameaux jamais très allongés. Épillets dressés ou un peu penchés, verdâtres ou d'un vert jaunâtre, glabres, rarement pubescents, ovales-oblongs, 6-10-flores. *Fleurs oblongues-renflées, espacées à la maturité et presque cylindriques par l'inflexion de leurs bords*, plus rarement imbriquées non espacées; *glumelle inférieure égalant la supérieure*, aristée au-dessous du sommet; arête droite ou presque droite, ord. plus courte que la glumelle. ④. Mai-juillet.

A.C. — Moissons, champs en friche, prairies artificielles.

var. β. *velutinus.* (B. velutinus. Schrad. Germ. I. 349.) — Épillets mollement pubescents. — *R.*

7. B. MOLLIS. (L. sp. 112.) — Host, Gram. I. t. 19. — Engl. bot. t. 1078.

Plante annuelle. Tiges souvent solitaires, de 2-8 décimètr. *Feuilles inférieures à gaines mollement poilues.* Panicule dressée, à rameaux assez courts. Épillets dressés, verdâtres ou d'un vert jaunâtre, *mollement pubescents, ovales-oblongs*, 5-10-flores. Fleurs oblongues-obovales, imbriquées; *glumelle inférieure* dépassant un peu la supérieure, *fortement nerviée à la maturité*, aristée au-dessous du sommet; arête droite, environ de la longueur de la glumelle. ④. Mai-juillet.

C.C.C. — Bords des chemins, lieux herbeux, décombres, villages, champs en friche.

var. β. *glabrescens.* — Épillets à peine pubescents.

8. B. RACEMOSUS. (L. sp. 114.) — Engl. bot. t. 1079.

Plante annuelle. Tiges souvent solitaires, de 4-9 décimètr. *Feuilles inférieures à gaines poilues.* Panicule dressée, ou un peu penchée, à rameaux jamais très allongés. Épillets dressés ou un peu penchés, verdâtres ou d'un vert jaunâtre, *glabres ou presque glabres, ovales-oblongs*, 5-10-flores. Fleurs oblongues-obovales imbriquées; *glumelle inférieure* dépassant un peu la supérieure, *luisante à nervures peu saillantes*, aristée au-dessous du sommet; arête droite, environ de la longueur de la glume. ④. Mai-juillet.

C. — Moissons, champs en friche, prairies artificielles, bords des chemins.

TRIBU VI. TRITICEÆ. — *Épillets sessiles, disposés en épi simple, correspondant à des dépressions de l'axe,* uniflores, bi-pluriflores ou multiflores la fleur supérieure étant souvent avortée. *Stigmates sessiles ou terminant des styles courts, sortant vers la base des glumelles,* très rarement à leur sommet.

Sous-TRIBU I. TRITICEÆ VERÆ. — Glumes 2, plus rarement la supérieure nulle. *Stigmates 2, plumeux, sortant vers la base des glumelles.*

XXXIX. LOLIUM. (L. gen. n. 95.)

Épillets pluriflores ou multiflores, comprimés, *solitaires sur les dents de l'axe de l'épi qu'ils regardent par le dos des fleurs.* Glumes 2 dans l'épillet terminal, la *glume supérieure ord. nulle dans les épillets latéraux;* glume inférieure herbacée, non carénée, mutique. Glumelle inférieure convexe, mutique ou aristée au-dessous du sommet; la supérieure bicarénée, à carènes ciliées. Glumellules 2, entières ou subbilobées. Ovaire glabre. Stigmates 2, plumeux, sessiles ou subsessiles, terminaux. Caryopse oblong, convexe sur une face, plan un peu canaliculé sur l'autre face, adhérent à la glumelle supérieure. — Épillets distiques, disposés en un épi lâche, ou espacés.

1 {
Plante annuelle; tiges solitaires ou peu nombreuses; glume égalant ou dépassant l'épillet; glumelle inférieure ovale-oblongue. . *L. temulentum.*
Plante vivace; tiges ord. nombreuses, souvent accompagnées de fascicules de feuilles stériles; glume ord. plus courte que l'épillet; glumelle inférieure étroite, oblongue-lancéolée, ... 2.

2 {
Souche émettant dès la seconde année un grand nombre de fascicules de feuilles stériles; feuilles pliées dans leur jeunesse; tiges de 1-5 décimètres. . . . . *L. perenne.*
Souche n'émettant pas ou n'émettant qu'un petit nombre de fascicules de feuilles stériles; feuilles enroulées dans leur jeunesse; tiges de 8-15 décimètres. . . . . *L. multiflorum.*

1. L. TEMULENTUM. (L. sp. 122.) — Engl. bot. t. 1124. — Bulliard, herb. t. 107. (vulg. *Ivraie.*)

Plante annuelle, n'émettant pas de fascicules de feuilles stériles. Tiges solitaires ou peu nombreuses, de 5-9 décimètr., dressées. Feuilles glabres. Épillets verdâtres, 5-9-flores. *Glume égalant ou dépassant l'épillet. Glumelle inférieure ovale-oblongue,* aristée à arête droite, plus rarement mutique. ⨀. Juin-juillet.

A.C. — Moissons, champs sablonneux, terrains en friche. — St-Maur! Gentilly! Mennecy! Malesherbes!, etc.

var. β. *muticum.* (L. speciosum. Steven. *in* Bieb. fl. Taur. Cauc. I. 80.)—Épillets à fleurs mutiques, ord. dépassés par la glume. — St-Léger! Coulommiers.

2. L. MULTIFLORUM. (Lam. fl. Fr. III. 621.) (vulg. *Ray-grass-d'Italie.*)

Plante annuelle, n'émettant pas de fascicules de feuilles stériles, ou n'en émettant qu'un petit nombre. Tiges solitaires ou plus ou moins nombreuses, de 8-15 décimètr., dressées. Feuilles glabres, enroulées dans leur jeunesse. *Épillets* verdâtres, ou d'un vert blanchâtre, 13-25-*flores.* Glume une fois plus courte que l'épillet, très rarement de la longueur de l'épillet. *Glumelle inférieure étroite, oblongue-lancéolée, aristée à arête droite, plus rarement mutique.* ⨀. Juin-septembre.

56

A.R. — Lieux herbeux, prairies. — St-Gratien! St-Cucufas! Grandchamp (*Brice*). Malesherbes! Vernon! Abondant aux environs de Chaumont (*Frion*). — Quelquefois semé dans les prairies.

var. *β. muticum.* — Épillets à fleurs mutiques.

5. L. PERENNE. (L. sp. 122.) — Engl. bot. t. 315. — Host, Gram. I. t. 25.

Plante vivace. Tiges ord. nombreuses, de 1-5 décimètr., ascendantes ou dressées, *accompagnées dès la seconde année d'un grand nombre de fascicules de feuilles stériles.* Feuilles glabres, pliées dans leur jeunesse. Épillets verdâtres, plus rarement violacés, 3-10-flores. *Glume ord. plus courte que l'épillet. Glumelle inférieure* étroite, *oblongue-lancéolée, mutique, très rarement aristée à arête droite.* ♃. Mai-septembre.

C.C.C. — Bords des chemins, prairies, pâturages. — Souvent semé en gazons.

s.v. — *cristatum.* — Épillets plus ou moins étalés, rapprochés au sommet de la tige en forme de crête. — *A.R.*

var. *β., tenue.* — Plante très grêle, souvent dépourvue de fascicules de feuilles stériles. Épillets très petits, 2-4-flores.

var. *γ. aristatum.* — Épillets à fleurs aristées. — *R.* — Gazons du jardin du Luxembourg (*Sagot*).

XL. GAUDINIA. (Palis. Beauv. agrost. 95. t. 19. f. 5.)

Épillets 4-7-flores, *solitaires sur les dents de l'axe* qu'ils regardent par l'une des faces latérales des fleurs. Glumes mutiques, convexes à côtés inégaux, l'inférieure plus petite. *Glumelle inférieure* aiguë, *donnant naissance sur son dos à une arête tordue* dans sa partie inférieure *et genouillée;* la supérieure bicarénée, mutique, un peu plus courte. Glumellules 2, inégalement bilobées. Ovaire poilu au sommet. Stigmates 2, plumeux, subsessiles, terminaux. Caryopse oblong-subclaviforme, convexe sur une face, presque plan sur l'autre. — Épillets disposés en épi simple.

1. G. FRAGILIS. (Beauv. *loc. cit.*) — Avena fragilis. L. mant. 326. — Host, Gram. II. t. 54.

Plante annuelle. Tiges solitaires ou plus ou moins nombreuses, de 3-6 décimètr., assez grêles. Feuilles poilues ainsi que leurs gaines. Épillets ord. verdâtres, 4-7-flores, glabres. Épi allongé, à axe se brisant facilement au niveau des articulations. Arêtes dépassant très longuement les fleurs. ①. Juin-juillet.

R.R.R. — Coteaux herbeux, lieux incultes, bords des champs. — St-Maur (*Mandon*). Bondy (*Guillemin, Maire*). Chevreuse (*Thuillier, herb.*)

XLI. TRITICUM. (L. gen. n. 99.)

Épillets 3-5-*flores ou pluriflores, comprimés, solitaires sur les dents de l'axe qu'ils regardent par l'une des faces latérales des fleurs.* Glumes presque opposées, herbacées ou coriaces, souvent ventrues, carénées au moins dans leur partie supérieure, presque égales, mutiques ou aristées, aiguës ou tronquées, souvent dentées. *Glumelle inférieure* convexe, *aristée au sommet à arête droite, mutique, ou seulement mucronée;* la supérieure bicarénée, à carènes fortement ciliées. Glumellules 2, entières, souvent ciliées. Ovaire poilu au sommet. Stigmates 2, plumeux, subsessiles, terminaux. Caryopse oblong, canaliculé ou présentant un sillon sur une face, libre ou soudé avec les glumelles. — Épillets disposés en un épi simple tétragone ou comprimé quelquefois rameux accidentellement.

1 {
Glumes lancéolées ou linéaires-oblongues, non ventrues; caryopse canaliculé sur une face. 2.
Glumes ovales ou oblongues, convexes-ventrues, obtuses ou tronquées souvent dentées; caryopse présentant sur l'une de ses faces un sillon étroit. . 3.

2 {
Souche traçante; arêtes nulles ou plus courtes que les fleurs; feuilles scabres seulement en dessus . . . . T. repens.
Souche cespiteuse; arêtes plus longues que les fleurs; feuilles scabres sur les deux faces. . . . . T. caninum.

3 {
Épi comprimé, à axe fragile, à épillets distiques; caryopse étroitement renfermé entre les glumelles. . . . . T. monococcum.
Épi tétragone, à axe non fragile, à épillets imbriqués sur plusieurs rangs; caryopse non adhérent aux glumelles. . . . . 4.

4 {
Glumes carénées seulement au sommet. . . . . T. sativum.
Glumes présentant dans toute leur longueur une carène tranchante. . . .
. . . . T. turgidum.

SECT. I. AGROPYRUM. — *Glumes lancéolées ou linéaires-oblongues, non ventrues. Caryopse canaliculé sur une face.*

1. T. REPENS. (L. sp. 128.) — Host, Gram. II. t. 21. — Engl. bot. t. 909. — Agropyrum repens. Beauv. agrost. 102. (vulg. *Chiendent officinal.*)
Souche émettant de longs rhizômes traçants. Tiges de 5-8 décimètres. *Feuilles raides, scabres seulement en dessus,* souvent glauques. Épi distique. Épillets 4-6-flores, plus rarement 6-8-flores. Glumes lancéolées, à 5 nervures, acuminées. *Fleurs obtuses ou acuminées, mutiques, plus rarement aristées à arête courte.* ♃. Juin-septembre.
C.C.C.—Lieux cultivés et incultes, champs en friche, bords des chemins, berges des rivières.
var. β. *glaucum.* — Plante d'un glauque bleuâtre. Feuilles souvent étalées. — Lieux très arides.
var. γ. *subaristatum.* — Fleurs toutes ou la plupart brièvement aristées.

2. T. CANINUM. (Schreb. spicil. 51.) — Engl. bot. t. 1372. — Elymus caninus. L. Suec. II. 112.
Souche cespiteuse. Tiges de 6-10 décimètr. *Feuilles scabres sur les deux faces.* Épi distique, allongé, à épillets souvent très rapprochés. Épillets 4-6-flores. Glumes lancéolées, à 3-5 nervures, acuminées. *Fleurs acuminées, aristées; arêtes plus longues que les fleurs.* ♃. Juin-septembre.
A.C. — Buissons, lieux ombragés, lisière des bois.

SECT. II. EUTRITICUM. — *Glumes ovales ou oblongues, convexes-ventrues, obtuses ou tronquées souvent dentées. Caryopse présentant sur l'une de ses faces un sillon étroit.*

† 3. T. SATIVUM. (Lam. encyc. II. 554.) — Host, Gram. III. t. 26. (vulg. *Blé*, *Froment.*)
Plante annuelle. Tige subsolitaire, de 7-12 décimètr. Feuilles linéaires assez larges, légèrement scabres. *Épi tétragone, à axe non fragile, à épillets imbriqués sur plusieurs rangs.* Épillets ord. 4-flores, glabres, plus rarement pubescents. *Glumes ovales ventrues, tronquées-mucronées, carénées seulement au sommet,* à

dos convexe. Fleurs mutiques-mucronées ou aristées. Caryopse non renfermé entre les glumelles. ④. Juin-août (1).

Cultivé en grand.

var. α. *muticum*. (T. hybernum. L. sp. 126.) — Fleurs mutiques ou presque mutiques.

var. β. *aristatum* (T. æstivum. L. sp. 126.) — Fleurs plus ou moins longuement aristées.

Cette espèce, ainsi que la suivante, varie à épi glabre ou velu, blanchâtre, roussâtre ou noirâtre.

✝ 4. T. TURGIDUM. (L. sp. 126.) — Host, Gram. III. t. 28. (vulg. *Pétanielle*, *Gros-blé*.)

Plante annuelle. Tige subsolitaire, de 9-12 décimètr., ord. robuste. Feuilles linéaires, assez larges, légèrement scabres. *Épi tétragone*, gros, souvent un peu penché, à axe non fragile, *à épillets imbriqués sur plusieurs rangs.* Épillets ord. 4-flores, pubescents, plus rarement glabres. *Glumes* ovales-ventrues, tronquées-mucronés, *présentant dans toute leur longueur une carène tranchante.* Fleurs aristées à arêtes aussi longues que l'épi, ou mutiques. Caryopse non renfermé entre les glumelles. ④. Juin-août.

Cultivé en grand, moins communément que l'espèce précédente.

var. β. *compositum.* (T. compositum. L. suppl. 477. — vulg. *Blé-de-miracle*.) — Épi rameux, très volumineux.

✝ 5. T. MONOCOCCUM. (L. sp. 127.) — Host, Gram. III. t. 52. (vulg. *Ingrain*.)

Plante annuelle. Tige subsolitaire, de 6-8 décimètr. Feuilles linéaires. *Épi comprimé latéralement, à axe fragile, à épillets imbriqués sur deux rangs opposés.* Épillets glabres, ord. 3-flores, l'une des fleurs étant seule fertile et aristée. Glumes ovales-oblongues, présentant au sommet 2 dents aiguës. *Caryopse étroitement renfermé entre les glumelles.* ④. Juin-juillet.

Cultivé dans les terrains maigres, et assez rarement.

✝ XLII. SECALE. (L. gen. n. 97.)

Épillets contenant deux fleurs fertiles accompagnées d'une fleur stérile rudimentaire longuement pédicellée, solitaires sur les dents de l'axe qu'ils regardent par l'une des faces latérales des fleurs. Glumes presque opposées, membraneuses-herbacées, *linéaires-subulées*, carénées, mutiques ou aristées, presque égales. Glumelle inférieure longuement aristée au sommet, carénée, à côtés inégaux, le côté extérieur plus large, plus épais; la supérieure plus courte, bicarénée. Glumellules 2, entières, ciliées. Ovaire poilu au sommet. Stigmates 2, plumeux, subsessiles, terminaux. Caryopse oblong, présentant un sillon sur l'une de ses faces. — Épillets disposés en un épi simple comprimé.

✝ 1. S. CEREALE. (L. sp. 124.) — Host, Gram. II. t. 48. (vulg. *Seigle*.)

Plante annuelle. Tiges subsolitaires, de 8-12 décimètr. Feuilles linéaires, larges, plus ou moins glaucescentes, scabres. Épi un peu glauque, comprimé, oblong, souvent penché, à axe non fragile. Glumes dépassées par les fleurs. Glumelle inférieure à carène fortement ciliée, terminée par une longue arête. ④. Mai - juillet.

Cultivé en grand, surtout dans les terrains maigres.

XLIII. HORDEUM. (L. gen. n. 98, *part.*)

Épillets ne contenant qu'une fleur fertile ord. accompagnée d'une fleur supérieure réduite à un pédicelle en forme d'arête, plus rarement biflores,

---

(1) Nous avons décrit comme annuelles les espèces cultivées du genre *Triticum*, ainsi que les autres céréales, bien que la plupart d'entre elles se sèment et commencent à se développer dans l'automne qui précède l'année de leur floraison.

groupés par 3 *sur les dents de l'axe*, les latéraux souvent mâles ou neutres par avortement. Glumes juxta-posées, placées en dehors de la fleur, linéaires-lancéolées, ou linéaires-subulées, aristées ; les glumes des fleurs d'un même groupe simulant un involucre à 6 pièces. Glumelle inférieure convexe, longuement aristée au sommet ; la supérieure bicarénée. Glumellules 2, entières ou inégalement bilobées, ciliées, plus rarement glabres. Ovaire poilu au sommet. Stigmates 2, plumeux, subsessiles, subterminaux. Caryopse oblong, un peu comprimé, présentant un sillon sur l'une de ses faces, adhérent aux glumelles, plus rarement libre. — Épillets disposés en épi simple.

1 { Épillets tous hermaphrodites . . . . 2.
{ Épillets latéraux de chaque groupe mâles ou neutres à fleur souvent rudimentaire . . . . 4.

2 { Arête 2-3 fois plus longue que la fleur; plante vivace . . *H. Europæum.*
{ Arête 15-20 fois plus longue que la fleur; plante annuelle ou bisannuelle. 3.

3 { Épillets fructifères disposés sur six rangs dont deux rangs opposés moins saillants. . . . . *H. vulgare.*
{ Épillets fructifères disposés sur six rangs tous également saillants. . . . *H. hexastichon.*

4 { Épillets latéraux de chaque groupe mutiques . . . . . *H. distichum.*
{ Épillets tous aristés. . . . . 5.

5 { Épillet moyen de chaque groupe à glumes linéaires-lancéolées ciliées. . . *H. murinum.*
{ Épillets tous à glumes sétacées scabres non ciliées . . . *H. secalinum.*

SECT. I. ZEOCRITON. — *Épillets latéraux de chaque groupe mâles ou neutres, à fleur souvent rudimentaire.*

1. H. MURINUM. (L. sp. 126.) — Host, Gram. I. t. 32. — Engl. bot. t. 1971. — Zeocriton murinum. Beauv. agrost. 115.

Plante annuelle ou bisannuelle, croissant en touffe. Tiges de 2-5 décimètr., souvent couchées-genouillées à la base. Feuilles linéaires assez larges, glabres, assez molles; la supérieure à gaîne plus ou moins renflée, souvent rapprochée de l'épi. *Épillets* uniflores, *tous à fleur* longuement *aristée; les latéraux de chaque groupe* mâles, pédicellés, *à glumes sétacées* scabres *non ciliées; le moyen* hermaphrodite, sessile, *à glumes linéaires-lancéolées ciliées.* ① ou ②. Juin-septembre.

C.C.C. — Bords des chemins, pied des murs, villages, décombres, lieux incultes.

2. H. SECALINUM. (Schreb. sp. 148.) — H. pratense. Huds. Angl. 56. — Engl. bot. t. 409. — Zeocriton secalinum. Beauv. agrost. 115.

Plante vivace. Tiges subsolitaires ou peu nombreuses, de 5-8 décimètr., grêles, dressées, quelquefois renflées en bulbe à la base. Feuilles linéaires-étroites; les inférieures à gaînes velues ou pubescentes. Épi ord. plus petit de moitié que dans l'espèce précédente. *Épillets* uniflores, *tous à fleur aristée, à glumes sétacées scabres non ciliées;* les latéraux de chaque groupe à fleur stérile rudimentaire assez brièvement aristée. ♃. Juin-juillet.

C. — Prairies, pâturages, lieux herbeux.

† **3. H. DISTICHUM.** (L. sp. 125.) — Host, gram. III. t. 36. (vulg. *Orge-à-deux-rangs.*)

Plante annuelle. Tiges subsolitaires ou peu nombreuses, de 6-9 décimètr., assez robustes, dressées. Feuilles linéaires larges; à gaines glabres. Épi robuste, comprimé latéralement, souvent penché. *Épillets* uniflores; les *latéraux à fleur* stérile rudimentaire *mutique*; les moyens hermaphrodites distiques, apprimés, à fleur aristée à arête robuste beaucoup plus longue que l'épi. ①. Juin-août.

Cultivé en grand, surtout dans les terrains maigres.

SECT. II. HORDEOTYPUS. — *Épillets tous hermaphrodites fertiles.*

† 4. H. VULGARE. (L. sp. 125.) — Host, Gram. III. t. 54. (vulg. *Orge.*)

Plante annuelle. Tiges subsolitaires ou peu nombreuses, de 6-9 décimètr., assez robustes, dressées. Feuilles linéaires larges; à gaines glabres. Épi robuste, un peu comprimé latéralement, souvent penché. *Épillets* uniflores, tous *à fleur aristée à arête robuste beaucoup plus longue que l'épi. Épillets fructifères disposés sur six rangs dont deux opposés moins saillants.* ①. Juin-août.

Cultivé en grand, surtout dans les terrains maigres.

† 5. H. HEXASTICHON. (L. sp. 125.) — Host, Gram. III. t. 55. (vulg. *Orge-carrée.*)

Plante annuelle. Tiges subsolitaires ou peu nombreuses, de 6-9 décimètr., assez robustes, dressées. Feuilles linéaires larges; à gaines glabres. Épi robuste, hexagonal, souvent penché. *Épillets* uniflores, tous *à fleur aristée à arête robuste beaucoup plus longue que l'épi. Épillets fructifères disposés sur 6 rangs tous également saillants.* ①. Juin-août.

Cultivé en grand, surtout dans les terrains maigres.

† 6. H. EUROPÆUM. (All. Ped. II. 60.) — Elymus Europæus. L. mant. 35. — Engl. bot. t. 1317. — Hordeum sylvaticum. Vill. Dauph. II. 175. — Thuill. fl. Par. 65.

Plante vivace, à souche subcespiteuse. Tiges de 5-10 décimètr., dressées. *Feuilles* linéaires assez larges; *à gaines pubescentes, à poils réfléchis.* Épi dressé, cylindrique, peu compacte. *Épillets* biflores, ou uniflores *à fleur aristée à arête seulement 2-3 fois plus longue que la fleur.* ♃. Juin-juillet.

Bois montueux, lieux humides des forêts. — Forêt de Compiègne (*Thuillier, fl. Par.*) Trouvé en abondance en 1809 dans les bois des environs d'Ozouer (*Desvaux, in litt.*). — ? Environs de Rouen.

Cette espèce n'a pas été observée récemment dans la circonscription de notre Flore.

SOUS TRIBU II. NARDEÆ. — Glumes nulles. *Stigmate 1, filiforme très long, pubescent, sortant au sommet des glumelles.*

XLIV. NARDUS. (L. gen. n. 69.)

Épillets uniflores, la fleur fertile n'étant pas accompagnée de rudiment de fleur stérile. *Glumes nulles.* Glumelle inférieure lancéolée, trigone-carénée, acuminée-subulée, embrassant la supérieure; la supérieure plus courte, linéaire-lancéolée. Glumellules nulles. Ovaire glabre. *Stigmate* persistant, solitaire, terminal, *subsessile, filiforme très long* pubescent, *sortant au sommet des glumelles.* Caryopse linéaire presque cylindrique, adhérent à la glumelle supérieure. — Épillets disposés en *épi simple* unilatéral, s'insérant isolément sur les dents membraneuses que présente l'axe au-dessous des excavations.

1. N. STRICTA. (L. sp. 77.) — Host, Gram. II. t. 4. — Engl. bot. t. 290.

Rhizôme horizontal court, donnant naissance dans toute sa longueur à un grand nombre de fascicules de feuilles rapprochés en une touffe très compacte : les fascicules des années précédentes persistants marcescents. Tiges de 1-4 décimètr., grêles, raides, souvent arquées, nues tous les nœuds étant rapprochés vers la base. Feuilles glaucescentes, enroulées-subulées, raides, ord. arquées-étalées. Épi grêle, à épillets ord. bleuâtres espacés, à rachis convexe du côté opposé aux épillets. ♃. Mai-juin.

R. Abondant dans les localités où il se rencontre. — Bruyères inondées l'hiver, prairies tourbeuses, coteaux sablonneux. — St-Léger ! Senlis (*Morelle*). Ons-en-Bray ! Routes de la Pommeraie et de Morienval dans la forêt de Compiègne (*Leré*).

TRIBU VII. OLYREÆ. — Épillets disposés en *épis unisexuels monoïques*; les épis mâles disposés en une panicule terminale ; *les épis femelles axillaires, étroitement renfermés dans des bractées engaînantes.*

† XLV. ZEA. (L. gen. n. 1042.)

Fleurs mâles : Épillet biflore, à fleurs sessiles. Glumes convexes, mutiques. Glumelles membraneuses, mutiques, émarginées. Glumellules un peu charnues, tronquées. Étamines 3. — Fleurs femelles : Épillets insérés par plusieurs séries longitudinales sur un axe charnu, contenant deux fleurs fertiles accompaguées d'une fleur inférieure neutre. Glumes 2, mutiques, larges, membraneuses, dépourvues de nervures ; l'inférieure émarginée. Glumelles convexes, membraneuses, dépourvues de nervures. Glumellules nulles. Ovaire glabre ; style indivis, presque capillaire, très long ; stigmate pubescent. Caryopse subglobuleux-réniforme, coloré, luisant, entouré à la base par les glumes et les glumelles. — Épillets mâles géminés, pédicellés. Épis femelles à styles pendants et dépassant longuement les bractées engaînantes.

‡ 1. Z. MAYS. (L. sp. 1378.) — Lam. illustr. t. 749. (vulg. *Maïs*, *Blé-de-Turquie*.)

Plante annuelle. Tige de 8-15 décimètr., dressée, robuste, simple, pleine. Feuilles larges, lancéolées-linéaires; ligule courte. Épis mâles disposés en une panicule terminale, plus rarement un seul épi mâle terminal. Épis femelles très gros, cylindriques, longs de deux décimètres environ, axillaires, sessiles, étroitement renfermés dans des bractées engaînantes ventrues. Styles dépassant longuement la gaîne constituée par les bractées, et rapprochés en forme de houppe pendante. Caryopses très gros, luisants, jaunes ou d'un brun rougeâtre, étroitement imbriqués sur l'axe et disposés en plusieurs séries régulières. ①. Juin-septembre.

Cultivé en plein champ et dans les jardins potagers et les vignes. — Originaire du Paraguay.

Embranchement III. VÉGÉTAUX ACOTYLÉDONÉS.

Plantes à organes reproducteurs n'étant pas constitués par des étamines et des ovules; à organes mâles (anthéridies) de structure variée., souvent nuls ou d'existence problématique; se reproduisant par des spores ou *embryons homogènes non composés de parties distinctes. Spores* dispersées dans toute l'étendue ou disposées seulement dans certaines parties de la plante, soit à sa surface, soit dans son épaisseur même, renfermées ou non dans des réceptacles particuliers (sporanges), formées ord. d'un seul utricule à membrane unique ou double, *dépourvues d'enveloppe propre*, ne se continuant à aucune époque par un funicule avec les parois de la cavité qui les renferme, ord. groupées dans leur jeunesse par 2 ou un multiple de 2 souvent par 4, s'allongeant par un point de leur surface lors de la germination. — Plantes constituées seulement par du tissu cellulaire, plus rarement par du tissu cellulaire et des vaisseaux : à axe et à organes appendiculaires distincts, plus ord. à axe et à organes appendiculaires non distincts; s'accroissant par l'extrémité seule ou plus ordinairement à croissance périphérique.

Division I. ACROGÈNES.

Plantes à axe et à organes appendiculaires distincts, très rarement indistincts, croissant par leur extrémité seule, constituées par du tissu cellulaire et des vaisseaux, quelquefois, constituées seulement par du tissu cellulaire lorsqu'elles croissent sous l'eau. — Spores renfermées dans des sporanges, naissant par groupes dans des utricules qui se résorbent plus tard, plus rarement solitaires.

CLASSE. — FILICINÉES.

Plantes présentant toujours une tige ou un rhizôme, pourvues ou dépourvues de feuilles. Sporanges dépourvus de coiffe tubuleuse, portés sur les feuilles, sur les tiges, ou sur les rhizômes. Anthéridies de structure variée, souvent d'existence problématique.

CXVI. FOUGÈRES.

(FILICES. Juss. gen. gen. 14.)

Plantes vivaces, à rhizôme court ou traçant (présentant une tige ligneuse aérienne chez certaines espèces des tropiques). Tige composée de faisceaux ligneux très durs constitués par des vaisseaux scalariformes ; faisceaux soudés en groupes aplatis disposés en un réseau qui entoure un cylindre central volumineux de tissu cellulaire et est entouré en dehors par une zone de tissu cellulaire recouverte seulement par l'épiderme dans la jeunesse de la plante, puis plus tard par les bases persistantes des feuilles détruites qui constituent une écorce.—*Feuilles* (frondes) éparses sur le rhizôme, ou naissant au sommet du rhizôme ou de la tige, *enroulées en crosse pendant la préfoliaison*, très rarement non enroulées (Ophioglosseæ), à partie inférieure du rachis persistante, pinnatifides ou pinnatiséquées, plus rarement indivises, nerviées, à nervures composées de cellules allongées, à épiderme pourvu de stomates, quelquefois munies sur le rachis ou sur le limbe de poils dilatés en écailles ou en membranes scarieuses.—*Sporanges* pédicellés ou sessiles, s'ouvrant régulièrement ou irrégulièrement, munis ou non d'un anneau élastique articulé, ne renfermant pas d'élatères, *naissant ord. sur les nervures à la face inférieure des feuilles* ou près de leurs bords, rapprochés en groupes (sores) nus ou recouverts par un prolongement de l'épiderme de forme variée (indusium), *quelquefois disposés en épis ou en panicules* en s'insérant sur toute la surface de la partie supérieure de feuilles modifiées et contractées. *Spores très nombreuses dans chaque sporange*, libres entre elles, subglobuleuses ou anguleuses. Anthéridies d'existence problématique.

TRIBU I. POLYPODIEÆ. —*Sporanges naissant à la face inférieure des feuilles*, ord. pédicellés, *entourés d'un anneau articulé élastique vertical* ord. incomplet, se déchirant irrégulièrement en travers, disposés en groupes munis ou non d'indusium. *Feuilles enroulées en crosse pendant la préfoliaison.*

TRIBU II. OSMUNDEÆ. — *Sporanges* pédicellés, ord. *disposés en panicule* à la partie supérieure des feuilles dont les divisions se sont déformées et contractées, membraneux réticulés, *dépourvus d'anneau élastique*, s'ouvrant régulièrement en deux valves du sommet à la base. Indusium nul. *Feuilles enroulées en crosse pendant la préfoliaison.*

TRIBU III. OPHIOGLOSSEÆ. — *Sporanges* sessiles, *disposés en épi ou en panicule* à la partie supérieure d'une feuille dont le limbe s'est déformé et contracté, coriaces, *dépourvus d'anneau élastique*, libres ou soudés entre eux, s'ouvrant régulièrement en deux valves du sommet à la base. Indusium nul. *Feuilles au nombre de deux, soudées entre elles dans la partie inférieure de leur rachis, l'une ex-*

térieure stérile foliacée *non enroulée en crosse pendant la préfoliaison*, l'autre fertile réduite au rachis.

1 { Sporanges dépourvus d'anneau élastique, disposés en panicule ou en épi. . **2.**
{ Sporanges entourés d'un anneau articulé élastique vertical, disposés à la face inférieure des feuilles par groupes espacés plus rarement contigus. . **4.**

2 { Sporanges soudés entre eux en un épi linéaire distique : feuille stérile ovale entière. . . . . OPHIOGLOSSUM. (xi.)
{ Sporanges libres entre eux, disposés en panicule ; feuilles pinnatiséquées ou bipinnatiséquées. . . . . **5.**

3 { Feuilles nombreuses, bipinnatiséquées, les fertiles à divisions supérieures contractées pour donner insertion aux sporanges. . . OSMUNDA. (ix.)
{ Feuilles 2, soudées entre elles dans la partie inférieure de leur rachis, l'une stérile foliacée pinnatiséquée, l'autre fertile réduite à un rachis rameux qui donne insertion aux sporanges. . . . . BOTRYCHIUM. (x.)

4 { Groupes des sporanges dépourvus d'indusium. . . . . **5.**
{ Groupes des sporanges couverts par un indusium qui disparaît souvent à la maturité. . . . . **6.**

5 { Sporanges en groupes linéaires ou oblongs ; feuilles chargées à la face inférieure d'écailles brunâtres. . . . . CETERACH. (i.)
{ Sporanges en groupes arrondis ; feuilles dépourvues d'écailles à leur face inférieure. . . . . POLYPODIUM. (ii.)

6 { Sporanges disposés en lignes qui bordent chacun des segments de la feuille ; indusium continu avec le bord de la feuille . . . . . PTERIS. (iii.)
{ Sporanges disposés en groupes isolés, linéaires ou arrondis ; indusium jamais continu avec le bord de la feuille. . . . . **7.**

7 { Sporanges en groupes linéaires au moins dans la jeunesse . . . . . **8.**
{ Sporanges en groupes arrondis plus rarement oblongs-arrondis. . . . . **10.**

8 { Feuilles entières, lancéolées, cordées à la base . . . SCOLOPENDRIUM. (v.)
{ Feuilles pinnatiséquées ou pinnatipartites. . . . . **9.**

9 { Sporanges disposés sur chaque lobe de la feuille en deux groupes parallèles à la nervure moyenne du lobe ; feuilles pinnatipartites, les fertiles à segments contractés plus étroits que ceux des feuilles stériles. BLECHNUM. (iv.)
{ Sporanges disposés sur chaque lobe de la feuille en plusieurs groupes épars ; feuilles bi-tripinnatiséquées, plus rarement une seule fois pinnatiséquées. . . . . ASPLENIUM (vi.)

10 { Indusium réniforme ou lancéolé, se continuant dans toute la largeur de sa base avec la nervure secondaire qui lui donne naissance. . . . . CYSTOPTERIS. (vii.)
{ Indusium réniforme-suborbiculaire, d'apparence pelté, s'insérant sur la nervure secondaire qui lui donne naissance par un pédicelle étroit qui correspond à l'échancrure, le bord restant libre dans toute sa circonférence. . . . . NEPHRODIUM. (viii.)

TRIBU I. POLYPODIEÆ. — **Sporanges naissant à la face inférieure des feuilles, ord. pédicellés, entourés d'un anneau articulé élastique vertical ord. incomplet, se déchirant irrégulièrement en travers, disposés en groupes munis ou non d'indusium. Feuilles enroulées en crosse pendant la préfoliaison.**

I. CETERACH. (C. Bauh. pin. 354.)

Sporanges naissant à la face inférieure des feuilles, rapprochés *en groupes linéaires ou oblongs* épars ou régulièrement disposés, *entremêlés* d'un grand nombre *d'écailles scarieuses brunâtres* qui naissent dans toute l'étendue de la face inférieure des feuilles. *Indusium nul.*

1. C. OFFICINARUM. (C. Bauh. *loc. cit.*) — Asplenium Ceterach. L. sp. 1538. — Bull. herb. t. 283. (vulg. *Cétérach.*)

Souche cespiteuse. Feuilles nombreuses, disposées en touffe, longues de 5-15 décimètr., pinnatipartites, à lobes alternes, confluents à la base, courts, obtus, épais, entiers, couvertes en dessous d'écailles roussâtres scarieuses luisantes. ♃. Juin-octobre.

R. — Vieilles murailles, ruines, rochers humides. — St-Maur! Corbeil (*A. Jamain*). Forêt de Rougeaux près Seine-Port (*Vigineix*). Rochers de Beauvais près Mennecy (*Des Étangs*). Itteville (*Vigineix*). Château-du-Mesnil près Lardy (*Tollard*). Malesherbes! (*Bernard*). Nemours (*Devilliers*). Ste-Colombe près Provins (*Des Étangs*). Marcoussis (*Jamin, Vigineix*). La-Queue près Montfort-l'Amaury (*De Boucheman*). Dreux (*Daënen*). Parc d'Halaincourt (*Bouteille, Frion*). Beauxmonts près Compiègne (*Leré*). Env. de Villers-Cotterets (*Questier*). — ? St-Cloud ; Vaugirard (*Mérat, fl. Par.*)

II. POLYPODIUM. (L. sp. 1179, *part.*)

Sporanges naissant à la face inférieure des feuilles, disposés *en groupes arrondis* épars ou disposés par séries régulières. *Indusium nul.*— Feuilles pinnatipartites ou bi-tripinnatiséquées.

> Feuilles pinnatipartites, à lobes oblongs-lancéolés entiers ou finement dentés.
> . . . . *P. vulgare.*
> Feuilles bi-tripinnatiséquées . . . . *P. Dryopteris.*

1. P. VULGARE. (L. sp. 1544.) — Bull. herb. t. 1149. (vulg. *Polypode.*)

Rhizôme traçant, un peu charnu, d'une saveur sucrée, chargé d'écailles scarieuses brunâtres. *Feuilles* de 2-5 décimètr., oblongues-lancéolées dans leur circonscription, longuement pétiolées, *pinnatipartites*, à lobes alternes assez rapprochés, un peu confluents à la base, oblongs-lancéolés, obtus, plus rarement aigus, presque entiers ou finement dentés ; *nervures secondaires des lobes* ord. trifurquées, *à ramifications épaissies et transparentes au sommet, n'atteignant pas le bord du lobe. Groupes des sporanges* assez gros, disposés sur deux rangs parallèles à la nervure moyenne du lobe de la feuille, *naissant chacun à l'extrémité de la ramification la plus courte des nervures secondaires.* ♃. Fructifie pendant la plus grande partie de l'année.

C. — Vieux murs humides, pied des arbres, rochers, lieux ombragés.

s.v. *serratum.* — Feuilles à lobes dentés. — *A.R.*

2. P. DRYOPTERIS. (L. sp. 1555.) — Engl. bot. t. 616.

Rhizôme traçant. *Feuilles* triangulaires ou triangulaires-rhomboïdales dans leur circonscription, longuement pétiolées, *bi-tripinnatiséquées ;* segments triangulaires-lancéolés ou oblongs-lancéolés dans leur circonscription, diminuant de grandeur de la base de la feuille vers son sommet ; lobes lancéolés ou oblongs-lancéolés, à lobules obtus un peu crénelés ; *nervures secondaires atteignant le bord des lobules. Groupes des sporanges* petits, *naissant sur le trajet des nervures secondaires des lobules.* ♃. Juin-septembre.

var. α. *genuinum.* — Rhizôme ord. grêle presque filiforme. Feuilles molles, à rachis glabre. — *R.R.* — Lieux ombragés des bois. — Pierrefond (*Leré*). — ? Bondy ; Senart (*Mérat, fl. Par.*).

var. β. *rigidum.* (P. calcareum. Sm. Brit. III. 1117.) — Rhizôme ord. épais. Feuilles raides, à rachis pubescent ainsi que ses divisions. — R. — Vieux murs,

murs des quais, rochers calcaires. — Paris! Bois de Boulogne! Parc de Versailles (*P. Sagot*). Bougival! Forêt de Senart (*Brice*). Nemours (*Devilliers*).

III. PTERIS. (L. gen. n. 1174, *part.*)

Sporanges naissant vers le bord de la face inférieure *des feuilles, disposés en groupes linéaires continus formant une ligne qui borde chacun des segments. Indusium continu avec le bord de la feuille,* libre en dedans. — Feuilles bi-tripinnatiséquées.

1. P. AQUILINA. (L. sp. 1555.) — Engl. bot. t. 1679. (vulg, *Fougère-commune, Grande-Fougère.*)
Rhizôme traçant, presque horizontal. Feuilles de 6-15 décimètr., très grandes, coriaces, ovales-triangulaires dans leur circonscription, bi-tripinnatiséquées; pétiole très long, robuste, à partie inférieure d'un brun noirâtre profondément enfoncée dans la terre, présentant dans cette partie inférieure par une coupe pratiquée obliquement un dessin qui est formé par l'ensemble des faisceaux ligneux et qui rappelle la forme d'un aigle double; segments opposés, pétiolulés, ovales ou triangulaires-lancéolés; lobes à lobules très entiers rapprochés, à bords un peu réfléchis en dessous, ord. pubescents surtout en dessous; nervures secondaires transparentes, atteignant le bord des lobules. ♃. Juillet-septembre.
C.C.C. — Bois montueux, champs sablonneux, coteaux incultes.

IV. BLECHNUM. (L. gen. n. 1175, *part.*)

Sporanges naissant à la face inférieure des feuilles en dedans de leur bord, *disposés en deux groupes linéaires parallèles à la nervure moyenne des lobes* et la longeant presque jusqu'à son sommet. Indusium scarieux, naissant en dedans du bord de la feuille, libre du côté de la nervure. — *Feuilles* simplement pinnatipartites, les unes stériles, les autres *fertiles à segments contractés plus étroits.*

1. B. SPICANT. (With. bot. arr. 765.) — Osmunda Spicant. L. sp. 1522. — B. boreale. Sw. *in* Schrad. journ. (1800) II. 75.—Engl. bot. t. 1159.
Souche épaisse, cespiteuse. Feuilles nombreuses, raides, glabres, pinnatipartites, les stériles brièvement pétiolées, oblongues-lancéolées étroites atténuées aux deux extrémités, à segments coriaces, rapprochés, oblongs ou lancéolés élargis et un peu confluents à la base, entiers, ord. obtus mucronés, un peu arqués, à bords souvent un peu réfléchis en dessous; les feuilles fertiles peu nombreuses, de 4-8 décimètr., dépassant plus ou moins les feuilles stériles, longuement pétiolées, à segments espacés, linéaires étroits. ♃. Juin-août.
A.R. — Lieux humides des bois montueux, prairies spongieuses ou tourbeuses ombragées, buissons et taillis marécageux.—St-Cucufas! Forêt de Marly (*Weddell*). Forêt de Montmorency! St-Léger! Arthies et Sérans! près Magny (*Bouteille*). Abondant dans les bruyères de Neuville-Bosc! (*Daudin*). Forêt de Compiègne (*Leré*). Forêt de Villers-Cotterets (*Weddell*).

V. SCOLOPENDRIUM. (Smith. act. Taur. V. 410.)

Sporanges naissant à la face inférieure des feuilles, disposés en *groupes linéaires parallèles* entre eux et *obliques par rapport à la nervure moyenne;* les groupes qui naissent sur les bifurcations voisines de deux nervures voisines se rapprochant en une masse linéaire. Indusium membraneux, se continuant d'un côté avec la nervure secondaire, libre de l'autre côté ; les deux indusium des groupes qui constituent une masse simulant par leur rapprochement un indusium bivalve. — *Feuilles entières, lancéolées-étroites, cordées à la base.*

1. **S. OFFICINALE.** (Sm. *loc. cit.*) — Engl. bot. t. 1150. — Asplenium Scolopendrium. L. sp. 1537. (vulg. *Scolopendre, Langue-de-cerf.*)

Souche cespiteuse, souvent surmontée des débris des feuilles détruites. Feuilles disposées en touffe, de 3-6 décimètr., assez longuement pétiolées, à pétiole chargé de poils squamiformes, un peu fermes, glabres, d'un beau vert et luisantes en dessus, oblongues-lancéolées aiguës, un peu rétrécies dans leur partie inférieure, inégalement cordées à la base à oreillettes obtuses ; ramifications des nervures secondaires renflées au sommet et n'atteignant pas le bord de la feuille. ♃. Juin-septembre.

A.R.— Vieilles murailles, puits, rochers humides.— Versailles (*De Boucheman*). Abondant à Magny (*Bouteille*). Parc de Rentilly-en-Brie (*Thuret*). Fontainebleau ! Valvins (*Montègre*). Nemours ! (*Devilliers*). Betz et Thury-en-Valois (*Questier*). Compiègne (*Leré*). Pierrefond (*Weddell*).

VI. ASPLENIUM. (L. gen. n. 1178, part.)

Sporanges naissant à la face inférieure des feuilles, disposés en groupes linéaires épars et solitaires sur les nervures secondaires, les groupes devenant quelquefois arrondis alors qu'ils ne sont plus couverts par l'indusium. Indusium membraneux, se continuant d'un côté avec la nervure secondaire, libre du côté de la nervure moyenne du lobe. — Feuilles pinnatiséquées ou bi-tripinnatiséquées.

1 { Feuilles divisées seulement au sommet en 2-3 segments linéaires entiers ou incisés. . . . . *A. septentrionale.*
{ Feuilles pinnatiséquées ou bi-tripinnatiséquées, à segments plus ou moins nombreux. . . . . 2.

2 { Feuilles simplement pinnatiséquées, à segments ovales-rhomboïdaux crénelés, presque égaux, naissant presque dès la partie inférieure du rachis. . . . . *A. Trichomanes.*
{ Feuilles bi-tripinnatiséquées, plus rarement une seule fois pinnatiséquées, à segments cunéiformes entiers ou lobes décroissant de la base vers le sommet de la feuille. . . . . 3.

3 { Groupes des sporanges arrondis alors qu'ils ne sont plus couverts par l'indusium et qu'ils ne sont pas encore devenus confluents entre eux . . . . *A. lanceolatum.*
{ Groupes des sporanges linéaires ou oblongs alors qu'ils ne sont plus couverts par l'indusium et qu'ils ne sont pas encore devenus confluents entre eux. 4.

4 { Feuilles triangulaires-lancéolées ; à segments lancéolés-aigus dans leur circonscription, ord. à un grand nombre de lobes. *A. Adianthum-nigrum.*
{ Feuilles à segments ou à lobes cunéiformes ou obovales . . . . 5.

5 { Segments à lobes obovales-rhomboïdaux entiers ou crénelés . . . . *A. Ruta-muraria.*
{ Segments à lobes linéaires-cunéiformes allongés incisés au sommet. . . . . *A. Germanicum.*

1. **A. ADIANTHUM-NIGRUM.** (L. sp. 1542.) — Engl. bot. t. 1950. (vulg. *Capillaire-noire.*)

Souche cespiteuse, ord. surmontée des bases des pétioles des feuilles détruites. *Feuilles* de 1-3 décimètr., longuement pétiolées, à pétiole luisant et d'un brun noirâtre dans sa partie inférieure, *triangulaires-lancéolées* acuminées dans leur circonscription, un peu coriaces, luisantes et d'un vert foncé en dessus, *bi-tripinnatiséquées ; segments lancéolés-aigus* dans leur circonscription, les inférieurs les plus grands, ord. à un grand nombre de lobes ; *lobes* ovales-lancéolés, à lobules oblongs atténués à la base *dentés au sommet. Groupes des sporanges linéaires-oblongs alors qu'ils ne sont plus couverts par l'indusium* et qu'ils ne sont pas encore devenus confluents entre eux, couvrant presque toute la face inférieure des segments après qu'ils sont devenus confluents. ♃. Juin-septembre.

A.C. — Vieux murs, fentes des rochers, bois humides, chemins creux.

2. A. LANCEOLATUM. (Sm. Engl. bot. t. 240.)

Souche cespiteuse. *Feuilles* de 1-2 décimètr., plus ou moins longuement pétiolées à pétiole verdâtre ou brunâtre, oblongues-lancéolées dans leur circonscription, minces, plus rarement coriaces, *bipinnatiséquées ; segments* ovales, oblongs ou lancéolés, aigus ou obtus, les *inférieurs plus petits que ceux de la partie moyenne de la feuille ; lobes* obovales élargis, *doublement dentés* à dents acuminées. *Groupes des sporanges arrondis* et assez gros *alors qu'ils ne sont plus couverts par l'indusium* et qu'ils ne sont pas encore devenus confluents entre eux. ♃. Juin-septembre.

R.R. — Fentes des rochers humides, lieux pierreux ombragés. — Itteville (*Weddell*). Entre Itteville et la Ferté-Aleps (*Vigineix*). La Ferté-Aleps (*Perville*). Fontainebleau (*Weddell*). Malesherbes ! (*Bernard*).

3. A. RUTA-MURARIA. (L. sp. 1541.) — Engl. bot. t. 150.

Souche cespiteuse. *Feuilles* ord. nombreuses, en touffe, de 5-10 centimètr., à pétiole vert aussi long ou plus long que la partie qui porte les segments, un peu coriaces, *une ou deux fois pinnatiséquées, à segments peu nombreux ; segments ou lobes cunéiformes ou obovales, entiers* ou crénelés. Groupes des sporanges linéaires, ou oblongs alors qu'ils ne sont plus couverts par l'indusium et qu'ils ne sont pas encore devenus confluents entre eux, couvrant toute la face inférieure des segments ou des lobes après qu'ils sont devenus confluents. ♃. Fructifie pendant presque toute l'année.

C. — Vieux murs, joints des pierres de taille, rochers.

4. A. TRICHOMANES. (L. sp. 1540.) — Engl. bot. t. 576. (vulg. *Capillaire.*)

Souche cespiteuse. *Feuilles* nombreuses, en touffe, de 1-2 décimètr., *linéaires dans leur circonscription* atténuées aux deux extrémités, *simplement pinnatiséquées, à segments nombreux ovales-rhomboïdaux crénelés* très rarement incisés, *presque égaux*, naissant ord. presque dès la partie inférieure du rachis ; rachis d'un brun noir, luisant, convexe en dehors, plan à la face interne à angles présentant un rebord mince denticulé. Groupes des sporanges linéaires, ou oblongs alors qu'ils ne sont plus couverts par l'indusium et qu'ils ne sont pas encore devenus confluents entre eux, disposés sur deux rangs dans chaque segment et obliques par rapport à la nervure moyenne. ♃. Mai-septembre.

C. — Murs humides, puits, ruines, rochers ombragés.

† **5. A. GERMANICUM.** (Weiss. Goett. 299.) — Engl. bot. t. 2258.

Souche cespiteuse. *Feuilles* de 5-15 centimètr., *oblongues-linéaires dans leur circonscription*, longuement pétiolées, à pétiole grêle luisant et noirâtre dans sa partie inférieure, *simplement pinnatiséquées à 5-9 segments* alternes *espacés, cunéiformes-allongés incisés-dentés au sommet.* Groupes des sporanges linéaires alors qu'ils ne sont plus couverts par l'indusium et qu'ils ne sont pas encore devenus confluents entre eux, au nombre de 2-6 dans chaque segment et presque parallèles à la nervure moyenne. ♃. Juin-septembre.

Fentes des rochers. — Observé à Samoireau près Fontainebleau (*Souchet*) où il n'a pas été retrouvé récemment.

6. A. SEPTENTRIONALE. (Hoffm. Germ. II. 12.) — Acrostichum septentrionale. L. sp. 1524. — Engl. bot. t. 1017.

Souche cespiteuse, ord. compacte. Feuilles nombreuses, en touffe, de 5-15 centimètr., à pétiole plus long que la partie constituée par les segments, brun seulement à la base, vert dans le reste de sa longueur; *segments seulement au nombre de 2-3 linéaires-allongés entiers ou incisés, naissant au sommet du pétiole.* Groupes des sporanges linéaires très longs, au nombre de 2-3, couvrant après qu'ils sont devenus confluents toute la face inférieure des segments excepté au sommet et la débordant quelquefois assez largement. ♃. Juin-septembre.

R.R.R. — Fentes des rochers, vieux murs. — Samoireau près Fontainebleau (*De Boucheman*). —? Étampes (*Mérat, fl. Par.*).—? La Chapelle-en-Serval près Senlis.

VII. CYSTOPTERIS. (Bernh. *in* Schrad. journ. (1806) 49.)

Sporanges naissant à la face inférieure des feuilles, disposés *en groupes oblongs-arrondis ou arrondis* solitaires sur les nervures secondaires épars ou disposés en séries régulières. *Indusium* membraneux ou scarieux transparent, *réniforme ou lancéolé* denticulé ou un peu lacinié, *se continuant avec la nervure secondaire dans toute la largeur de sa base*, libre dans le reste de son étendue. —Feuilles bi-tripinnatiséquées.

(Indusium réniforme, débordant à peine le groupe des sporanges; feuilles à
   lobes oblongs-lancéolés aigus . . . . *C. Filix-fœmina.*
  Indusium lancéolé, beaucoup plus long que le groupe des sporanges; feuilles
   à lobes et à lobules ovales obtus . . . . *C. fragilis.*

1. C. FRAGILIS. (Bernh. *loc. cit.*) — Aspidium fragile. Sw. *in* Schrad. II. 40. — Cyathea fragilis. Smith. Brit. III. 1139. — Engl. bot. t. 1587.

Souche épaisse, plus ou moins traçante, munie d'écailles brunâtres à la base des feuilles. Feuilles de 1-4 décimètr., assez longuement pétiolées, oblongues-lancéolées dans leur circonscription, minces, d'un vert gai, bi-tripinnatiséquées; segments lancéolés ou ovales-lancéolés dans leur circonscription; lobes ou lobules oblongs ou ovales-oblongs obtus, incisés-dentés ou crénelés. Groupes des sporanges arrondis, irrégulièrement disposés à la face inférieure des lobes ou des lobules du bord desquels ils se rapprochent. *Indusium caduc, lancéolé, beaucoup plus long que le groupe des sporanges.* ♃. Juin-septembre.

R. — Rochers humides, lieux ombragés, vieux murs, chemins creux. — Plessis-Piquet (*Jamin*). St-Lambert et Magny près Chevreuse! Arthieul près Magny-en-Vexin (*Bouteille*). Murs du château de Pouilly (*Daudin*). Marcoussis (*Vigineix*). Parc de Fontainebleau! St-Pierre près Compiègne! Pierrefond (*Weddell*). — Caisnes près Noyon (*Questier*).

2. C. FILIX-FOEMINA. -- Athyrium Filix-fœmina. Roth. Germ. III. 68. — Aspidium Filix-fœmina. Sw. *in* Schrad. journ. 1800. II. 41. — Engl. bot. t. 1459, — A. acrostichoideum. Bory St-Vincent *ap.* Mérat, fl. Par. I. 471. (vulg. *Fougère-femelle.*)

Souche épaisse, cespiteuse. Feuilles de 5-10 décimètr., en touffe, longuement pétiolées, oblongues-lancéolées dans leur circonscription, bipinnatiséquées; segments oblongs-lancéolés dans leur circonscription, d'un vert gai, assez minces; lobes oblongs-lancéolés aigus, pinnatifides, à lobules entiers ou dentés au sommet. *Indusium persistant, réniforme, débordant à peine le groupe des sporanges.* Groupes des sporanges oblongs-arrondis, disposés sur deux rangs réguliers parallèles à la nervure moyenne, souvent confluents à la maturité. ♃. Juin-septembre.

A.C. — Bois humides, pâturages marécageux, buissons ombragés.

VIII. NEPHRODIUM. (Rich. *ap.* Mich. fl. Boreal. Am. (1803). II. 266, *part.*)

Sporanges naissant à la face inférieure des feuilles, disposés *en groupes arrondis* solitaires sur les nervures secondaires épars ou disposés en séries régulières. *Indusium* membraneux, *réniforme-suborbiculaire, d'apparence pelté, à bord restant libre dans toute la circonférence, s'insérant sur la nervure secondaire par un pédicelle étroit qui correspond à l'échancrure.* — Feuilles bi-tripinnatiséquées ou bipinnatipartites.

1 { Souche grêle, traçante; feuilles à rachis dépourvu d'écailles. . . . . *N. Thelypteris.*
{ Souche épaisse, ord. cespiteuse; feuilles à rachis muni d'écailles . . . . 2.

2 { Feuilles à segments pinnatiséqués au moins les inférieures; dents des lobules mucronées-aristées. . . . . 3.
{ Feuilles à segments pinnatipartits ou pinnatifides; dents des lobes ou des lobules mutiques ou mucronées non aristées . . . . 4.

3 { Feuilles molles; segments inférieurs environ aussi grands que les moyens, triangulaires-lancéolés, à lobes pinnatifides ou pinnatiséqués, à dents des lobules presque égales entre elles. . . . . *N. cristatum.*
{ Feuilles raides; segments oblongs-lancéolés, les inférieurs beaucoup plus petits que les moyens, à lobes indivis ou subbilobés à dent terminale cuspidée beaucoup plus longue que les latérales. . . *N. aculeatum.*

4 { Feuilles à segments pinnatipartits, à 15-25 paires de lobes; dents des lobes mutiques. . . . . *N. Filix-mas.*
{ Feuilles à segments pinnatipartits ou pinnatifides, à 5-15 paires de lobes; dents des lobes mucronées . . . . *N. Callipteris.*

1. N. THELYPTERIS. (Stremp. Fil. Berol. 52.) — Polystichum Thelypteris. Roth, Germ. III. 77. — Engl. bot. t. 509.

Souche grêle, longuement traçante. Feuilles de 4-7 décimètr., longuement pétiolées, *à rachis dépourvu d'écailles,* oblongues-lancéolées dans leur circonscription, pinnatiséquées; segments espacés, étalés, linéaires-lancéolés aigus dans leur circonscription, pinnatipartits, les inférieurs ord. plus petits que les moyens, souvent réfléchis; *lobes* confluents seulement à la base, triangulaires-lancéolés ou oblongs, aigus, *entiers,* à bords un peu infléchis en dessous. Indusium caduc. Groupes des sporanges nombreux, petits, disposés dans chaque lobe sur deux lignes régulières parallèles. ♃. Juin-septembre.

A.R. — Prairies tourbeuses, tourbières, marécages des bois, lit des étangs desséchés. — Marais du bois de Meudon (*Weddell*). Abondant dans la vallée de Senlisse près Dampierre! St-Léger! Clairfontaine (*Weddell*). Morfontaine! Compiègne (*Weddell*). Marais de Bretelle près St-Germer! (*Mandon*). Mennecy! Moret! Malesherbes! Pithiviers!

Le *N. Oreopteris* Kunth. (Polystichum Oreopteris. D.C.), indiqué à St-Léger (*Mérat, fl. Par.*), se distingue du *N. Thelypteris* surtout par les lobes des segments oblongs obtus largement confluents à la base, parsemés en dessous de petits points résineux.

57.

2. N. FILIX-MAS. (Stremp. Fil. Berol. 50.) — Polystichum Filix-mas. Roth, Germ. III. 82. — Aspidium Filix-mas. Sw. syn. Fil. 55. — Engl. bot. t. 1458. (vulg. *Fougère-mâle*.)

Souche volumineuse, cespiteuse-traçante, chargée au niveau de la base des feuilles d'écailles brunâtres scarieuses. *Feuilles* de 5-10 décimètr., brièvement ou plus ou moins longuement pétiolées, à rachis muni d'écailles, oblongues-lancéolées dans leur circonscription, pinnatiséquées; *à segments* un peu étalés, lancéolés dans leur circonscription, *pinnatipartits à* 15-25 *paires de lobes*, les inférieurs plus petits que les moyens; *lobes* oblongs-obtus adhérents dans toute la largeur de leur base, crénelés inférieurement, dentés au sommet, *à dents aiguës-mutiques*, les inférieurs de chaque segment distincts, les supérieurs confluents. Indusium persistant. Groupes des sporanges assez gros, peu nombreux, disposés sur deux lignes régulières ou irrégulières qui n'occupent ord. que la partie inférieure de chacun des lobes. ♃. Juin-septembre.

C.C. — Fossés, lisières et clairières des bois, chemins creux, rochers, buissons.

3. N. CALLIPTERIS. — Polystichum Callipteris. D.C. fl. Fr. II. 562. — N. cristatum. Mich. ? fl. Bor. Am. II. 269. — Aspidium cristatum. Sw. syn. Filic. 52. — Engl. bot. t. 2125 — *non* Polypodium cristatum. L.

Souche épaisse, cespiteuse. *Feuilles* de 3-6 décimètr., ord. assez brièvement pétiolées, à rachis muni d'écailles, oblongues-lancéolées dans leur circonscription, pinnatiséquées; *à segments* un peu étalés, oblongs ou triangulaires-lancéolés dans leur circonscription, *pinnatipartits ou pinnatifides à* 5-15 *paires de lobes*, les inférieurs plus petits que les moyens; *lobes* oblongs-obtus confluents entre eux à la base même dans la partie inférieure des segments, crénelés inférieurement, *dentés* supérieurement, *à dents mucronées non aristées*. Indusium persistant, à la fin largement débordé par les sporanges. Groupes des sporanges assez gros, peu nombreux, disposés dans chacun des lobes sur deux lignes régulières ou irrégulières. ♃. Juin-septembre.

R.R. — Bois humides montueux, marécages des bois, rochers ombragés. — St Léger! Morfontaine! (*Decaisne*).

4. N. CRISTATUM. — *non* Mich. — Polypodium cristatum. L. sp. 1551. — Hoffm. Germ. II. 8. — *non* Aspidium cristatum. Sw. — Polystichum dilatatum. D.C. fl. Fr. V. 241. — Aspidium dilatatum. Engl. bot. t. 1461. — A. spinulosum. Sw. syn. Filic.

Souche épaisse, cespiteuse. *Feuilles* de 3-8 décimètr., plus rarement de 1-3 décimètr., molles, à pétiole de longueur variable, à rachis muni d'écailles, oblongues ou triangulaires-lancéolées dans leur circonscription, *bi-tripinnatiséquées; segments* ord. espacés, les *inférieurs environ aussi grands que les moyens, triangulaires-lancéolés; lobes pinnatifides ou pinnatiséqués; lobules* obtus, dentés surtout supérieurement, *à dents* conniventes *mucronées-aristées presque égales entre elles*. Indusium persistant. Groupes des sporanges assez petits, disposés dans chacun des lobes ou des lobules sur deux lignes régulières ou irrégulières. ♃. Juin-septembre.

C. — Bois humides, coteaux ombragés, chemins creux.

var. β. *tripinnatum.* — Feuilles ord. très amples, à segments tous ou la plupart pinnatiséqués.

5. N. ACULEATUM. — Polystichum aculeatum. Roth, Germ. III. 79. — Aspidium
aculeatum. Sw. *in* Schrad. journ. (1800) II. 37. — Engl. bot. t. 1562.

Souche cespiteuse, chargée d'écailles roussâtres ainsi que les rachis. *Feuilles*
de 4-8 décimètr., raides, à pétiole court, oblongues-lancéolées et atténuées
aux deux extrémités dans leur circonscription, *bipinnatiséquées ; segments*
rapprochés, *oblongs-lancéolés* dans leur circonscription, les *inférieurs*
beaucoup plus petits que les moyens; lobes oblongs en croissant, ou oblongs-
rhomboïdaux, un peu décurrents à la base, dentés, *indivis*, ou subbilobés
au moins les inférieurs de chaque segment à lobe latéral en forme d'oreillette ;
dents des lobes raides mucronées-aristées, la terminale cuspidée beau-
coup plus longue que les latérales. Indusium persistant, largement débordé
par les sporanges à la maturité. Groupes des sporanges assez petits, disposés
dans chacun des lobes par séries régulières ou irrégulières, quelquefois solitaires.
♃. Juin-septembre.

R. — Buissons ombragés, bois humides, rochers, coteaux boisés. — Forêt de
Marly (*Weddell*). Halaincourt près Magny (*Bouteille*). Ous-en-Bray (*Mandon*).
Abondant à Haute-Bruyère près Villers-Cotterets; St-André dans la forêt de Villers-
Cotterets (*Questier*). Pierrefond (*Weddell*). Champagne (*Devilliers*). — ? Mont-
morency; Versailles (*Mérat, fl. Par.*) ? Meudon (*Loiseleur, fl. Gall.*).

var. α. *vulgare.* — Lobes inférieurs de chaque segment plus grands et seuls prolongés en une oreillette latérale.

var. β. *angulare.* — Lobes de chaque segment presque égaux assez petits, tous ou
la plupart prolongés en une oreillette latérale.

Une sous-variété du *N. aculeatum* à lobes confluents dans chaque segment (Magny,
Bouteille) a été confondue souvent avec le *N. Lonchitis* (Polystichum Lonchitis,
Roth).

TRIBU II. OSMUNDEÆ. — Sporanges pédicellés, ord. disposés
en panicule à la partie supérieure des feuilles dont les divisions se
sont déformées et contractées, membraneux réticulés, dépourvus
d'anneau élastique, s'ouvrant régulièrement en deux valves du
sommet à la base. Indusium nul. Feuilles enroulées en crosse pendant la préfoliaison.

IX. OSMUNDA. (L. gen. n. 1172, *part.*)

Sporanges subglobuleux, disposés en panicule à la partie supérieure des
feuilles fertiles. — Feuilles bipinnatiséquées.

1. O. REGALIS. (L. sp. 1521.) — Engl. bot. t. 209. (vulg. *Osmonde, Fougère-*
fleurie.)

Souche épaisse, cespiteuse, émettant plusieurs feuilles disposées en touffe,
les unes stériles, les autres fertiles. Feuilles de 6-12 décimètr., rarement
moins, ord. très amples, bipinnatiséquées, pétiolées; à pétiole robuste, dilaté à la base à bords presque membraneux, un peu arqué et terminé en un
bec très étroit au niveau de l'insertion; segments stériles peu nombreux, espacés, oblongs dans leur circonscription; à lobes un peu pétiolulés, assez
amples, oblongs-lancéolés, indivis, entiers ou un peu crénelés, tronqués et
souvent auriculés à la base, présentant un grand nombre de nervures latérales transparentes parallèles et bifurquées; segments fructifères rapprochés
en une panicule terminale, à lobes contractés linéaires couverts dans toute

leur surface par les sporanges rapprochés par groupes arrondis. ♃. Juin-septembre.

A.R. — Bois marécageux, taillis humides, tourbières, bruyères humides, fossés des prairies tourbeuses. — Forêt de Montmorency! Vallée de Senlisse près Dampierre (*Schœnefeld*). St-Léger! Arthies et Sérans! près Magny (*Bouteille*). Bruyères de Neuville-Bosc! (*Daudin*, *Frion*). Morfontaine (*Thuret*). Ermenonville (*Morelle*). Forêt de Compiègne (*Leré*). Malesherbes! — ? Meudon (*Mérat*, *fl. Par.*).

TRIBU III. OPHIOGLOSSEÆ. — Sporanges sessiles, disposés en épi ou en panicule à la partie supérieure d'une feuille dont le limbe s'est déformé et contracté, coriaces, dépourvus d'anneau élastique, libres ou soudés entre eux, s'ouvrant régulièrement en deux valves du sommet à la base. Indusium nul. Feuilles au nombre de deux, soudées entre elles dans la partie inférieure de leur rachis, l'une extérieure stérile foliacée non enroulée en crosse pendant la préfoliaison, l'autre fertile réduite au rachis.

X. BOTRYCHIUM. (Swartz, in Schrad. journ. II. 110.)

Sporanges libres, disposés en panicule. — Feuille stérile pinnatiséquée.

1. B. LUNARIA. (Sw. *loc. cit.*) — Osmunda Lunaria. L. sp. 1519. — Engl. bot. t. 1518.

Souche cespiteuse. Plante de 5-15 centimètr., entourée à la base d'écailles membraneuses brunâtres. Feuille stérile pinnatiséquée, à segments épais semi-lunaires-réniformes ou rhomboïdaux-cunéiformes entiers ou incisés. Feuille fertile pinnatiséquée à segments réduits à leur rachis et rapprochés en une panicule terminale. ♃. Mai-juillet.

R. — Pâturages montueux, bruyères, pelouses découvertes des bois sablonneux. — Buc! Trouvé une seule fois dans la forêt de Senart! Forêt de Fontainebleau! Malesherbes! (Me *Bernard*). Gambé près Houdan Anet (*Daenen*). Magny (*Bouteille*). Env. de Beauvais (*Delacourt*). Forêt de Compiègne (*Leré*). — Mt-St-Siméon et Larbroie près Noyon (*Questier*).

var. β. *rutaceum.* (B. rutaceum. Willd. sp. 62.) — Segments de la feuille stérile incisés-lobés. — *R.R.* — Mêlé avec le type.

XI. OPHIOGLOSSUM. (L. gen. n. 1171, *part.*)

Sporanges soudés entre eux, disposés en un épi linéaire distique, dirigés horizontalement, s'ouvrant perpendiculairement à l'axe de l'épi. — Feuille stérile entière.

1. O. VULGATUM. (L. sp. 1518.) — Engl. bot. t. 108. (vulg. *Langue-de-serpent*, *Herbe-sans-couture*.)

Souche cespiteuse. Plante de 1-3 décimètr., entourée à la base d'écailles membraneuses brunâtres. Feuille stérile ovale entière assez ample, à nervures très fines ramifiées en réseau. Feuille fertile terminée par un épi simple linéaire aigu beaucoup plus court que la partie du rachis supérieure à la soudure des deux feuilles. ♃. Mai-juin.

A.R. — Prairies tourbeuses, taillis marécageux, buissons ombragés. — Marais de Meudon! Forêt de Montmorency! St-Germain (*Guéneau de Mussy*) Forêt de Senart (*Adr. de Jussieu*). Fontainebleau (*Maire*). Malesherbes (*Bernard*). Nemours (*Devilliers*). Env. de Houdan (*Daënen*). Sérans et parc d'Halaincourt près Magny (*Bouteille*). Comelle près Chantilly (*De Lens*). Forêt de Compiègne (*Weddell*). Goincourt et Bailleux près Beauvais (*Graves*).

CXVII. MARSILÉACÉES.

(MARSILEACEÆ. R. Brown. prodr. 166.)

Plantes vivaces, herbacées, aquatiques ; rhizôme filiforme rampant rameux, à axe central ligneux composé de vaisseaux spiraux et annulaires et de cellules allongées.—*Feuilles* alternes, *enroulées en crosse pendant la préfoliaison* , *linéaires-subulées* réduites au rachis, *ou à 4 segments obovales verticillés* au sommet du rachis, à épiderme pourvu de stomates.—*Involucres capsulaires* globuleux ou ovoïdes-subglobuleux, coriaces, presque ligneux, poilus, *sessiles ou pédicellés sur le rhizôme à l'aisselle des feuilles, à 4 loges, ou à 2 loges* subdivisées par un grand nombre de cloisons transversales, s'ouvrant plus ou moins complètement en 2-4 valves au niveau des cloisons ; *renfermant des sporanges de deux sortes*, les uns fertiles, les autres stériles (anthéridies ?), insérés dans chaque loge suivant une ligne pariétale gélatineuse.—*Sporanges fertiles contenant une seule spore* assez grosse, renfermés dans une enveloppe membraneuse revêtue en dehors d'une couche gélatineuse. —Sporanges stériles beaucoup plus nombreux que les sporanges fertiles, vésiculeux, se rompant irrégulièrement, renfermant un grand nombre de granules très petits qui nagent dans un liquide gélatineux ou sont entourés chacun d'une couche gélatineuse.

I. PILULARIA. (Vaill. bot. Par. t. 15. f. 6.)

Involucres capsulaires globuleux, sessiles, à 4 loges. Sporanges fertiles s'insérant dans la partie inférieure de la loge, les stériles s'insérant dans la partie supérieure. — Feuilles linéaires-subulées, réduites au rachis.

1. P. GLOBULIFERA. (L. sp. 1563.) — Fl. Dan. t. 223. (vulg. *Pilulaire.*)
Rhizôme de longueur très variable, filiforme, rampant, rameux, émettant des racines au niveau de l'insertion des feuilles. Feuilles linéaires-subulées, d'un beau vert, souvent rapprochées en touffes. Involucres capsulaires environ de la grosseur d'un petit pois, couverts d'un feutrage brunâtre. ♃. Juin-août.

R. — Bruyères humides, sables tourbeux, bords des mares et des étangs sablonneux. — Forêt de Senart ! Mares de la forêt de Fontainebleau ! St-Léger ! Forêt des Ivelines (*Weddell*). Montfort-l'Amaury (*de Boucheman*). Etangs de Comelle près Chantilly ; Env. de Beauvais ; Marais de St-Germer (*Graves*).

var. β. *natans* (P. natans. Mérat, fl. Par. ed. 2. 1. 283.) — Plante croissant dans l'eau, flottant et atteignant souvent une grande longueur ; feuilles souvent très allongées.

CXVIII. ÉQUISÉTACÉES.

(EQUISETACEÆ. Rich. *ap.* D.C. fl. Fr. II. 580.)

Plantes vivaces, terrestres ou aquatiques, à rhizôme traçant souvent rameux.—*Tiges* cylindriques, sillonnées ou cannelées, *articulées, simples, munies ou non* au niveau des nœuds *de rameaux verticillés, chaque articulation donnant naissance à une gaîne membraneuse denticulée ou dentée* (feuilles soudées?) intérieure par rapport au verticille de rameaux lorsqu'ils existent ; chaque rameau muni à la base d'une gaîne membraneuse, articulé comme la tige, simple plus rarement rameux au niveau des nœuds ; chaque entrenœud de la tige creux dans toute sa longueur et fermé au niveau des nœuds supérieur et inférieur par un diaphragme, la partie solide composée d'un tissu cellulaire qui présente de petites lacunes disposées en un ou deux cercles et de vaisseaux annulaires rapprochés des lacunes ; rameaux présentant la même structure que les tiges, mais dépourvus de cavité intérieure. — Épiderme offrant un grand nombre de stomates disposés par séries régulières. — *Sporanges* tous de même sorte, membraneux, s'ouvrant par une fente longitudinale, *disposés en cercle par 6-9 à la face inférieure d'écailles* pédicellées *peltées* anguleuses à la circonférence ; *les écailles étant verticillées en forme de cône* ou d'épi *au sommet de la tige ou des rameaux.*—*Spores très nombreuses,* libres entre elles, *munies de 4 appendices filiformes* renflés au sommet partant du même point, s'enroulant autour de la spore ou se déroulant suivant les alternatives de sécheresse et d'humidité.

I. EQUISETUM. (L. gen. n. 1169.)

Mêmes caractères que ceux de la famille.

1 { Tiges les unes fertiles, les autres stériles ; les tiges fertiles dépourvues de verticilles de rameaux, jamais vertes, se développant avant les tiges stériles, se détruisant après la maturité de l'épi . . . . 2.
Tiges toutes de la même sorte, fertiles, vertes, persistant après la destruction de l'épi, donnant ou non naissance à des verticilles de rameaux . . 3.

2 { Gaînes des tiges à 8-12 dents lancéolées-acuminées ; tiges stériles vertes. . . . . *E. arvense.*
Gaînes des tiges à 20-30 dents acuminées-subulées ; tiges stériles d'un beau blanc . . . . *E. Telmateja.*

3 { Tiges très rudes ; dents des gaînes à partie supérieure blanche, scarieuse, caduque ; tige ne présentant jamais de verticilles de rameaux. *E. hyemale.*
Tiges lisses ou à peine rudes ; dents des gaînes persistantes ; tige portant ou non des verticilles de rameaux. . . . . 4.

4 { Gaînes lâches, celles des tiges ord. à 6 dents blanchâtres au bord ; tiges ord. à rameaux nombreux. *E. palustre.*
Gaînes étroitement apprimées, à 15-20 dents ord. noirâtres ; tiges dépourvues de rameaux ou munies de rameaux seulement dans leur partie supérieure . . . . *E. limosum.*

1. E. ARVENSE. (L. sp. 1516.) — Engl. bot. t. 2020. (vulg. *Queue-de-rat.*)

Tiges les unes fertiles, les autres stériles : Tiges fertiles, de 1-2 décimètr., dépourvues de verticilles de rameaux, *d'un brun rougeâtre,* se développant avant les tiges stériles, se détruisant après la maturité de l'épi ; *à gaînes* lâches ovoïdes, blanches à la base, brunes supérieurement, profondément *divisées en* 8-12 *dents lancéolées-acuminées;* épi oblong-cylin-drique, non apiculé. *Tiges stériles* de 3-6 décimètr., dressées ou couchées, *vertes*, plus grêles que les tiges fertiles, profondément sillonnées, nues à la base, présentant un grand nombre de verticilles de rameaux; gaînes plus pe-tites que dans les tiges fertiles; rameaux ord. simples, tétragones, sillonnés, un peu rudes. ♃. *Fruct.* mars-avril.

. *C.C.* — Champs humides, berges des rivières.

2. E. TELMATEYA. (Ehrh. crypt. 31.) — E. fluviatile L.? sp. 1517. — Duby, bot. Gall. 535. — Vauch. monogr. t. 2.

Tiges les unes fertiles, les autres stériles : Tiges fertiles, de 2-3 déci-mètr., dépourvues de verticilles de rameaux, *blanches ou d'un blanc rou-geâtre*, se développant avant les tiges stériles, se détruisant après la matu-rité de l'épi; *à gaînes* lâches campanulées, brunâtres supérieurement, *profondément divisées* en 20-30 *dents acuminées-subulées;* épi oblong-cylindrique, non apiculé. *Tiges stériles* de 5-10 décimètr., dressées, *d'un beau blanc*, presque aussi robustes que les tiges fertiles, un peu sillonnées, présentant un grand nombre de verticilles de rameaux; gaînes plus petites que dans les tiges fertiles, plus courtes, à dents plus étroites; rameaux grêles, à 8 angles, rudes de haut en bas, ord. très longs, très nombreux, simples, ou ceux des verticilles inférieurs rameux à la base. ♃. *Fruct.* mars-avril.

A.C. — Bords des ruisseaux, lieux marécageux, marécages des bois.

On observe quelquefois une déformation dans laquelle les tiges munies de verti-cilles de rameaux se terminent par un épi fructifère (Omerville près Magny, *Bou-teille*).

3. E. PALUSTRE. (L. sp. 1516.) — Engl. bot. t. 2021. (vulg. *Queue-de-cheval*.)

Tiges toutes semblables et fertiles, de 3-6 décimètr., *vertes*, persistant après la destruction de l'épi, présentant des verticilles de rameaux, dressées, grêles, *lisses* ou un peu rudes, présentant 8-12 sillons profonds; *gaînes lâ-ches* un peu évasées, vertes, *à* 6 plus rarement 8-12 *dents persistantes* lan-céolées-aiguës ou acuminées brunâtres mais *blanchâtres au bord;* rameaux verticillés par 8-12 ou moins par avortement, grêles allongés, subtétra-gones, lisses, ord. simples; épi cylindrique, assez grêle, non apiculé. ♃. Mai-août.

C.C. — Champs humides, bords des eaux, lieux marécageux.

var. β. *polystachyon.* — Rameaux plus allongés, terminés chacun par un épi. — *A.C.* — Mêlé avec le type.

4. E. LIMOSUM. (L. sp. 1517.) — Engl. bot. t. 929.

Tiges toutes semblables et fertiles, de 5-12 décimètr., *vertes*, persistant après la destruction de l'épi, ne présentant de verticilles de rameaux que dans leur partie supérieure ou en étant complètement dépourvues, dressées, ord. robustes, *lisses*, à 15-20 sillons; *gaînes* cylindriques, *étroitement ap-primées*, vertes, à 15-20 *dents persistantes* linéaires-subulées ord. noirâtres; rameaux verticillés par 15-20 ou moins par avortement, ord. courts, ord. pentagones, presque lisses, simples; épi oblong, non apiculé. ♃. Mai-août.

A.C. — Marécages, fossés aquatiques, mares, étangs.

var. β. *polystachyon.* — Rameaux terminés chacun par un épi. — R. — Mêlé avec le type.

5. E. HYEMALE. (L. sp. 1517.) — Engl. bot. t. 915. (vulg. *Prêle-des-tourneurs*.)

Tiges toutes semblables et fertiles, de 6-12 décimètr., *d'un vert un peu glauque*, persistant après la destruction de l'épi, dépourvues de verticilles de rameaux, présentant rarement quelques rameaux épars, dressées, raides, *très rudes*, à 15-20 sillons; *gaînes* cylindriques, *apprimées*, blanchâtres, noires à la base et au sommet, *à* 15-20 *dents* subulées *à partie supérieure blanche scarieuse caduque*; épi ovoïde-oblong, court, apiculé. ♃. *Fruct.* mars-mai.

R.R. — Lieux sablonneux, bords des étangs, bois humides, tourbières. — Etang-Neuf près Houdan (*Daënen*). Bois de Valvins (*Woods*).

CXIX. CHARACÉES (1).

(CHARACEÆ. L. C. Rich. *in* Humb. et Bonpl. nov. gen. et sp. I. 38.)

Plantes aquatiques, *submergées*, annuelles ou vivaces, se fixant dans la vase par des radicelles très fines, exhalant ord. une odeur fétide.—*Tiges* cylindriques, *dépourvues de feuilles*, lisses ou chargées de papilles, transparentes ou opaques, souvent incrustées de matière crétacée, rameuses, *articulées*, *à articles composés chacun d'une cellule cylindrique-tubuleuse* (tube) solitaire ou entourée d'un rang de cellules semblables plus étroites disposées en spirale; *ramuscules* (feuilles de quelques auteurs) *disposés par verticilles* au niveau des articulations, simples *et alors portant le long de leur face interne les organes de la fructification* qui sont entourés d'un involucre de 4 ramuscules secondaires ou plus rapprochés souvent inégaux (bractées), *ou* plus ou moins ramifiés souvent bi-polychotomes et *portant* alors *les sporanges et les anthéridies à leur sommet ou au niveau de l'angle de leurs divisions*. —*Organes de la fructification de deux sortes* (sporanges et anthéridies) portés sur le même individu (plante monoïque) et alors ord. rapprochés, ou portés sur deux individus différents (plante dioïque). — Sporanges (spores *auct.*) ovoïdes ou ovoïdes-subglobuleux, couronnés par 5 dents plus ou moins saillantes, ou à dents indistinctes, constitués par deux tuniques qui renferment une seule spore, la tunique extérieure membraneuse mince transparente continue, l'intérieure opaque épaisse résistante composée ord. de 5 lanières qui partant de la base s'enroulent en spirale autour de la spore et vont constituer au sommet les dents de la couronne en soulevant la tunique externe. Spore contenant dans sa cavité un très grand nombre de granules striés. — *Anthéridies* globuleuses (globules), *d'un beau rouge*, paraissant avant les sporanges, composées de deux tuniques, la tunique extérieure membraneuse mince transparente continue, l'intérieure opaque coriace colorée en rouge composée de 8 pièces triangulaires dentées qui s'engrènent entre elles par leurs dents; la cavité de l'anthéridie renferme un axe de l'extrémité duquel partent 8 corps cylindroïdes opaques qui divergent en rayonnant pour se fixer au centre de chacune des huit pièces qui constituent la tunique interne, chacun de ces corps est entouré en manière d'involucre par un grand nombre de tubes transparents cloi-

---

(1) Nous devons à M. Weddell des notes dont nous nous sommes servis pour la description de la famille et des espèces; nous avons puisé presque complètement dans ces notes la description de l'anthéridie

sonnés dont chaque cellule contient un animalcule filiforme qui est muni de deux appendices sétiformes vers l'une de ses extrémités.

1 { Tiges opaques, à articles composés chacun d'un tube central entouré d'un
rang de tubes semblables plus étroits. . . . . CHARA. (i).
Tiges plus ou moins diaphanes, à articles composés chacun d'un seul tube.
. . . . NITELLA. (ii).

1. CHARA. (L. gen. n. 1203 , *part.*) — Agardh, syst. Alg. gen. n. 48. — Endl. gen. pl. 7.

Tiges opaques, très fragiles après la dessiccation, *à articles composés chacun d'un tube central entouré d'un rang de tubes* semblables *plus étroits disposés en spirale* (1). Sporanges et anthéridies portés sur le même individu (plante monoïque) (2), rarement portés sur deux individus différents (plante dioïque). Sporanges solitaires au centre d'involucres composés de 4 bractées inégales ou plus, placés au-dessus des anthéridies (dans les plantes monoïques), couronnés par 5 dents plus ou moins saillantes.

1 { Plante dioïque. . . . . *C. aspera.*
Plante monoïque. 2.

2 { Bractées plus courtes que les sporanges ; tiges vertes. . . . *C. fragilis.*
Bractées plus longues que les sporanges ; tiges grisâtres. . . . . 3.

3 { Tiges robustes, sillonnées-tordues, à papilles très nombreuses surtout su-
périeurement. . . . . *C. hispida.*
Tiges grêles, striées, dépourvues de papilles, ou à papilles peu nombreuses.
. . . . *C. fœtida.*

1. C. HISPIDA. (L. sp. 1624.) — Engl. bot. t. 463. — Vaill. act. acad. (1719) t. 3. f. 3. — Illustr. fl. Par. (vulg. *Grande-Characagne.*)

Plante monoïque. Tiges de 3-8 décimètr., opaques, *robustes*, assez *grosses, sillonnées-tordues*, grisâtres ou d'un gris verdâtre, *présentant* surtout *dans leur partie supérieure de longues papilles* plus ou moins *fasciculées ;* ramuscules verticillés par 6-10, simples, portant le long de leur face interne des involucres espacés composés chacun de 4 bractées ou plus. *Sporanges* solitaires au centre des involucres, ovoïdes, à 12-15 stries, dépassés par les bractées. Anthéridies solitaires au-dessous de chacun des involucres. — Mai-août.

C.C. — Mares, canaux, étangs, petites rivières à courant peu rapide.

var. β. *pseudo-crinita.* — Papilles beaucoup plus nombreuses que dans le type , recouvrant complètement les tiges au moins dans leur partie supérieure. — *A.R.*

2. C. FOETIDA. (Al. Braun, bot. zeit. (1838. januar.) 65.) — Illustr. fl. Par. — C. vulgaris. Smith. Brit. I. 4, *et auct.* — Engl. bot. t. 336. — C. funicularis. Thuill. fl. Par. 473. (vulg. *Charagne-commune.*)

Plante monoïque. Tiges de 1-4 décimètr., opaques, plus ou moins *grêles*, striées, *grisâtres*, *présentant ou non des papilles ;* ramuscules verticillés

---

(1) Les articles de la tige dans le genre *Chara* sont toujours composés de plusieurs tubes ; mais assez fréquemment les articles supérieurs des rameaux ne présentent qu'un seul tube ; dans quelques espèces étrangères à notre Flore (C. *scoparia* Bauer et C. *squamosa* Desf.) tous les articles des rameaux sont composés d'un seul tube.

(2) La couleur rouge, qui permet de distinguer si facilement les anthéridies des sporanges, disparaissant plus ou moins par la dessiccation, les espèces dans les genres *Chara* et *Nitella* doivent être étudiées surtout sur la plante vivante.

par 6-10, simples, portant le long de leur face interne des involucres espacés composés chacun ord. de 4 bractées. *Sporanges* solitaires au centre des involucres, ovoïdes, à 12 stries, plus ou moins longuement *dépassés par les bractées.* Anthéridies solitaires au-dessous de chacun des involucres. — Mai-août.

C.C. — Eaux stagnantes, mares, fossés aquatiques, bords des étangs.

var. β. *hispidula.* — Tige chargée de papilles très fines. Bractées moins longues que dans le type. — *A.R.* — Forêt de Senart (*Weddell*), etc.

var. γ. *papillaris.* — Tige chargée de longues papilles très caduques. — *A.C.*

var. δ. *longibracteata.* — Bractées très longues. — *A.C.*

var. ε. *densa.*—Ramuscules ord. épais et courts, en verticilles rapprochés.— *A.C.* Fossés tourbeux presque à sec.

3. C. FRAGILIS. (Desv. *ap.* Loisel. not. fl. Fr. 137.) — Illustr. fl. Par. — C. vulgaris. L. sp. 1624, et herb. *ex* cl. Weddell. - C. pulchella. Wallr. annus bot. t. 2. — C. globularis. Thuill. fl. Par. 472.

Plante monoïque. Tiges de 2-6 décimètr., opaques, *grêles,* striées, *vertes, ne présentant pas de papilles;* ramuscules verticillés par 6-10, simples, portant le long de leur face interne des involucres espacés composés chacun ord. de 4 bractées. *Sporanges* solitaires au centre des involucres, ovoïdes, à 12 stries, *plus longs que les bractées.* Anthéridies solitaires au-dessous de chacun des involucres. — Mai-août.

C.C. — Mares, eaux stagnantes, fossés aquatiques, bords des étangs.

var. β. *elongata.* — Tiges et ramuscules très allongés, presque stériles. — *A.C.* — Eaux courantes.

var. γ. *capillacea.* (C. capillacea. Thuill. fl. Par. 474.) — Tiges et rameaux très grêles, presque capillaires, ne présentant pas d'incrustation crétacée.

4. C. ASPERA. (Willd. *in* Berl. mag. d. N. III. 298.) — Wallr. annus. bot.t. 6. f. 3. — Illustr. fl. Par. — C. intertexta. Desv. *ap.* Loisel. not. fl. Fr. 138.

Plante dioïque. Tiges de 1-3 décimètr., opaques, *très grêles,* striées, grisâtres, *hérissées de longues papilles dans leur partie supérieure* et de petites aspérités dans le reste de leur longueur; ramuscules verticillés par 6-8, simples, portant le long de leur face interne des involucres espacés composés chacun de 4-6 bractées. Sporanges solitaires au centre des involucres, ovoïdes, à 12 stries, plus ou moins longuement dépassés par les bractées. Anthéridies solitaires au-dessous de chacun des involucres. — Mai-août.

R.R. —Eaux stagnantes. — Lac de Morfontaine en face de l'île Molton (*Decaisne, Al. Braun*).— ? Palaiseau (*Thuillier*).

II. NITELLA. (Agardh, syst. Alg. gen. n. 47.) — Endl. gen. pl. 7.

Tiges plus ou moins diaphanes, souvent transparentes, flexibles après la dessiccation, *à articles composés chacun d'un seul tube.* Sporanges et anthéridies portés sur le même individu (plante monoïque), ou portés sur deux individus différents (plante dioïque). Sporanges et anthéridies munis d'involucres composés de bractées, ou naissant au niveau des angles de division des ramuscules. Anthéridies placées au-dessus des sporanges (dans les espèces monoïques), (très rarement placées au-dessous des sporanges dans des espèces étrangères à notre flore). Sporanges à dents terminales à peine saillantes ou indistinctes.

1 { Plante dioïque . . . . 2.
{ Plante monoïque. . . . . 3.

{
Verticilles inférieurs à ramuscules avortés soudés en une masse crustacée blanchâtre en forme d'étoile irrégulière à 4-8 lobes; sporanges solitaires, espacés le long des ramuscules et munis de bractées qui les dépassent longuement. . . . . *N. stelligera.*

2 {
Verticilles inférieurs jamais réduits à des masses crustacées; sporanges réunis 2-3 à la partie moyenne de ramuscules simples et dépourvus de bractées, ou placés à l'angle de division de ramuscules bi-trifurqués souvent rapprochés en têtes; anthéridies solitaires au niveau de l'angle de division des ramuscules, ou terminales. . . . . *N. syncarpa.*

3 {
Sporanges latéraux ou terminaux, groupés par 3-7; ramuscules simples, au moins les stériles. . . . . 4.
Sporanges solitaires au niveau des angles de division des ramuscules; ramuscules 2-3 fois divisés. . . . . 5.

4 {
Ramuscules fructifères à 4 articles, l'article inférieur donnant naissance à 4 bractées allongées et à plusieurs sporanges qui entourent une anthéridie. . . . . *N. glomerata.*
Ramuscules fructifères très petits, groupés en têtes, terminés chacun par 3 bractées qui forment un involucre autour d'une anthéridie, l'anthéridie surmontant un groupe de 3 sporanges placé au-dessous de l'involucre. . . . . *N. translucens.*

5 {
Tiges capillaires; ramuscules des verticilles très condensés et enduits de mucilage, simulant des grains de chapelet, à divisions terminales plus longues que leurs divisions inférieures. . . . . *N. tenuissima.*
Tiges non capillaires; ramuscules des verticilles allongés, jamais condensés en forme de grains de chapelet, à divisions terminales plus courtes que leurs divisions inférieures. . . . . 6.

6 {
Ramuscules à divisions capillaires, étalées-divergentes. . . *N. gracilis.*
Ramuscules à divisions non capillaires, dressées. . . . *N. mucronata.*

SECT. I. — Sporanges et anthéridies naissant à la face interne des ramuscules, et munis d'un involucre de 2-4 longues bractées. Ramuscules simples.

† 1. N. GLOMERATA. — Illustr. fl. Par. — Chara glomerata. Desv. *ap.* Loisel. not. fl. Fr. 135. — C. nidifica. fl. Dan. t. 761. — Engl. bot. t. 1703.

Plante monoïque. Tiges de 1-4 décimètr., assez raides, vertes ou verdâtres, souvent couvertes d'une couche mince de matière crétacée; *ramuscules* verticillés par 6-8, les fructifères rapprochés en glomérules, simples, obtus, *à 4 articles, l'article inférieur donnant naissance supérieurement à 4 bractées* allongées presque égales *à 3 articles.* Anthéridies solitaires au centre des involucres constitués par les bractées. *Sporanges* subglobuleux, à 3-4 stries, *groupés plusieurs ensemble autour de chaque anthéridie.* — Juin-août.

R.R.R. — Mares, eaux stagnantes.—Bondy (herb. Maire). — ? Antony (Thuillier, herb.). — Nous n'avons pas encore rencontré cette espèce dans nos environs; il n'est pas à notre connaissance qu'elle y ait été retrouvée depuis Thuillier.

2. N. STELLIGERA. — Illustr. fl. Par. — Chara stelligera. Bauer *ap.* Mœssl. *in.* A. Braun, esq. monogr. ann. sc. nat. (1834) série II. I. 352. — C. translucens. Rchb. fl. excurs. 148, *non* Pers. — Rchb. ic. cent. VIII. f. 1087. — C. obtusa. Desv. ap. Loisel. not. fl. Fr. 136.

Plante dioïque. Tiges de 2-6 décimètr., assez raides, grisâtres, couvertes d'une couche mince de matière crétacée, excepté dans leur partie souterraine qui est incolore et transparente; *ramuscules* verticillés par 4-8, simples, obtus, *à 2-3 articles dont les inférieurs donnent naissance supérieurement à 2 bractées* inégales allongées *composées d'un seul article; verticilles inférieurs à ramuscules avortés soudés en une masse crustacée blanchâtre en forme d'étoile irrégulière à 4-8 lobes.* Anthéridies..... Spo-

ranges solitaires au niveau des bractées, ovoïdes, à 5 stries. — **Juillet-septembre.**

R.R. — Eaux courantes limpides, canaux et rivières à fond sablonneux. — Dans la Seine au Bas-Meudon (*Ad. Brongniart*). Moret (*Weddell*). Canal du Loing à Nemours (*Mérat*). — ? Chantilly (*Thuillier, herb.*).

SECT. II. — Sporanges et anthéridies naissant au niveau des angles de division des ramuscules, ou latéraux et dépourvus d'involucres de bractées, quelquefois terminaux et alors munis d'involucres. Ramuscules bi-trichotomes ou bi-trifurqués, plus rarement simples.

3. N. SYNCARPA. — Illustr. fl. Par. — Chara syncarpa. Thuill. fl. Par. **473.** — Rchb. pl. crit. cent. VIII. f. **1075.** — C. capitata. Nees von Esenbeck, *ap.* A. Braun, esq. monogr. ann. sc. nat. (1834) série 2. I. 351.

Plante dioïque. Tiges de 2-4 décimètr., grêles, très flexibles, d'un vert gai et luisant, transparentes; *ramuscules* verticillés par 6-10. *aigus, simples ou bifurqués, plus rarement trifurqués,* disposés en verticilles plus ou moins lâches, ou condensés en forme de glomérules. *Anthéridies solitaires au niveau de l'angle de division des ramuscules, ou terminant des ramuscules très courts munis au sommet d'un involucre de 2-3 bractées* et rapprochés en glomérules compactes portés sur des rameaux très courts d'apparence axillaires. *Sporanges* ovoïdes, à 5-7 stries, terminés par 5 tubercules très obtus, *réunis par 2-3 à la partie moyenne de ramuscules simples, ou placés à l'angle de division de ramuscules bi-trifurqués souvent rapprochés en têtes.* — **Juin-août.**

R. — Eaux stagnantes, mares des bois, étangs.

var. α. *capitata.* — Ramuscules de premier ordre très allongés, souvent simples. Anthéridies la plupart disposées en glomérules compactes qui sont portés sur des rameaux axillaires et sont composés de ramuscules très courts terminés chacun par une anthéridie. — Forêt de Senart! (*Weddell*).

var. β. *Smithii.* (C. flexilis. Sm. Engl. bot. t. 1070.) — Ramuscules de premier ordre courts, ord. bi-trifurqués. Anthéridies non disposées en glomérules compactes, portées sur des ramuscules non rapprochés en glomérules.—Étang du Trou-Salé près Versailles! la Grande-Mare près Fontainebleau!

4. N. TRANSLUCENS. — Illustr. fl. Par. — *non* Agardh. — Chara translucens. Pers. synops. pl. II. 531. — Engl. bot. t. 1855.

Plante monoïque. Tiges de 3-8 décimètr., raides, d'un vert gai et luisant, transparentes, présentant quelquefois des anneaux d'incrustation crétacée; *ramuscules stériles* en verticilles lâches, *simples, très obtus, terminés par 1-3 pointes* très petites *aciculées; ramuscules fertiles très petits, terminés chacun par 3 petites bractées, disposés en verticilles agglomérés en têtes subglobuleuses* très petites *portées sur des rameaux d'apparence axillaires. Anthéridies solitaires au centre de l'involucre formé par les 3 bractées qui terminent chaque ramuscule. Sporanges* subglobuleux, à 5-7 stries, *réunis par 3 immédiatement au-dessous de chacun des involucres.* — **Juin-août.**

A.R. — Mares à fond sablonneux, eaux stagnantes. — Étang de Villebon dans le bois de Meudon! Forêt de Senart! Forêt de Fontainebleau; St-Léger (*Weddell*). Fleurines! Env. de Pont-Ste-Maxence!

Le *N. Brongniartiana.* — (Chara Brongniartiana. Weddell, *in* cat. rais. fl. Par. 152. — Illustr. fl. Par. — C. flexilis. A. Braun, esq. monogr. Char. *in* ann. sc. nat. (1834) ser. 2. I. 349. — Bot. zeit. 1835. jan. 50. — F. Schultz. exsicc. cent. IV.

n, 92 et 92 *bis*. — Godr. fl. Lorr. III. 221. — *non* L.) présente les caractères suivants : *Plante monoïque* ; tiges d'un vert foncé, transparentes, flexibles ; *ramuscules* disposés ord. par 6 en verticilles lâches, allongés, *bifurqués , plus rarement trifurqués, à divisions simples aiguës non mucronées ; anthéridies solitaires au niveau de l'angle de division de chacun des ramuscules ; sporanges* ovoïdes, à 6 stries, *solitaires au-dessous de chacune des anthéridies.*—Cette espèce, observée en Lorraine, en Alsace, dans le Palatinat et en Suisse, etc., a été vaguement indiquée aux environs de Paris.

5. N. MUCRONATA. — Illustr. fl. Par.—Chara mucronata. A. Braun, esq. monogr. Char. *in* ann. sc. nat. (1834) sér. 2. I. 351.

Plante monoïque. Tiges de 2-4 décimètr., assez grêles, vertes, flexibles, transparentes ; *ramuscules* disposés en verticilles plus ou moins lâches, assez longs au moins dans la partie inférieure de la plante, *tri-quadrifurqués , à divisions elles-mêmes la plupart une ou deux fois bi-trifurquées non capillaires dressées, les divisions terminales* composées de deux articles *mucronées et plus courtes que les autres. Anthéridies solitaires au niveau des angles de division de chacun des ramuscules. Sporanges* subglobuleux, à 4-5 stries, terminées en pointe obtuse, *solitaires au-dessous de chacune des anthéridies.* — Juin-août.

R. — Mares, eaux stagnantes, rivières à courant peu rapide.

var. α. *flabellata*. (Chara flexilis. Rchb. ic. cent. VIII. f. 1071.) — Rameaux assez longs, même ceux des verticilles supérieurs. — Dans la Seine au Bas- Meudon (*A. Brongniart*). Forêt de Senart ; Nemours (*Weddell*). Ermenonville (*A. Braun, Decaisne*).

var. β. *heteromorpha*. (Chara nidifica. Rchb. ic. cent. VIII. f. 1072.)—Ramuscules des verticilles supérieurs courts, rapprochés en têtes à l'extrémité des tiges et des rameaux. — Mares du Trou-Salé ; Nemours (*Weddell*).

6. N. GRACILIS. (Agardh, syst. Alg. 125.) — Illustr. fl. Par. — Chara gracilis. Sm. Engl. bot. t. 2140. — Rchb. ic. cent. VIII. f. 1069.

Plante monoïque. Tiges de 1-2 décimètr., très grêles, d'un vert gai, très flexibles, transparentes ; *ramuscules* disposés en verticilles lâches, assez longs au moins dans la partie inférieure de la plante, *tri-quadrifurqués, à divisions elles-mêmes la plupart une ou deux fois bi-quadrifurquées capillaires étalées-divergentes , les divisions terminales* composées de deux articles *mucronées et plus courtes que les autres*. Anthéridies solitaires au niveau des angles de division de chacun des ramuscules. Sporanges subglobuleux, à 4-5 stries, terminés en pointe obtuse, solitaires au-dessous de chacune des anthéridies. — Juin-août.

R.R. — Mares et fossés à fond sablonneux, eaux stagnantes. — Forêt de Fontainebleau : abondant dans les fossés de la Mare - aux-Évées (*herb. A. Brongniart, Weddell*).

7. N. TENUISSIMA. — Chara tenuissima. Desv. journ. bot. II. 313. — Rchb. ic. cent. VIII. f. 1065-1068.

Plante monoïque, d'un vert sombre. *Tiges* de 5-30 centimètr., *capillaires*, très flexibles, transparentes ; *ramuscules courts, disposés en verticilles très compactes subglobuleux enduits de mucilage espacés ressemblant à des grains de chapelet, tri-quadrifurqués, à divisions elles-mêmes deux fois divisées en d'autres divisions nombreuses étalées dans tous les sens, les divisions terminales mucronées plus longues que les autres. Anthéridies solitaires au niveau des angles de division de chacun des ramuscules. Sporanges subglobuleux , à 6-8 stries , terminés en pointe obtuse, solitaires au-dessous de chacune des anthéridies.* — Juin-août.

R. — Croissant en touffes au fond des fossés tourbeux. — Forêt de Senart (*Ch. Tulasne*). Moulin-Galand près Essonne (*de Boucheman*). Petit-Saussey près le Bouchet! (*Decaisne*). — ? Chantilly (*Thuillier, herb.*).

CXX. LYCOPODIACÉES.

(LYCOPODIACEÆ. L. C. Rich. *ap.* D.C. fl. Fr. II. 571.)

Plantes vivaces, terrestres, herbacées ou presque ligneuses, à *tige* rameuse souvent dichotome, feuillée, couchée radicante au moins dans sa partie inférieure, *à axe central composé de vaisseaux* scalariformes *et de cellules allongées*. — *Feuilles* persistantes, *petites, entières*, sessiles ou décurrentes, *subulées ou lancéolées*, uninerviées, ord. insérées en spirale autour de la tige, ord. *très nombreuses rapprochées imbriquées*, les inférieures émettant à leur aisselle des fibres radicales filiformes. — *Sporanges* sessiles ou subsessiles, *naissant à l'aisselle des feuilles dans toute la longueur ou seulement dans la partie supérieure des tiges* ou à l'aisselle de feuilles bractéales et alors rapprochés en épis terminaux, membraneux-crustacés, jaunâtres, ne renfermant pas d'élatères ; tous de même sorte, s'ouvrant en 2-3 valves, subglobuleux ou réniformes, remplis de petits granules (spores) qui sont souvent chargés de papilles saillantes et se sont organisés par groupes de 4 dans des cellules qui se résorbent ensuite ; quelquefois de deux sortes : les uns semblables aux précédents ; les autres moins nombreux (oophoridies) s'ouvrant par 3-4 valves, contenant ord. 4 corps subglobuleux beaucoup plus gros que les spores.

I. LYCOPODIUM. (L. gen. n. 1184.)

Mêmes caractères que ceux de la famille.

{ Feuilles se terminant par une longue soie. . . . . *L. clavatum.*
{ Feuilles non terminées par une soie. . . . . *L. inundatum.*

1. L. CLAVATUM. (L. sp. 1564.) — Engl. bot. t. 224. (vulg. *Lycopode.*)
Tige de 2-10 décimètr. ou plus, rampante, très rameuse, radicante à fibres radicales espacées ord. solitaires, à rameaux ascendants. *Feuilles* éparses, disposées sur plusieurs rangs, recouvrant entièrement la tige et les rameaux, linéaires-lancéolées *se terminant par une longue soie*, raides, obscurément uninerviées. Sporanges tous de même sorte, disposés en épis, naissant chacun à l'aisselle d'une bractée. *Pédoncules* terminaux, assez longs, ascendants, *munis de bractées espacées*, bi-trifurqués au sommet et terminés par deux ou trois épis, très rarement simples terminés par un seul épi. Épis cylindriques, allongés, d'un jaune pâle, à bractées ovales acuminées-aristées un peu denticulées environ trois fois plus longues que les sporanges. ♃. *Fruct.* Juillet-septembre.

A.R. — Coteaux ombragés, bruyères humides, bois montueux, rochers. — Bois de Meudon! St Cucufas! (*Adr. de Jussieu*). Ville-d'Avray (*Brice*). Bièvre (*Mandon*). Bois de la butte de Picardie près Versailles ; St-Cyr (*de Boucheman*). Forêt d'Arthies (Cte *Jaubert*). Molière de Sérans près Magny (*Bouteille*). Abondant dans les bruyères de Neuville-Bosc! (*Daudin*). St-Martin près Thury-en-Valois (*Questier*). Glatigny près Beauvais (*Graves*). Morfontaine! Forêt de Compiègne ; route de Pierrefond (*Leré*).

2. L. INUNDATUM. (L. sp. 1565.) — Engl. bot. t. 239.

Tige de 5-20 centimètr., rampante, un peu rameuse, radicante, émettant un plus rarement deux rameaux fructifères dressés. *Feuilles* éparses, disposées sur plusieurs rangs, recouvrant entièrement la tige et les rameaux, linéaires-étroites *non terminées par une soie*, raides, uninerviées. Sporanges tous de même sorte, disposés en épis, naissant chacun à l'aisselle d'une feuille bractéale. *Rameaux fructifères feuillés ainsi que la tige*, assez longs, simples, terminés par un seul épi. Épi cylindrique un peu renflé, verdâtre, à feuilles bractéales aussi longues que les feuilles caulinaires, élargies et subbidentées à la base, dépassant très longuement les sporanges. ♃. *Fruct.* Juillet-septembre.

R. R. — Bruyères humides, bords des étangs et des marais tourbeux. — Etang de Grand-Moulin près Dampierre! St-Léger! Morfontaine (*Adr. de Jussieu*). Neuf-Moulin! (*Mandon*). Bruyères humides de Neuville-Bosc (*Daudin*). Ons-en-Bray! (*Delacourt*). — ? Malesherbes.

FIN.

ADDENDA.

Page 304 ajoutez après l'article du *Pinguicula vulgaris* :

var. β. *grandiflora*. — Pédoncules souvent très pubescents. Fleurs deux fois plus grandes que dans le type, à palais très barbu. — *A.R.* — Vallée de Senlis près Chevreuse ! (*Schœnefeld*). Bruyères humides de Neuville-Bosc !

Page 305 Remplacez la note sur l'*Utricularia intermedia* qui suit la description de l'*U. vulgaris* par la description suivante :

2. U. INTERMEDIA. (Hayn. in Schrad. journ. 1800. I. 18. t. 5.)—Illustr. fl. Par.

Plante de 2-4 décimètr. *Feuilles* les unes munies de vésicules, les autres en étant dépourvues : les feuilles dépourvues de vésicules distiques, à circonscription ovale-suborbiculaire, *palmatiséquées*, à 2-3 *segments* courts, multiséqués, linéaires-filiformes, *denticulés à denticules terminés en épine* ; les feuilles qui portent les vésicules toutes rapprochées sur des rameaux spéciaux et réduites à 1-3 segments terminés chacun par une vésicule ; *vésicules plus grosses que dans les autres espèces*. Rameau florifère de 1-2 décimètr., dressé, présentant souvent quelques écailles espacées. Bractées ovales, beaucoup plus courtes que les pédicelles. Calice à lèvres ovales. Corolle à lèvre supérieure deux fois plus longue que le palais, à lèvre inférieure presque plane à bords étalés horizontalement ; éperon conique aigu, presque aussi long que la corolle ; anthères libres. ♃. Juin-août.

R.R. — Flaques d'eau des marais tourbeux. — Abondant dans les marais de Rouville et de Buthiers à Malesherbes !, trouvé en 1845 à l'herborisation de M. A. de Jussieu. — Fleurit assez rarement.

L'*U. minor* doit porter le numéro d'ordre 3.

Page 355 Remplacez la description du genre *Adoxa* par la suivante :

Calice charnu, à partie libre 2-3-lobée, étalée, accrescente. Corolle rotacée, à limbe plan 4-5-partit. *Étamines* 4-5 ; *filets bipartits* portant sur chaque division l'un des lobes de l'anthère. *Styles* 4-5, *distincts*, persistants. *Fruit* bacciforme-succulent, à 4-5 loges monospermes ou moins par avortement, *présentant au-dessous du sommet* 3 plus rarement 2 *appendices triangulaires* (lobes accrus du calice), *libre au sommet* dans toute sa largeur. Graines comprimées, entourées d'un rebord membraneux.

Page 355 ajoutez à la description du fruit de l'*Adoxa Moschatellina* :

..... verdâtre, diaphane, subglobuleux, subtrigone dans sa partie inférieure, présentant vers son tiers supérieur 3 plus rarement 2 dents charnues étalées horizontalement.

Page 487 remplacez la note sur l'*Euphorbia falcata* qui suit la description de l'*E. exigua* par la description suivante :

9 *bis*. E. FALCATA. (L. sp. 654.) — Jacq. Austr. t. 121.

Tige de 1-4 décimètr., dressée ou ascendante, simple ou très rameuse. *Feuilles éparses, sessiles, lancéolées atténuées à la base, acuminées ou cuspidées*, entières, glabres, les inférieures spatulées obtuses ou émarginées mucronées. Ombelle à 3-5 rayons ; rayons 2-3 fois bifurqués. *Bractées ovales ou triangulaires, tronquées ou cordées à la base, mucronées ou cuspidées.* Glandes en croissant, à cornes courtes. Capsule petite, lisse. *Graines non luisantes, d'un blanc cendré devenant noirâtre, ovoïdes sublétragones, rugueuses-ridées transversalement.* ①. Juillet-septembre.

R.R. — Champs pierreux des coteaux calcaires. — Étampes (*A. de Jussieu*).

Page 598 ajoutez après l'article du *Carex pilulifera* :

var. β. *Bastardiana*. (C. Bastardiana. D.C. fl. Fr. supp. 293.) —Tiges plus grêles, souvent très longues. Bractée inférieure dépassant ord. l'épi terminal. Épis agglomérés au sommet de la tige, ovoïdes-oblongs ; à écailles ovales-lancéolées, larges, roussâtres. Utricules ord. comprimés ; souvent détruits par un *Uredo*, et alors écailles sont plus grandes, longuement acuminées, très colorées ou décolorées-blanchâtres et étroitement imbriquées. — R.R. — Coteaux arides, landes, bruyères. — Molière de Serans près Magny ! Le-Haulme près Marines !

INDICATIONS DE LOCALITÉS A AJOUTER.

Page 5 THALICTRUM LUCIDUM. — Bois de Boulogne (*Irat*). Malesherbes ! (*Bernard*).
7 ADONIS FLAMMEA. — Étampes ! (Cte *Jaubert*).
9 RANUNCULUS HEDERACEUS. — Sérans près Magny (*Frion*).
10 RANUNCULUS TRIPARTITUS. — Mares du rocher Bouligny près le Mail-de-Henri IV dans la forêt de Fontainebleau (*Irat*).
17 HELLEBORUS VIRIDIS. — Bosquets du parc de Pouilly (*Daudin*).
17 ERANTHIS HYEMALIS. — Naturalisé dans le parc de Trianon (*de Boucheman*).
17 ISOPYRUM THALICTROIDES. — Retrouvé dans le bois de Meudon (*Mandon*).
20 ACTÆA SPICATA. — Bois de Berticher et bois de La Brosse ! près Chaumont (*Frion*).
24 DIANTHUS DELTOIDES. — Thiers près Senlis (*Morelle*).
25 SAPONARIA VACCARIA. — Environs de Senlis (*Morelle*).
29 LYCHNIS VISCARIA. — Forêt de Sigy près Donnemarie (*Chaubard*).
46 IMPATIENS NOLI-TANGERE. — Morfontaine (*Morelle*).
48 GERANIUM PYRENAICUM. — Parc de Rentilly-en-Brie (*Thuret*).
76 CORYDALIS SOLIDA. — Ormoy-Villers canton de Crépy (*Questier*).
99 CAMELINA DENTATA. — Dans un champ de lin à Fay près Chaumont !
101 HUTCHINSIA PETRÆA. — Étampes ! (Cte *Jaubert*). La Ferté-Aleps !
102 LEPIDIUM RUDERALE. — Ville-d'Avray (*Guillon*).
105 LEPIDIUM DRABA. — Abondant aux Prés-St-Gervais près Belleville (*Brice, Schœnefeld*).

ERRATA

DE LA SECONDE PARTIE ET SUPPLÉMENT A L'ERRATA DE LA PREMIÈRE
PARTIE.

Page 17 ligne 21 obliquement tronqués, *lisez* bilabiés.
304 26 ovoïde-aiguë, *ajoutez* ou globuleuse.
324 26 à 6 dents, *lisez* à 5 dents.
381 14 Endl., *lisez* D.C. — Endl.
424 42 Endl., *lisez* D.C. — Endl.
457 30 Cenopodium, *lisez* Chenopodium.
475 24 *supprimez* et opposées aux sépales.
475 28 à celui des loges, *lisez* à celui des carpelles.
478 22 plantes annuelles, *lisez* plante annuelle.
480 33 *ovules suspendus*, lisez *ovules* réfléchis, *suspendus*.
496 2 à deux angles, *lisez* à trois angles.
509 29 (Ehrh, *lisez* (B. pubescens. Ehrh.
592 44 et 51 Host, — Gram., *lisez* Host, Gram.
— — Partout où on a mis (*Friom*), lisez (*Frion*).

SUPPLÉMENT A L'ERRATA DU SYNOPSIS.

XI 9 L. *lisez* Sm.
XVI 1 2-10, *lisez* 1-10.
201 16 presque la base, *lisez* presque jusqu'à la base.
205 6 *supprimez* libre.
207 15 munies chacune d'une spathe membraneuse, *lisez* munies
de bractées en forme de spathe.
219 34 1-6-ovulé, *lisez* 1-7-ovulé.
240 35 glumellules, *lisez* glumelles.
256 42 et 45 groupes de spores, *lisez* groupes de sporanges.
257 48 Sw., *lisez* Roth.
261 42 et 46 spores, *lisez* sporanges.

TABLE DES FAMILLES.

Les noms des familles qui sont admis dans l'ouvrage sont imprimés en petites capitales romaines ; les synonymes sont en lettres italiques ; les noms des familles qui ne sont mentionnées qu'en note sont en petits caractères romains.

TABLE GÉNÉRALE DES GENRES ET DES ESPÈCES,

ET DE LEURS SYNONYMES.

Les mots imprimés dans cette table en petites capitales sont les noms des genres ; les mots imprimés en gros texte romain sont les noms des espèces admis dans l'ouvrage ; les mots imprimés en même texte, mais précédés d'un astérisque, sont les noms des espèces dont les descriptions sont précédées d'une croix ; les mots qui rentrent dans ces deux catégories constituent dans un même genre une première série alphabétique ; les mots imprimés en même texte, mais en italique, sont les synonymes des espèces décrites, ces synonymes constituent une deuxième série alphabétique. — Les mots imprimés en petit texte sont les noms des espèces mentionnées en note, les mots imprimés en lettres italiques de ce même texte sont les synonymes de ces espèces ; de même que pour le gros texte, les mots imprimés en romain et les mots imprimés en italique constituent deux séries alphabétiques distinctes (1).

(1) Tableau donnant la valeur et la disposition relative des divers textes de la table.

7

TABLE DES NOMS VULGAIRES

CITÉS DANS L'OUVRAGE.

62

TABLE GÉNÉRALE DES MATIÈRES.

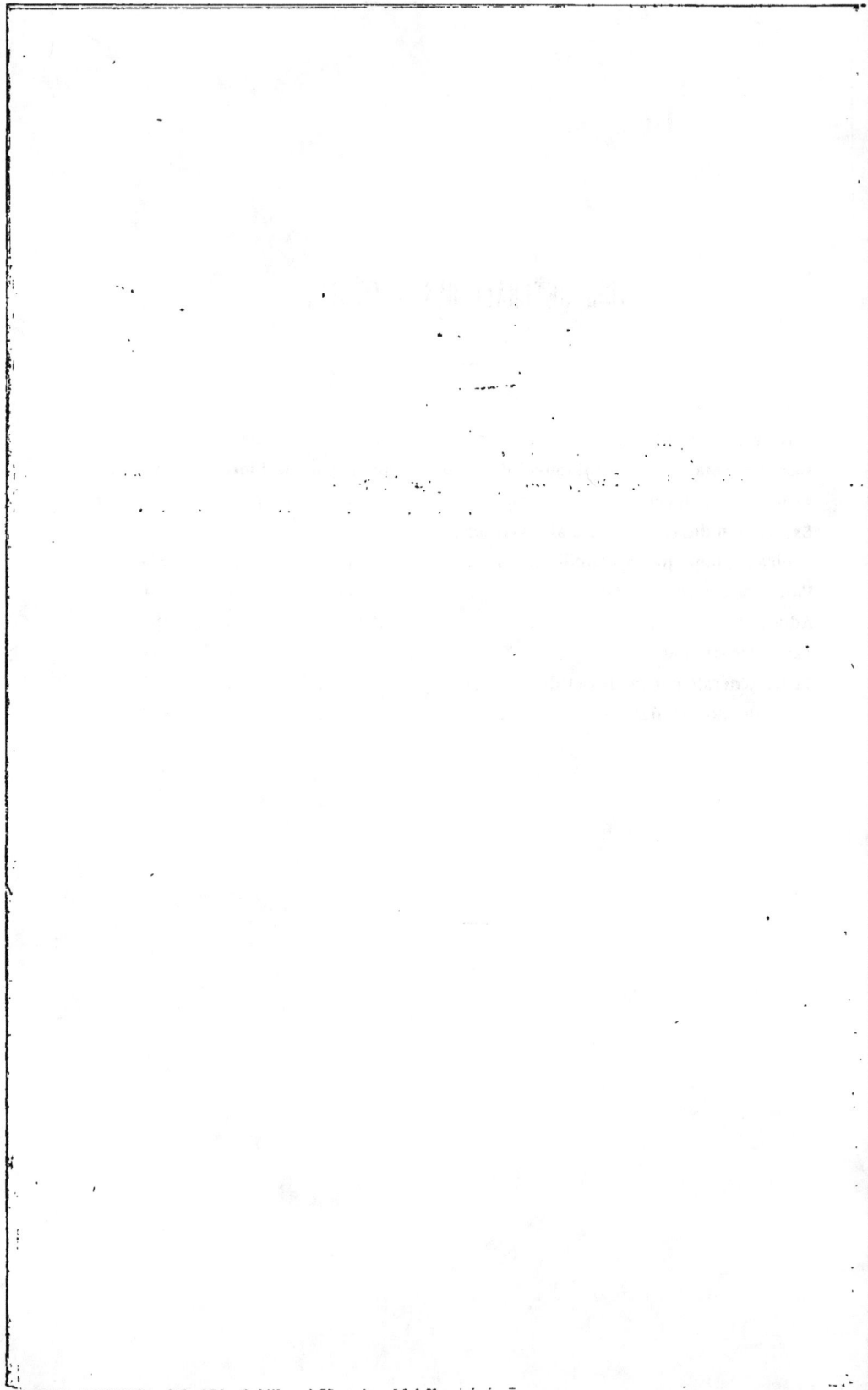

www.ingramcontent.com/pod-product-compliance
Lightning Source LLC
Chambersburg PA
CBHW061107220326
41599CB00024B/3941